Burg / Haf / Wille

Höhere Mathematik für Ingenieure

Band IV Vektoranalysis und Funktionentheorie

Von Prof. Dr. rer. nat. Herbert Haf
und Prof. Dr. rer. nat. Friedrich Wille

Universität Kassel, Gesamthochschule

Mit 256 Figuren, zahlreichen Beispielen
und 157 Übungen, zum Teil mit Lösungen

B. G. Teubner Stuttgart 1990

Prof. Dr. rer. nat. Herbert Haf

Geboren 1938 in Pfronten/Allgäu. Von 1956 bis 1960 Studium der Feinwerktechnik-Optik am Oskar-von-Miller-Polytechnikum München. Von 1960 bis 1966 Studium der Mathematik und Physik an der Technischen Hochschule Aachen und 1966 Diplomprüfung in Mathematik. Von 1966 bis 1970 Wiss. Assistent, 1968 Promotion und von 1970 bis 1974 Akad. Rat/Oberat an der Universität Stuttgart. Von 1968 bis 1974 Lehraufträge an der Universität Stuttgart und seit 1974 Professor für Mathematik (Analysis) an der Universität Kassel. Seit 1985 Vorsitzender der Naturwissenschaftlich-Medizinischen Gesellschaft Kassel.
Arbeitsgebiete: Funktionalanalysis, Verzweigungstheorie, Approximationstheorie.

Prof. Dr. rer. nat. Friedrich Wille

Geboren 1935 in Bremen. Von 1955 bis 1961 Studium der Mathematik und Physik an den Universitäten in Marburg, Berlin und Göttingen, 1961 Diplom und anschließend Industriepraxis. Von 1963 bis 1968 Wiss. Mitarbeiter der Aerodynamischen Versuchsanstalt (AVA) Göttingen, 1965 Promotion, Leiter des Rechenzentrums Göttingen. Von 1968 bis 1971 Wiss. Assistent an den Universitäten Freiburg und Düsseldorf und freier Wiss. Mitarbeiter der Deutschen Forschungs- u. Versuchsanstalt für Luft- u. Raumfahrt (DFVLR). 1970 Battelle-Institut Genf. 1971 Habilitation, 1972 Wiss. Rat und Professor in Düsseldorf. Seit 1973 Professor für Angewandte Mathematik an der Universität Kassel.
Arbeitsgebiete: Aeroelastik, Nichtlineare Analysis, math. Modellierung.

CIP-Titelaufnahme der Deutsche Bibliothek

Höhere Mathematik für Ingenieure / Burg ; Haf ; Wille. –
Stuttgart : Teubner.

NE: Burg, Klemens [Mitverf.]; Haf, Herbert [Mitverf.]; Wille,
Friedrich [Mitverf.]

Bd. 4. Vektoranalysis und Funktionentheorie / von Herbert Haf
u. Friedrich Wille. – 1990
ISBN 3-519-02958-8

Printed in Germany
Druck und Bindung: W. Röck GmbH, Weinsberg

Vorwort

Der vierte Band der Höheren Mathematik für Ingenieure besteht aus zwei Teilen, der „Vektoranalysis" und der „Funktionentheorie". Beide Gebiete zeichnen sich durch vielfältige Anwendbarkeit und faszinierende Schönheit aus.

Die Adressaten sind - wie bei den anderen Bänden - hauptsächlich die Studenten der Ingenieurwissenschaften, aber darüber hinaus Studierende der Angewandten Mathematik, insbesondere der Technomathematik, sowie der Physik, der physikalischen Chemie und der Informatik. Auch der reine Mathematiker wird manches Lesenswerte in diesem Buch finden.

Zum Lernen, begleitend zur Vorlesung oder zum Selbststudium, wie zum Vertiefen, Nachschlagen und Wiederholen sind die Bände von Nutzen. Bei der Examensvorbereitung, wie auch in der späteren Berufspraxis findet der Leser Hilfe in dieser „Wissensbank".

Auch der vorliegende Band ist relativ unabhängig von den übrigen Bänden gestaltet. Das nötige Vorwissen steht selbstverständlich in den vorangehenden Bänden, aus denen es der Leser entnehmen kann, doch handelt es sich dabei mehr um allgemeine Kenntnisse der Analysis und Linearen Algebra, die man sich auch anders erworben haben kann. Auch muß man die vorangehenden Bände nicht Wort für Wort durchstudiert haben, um diesen verstehen zu können. Benötigte Inhalte aus den Bänden I bis III werden gezielt zitiert, ja, oft sogar kurz wiederholt, so daß sich umständliches Nachschlagen erübrigt.

Anwendungen werden vielfach zur Motivierung herangezogen oder mit den Ergebnissen der mathematischen Theorie verknüpft. Dabei handelt es sich in der Regel um allgemeine Anwendungsgebiete, wie Strömungsmechanik, Elektrodynamik oder den Bereich technischer Kurven. Allerdings findet der Leser auch spezielle Anwendungsbeispiele durchgerechnet, wie Kurbelgetriebe, Wankelmotor, elastische Spannung, Flüssigkeitsdruck, Umströmung von Zylindern, Schwingungen einer kreisförmigen Membran u. a.

Gelegentlich ist es notwendig, ganze Theorieblöcke geschlossen zu entwickeln, ohne ständige Hinweise auf die Praxis, da man nur so eine übersichtliche Systematik und eine ökonomische Straffung erhält. Danach hat der Leser ein geschärftes Instrumentarium für die Praxis zur Hand.

Nun zum eigentlichen Inhalt:

Der Teil **Vektoranalysis** beginnt mit einem ausführlichen Kapitel über Kurven. Neben differentialgeometrischen Eigenschaften, wie Bogenlänge, Krümmung, Torsion usw. sowie dem Zusammenhang mit Potentialen, sind zwei größere Abschnitte den ebenen Kurven gewidmet. Hier werden Beispiele, die für den Ingenieur wichtig sind, detailliert beschrieben, wie Kegelschnitte, Rollkurven, Spiralen usw. Es folgen Flächen und Flächenintegrale, eingebettet in den dreidimensionalen Raum, und dann das Herzstück: die Integralsätze von Gauss, Stokes und Green im Dreidimensionalen. Hier wurde zur anschaulichen Beschreibung und Motivation oft auf Strömungen zurückgegriffen. Weitere Differential- und Integralformeln sowie die Erörterung von Potentialen bei wirbel- oder quellfreien Feldern vervollständigen das Kapitel, so daß Ingenieure, Physiker und Angewandte Mathematiker dort alles finden, was sie in diesem Zusammenhang brauchen. Ein Kapitel über alternierende Differentialformen, wobei auf besonders durchsichtige Darstellungsweise geachtet wurde, und ein Kapitel über kartesische Tensoren beschließen den ersten Teil. Die Beschränkung auf kartesische Tensoren ist einerseits aus Platzgründen angebracht, andererseits aber auch deshalb, weil allgemeinere Tensoren fast nur in der Relativitätstheorie angewendet werden, die in der Ingenieurpraxis keine Rolle spielt. Die (leichter faßlichen) kartesischen Tensoren sind genau diejenigen, die Ingenieure in der Elastizitätslehre, der Strömungsmechanik und Elektrodynamik brauchen.

Der Teil **Funktionentheorie** enthält die üblichen „Standards", die zu einem soliden Grundwissen gehören: Differenzierbarkeit und Integrierbarkeit im Komplexen, wobei die Cauchyschen Integralsätze einen Höhepunkt darstellen. Ferner: Potenz- und Laurentreihenentwicklung und eine Einführung in die Theorie konformer Abbildungen. Es ist klar, daß hier zunächst mehr theoretische Gesichtspunkte im Vordergrund stehen. Daneben haben wir uns jedoch bemüht, für die Anwendungen interessante Akzente zu setzen. So werden z. B. im Zusammenhang mit den konformen Abbildungen verschiedene Randwertprobleme der Potentialtheorie behandelt und auf die Diskussion ebener stationärer Strömungen angewandt (s. Abschn. 9.2). Die Anwendungen funktionentheoretischer Methoden auf die Besselsche Differentialgleichung (s. Abschn. 10) soll verdeutlichen, daß der Nutzen der Funktionentheorie keineswegs auf ebene Probleme beschränkt ist. Dabei wollen wir dem Leser interessante Funktionen der mathematischen Physik (die Hankel-, Bessel- und Neumannfunktionen) vorstellen und ihre grundlegenden Eigenschaften aufzeigen. Anwendungen auf die Untersuchung des Schwingungsverhaltens von Membranen und auf die Theorie der Schwingungsgleichung (s. Abschn. 10.3) unterstreichen die „Praxisrelevanz". Mit der Berechnung und Diskussion von radialsymmetrischen Lösungen der Schwingungsgleichung bei beliebiger Raumdimension stellen wir die Hilfsmittel bereit, die man zum Aufbau der Theorie der Schwingungsgleichung benötigt (s. hierzu Bd. V). Die in Abschnitt 7.4 behandelten asymptotischen Methoden finden hierbei eine interessante Anwendung.

Noch ein Wort zur Sprache und zum Aufbau!

Die Autoren haben versucht, sich von folgendem Prinzip leiten zu lassen: *„Die Sachverhalte sollen in der Reihenfolge aufgeschrieben werden, in der sie gedacht werden!"*

Dies klingt selbstverständlich, doch jeder, der schon einmal versucht hat, die Regeln eines Kartenspiels seinen großäugig guckenden Mitspielern zu erklären, weiß wie schwer es ist, das Prinzip durchzuhalten.

Wir wollen es an einem Beispiel erläutern.

Bei der Behandlung des **Stokesschen Integralsatzes** (Abschn. 3.2) wird sogleich mit einer umgangssprachlichen Formulierung des Satzes begonnen, die auf Strömungen von Flüssigkeiten fußt. Über die Zirkulationen in Flüssigkeiten und Verwandtes werden dann nach und nach Begriffe motiviert und präzisiert, bis sich nach einer heuristischen Argumentation der genaue Wortlaut des Stokesschen Satzes ergibt. Auf diese Weise wurde die „natürliche" Gedankenfolge des „Suchens und Findens" entwickelt, wobei die exakte Formulierung am Schluß steht.

Das Lernen von Hilfssätzen auf „Vorrat" wurde hierbei vermieden.

Nicht immer ist es möglich, die „natürliche" Reihenfolge der Gedanken - nämlich ihre Entwicklung aus vagen Grundideen bis zur vollendeten Form - im Studientext einzuhalten. Systematik und ökonomische Kürze sind oft vorrangig. Doch haben wir uns nach Kräften bemüht, stets schnell zum Hauptergebnis durchzudringen, um von dort her die Gedankenketten zu strukturieren.

Wir hoffen, daß so ein verständlicher Text entstanden ist. Rücksichtnahme auf den Anwender von Mathematik war uns dabei ein Anliegen, ohne jedoch die mathematische Genauigkeit preiszugeben.

Zum Schluß danken wir allen, die uns bei diesem Band unterstützt haben: Herrn Prof. Dr. P. Werner (Universität Stuttgart) für wertvolle Hinweise zur Funktionentheorie, Herrn K. Strube für die schönen Figuren im Teil 2. Frau Dipl. math. Li Liping und Herrn Dipl. math. Michael Heder für sorgfältiges Korrekturlesen, Frau Freya Ritter für die Erstellung der vorzüglichen Reinschrift, und nicht zuletzt dem Verlag B. G. Teubner für seine geduldige und konstruktive Zusammenarbeit.

Kassel, September 1989 Die Verfasser

Inhalt

Vektoranalysis (F. Wille)

1 Kurven

Funktionentheorie (H. Haf)

6 Grundlagen

7 Holomorphe Funktionen

[1]) Zu den mit * versehenen Übungen werden Lösugen angegeben oder Lösungswege skizziert

Band I: Analysis (F. Wille)

Band III: Gewöhnliche Differentialgleichungen, Distributionen, Integraltransformationen (H. Haf)

Gewöhnliche Differentialgleichungen

Distributionen

Integraltransformationen

8 Fouriertransformation

8.1 Motivierung und Definition
8.2 Umkehrung der Fouriertransformation
8.3 Eigenschaften der Fouriertransformation
8.4 Anwendungen auf partielle Differentialgleichungsprobleme

9 Laplacetransformation

9.1 Motivierung und Definition
9.2 Umkehrung der Laplacetransformation
9.3 Eigenschaften der Laplacetransformation
9.4 Anwendungen auf gewöhnliche lineare Differentialgleichungen

Band V: Funktionalanalysis und Partielle Differentialgleichungen (H. Haf)

Funktionalanalysis

Metrische und normierte Räume / Skalarprodukträume / Banach- und Hilberträume / Banachscher Fixpunktsatz / Neumannsche Reihe / Volterrasche Integralgleichungen / Lineare und beschränkte Abbildungen / Rieszscher Darstellungssatz / vollstetige Abbildungen / Fredholmscher Alternativsatz / Anwendungen auf Fredholmsche Integralgleichungen / symmetrische Operatoren / Anwendungen auf Sturm-Liouvillesche Randwertprobleme / Spektrum / Funktionalanalytischer Zugang zum Hilbertraum L_2

Partielle Differentialgleichungen

Charakterisierung von partiellen Differentialgleichungen zweiter Art / Wärmeleitungsgleichung / Wellengleichung / Huygenssches Prinzip / Theorie der Schwingungs- und Potentialgleichung / Integralgleichungsmethoden / Ausblick auf numerische Methoden: Randelemente- und Finite-Elemente-Methoden / Einführung in die Hilbertraum-Methoden

Vektoranalysis

1 KURVEN

Unter Kurven stellen wir uns krumme oder auch gerade Linien vor. Sie kommen als Bahnen bewegter Körper vor, als Konturen ebener Figuren, Kanten räumlicher Gebilde oder als idealisierte Linien dünner Stangen, Drähte oder Seile.

Im folgenden wollen wir Kurven mathematisch beschreiben, ihre Eigenschaften studieren, ihre Brauchbarkeit erkennen und ihre Schönheit bewundern.

An Vorkenntnissen benötigen wir Grundlagen der Differential- und Integralrechnung sowie der Vektorrechnung im $\mathbb{R}^n$, besonders im $\mathbb{R}^2$ und $\mathbb{R}^3$.[1)] Doch fangen wir zunächst einmal an. Vergessene Vorkenntnisse lassen sich ja von Fall zu Fall einfach nachschlagen.

1.1 WEGE, KURVEN, BOGENLÄNGEN

In diesem Abschnitt werden Wege und Kurven allgemein definiert, ferner ihre Bogenlängen, Parametertransformationen und Orientierungen betrachtet.

1.1.1 Einführung: Ebene Kurven

Zum Einstieg beginnen wir mit Kurven in der Ebene. Die Ebene, in der wir arbeiten, versehen wir dabei mit einem rechtwinkligen Koordinaten-

---

[1)] Fürs erste reicht der knappe Abschnitt 6.1 in Bd. I. Gelegentlich wird aus Bd. II, Abschnitt 1, zitiert. Es genügt dann, dort punktuell nachzuschlagen.

System, wie in der analytischen Geometrie üblich. Dadurch wird die Ebene mit der Menge $\mathbb{R}^2$ aller reellen Zahlenpaare $\begin{bmatrix} x \\ y \end{bmatrix}$ identifiziert. Daß $\mathbb{R}^2$ ein Vektorraum ist, d.h. daß man in ihm auch rechnen[1] kann, ist zweifellos eine ermutigende Zugabe.

<u>Beispiel 1.1</u> Ein Kreis[2] vom Radius $r > 0$ um den Koordinatenursprung $\underline{0}$ kann durch

$$\boxed{\begin{aligned} x &= r\cos t \\ y &= r\sin t \end{aligned}} \quad (0 \leq t \leq 2\pi) \tag{1.1}$$

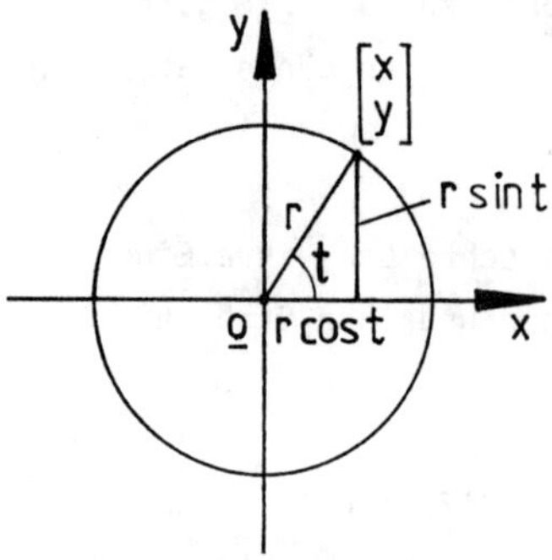

Fig. 1.1: Kreis um $\underline{0}$

beschrieben werden. Denn läuft hier der "Winkel" t von 0 bis 2π, so durchläuft der Punkt $\underline{x} = \begin{bmatrix} x \\ y \end{bmatrix}$, berechnet aus (1.1), den gesamten Kreis.

Man nennt (1.1) eine Parameterdarstellung des Kreises und t den zughörigen Parameter.

Das Beispiel führt uns zu folgender Definition ebener Kurven:

Sind zwei Gleichungen

$$\boxed{\begin{aligned} x &= \gamma_1(t) \\ y &= \gamma_2(t) \end{aligned}} \quad \text{mit} \quad a \leq t \leq b \tag{1.2}$$

gegeben, wobei $\gamma_1, \gamma_2 : [a,b] \to \mathbb{R}$ beliebige stetige Funktionen sind, so heißt die dadurch bestimmte Menge von Punkten $\begin{bmatrix} x \\ y \end{bmatrix}$ eine ebene Kurve.

Die Gleichungen (1.2) werden, der knappen Schreibweise wegen, zu einer Vektorgleichung verschmolzen:

---

[1] Zur Erinnerung: Mit $\underline{x} = \begin{bmatrix} x \\ y \end{bmatrix}$, $\underline{u} = \begin{bmatrix} u \\ v \end{bmatrix}$ ist $\underline{x} \pm \underline{u} = \begin{bmatrix} x \pm u \\ y \pm v \end{bmatrix}$,

$\lambda\underline{x} = \begin{bmatrix} \lambda x \\ \lambda y \end{bmatrix}$ $(\lambda \in \mathbb{R})$, $-\underline{x} = \begin{bmatrix} -x \\ -y \end{bmatrix}$, $\underline{0} = \begin{bmatrix} 0 \\ 0 \end{bmatrix}$, $\underline{x} \cdot \underline{u} = xu + yv$ und

$|\underline{x}| = \sqrt{\underline{x} \cdot \underline{x}}$.

[2] Gemeint ist die "Kreislinie", nicht die "Kreisscheibe".

$$\boxed{\underline{x} = \underline{\gamma}(t)} \quad \text{mit} \quad \underline{x} = \begin{bmatrix} x \\ y \end{bmatrix}, \quad \underline{\gamma} = \begin{bmatrix} \gamma_1 \\ \gamma_2 \end{bmatrix} \quad (a \leq t \leq b) \tag{1.3}$$

(1.2), wie auch (1.3), bezeichnet man als eine Parameterdarstellung der Kurve; t heißt der zugehörige (Kurven-)Parameter.

Die stetige Abbildung $\underline{\gamma} : [a,b] \to \mathbb{R}^2$, die in (1.3) beschrieben ist, nennt man einen (ebenen) Weg[1].

Dieser Ausdruck ist recht gut gewählt! Denn faßt man t als Zeit auf, die von a nach b läuft, so durchwandert der zugehörige Punkt $\underline{x} = \underline{\gamma}(t)$ die gesamte Kurve. Die Funktion $\underline{\gamma}$ beschreibt tatsächlich den Verlauf des "Weges", den der Punkt in der Ebene zurücklegt. Man kann dies durch Skalierung der Kurve mit t-Werten darstellen (s. Fig. 1.2).

Weitere Beispiele sollen den Kurvenbegriff verdeutlichen.

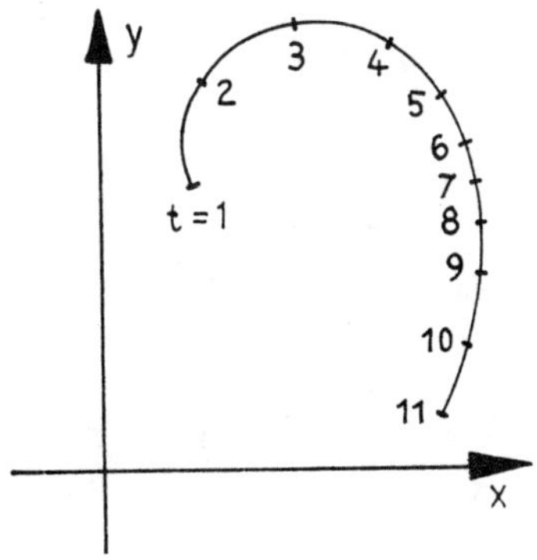

Fig. 1.2: Skalierung einer Kurve mit Parameterwerten

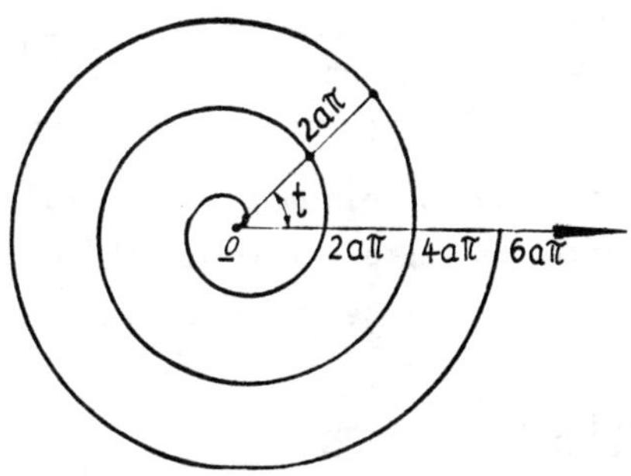

Fig. 1.3: Archimedesche Spirale

Beispiel 1.2 Durch

$$\boxed{\begin{aligned} x &= at\cos t \\ y &= at\sin t \end{aligned}} \quad 0 \leq t \leq 3 \cdot 2\pi, \ (a > 0), \tag{1.4}$$

[1] $[a,b]$ ist das beschränkte abgeschlossene Intervall $\{x \in \mathbb{R} \mid a \leq x \leq b\}$. ("Intervalle" sind in Bd. I, Abschn. 1.1.4, allgemein definiert.)

wird eine "Archimedesche Spirale" beschrieben. (Wir haben hier t durch $3\cdot 2\pi$ willkürlich begrenzt.) Diese "Kurve" umläuft den Punkt $\underline{0}$ also 3 mal, wenn t von 0 bis $3\cdot 2\pi$ wandert. Man sieht, daß jede Halbgerade, die von $\underline{0}$ ausgeht, benachbarte Spiralarme im gleichen Abstand schneidet, und zwar im Abstand $a2\pi$. Benachbarte Spiralarme haben also stets gleichen Abstand voneinander. -

Bemerkung: Man erkennt übrigens, daß es völlig unmöglich ist, die Spirale als Funktionsgraphen einer Funktion $y = f(x)$ zu deuten, da y nicht eindeutig durch x bestimmt ist. Auch in der Form $x = g(y)$ ist es nicht möglich. Mit der Parameterdarstellung (1.2) jedoch läßt sich die Spirale formelmäßig erfassen! -

Es gibt also ebene Kurven, die nicht als Funktionsgraphen aufgefaßt werden können. Umgekehrt jedoch kann jeder Funktionsgraph einer stetigen Funktion $f : [a,b] \to \mathbb{R}$ leicht "parametrisiert" werden. Statt $y = f(x)$ schreibt man nämlich

$$\boxed{x = t \quad , \quad y = f(t)} \quad \text{für} \quad t \in [a,b] \ . \tag{1.5}$$

Hierdurch ist ein Weg, und damit eine Kurve im obigen Sinne beschrieben. Funktionsgraphen sind also "Kurven", und als solche haben wir sie ja auch schon früher bezeichnet.

Beispiel 1.3

$$\boxed{\begin{array}{l} x = t^3 \\ y = t^2 \end{array}} \ , \quad -a \leq t \leq a \ , \tag{1.6}$$

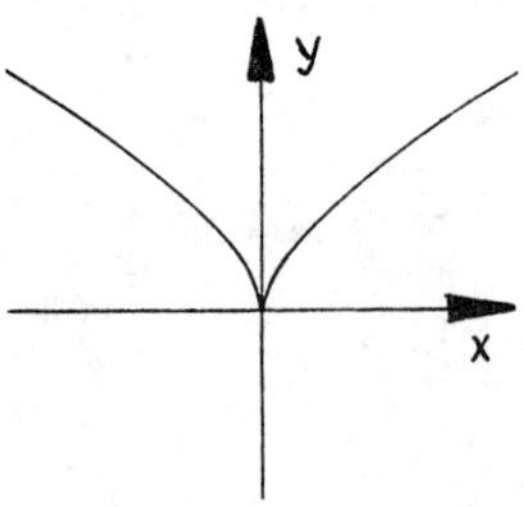

Fig. 1.4: Neilsche Parabel

beschreiben die sogenannte Neilsche Parabel, (s. Fig. 1.4). Man kann sie auch in der Form $y = f(x)$ beschreiben, denn löst man (1.6) nach t auf: $t = x^{1/3}$, $t = y^{1/2}$, so ergibt Gleichsetzen und anschließendes Quadrieren:

$$y = x^{\frac{2}{3}} \ . \tag{1.7}$$

Die Parameterdarstellung (1.6) hat aber einen Vorteil gegenüber der Funktionsgleichung (1.7): Man kann mit $x = t^3$, $y = t^2$ die Punkte der Neilschen Parabel leichter berechnen, da keine dritte Wurzel gezogen werden muß.

Beispiel 1.4 Mit $\underline{r} = \begin{bmatrix} x \\ y \end{bmatrix}$, $\underline{r}_0 = \begin{bmatrix} x_0 \\ y_0 \end{bmatrix}$ und $\underline{s} = \begin{bmatrix} s_1 \\ s_2 \end{bmatrix}$ aus $\mathbb{R}^2$ beschreibt die Gleichung

$$\boxed{\underline{r} = \underline{r}_0 + t\underline{s}}, \quad \text{mit} \quad 0 \leqq t \leqq t_0 \tag{1.8}$$

eine Strecke. Und zwar bildet die Menge der Punkte $\underline{r}$ in (1.8) die Verbindungsstrecke zwischen den Punkten $\underline{r}_0$ $(t = 0)$ und $\underline{r}_1 = \underline{r}_0 + t_0\underline{s}$, s. Figur 1.5. Sie wird durch $[\underline{r}_0, \underline{r}_1]$ symbolisiert.

In Komponenten aufgegliedert ergibt sich die Parameterdarstellung in der Form:

$$\boxed{\begin{aligned} x &= x_0 + t s_1 \\ y &= y_0 + t s_2 \end{aligned}} \tag{1.9}$$

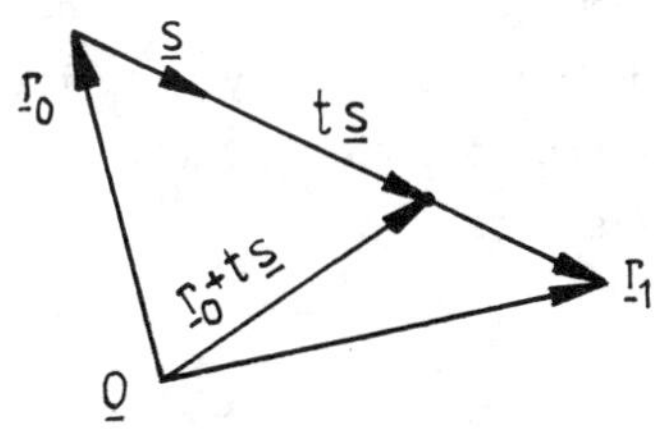

Fig. 1.5: Strecke

Gegenüber der Funktionsdarstellung $y = ax + b$ für Strecken und Geraden hat die Parameterdarstellung den Vorteil, daß x und y völlig gleiche Rollen spielen, und daß auch die Geraden $x = \text{const.}$ (Parallelen zur y-Achse) mit erfaßt werden (durch $s_1 = 0$, $s_2 \neq 0$).

Wir ergänzen noch: Die Verbindungsstrecke $[\underline{r}_0, \underline{r}_1]$ zwischen zwei gegebenen Punkten $\underline{r}_0, \underline{r}_1$ wird durch

$$\underline{r} = \underline{r}_0 + t(\underline{r}_1 - \underline{r}_0) = (1-t)\underline{r}_0 + t\underline{r}_1 \quad (0 \leqq t \leqq 1) \tag{1.10}$$

beschrieben (mit $\underline{s} = \underline{r}_1 - \underline{r}_0$ geht (1.10) aus (1.8) hervor!). -

Auch in höherdimensionalen Räumen $\mathbb{R}^n$ werden Strecken durch (1.8) bzw. (1.10) dargestellt . -

Übungen

1.1* a) Zeige, daß die Archimedesche Spirale (Beisp. 1.2) in Polarkoordinaten r, φ durch $r = a\varphi$ beschrieben wird (wobei $\varphi \geqq 0$).

b) Leite daraus eine Funktionsgleichung $f(x,y) = 0$ für den Bogen der Archimedeschen Spirale her, der $2\pi \leqq t \leqq 3\pi$ entspricht.

1.2 Vom Punkt $\underline{r}_0 = \begin{bmatrix} 1 \\ 2 \end{bmatrix}$ aus wird eine Strecke der Länge 4 in Richtung steigender x-Werte mit dem Steigungswinkel $\alpha = 25°$ gezogen. Gib eine Parameterdarstellung der Strecke an!

1.3* Die Menge der Punkte $\begin{bmatrix} x \\ y \end{bmatrix} \in \mathbb{R}^2$, die $x^3 + xy^2 - 2y^2 = 0$ erfüllen, heißt eine Zissoide. Gib eine Parameterdarstellung dafür an und zeige damit, daß es sich um eine Kurve handelt. (Hinweis: Die Fallunterscheidung in $y \geqq 0$, $y < 0$ ist hilfreich.) Die Parameterdarstellung soll für einen Bereich $0 \leqq x \leqq a$ $(0 < a < 2)$ angegeben werden. Skizziere die Zissoide.

1.1.2 Kurven im $\mathbb{R}^n$

Die vorangehenden Begriffsbildungen lassen sich ohne weiteres auf den n-dimensionalen Raum $\mathbb{R}^n$ übertragen ($n \in \mathbb{N}$ beliebig). Ausgangspunkt ist dabei stets der Weg , d.h. eine stetige Abbildung $\underline{\gamma}$ eines Intervalls in den $\mathbb{R}^n$. Wir fassen dies, nebst einigem schmückenden Beiwerk, in der folgenden Definition zusammen, wobei wir uns sanft an die ebenen Kurven anlehnen.

Definition 1.1 (a) Eine stetige Abbildung $\underline{\gamma} : [a,b] \longrightarrow \mathbb{R}^n$ heißt ein Weg im $\mathbb{R}^n$.

(b) Der Wertebereich $\underline{\gamma}([a,b])$ des Weges $\underline{\gamma}$ wird eine Kurve genannt. Die Kurve ist also die Menge der Punkte

$$\boxed{\underline{x} = \underline{\gamma}(t)} \qquad \text{mit } a \leqq t \leqq b . \tag{1.11}$$

Diese Gleichung heißt eine Parameterdarstellung der Kurve und t der zugehörige (Kurven-)Parameter.

(c) Man nennt $\underline{\gamma}(a)$ den Anfangspunkt und $\underline{\gamma}(b)$ den Endpunkt der Kurve. Folgende anschauliche Sprechweisen werden dabei gerne benutzt: "Der Weg $\underline{\gamma}$ verläuft von $\underline{\gamma}(a)$ bis $\underline{\gamma}(b)$ " oder "Der Weg (wie auch die Kurve) verbindet die Punkte $\underline{\gamma}(a)$ und $\underline{\gamma}(b)$." -

Mit der Komponentendarstellung $\underline{\gamma} = [\gamma_1, \gamma_2, \ldots, \gamma_n]^T$ [1)] bekommt die Parameterdarstellung $\underline{x} = \underline{\gamma}(t)$ die ausführliche Gestalt

$$\boxed{\begin{aligned} x_1 &= \gamma_1(t) \\ x_2 &= \gamma_2(t) \\ &\vdots \\ x_n &= \gamma_n(t) \end{aligned}} \quad \begin{aligned} &, \\ &, \\ \\ &. \end{aligned} \qquad \text{mit} \quad t \in [a,b] \; , \tag{1.12}$$

Bezeichnet man die zugehörige Kurve mit dem Buchstaben K , so symbolisiert man Kurve samt Parameterdarstellung explizit in folgender Form:

$$\boxed{K : x_1 = \gamma_1(t) \; , \; x_2 = \gamma_2(t) \; , \; \ldots \; , \; x_n = \gamma_n(t) \; ; \; a \leq t \leq b} \tag{1.13}$$

Wir sagen auch: "Der Weg $\underline{\gamma}$ erzeugt die Kurve K ".

Im zweidimensionalen Fall benutzt man gerne die Symbole x,y statt x_1,x_2 (wie in den einführenden Abschnitten) und im dreidimensionalen x,y,z statt x_1,x_2,x_3 . Somit:

$$\boxed{K : x = \gamma_1(t) \; , \; y = \gamma_2(t) \; ; \; a \leq t \leq b} \qquad \text{ebene Kurve}$$

(1.14)

$$\boxed{K : x = \gamma_1(t) \; , \; y = \gamma_2(t) \; , \; z = \gamma_3(t) \; ; \; a \leq t \leq b} \qquad \text{räumliche Kurve (Kurve im } \mathbb{R}^3\text{)}$$

[1)] Aus schreibtechnischen Gründen wird oft die waagerechte Anordnung der Komponenten eines Vektors verwendet: $\underline{x} = [x_1, \ldots, x_n]^T$ (T Abkürzung für "transponiert").

Beispiel 1.6 Die *Schraubenlinie* im $\mathbb{R}^3$ wird folgendermaßen dargestellt:

$$S : x = r\cos t \ , \ y = r\sin t \ , \ z = ct \ , \ a \leqq t \leqq b \ . \qquad (1.15)$$

r ist der "Radius" und $h = 2\pi c$ die "Ganghöhe" der Schraubenlinie, siehe Figur 1.6. -

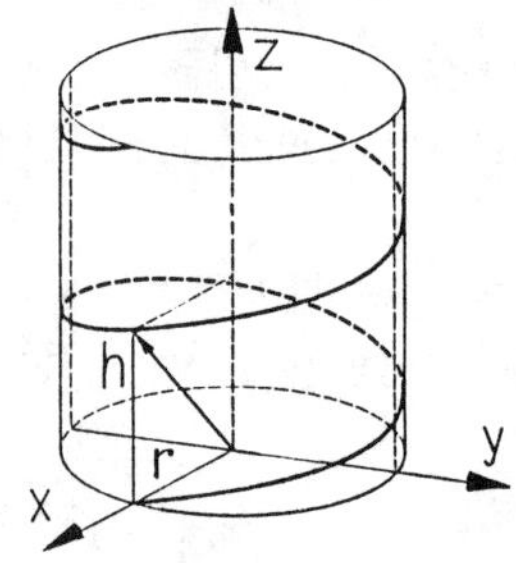

Fig. 1.6: Schraubenlinie

Wir vereinbaren ferner die folgenden Sprechweisen:

Definition 1.2 Es sei $\underline{\gamma} : [a,b] \to \mathbb{R}^n$ ein Weg.

(a) Gilt $\underline{\gamma}(t_1) = \underline{\gamma}(t_2)$ für $t_1 \neq t_2$, so nennt man $\underline{x}_1 = \underline{\gamma}(t_1)$ einen *Doppelpunkt*. Ein Weg ohne Doppelpunkte in $[a,b)$ heißt *doppelpunktfrei* oder *einfach*. ($\underline{\gamma}$ ist also *eineindeutig* auf $[a,b)$.) Die zugehörige Kurve wird eine *Jordankurve* genannt.

(b) Gilt $\underline{\gamma}(a) = \underline{\gamma}(b)$, so haben wir einen *geschlossenen* Weg vor uns.

(c) Eine *geschlossene Jordankurve* wird von einem geschlossenen doppelpunktfreien Weg erzeugt.

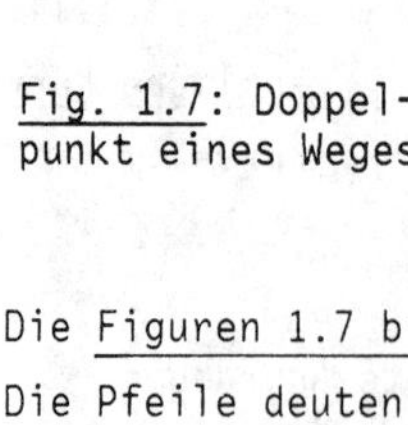

Fig. 1.7: Doppelpunkt eines Weges

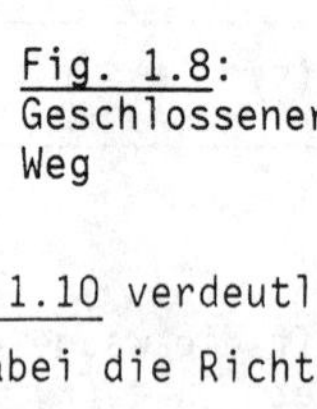

Fig. 1.8: Geschlossener Weg

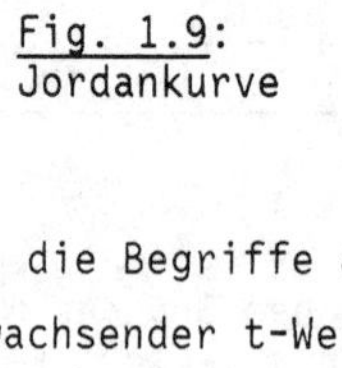

Fig. 1.9: Jordankurve

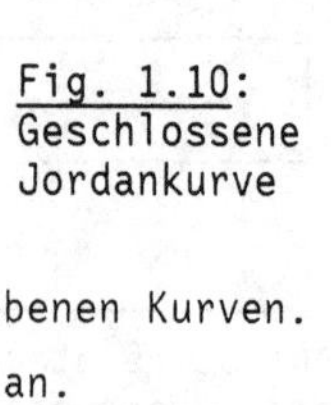

Fig. 1.10: Geschlossene Jordankurve

Die Figuren 1.7 bis 1.10 verdeutlichen die Begriffe an ebenen Kurven. Die Pfeile deuten dabei die Richtung wachsender t-Werte an.

Zusammengesetze Wege und Kurven. Es sei $[a,b]$ in m Teilintervalle

$$[t_0,t_1] , [t_1,t_2] ,\ldots, [t_{m-1},t_m] \quad \left\{ \begin{array}{l} t_0 = a \\ t_m = b \end{array} \right. \tag{1.16}$$

zerlegt. Darauf seien m Wege $\underline{\gamma}_i = [t_{i-1},t_i] \longrightarrow \mathbb{R}^n$ $(i = 1,\ldots,m)$ erklärt, die die "Anschlußbedingungen" $\underline{\gamma}_i(t_i) = \underline{\gamma}_{i+1}(t_i)$ für alle $i = 1,\ldots,m-1$ erfüllen. D.h., die erzeugten Kurven $K_1,\ldots,K_m$ sind kettenartig aneinander gefügt. Durch

$$\underline{\gamma}(t) := \underline{\gamma}_i(t) \quad \text{für} \quad t \in [t_{i-1},t_i] , \quad (i = 1,\ldots,m) \tag{1.17}$$

ist damit ein Weg $\underline{\gamma}$ auf ganz $[a,b]$ gegeben, den man die Summe der Wege $\underline{\gamma}_1,\ldots,\underline{\gamma}_m$ nennt und durch

$$\underline{\gamma} = \underline{\gamma}_1 \oplus \underline{\gamma}_2 \oplus \ldots \oplus \underline{\gamma}_m \tag{1.18}$$

symbolisiert. Die von $\underline{\gamma}$ erzeugte Kurve K heißt entsprechend die Summe der Kurven $K_1,\ldots,K_m$, beschrieben durch

$$K := K_1 \oplus K_2 \oplus \ldots \oplus K_m .$$

Man spricht auch von zusammengesetztem Weg $\underline{\gamma}$ bzw. zusammengesetzter Kurve K, oder, umgekehrt betrachtet, davon, daß $\underline{\gamma}$ in die Teilwege $\underline{\gamma}_1,\ldots,\underline{\gamma}_m$ zerlegt ist, bzw. K in die Teilkurven $K_1,\ldots,K_m$. Sieht man sich Figur 1.11 an, so erkennt man, daß diese Sprechweisen den anschaulichen Gehalt gut wiedergeben.

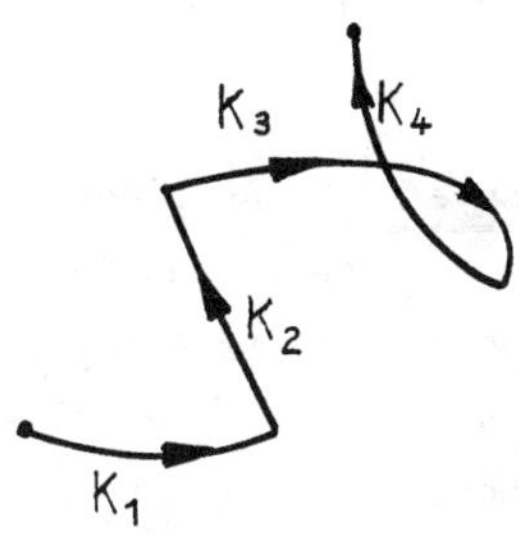

Fig. 1.11: Kurvensumme

Beispiel 1.7 Oft auftretende zusammengesetzte Kurven sind Streckenzüge (in der Ebene auch Polygonzüge genannt). Ein Streckenzug ist die Vereinigung von endlich vielen Strecken der Form

$$[\underline{r}_0,\underline{r}_1] , [\underline{r}_1,\underline{r}_2] ,\ldots, [\underline{r}_{m-1},\underline{r}_m] , \quad \text{(s. Fig. 1.12)}$$

Man sieht, daß die Strecken kettenartig zusammenhängen. Eine Parameterdarstellung dafür ist z.B. die folgende:

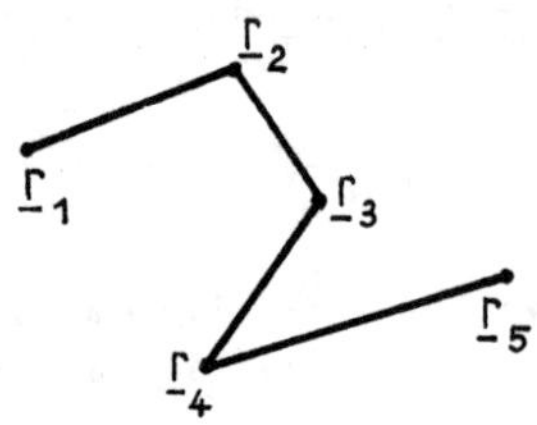

$$\underline{\gamma}(t) = (i-t)\underline{r}_{i-1} + (t-i+1)\underline{r}_i \quad \text{für} \quad i-1 \leq t \leq i \quad (i = 1,\ldots,m) \tag{1.19}$$

Fig. 1.12: Streckenzug

Damit ist $\underline{\gamma} : [0,m] \to \mathbb{R}^n$ ein Weg, der den Streckenzug erzeugt, d.h. $\underline{x} = \underline{\gamma}(t)$ durchläuft den Streckenzug von $\underline{r}_0$ bis $\underline{r}_m$, wenn t von 0 bis m läuft. -

Bemerkung: Ein Weg muß nicht unbedingt durch Gleichungen beschrieben werden. Er muß nur durch irgendeine Vorschrift gegeben sein, die jedem Wert t eines Intervalles $[a,b]$ eindeutig einen Punkt des $\mathbb{R}^n$ zuordnet (in stetiger Weise). Dazu:

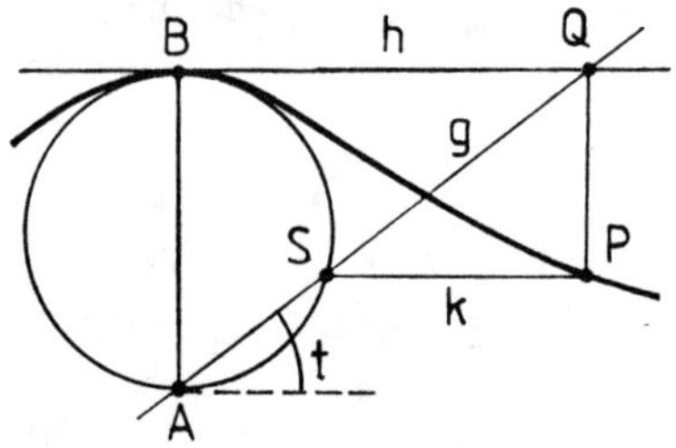

Fig. 1.13: Versiera der Agnesi (nach [49])

Beispiel 1.8 An einen Kreis (s. Fig. 1.13) ist in B die Tangente h angelegt. Durch den Gegenpunkt A von B wird im Winkel t zur Parallelen von h eine Gerade g gelegt. Sie schneidet h in Q und den Kreis in S. Die Parallele k zu h und die Senkrechte zu h durch Q schneiden sich in P. Variiert man nun t im Intervall $(-\pi,\pi)$, so beschreibt P eine Kurve. Sie wird Versiera der Agnesi genannt.

Übung 1.4* Berechne tabellarisch die Punkte der Versiera der Agnesi für $t = \frac{i}{8}\pi$, $i = -7,\ldots,-2,-1,0,1,2,\ldots,7$, und skizziere die Kurve damit (Kreisradius 2 cm).

1.1.3 Glatte und stückweise glatte Kurven

Definition 1.3 (a) Ein Weg $\underline{\gamma} : [a,b] \to \mathbb{R}^n$ heißt *stetig differenzierbar*, wenn die Ableitungsfunktion $\dot{\underline{\gamma}}$ auf $[a,b]$ existiert[1] und dort stetig ist. Dabei wird die Ableitung von $\underline{\gamma} = [\gamma_1,\ldots,\gamma_n]^T$ komponentenweise gebildet, also $\dot{\underline{\gamma}} = [\dot{\gamma}_1,\ldots,\dot{\gamma}_n]^T$. Ist $\underline{\gamma}$ ein geschlossener Weg, so wird zusätzlich $\dot{\underline{\gamma}}(a) = \dot{\underline{\gamma}}(b)$ verlangt.

(b) Ein *Weg* $\underline{\gamma} : [a,b] \to \mathbb{R}^n$ heißt *glatt*, wenn er stetig differenzierbar ist und seine *Ableitung* $\dot{\underline{\gamma}}(t)$ *in keinem Punkt* $t \in [a,b]$ *verschwindet*. Die von $\underline{\gamma}$ erzeugte *Kurve* wird ebenfalls *glatt* genannt.

$\dot{\underline{\gamma}}(t)$ heißt der *Tangentenvektor* (bez. $\underline{\gamma}$) in t. Aus ihm wird der folgende *Tangenteneinheitsvektor* gebildet

$$\boxed{T_{\underline{\gamma}}(t) := \frac{\dot{\underline{\gamma}}(t)}{|\dot{\underline{\gamma}}(t)|}} \tag{1.20}$$

Veranschaulichung: Nehmen wir an, daß $\underline{\gamma}$ eine zwei- oder dreidimensionale glatte Kurve beschreibt, so verläuft diese Kurve im anschaulichen Sinne "bogenförmig", sie weist also keine "Ecken" auf. Denn der Tangentenvektor "schmiegt sich", anschaulich gesagt, an die Kurve an, siehe Figur 1.14. Dies geht aus der Grenzwertbildung

$$\dot{\underline{\gamma}}(t) = \lim_{\Delta t \to 0} (\underline{\gamma}(t+\Delta t) - \underline{\gamma}(t))/\Delta t \tag{1.21}$$

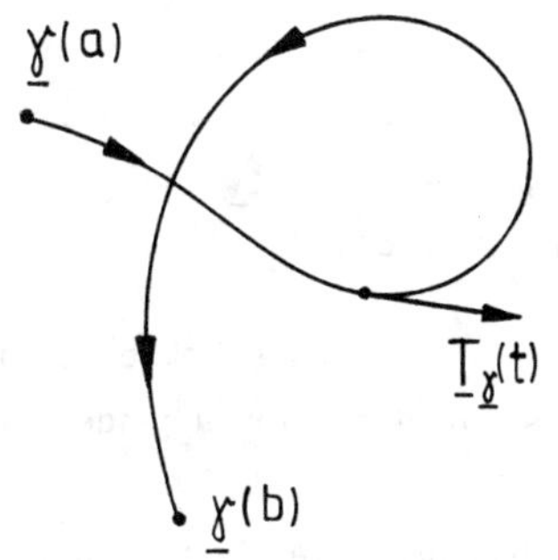

Fig. 1.14: Glatte Kurve

hervor, denn Figur 1.15 zeigt, daß der Vektor $\underline{\gamma}(t+\Delta t) - \underline{\gamma}(t)$ nahezu die Richtung des Kurvenverlaufs bei $\underline{\gamma}(t)$ widerspiegelt. "Ecken", wie z.B. bei Streckenzügen, können also nicht auftreten.

Stellen wir uns zusätzlich vor, daß der glatte Weg $\underline{\gamma}$ die Bewegung eines Massenpunktes beschreibt, so ist $\underline{\gamma}(t)$ der Ort, an dem er sich zur Zeit t befindet und $\dot{\underline{\gamma}}(t)$ seine Geschwindigkeit zu diesem Zeit-

---

[1] Die Ableitung nach t wird bei Wegen gerne durch einen Punkt symbolisiert: $\dot{\underline{\gamma}}(t) = \frac{d}{dt}\underline{\gamma}(t)$. Wir folgen diesem Brauch hier.

punkt. Die Geschwindigkeit ändert sich stetig und ist stets ungleich Null. Die Bewegung erfährt also keine sprunghafte Änderung der Geschwindigkeit, keinen Stillstand und keinen plötzlichen Richtungswechsel. Man ist in der Tat versucht zu sagen, die Bewegung verläuft "glatt". Der Tagentenvektor $\dot{\underline{\gamma}}(t)$ deutet dabei im Kurvenpunkt $\underline{\gamma}(t)$ die Bewegungsrichtung an.

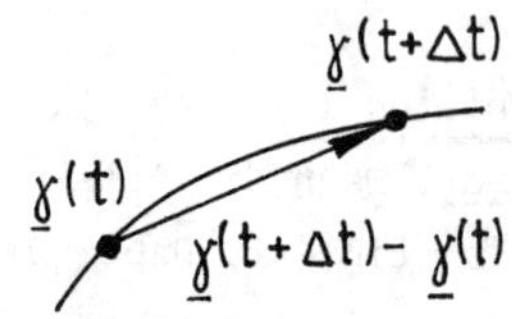

Fig. 1.15: Approximation des Tangentenvektors

Wie man an den Streckenzügen sieht, kommt man mit stetig differenzierbaren oder glatten Kurven allein nicht aus. Wir müssen also zulassen, daß sich Kurven aus endlich vielen solcher Kurven zusammensetzen. Daher:

Definition 1.4 Ein Weg $\underline{\gamma} : [a,b] \to \mathbb{R}^n$ heißt stückweise stetig differenzierbar (bzw. stückweise glatt), wenn er Summe endlich vieler stetig differenzierbarer (bzw. glatter) Wege $\underline{\gamma}_i$ ist:

$$\underline{\gamma} = \underline{\gamma}_1 \oplus \underline{\gamma}_2 \oplus \ldots \oplus \underline{\gamma}_m \, .$$

Ausführlicher bedeutet dies: Es gibt endlich viele Teilungspunkte $a = t_0 < t_1 < t_2 < \ldots < t_m = b$ von $[a,b]$, so daß alle Einschränkungen $\underline{\gamma}_i$ von $\underline{\gamma}$ auf die Intervalle $[t_{i-1}, t_i]$ stetig differenzierbar (bzw. glatt) sind.

Eine Kurve wird stückweise stetig (bzw. stückweise glatt) genannt, wenn dies für einen erzeugenden Weg zutrifft.

Bemerkung: Die rechts- und linksseitigen Ableitungen $\dot{\underline{\gamma}}(t_i+)$ und $\dot{\underline{\gamma}}(t_i-)$ existieren also in allen Punkten t_i $(i = 1,\ldots,m-1)$. Damit nun $\dot{\underline{\gamma}}(t)$ überall auf $[a,b]$ eindeutig definiert ist, vereinbaren wir - wenn nichts anderes gesagt ist - für die Teilungspunkte $t_1,\ldots,t_{m-1}$, daß $\dot{\underline{\gamma}}(t_i)$ der Mittelwert aus rechts- und linksseitiger Ableitung sein soll, also

$$\dot{\underline{\gamma}}(t_i) := \frac{1}{2}\left(\dot{\underline{\gamma}}(t_i+) + \dot{\underline{\gamma}}(t_i-)\right) , \quad i = 1,\ldots,m-1 \, . \tag{1.22}$$

Dies erweist sich später bei Kurvenintegralen als bequem.

Übung 1.5* Ist der Weg $K : x = t^5 \ , \ y = t^2 \quad (-1 < t < 1)$

a) stetig differenzierbar? b) glatt?

c) Wie steht es damit, wenn wir $t \in [a,b]$ mit $0 < a < b$ wählen?

1.1.4 Die Bogenlänge

Es sei $\underline{\gamma} : [a,b] \to \mathbb{R}^n$ ein beliebiger Weg und

$$Z = \left\{ \left[t_0,t_1\right] , \left[t_1,t_2\right] ,\ldots, \left[t_{m-1},t_m\right] \right\} \qquad \begin{pmatrix} t_0 = a \\ t_m = b \end{pmatrix}$$

eine Zerlegung von $[a,b]$ in Teilintervalle.

Durch die Bildpunkte

$$\underline{\gamma}(t_0),\underline{\gamma}(t_1),\ldots,\underline{\gamma}(t_m)$$

denken wir uns einen Streckenzug gelegt, wie es Figur 1.16 verdeutlicht. Der Streckenzug ist dabei die Vereinigung der Strecken $\left[\underline{\gamma}(t_{i-1}),\underline{\gamma}(t_i)\right]$, $i = 1,\ldots,m$. Die Summe

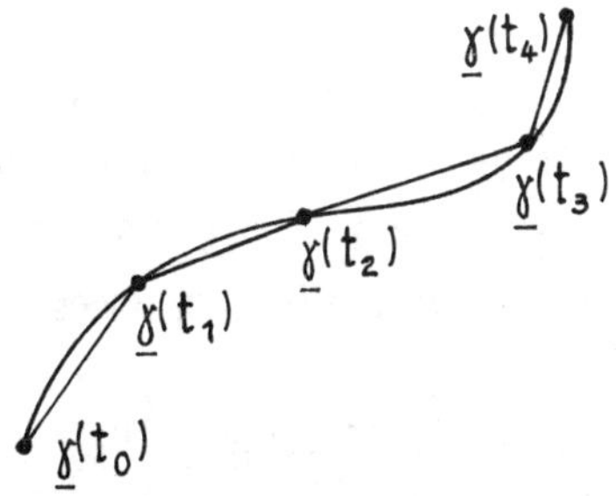

Fig. 1.16: Weg mit Streckenzug

$$L_Z(\underline{\gamma}) := \sum_{i=1}^{m} \left|\underline{\gamma}(t_{i-1}) - \underline{\gamma}(t_i)\right| \qquad (1.23)$$

nennen wir die Länge des Streckenzuges, in Übereinstimmung mit der Elementargeometrie in zwei oder drei Dimensionen.

"Verfeinert" man die Zerlegung Z , d.h. fügt man weitere Teilungspunkte hinzu, so werden die zugehörigen Streckenzuglängen immer größer, oder jedenfalls nicht kleiner. Je mehr Teilungspunkte gewählt werden und je kürzer die Teilstrecken sind, desto näher kommt die Streckenzuglänge unserer Vorstellung von einer Länge des Weges (bzw. der zugehörigen Kurve.) Wir vereinbaren daher

Definition 1.5 (a) Die Bogenlänge eines Weges $\underline{\gamma} : [a,b] \to \mathbb{R}^n$ ist definiert durch

$$L(\underline{\gamma}) = \sup_Z L_Z(\underline{\gamma}) ,$$

also durch das Supremum aller zugehörigen Streckenzuglängen. Hierbei ist ∞ als Supremum zugelassen.

(b) Ein Weg $\underline{\gamma}$ heißt streckbar,[1] wenn $L(\underline{\gamma})$ ungleich ∞ ist, also eine reelle Zahl ≥ 0. Wir schreiben dafür kurz: $L(\underline{\gamma}) < \infty$.

(c) Man nennt $L(\underline{\gamma})$ auch die (Bogen-)Länge der (von $\underline{\gamma}$ erzeugten) Kurve, insbesondere, wenn $\underline{\gamma}$ höchstens endlich viele Doppelpunkte hat. (In diesem Falle ist $L(\underline{\gamma})$ unabhängig von $\underline{\gamma}$).

Bemerkung: Es gibt durchaus nicht streckbare Wege $\underline{\gamma}$, also mit beliebig langen zugehörigen Streckenzuglängen $L_Z(\underline{\gamma})$, kurz, mit $L(\underline{\gamma}) = \sup_Z L_Z(\underline{\gamma}) = \infty$. Dies wirkt zunächst kaum glaublich. Doch wird später ein einfaches Beispiel dazu angegeben (Beisp. 1.12).

Stetig differenzierbare (und damit auch glatte) Wege $\underline{\gamma} : [a,b] \to \mathbb{R}^n$ verhalten sich aber glücklicherweise ordentlich: Sie sind streckbar!

Bevor wir dies nachweisen, zeigen wir die folgende geradezu selbstverständliche Additionseigenschaft der Bogenlänge

Satz 1.1 (Additivität der Bogenlänge) Es sei

$$\underline{\gamma} = \underline{\gamma}_1 \oplus \underline{\gamma}_2 \oplus \ldots \oplus \underline{\gamma}_n \tag{1.24}$$

eine Summe von Wegen. $\underline{\gamma}$ ist genau dann streckbar, wenn alle Teilwege $\underline{\gamma}_1, \ldots, \underline{\gamma}_n$ streckbar sind. Für die Bogenlänge gilt dann

$$\boxed{L(\underline{\gamma}) = L(\underline{\gamma}_1) + L(\underline{\gamma}_2) + \ldots + L(\underline{\gamma}_n)} \tag{1.25}$$

---

[1] Man sagt auch vornehm: rektifizierbar

Beweis: Es genügt, den Satz für zwei Summanden zu beweisen, also für $\underline{\gamma} = \underline{\gamma}_1 \oplus \underline{\gamma}_2$, denn der Allgemeinfall folgt daraus sofort mit vollständiger Induktion.

Es sei also $\underline{\gamma} : [a,b] \to \mathbb{R}^n$ zerlegt in $\underline{\gamma}_1 : [a,c]$ und $\underline{\gamma}_2 : [c,b] \to \mathbb{R}^n$. Eine beliebige Zerlegung Z von $[a,b]$ erzeugt durch Hinzunahme des Teilungspunktes c Zerlegungen Z_1, Z_2 von $[a,c]$ und $[c,b]$. Damit folgt

$$L_Z(\underline{\gamma}) \leq L_{Z_1}(\underline{\gamma}_1) + L_{Z_2}(\underline{\gamma}_2) \leq L(\underline{\gamma}_1) + L(\underline{\gamma}_2) \Rightarrow L(\underline{\gamma}) \leq L(\underline{\gamma}_1) + L(\underline{\gamma}_2) \qquad (1.26)$$

Umgekehrt liefern beliebige Zerlegungen Z_1, Z_2 von $[a,c]$ bzw. $[c,b]$ eine Zerlegung $Z = Z_1 \cup Z_2$ von $[a,b]$.

$$\Rightarrow \quad L_{Z_1}(\underline{\gamma}_1) + L_{Z_2}(\underline{\gamma}_2) = L_Z(\underline{\gamma}) \leq L(\underline{\gamma}) \Rightarrow L(\underline{\gamma}_1) + L(\underline{\gamma}_2) \leq L(\underline{\gamma}) \qquad (1.27)$$

(1.26) und (1.27) liefern $L(\underline{\gamma}) = L(\underline{\gamma}_1) + L(\underline{\gamma}_2)$ und somit die Behauptung des Satzes. □

Damit folgt der zentrale Satz:

Satz 1.2 Jeder stückweise stetig differenzierbare Weg $\underline{\gamma} : [a,b] \to \mathbb{R}^n$ ist streckbar und hat die Bogenlänge

$$\boxed{L(\underline{\gamma}) = \int_a^b |\dot{\underline{\gamma}}(t)| \, dt}^{1)} \qquad (1.28)$$

Beweis:[2] Wir setzen $\underline{\gamma} : [a,b] \to \mathbb{R}^n$ einfach als stetig differenzierbar voraus und führen den Beweis für diesen Fall. Mit Satz 1.1 folgt daraus dann unmittelbar die Aussage für stückweise stetig differenzierbare Wege.

---

[1] An Sprungstellen von $\dot{\underline{\gamma}}(t)$ denken wir uns den Mittelwert der rechts- und linksseitigen Ableitung eingesetzt, wie schon besprochen.

[2] Kann beim ersten Lesen überschlagen werden.

(a) Die Beschränktheit der Menge der $L_Z(\underline{\gamma})$ und damit die Streckbarkeit von $\underline{\gamma}$ erhält man so: Sei $L_Z(\underline{\gamma})$ Streckenzuglänge zu den Teilungspunkten $a = t_0 < t_1 < \ldots < t_m = b$, und sei $\underline{\gamma} = [\gamma_1, \ldots, \gamma_n]^T$. Mit den Abkürzungen

$$\Delta t_i = t_i - t_{i-1}, \quad M_k = \max_{t \in [a,b]} |\dot{\gamma}_k(t)|$$

folgt nach dem Mittelwertsatz der Differentialrechnung:

$$\begin{aligned} L_Z(\underline{\gamma}) &= \sum_{i=1}^{m} \sqrt{\sum_{k=1}^{n} \left(\gamma_k(t_i) - \gamma_k(t_{i-1})\right)^2} = \sum_{i=1}^{m} \sqrt{\sum_{k=1}^{n} \dot{\gamma}_k\left(\xi_i^{(k)}\right)^2}\, \Delta t_i \\ &\leq \sum_{i=1}^{m} \underbrace{\sqrt{\sum_{k=1}^{n} M_k^2}}_{= C}\, \Delta t_i \leq C \cdot (b-a) \end{aligned} \tag{1.29}$$

(b) Beim Beweis der Integraldarstellung (1.28) der Bogenlänge geht man von der Idee aus, daß sich $L_Z(\underline{\gamma})$ wegen (1.29) beliebig wenig von der folgenden Riemannschen Summe R_Z unterscheidet, und diese nur beliebig wenig von dem rechts stehenden Integral I:

$$R_Z := \sum_{i=1}^{m} \sqrt{\sum_{k=1}^{n} \dot{\gamma}_k(t_i)^2}\, \Delta t_i = \sum_{i=1}^{m} |\dot{\underline{\gamma}}(t_i)|\, \Delta t_i, \quad I = \int_a^b |\dot{\underline{\gamma}}(t)|\, dt$$

Die Zerlegung Z muß dabei genügend fein gewählt sein. Mit der Bogenlänge $L(\underline{\gamma})$ (die wegen (a) existiert) schätzen wir daher folgendermaßen ab:

$$|I - L(\underline{\gamma})| \leq |I - R_Z| + |R_Z - L_Z(\underline{\gamma})| + |L_Z(\underline{\gamma}) - L(\underline{\gamma})| \tag{1.30}$$

Es sei nun $\varepsilon > 0$ beliebig klein. Wir versuchen, jeden Summanden auf der rechten Seite von (1.30) kleiner als $\varepsilon/3$ zu machen. Dann ist $|I - L(\underline{\gamma})| < \varepsilon$, und wegen der Beliebigkeit von $\varepsilon > 0$ auch $I = L(\underline{\gamma})$, womit alles gezeigt wäre.

Zunächst gibt es eine Zerlegung Z_0 ~~von~~ mit $[a,b]$

$$|L_{Z_0}(\underline{\gamma}) - L(\underline{\gamma})| < \frac{\varepsilon}{3}, \tag{1.31}$$

da $L(\underline{\gamma})$ das Supremum der $L_Z(\underline{\gamma})$ ist. Die Ungleichung (1.31) gilt auch für jede Verfeinerung Z von Z_0, da $L_Z(\underline{\gamma}) \geq L_{Z_0}(\underline{\gamma})$ ist. Anschließend wählen wir ein $\delta > 0$, so daß für jedes dieser Z mit der Feinheit $|Z| < \delta$ gilt:

$$|I - R_Z| < \frac{\varepsilon}{3} \quad \text{und} \quad \left| \sqrt{\sum_{k=1}^{n} \dot{\gamma}_k(t_i)^2} - \sqrt{\sum_{k=1}^{n} \dot{\gamma}_k\left(\xi_i^{(k)}\right)^2} \right| < \frac{\varepsilon}{3(b-a)}$$

für $i = 1,\dots,m$. Ersteres folgt wegen $\lim_{|Z|\to 0} R_Z = I$, und letzteres aus der gleichmäßigen Stetigkeit der $\dot{\gamma}_k$ auf $[a,b]$. Aus der rechten Ungleichung erhält man aber

$$|R_Z - L_Z(\underline{\gamma})| < \sum_{i=1}^{m} \frac{\varepsilon}{3(b-a)} \Delta t_i = \frac{\varepsilon}{3} , \tag{1.32}$$

womit alles bewiesen ist. □

Ist

$$K : \begin{array}{l} x = \gamma_1(t) \\ y = \gamma_2(t) \end{array} , \quad t \in [a,b] \quad ; \quad \underline{\gamma} = \begin{bmatrix} \gamma_1 \\ \gamma_2 \end{bmatrix}$$

eine ebene, stückweise stetig diffferenzierbare Kurve, so beschreibt man mit den Abkürzungen

$$\dot{x} = \dot{\gamma}_1(t) \quad , \quad \dot{y} = \dot{\gamma}_2(t)$$

das Bogenlängen-Integral auch durch

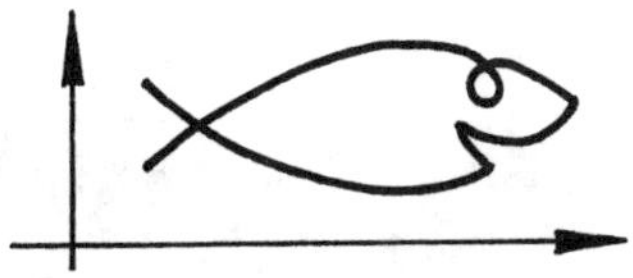

Fig. 1.17: Stückweise stetig differenzierbare Kurve

Länge ebener Wege

$$\boxed{L(\underline{\gamma}) = \int_a^b \sqrt{\dot{x}^2 + \dot{y}^2}\, dt} \tag{1.33}$$

Beispiel 1.9 Für die Kreislänge L erhält man aus $x = r\cos t$, $y = r\sin t$, wie zu erwarten

$$L = \int_0^{2\pi} \sqrt{\dot{x}^2+\dot{y}^2}\, dt = \int_0^{2\pi} \sqrt{r^2\cos^2 t + r^2\sin^2 t}\, dt = \int_0^{2\pi} r\, dt = 2\pi r .$$

Beispiel 1.10 Die Archimedesche Spirale, gegeben durch $x = t\cos t$, $y = t\sin t$ (s. Abschn. 1.1, Beispl. 1.2) hat für $t \in [0, 10\pi]$ die folgende Bogenlänge L (Dabei wird aus Bd. I, Abschn. 4.2.2 die Integrationsformel (4.60) von $\int \sqrt{1+t^2}\, dt$ herangezogen.):

$$L = \int_0^{10\pi} \sqrt{\dot{x}^2+\dot{y}^2}\, dt = \int_0^{10\pi} \sqrt{1+t^2}\, dt = \frac{1}{2}\left[t\sqrt{1+t^2} + \operatorname{arsinh} t\right]_0^{10\pi} \doteq 495{,}8 .$$

Für räumliche Kurven

$$K: \quad x = \gamma_1(t)\ ,\ y = \gamma_2(t)\ ,\ z = \gamma_3(t)\ , \qquad t \in [a,b]$$

beschreibt man die Bogenlänge L analog zu (1.33): ($\gamma_1, \gamma_2, \gamma_3$ stückweise stetig differenzierbar vorausgesetzt):

$$L = \int_a^b \sqrt{\dot{x}^2 + \dot{y}^2 + \dot{z}^2}\, dt \qquad \text{Länge räumlicher Wege} \tag{1.34}$$

Beispiel 1.11 Die Schraubenlinie, dargestellt durch $x = r\sin t$, $y = r\cos t$, $z = ct$ (s. Abschn. 1.2, Beisp. 1.6) hat für $t \in [0,s]$ die Länge

$$L = \int_0^s \sqrt{r^2\cos^2 t + r^2\sin^2 t + c^2}\, dt = \int_0^s \sqrt{r^2 + c^2}\, dt = s\sqrt{r^2 + c^2}$$

Zum Schluß ein Beispiel eines nicht streckbaren Weges.

Beispiel 1.12 Der Weg $\underline{\gamma} = \begin{bmatrix} \gamma_1 \\ \gamma_2 \end{bmatrix}$ mit

$$x = \gamma_1(t) := t$$

$$y = \gamma_2(t) := \begin{cases} t\cos\frac{\pi}{t} & \text{für } t \in (0,1] \\ 0 & \text{für } t = 0 \end{cases}$$

ist nicht streckbar. Denn für die Zerlegung Z mit den Teilungspunkten

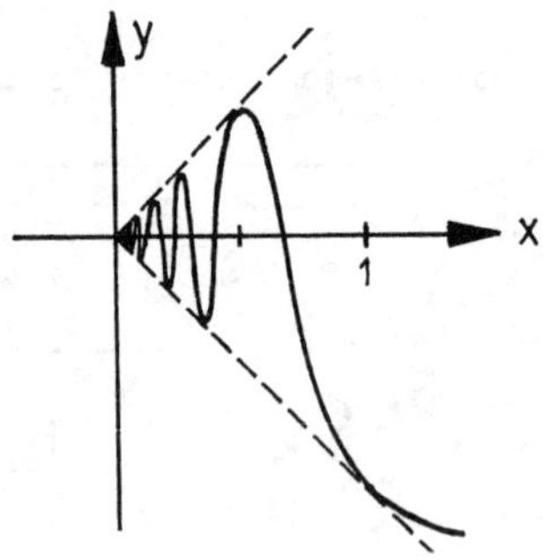

Fig. 1.18: Nicht streckbarer Weg

$$t_k = \frac{1}{k}\ ,\ (k = 1,2,3,\ldots,m-1)\ ,\ t_m = 0\ ^{1)}$$

ist $\gamma_2(t_k) = (-1)^k/k$. Da also $\gamma_2(t_1), \gamma_2(t_2), \ldots$ abwechselnde Vorzeichen haben, ist die zu t_k, t_{k-1} gehörende Teilstreckenlänge sicher größer als $|\gamma_2(t_k)| = 1/k$. Also folgt $L_Z(\underline{\gamma}) \geq \sum_{k=1}^{m-1} \frac{1}{k} \to \infty$ für $m \to \infty$, d.h. Menge der $L_Z(\underline{\gamma})$ ist unbeschränkt, folglich ist $\underline{\gamma}$ nicht streckbar. Man weist dem Weg $\underline{\gamma}$ symbolisch die Streckenlänge ∞ zu. -

1) Die Teilungspunkte sind umgekehrt angeordnet, anders als gewohnt: $t_m < t_{m-1} < \ldots < t_1$. Das ist jedoch für das Ergebnis gleichgültig.

Übungen Berechne die Bogenlängen folgender Kurven:

1.6* Parabel $P: \; x = t, \quad y = at^2 \quad (a > 0), \quad 0 \leq t \leq 2$

1.7 $K: \; x = \sinh t, \quad y = 2t, \quad 0 \leq t \leq 4$

1.8* Zykloide $Z: \; x = R(t - \sin t), \quad y = R(1 - \cos t), \; (R > 0), \quad 0 \leq t \leq 2\pi$

1.1.5 Parametertransformation, Orientierung

Es sei durch

$$x = \underline{\gamma}(t), \quad \underline{\gamma}: [a,b] \to \mathbb{R}^n$$

ein Weg beschrieben und durch

$$t = \varphi(\tau), \quad \varphi: [c,d] \to [a,b]$$

eine stetige, streng monoton steigende surjektive[1)] Funktion. Dann liefert die Komposition

$$\underline{\delta}(\tau) := \underline{\gamma}(\varphi(\tau)), \quad \text{kurz} \quad \boxed{\underline{\delta} = \underline{\gamma} \circ \varphi} \tag{1.35}$$

einen neuen Weg $\underline{\delta}: [c,d] \to \mathbb{R}^n$.

Man nennt φ eine Parametertransformation (t und τ heißen Parameter) und sagt:

$\underline{\delta}$ ist aus $\underline{\gamma}$ durch eine Parametertransformation hervorgegangen.

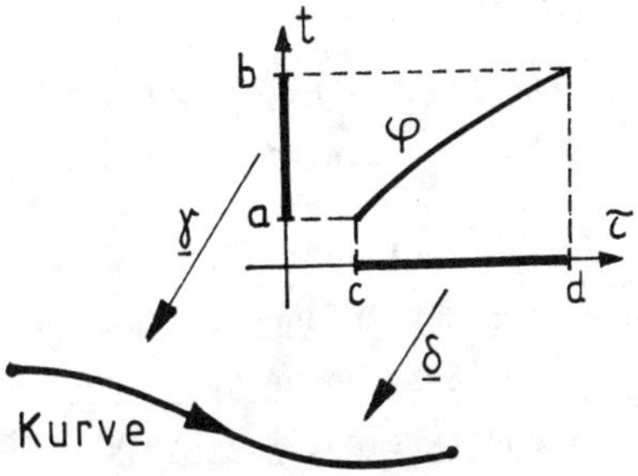

Fig. 1.19: Parametertransformation

Da wir es in der Vektoranalysis hauptsächlich mit stückweise glatten Kurven zu tun haben, wollen wir hinfort auch Parametertransformationen als stückweise glatt voraussetzen.

1) D.h. $\varphi([c,d]) = [a,b]$

Dabei heißt eine Parametertransformation $\varphi : [c,d] \longrightarrow [a,b]$ glatt, wenn sie surjektiv und stetig differenzierbar ist und überall

$$\dot{\varphi}(t) > 0$$

erfüllt. -

Die Transformation $\varphi : [c,d] \longrightarrow [a,b]$ (surjektiv, stetig) heißt stückweise glatt, wenn es eine Zerlegung von $[c,d]$ in Teilintervalle $[\tau_{i-1}, \tau_i]$ $(i = 0,\ldots,m)$ gibt, wobei die Einschränkungen von φ auf die Teilintervalle jeweils glatt sind. (φ ist unter diesen Voraussetzungen streng monoton steigend, wie schon oben gefordert.)

Definition 1.6 Es sei $\underline{\gamma} : [a,b] \longrightarrow \mathbb{R}^n$ ein stückweise glatter Weg, und $\varphi : [c,d] \longrightarrow [a,b]$ eine stückweise glatte Parametertransformation. Dann ist auch

$$\underline{\delta} = \underline{\gamma} \circ \varphi \quad , \text{ also } \delta(\tau) = \gamma(\varphi(\tau)) \ ,$$

ein stückweise glatter Weg. Wir nennen in diesem Falle die Wege $\underline{\delta}$ und $\underline{\gamma}$ äquivalent, in Zeichen

$$\underline{\delta} \sim \underline{\gamma} \ .$$

Die üblichen Bedingungen einer Äquivalenzrelation sind dabei erfüllt: (a) $\underline{\gamma} \sim \underline{\gamma}$, (b) $\underline{\gamma} \sim \underline{\delta} \Rightarrow \underline{\delta} \sim \underline{\gamma}$, (c) $\underline{\gamma} \sim \underline{\delta}$ und $\underline{\delta} \sim \underline{\eta} \Rightarrow \underline{\gamma} \sim \underline{\eta}$.

Die wesentlichen Eigenschaften von Wegen bleiben bei Parametertransformationen erhalten, d.h.

Satz 1.3 Zwei äquivalente Wege $\underline{\gamma}$ und $\underline{\delta}$ erzeugen die gleiche Kurve, haben gleiche Anfangs- und Endpunkte und gleiche Bogenlänge. Ist $\underline{\gamma}$ geschlossen oder doppelpunktfrei, so gilt dies auch jeweils für $\underline{\delta}$. Auch die Tangenteneinheitsvektoren stimmen in entsprechenden Punkten überein, d.h. es gilt mit $\underline{\delta} = \underline{\gamma} \circ \varphi$:

$$\underline{T}_{\delta}(\tau) = \underline{T}_{\gamma}(t) \quad , \text{ wobei } t = \varphi(\tau) \text{ ist.}^{1)} \tag{1.36}$$

---

1) In Sprungstellen t_i von $\dot{\underline{\gamma}}$ (wie üblich): $\dot{\underline{\gamma}}(t_i) = \frac{1}{2}(\dot{\underline{\gamma}}(t_i+) + \dot{\underline{\gamma}}(t_i-))$.

Beweis: Die Bogenlängen $L(\underline{\gamma})$ und $L(\underline{\delta})$ stimmen überein, da die Menge der zugehörigen Streckenzüge bei $\underline{\gamma}$ und $\underline{\delta}$ gleich ist. (1.36) gewinnt man aus

$$\underline{T}_{\delta}(\tau) = \frac{\dot{\underline{\delta}}(\tau)}{|\dot{\underline{\delta}}(\tau)|} = \frac{\frac{d}{dt}\underline{\gamma}(\varphi(\tau))}{\left|\frac{d}{dt}\underline{\gamma}(\varphi(\tau))\right|} = \frac{\dot{\underline{\gamma}}(t)\,\dot{\varphi}(\tau)}{|\dot{\underline{\gamma}}(t)|\,|\dot{\varphi}(\tau)|} = \underline{T}_{\gamma}(t) . \qquad \square$$

Auch die Art, wie die zughörige Kurve mit steigendem Parameterwert durchlaufen wird, ist bei $\underline{\gamma}$ und $\underline{\delta}$ - anschaulich gesehen - dieselbe. Denn faßt man die Parameter als Zeit auf, so durchläuft $\underline{\gamma}(t)$ die Kurve evtl. mit anderer Geschwindigkeit als $\underline{\delta}(\tau)$, doch im Prinzip auf die gleiche Weise im Hinblick auf Laufrichtung, Umrundung von Schleifen usw. Wir sagen daher:

> Zwei Wege haben genau dann den gleichen Durchlaufungssinn, wenn sie äquivalent sind.

Statt Durchlaufungssinn sagt man auch kurz Durchlaufung oder Orientierung.

Bemerkung: Für die Weiterarbeit reicht die obige Formulierung völlig aus. Lediglich der Vollständigkeit wegen sei die zu Grunde liegende mathematisch präzise Definition des Durchlaufungssinnes angeführt:

> Eine Äquivalenzklasse $[\gamma]$ von Wegen (d.i. die Menge der zu γ äquivalenten Wege) heißt ein Durchlaufungssinn (Durchlaufung, Orientierung) der zugehörigen Kurve K .

Denn in der Tat stellt jede solche Äquivalenzklasse, umgangssprachlich ausgedrückt, den Inbegriff einer Durchlaufung dar. Betrachten wir etwa die Kurve in Figur 1.20, so können wir sie z.B. so durchlaufen, wie die Pfeile es andeuten. Wir könnten aber die Schleife auch zweifach, dreifach, vierfach usw. durchlaufen oder in umgekehrte Richtung. Jede der genannten Durchlaufungen wird durch die Wege einer bestimmten Äquivalenzklasse realisiert. Unterschiedliche Durchlaufungen ein und derselben Kurve entsprechen unterschiedlichen Äquivalenzklassen von Wegen. -

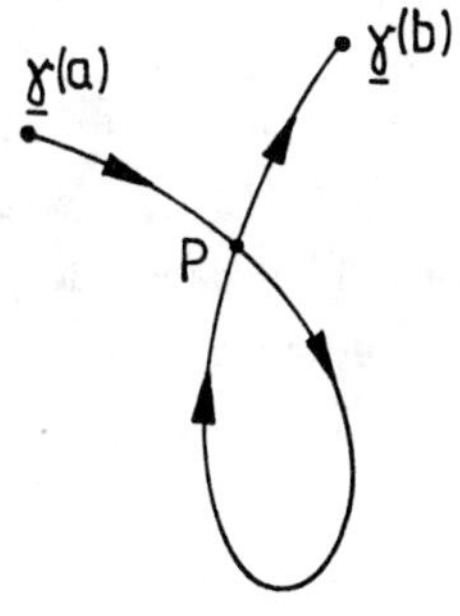

Fig. 1.20: Durchlaufung einer Kurve

Zu jedem Weg $\underline{\gamma} : [a,b] \to \mathbb{R}^n$ kann man den Weg

$$\underline{\gamma}^-(t) := \underline{\gamma}(-t) , \quad t \in [-b,-a] \tag{1.37}$$

bilden. Man sagt, $\underline{\gamma}^-$ hat den entgegengesetzten Durchlaufungssinn wie $\underline{\gamma}$,(s. Fig. 1.21). Für die Bogenlänge folgt

$$L(\underline{\gamma}) = L(\underline{\gamma}^-) .$$

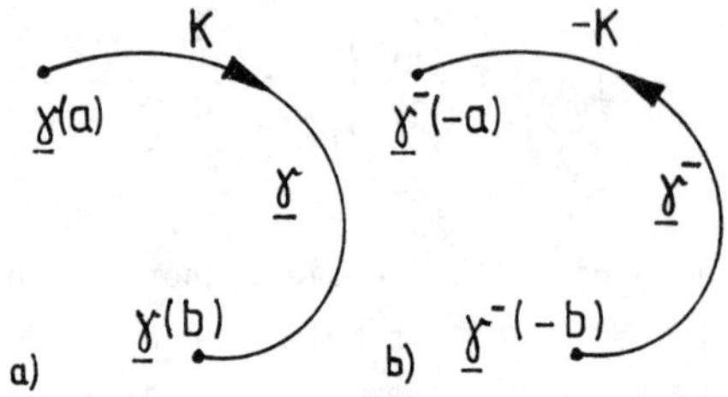

Fig. 1.21: Durchlaufungen zu $\underline{\gamma}$ und $\underline{\gamma}^-$

Eine Kurve K , der ein Durchlaufungssinn zugeordnet ist, heißt eine orientierte Kurve. Ordnet man ihr den entgegengesetzten Durchlaufungssinn zu, so schreibt man häufig -K dafür.

Man macht sich leicht klar, daß jede stückweise glatte Jordan-Kurve auf genau zwei Weisen orientiert werden kann (wenn wir nur eineindeutige Parameterdarstellungen betrachten).

Die natürliche Parameterdarstellung. Durch die Bogenlänge, abschnittsweise berechnet, kann man eine Parameterdarstellung einer Kurve gewinnen, die insbesondere bei theoretischen Überlegungen nützlich ist:

Ist $\underline{\gamma} : [a,b] \to \mathbb{R}^n$ ein stückweise glatter Weg, so ist

$$s = \int_a^t |\dot{\underline{\gamma}}(\tau)|\, d\tau =: \psi(t) \quad (a \leq t \leq b) \tag{1.38}$$

die Bogenlänge des Wegstückes, das zum Teilintervall $[a,t]$ gehört. $s = \psi(t)$ beschreibt eine stückweise glatte Parametertransformation von $[a,b]$ auf $[0,L]$ (mit $L = L(\underline{\gamma})$), denn es ist $\dot{s} = \dot{\psi}(t) = |\dot{\underline{\gamma}}(t)| > 0$. Wir erhalten damit den äquivalenten Weg $\underline{g} = \underline{\gamma} \circ \psi^{-1}$, und damit die Parameterdarstellung

$$\underline{x} = \underline{g}(s) , \quad s \in [0,L] \tag{1.39}$$

der durch $\underline{\gamma}$ erzeugten Kurve K . Diese Parameterdarstellung wird als natürliche Parameterdarstellung bezeichnet. s heißt natürlicher Parameter oder Bogenlängenparameter.

Der Tangenteneinheitsvektor $\underline{T} := \underline{T}_g$ errechnet sich dabei einfach aus

$$\underline{T}(s) := \underline{g}'(s) , \tag{1.40}$$

denn es ist

$$|\underline{g}'(s)| = \left|\dot{\underline{\gamma}}(t) \cdot \frac{dt}{ds}\right| = \frac{|\dot{\underline{\gamma}}(t)|}{|\dot{\underline{\gamma}}(t)|} = 1 .$$

Übungen

1.9* Zeige: Ist der Weg $\underline{\gamma} : [a,b] \longrightarrow \mathbb{R}^n$ stückweise glatt und auf wenigstens einem Teilintervall von $[a,b]$ eineindeutig, so ist $\underline{\gamma}$ nicht äquivalent zu $\underline{\gamma}^-$.

1.10 Berechne die natürlichen Parameterdarstellungen des Kreises K und der Strecke S :

$$K : x = r\cos(\omega t) \ , \ y = r\sin(\omega t) \ , \ t \in \left[0,\frac{2\pi}{\omega}\right] \ (r > 0, \ \omega > 0)$$

$$S : x = 3t - 1 \ , \quad y = -5t + 2 \ , \quad t \in [0,1] .$$

1.2 THEORIE EBENER KURVEN

1.2.1 Bogenlänge und umschlossene Fläche

Bogenlänge. Es sei durch $x = \gamma_1(t)$, $y = \gamma_2(t)$ $(a \leq t \leq b)$ ein stückweise glatter Weg $\underline{\gamma} = [\gamma_1, \gamma_2]^T$ in der Ebene gegeben. In Abschnitt 1.1.4 wurde die Formel für seine Länge L hergeleitet:

$$L = \int_a^b |\dot{\underline{\gamma}}(t)| dt \text{ , also}$$

Bogenlänge

$$\boxed{L = \int_a^b \sqrt{\dot{x}^2 + \dot{y}^2}\, dt} \quad \text{mit} \quad \dot{x} = \frac{d\gamma_1}{dt}(t), \quad \dot{y} = \frac{d\gamma_2}{dt}(t) \tag{1.41}$$

Oft ist auch die Darstellung von L in Polarkoordinaten r,φ nützlich. Die Umrechnung der Formel in Polarkoordinaten ist nicht schwierig: Mit

$$r = \sqrt{x^2 + y^2} = |\underline{\gamma}(t)| \text{ ,} \quad \varphi = \text{arc}(x,y) + 2k\pi \text{ ,}^{1)}$$

(k ganz) hängen r und φ (stückweise) glatt von t ab. Wir setzen dabei $r \neq 0$ voraus und sorgen dafür, daß φ durch richtige Wahl der k stets stetig von t abhängt. Aus der Transformation

$$\left.\begin{aligned} x &= r\cos\varphi \\ y &= r\sin\varphi \end{aligned}\right\} \text{ folgt damit } \left\{\begin{aligned} \dot{x} &= \dot{r}\cos\varphi - r\dot{\varphi}\sin\varphi \\ \dot{y} &= \dot{r}\sin\varphi + r\dot{\varphi}\cos\varphi \text{ ,} \end{aligned}\right. \tag{1.42}$$

also $\dot{x}^2 + \dot{y}^2 = \dot{r}^2 + r^2\dot{\varphi}^2$, und damit:

Bogenlänge in Polarkoordinaten

$$\boxed{L = \int_a^b \sqrt{\dot{r}^2 + r^2\dot{\varphi}^2}\, dt} \tag{1.43}$$

Funktionsgraphen. Ist durch $y = f(x)$ eine stetig differenzierbare reelle Funktion auf $[a,b]$ gegeben, so erhält man die Länge ihres Graphen - der ja auch als Kurve bezeichnet wird - über die Parameter-

---

1) $$\text{arc}(x,y) = \begin{cases} \arccos \frac{x}{r} & \text{falls } y \geq 0 \\ -\arccos \frac{x}{r} & \text{falls } y < 0 \end{cases}$$

darstellung $x = t$, $y = f(t)$:

$$L = \int_a^b \sqrt{1+\dot{y}^2}\, dt \, .$$

Schreibt man hier wieder x statt t , und $y' = f'(x)$, so folgt für die

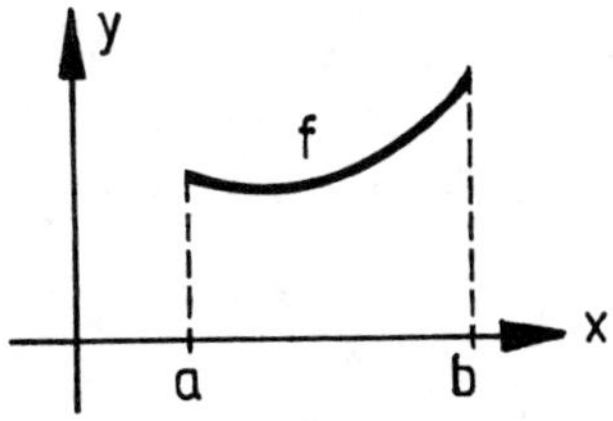

Fig. 1.22: Graph als Kurve

Länge eines Funktionsgraphen:

$$L = \int_a^b \sqrt{1+(y')^2}\, dx \tag{1.44}$$

Beispiel 1.13: Kettenlinie.
Durchhängende Seile oder Hochspannungsleitungen werden durch den Graphen einer Cosinushyperbolicus-Funktion dargestellt, und zwar durch

$$y = h_0 + c\left(\cosh\frac{x-x_0}{c} - 1\right) \qquad (c > 0) \tag{1.45}$$

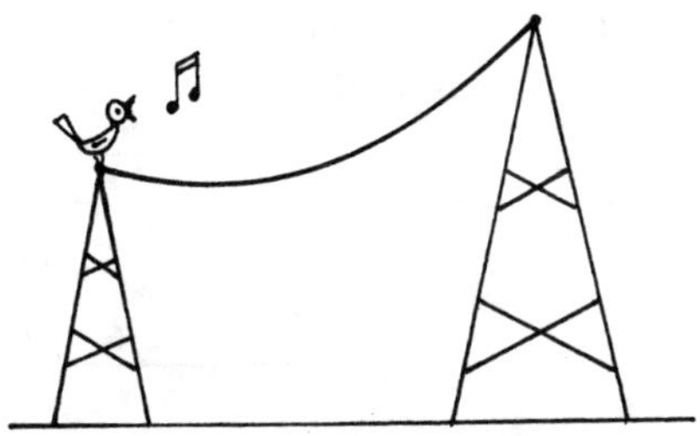

Fig. 1.23: Kettenlinie

(s. Fig. 1.23). Ihre Länge zwischen $x = a$ und $x = b$ ist nach (1.44):

$$L = \int_a^b \sqrt{1+\sinh^2\frac{x-x_0}{c}}\, dx = \int_a^b \cosh\frac{x-x_0}{c}\, dx$$

$$= c\left(\sinh\frac{b-x_0}{c} - \sinh\frac{a-x_0}{c}\right) .$$

Flächeninhalte von Flächen mit vorgegebenen Randkurven.

Beschreibt $y = f(x)$ eine stetige positive Funktion auf $[x_0,x_1]$, so ist der zugehörige Flächeninhalt über $[x_0,x_1]$ bekanntlich

$$A = \int_{x_0}^{x_1} f(x)\, dx \text{ , kurz } A = \int_{x_0}^{x_1} y\, dx$$

(s. Fig. 1.24a). Wir stellen uns nun vor, daß der Graph von f durch eine (stückweise) glatte Parameterdarstellung $y = \gamma_1(t)$, $x = \gamma_2(t)$ $(a \leq t \leq b)$ gegeben ist, wobei $\underline{\gamma} = [\gamma_1, \gamma_2]^T$ eineindeutig ist, und die Kurve von links nach rechts durchlaufen wird (steigende x-Werte). Dann folgt mit der Substitutionsregel für den *Flächeninhalt* in Figur 1.24a :

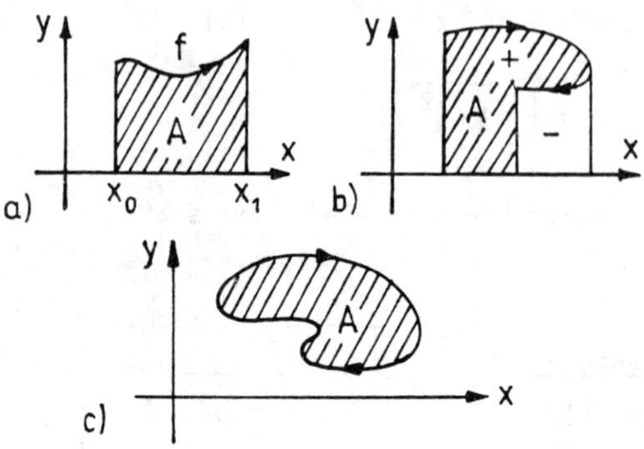

Fig. 1.24: Zum Flächeninhalt

$$A = \int_{t_0}^{t_1} y\,\dot{x}\,dt \qquad (1.46)$$

Figur 1.24b zeigt die geometrische Bedeutung des Flächeninhaltes A , wenn die Kurve nicht nur von links nach rechts (steigende x-Werte), sondern auch stückweise von rechts nach links (fallende x-Werte) durchlaufen wird.

Daraus wird aber klar: Ist die Kurve eine *geschlossene Jordan-Kurve*, wie z.B. in Figur 1.24c, die ihr Inneres *im Uhrzeigersinn umläuft*, so ergibt das Integral in (1.46) den Flächeninhalt des umschlossenen Gebietes an.

Aus Symmetriegründen gilt in diesem Fall natürlich auch

$$A = \int_{t_0}^{t_1} x\,\dot{y}\,dt$$

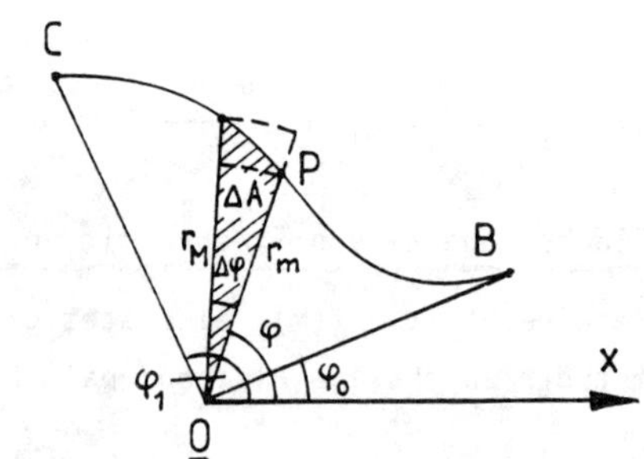

Fig. 1.25: Flächeninhalt eines Winkelsektors

Es sei nun eine Kurve in *Polardarstellung* $r = f(\varphi)$ gegeben, wobei f stetig auf $[\varphi_0, \varphi_1]$ ist. Dann ist der Flächeninhalt eines Winkelsektors $\underline{O}\widehat{BC}$, wie in Figur 1.25 skizziert, gleich

$$\boxed{A = \frac{1}{2} \int_{\varphi_0}^{\varphi_1} r^2 \, d\varphi} \tag{1.47}$$

Denn der Flächeninhalt ΔA des kleinen schraffierten Sektors in Figur 1.25 liegt zwischen den Flächeninhalten der Kreissektoren zu r_m bzw. r_M, wobei r_m kleinster und r_M größter Radius im schraffierten Sektor ist. Also gilt $\frac{1}{2} r_m^2 \, \Delta\varphi \leq \Delta A \leq \frac{1}{2} r_M^2 \, \Delta\varphi$, folglich

$$\frac{1}{2} r_m^2 \leq \frac{\Delta A}{\Delta \varphi} \leq \frac{1}{2} r_M^2 .$$

Mit der Flächeninhaltsfunktion $A = F(\varphi)$, die den Inhalt des Sektors $\underline{O}\widehat{BP}$ beschreibt, folgt aus den Ungleichungen mit $\Delta\varphi \to 0$:

$$\frac{dA}{d\varphi} = F'(\varphi) = \frac{1}{2} r^2 .$$

Der Hauptsatz der Differential- und Integralrechnung ergibt dann (1.47).

Übungen

1.11 Berechne die Bogenlänge des Funktionsgraphen der Neilschen Parabel $y = f(x) = x^{\frac{3}{2}}$ für $0 \leq x \leq a$ ($a > 0$). (Gegenüber Beisp. 1.3, Abschn. 1.1.1, haben x und y hier ihre Rollen getauscht).

1.12 Berechne mit (1.46) den Flächeninhalt der Ellipse, gegeben durch $x = a \cos t$, $y = a \sin t$, $0 \leq t \leq 2\pi$, $(a > 0)$.

1.13 Berechne aus der Polargleichung $r = a\varphi$ $(a > 0)$ der Archimedeschen Spirale den Flächeninhalt eines Winkelsektors zwischen φ_0 und φ_1 $(0 \leq \varphi_0 < \varphi_1 \leq 2\pi)$.

1.14 Berechne den Flächeninhalt eines "Blattes" der Kleeblattkurve, gegeben durch die Polargleichung $r = a \sin(3\varphi)$, $0 \leq \varphi \leq \frac{\pi}{2}$ (vgl. Abschn. 1.4.5).

1.2.2 Krümmung und Krümmungsradius

Wir betrachten eine ebene glatte Kurve mit der Parameterdarstellung

$$\boxed{\begin{matrix} x = \gamma_1(t)\,, \\ y = \gamma_2(t)\,, \end{matrix}\ a \leq t \leq b}\ , \text{ mit } \underline{x} = \begin{bmatrix} x \\ y \end{bmatrix},\ \underline{\gamma} = \begin{bmatrix} \gamma_1 \\ \gamma_2 \end{bmatrix}, \text{ kurz } \boxed{\underline{x} = \underline{\gamma}(t)} \qquad (1.48)$$

Der Weg $\underline{\gamma} : [a,b] \rightarrow \mathbb{R}^2$, der die Kurve erzeugt, sei dabei ein glatter C^2-Weg[1].

Zur Erleichterung benutzen wir auch die äquivalente Darstellung mit dem natürlichen Parameter s :

$$\boxed{\begin{matrix} x = g_1(s) \\ y = g_2(s) \end{matrix}\ ,\ 0 \leq s \leq L}\ , \text{ mit } \underline{g} = \begin{bmatrix} g_1 \\ g_2 \end{bmatrix}\ , \text{ kurz } \boxed{\underline{x} = \underline{g}(s)} \qquad (1.49)$$

s ist dabei die Bogenlänge des Teilweges von a bis t (vgl. Abschn. 1.1.5), d.h.:

$$\boxed{s = \psi(t) := \int_a^t |\dot{\underline{\gamma}}(\tau)|\,d\tau}\ ;\ \Rightarrow\ \dot{s} = \frac{d}{dt}\psi(t) = |\dot{\underline{\gamma}}(t)| = \sqrt{\dot{x}^2 + \dot{y}^2} \neq 0 \qquad (1.50)$$

$\underline{g}$ und $\underline{\gamma}$ hängen also so zusammen $\Big\}$ oder

$$\begin{matrix} \underline{\gamma}(t) = \underline{g}(\psi(t)) \\ \underline{g}(s) = \underline{\gamma}(\psi^{-1}(s)) \end{matrix} \qquad (1.51)$$

Krümmung. Zur Orientierung nehmen wir an, daß unsere Kurve wie in Figur 1.26 verläuft. Der Winkel α , den der Tangentenvektor in $\underline{x} = \underline{g}(s)$ mit der positiven x-Achse bildet, ändert sich mit steigendem s . Die Änderung $\Delta\alpha$ des Winkels pro Längeneinheit kann dabei als

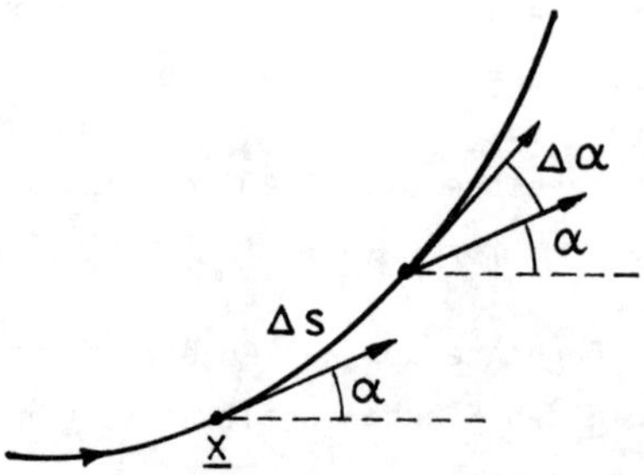

Fig. 1.26: Zur Krümmung $\kappa \approx \frac{\Delta\alpha}{\Delta s}$

[1] D.h. $\underline{\gamma}$ ist glatt und zweimal stetig differenzierbar

Maß für die "Krümmung" verwendet werden. Wir nennen daher $\Delta\alpha/\Delta s$ die "mittlere Krümmung" zwischen s und $s+\Delta s$ und - nach Grenzübergang $\Delta s \to 0$ - den Differentialquotienten

$$\frac{d\alpha}{ds} =: \kappa$$

die Krümmung im Kurvenpunkt $\underline{x} = \underline{g}(s) = \underline{\gamma}(t)$, und zwar bzgl. des Weges $\underline{\gamma}$. Gegen glatte Parametertransformationen ist die Krümmung unabhängig, da sie über die natürliche Parameterdarstellung definiert ist.

Berechnung der Krümmung: Da $\dot{\underline{\gamma}}(t) = \begin{bmatrix} \dot{x} \\ \dot{y} \end{bmatrix}$ ein Tangentialvektor in $\underline{x} = \underline{\gamma}(t)$ ist, gilt für den Winkel α zwischen $\dot{\underline{\gamma}}(t)$ und der positiven x-Achse: $\tan\alpha = \frac{\dot{y}}{\dot{x}}$, falls $\dot{x} \neq 0$, und $\cot\alpha = \frac{\dot{x}}{\dot{y}}$, wenn $\dot{y} \neq 0$, also

$$\alpha = \operatorname{arc}(\dot{x},\dot{y}) = \begin{cases} \arctan \frac{\dot{y}}{\dot{x}} + n\pi & \text{falls } \dot{x} \neq 0 \\ \operatorname{arccot} \frac{\dot{x}}{\dot{y}} + m\pi & \text{falls } \dot{y} \neq 0 \end{cases} \tag{1.52}$$

Dabei werden die ganzen Zahlen n,m in Abhängigkeit von t so gewählt, daß α stetig von t abhängt. Ersetzt man hier t durch $\psi^{-1}(s)$, so erhält man α in Abhängigkeit von s. Damit errechnet man die Krümmung in s aus

$$\kappa = \frac{d\alpha}{ds} = \frac{d\alpha}{dt} \cdot \frac{dt}{ds} .$$

Die Berechnung von $\frac{d\alpha}{dt}$ aus (1.52) liefert für beide Alternativen das gleiche, nämlich

$$\frac{d\alpha}{dt} = \frac{\dot{x}\ddot{y} - \ddot{x}\dot{y}}{\dot{x}^2 + \dot{y}^2} \quad {}^{1)}$$

Mit $\frac{ds}{dt} = \sqrt{\dot{x}^2 + \dot{y}^2}$, siehe (1.50), gewinnt man aus (1.52) damit

Satz 1.4 Die Krümmung eines glatten C^2-Weges $\underline{\gamma} : [a,b] \to \mathbb{R}^2$ mit $\begin{bmatrix} x \\ y \end{bmatrix} = \underline{\gamma}(t)$ hat in t den Wert

---

1) Zur Erinnerung: $\arctan' x = -\operatorname{arccot}' x = 1/(1+x^2)$

$$\kappa = \frac{\dot{x}\ddot{y} - \ddot{x}\dot{y}}{(\dot{x}^2 + \dot{y}^2)^{3/2}} \tag{1.53}$$

Ist $\underline{\gamma}(t)$ doppelpunktfrei in einer Umgebung von t , so nennt man das zugehörige κ auch die Krümmung der Kurve im Punkt $\underline{\gamma}(t)$ (bez. der durch $\underline{\gamma}$ vermittelten Orientierung).

Für $t = s$, also für den natürlichen Parameter, folgt aus (1.50) wegen $\dot{s} = \frac{ds}{ds} = 1$:

$$\sqrt{\left(\frac{dx}{ds}\right)^2 + \left(\frac{dy}{ds}\right)^2} = 1 \tag{1.54}$$

Der Nenner in (1.53) wird also 1 , und man erhält

$$\kappa = \frac{dx}{ds} \cdot \frac{d^2y}{ds^2} - \frac{d^2x}{ds^2} \cdot \frac{dy}{ds} \quad \text{Krümmung bzgl. natürlichen Parameters} \tag{1.55}$$

Auf Grund der geometrischen Bedeutung der Krümmung vereinbaren wir folgende anschauliche Sprechweise für Wegabschnitte mit $\kappa > 0$ bzw. $\kappa < 0$:

$$\kappa > 0 : \text{Linkskurve}$$
$$\kappa < 0 : \text{Rechtskurve} \tag{1.56}$$

Hat κ - als Funktion von t - bei t_0 einen Nulldurchgang, so liegt bei t_0 ein Wechsel zwischen Rechts- und Linkskurve vor. Wir sagen, bei t_0 hat der Weg einen Wendepunkt.

Krümmungsradius: Gilt $\kappa \neq 0$ für die Krümmung in $\underline{\gamma}(t)$, so nennen wir

$$\rho := \frac{1}{|\kappa|}$$

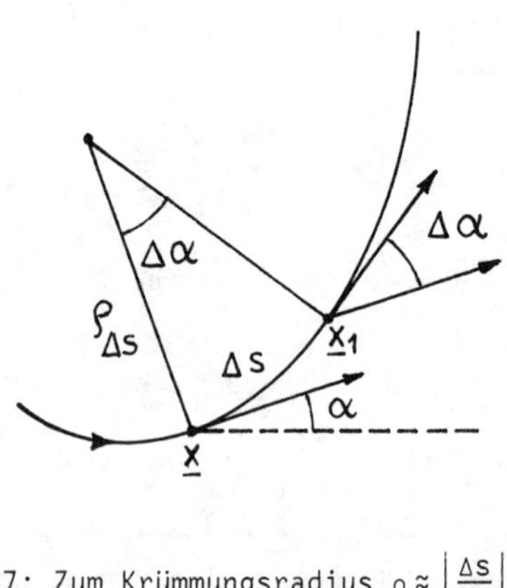

Fig. 1.27: Zum Krümmungsradius $\rho \approx \left|\frac{\Delta s}{\Delta \alpha}\right|$

den Krümmungsradius des Weges (bzw. der Kurve) in $\underline{\gamma}(t)$.

Figur 1.27 zeigt, daß dies anschaulich sinnvoll ist: Nimmt man an, daß der Bogen von $\underline{x}$ bis $\underline{x}_1$ (näherungsweise) ein Kreisbogen ist, so gilt für den zugehörigen Radius $\rho_{\Delta s}$ (näherungsweise) $\Delta s = \rho_{\Delta s}|\Delta\alpha|$, also $\rho_{\Delta s} = \frac{\Delta s}{|\Delta\alpha|} \longrightarrow \frac{1}{|\kappa|} = \rho$ für $\Delta s \to 0$. ρ kann also als Radius eines Kreises aufgefaßt werden, der sich in $\underline{x} = \underline{\gamma}(t)$ an die Kurve "anschmiegt".

Für den Kreis $x = r\cos t$, $y = r\sin t$ errechnet man übrigens ohne Schwierigkeit $\rho = r$ in allen Kreispunkten. Der Ausdruck "Krümmungsradius" für $\rho = 1/|\kappa|$ ist daher auch aus diesem Grunde vernünftig. -

Für Funktionen $y = f(x)$ erhält man mit der Parameterdarstellung $x = t$, $y = f(t)$ aus (1.53):

Folgerung 1.1 Ist $y = f(x)$ $(x \in I \subset \mathbb{R})$ eine zweimal stetig differenzierbare reelle Funktion, so ist die Krümmung ~~der~~ des Graphen von f im Punkte $\begin{bmatrix} x \\ y \end{bmatrix}$ gleich

$$\boxed{\kappa = \frac{y''}{(1+(y')^2)^{3/2}}} \qquad \begin{pmatrix} y' = f'(x) \\ y'' = f''(x) \end{pmatrix} \tag{1.57}$$

Im Falle $y'' \neq 0$ ist $\rho = 1/|\kappa|$ der zugehörige Krümmungsradius.

Übungen

1.15 Berechne den Krümmungsradius von $f(x) = e^x$ $(x \in \mathbb{R})$ für $x = 0$ und $x = 1$.

1.16 Für $y = \cos x$ berechne die Krümmung $\kappa(x)$ des Graphen in Abhängigkeit von x . Skizziere den Graphen von κ für $0 \leqq x \leqq \frac{\pi}{2}$.

1.17 Ein Fahrzeug der Masse m durchfahre eine Parabelbahn, gegeben durch $y = cx^2$ $(c > 0)$. Die Bahngeschwindigkeit $v > 0$ sei dabei konstant. Berechne die Fliehkraft $Z = mv^2\rho$ in $x = 0$, in $x = 1$ und $x = 2$.

1.2.3 Tangenteneinheitsvektor, Normalenvektor, natürliche Gleichung

Der *Tangenteneinheitsvektor* zum glatten Weg $\underline{\gamma} : [a,b] \rightarrow \mathbb{R}^2$ ($\underline{x} = \begin{bmatrix} x \\ y \end{bmatrix} = \underline{\gamma}(t)$) ist definiert durch

$$\boxed{\underline{T}_\gamma(t) = \frac{\dot{\underline{\gamma}}(t)}{|\dot{\underline{\gamma}}(t)|}} = \frac{1}{\sqrt{\dot{x}^2+\dot{y}^2}} \begin{bmatrix} \dot{x} \\ \dot{y} \end{bmatrix} \tag{1.58}$$

Bezüglich der natürlichen Parameterdarstellung $\begin{bmatrix} x \\ y \end{bmatrix} = \begin{bmatrix} g_1(s) \\ g_2(s) \end{bmatrix} = \underline{g}(s)$ schreiben wir den *Tangenteneinheitsvektor* kurz als

$$\boxed{\underline{T}(s) := \underline{g}'(s)} = \begin{bmatrix} x' \\ y' \end{bmatrix} \qquad \left(\begin{aligned} x' &= \frac{dg_1}{ds}(s) \\ y' &= \frac{dg_2}{ds}(s) \end{aligned} \right) \tag{1.59}$$

(Daß tatsächlich $|T(s)| = 1$ gilt, folgt unmittelbar aus (1.54)).

Der *Normalenvektor* $\underline{N}_\gamma(t) = \underline{N}(s)$ ist definiert als das *rechtwinklige Komplement*[1] des Tangenteneinheitsvektors, also

$$\boxed{\underline{N}_\gamma(t) := \underline{T}_\gamma(t)^R} = \frac{1}{\sqrt{\dot{x}^2+\dot{y}^2}} \begin{bmatrix} -\dot{y} \\ \dot{x} \end{bmatrix}, \text{ bzw. } \boxed{\underline{N}(s) := \underline{T}(s)^R} = \begin{bmatrix} -y' \\ x' \end{bmatrix} \tag{1.60}$$

Der *Normalenvektor* eines Weges steht also rechtwinklig auf dem Tangenteneinheitsvektor; genauer: Er geht durch Drehung um 90° gegen den Uhrzeigersinn aus $\underline{T}(s)$ hervor. Er *weist* damit stets *nach links*, wenn man die zugehörige Kurve in Richtung steigender Parameterwerte durchläuft, (s. Fig. 1.28).

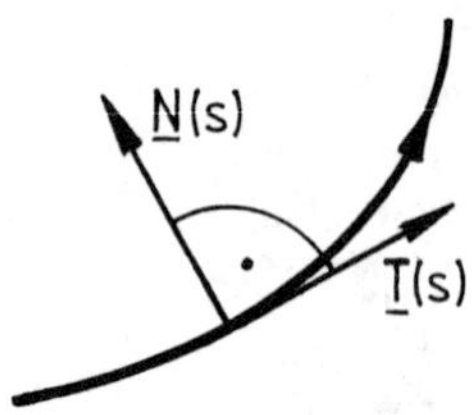

Fig. 1.28: Tangenteneinheitsvektor $\underline{T}(s)$ und Normalenvektor $\underline{N}(s)$

Es folgt für die Determinante aus $\underline{T}(s)$, und $\underline{N}(s)$ sofort

---

[1] Das *rechtwinklige Komplement* von $\underline{r} = \begin{bmatrix} x \\ y \end{bmatrix} \in \mathbb{R}^2$ ist der Vektor $\underline{r}^R := \begin{bmatrix} -y \\ x \end{bmatrix}$ (s. Bd. II, Abschn. 1.1.6). Man rechnet leicht folgende Formeln nach: $\underline{r}^R \cdot \underline{r} = 0$, $|\underline{r}^R| = |\underline{r}|$, $\underline{r}^R \cdot \underline{v} = \det(\underline{r},\underline{v})$ (= Determinante mit den Spalten $\underline{r}$ und $\underline{v}$), $\underline{r}^{RR} = -\underline{r}$.

$$\det(\underline{T}, \underline{N}) = \underline{T}^R \cdot \underline{N} = \underline{N} \cdot \underline{N} = 1 \ . \tag{1.61}$$

(Die Variable s wurde hier der Übersicht halber weggelassen.) Wir setzen nun weiter voraus, daß der Weg ein glatter C^2-Weg ist. Dann folgt

$$\det(\underline{T}(s), \underline{T}'(s)) = x'y'' - y'x'' = \kappa(s) \ ,^{1)} \tag{1.62}$$

nach (1.55). Andererseits folgt aus $\underline{T} \cdot \underline{T} = 1$ durch Differenzieren nach der Produktregel: $\underline{T} \cdot \underline{T}' = 0$, d.h. $\underline{T}'$ steht rechtwinklig auf $\underline{T}$. Aus diesem Grunde gilt $\underline{T}'(s) = \lambda \underline{N}(s)$ für geeignetes $\lambda \in \mathbb{R}$ (s fest). Damit liefert (1.62), zusammen mit (1.61):

$$\kappa(s) = \det(\underline{T}(s), \underline{T}'(s)) = \lambda \det(\underline{T}(s), \underline{N}(s)) = \lambda$$

$$\Rightarrow \qquad \boxed{\underline{T}' = \kappa \underline{N}} \tag{1.63}$$

Wir differenzieren nun fröhlich weiter und erhalten:

$$\underline{N}' = (\underline{T}^R)' = (\underline{T}')^R = \kappa \underline{N}^R = \kappa \underline{T}^{RR} = -\kappa \underline{T} \Rightarrow \boxed{\underline{N}' = -\kappa \underline{T}} \tag{1.64}$$

Die beiden Gleichungen (1.63), (1.64) heißen die Frenetschen Formeln der ebenen Kurventheorie. In Koordinaten geschrieben lauten die Frenetschen Formeln folgendermaßen, wobei die Striche die Ableitungen nach s symbolisieren (wie bisher)

$$\boxed{x'' = -\kappa y' \quad , \quad y'' = \kappa x'} \tag{1.65}$$

Bemerkung: Diese Formeln enthalten im Kern die gesamte Differentialgeometrie ebener Kurven (vgl. [52]).

Die natürliche Gleichung eines ebenen Weges. Für einen glatten C^2-Weg $\underline{x} = \underline{g}(s)$ mit dem natürlichen Parameter sei durch

$$\kappa = k(s) \tag{1.66}$$

die Krümmung in Abhängigkeit von s beschrieben. Man nennt dies die natürliche Gleichung des Weges (oder auch der zugehörigen Kurve, wenn $\underline{\gamma}$ doppelpunktfrei ist).

[1]) Wir fassen hier die Krümmung $\kappa(s)$ als Funktion von s auf.

Der Begriff wird dadurch gerechtfertigt, daß durch die Funktion $\kappa = k(s)$ der Weg bis auf starre Bewegungen eindeutig bestimmt ist. Dies geht aus folgendem Satz hervor:

Satz 1.5 Es sei folgendes gegeben: Eine reellwertige stetige Funktion $\kappa = k(s)$ $(s_0 \leqq s \leqq s_1)$, ein beliebiger Punkt $\underline{x}_0 = \begin{bmatrix} x_0 \\ y_0 \end{bmatrix} \in \mathbb{R}^2$ und eine Zahl $\alpha_0 \in [0,2\pi)$. Dann gibt es genau einen glatten C^2-Weg $\underline{g} = \begin{bmatrix} g_1 \\ g_2 \end{bmatrix}$ im $\mathbb{R}^2$, der $\kappa = k(s)$ als natürliche Gleichung hat und $\underline{g}(s_0) = \underline{x}_0$ sowie $\dot{\underline{g}}'(s_0) = \begin{bmatrix} \cos\alpha_0 \\ \sin\alpha_0 \end{bmatrix}$ erfüllt (d.h. der Winkel α_0 beschreibt die Tangentialrichtung in $\underline{x}_0$). Die natürliche Parameterdarstellung lautet explizit:

$$x = g_1(s) := x_0 + \int_{s_0}^{s} \cos\alpha(\sigma)d\sigma \ , \quad y = g_2(s) := y_0 + \int_{s_0}^{s} \sin\alpha(\sigma)d\sigma$$
$$\text{mit} \quad \alpha(\sigma) := \alpha_0 + \int_{s_0}^{\sigma} k(\bar{s})\, d\bar{s} \ , \qquad s_0 \leqq \sigma \leqq s_1 \tag{1.67}$$

Beweis: (I) Existenz. Für den Weg $\underline{g}$, der durch obige Gleichungen gegeben ist, errechnet man mühelos $x'y'' - x''y' = k(s)$. Links steht die Krümmung κ, d.h. $\underline{g}$ hat die natürliche Gleichung $\kappa = k(s)$.

(II) Eindeutigkeit. Ist umgekehrt $\underline{g} : [s_0, s_1] \to \mathbb{R}^2$ irgendein Weg mit der natürlichen Gleichung $\kappa = k(s)$, sowie $\underline{g}(s_0) = \underline{x}_0$ und $\underline{g}'(s_0) = \begin{bmatrix} \cos\alpha_0 \\ \sin\alpha_0 \end{bmatrix}$, so folgt aus der Definitionsgleichung für die Krümmung: $\frac{d\alpha}{ds} = \kappa = k(s)$. Durch Integration erhält man $\alpha(\sigma)$ wie in (1.67) und aus $\underline{g}'(s) = \begin{bmatrix} x' \\ y' \end{bmatrix} = \begin{bmatrix} \cos\alpha(s) \\ \sin\alpha(s) \end{bmatrix}$ durch Integration die Parameterdarstellung in (1.67). □

Bemerkung: Mit dem Satz kann man zu vorgegebenem Krümmungsverlauf die Form der zugehörigen Kurve bestimmen. Wir werden das später am Beispiel der Klothoide durchführen, einer Kurve, die beim Straßen- und Gleisbau eine wichtige Rolle spielt.

Übung 1.18* Berechne die ebene Kurve zu $\kappa = k(s) = 1/s$ und $\alpha_0 = 0$, $x_0 = y_0 = 0$ $(1 \leqq s \leqq 10)$.

1.2.4 Evolute und Evolvente

Die Evolute - Kurve der Krümmungsmittelpunkte:

Der glatte C^2-Weg $\underline{\gamma} : [a,b] \to \mathbb{R}^2$ habe nirgends verschwindende Krümmung $\kappa(t)$. Dann ist der Krümmungsradius $\rho(t) = 1/|\kappa(t)|$ für alle $t \in [a,b]$ eine positive Zahl.

Bei einer Linkskurve ($\kappa > 0$) liegt der Krümmungsmittelpunkt $\underline{\xi}(t)$ bez. $\underline{x} = \underline{\gamma}(t)$ in Richtung der Normalen $\underline{N}_{\underline{\gamma}}(t)$ von $\underline{x}$ aus, und zwar in der Entfernung $\rho(t) = 1/\kappa(t)$ vom Kurvenpunkt $\underline{x}$, d.h. es ist

$$\underline{\xi} = \underline{x} + \frac{1}{\kappa}\underline{N}_{\underline{\gamma}} \tag{1.68}$$

(wobei t der Übersicht wegen weggelassen wurde).

Bei einer Rechtskurve gilt aber dieselbe Gleichung, da dann $\kappa < 0$ ist, also der Krümmungsmittelpunkt auch "rechts" von der Kurve anzutreffen ist. Setzt man hier die Ausdrücke für κ und $N_{\underline{\gamma}}$ ein, so erhält man für die Koordinaten des Krümmungsmittelpunktes:

$$\boxed{\begin{aligned}\xi(t) &= x - \dot{y}\,\frac{\dot{x}^2 + \dot{y}^2}{\dot{x}\ddot{y} - \ddot{x}\dot{y}}\\ \eta(t) &= y + \dot{x}\,\frac{\dot{x}^2 + \dot{y}^2}{\dot{x}\ddot{y} - \ddot{x}\dot{y}}\end{aligned}} \quad \text{mit} \quad x = \gamma_1(t)\,,\quad y = \gamma_2(t)\,,\quad \underline{\xi} = \begin{bmatrix}\xi\\ \eta\end{bmatrix}. \tag{1.69}$$

Dies ist die Parameterdarstellung der "Evolute" des Weges $\underline{\gamma}$, d.h. der Krümmungsmittelpunkts-Kurve von $\underline{\gamma}$. Ein Kreis um $\underline{\xi}(t) = \begin{bmatrix}\xi(t)\\ \eta(t)\end{bmatrix}$ mit Radius $\rho(t)$ heißt ein Schmiegkreis an die Kurve.

Beispiel 1.14 Die Parabel mit der Gleichung $y^2 = 2px$ $(p > 0)$ (vgl. Abschn. 1.3.4) erhält durch $y = t$, also $x = t^2/(2p)$, eine einfache Parameterdarstellung. Man setzt dies nebst Ausdrücken für $\dot{y}, \ddot{y}, \dot{x}, \ddot{x}$ in (1.69) ein, und erhält die Evolute in der Parameterdarstellung

$$\xi = \frac{3}{2p}t^2 + p\,,\quad \eta = -\frac{t^3}{p^2}\;.$$

Löst man rechts nach t auf:
$t = -\sqrt[3]{p^2\eta}$, und setzt links ein,
so ergibt sich die Funktionsgleichung:

$$\xi = f(\eta) := \frac{2}{3}\sqrt[3]{p\eta^2} + p \ .$$

Die Evolute (Krümmungsmittelpunkts-Kurve) der Parabel ist also eine Neilsche Parabel (vgl. Abschn. 1.1.1, Beisp. 1.3), (s. Fig. 1.29).

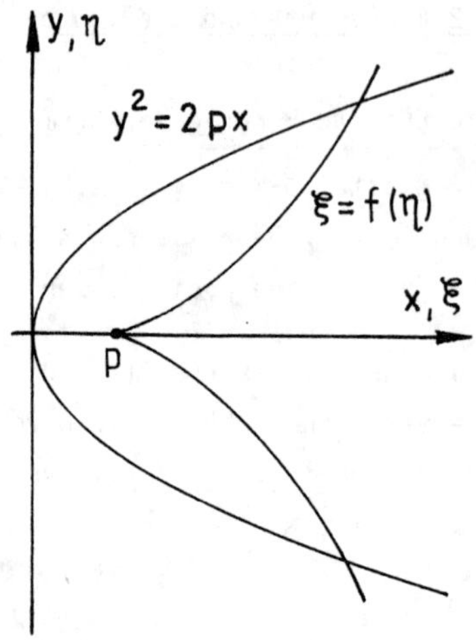

Fig. 1.29: Evolute (Kurve der Krümmungsmittelpunkte) bei der Parabel

Evolvente. Es sei K eine Kurve, erzeugt durch einen glatten C^2-Weg $\underline{g} : [s_0, s_1] \to \mathbb{R}^2$, wobei der Einfachheit wegen der natürliche Parameter s verwendet wird, also die Parameterdarstellung $\underline{x} = \underline{g}(s)$, $s_0 \leq s \leq s_1$. Für die Evolute (im Falle $\kappa(s) \neq 0$)

$$\underline{\xi}(s) = \underline{g}(s) + \frac{\underline{N}(s)}{\kappa(s)} \ , \quad \text{kurz} \quad \boxed{\underline{\xi} = \underline{x} + \frac{\underline{N}}{\kappa}} \tag{1.70}$$

errechnet man dann mit der Frenetschen Formel $\underline{N}' = -\kappa\,\underline{T}$ folgende Ableitung nach s :

$$\underline{\xi}' = \underline{x}' + \frac{\underline{N}'}{\kappa} - \left(\frac{1}{\kappa}\right)'\underline{N} = \underline{T} - \underline{T} - \left(\frac{1}{\kappa}\right)'\underline{N} = -\left(\frac{1}{\kappa}\right)'\underline{N} \ . \tag{1.71}$$

Die Tangentenrichtung der Evolute in einem ihrer Punkte ist also gleich der Normalenrichtung im entsprechenden Punkt von K , d.h.:

Die Normale der Kurve K berührt die Evolute im Krümmungsmittelpunkt.

Man sagt auch: Die Evolute ist die von den Normalen von K "eingehüllte" Kurve (s. Fig. 1.30).

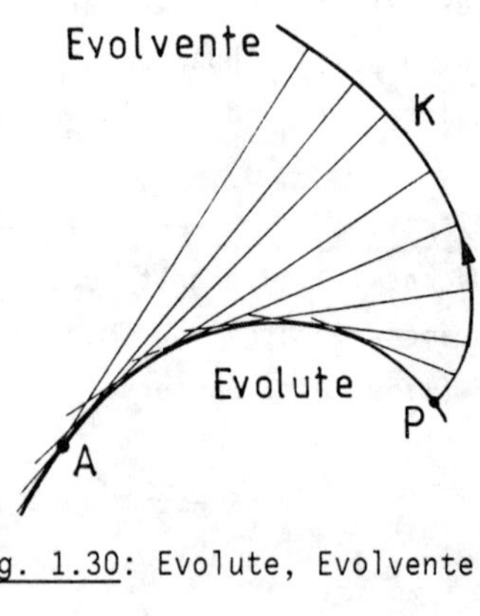

Fig. 1.30: Evolute, Evolvente

Die Evolute ist durch s parametrisiert, siehe (1.70). Wir nehmen im folgenden an, daß die Evolute glatt ist, also stets $\underline{\xi}'(s) \neq 0$ erfüllt. Der Bogenlängenparameter σ der Evolute kann dann als Funktion von s aufgefaßt werden:

$$\sigma(s) = \sigma(s_0) + \int_{s_0}^{s_1} |\underline{\xi}'(\bar{s})|\, d\bar{s} .$$

Nach (1.71) ist $|\underline{\xi}'| = \left|\left(\frac{1}{\kappa}\right)'\right| = \rho'$ mit dem Krümmungsradius $\rho(s)$ von K, also

$$\sigma(s) - \sigma(s_0) = \int_{s_0}^{s} \rho'(\bar{s})\, d\bar{s} = \rho(s) - \rho(s_0) . \tag{1.72}$$

D.h.: *Die Bogenlänge der Evolute zwischen zwei Punkten ist gleich der Differenz der zugehörigen Krümmungsradien von* K (vorausgesetzt: $\rho' = |\underline{\xi}'| \neq 0$).

Diesen Sachverhalt kann man anschaulich durch Abwickeln deuten: Man denke sich einen nicht dehnbaren Faden um eine Kurve E (Evolute) gespannt, der mit einem Ende an einem Evolutenpunkt A festgemacht ist. Die Kurve habe nichtverschwindende Krümmung. Löst man das andere Fadenende P dann von der Kurve ab, so daß der Faden gespannt bleibt (s. Fig. 1.30), so beschreibt dieser Punkt eine Kurve, die man die Evolvente der Kurve nennt (evolvere = abwickeln). Ist die Kurve E dabei die Evolute einer Kurve K, und liegt der Anfangspunkt P der Abwickelei auf K, so ist K die dabei erzeugte Evolvente. Wir vereinbaren daher:

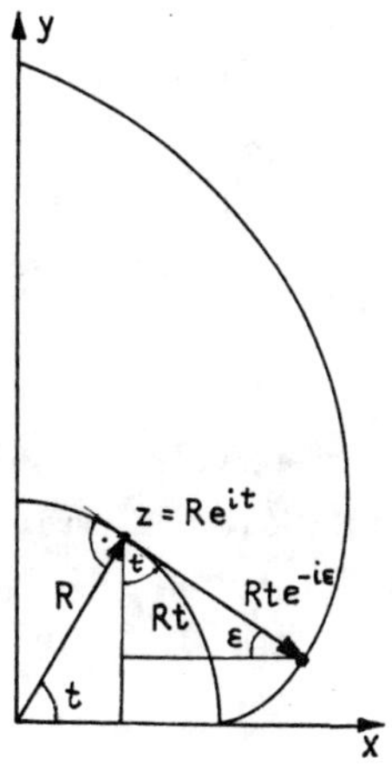

Fig. 1.31: Kreisevolvente

Definition 1.8 Eine Kurve E sei die Evolute einer Kurve K. Dann heißt umgekehrt K eine Evolvente der Kurve E.

Zu jeder Kurve nichtverschwindender Krümmung gibt es natürlich unendlich viele Evolventen, je nach Wahl eines "Anfangspunktes".

Von technischer Bedeutung sind insbesondere Evolventen an Kreisen. Wir identifizieren dabei $\mathbb{R}^2$ mit der komplexen Ebene und gehen von der Parameterdarstellung $z = Re^{it}$ $(0 \leq t \leq 2\pi)$ eines Kreises aus. Figur 1.31 zeigt, daß ein Punkt $p = x + iy$ der Evolvente durch die Summe

$$p = Re^{it} + Rte^{-i\varepsilon}$$

gegeben ist. Mit $\varepsilon = \frac{\pi}{2} - t$ folgt durch Übergang zu Real- und Imaginärteil[1)]

Parameterdarstellung der Kreisevolvente mit Anfangspunkt $\begin{bmatrix}1\\0\end{bmatrix}$

$$\boxed{\begin{aligned} x &= R\cdot(\cos t + t\sin t) \\ y &= R\cdot(\sin t - t\cos t) \end{aligned} \quad (t \geq 0)} \qquad (1.73)$$

Übungen

1.19* Bestimme die Evolute der Ellipse $x = a\cos t$, $y = b\sin t$, $0 \leq t \leq 2\pi$, $(a > 0$, $b > 0)$. Gib die Evolute in Parameterdarstellung bez. t an, wie auch durch eine Gleichung der Form $F(\xi,\eta) = 0$. Skizziere die Kurven. (Hinweis: Die Evolute ist eine "Astereoide" = Sternkurve).

1.20* Berechne die Evolute der "Zykloide" $x = t - \sin t$, $y = 1 - \cos t$ $(t \in \mathbb{R})$. Zeige, daß die Evolute durch Parallelverschiebung aus der Zykloide hervorgeht, ihr also kongruent ist. Skizziere beide Kurven.

---

1) Verwende $e^{i\varphi} = \cos\varphi + i\sin\varphi$

1.3 BEISPIELE EBENER KURVEN I: KEGELSCHNITTE

1.3.1 Kreis

Ein Kreis[1] mit Radius $r > 0$ um den Mittelpunkt $\underline{m} = \begin{bmatrix} x_M \\ y_M \end{bmatrix} \in \mathbb{R}^2$ ist die Menge aller Punkte $\underline{x} = \begin{bmatrix} x \\ y \end{bmatrix} \in \mathbb{R}^2$ mit $|\underline{x} - \underline{m}| = r$, d.h.

$$\boxed{(x - x_M)^2 + (y - y_M)^2 = r^2} \qquad (1.74)$$

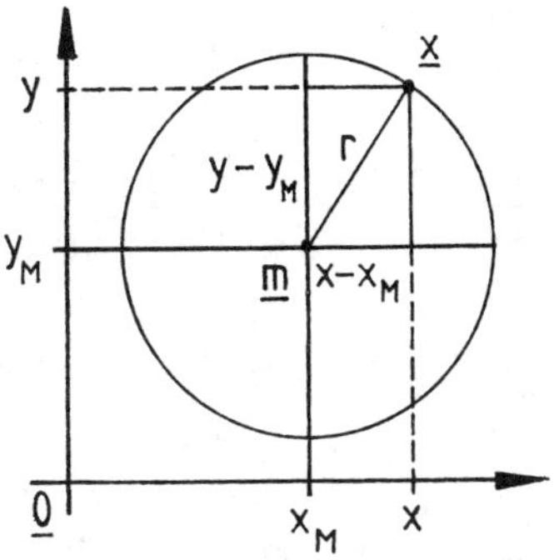

Fig. 1.32: Kreis

Ausmultiplizieren und Durchmultiplizieren mit einem beliebigen Faktor $A \neq 0$ liefert eine Gleichung der Form

$$\boxed{Ax^2 + Ay^2 + Bx + Cy + D = 0} \qquad (1.75)$$

Umgekehrt gilt:

Satz 1.6 Gleichung (1.75) beschreibt genau dann einen Kreis, wenn $A \neq 0$ und $B^2 + C^2 - 4AD > 0$ ist. In diesem Fall sind Mittelpunkt $\underline{m} = \begin{bmatrix} x_M \\ y_M \end{bmatrix}$ und Radius r folgendermaßen gegeben:

$$\boxed{x_M = -\frac{B}{2A}\,, \quad y_M = -\frac{C}{2A}\,, \quad r = \sqrt{\frac{B^2 + C^2 - 4AD}{4A^2}}} \qquad (1.76)$$

Im Falle $B^2 + C^2 - 4AD = 0$ stellt (1.75) einen Punkt dar, nämlich $\underline{m} = [x_M, y_M]^T$. Ist $B^2 + C^2 - 4AD < 0$, so gibt es keinen Punkt, der (1.75) erfüllt.

Beweis: Durch "quadratische Ergänzungen" wird (1.75) zu

$$x^2 + \frac{B}{A}x + \frac{B^2}{4A^2} + y^2 + \frac{C}{A}y + \frac{C^2}{4A^2} = \frac{B^2}{4A^2} + \frac{C^2}{4A^2} - \frac{D}{A}\,,$$

---

[1] Gemeint ist die Kreislinie, nicht Kreisscheibe

d.h.

$$\left(x+\frac{B}{2A}\right)^2 + \left(y+\frac{C}{2A}\right)^2 = \frac{B^2+C^2-4AD}{4A^2} \qquad (1.77)$$

Der Vergleich mit (1.74) liefert die Behauptung des Satzes. □

Beispiel 1.15 $3x^2 + 3y^2 - 6x - 30y + 51 = 0 \Leftrightarrow (x-1)^2 + (y-5)^2 = 9$
$\Leftrightarrow$ Kreis mit $r = 3$ und $\underline{m} = \begin{bmatrix} 1 \\ 5 \end{bmatrix}$.

Beispiel 1.16 Bestimme die Menge aller Punkte $\underline{x} \in \mathbb{R}^2$, für die das Verhältnis der Längen $|\underline{x}|$ zu $|\underline{x}-\underline{a}|$ stets gleich 2 ist, wobei $\underline{a} = [6,0]^T$ ist, siehe Figur 1.33.

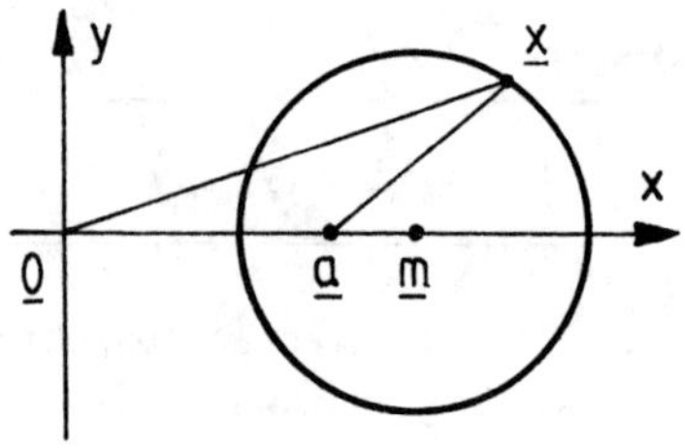

Fig. 1.33: Zu Beispiel 1.16

Lösung: $|\underline{x}| = 2|\underline{x}-\underline{a}| \Leftrightarrow |\underline{x}|^2 = 4|\underline{x}-\underline{a}|^2$
$\Leftrightarrow x^2 + y^2 = 4((x-6)^2 + y^2)$
$\Leftrightarrow 3x^2 + 3y^2 - 48x + 144 = 0 \Leftrightarrow (x-8)^2 + y^2 = 16$
$\Leftrightarrow$ Kreis um $[8,0]^T$ mit $r = 4$.

Schnittpunkte von Kreis (1.74) und Gerade $ax + by = c \quad (a^2+b^2>0)$:
Man berechnet sie durch Auflösen von $ax + by = c$ nach x oder y, Einsetzen des gefundenen Ausdrucks in (1.74) und Lösen der entstandenen quadratischen Gleichung. Es folgt: Ist

$$d := c - ax_M - by_M \quad \text{und} \quad D := r^2(b^2+a^2) - d^2 \geqq 0 ,$$

so lauten die Koordinaten der Schnittpunkte

$$x_{1,2} = x_M + \frac{ad \pm \sqrt{D}}{a^2+b^2} , \quad y_{1,2} = y_M + \frac{bd \mp a\sqrt{D}}{a^2+b^2} \qquad (1.78)$$

Im Falle $D < 0$ existiert kein Schnittpunkt.

Die gängigste Parameterdarstellung des Kreises lautet (vgl. Abschn. 1.1.1, Beisp. 1.1):

$$\boxed{x = x_M + r\cos t , \quad y = y_M + r\sin t} , \quad t \in [0,2\pi] \qquad (1.79)$$

Die Tangentengleichung einer Tangente an den Kreis (1.74) im Kreispunkt $\begin{bmatrix} x_0 \\ y_0 \end{bmatrix}$ hat die Form

$$(x - x_M)(x_0 - x_M) + (y - y_M)(y_0 - y_M) = r^2 \qquad (1.80)$$

oder in vektorieller Schreibweise mit $\underline{x} = \begin{bmatrix} x \\ y \end{bmatrix}$, $\underline{x}_0 = \begin{bmatrix} x_0 \\ y_0 \end{bmatrix}$, $\underline{m} = \begin{bmatrix} x_M \\ y_M \end{bmatrix}$:

$$(\underline{x} - \underline{m}) \cdot (\underline{x}_0 - \underline{m}) = r^2 \qquad (1.81)$$

Denn (1.80) - bzw. (1.81) - stellt sicherlich eine Gerade dar, die durch $\underline{x}_0$ geht. (1.81) ist aber - nach Division durch r - die Hessesche Normalform[1)] der Geraden. Aus ihr geht hervor, daß die Gerade auf dem Radiusvektor $\underline{x}_0 - \underline{m}$ rechtwinklig steht.

Polare: Ist schließlich $\underline{x}_0 = \begin{bmatrix} x_0 \\ y_0 \end{bmatrix}$ ein beliebiger Punkt, der nicht auf der Kreislinie liegt, so heißt die durch

$$(\underline{x} - \underline{m}) \cdot (\underline{x}_0 - \underline{m}) = r^2 \qquad (1.82)$$

beschriebene Gerade die Polare zum Pol $\underline{x}_0$. Liegt $\underline{x}_0$ dabei außerhalb des Kreises (s. Fig. 1.34), so schneidet die Polare den Kreis in den Berührungspunkten $\underline{x}_1, \underline{x}_2$ der Kreistangenten durch $\underline{x}_0$. Denn sind $\underline{x}_1, \underline{x}_2$ diese Berührungspunkte, so werden die beiden Tangenten durch $\underline{x}_0$ nach (1.81) durch

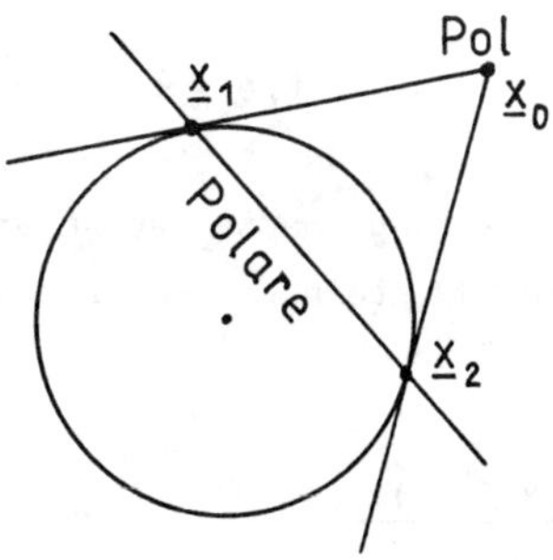

Fig. 1.34: Pol und Polare

$$(\underline{x} - \underline{m}) \cdot (\underline{x}_1 - \underline{m}) = r^2 \quad \text{und} \quad (\underline{x} - \underline{m}) \cdot (\underline{x}_2 - \underline{m}) = r^2$$

beschrieben. Da $\underline{x}_0$ auf diesen Tangenten liegt, gilt folglich

$$(\underline{x}_0 - \underline{m}) \cdot (\underline{x}_1 - \underline{m}) = r^2 \quad \text{und} \quad (\underline{x}_0 - \underline{m}) \cdot (\underline{x}_2 - \underline{m}) = r^2 ,$$

d.h. $\underline{x}_1, \underline{x}_2$ erfüllen die Polarengleichung (1.82).

1) s. Bd. II, Abschn. 1.1.6

Kreistangenten durch einen vorgegebenen Punkt $\underline{x}_0$. Die Tangenten an einem Kreis, die durch einen gegebenen Punkt $\underline{x}_0$ außerhalb des Kreises gehen, findet man leicht mit der Polaren zum Pol $\underline{x}_0$: Man berechnet die Schnittpunkte $\underline{x}_1, \underline{x}_2$ der Polaren mit dem Kreis (s. (1.78)) und stellt die Gleichungen der Tangenten durch $\underline{x}_1$ bzw. $\underline{x}_2$ auf (nach Formel (1.80)).

Übungen

1.21 Stellt $x(6-3x) + 3y(12-y) = 72$ einen Kreis dar? Welchen Mittelpunkt und Radius hat er gegebenenfalls.

1.22 (a)* Zeige: Durch drei Punkte in der Ebene, die nicht auf einer Geraden liegen, verläuft genau ein Kreis.

(b) Gib die Kreisgleichung des Kreises durch $\underline{x}_1 = \begin{bmatrix} -1 \\ 5 \end{bmatrix}$, $\underline{x}_2 = \begin{bmatrix} 6 \\ -2 \end{bmatrix}$, $\underline{x}_3 = \begin{bmatrix} 2 \\ -4 \end{bmatrix}$ an, berechne ferner Radius und Mittelpunkt des Kreises. (Anleitung: Mache den Ansatz $x^2 + y^2 + Bx + Cy + D = 0$ und setze die drei Punkte nacheinander ein).

1.3.2 Ellipse

Die Menge aller Punkte $\underline{x} = \begin{bmatrix} x \\ y \end{bmatrix} \in \mathbb{R}^2$, für die die Summe ihrer Abstände von zwei festen Punkten $\underline{F}_1, \underline{F}_2$ eine konstante Zahl ist, heißt eine Ellipse. Die Punkte $\underline{F}_1, \underline{F}_2$ heißen die Brennpunkte der Ellipse.

Bezeichnet man die konstante Zahl mit $2a$ und wählt die Brennpunkte

$$\underline{F}_1 = \begin{bmatrix} -e \\ 0 \end{bmatrix}, \quad \underline{F}_2 = \begin{bmatrix} e \\ 0 \end{bmatrix}$$

mit $e > 0$ [1)], so lautet die Bedingung für Ellipsenpunkte (s. Fig. 1.35):

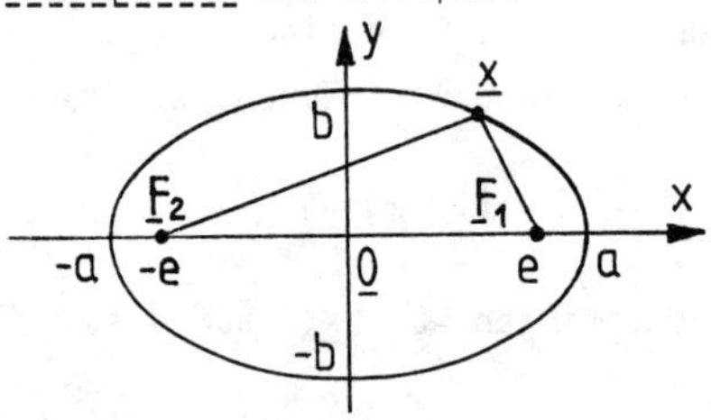

Fig. 1.35: Ellipse

$$\sqrt{(e+x)^2 + y^2} + \sqrt{(e-x)^2 + y^2} = 2a \tag{1.83}$$

1) e ist hier irgendeine positive Zahl. Mit der Eulerschen Zahl e = 2,71828183... hat sie nichts zu tun.

Bringt man die rechts stehende Wurzel auf die rechte Seite und quadriert, so erhält man

$$a^2 - ex = a\sqrt{(e-x)^2+y^2} .$$

Abermaliges Quadrieren und Zusammenfassen liefert $(a^2-e^2)x^2 + a^2y^2 = a^2(a^2-e^2)$ und mit der Abkürzung

$$\boxed{b^2 = a^2 - e^2} \qquad (b > 0) \qquad (1.84)$$

nach Division durch a^2b^2 schließlich die

Mittelpunktsgleichung der Ellipse

$$\boxed{\frac{x^2}{a^2} + \frac{y^2}{b^2} = 1} \qquad (1.85)$$

Die Gleichungen (1.83) und (1.85) sind äquivalent (d.h. beide beschreiben die gleiche Punktemenge), da man die obige Rechnung auch rückwärts von (1.85) nach (1.83) durchlaufen kann.

Bezeichnungen: Der Halbierungspunkt der Strecke $[\underline{F}_1,\underline{F}_2]$ ist der Mittelpunkt der Ellipse, hier $\underline{0}$. Die Gerade durch $\underline{F}_1,\underline{F}_2$ trifft die Ellipse in den Hauptscheiteln $\pm\begin{bmatrix}a\\0\end{bmatrix}$. Die Senkrechte dazu durch den Mittelpunkt schneidet die Ellipse in den Nebenscheiteln $\pm\begin{bmatrix}0\\b\end{bmatrix}$. Die Verbindungsstrecke der Hauptscheitel (bzw. Nebenscheitel) heißt Hauptachse (bzw. Nebenachse). a nennt man die große Halbachse und b (na, wie wohl?) die kleine Halbachse. Schließlich heißt e die lineare Exzentrizität der Ellipse und

$$\boxed{\varepsilon := \frac{e}{a}} < 1 \qquad (1.86)$$

die numerische Exzentrizität.

Als Hauptscheitelkreis bezeichnet man den Kreis durch die Hauptscheitel um den Mittelpunkt der Ellipse, als Nebenscheitelkreis den Kreis durch die Nebenscheitel um den Mittelpunkt.

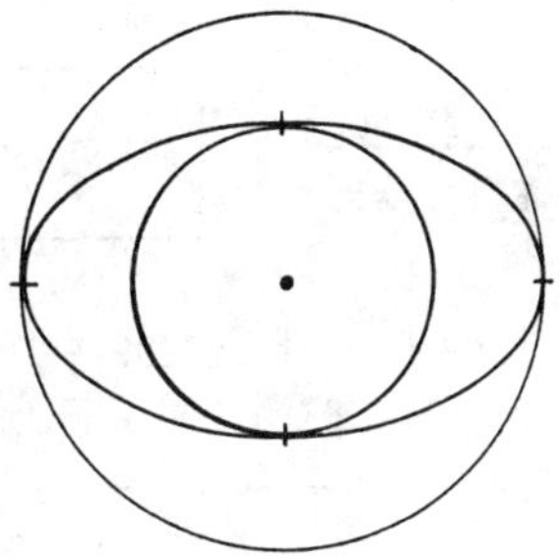

Fig. 1.36: Haupt- und Nebenscheitelkreis

Die Ellipse entsteht durch "Stauchung" des Hauptscheitelkreises in y-Richtung um den Faktor b/a (was man durch Umformung der Kreisgleichung $x^2 + y^2 = a^2$ in $x^2/a^2 + \left(y\frac{b}{a}\right)^2/b^2 = 1$ erkennt). Damit entsteht aus der Parameterdarstellung $x = a\cos t$, $y = a\sin t$ des Hauptscheitelkreises durch Multiplikation von y mit b/a die

Parameterdarstellung der Ellipse:

$$\boxed{\begin{aligned} x &= a\cdot\cos t \\ y &= b\cdot\sin t \end{aligned}} \qquad (0 \leqq t \leqq 2\pi) \qquad (1.87)$$

Parallelverschiebung. Verschiebt man die Ellipse parallel, wobei $\underline{0}$ in den neuen Mittelpunkt $\underline{m} = [x_M, y_M]^T$ übergeht, so lautet die zugehörige Ellipsengleichung nun

$$\frac{(x - x_M)^2}{a^2} + \frac{(y - y_M)^2}{b^2} = 1 . \qquad (1.88)$$

Polarkoordinatendarstellung der Ellipse. Liegt der Brennpunkt $\underline{F}_1$ der Ellipse in $\underline{0}$ und der Mittelpunkt bei $x = e$ auf der x-Achse, so erhält man die zugehörige Ellipsengleichung

$$\frac{(x - e)^2}{a^2} + \frac{y^2}{b^2} = 1 .$$

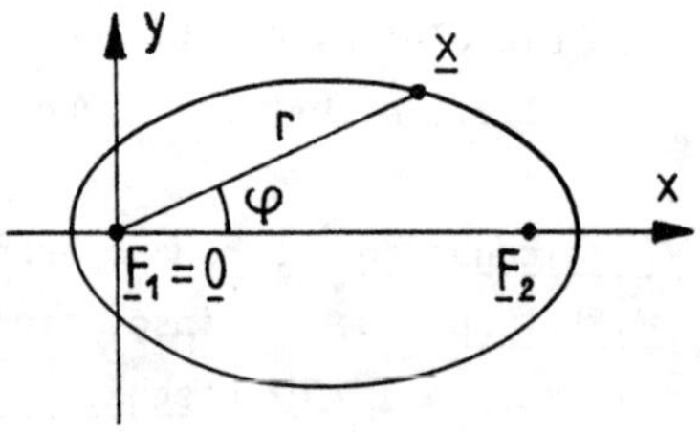

Fig. 1.37: Zur Polarkoordinatendarstellung der Ellipse

Mit $x = r\cos\varphi$, $y = r\sin\varphi$ erhält man durch Auflösen nach r (durch längere, aber elementare Rechnung) die

Polargleichung der Ellipse:

$$\boxed{r = \frac{p}{1 - \varepsilon\cos\varphi}} \quad \text{mit} \quad p = \frac{b^2}{a}, \quad \varepsilon = \frac{e}{a} . \qquad (1.89)$$

Die Tangentengleichung der Tangente durch den Punkt $\underline{x}_0 = \begin{bmatrix} x_0 \\ y_0 \end{bmatrix}$ auf der Ellipse (1.88) hat die Form

$$\boxed{\frac{(x - x_M)(x_0 - x_M)}{a^2} + \frac{(y - y_M)(y_0 - y_M)}{b^2} = 1} \qquad (1.90)$$

wie man mit der Differentialrechnung leicht beweist.

Liegt $\underline{x}_0 = \begin{bmatrix} x_0 \\ y_0 \end{bmatrix}$ nicht auf der Ellipse, so stellt (1.90) die Polare zum Pol $\underline{x}_0$ dar. Falls $\underline{x}_0$ außerhalb der Ellipse liegt, schneidet sie die Ellipse in den Berührungspunkten $\underline{x}_1, \underline{x}_2$ der Ellipsentangenten durch $\underline{x}_0$ (der Beweis wird wie beim Kreis geführt). Auf diese Weise lassen sich leicht Gleichungen der Tangenten durch $\underline{x}_0$ an die Ellipse gewinnen.

Der Flächeninhalt der Ellipsenfläche ist $\boxed{A = ab\pi}$. Er geht aus dem Flächenihalt $a^2\pi$ des Hauptscheitelkreises durch "Stauchung" in y-Richtung um den Faktor b/a hervor: $a^2\pi \cdot b/a = ab\pi$.

Die Länge L (den Umfang) der Ellipse erhält man aus der Parameterdarstellung $x = a \cdot \cos t$, $y = b \cdot \sin t$ $(0 < b < a)$. Dabei ist L die vierfache Länge des Viertelbogens, der im positiven Quadranten $(x \geqq 0 \ , \ y \geqq 0)$ liegt:

$$
\begin{aligned}
L &= 4 \int_0^{\pi/2} \sqrt{\dot{x}^2 + \dot{y}^2}\, dt = 4 \int_0^{\pi/2} \sqrt{a^2 \sin^2 t + b^2 \cos^2 t}\, dt \\
&= 4a \int_0^{\pi/2} \sqrt{1 - k^2 \cos^2 t}\, dt \quad \text{mit} \quad k := \frac{e}{a} \quad (e = \sqrt{a^2 - b^2})
\end{aligned}
\tag{1.91}
$$

Durch die Substituion $\tau = \frac{\pi}{2} - t$ und damit $\sin^2\tau = \cos^2 t$ erhält man die Länge der Ellipse in der Form

$$
\boxed{L = 4\,a\,E(k)} \quad \text{mit} \quad \boxed{E(k) := \int_0^{\pi/2} \sqrt{1 - k^2 \sin^2 t}\, dt} \tag{1.92}
$$

$E(k)$ ist ein "elliptisches Integral zweiter Gattung", welches nicht elementar integrierbar ist. Wir gewinnen aber eine Reihenentwicklung über die Taylorreihe der Funktion $\sqrt{1-x}$ (s. Bd. I, Abschn. 3.2.3, Formel (3.88)):

$$
\sqrt{1-x} = \sum_{k=0}^{\infty} \binom{1/2}{k} (-x)^k = 1 - \frac{x}{2} - \frac{x^2}{2\cdot 4} - \frac{1\cdot 3\cdot x^3}{2\cdot 4\cdot 6} - \frac{1\cdot 3\cdot 5\cdot x^4}{2\cdot 4\cdot 6\cdot 8} - \dots
$$

für $|x| < 1$: Um $E(k)$ zu erhalten, setzt man $x = k^2\cos^2 t$ ein und integriert die Reihe gliedweise. Die dabei auftretenden Integrale

Integrale $\int_0^{\pi/2} \cos^{2n} t\,dt$ haben nach Band I, Abschnitt 4.2.3, Formel (4.83), die Werte

$$\int_0^{\pi/2} \sin^{2n} t\,dt = \frac{\pi}{2} \cdot \frac{1\cdot 3\cdot 5\cdot \ldots \cdot (2n-1)}{2\cdot 4\cdot 6\cdot \ldots \cdot 2n}, \quad n = 1,2,3,\ldots \tag{1.93}$$

Daraus folgt zusammengenommen: Reihenentwicklung des "vollständigen elliptischen Normalintegrals 2. Gattung" $0 \leq k < 1$:

$$E(k) = \frac{\pi}{2}\left[1 - \left(\frac{1}{2}\right)^2 k^2 - \left(\frac{1\cdot 3}{2\cdot 4}\right)^2 \frac{k^4}{3} - \left(\frac{1\cdot 3\cdot 5}{2\cdot 4\cdot 6}\right)^2 \frac{k^6}{5} \ldots\right] \tag{1.94}$$

Über $L = 4a\,E(k)$ kann man daraus die Ellipsenlänge (per Computer) berechnen. Die Konvergenz der Reihe ist umso besser, je kleiner k ist, d.h. je "kreisähnlicher" die Ellipse ist ($k=0$: Kreis). Im Falle $k = 1$ entartet die Ellipse zu einer Strecke, deren doppelte Länge $L = 4a$ ist.

Übung 1.23* Die Endpunkte A und B einer Strecke konstanter Länge gleiten auf zwei zueinander rechtwinkligen Geraden (x- und y-Achse). Der Punkt P auf der Strecke habe von A den Abstand $a > 0$ und von B den Abstand $b > 0$. Zeige, daß P auf einer Ellipse mit den Halbachsen a und b verläuft ("Papierstreifenkonstruktion" der Ellipse, Wirkungsweise des "Ellipsenzirkels").

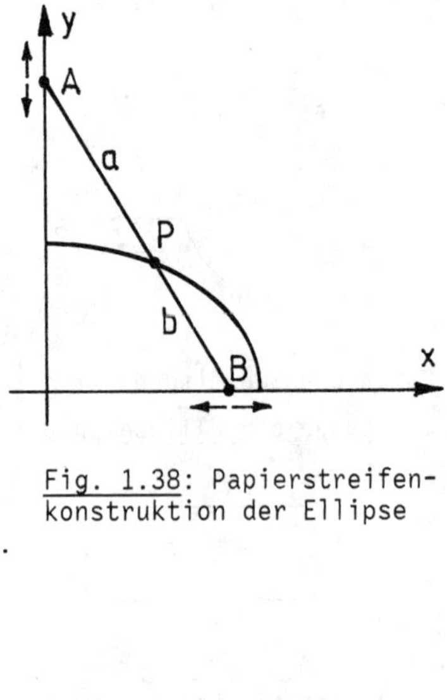

Fig. 1.38: Papierstreifenkonstruktion der Ellipse

1.3.3 Hyperbel

Die Menge aller Punkte $\underline{x} \in \begin{bmatrix} x \\ y \end{bmatrix} \in \mathbb{R}^2$, für die die Differenz ihrer Abstände von zwei festen Punkten $\underline{F}_1, \underline{F}_2$ eine konstante Zahl ist, heißt eine Hyperbel. $\underline{F}_1, \underline{F}_2$ sind die Brennpunkte der Hyperbel.

Benennt man die konstante Zahl mit $2a$ und sind die Brennpunkte durch

$$\underline{F}_1 = \begin{bmatrix} -e \\ 0 \end{bmatrix}, \quad \underline{F}_2 = \begin{bmatrix} e \\ 0 \end{bmatrix} \quad (e > 0)$$

gegeben, so wird die Bedingung für die Hyperbelpunkte so beschrieben:

$$\left|\sqrt{(x+e)^2+y^2} - \sqrt{(x-e)^2+y^2}\right| = 2a\ .$$

Durch ähnliche Umformungen wie bei der Ellipse erhält man mit

$$\boxed{b^2 = e^2 - a^2} \qquad (b > 0)$$

die

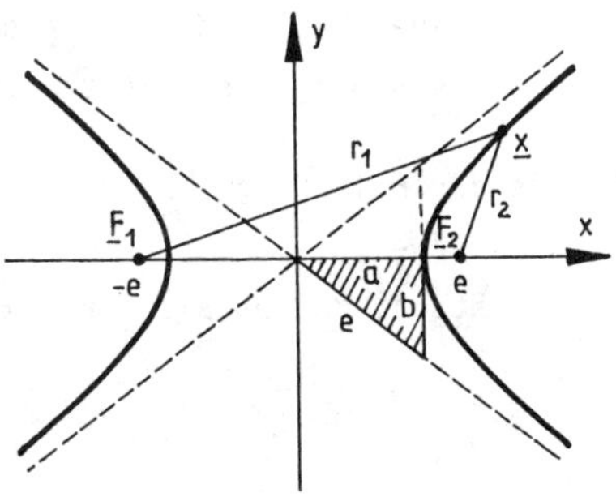

Fig. 1.39: Hyperbel

Mittelpunktsgleichung der Hyperbel

$$\boxed{\frac{x^2}{a^2} - \frac{y^2}{b^2} = 1} \tag{1.95}$$

Bezeichnungen: Der Mittelpunkt der Hyperbel liegt, wie könnte es anders sein, in der Mitte zwischen den Brennpunkten, also in $\underline{0}$. Die Gerade durch $\underline{F}_1, \underline{F}_2$ trifft die Hyperbel in ihren Scheiteln $\pm \begin{bmatrix} a \\ b \end{bmatrix}$. Die Hauptachse ist die Gerade durch $\underline{F}_1$ und $\underline{F}_2$, die Nebenachse ist die zur Hauptachse rechtwinklige Gerade, die durch den Hyperbelmittelpunkt verläuft. a heißt (reelle) Halbachse und b (imaginäre) Halbachse. e wird wieder als lineare Exzentrizität bezeichnet und $\varepsilon = \frac{e}{a} > 1$ als numerische Exzentrizität. Die Hyperbel (1.95) besteht aus zwei "Ästen", getrennt durch die y-Achse. -

Auflösen von (1.95) nach y liefert

$$y = \pm \frac{b}{a}\sqrt{x^2 - a^2} = \pm \frac{b}{a}\, x\sqrt{1 - \frac{a^2}{x^2}} \qquad (|x| \geq a) \tag{1.96}$$

Da hierbei $\sqrt{1 - \frac{a^2}{x^2}} \longrightarrow 1$ für $|x| \longrightarrow \infty$ gilt, vermutet man

Folgerung 1.2 Für genügend große x unterscheiden sich die y-Werte der Hyperbel (1.95) beliebig wenig von den Geraden

$$\boxed{y = \frac{b}{a}x \qquad \text{bzw.} \qquad y = -\frac{b}{a}x} \tag{1.97}$$

Diese Geraden heißen die Asymptoten der Hyperbel. (Man sagt auch gefühlvoll: "Die Hyperbel schmiegt sich an ihre Asymptoten an".)

Beweis der Folgerung: Es genügt, die Differenz zwischen dem positiven Funktionszweig $y = \frac{b}{a}\sqrt{x^2 - a^2}$ der Hyperbel und der Geraden $y = \frac{b}{a}x$ abzuschätzen. Man erhält für $|x| \geq a$:

$$\frac{b}{a}x - \frac{b}{a}\sqrt{x^2 - a^2} = \frac{b}{a}\left(x - \sqrt{x^2 - a^2}\right)\frac{x+\sqrt{x^2-a^2}}{x+\sqrt{x^2-a^2}} = \frac{ba}{x+\sqrt{x^2-a^2}} \longrightarrow 0$$

für $|x| \longrightarrow \infty$. □

Im Falle $a = b$ liegt eine gleichseitige Hyperbel vor: $x^2 - y^2 = 1$. Ihre Asymptoten sind die 45°-Geraden $y = x$ und $y = -x$.

Parameterdarstellung der Hyperbel (1.95)

$$\boxed{x = \pm a \cdot \cosh t \ , \quad y = b \cdot \sinh t}^{1)} \quad (t \in \mathbb{R}) \quad (1.98)$$

Man leitet dies leicht mit der Formel $\cosh^2 t - \sinh^2 t = 1$ her. -

Der Parameter $|t| = \text{arsinh}\,\frac{y}{b}$ ist dabei gleich dem Flächeninhalt des schraffierten Sektors in Figur 1.40. Mit der Integralrechnung läßt sich dies elementar berechnen. Hieraus erklärt sich die Bezeichnung Area-Sinus-Hyperbolicus und Area-Cosinus-Hyperbolicus.

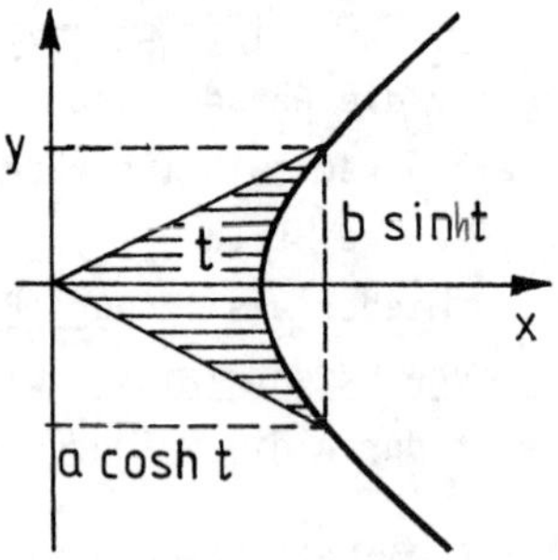

Fig. 1.40: Zur Parameterdarstellung der Hyperbel

Bei einer Nullpunktverschiebung $\underline{x} \longmapsto (\underline{x} - \underline{m})$ verschiebt sich alles parallel. Mit $\underline{m} = [x_M, y_M]^T$ hat die parallel verschobene Hyperbel die kartesische Gleichung

$$\frac{(x - x_M)^2}{a^2} - \frac{(y - y_M)^2}{b^2} = 1 \qquad (1.99)$$

und die Parameterdarstellung

---

1) Es handelt sich in Wahrheit um zwei Parameterdarstellungen "+" für rechten Ast und "-" für linken Ast.

$$x = x_M \pm a\cosh t \;,\; y = y_M + b\sinh t \qquad (t \in \mathbb{R}) \qquad (1.100)$$

Analog zur Ellipse erhält man mit $p := \frac{b^2}{a}$ die Scheitelgleichung der Hyperbel

$$y^2 = 2px + \frac{p}{a}x^2 \,.$$

Schließlich notieren wir noch die Gleichung der Hyperbeltangente im Hyperbelpunkt $\underline{x}_0 = \begin{bmatrix} x_0 \\ y_0 \end{bmatrix}$, bezogen auf die Gleichung (1.99)

$$\frac{(x - x_M)(x_0 - x_M)}{a^2} - \frac{(y - y_M)(y_0 - y_M)}{b^2} = 1 \qquad (1.101)$$

Wiederum leitet man dies leicht mit der Differentialrechnung her.

Die Polare zu einem Pol $\underline{x}_0 = \begin{bmatrix} x_0 \\ y_0 \end{bmatrix}$, der nicht auf der Hyperbel liegt, wird ebenfalls durch (1.101) beschrieben. Ihre Eigenschaften sind zu denen bei Kreis und Ellipse analog.

Die Hyperbeltangente hat die folgenden hübschen Eigenschaften (s. Fig. 1.41):

Satz 1.7 (a) Der Flächeninhalt des Dreiecks, das von den Asymptoten der Hyperbel $\frac{x^2}{a^2} - \frac{y^2}{b^2} = 1$ und einer Hyperbeltangente gebildet wird, ist stets gleich ab.

(b) Die Dreieckseite, die auf der Hyperbeltangente liegt, wird dabei durch den Berührungspunkt P halbiert.

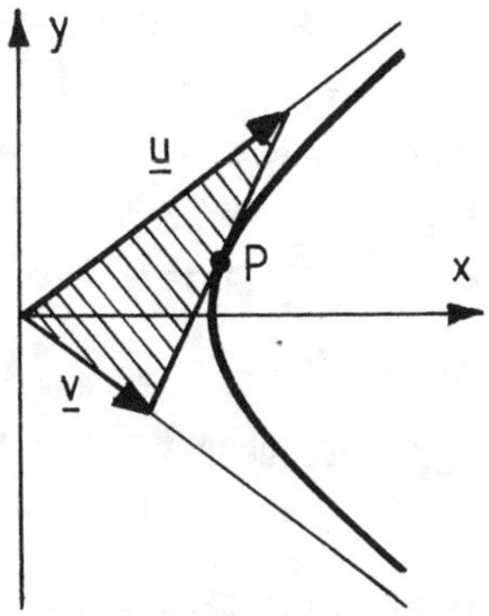

Fig. 1.41: Inhalt der Dreiecksfläche gleich a·b

Der elementare Beweis wird dem Leser überlassen. (Zu (a): Man verwendet zweckmäßig, daß der Flächeninhalt des von $\underline{u},\underline{v}$ aufgespannten Dreiecks in Figur 1.41 gleich $\frac{1}{2}\det(\underline{u},\underline{v})$ ist; s.Bd. II, Abschn. 1.1.7, Folg. 1.6).- Eigenschaft (b) ist bei der zeichnerischen Konstruktion von Hyperbeltangenten nützlich.

Übung 1.24* Welche Tangenten der Hyperbel $9x^2 - 4y^2 = 25$ sind zur Geraden $20x + 12y = 24$ parallel?

1.3.4 Parabel

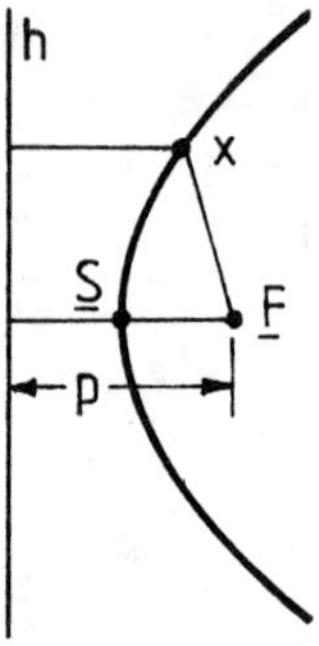

Fig.1.42: Parabel

Eine Parabel besteht aus allen Punkten $\underline{x} = \begin{bmatrix} x \\ y \end{bmatrix}$ mit folgender Eigenschaft: Die beiden Abstände zwischen $\underline{x}$ und einer festen Geraden (der Leitlinie) und zwischen $\underline{x}$ und einem festen Punkt (dem Brennpunkt) sind gleich.

Den Abstand der Leitlinie h vom Brennpunkt $\underline{F}$ bezeichnen wir mit p . Der Wert p heißt der Halbparameter der Parabel (s. Fig. 1.43). Als Parabelachse bezeichnet man die Gerade durch $\underline{F}$, die auf der Leitlinie rechtwinklig steht, und als Scheitel (-Punkt) der Parabel den Punkt $\underline{S}$ auf der Parabelachse, der in der Mitte zwischen Brennpunkt und Leitlinie liegt.

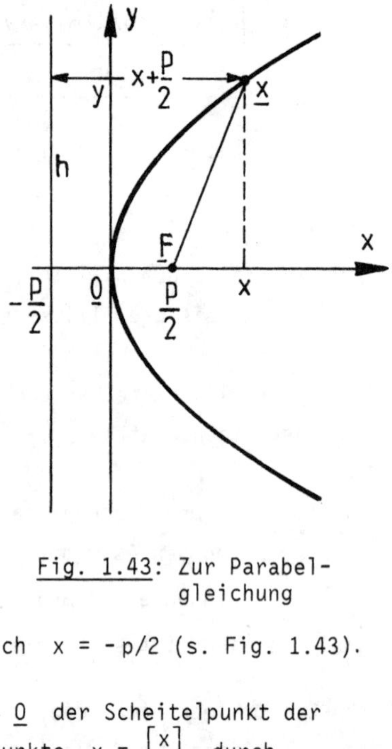

Fig. 1.43: Zur Parabelgleichung

Zur Herleitung der Parabelgleichung wählen wir als Brennpunkt $\underline{F} = \left[\frac{p}{2}, 0\right]^T$ und als Leitlinie die Parallele h zur y-Achse durch $x = -p/2$ (s. Fig. 1.43).

Damit ist die x-Achse die Parabelachse und $\underline{0}$ der Scheitelpunkt der Parabel. Figur 1.43 zeigt, daß die Parabelpunkte $\underline{x} = \begin{bmatrix} x \\ y \end{bmatrix}$ durch

$$|\underline{x} - \underline{F}| = x + \frac{p}{2}\,, \text{ d.h. } \sqrt{\left(x - \frac{p}{2}\right)^2 + y^2} = x + \frac{p}{2}$$

gekennzeichnet sind. Quadrieren führt zu der äquivalenten Gleichung $\left(x - \frac{p}{2}\right)^2 + y^2 = \left(x + \frac{p}{2}\right)^2$. (Wegen $x + \frac{p}{2} > 0$). Ausmultiplizieren und Vereinfachen liefert die

Scheitelgleichung der Parabel
$$y^2 = 2px \tag{1.102}$$

Die Parabeltangente im Scheitel ist hierbei die y-Achse. Sie wird - äußerst überraschend - als Scheiteltangente bezeichnet.

Bemerkung: Mit Hilfe der fünf Parabelpunkte $\underline{0}$, $\begin{bmatrix} p/2 \\ p \end{bmatrix}$, $\begin{bmatrix} p/2 \\ -p \end{bmatrix}$, $\begin{bmatrix} 2p \\ 2p \end{bmatrix}$, $\begin{bmatrix} 2p \\ -2p \end{bmatrix}$ läßt sich eine Parabel recht gut "frei Hand" skizzieren! -

Tauschen in (1.102) x und y ihre Rollen, und/oder wechselt man zusätzlich die Vorzeichen von x bzw. y, so erhält man die Parabelgleichungen

$$x^2 = 2py \;,\; x^2 = -2py \;,\; y^2 = -2px \quad \text{(s. Fig. 1.44)} \tag{1.103}$$

Insbesondere kann man $x^2 = 2py$ nach y auflösen Man erhält die bekannte Funktionsgleichung

$$y = \frac{1}{2p}x^2 \tag{1.104}$$

(s. Fig. 1.44a),

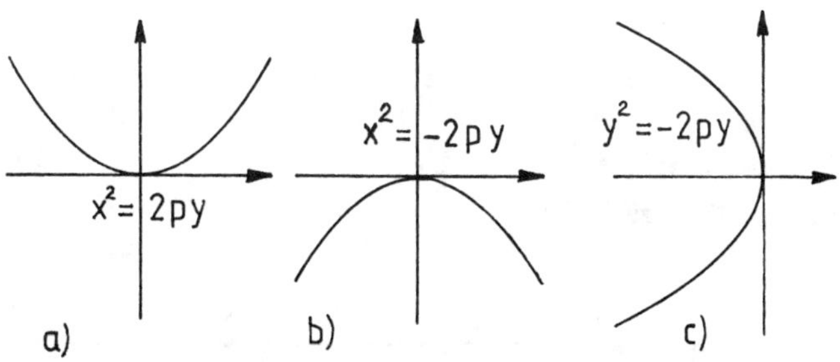

Fig. 1.44: Zu verschiedenen Scheitelgleichungen der Parabel

Parallelverschiebung: Ersetzt man in den Parabelgleichungen (1.102) und (1.103) x durch $x - x_S$ und y durch $y - y_S$, so erhält man

$$\text{a) } (y-y_S)^2 = 2p(x-x_S) \quad (x \geqq x_S) \;,\; \text{b) } (y-y_S)^2 = -2p(x-x_S) \quad (x \leqq x_S) \;,$$
$$\text{c) } (x-x_S)^2 = 2p(y-y_S) \quad (y \geqq y_S) \;,\; \text{d) } (x-x_S)^2 = -2p(y-y_S) \quad (y \leqq y_S) \tag{1.105}$$

parallelverschobene Parabeln. Ausmultiplizieren dieser Gleichungen und Multiplizieren mit beliebigem $A \neq 0$ liefert Gleichungen der Form

$$Ay^2 + Bx + Cy + D = 0$$

oder

$$Ax^2 + By + Cx + D = 0 \, .$$

Umgekehrt folgt: Gleichungen der Form (1.105) (mit $A \neq 0$) beschreiben stets Parabeln.

Parameterdarstellungen für die Parabeln: Im Falle der Scheitelgleichung $y^2 = 2px$ setzt man einfach $y = t$, folglich $t^2 = 2px$, also

$$\boxed{x = \frac{t^2}{2p} \, , \quad y = t} \qquad (t \in \mathbb{R}) \qquad (1.106)$$

Für die allgemeineren Lagen von Parabeln (s. (1.105)) geht man analog vor.

Parabelgleichungen in Polarkoordinaten. Setzt man in die Parabelgleichungen $y^2 = 2px$ (Scheitellage, Fig. 1.45) bzw. $y^2 = 2p(x + p/2)$ (Brennpunktlage, Fig. 1.46) die Ausdrücke $x = r\cos\varphi$, $y = r\sin\varphi$ ein und löst die entstandenen (quadratischen) Gleichungen nach $r \geqq 0$ auf, so entstehen folgende Parabelgleichungen in Polarkoordinaten:

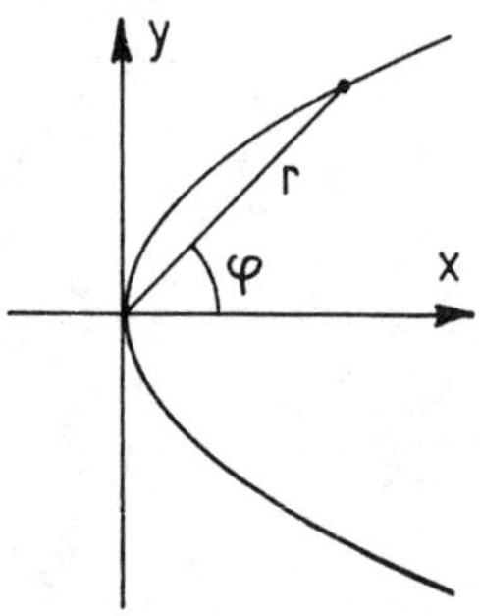

Fig. 1.45: Polarkoordinaten bei Scheitellage der Parabel

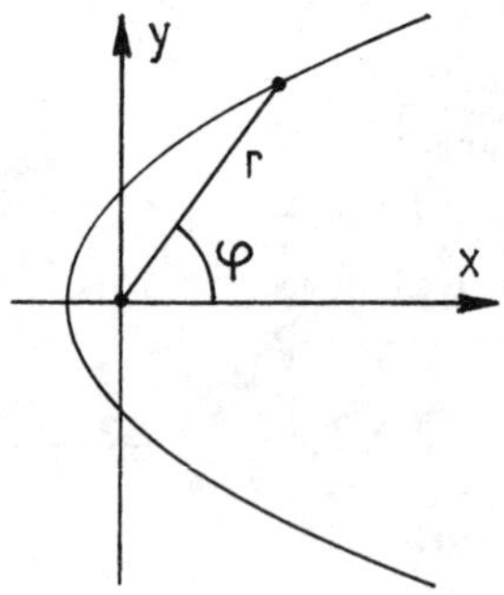

Fig. 1.46: Polarkoordinaten bei Brennpunktlage der Parabel

Scheitellage: $$\boxed{r = 2p \cdot \cos\varphi \, (1 + \cot^2\varphi)} \qquad 0 < |\varphi| < \frac{\pi}{2} \qquad (1.107)$$

Brennpunktlage: $$\boxed{r = \frac{p}{1 - \cos\varphi}} \, , \quad 0 < \varphi < 2\pi \qquad (1.108)$$

Tangente und Normale. Die Tangente an der Parabel $y^2 = 2px$ im Parabelpunkt $\underline{x}_0 = [x_0, y_0]^T$ erhält man über die Differentialrechnung:

Tangentengleichung bei Scheitellage
$$yy_0 = p(x + x_0) \tag{1.109}$$

Entsprechend gewinnt man bei parallelverschobener Parabel $(y - y_S)^2 = 2p(x - x_S)$ die Tangente im Parabelpunkt $\underline{x}_0 = [x_0, y_0]^T$:

Tangentengleichung bei allgemeiner Lage
$$(y - y_S)(y_0 - y_S) = p(x + x_0 - 2x_S) \tag{1.110}$$

Als Normale im Parabelpunkt $\underline{x}_0 = [x_0, y_0]^T$ bezeichnet man die Gerade durch $\underline{x}_0$, die auf der Tangente durch $\underline{x}_0$ rechtwinklig steht. Da die Tangente in (1.110) die Steigung $p/(y_0 - y_S)$ hat (falls $y_0 \neq y_S$), besitzt die Normale durch $\underline{x}_0$ die Steigung $-(y - y_S)/p$.[1] Letzteres ist auch für $y_0 = y_S$ richtig. Somit

Normalengleichung bei allgemeiner Lage
$$y = -\frac{y_0 - y_S}{p}(x - x_0) + y_0 \tag{1.111}$$

Die Polare zur Parabel bez. eines beliebigen Punktes $\begin{bmatrix} x_0 \\ y_0 \end{bmatrix} \in \mathbb{R}^2$ wird ebenfalls durch (1.110) beschrieben (Eigenschaften analog zur Ellipse).

Satz 1.8 Gegeben sei eine Parabel in Scheitellage: $y^2 = 2px$. Es folgt:

(a) Die Parabeltangente durch den Parabelpunkt $\underline{x}_0 = [x_0, y_0]^T$ schneidet die y-Achse im Punkt $\underline{s} = [0\,, y_0/2]^T$. Sein y-Wert ist also halb so groß wie derjenige von $\underline{x}_0$.

(b) Die Gerade durch $\underline{s}$ und dem Brennpunkt $\underline{F}$ steht auf der Parabeltangente durch $\underline{x}_0$ rechtwinklig.

Beweis: (a) folgt unmittelbar aus (1.110) durch Einsetzen von $x_S = y_S = 0$ und $x_0 = y_0^2/(2p)$. Zu (b): Wegen $\underline{F} = [p/2\,, 0]^T$ hat die Gerade durch

---

[1] Bekanntlich sind zwei Geraden genau dann rechtwinklig, wenn ihre Steigungen m_1, m_2 die Gleichung $m_1 m_2 = -1$ erfüllen ($m_1 \neq 0$, $m_2 \neq 0$ vorausgesetzt).

$\underline{s}$ und $\underline{F}$ die Steigung $-\frac{y_0}{2} : \frac{p}{2} = -\frac{y_0}{p}$. Da die Tangente durch $\underline{x}_0$ die Steigung p/y_0 bestitzt (für $y_0 \neq 0$), so folgt (b). (Der Fall $y_0 = 0$ ist trivial). □

Ist $\underline{x}_0$ ein beliebiger Parabelpunkt, so heißt die Gerade durch $\underline{x}_0$ und den Brennpunkt $\underline{F}$ der Parabel der Brennstrahl durch $\underline{x}_0$. Die Parallele zur Parabelachse durch $\underline{x}_0$ wird Leitstrahl durch $\underline{x}_0$ genannt. Damit gilt für Parabeln der wichtige

Satz 1.9 Die Winkel zwischen Leitstrahl und Brennstrahl durch $\underline{x}_0$ werden von der Tangente und der Normalen durch $\underline{x}_0$ halbiert.

Beweis: Wegen Satz 1.8 (a) sind die Strecken $[\underline{p},\underline{s}]$ und $[\underline{s},\underline{F}]$ in Figur 1.47 gleich lang und wegen der rechten Winkel bei $\underline{s}$ (s. Satz 1.8 (b)) die Dreiecke $[\underline{p},\underline{s},\underline{x}_0]$ und $[\underline{F},\underline{s},\underline{x}_0]$ kongruent. □

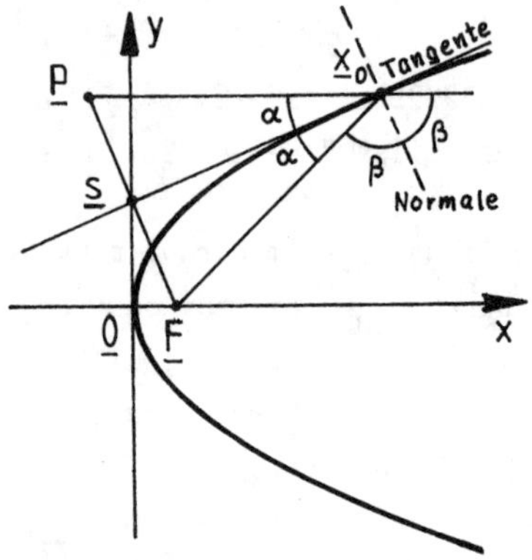

Fig. 1.47: Zu Satz 1.8

Bemerkung: Satz 1.9 ist für die Konstruktion von Parabolspiegeln entscheidend. Ein Parabolspiegel entsteht durch Rotation eines Parabelstückes ($y^2 = 2px$ mit $0 \leq x \leq c$) um die Parabelachse, wobei die Lichtstrahlen, die parallel zur Parabelachse (auf die konkave Seite) einfallen, in den Brennpunkt reflektiert werden. (Der Name Brennpunkt rührt von diesem Effekt her.)

Übungen

1.25 Ein Brückenbogen in Parabelform habe die Spannweite $s = 48$ m und die Höhe $h = 9$ m. Jeweils in Abständen von 6 m sind senkrechte Streben angebracht. Berechne ihre Längen. (s. Fig. 1.48)

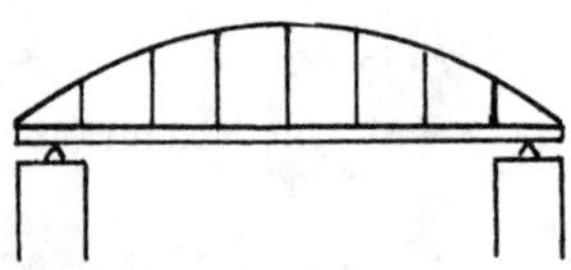

Fig. 1.48: Brücke

1.26* Zeige: Die Menge der Punkte in der Ebene, deren Entfernung y zu einer festen Geraden g gleich der Tangentenabschnittslänge t bez. eines festen Kreises ist, ist eine Parabel (s. Fig. 1.49).

Hinweis Wähle g als x-Achse und die Senkrechte darauf durch den Kreismittelpunkt als y-Achse.

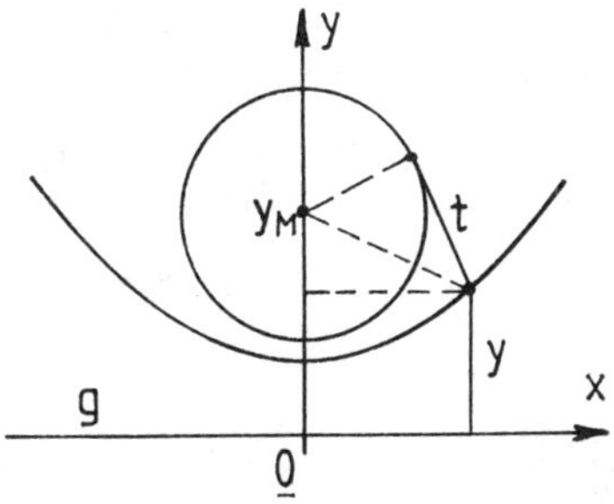

Fig. 1.49: Parabel zwischen Kreis und Gerade

1.27 Bestimme den Scheitelpunkt der durch $4x^2 + 6y - 8x + 2 = 0$ gegebenen Parabel. Nach welcher Richtung öffnet sich die Parabel?

1.28 Die Normale durch einen beliebigen Punkt $\begin{bmatrix} x_0 \\ y_0 \end{bmatrix} \neq \underline{0}$ der Parabel $y^2 = 2px$ schneide die x-Achse in x_1. Beweise $x_1 - x_0 = p$!

1.30* Ein parabolischer Hohlspiegel habe den Durchmesser $d = 32{,}6$ cm und die Tiefe $h = 14{,}3$ cm. In welcher Entfernung vom Scheitelpunkt ist auf der Achse des Spiegels eine punktförmige Lichtquelle anzubringen, damit ihre Lichtstrahlen parallel zur Spiegelachse reflektiert werden?

1.3.5 Allgemeine Kegelschnittgleichung, Hauptachsentransformation

Kegelschnitte werden allgemein durch folgende Gleichung beschrieben:[1)]

$$a_{11}x^2 + 2a_{12}xy + a_{22}y^2 + 2a_{13}x + 2a_{23}y + a_{33} = 0 \quad ^{2)} \qquad (1.112)$$

[1)] Daß alle Kegelschnitte durch Gleichungen dieser Art dargestellt werden, erkennt man, wenn man einen Kreiskegel, beschrieben durch $\xi_1^2 + \xi_2^2 - \xi_3^2 = 0$, im $\mathbb{R}^3$ bewegt, und zwar durch die Transformation $\underline{\xi} = Q\underline{x} + \underline{p}$ ($\underline{\xi} = [\xi_1, \xi_2, \xi_3]^T$, Q orthogonale 3×3-Matrix, $\underline{x} = [x,y,z]^T$), und ihn dann mit der x-y-Ebene schneidet, also $z = 0$ setzt. Es entsteht eine Gleichung der Form (1.112).

[2)] Die Faktoren "2" dienen lediglich dazu, daß spätere Formeln einfacher werden.

1. Schritt. Entscheidung darüber, welcher Kegelschnitt dargestellt wird. Wir berechnen die Determinanten:

$$\delta := \begin{vmatrix} a_{11} & a_{12} & a_{13} \\ a_{12} & a_{22} & a_{23} \\ a_{13} & a_{23} & a_{33} \end{vmatrix} , \quad \delta_1 := \begin{vmatrix} a_{11} & a_{12} \\ a_{12} & a_{22} \end{vmatrix} \tag{1.113}$$

Damit gilt folgender Entscheidungsbaum:

$\delta \neq 0 \longrightarrow$
- $\delta_1 < 0$ .... Hyperbel
- $\delta_1 = 0$ .... Parabel
- $\delta_1 > 0$:
  - $a_{11}\delta < 0$ ... Ellipse
  - $a_{11}\delta > 0$ [1)] ... leere Menge

$\delta = 0 \longrightarrow$ zwei Geraden, oder eine Gerade, oder ein Punkt oder leere Menge (ausgeartete Kegelschnitte)

(Zum Beweis s. Bd. II, Abschn. 3.9.9)

2. Schritt. Hauptachsentransformation. Wir nehmen an, daß für (1.112) $\delta \neq 0$ gilt, d.h., daß die beschriebene Punktmenge, falls nicht leer, eine Ellipse, Hyperbel oder Parabel ist. Daraus folgt, daß die drei Faktoren a_{11}, a_{12}, a_{22} bei den "quadratischen" Gliedern nicht alle Null sein können.

Ist $a_{12} \neq 0$, so wollen wir eine Substitution

$$\boxed{\begin{aligned} x &= c\xi - s\eta \\ y &= s\xi + c\eta \end{aligned}} \quad \text{mit} \begin{cases} c = \cos\varphi \\ s = \sin\varphi \end{cases} \tag{1.114}$$

in der Kegelschnittgleichung (1.112) vornehmen. c und s sollen dann so gewählt werden, daß in der entstehenden Gleichung kein "gemischtes" Glied mit $\xi\eta$ auftritt. (1.114) beschreibt eine Drehung um den Winkel φ um $\underline{0}$. - Setzt man (1.114) in die Kegelschnittgleichung (1.112) ein und ordnet nach $\xi^2, \eta\xi, \eta^2, \xi, \eta$ so erhält man

[1)] Der Fall $\delta a_{11} = 0$ kann nicht eintreten, da $\delta \neq 0$ ist, und da aus $\delta_1 > 0$ folgt: $a_{11} \neq 0$.

$$\left(a_{11}c^2 + 2a_{12}cs + a_{22}s^2\right)\xi^2 + 2\left(a_{12}(c^2-s^2) - (a_{11}-a_{22})cs\right)\xi\eta +$$
$$+ \left(a_{11}s^2 - 2a_{12}sc + a_{22}c^2\right)\eta^2 + 2\left(a_{13}c + a_{23}s\right)\xi +$$
$$+ 2\left(a_{23}c - a_{13}s\right)\eta + a_{33} = 0 \,. \tag{1.115}$$

Das "gemischte" Glied mit Faktor $\xi\eta$ verschwindet, wenn

$$a_{12}(c^2 - s^2) - (a_{11} - a_{22})cs = 0$$

gilt. Mit

$$c^2 - s^2 = \cos^2\varphi - \sin^2\varphi = \cos(2\varphi) \;, \; cs = \cos\varphi \, \sin\varphi = \frac{1}{2}\sin(2\varphi)$$

bedeutet dies

$$2a_{12}\cos(2\varphi) = (a_{11} - a_{22})\sin 2\varphi \;\Leftrightarrow\; \cot(2\varphi) = \frac{a_{11} - a_{22}}{2a_{12}}$$

Dies wird erfüllt durch

$$\boxed{\varphi = \begin{cases} \frac{1}{2}\,\mathrm{arccot}\,\dfrac{a_{11} - a_{22}}{2a_{12}} & \text{falls } a_{12} \neq 0 \\ 0 & \text{falls } a_{12} = 0 \end{cases}} \tag{1.116}$$

Wir haben hier von den vier in Frage kommenden Winkeln denjenigen aus $[0,\frac{\pi}{2})$ gewählt. Mit diesem Winkel φ liefert die Transformation (1.114), eingesetzt in die Kegelschnittgleichung, die Gleichung (1.115), wobei das Glied mit $\xi\eta$ verschwindet. Die neue ξ-η-Gleichung hat also die Form

$$\boxed{A\xi^2 + B\eta^2 + 2C\xi + 2D\eta + E = 0} \tag{1.117}$$

mit

$$\left.\begin{array}{l} A = a_{11}c^2 + 2a_{12}cs + a_{22}s^2 \;, \quad B = a_{11}s^2 - 2a_{12}sc + a_{22}c^2 \\ C = a_{13}c + a_{23}s \;, \quad D = a_{23}c - a_{13}s \;, \quad E = a_{33} \end{array}\right\} \tag{1.118}$$

Wir fassen zusammen:

Satz 1.10 Hauptachsentransformation.[1] Durch

$$x = \xi\cos\varphi - \eta\sin\varphi\,,\quad y = \xi\sin\varphi + \eta\cos\varphi$$

mit dem Winkel φ aus (1.116) wird die Kegelschnittgleichung (1.112) (mit $\delta \neq 0$) in folgende Form übergeführt

$$\boxed{A\xi^2 + B\eta^2 + 2C\xi + 2D\eta + E = 0} \quad ; \text{ dabei folgt } \delta = \begin{vmatrix} A & 0 & C \\ 0 & B & D \\ C & D & E \end{vmatrix} \neq 0\,. \tag{1.119}$$

Bemerkung: Die Determinantengleichung $\delta = \ldots$ in (1.119) folgt aus der Tatsache, daß die Determinante δ bei Transformationen der Form (1.113) invariant bleibt (vgl. Bd. II, Abschnitte 3.4.5 und 3.9.9).-

3. Schritt Parallelverschiebung. Wir gehen von (1.119) aus! Im Falle $A \neq 0$ und $B \neq 0$ erhält die Gleichung durch quadratische Ergänzungen die Gestalt

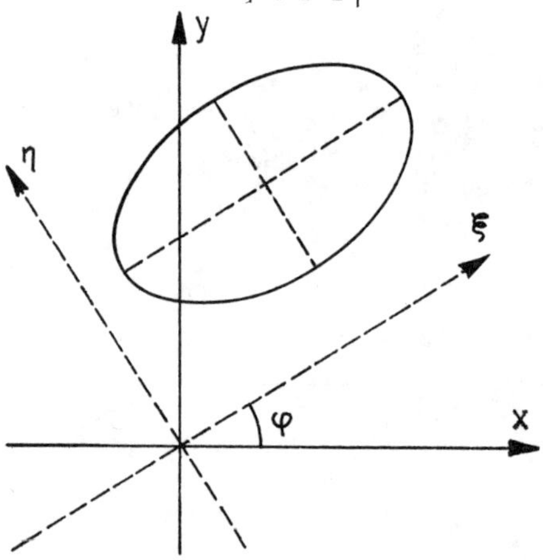

Fig. 1.50: Zur Hauptachsentransformation

$$A\left(\xi + \frac{C}{A}\right)^2 + B\left(\eta + \frac{D}{B}\right)^2 = -\frac{ABE - BC^2 - AD^2}{AB} = -\frac{\delta}{AB} \tag{1.120}$$

$$\Rightarrow \quad \boxed{\frac{(\xi + C/A)^2}{-\delta/(A^2B)} + \frac{(\eta + D/B)^2}{-\delta/(B^2A)} = 1} \tag{1.121}$$

Dies beschreibt offenbar eine Hyperbel oder Ellipse oder leere Menge.

Ist dagegen A oder B gleich Null, z.B. $A = 0$, $B \neq 0$, so muß wegen $\delta \neq 0$ auch $C \neq 0$ sein. Aus (1.119) folgt damit nach Division durch B,

[1] Die Hauptachsentransformation wurde hier ganz elementar durchgeführt. In Bd. II, Abschnitte 3.9.8, 3.9.9, wird sie über die Eigenwerttheorie hergeleitet.

anschließender quadratischer Ergänzung D^2/B^2 und Zusammenfassung:

$$\boxed{\left(\eta + \frac{D}{B}\right)^2 = -\frac{2C}{B}\left(\xi + \frac{EB - D^2}{2C}\right)} \qquad (1.122)$$

Hier liegt eine Parabel vor. Aus (1.120), gefolgt von (1.121) bzw. (1.122), gewinnen wir damit eine lückenlose Fallunterscheidung:

Satz 1.11 Die Gleichung

$$A\xi^2 + B\eta^2 + 2C\xi + 2D\eta + E = 0 \quad \text{mit} \quad \delta = \begin{vmatrix} A & 0 & C \\ 0 & B & D \\ C & D & E \end{vmatrix} \neq 0$$

beschreibt folgende Punktmengen in der Ebene:

falls	$AB < 0$		, so: Hyperbel
falls	$AB > 0$	und $A\delta < 0$	, so: Ellipse
falls	$AB > 0$	und $A\delta > 0$	, so: leere Menge
falls	$AB = 0$	$(A \neq 0$ oder $B \neq 0)$	, so: Parabel

Die Achsen dieser Kegelschnitte liegen parallel zu den Koordinatenachsen. Die Halbachsen a, b der Hyperbel oder Ellipse sowie ihr Mittelpunkt lassen sich gegebenenfalls aus (1.121) ablesen, ebenso wie der Halbparameter der Parabel nebst Scheitelpunkt aus (1.122), oder der entsprechenden Gleichung im Falle $B = 0$, $A \neq 0$.

Beispiel 1.17 Welche Punktmenge beschreibt die Gleichung

$$3{,}7x^2 - 31{,}2xy + 12{,}8y^2 - 71{,}6x + 68{,}8y - 302 = 0 \quad ?$$

Der Vergleich mit (1.112) liefert: $a_{11} = 3{,}7$, $a_{12} = -15{,}6$, $a_{22} = 12{,}8$, $a_{13} = -35{,}8$, $a_{23} = 34{,}4$, $a_{33} = -302$. Aus (1.113) erhalten wir $\delta = 76.832$ und $\delta_1 = -196$, folglich liegt eine Hyperbel vor.

Hauptachsentransformation: Formel (1.116) liefert uns den Drehwinkel $\varphi :\doteq 36{,}86989756°$, folglich $c = \cos\varphi = 0{,}8$ und $s = \sin\varphi = 0{,}6$. Mit (1.118) errechnet man $A = -8$, $B = 24{,}5$, $C = -8$, $D = 49$, $E = 302$, also nach (1.119)

$$-8\xi^2 + 24{,}5\eta^2 - 16\xi - 98\eta - 302 = 0 \; .$$

Aus (1.121) folgt die äquivalente Gleichung

$$-\frac{(\xi+1)^2}{7^2} + \frac{(\eta-2)^2}{4^2} = 1 \; .$$

Die Hyperbel hat also die reelle Halbachse $a = 4$ und die imaginäre Halbachse $b = 7$. Der Mittelpunkt $\begin{bmatrix}\xi_0, \eta_0\end{bmatrix}^T = \begin{bmatrix}-1, 2\end{bmatrix}^T$ wird durch Rückdrehung um $-\varphi$ in den Hyperbel-Mittelpunkt $\begin{bmatrix}x_0, y_0\end{bmatrix}$ im x-y-System überführt:

$$x_0 = c\xi_0 + s\eta_0 = 0{,}4 \quad , \quad y_0 = -s\xi_0 + c\eta_0 = 2{,}2 \; .$$

Einheitliche Scheitel- und Polargleichungen. Die Scheitelgleichungen für die

$$\begin{aligned} &\text{Ellipse:} && y^2 = 2px - \frac{p}{a}x^2 && \left(p = \frac{b^2}{a}\right) \\ &\text{Parabel:} && y^2 = 2px && \\ &\text{Hyperbel:} && y^2 = 2px + \frac{p}{a}x^2 && \end{aligned} \qquad (1.123)$$

lassen sich mit Hilfe der numerischen Exzentrizität $\varepsilon = e/a$ (bei Ellipse und Hyperbel), $\varepsilon = 1$ (bei der Parabel) umformen in eine einzige Gleichung

Scheitelgleichung:

$$\boxed{y^2 = 2px + \left(\varepsilon^2 - 1\right)x^2} \qquad \begin{aligned} 0 < \varepsilon < 1 \quad &\text{Ellipse} \\ \varepsilon = 1 \quad &\text{Parabel} \\ \varepsilon > 1 \quad &\text{Hyperbel} \end{aligned} \qquad (1.124)$$

Figur 1.51 zeigt sehr schön, wie sich die Formen der Kegelschnitte bei wachsendem ε ändern. Die Parabel nimmt dabei die Grenzlage zwischen Ellipsen und Hyperbeln ein.

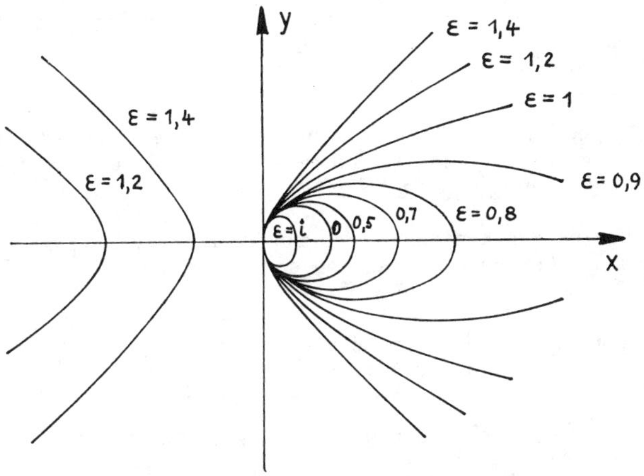

Fig. 1.51: Zur Scheitelgleichung: Kegelschnitte verwandeln sich bei Veränderung von ε (nach [49]).

Entsprechend erhält man eine einheitliche Polargleichung, wobei der Ursprung $\underline{0}$ stets in einem Brennpunkt liegt (dem linken):

$$\boxed{r = \frac{p}{1 - \varepsilon\cos\varphi}} \qquad \begin{cases} 0 < \varepsilon < 1 & \text{Ellipse} \\ \varepsilon = 1 & \text{Parabel} \\ \varepsilon > 1 & \text{Hyperbel} \end{cases} \tag{1.125}$$

Übungen

Welche Kegelschnitt-Typen beschreiben die folgenden Gleichungen. Führe analog zu Beispiel 1.17 dafür die jeweiligen Hauptachsentransformationen durch!

1.31* $x^2 - 8xy + 10y^2 - x + 5y + 2 = 0$.

1.32* $4x^2 - 4xy + y^2 + 7x - 5y + 8 = 0$.

1.33* $7x^2 - 8xy + 3y^2 - 20x + 2y - 90 = 0$.

1.4 BEISPIELE EBENER KURVEN II: ROLLKURVEN, BLÄTTER, SPIRALEN

1.4.1 Zykloiden

Definition 1.9 Rollt eine Kreisscheibe auf einer Geraden ab, so beschreibt ein fest mit der Kreisscheibe verbundener Punkt P eine Kurve, die den hoffnungsvollen Namen Zykloide trägt.

Ist r der Radius des Kreises, c der Abstand des Punktes vom Kreismittelpunkt, und die Gerade die x-Achse, so lautet die

Parameterdarstellung der Zykloide

$$\boxed{\begin{aligned} x &= rt - c\cdot\sin t \\ y &= r - c\cdot\cos t \end{aligned}} \qquad t \in \mathbb{R} \qquad (1.126)$$

Hierbei ist durch $[rt,r]^T$ der Weg des Kreismittelpunktes M gegeben. Der Zusatz $-[c\cdot\sin t, c\cdot\cos t]^T$ beschreibt die Drehung des Punktes P um M, wobei zur Zeit $t = 0$ der Kreismittelpunkt auf der y-Achse liegt und der Punkt P vertikal darunter (s. Fig. 1.52). Der Parameter t heißt der Wälzwinkel.- Man unterscheidet

$0 < c < r$: gestreckte Zykloide

$c = r$: gewöhnliche Zykloide

$c > r$: verschlungene Zykloide

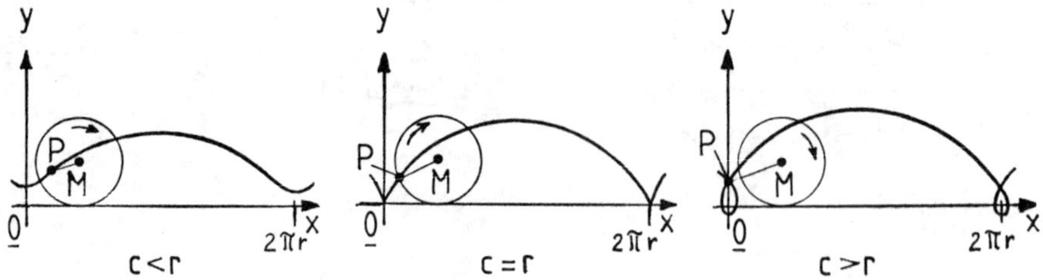

Fig. 1.52: gestreckte, gewöhnliche und verschlungene Zykloide (n.[49])

Die Fläche zwischen der x-Achse und einem Zykloidenbogen ($0 \leqq t \leqq 2\pi$) hat den Flächeninhalt

$$A = \int_0^{2\pi} y\dot{x}\,dt = \int_0^{2\pi} (r^2 - 2rc\cdot\cos t + c^2\cdot\cos^2 t)\,dt =$$

$$= \left[r^2 t - 2rc\cdot\sin t + c^2\left(\frac{t}{2} + \frac{\sin(2t)}{4}\right)\right]_0^{2\pi} = \pi\,(2r^2 + c^2) \qquad (1.127)$$

Für die gewöhnliche Zykloide $(r = c)$ folgt $A = 3r^2\pi$.

Die Bogenlänge L eines Zykloidenbogens $(0 \leq t \leq 2\pi)$ ist

$$L = \int_0^{2\pi} \sqrt{\dot{x}^2 + \dot{y}^2}\, dt = \int_0^{2\pi} \sqrt{r^2 + c^2 - 2rc\cos t}\, dt\ , \quad \cos t = 1 - 2\sin^2\left(\frac{t}{2}\right) \Rightarrow$$

$$= \int_0^{2\pi} \sqrt{(r-c)^2 + 2rc\sin^2\frac{t}{2}}\, dt = 2\int_0^{\pi} \sqrt{(r-c)^2 + 2rc\sin^2\tau}\, d\tau\ .$$

Für $r \neq c$ ist dies ein elliptisches Integral, welches durch elementare Funktionen nicht aufgelöst werden kann. Man kann es aber leicht numerisch berechnen (vgl. Bd. I, Abschn. 4.2.6).

Im Falle $r = c$ erhält man die Länge L eines Bogens der gewöhnlichen Zykloide elementar:

$$L = 4r\int_0^{\pi} \sin\tau\, d\tau = 4r\,\left[-\cos\tau\right]_0^{\pi} = 8r\ . \qquad (1.128)$$

Übung 1.34* Leite eine Funktion der Form $x = g(y)$ her, deren Graph die Zykloide für $0 \leq t \leq \pi$ darstellt!

1.4.2. Epizykloiden

Definition 1.10 Rollt eine Kreisscheibe außen auf einem festen Kreis ab, so beschreibt ein fest mit dem rollenden Kreis verbundener Punkt P eine Epizykloide.

Der feste Kreis habe den Mittelpunkt $\underline{O}$ und den Radius $R > 0$. Der Radius des rollenden Kreises sei $r > 0$, sein Mittelpunkt M und c der Abstand zwischen P und M. Zu Beginn $(t = 0)$ liege M auf der positiven x-Achse, wobei P sich links von M ebenfalls auf der x-Achse befindet. Hat sich der rollende Kreis um den "Wälzwinkel" $t > 0$, ausgehend von $t = 0$, gedreht, so hat P nach Figur 1.53 offenbar die Koordinaten

$$x = \overline{OC} + \overline{CD} = (R+r)\cos\tau + c\sin\alpha$$
$$y = \overline{CM} - \overline{MC'} = (R+r)\sin\tau - c\cos\alpha \qquad (1.129)$$

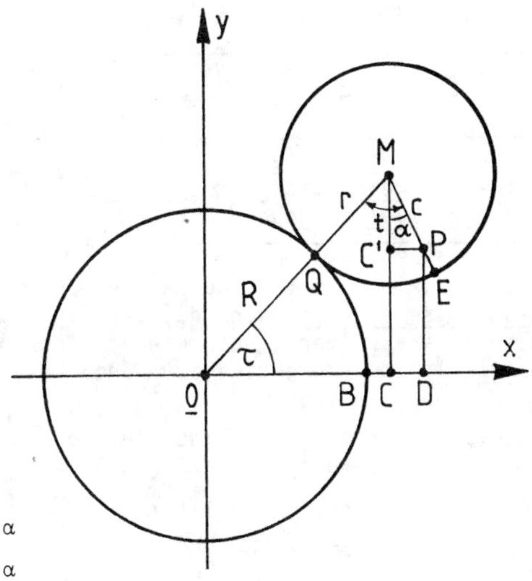

Fig. 1.53: Zur Epizykloide

Wegen des Abrollens, ohne Gleiten, gilt für die Kreisbögen von Q nach B bzw. Q nach E: $\widehat{QB} = \widehat{QE}$, d.h. $R\tau = rt$, also $\tau = \frac{r}{R}t$, und aus $t - \alpha = \frac{\pi}{2} - \tau$ folgt

$$\alpha = t + \tau - \frac{\pi}{2} = t + \frac{r}{R}t - \frac{\pi}{2} = \frac{R+r}{R}t - \frac{\pi}{2}.$$

Eingesetzt in (1.129) ergibt sich die

Parameterdarstellung der Epizykloide bez. des Wälzwinkels:

$$\boxed{\begin{aligned} x &= (R+r)\cdot\cos\frac{r}{R}t - c\cdot\cos\frac{R+r}{R}t \\ y &= (R+r)\cdot\sin\frac{r}{R}t - c\cdot\sin\frac{R+r}{R}t \end{aligned}}\;,\; t\in\mathbb{R} \tag{1.130}$$

Wählt man als Parameter den Winkel τ, der die Lage des Mittelpunktes M des Rollkreises beschreibt, so folgt wegen $R\tau = rt$ die

Parameterdarstellung der Epizykloide bez. des Mittelpunktwinkels:

$$\boxed{\begin{aligned} x &= (R+r)\cos\tau - c\cos\frac{R+r}{r}\tau \\ y &= (R+r)\sin\tau - c\sin\frac{R+r}{r}\tau \end{aligned}} \tag{1.131}$$

Wir unterscheiden

$$\boxed{\left.\begin{aligned} c < r &: \text{gestreckte} \\ c = r &: \text{gewöhnliche} \\ c > r &: \text{verschlungene} \end{aligned}\right\}\ \text{Epizykloide.}}$$

Die Epizykloide ist genau dann eine geschlossene Kurve, wenn das Verhältnis $m := R/r$ der beiden Kreisradien rational ist. (Denn dies ist genau dann der Fall, wenn τ und $\frac{R+r}{r}\tau = (m+1)\tau$ beide ganzzahlige Vielfache von 2π sind, d.h.

$\tau = k2\pi$ und $(m+1)\tau = n2\pi$ (k,n ganz)

also nach Einsetzen von $\tau = k2\pi$:

$(m+1)k2\pi = n2\pi \Leftrightarrow m = \left(\frac{k}{n}\right)^{-1} - 1$

$\Leftrightarrow$ m rational.)

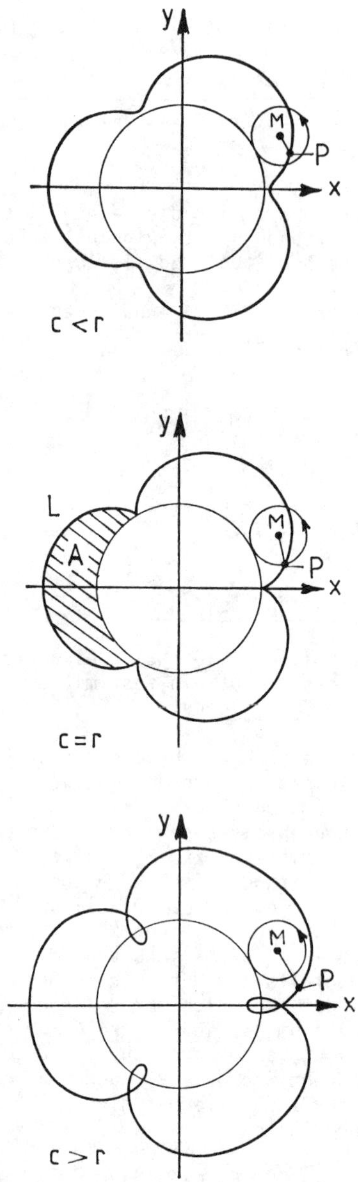

Fig. 1.54: Epizykloiden: $\frac{R}{r} = 3$ (nach [49])

Ist $m = \frac{R}{r}$ ganzzahlig, so schließt sich die Epizykloide nach einem Umlauf des Rollkreises um den Festkreis, und die Epizykloide besteht aus m "Bögen".

Die Länge L eines "Bogens" der gewöhnlichen Epizykloide (Teilstück von einer Spitze zur nächsten) und der Flächeninhalt A der Fläche zwischen Bogen und Kreis (s. Fig. 1.54 b)) seien ohne Beweis angegeben:

$$L = \frac{8r(R+r)}{R} \quad , \quad A = \frac{\pi r^2(3R+2r)}{R}$$

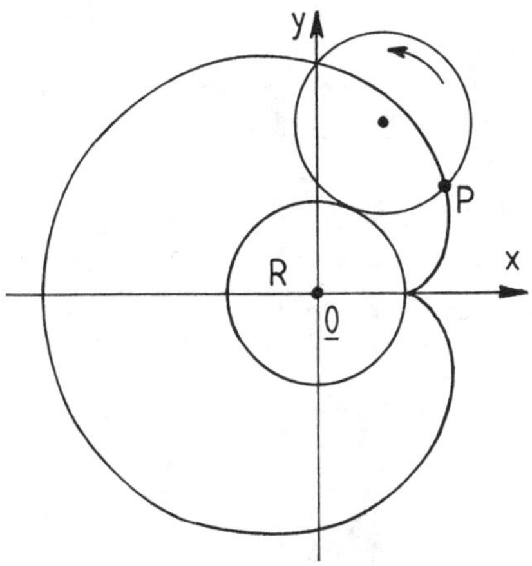

Fig. 1.55: Kardioide

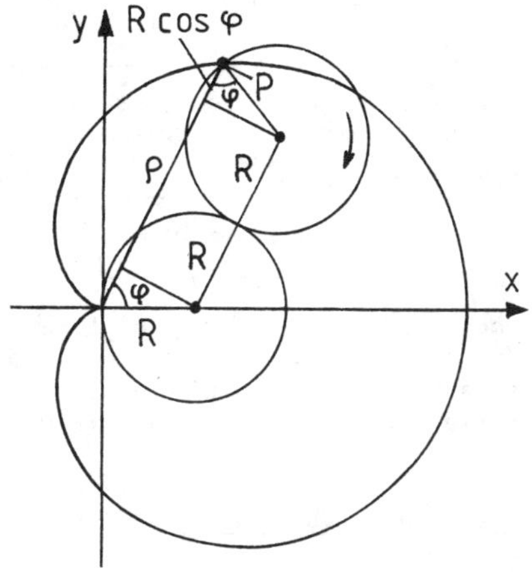

Fig. 1.56: Zur Polargleichung der Kardioide

Kardioide: Den Sonderfall $R = r = c$ einer gewöhnlichen Epizykloide nennt man wegen ihrer Form (s. Fig. 1.55) eine Herzkurve oder Kardioide. Parameterdarstellung dazu:

$$\begin{aligned} x &= R(2\cos t - \cos(2t)) \\ y &= R(2\sin t - \sin(2t)) \end{aligned} \qquad (1.132)$$

Legt man die Kardioide so wie in Figur 1.56, so gewinnt man aus dieser Figur eine einfache Polargleichung der Kardioide

$$\rho = 2R(1 + \cos\varphi) \qquad (1.133)$$

$0 \leqq \varphi \leqq 2\pi$

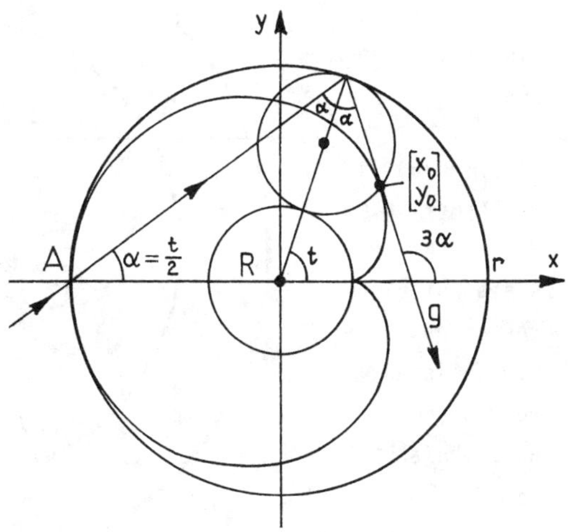

Fig. 1.57: Reflektierter Lichtstrahl tangiert Kardioide

Um zu einer Gleichung in kartesischen Koordinaten zu kommen, setzen wir $\cos\varphi = \frac{x}{\rho}$ und multiplizieren die Gleichung mit $\rho = \sqrt{x^2+y^2}$ durch. Es folgt

$$x^2 + y^2 - 2R\sqrt{x^2+y^2} = 2Rx \ .$$

Quadratische Ergänzung liefert damit die Kardioidengleichung in kartesischen Koordinaten (bez. Fig. 1.56):

$$\boxed{\left(\sqrt{x^2+y^2} - R\right)^2 = R(2x+R)} \qquad (1.134)$$

Der Leser möge selbst die Länge L (den Umfang) der Kardioide und den Flächeninhalt A der umschlossenen Fläche der Kardioide herleiten. Es ergibt sich

$$\boxed{L = 16\,R} \quad \text{und} \quad \boxed{A = 6\pi R^2}$$

Übung 1.35* Figur 1.57 zeigt den Querschnitt eines innen verspiegelten Kreiszylinders. Durch die punktförmige Öffnung bei A fallen Lichtstrahlen ein, die ganz in dem Querschnitt verlaufen. Zeige, daß die reflektierten Strahlen die Tangenten der skizzierten Kardioide sind.

1.4.3 Anwendung: Wankelmotor

Epizykloiden entstehen auch noch auf andere Weise, als im vorigen Abschnitt beschrieben.

Läßt man nämlich einen Kreisring mit seinem inneren Kreis auf einem festeren kleineren Kreis abrollen (um ihn herum "eiern", wie der Volksmund sagt), so beschreibt ein fest mit dem Ring verbundener Punkt P ebenfalls eine Epizykloide.

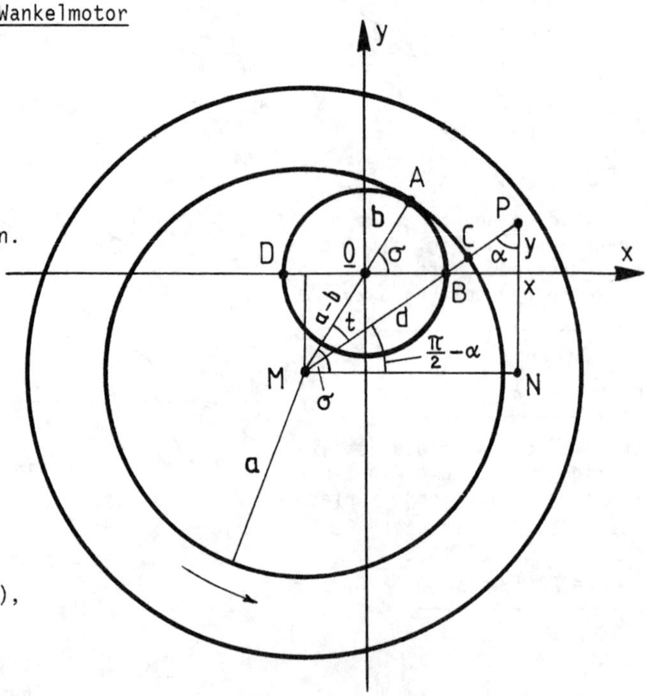

Fig. 1.58: Epizykloide, erzeugt durch "eiernden" Ring

Der Nachweis ergibt sich mit Figur 1.58 folgendermaßen: Der feste kleinere Kreis habe den Radius $b > 0$ und den Mittelpunkt $\underline{O}$, der rollende Innenkreis des Ringes habe den Radius $a > b$ und den Mittelpunkt M . d sei der Abstand des Punktes P von M .

Die Koordinaten x,y von P sind nach Figur 1.58

$$\begin{aligned} x &= \overline{MN} - \overline{D\underline{O}} = d\sin\alpha - (a-b)\cos\sigma \\ y &= \overline{PN} - \overline{DM} = d\cos\alpha - (a-b)\sin\sigma \,. \end{aligned} \tag{1.135}$$

Wegen der Abrollung ist $\widehat{AB} = \widehat{AC}$, d.h. $\sigma b = ta$, also $\sigma = \frac{a}{b}t$. Ferner gilt nach Figur 1.58: $\sigma = t + \frac{\pi}{2} - \alpha$, also

$$\alpha = t - \sigma + \frac{\pi}{2} = t - \frac{a}{b}t + \frac{\pi}{2} = -\frac{a-b}{b}t + \frac{\pi}{2} \,.$$

Setzt man die Ausdrücke für σ und α in (1.135) ein, so erhält man die Parameterdarstellung

$$\boxed{\begin{aligned} x &= d\cos\frac{a-b}{b}t - (a-b)\cos\frac{a}{b}t \\ y &= d\sin\frac{a-b}{b}t - (a-b)\cos\frac{a}{b}t \end{aligned}} \tag{1.136}$$

Dies wollen wir umdeuten in die Parameterdarstellung der Epizykloide, die nach (1.130) im vorigen Abschnitt folgende Form hat:

$$\boxed{\begin{aligned} x &= (R+r)\cos\frac{r}{R}t - c\cdot\cos\frac{R+r}{R}t \\ y &= (R+r)\sin\frac{r}{R}t - c\cdot\sin\frac{R+r}{R}t \end{aligned}} \tag{1.137}$$

Der Vergleich mit (1.136) zeigt, daß folgende Beziehungen gelten müssen:

$$R + r = d \,, \quad \frac{r}{R} = \frac{a-b}{b} \,, \quad c = a - b \,, \quad \frac{R+r}{R} = \frac{a}{b} \,. \tag{1.138}$$

Aus den ersten beiden Gleichungen lassen sich die "unbekannten" R,r leicht ermitteln:

$$R = \frac{bd}{a} \quad , \quad r = \frac{cd}{a} \quad \text{mit} \quad c = a - b \tag{1.139}$$

Man rechnet nach, daß damit auch die letzte Gleichung in (1.138) gilt. Somit ist gezeigt:

Satz 1.12 Rollt ein Kreisring mit seinem Innenkreis (Radius a) auf einem festen Kreis (Radius $b < a$) ab, so beschreibt ein Punkt P, der mit dem Ring fest verbunden ist, eine Epizykloide. Vorausgesetzt wird dabei, daß P nicht der Mittelpunkt des Kreisringes ist.

Die Epizykloide, auf der P verläuft, hat die Parameterdarstellung (1.137), wobei R, r und c nach (1.139) berechnet werden.

Beim Wankelmotor[1] (auch Kreiskolbenmotor genannt) wird die beschriebene Eigenschaft der Epizykloiden angewandt.

Figur 1.59 zeigt eine Profilschnitt durch das Zylindergehäuse und den "Drehkolben" des Wankelmotors. Der innere schraffierte Kreis ist mit dem Gehäuse starr verbunden. Auf diesem Kreis rollt der Innenkreis ("Läuferkreis") des Drehkolbens ab, dessen äußere Kontur ein Kreisbogendreieck ist.

Die Eckpunkte des Dreiecks beschreiben beim Abrollen eine gestreckte Epizykloide (hier eine "bohnenförmige" Kurve). Dabei sind die vorher beschriebenen Größen, in einer geeigneten Längeneinheit, folgendermaßen gewählt:

$$a = 3 \ , \ b = 2 \ , \ d = 7 \ .$$

Aus (1.139) ergebn sich für die Parameterdarstellung (1.137) der Epizykloide folgende Werte:

$$R = \frac{14}{3} \ , \ r = \frac{7}{3} \ , \quad c = 1 \ .$$

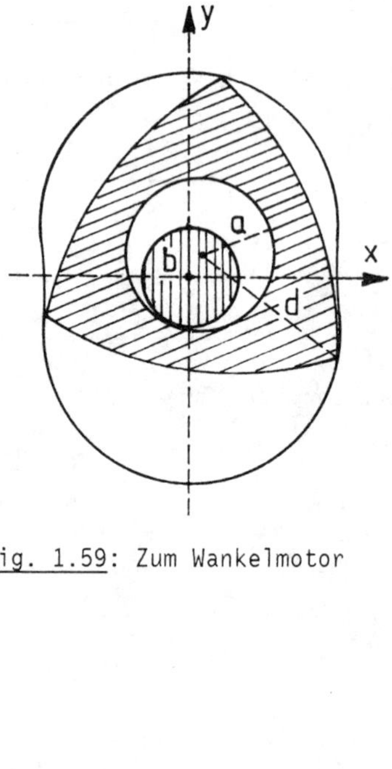

Fig. 1.59: Zum Wankelmotor

[1] Erfunden von F. Wankel

Die Kontur des "Zylinders" beim Wankelmotor ist also eine gestreckte Epizykloide, wie sie durch Abrollen eines kleinen Kreises auf einen größeren entsteht, wobei der größere feste Kreis den doppelten Radius des kleineren Kreises hat. Der Punkt P, der die Kontur beschreibt, liegt um $c = \frac{3}{7}r$ vom Mittelpunkt des kleineren Kreises entfernt.

Übung 1.36 Begründe, warum beim Wankelmotor alle drei Ecken des Drehkolbens auf der Kontur laufen (d.h. auf der beschriebenen "bohnenförmigen" Epizykloide).

1.4.4 Hypozykloiden

Definition 1.11 Rollt eine Kreisscheibe innen auf einer festen Kreislinie ab, so beschreibt ein fest mit der Kreisscheibe verbundener Punkt P eine *Hypozykloide*.

Es sei R der Radius des festen Kreises um $\underline{0}$, r der Radius des rollenden Kreises mit dem Mittelpunkt M $(r < R)$ und c der Abstand P von M. Zu Beginn liegt P auf der positiven x-Achse und M links davon auf der x-Achse.

Figur 1.60 liefert für die Koordinaten x,y des Punktes P die Gleichungen

$$x = (R-r)\cos\tau - c\sin\alpha \qquad (1.140)$$
$$y = (R-r)\sin\tau - c\cos\alpha$$

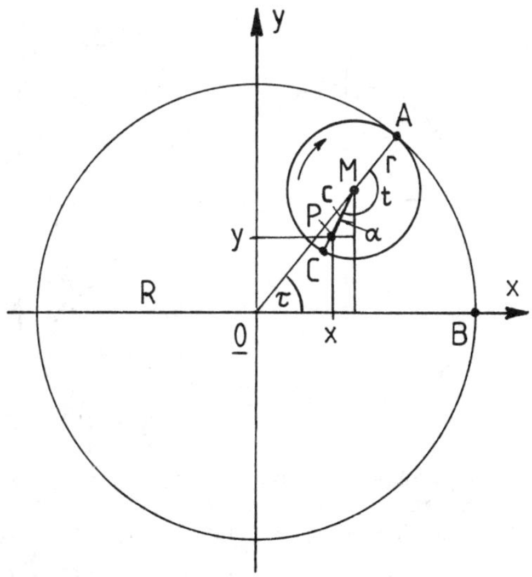

Fig. 1.60: Zur Parameterdarstellung der Hypozykloide

Aus der Gleichheit der Kreisbogenlängen $\overset{\frown}{AB}$ und $\overset{\frown}{AC}$, d.h. $\tau R = tr$, folgt $\tau = \frac{r}{R}t$. Ferner liest man ab: $t = \alpha + \frac{\pi}{2} + \tau$, d.h. $\alpha = \frac{R-r}{R}t - \frac{\pi}{2}$. Einsetzen in (1.140) ergibt die

Parameterdarstellung der Hypozykloide bez. des Wälzwinkels t :

$$x = (R-r)\cdot\cos\frac{r}{R}t + c\cdot\cos\frac{R-r}{R}t$$
$$y = (R-r)\cdot\sin\frac{r}{R}t - c\cdot\sin\frac{R-r}{R}t \qquad (1.141)$$

oder mit $t = \frac{R}{r}\tau$ die

Parameterdarstellung der Hypozykloide bez. des Mittelpunktwinkels τ:

$$x = (R-r)\cos\tau + c\cos\frac{R-r}{r}\tau$$
$$y = (R-r)\sin\tau - c\sin\frac{R-r}{r}\tau \qquad (1.142)$$

Dabei sind folgende Bezeichnungen üblich:

$c < r$: gestreckte
$c = r$: gewöhnliche } Hypozykloide (s. Fig. 1.61)
$c > r$: verschlungene

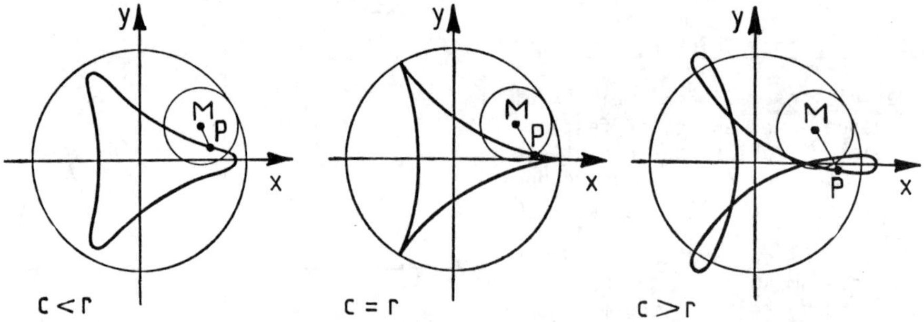

Fig. 1.61: Hypozykloiden mit $m = R/r = 3$ (nach [49])

Die Parameterdarstellung der Hypozykloide geht aus der Epizykloide durch Ersetzen von r durch $-r$ und t durch $-t$ (τ durch $-\tau$) hervor und umgekehrt. Daraus folgt auf gleiche Weise wie bei der Epizykloide:

> Die Hypozykloide ist genau dann geschlossen, wenn $m = R/r$ rational ist.

Ferner erhält man durch dieses Ersetzen $(r \mapsto -r)$ die Länge L eines "Bogens" der gewöhnlichen Hypozykloide (Teilstück zwischen benachbarten Spitzen) und den Flächeninhalt A der zwischen Kreis und Bogen eingeschlossenen Fläche:

$$L = \frac{8r(R-r)}{R} \qquad A = \frac{\pi r^2(3R-r)}{R} \qquad (1.143)$$

Sonderfälle. a) Ellipse und Strecke: Im Falle $R = 2r$ $(r \neq c)$ wird die Hypozykloide zu einer Ellipse mit den Halbachsen $a = r + c$, $b = |r - c|$, $(c \neq r)$, wie man aus (1.142) sofort folgert. Gilt $c = r = R/2$, so wird die Hypozykloide sogar zur Strecke $[-R,R]$ auf der x-Achse. Dies wird z.B. beim "Planetengetriebe" benutzt, um kreisende Drehbewegungen in elliptische oder geradlinige zu überführen.

b) Asteroide: Setzt man bei der Hypozykloide $r = c = R/4$, so entsteht die Asteroide, auch Sternkurve genannt (s. Fig. 1.62). Ihre Parameterdarstellung formt man mit den Additionstheoremen von sin und cos und Ersetzen von $t/4$ durch t in folgende Gleichungen um (vgl. Üb. 1.37):

Asteroide
$$\boxed{\begin{aligned} x &= R\cos^3 t \\ y &= R\sin^3 t \end{aligned}}\,, \quad 0 \leq t \leq 2\pi \qquad (1.144)$$

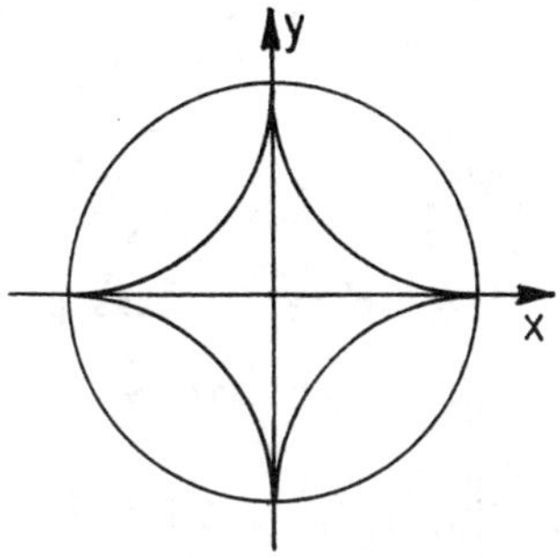

Fig. 1.62: Asteroide

Daraus erhält man durch Potenzieren der Gleichungen mit 2/3 und Addieren die kartesische Gleichung der Asteroide:

$$\boxed{x^{\frac{2}{3}} + y^{\frac{2}{3}} = R^{\frac{2}{3}}} \qquad (1.145)$$

Der Leser berechne die folgenden Größen bei der Asteroide:

Umfang: $\boxed{L = 6R}$, Inhalt der eingeschlossenen Fläche: $\boxed{A = \frac{3}{8}\pi R^2}$

Bemerkung: Hypozykloiden werden in der Theorie der Zahnräder verwendet.

Übung 1.37 Leite die Parameterdarstellung der Asteroide her. Benutze dabei die Formeln $\cos(3\alpha) = 4\cos^3\alpha - 3\cos\alpha$ und $\sin 3\alpha = 3\sin\alpha - 4\sin^3\alpha$.

1.4.5 Blattartige Kurven

Lemniskate. Eine Lemniskate besteht aus allen Punkten der Ebene, für die das Produkt der Abstände von zwei festen Punkten F_1, F_2 einen konstanten Wert e^2 hat, wobei $\overline{F_1F_2} = 2e > 0$ ist.[1)]

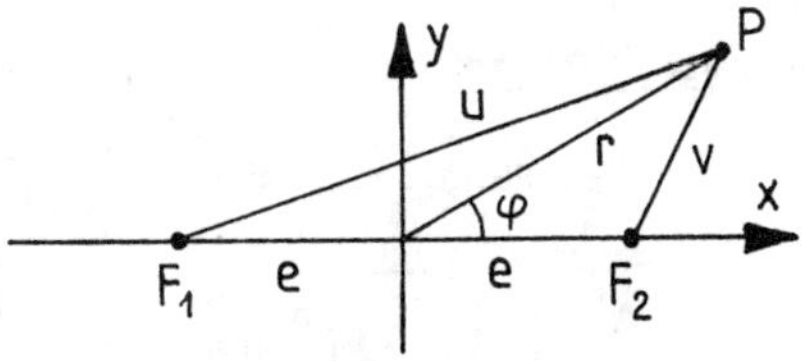

Fig. 1.63: Zur Lemniskatengleichung

Ist P ein Punkt der Lemniskate mit den Polarkoordinaten r, φ, so liefert Figur 1.63 über den Cosinussatz die Beziehungen

$$v^2 = r^2 + e^2 - 2re\cos\varphi\,,$$
$$u^2 = r^2 + e^2 - 2re\cos(\pi - \varphi)$$

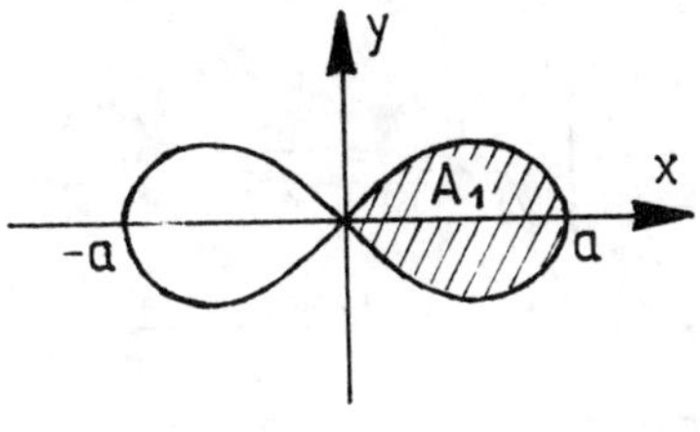

Fig. 1.64: Lemniskate

Wir setzen rechts $\cos(\pi - \varphi) = -\cos\varphi$ ein und multiplizieren die Gleichungen

1) e ist hier eine beliebige positive Zahl (nicht unbedingt die Eulersche Zahl e = 2,718...).

miteinander. Links entsteht das Produkt $u^2v^2 = e^4$ (nach Voraussetzung), also zusammen

$$e^4 = \left(r^2 + e^2\right)^2 - 4r^2e^2\cos^2\varphi \quad \Leftrightarrow$$

$$e^4 = r^4 + 2r^2e^2 + e^4 - 4r^2e^2\cos^2\varphi .$$

Subtraktion von e^4 auf beiden Seiten und Division durch $r^2 \neq 0$ liefert nach Umstellung

$$r^2 = 2e^2(2\cos^2\varphi - 1) = 2e^2\cos(2\varphi) \text{ . Mit } \boxed{a := \sqrt{2}\,e} ,$$

also $a^2 = 2e^2$, folgt daraus die

Polargleichung der Lemniskate

$$\boxed{r = a\sqrt{\cos(2\varphi)}} \quad \text{für} \begin{cases} -\frac{\pi}{4} \leqq \varphi \leqq \frac{\pi}{4} \quad \text{und} \\ \frac{3}{4}\pi \leqq \varphi \leqq \frac{5}{4}\pi \end{cases} \tag{1.146}$$

Mit $r = \sqrt{x^2+y^2}$ und $\cos(2\varphi) = \cos^2\varphi - \sin^2\varphi = \dfrac{x^2-y^2}{x^2+y^2}$ erhält man nach Quadrieren die

Lemniskatengleichung in kartesischen Koordinaten

$$\boxed{\left(x^2+y^2\right)^2 = a^2\left(x^2-y^2\right)} \tag{1.147}$$

Wir berechnen ferner folgende Größen: Flächeninhalt einer Schleifenfläche:

$$A_1 = \frac{1}{2}\int_{-\pi/4}^{\pi/4} r^2\,d\varphi = \frac{a^2}{2}\int_{-\pi/4}^{\pi/4}\cos(2\varphi)\,d\varphi = \frac{a^2}{4}\Big[\sin(2\varphi)\Big]_{-\pi/4}^{\pi/4} = \frac{a^2}{2}$$

Gesamter Flächeninhalt:

$$\boxed{A = a^2} \tag{1.148}$$

Länge eines Schleifenbogens:

$$L_1 = \int_{-\pi/4}^{\pi/4}\sqrt{r^2 + \left(\frac{dr}{d\varphi}\right)^2}\,d\varphi = a\int_{-\pi/4}^{\pi/4}\frac{d\varphi}{\sqrt{\cos(2\varphi)}} = a\int_{-\pi/4}^{\pi/4}\frac{d\varphi}{\sqrt{1-2\sin^2\varphi}}$$

Dieses "elliptische Integral" läßt sich mit der Substitution $\sin^2\varphi = \varphi^2/(1+\varphi^2)$, $d\varphi/du = 1/(1+\varphi^2)$ umformen in

$L_1 = a\displaystyle\int_{-1}^{1}\frac{du}{\sqrt{1-u^2}} = \frac{a}{2\sqrt{2\pi}}\,\Gamma^2\!\left(\frac{1}{4}\right)$ 1). Mit $\Gamma\!\left(\frac{1}{4}\right) = 3{,}625609908$ folgt die

Gesamtlänge der Lemniskate:

$$\boxed{L = 2L_1 \doteq a \cdot 5{,}244115108}$$

Bemerkungen: (a) In der Meßtechnik werden "Lemniskatenlenker" bei der Führung von Schreibstiften verwendet.

---

1) Rechte Seite nach [34]

(b) Wird allgemeiner $uv = k^2$ gefordert (aber wie bisher $\overline{F_1F_2} = 2e$), so erhält man als Verallgemeinerungen der Lemniskate die "Cassinischen Kurven", mit der Gleichung

$$\left(x^2 + y^2\right)^2 = 2e^2\left(x^2 - y^2\right) + k^4 - e^4$$

Für $e > k$ zerfällt die Punktmenge in zwei geschlossene Kurven (s. Fig. 1.65 a, für $e < k$ ergibt sich eine geschlossene Kurve (s. Fig. 1.65 b).

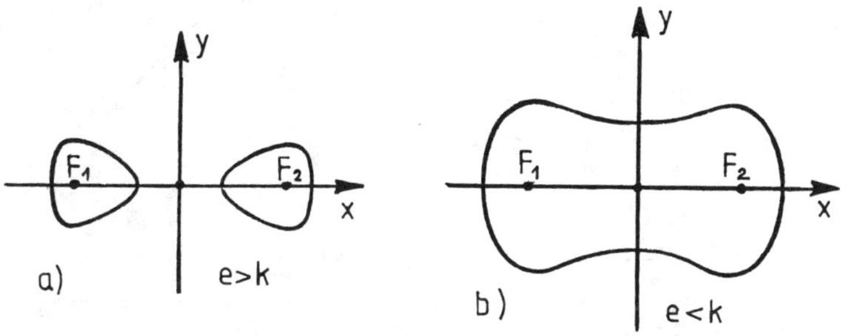

Fig. 1.65: Cassinische Kurven (nach [49])

Kleeblattkurven. Die dreiblättrige Kleeblattkurve wird folgendermaßen beschrieben:

$$\boxed{(x^2+y^2)^2 = ay(3x^2 - y^2)} \quad (a > 0) \quad (1.149)$$

oder in Polarkoordinaten:

$$\boxed{\begin{aligned} & r = a\sin(3\varphi) \\ & \text{für} \begin{cases} 0 \leqq \varphi \leqq \frac{\pi}{3} \\ \frac{2}{3}\pi \leqq \varphi \leqq \pi \\ \frac{4}{3}\pi \leqq \varphi \leqq \frac{5}{3}\pi \end{cases} \end{aligned}} \quad (1.150)$$

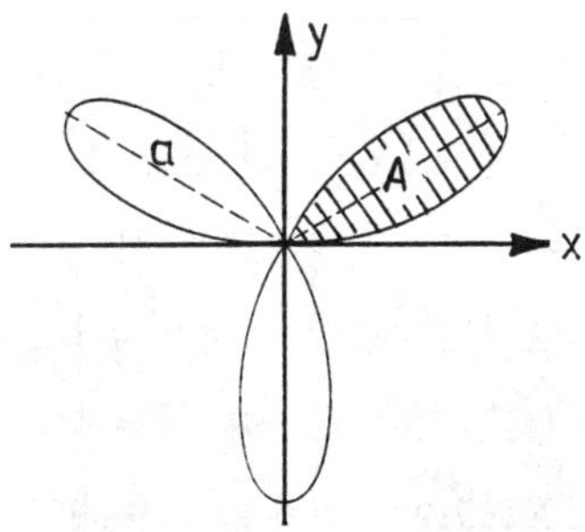

Fig. 1.66: Dreiblättrige Kleeblattkurve

Allgemeiner wird durch

$$\boxed{r = a\sin(n\varphi)} \quad (1.151)$$

eine n-blättrige Kleeblattkurve beschrieben, wobei nur die Winkel $\varphi \in [0.2\pi]$ zugelassen sind, für die $\sin(n\varphi) \geqq 0$ ist.

Flächeninhalt eines "Blattes": $A = \dfrac{\pi a^2}{4n}$.

Cartesisches Blatt:[1)]

$$\boxed{x^3 + y^3 = axy} \quad a > 0 \qquad (1.152)$$

Einsetzen von $x = r\cos\varphi$, $y = r\cos\varphi$ liefert die Polargleichung

$$\boxed{r = \frac{a}{2} \cdot \frac{\sin(2\varphi)}{\cos^3\varphi + \sin^3\varphi} \quad \text{für} \begin{cases} 0 \leqq \varphi \leqq \frac{\pi}{2} \\ \frac{3}{4}\pi \leqq \varphi \leqq \pi \\ \frac{6}{4}\pi \leqq \varphi \leqq \frac{7}{4}\pi \end{cases}} \qquad (1.153)$$

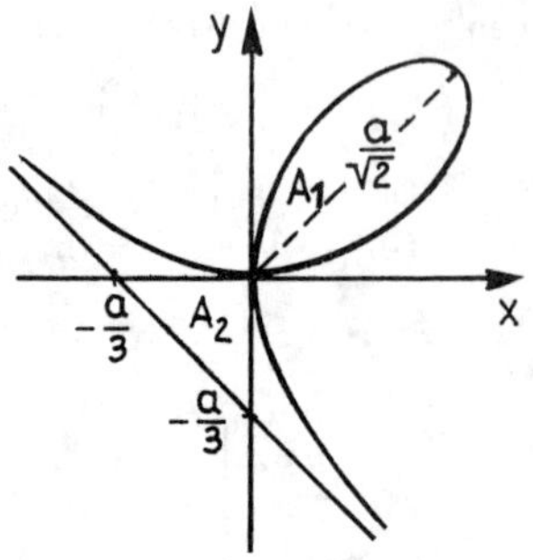

Fig. 1.67: Cartesisches Blatt

In die Transformation $x = r\cos\varphi$, $y = r\sin\varphi$ setze man den obigen Ausdruck für r ein. Mit $\sin(2\varphi) = 2\sin\varphi\cos\varphi$ und der Abkürzung $t = \sin\varphi/\cos\varphi$ erhält man daraus die Parameterdarstellung des cartesischen Blattes (vgl. Fig. 1.67):

$$\boxed{x = \frac{at}{1+t^3} , \quad y = \frac{at^2}{1+t^3} \quad (t \neq -1)} \qquad (1.154)$$

Für das cartesische Blatt notieren wir ferner:

Scheitelpunkt: $\underline{s} = \frac{a}{2}\begin{bmatrix}1\\1\end{bmatrix}$, Asymptote: $x + y = -\frac{a}{3}$

Flächeninhalt des "Blattes": $A_1 = \frac{a^2}{6}$ (1.155)

Inhalt der Fläche zwischen Kurve und Asymptote (ohne "Blatt") $\Big\}$ $A_2 = \frac{a^2}{6}$ (1.156)

Strophoide.

$$\boxed{(a-x)y^2 = (a+x)x^2} \quad a > 0 \qquad (1.157)$$

(Vgl. Fig. 1.68). Parameterdarstellung:

$$\boxed{x = \frac{a(t^2-1)}{t^2+1} , \quad y = \frac{at(t^2-1)}{t^2+1} , \quad t \in \mathbb{R}} \qquad (1.158)$$

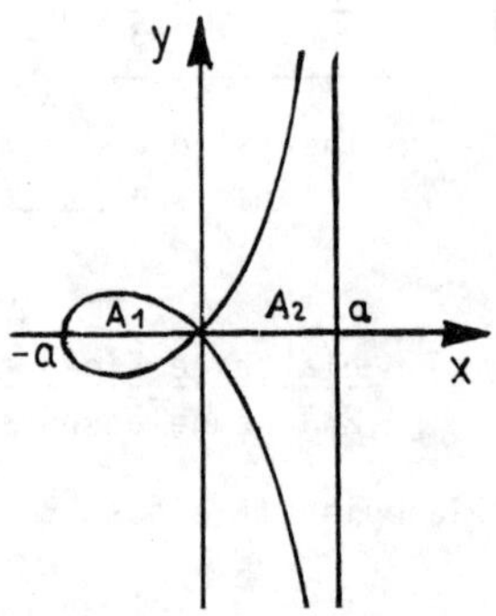

Fig. 1.68: Strophoide

[1)] Auch "Decartsches Blatt" genannt, nach René Decartes (1596-1650).

Asymptote: $x = a$

Flächeninhalt des "Blattes": $A_1 = 2a^2 - \frac{\pi a^2}{2}$

Inhalt der Fläche zwischen Kurve und Asymptote (ohne "Blatt"): $A_2 = 2a^2 + \frac{\pi a^2}{2}$

1.4.6 Kurbelgetriebe

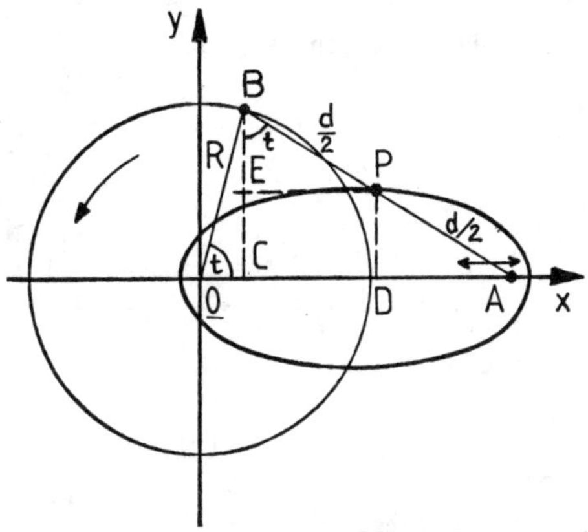

Fig. 1.69: Kurbelgetriebe (nach [49])

Der Kreis in Figur 1.69 rotiere gegen den Uhrzeigersinn und bewege die Pleulstange AB, wobei A auf der x-Achse entlang läuft. Welche Kurve beschreibt der Punkt P in der Mitte der Pleulstange dabei?

Ist der Kreisradius gleich $R > 0$ und die Pleulstangenlänge gleich $d \geqq r$, so liefert Figur 1.69 die Koordinaten x,y von P in der Form

$$x = \overline{OC} + \overline{CD} = \overline{OC} + \sqrt{\overline{BP}^2 - \overline{BE}^2} = R\cos t + \sqrt{\left(\frac{d}{2}\right)^2 - \left(\frac{R}{2}\sin t\right)^2} ,$$
$$y = \overline{PD} = \overline{EC} = \frac{1}{2}R\sin t .$$

Also folgt die Parameterdarstellung der Kurve von P:

$$\boxed{\begin{array}{l} x = R\cos t + \frac{1}{2}\sqrt{d^2 - R^2\sin^2 t} \\ y = \frac{R}{2}\sin t \end{array}} , \quad 0 \leqq t \leqq 2\pi . \tag{1.159}$$

Eliminiert man t, d.h. setzt man $\sin t = \frac{2y}{R}$ in die Gleichung für x ein (wobei $\cos t = \pm\sqrt{1 - \sin^2 t}$ gesetzt wird), so folgt die Kurvengleichung in kartesischen Koordinaten:

$$x = \pm\sqrt{R^2 - 4y^2} + \frac{1}{2}\sqrt{d^2 - 4y^2} \tag{1.160}$$

Man sieht, daß die Bewegungskurve im allgemeinen $(d > R)$ keine Ellipse ist, obwohl es zunächst so scheint! Nur im Falle $d = R$ erhält man eine Ellipse. Sie hat die Gleichung $4x^2 + 9y^2 = 9R^2$.

Übung 1.38 Der Punkt P teile die Strecke AB im Verhältnis $\lambda \in (0,1)$, d.h. $\overline{AP} = \lambda \overline{AB}$. Leite entsprechend wie beim Kurbelgetriebe in Figur 1.69 die Bahnkurve von P her!

1.4.7 Spiralen

Archimedesche Spirale. Diese Spirale wurde schon in den Abschnitten 1.1.1 und 1.1.5 behandelt. Wir fassen zusammen:

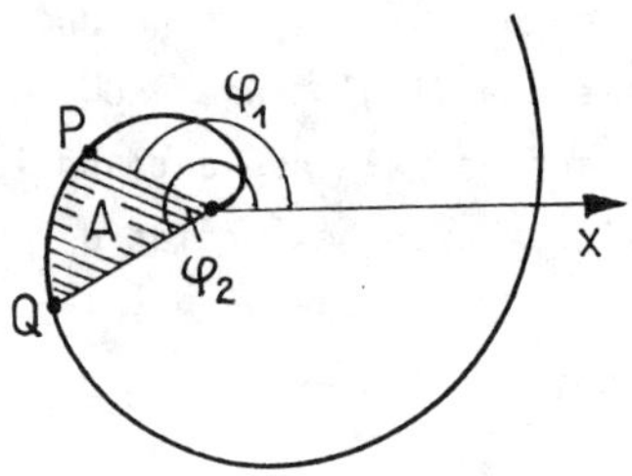

Fig. 1.70: Archimedesche Spirale

Polargleichung:

$$\boxed{r = a\varphi}\ , \quad \varphi \geqq 0 \quad (a > 0 \text{ fest}) \tag{1.161}$$

Parameterdarstellung:

$$\boxed{\begin{aligned} x &= a t \cos t \\ y &= a t \sin t \end{aligned}}\ , \quad t \geqq 0\ , \quad (t = \varphi) \tag{1.162}$$

Flächeninhalt des Sektors $\underline{0}\widehat{PQ}$ (s. Fig. 1.70): $A = \frac{a^2}{6}\left(\varphi_2^{\,3} - \varphi_1^{\,3}\right)$

Länge des Kurvenstückes $\widehat{PQ}$: $L = \frac{a}{2}\left[\varphi\sqrt{\varphi^2+1} + \operatorname{arsinh} t\right]_{\varphi_1}^{\varphi_2}$

Logarithmische Spirale

$$\boxed{r = a \cdot e^{b\varphi}}\ , \quad \varphi \in \mathbb{R} \quad \begin{pmatrix} a,b > 0 \\ \text{fest} \end{pmatrix}$$

Flächeninhalt des Sektors $\underline{0}\widehat{PQ}$:

$$A = \frac{a^2}{4b}\left(e^{2b\varphi_2} - e^{2b\varphi_1}\right)$$

Länge des Teilstückes $\widehat{PQ}$:

$$L = \frac{a\sqrt{1+b^2}}{b}\left(e^{b\varphi_2} - e^{b\varphi_1}\right)$$

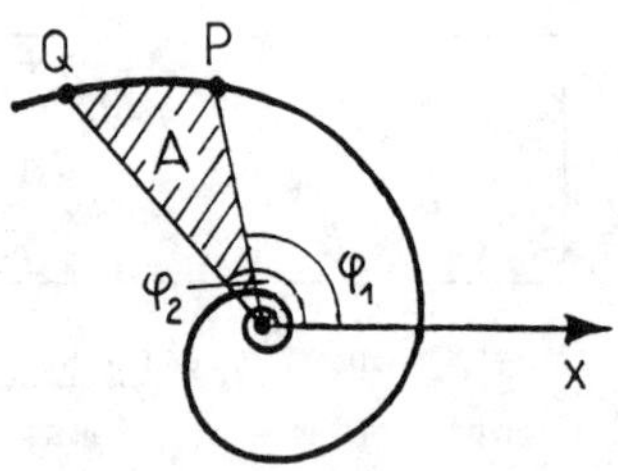

Fig. 1.71: Logarithmische Spirale

Hyperbolische Spirale

$$\boxed{r = \frac{a}{\varphi}}\ , \quad \varphi > 0 \quad (a > 0 \text{ fest})$$

Mit $\varphi \to \infty$ strebt r gegen 0 . Ferner folgt wegen $y = r \sin\varphi$, daß die y-Koordinate des Kurvenpunktes P für $\varphi \to 0$ gegen a strebt. Die hyperbolische Spirale hat also die Asymptote $y = a$.

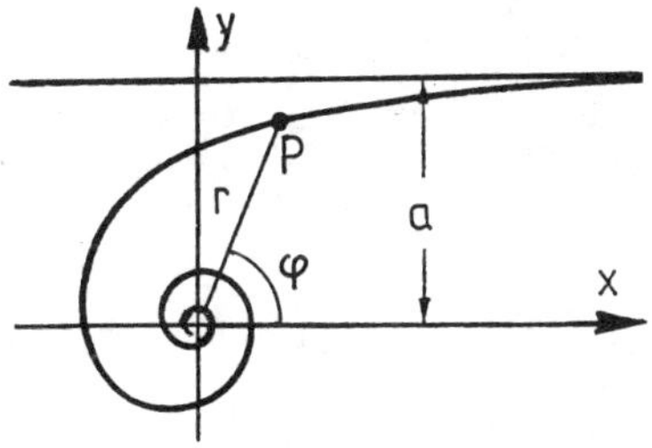

Fig. 1.72: Hyperbolische Spirale

Lissajous-Figuren entstehen durch Überlagerung zweier harmonischer Schwingungen, deren Schwingungsrichtungen rechtwinklig zueinander stehen. Folglich haben sie die Parameterdarstellung

$$\boxed{\begin{aligned} x &= A_1 \sin(\omega_1 t - \varphi_1) \\ y &= A_2 \sin(\omega_2 t - \varphi_2) \end{aligned}}\ , \quad 0 \leq t \leq 2\pi \ . \tag{1.163}$$

Auf Oszillographenschirmen oder mit computergraphischen Methoden lassen sie sich gut sichtbar machen. Die Figuren 1.73 a)-c) zeigen einige Beispiele bei verschiedener Wahl von ω_1, ω_2 , φ_1 und φ_2 .

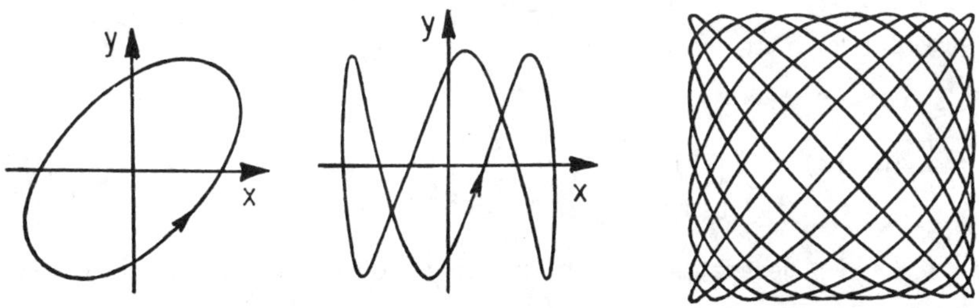

$x = \sin t$, $y = \sin(t - \frac{\pi}{3})$, $\omega_1 : \omega_2 = 1$ | $x = \sin t$, $y = \sin(3t - \frac{\pi}{3})$, $\omega_1 : \omega_2 = 1/3$ | $\omega_1 : \omega_2 = \frac{8}{9}$

Fig. 1.73: Lissajous-Figuren (nach [49])

Klothoide. Bei Straßen- und Gleisführungen benötigt man Übergangsbögen zwischen geraden und kreisförmigen Teilstücken, oder auch zwischen zwei kreisförmigen Teilen. Diese Übergangsbögen werden meistens als Klothoiden gestaltet.

Definition 1.12 Eine Klothoide (oder Cornusche Spirale[1)]) ist eine glatte ebene Kurve, deren Krümmung $\kappa(s)$ proportional mit dem Bogenlängen-Parameter s zunimmt:

$$\kappa(s) = \frac{s}{a^2}\ , \quad s \geq 0 \quad (a > 0 \ \text{fest}) \tag{1.164}$$

1) A. Cornu, französischer Physiker, untersuchte diese Kurve um 1874 im Zusammenhang mit Beugungserscheinungen des Lichtes.

Für den Tangentialwinkel $\alpha(s)$ folgt daraus (nach Abschnitt 1.2.2):

$$\alpha(s) = \underbrace{\alpha(0)}_{0} + \int_0^s \kappa(\bar{s})\,d\bar{s} = \frac{s^2}{2a^2} \qquad (1.165)$$

Damit gewinnt man die Koordinaten x, y eines Kurvenpunktes P mit der Bogenlänge $\overset{\frown}{OP} = s_0$ (nach Abschnitt 1.2.2):

$$x = \int_0^{s_0} \cos\alpha(s)\,ds = \int_0^{s_0} \cos\frac{s^2}{2a^2}\,ds = a\sqrt{2}\int_0^t \cos\tau^2\,d\tau$$

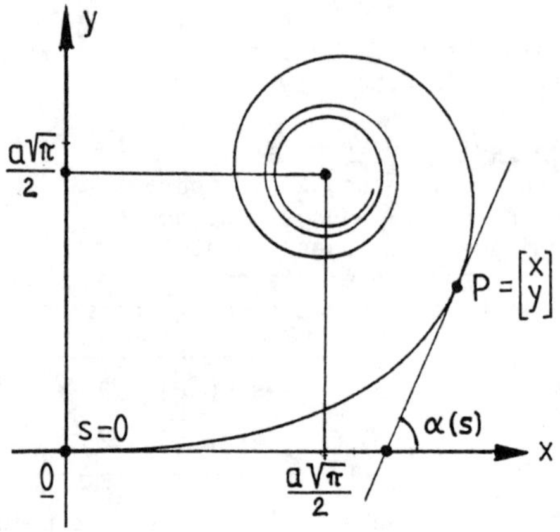

Fig. 1.74: Klothoide (Cornusche Spirale)

$$y = \int_0^{s_0} \sin\alpha(s)\,ds = \int_0^{s_0} \sin\frac{s^2}{2a^2}\,ds = a\sqrt{2}\int_0^t \sin\tau^2\,d\tau \qquad (1.166)$$

wobei $t = \frac{s}{\sqrt{2}\,a}$ gesetzt wurde. Rechts in (1.166) stehen, bis auf einen Faktor, die Fresnelschen Integrale

$$C(t) := \sqrt{\frac{2}{\pi}}\int_0^t \cos(\tau^2)\,d\tau = \sqrt{\frac{2}{\pi}}\sum_{k=0}^{\infty} \frac{(-1)^k t^{4k+1}}{(4k+1)(2k)!}$$
$$S(t) := \sqrt{\frac{2}{\pi}}\int_0^t \sin(\tau^2)\,d\tau = \sqrt{\frac{2}{\pi}}\sum_{k=0}^{\infty} \frac{(-1)^k t^{4k+3}}{(4k+3)(2k+1)!} \qquad (1.167)$$

Die rechts stehenden Reihen gewinnt man einfach durch Einsetzen der Taylorreihen von cos und sin, sowie gliedweises Integrieren (vgl. Bd. I, Abschn. 3.2.4, Tab. 3.2, und Abschn. 4.3.4, Beisp. 4.32).

Wir schreiben nun kurz α statt $\alpha(s)$, d.h. es gilt $\alpha = s^2/(2a^2) = t^2$, also $t = \sqrt{\alpha}$. Damit erhalten wir aus (1.166) und (1.167) folgende

Parameterdarstellung der Klothoide:

$$\begin{aligned} x &= a\sqrt{\pi}\, C(\sqrt{\alpha}) = a\sqrt{2\alpha} \sum_{k=0}^{\infty} \frac{(-1)^k \alpha^{2k}}{(4k+1)(2k)!} \\ y &= a\sqrt{\pi}\, S(\sqrt{\alpha}) = a\sqrt{2\alpha} \sum_{k=0}^{\infty} \frac{(-1)^k \alpha^{2k+1}}{(4k+3)(2k+1)!} \end{aligned} \quad (1.168)$$

für $\alpha \geqq 0$. Ausführlicher hingeschrieben:

$$\begin{aligned} x &= a\sqrt{2\alpha}\left(1 - \frac{\alpha^2}{5\cdot 2!} + \frac{\alpha^4}{9\cdot 4!} - \frac{\alpha^6}{13\cdot 6!} + - \ldots\right) \\ y &= a\sqrt{2\alpha}\left(\frac{\alpha}{3} - \frac{\alpha^3}{7\cdot 3!} + \frac{\alpha^5}{11\cdot 5!} - \frac{\alpha^7}{15\cdot 7!} + - \ldots\right) \end{aligned} \quad (1.169)$$

Hiermit kann man per Computer mühelos die Punkte der Klothoide für den technisch wichtigen Fall kleiner α-Werte berechnen. Schon mit den wenigen in (1.169) notierten Gliedern erhält man im Bereich $0 \leqq \alpha \leqq \frac{\pi}{4}$ sehr gute Näherungswerte.

Wir merken noch an: Ist $\alpha > 0$ gegeben, so erhält man dazu nicht nur den zugehörigen Punkt $P = \begin{bmatrix} x \\ y \end{bmatrix}$ der Klothoide (aus (1.169)), sondern auch den Krümmungsradius r in diesem Punkt. Denn wegen $r = 1/\kappa(s)$, $\kappa(s) = s/a^2$, $s^2/(2a^2) = \alpha$ (s.Abschn. 1.2.3, (1.67)) folgt

Krümmungsradius:

$$r = \frac{a}{\sqrt{2\alpha}} \quad (1.170)$$

Anwendung. Wie schon erwähnt, paßt man Teilstücke der Klothoide als Übergangsbögen bei Straßen- oder Gleisführungen ein. Figur 1.75 a) zeigt den Übergang von einer Geraden zu einem Kreisbogen, Figur 1.75 b) den Übergang zwischen zwei Kreisbögen.

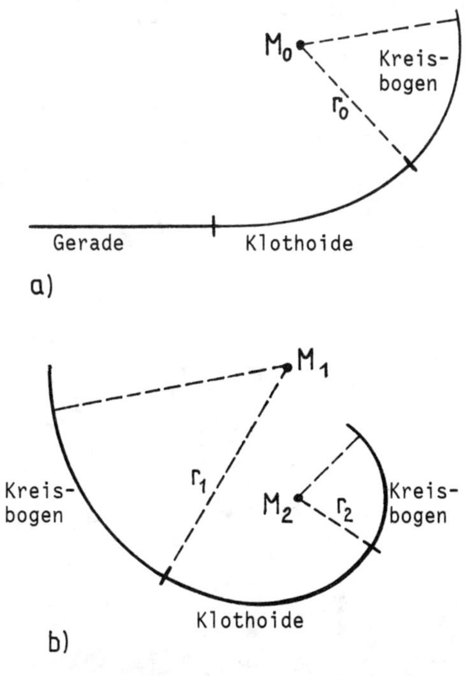

Fig. 1.75: Klothoiden als Übergangsbögen bei Straßen- oder Gleisführungen

Auf diese Weise hängt die Krümmung überall stetig von der Bogenlänge s ab. Die Zentrifugalkraft, die auf ein Fahrzeug wirkt, ist aber proportional zur Krümmung (und zum Quadrat der Bahngeschwindigkeit). Folglich garantieren die beschriebenen Übergangsbögen stetige Änderungen der Zentrifugalkräfte, d.h. es "ruckt" nicht.

Bemerkung: Es sei erwähnt, daß auch andere Übergangsbögen als Klothoiden verwendet werden, z.B. Parabeln dritten oder vierten Grades (bei kleineren Bögen). Für sehr schnelle Eisenbahnen oder Einschienenbahnen nimmt man gern sogenannte "Sinusoide", das sind Kurven mit sinusartigem Krümmungsverlauf: $\kappa(s) = a(\sin(cs) + 1)$. Sie werden zunehmend bei der Deutschen Bundesbahn angewandt. -

Übung 1.39 Eine Gleislinie soll zunächst geradlinig geführt werden, dann in einen Übergangsbogen übergehen und schließlich in einen Kreisbogen vom Radius $r = 600$ m . Die Gleislinie wird als Kurve aufgefaßt (Mittellinie zwischen den Schienen) und der Übergangsbogen soll Klothoidenform haben. Nimm an, daß das geradlinige Gleisstück die negative x-Achse in der Ebene ist. Das glatt anschließende Klothoidenstück habe die Länge $s_0 = 150$ m und liege im Koordinatensystem so wie in Figur 1.74. An das Klothoidenstück schließe sich der Kreisbogen glatt an. Berechne den Punkt $[x_0, y_0]^T$, in dem Klothoidenstück und Kreisbogen aneinandergefügt sind.

Hinweis: Berechne zuerst a , (s. 1.164), dann α_0 (den Tangentenwinkel in $[x_0, y_0]^T$), und schließlich x_0 und y_0 .

1.5 THEORIE RÄUMLICHER KURVEN

Kurven im dreidimensionalen Raum, kurz Raumkurven genannt, spielen in Technik und Naturwissenschaft eine wichtige Rolle, da der uns umgebende physikalische Raum ja dreidimensional ist. Wir behandeln hier ihre wichtigsten Eigenschaften: Krümmung, Torsion, Tangente, Normale, natürliche Gleichung usw.

1.5.1. Krümmung, Torsion und begleitendes Dreibein

Es sei

$$K : \underline{x} = \underline{g}(s) \quad , \quad \underline{g} : [0,L] \to \mathbb{R}^3 \, , \tag{1.171}$$

eine glatte Kurve im $\mathbb{R}^3$ (Raumkurve) in natürlicher Parameterdarstellung.[1] Wir setzen den Weg $\underline{g}$ als mindestens dreimal stetig differenzierbar voraus. Wie bekannt, ist

$$\underline{T}(s) = \underline{g}'(s)$$

der Tangenteneinheitsvektor (= Tangentialvektor) in $\underline{g}(s)$. (Die Ableitung nach s wird durch einen Strich gekennzeichnet.)

Definition 1.13 Die Zahl

$$\boxed{\kappa(s) := |\underline{T}'(s)|} \tag{1.172}$$

heißt die Krümmung des Weges $\underline{g}$ in s und $\rho(s) := 1/\kappa(s)$ der Krümmungsradius (falls $\kappa(s) \neq 0$). Ist $\underline{g}$ in einer Umgebung von s doppelpunktfrei, so nennt man $\kappa(s)$ auch die Krümmung der Kurve K im Punkt $\underline{g}(s)$ (für den Krümmungsradius entsprechend).

Die Definition entspricht i.w. der Definition der Krümmung im zweidimensionalen Fall und wird auch genauso geometrisch motiviert. Bei Raumkurven

---

[1] D.h. s ist die laufende Bogenlänge.

ist lediglich stets $\kappa(s) \geqq 0$, da es hier keine Unterscheidung in Rechts- und Linkskurven wie im zweidimensionalen Fall gibt.

Definition 1.14 Im Falle $\kappa(s) > 0$ definiert man

$$\underline{N}(s) := \frac{\underline{T}'(s)}{|\underline{T}'(s)|} \quad \text{, d.h.} \quad \underline{T}'(s) = \kappa(s)\underline{N}(s) \ . \tag{1.173}$$

$\underline{N}(s)$ heißt der Normalenvektor[1] zum Weg $\underline{g}$ in s (bzw. im doppelpunktfreien Fall "zur Kurve" K in $\underline{g}(s)$). $\underline{N}(s)$ steht rechtwinklig auf $\underline{T}(s)$ (denn $\underline{T}(s)\cdot\underline{T}(s) = 1$ ergibt nach Differentiation $2(\underline{T}(s)\cdot\underline{T}'(s)) = 0$). Ferner definieren wir den Binormalenvektor (kurz die Binormale zu $\underline{g}$ in s durch

$$\underline{B}(s) = \underline{T}(s) \times \underline{N}(s) \tag{1.174}$$

Im doppelpunktfreien Fall sagt man auch "Binormale zur Kurve K im Punkt $\underline{g}(s)$ ". Das Tripel

$$(\underline{T}(s)\ ,\ \underline{N}(s)\ ,\ \underline{B}(s)) \tag{1.175}$$

bildet eine Orthonormalenbasis des $\mathbb{R}^3$. Man nennt das Tripel ein begleitendes Dreibein der Kurve (in s). In der hingeschriebenen Reihenfolge bilden die drei Vektoren ein Rechtssystem (d.h. $\det(\underline{T}(s),\underline{N}(s),\underline{B}(s)) > 0$)[2].

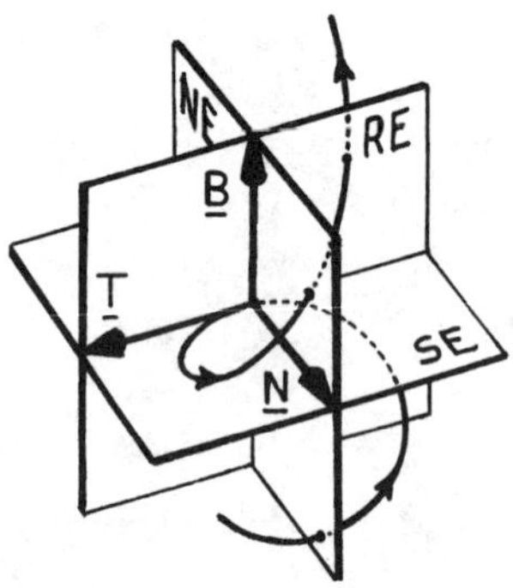

Fig. 1.76: Begleitendes Dreibein einer Raumkurve, mit zugehörigen Ebenen NE, SE, RE

Durch den Kurvenpunkt $\underline{s} = \underline{g}(s)$ gehen drei Ebenen, die auf $\underline{T}(s)$, $\underline{N}(s)$ oder $\underline{B}(s)$ rechtwinklig stehen. Sie werden so bezeichnet:

---

[1] Auch Hauptnormale oder kurz Normale genannt.

[2] Auch "Korkenzieherregel" oder "Rechte-Hand-Regel" sind erfüllt, vgl. Bd. II, Abschn. 1.2.4

Normalebene (NE)	senkrecht zu	$\underline{T}(s)$
rektifizierende Ebene (RE)	senkrecht zu	$\underline{N}(s)$
Schmiegebene (SE)	senkrecht zu	$\underline{B}(s)$

Bemerkung: Figur 1.76 veranschaulicht die Ebenen: Die Kurve durchstößt die Normalebene rechtwinklig in $\underline{x} = \underline{g}(s)$.- Die Schmiegebene ist die Grenzebene von Ebenen durch jeweils 3 Kurvenpunkte $\underline{x}_1 = \underline{g}(s_1)$, $\underline{x} = \underline{g}(s)$, $\underline{x}_2 = \underline{g}(s_2)$, wobei s_1 und s_2 gegen s streben. (Beweis s. [52], II. 3, S. 137-139).- Die rektifizierende Ebene (Streckebene) hat ihren Namen von folgendem Sachverhalt: Die rektifizierenden Ebenen an die Kurve umhüllen eine (krumme) Fläche, in der die Kurve liegt. Diese Fläche kann in eine Ebene abgewickelt werden, wobei die Raumkurve gerade gestreckt (rektifiziert) wird. (Beweis s. [52], II. 6, S. 151, und II. 21, S. 214-218). -

Satz 1.13 Eine Raumkurve K mit nichtverschwindender Krümmung liegt genau dann in einer Ebene, wenn ihr Binormalenvektor $\underline{B}(s)$ konstant ist. $\underline{B}(s) \equiv \underline{B}_0$ steht dabei rechtwinklig auf der Ebene.

Beweis: (I) Liegt die Kurve in einer Ebene, so sind offenbar auch $\underline{T}(s)$ und $\underline{N}(s)$ parallel zu der Ebene. $\underline{B}(s) = \underline{T}(s) \times \underline{N}(s)$ steht also rechtwinklig auf der Ebene. Aus Stetigkeitsgründen kann $\underline{B}(s)$ aber seine Richtung nirgends umkehren, d.h. $\underline{B}(s)$ ist konstant.

(II) Ist $\underline{B}(s) \equiv \underline{B}_0$ konstant, so folgt aus $\underline{B}_0 \cdot \underline{T}(s) = 0$, d.h. $\underline{B}_0 \cdot \underline{g}'(s) = 0$, durch Integration sofort $\underline{B}_0 \cdot \underline{g}(s) = k$ (= konstant). $\underline{g}(s)$ liegt also in der durch $\underline{B}_0 \cdot \underline{x} = k$ beschriebenen Ebene. □

Wir betrachten nun den interessanteren Fall einer "echten" Raumkurve, d.h. mit nicht konstanter Binormalen $\underline{B}(s)$. Es gibt also s-Werte mit $\underline{B}'(s) \neq \underline{0}$. In diesem Falle steht $\underline{B}'(s)$ rechtwinklig zu $\underline{B}(s)$ (denn $\underline{B}(s) \cdot \underline{B}(s) = 1$ liefert nach Differenzieren $2(\underline{B}(s) \cdot \underline{B}'(s)) = \underline{0}$). Ferner gilt

$$\underline{B}'(s) = \frac{d}{ds} (\underline{T}(s) \times \underline{N}(s)) = \underline{T}'(s) \times \underline{N}(s) + \underline{T}(s) \times \underline{N}'(s) ,^{1)}$$

wobei wegen $\underline{T}' = \kappa \underline{N}$ der erste Summand verschwindet. Also gilt $\underline{B}'(s) = \underline{T}(s) \times \underline{N}'(s)$, folglich steht $\underline{B}'(s)$ senkrecht auf $\underline{T}(s)$.

---

1) Die Produktregel der Differentiation gilt auch für das äußere Produkt von Vektoren, wie der Leser leicht nachprüft.

Andererseits ist $\underline{B}'(s)$ aber auch rechtwinklig zu $\underline{B}(s)$, folglich muß

$$\underline{B}'(s) = \lambda \underline{N}(s) \qquad (\lambda \in \mathbb{R}) \tag{1.176}$$

gelten. Diese Gleichung ist offenbar auch im Falle $\underline{B}'(s) = \underline{0}$ richtig, nämlich für $\lambda = 0$. Den Faktor $-\lambda$ nennt man die "Torsion" des Weges (bzw. der Kurve) in s . Wir fassen zusammen:

Definition 1.14 Ist bei einer Raumkurve die Krümmung $\kappa(s) \neq 0$, so ist die Torsion $\tau(s)$ (= Windung) definiert durch

$$\boxed{\underline{B}'(s) = -\tau(s)\underline{N}(s)} \tag{1.177}$$

Zur Anschauung. Der Ausdruck "Torsion" oder "Windung", einschließlich des Vorzeichens "-" in (1.177) wird folgendermaßen motiviert: Ist die Torsion $\tau(s)$ ungleich Null, so "verwindet" sich die Kurve schraubenartig.

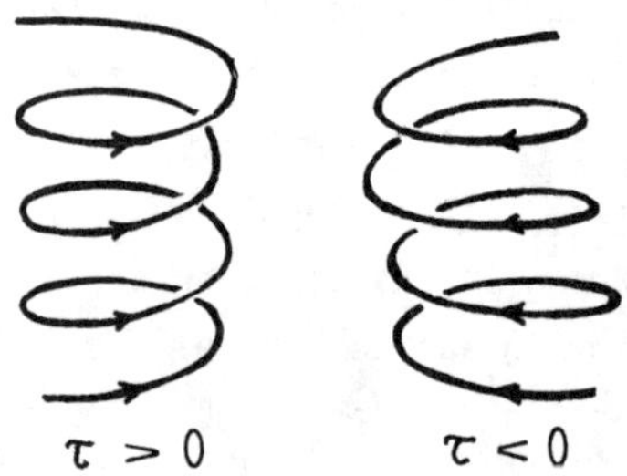

Fig. 1.77: Zur Torsion $\tau(s)$

Und zwar liegt im Falle $\tau(s) > 0$ eine Rechtsschraube vor, im Falle $\tau(s) < 0$ eine Linksschraube, (s. Fig. 1.77). Man sieht das an Hand von Figur 1.76 am besten ein: Verschiebt man das Dreibein dort ein wenig in Richtung steigender s-Werte (Pfeilrichtung), so "kippt" $\underline{B}(s)$ etwas "nach hinten", es folgt also $(\underline{B}(s+\Delta s) - \underline{B}(s))/\Delta s \approx -\tau(s)\underline{N}(s)$ mit $\tau(s) > 0$. Hier liegt tatsächlich eine Rechtsschraube vor, wie das Bild zeigt. ($\tau(s) < 0$ analog: Linksschraube). -

1.5.2 Berechnung von Krümmung, Torsion und Dreibein in beliebiger Parameterdarstellung

Wir denken uns durch

$$\underline{r} = \underline{\gamma}(t)\ ^{1)}, \qquad a \leqq t \leqq b$$

eine glatte Kurve K gegeben, wobei $\underline{\gamma}$ überdies dreimal stetig differenzierbar sei. Ableitungen nach t werden, wie bisher, durch Punkte bezeichnet; somit gelangen wir zu folgender einfacher Schreibweise:

$$\dot{\underline{r}} = \dot{\underline{\gamma}}(t)\ ,\quad \ddot{\underline{r}} = \ddot{\underline{\gamma}}(t)\ ,\ \ldots\ ;\ \underline{T} = \frac{\dot{\underline{\gamma}}(t)}{|\dot{\underline{\gamma}}(t)|}\ ,\quad \dot{\underline{T}} = \frac{d}{dt}\left(\frac{\dot{\underline{\gamma}}(t)}{|\dot{\underline{\gamma}}(t)|}\right)\ ,\ \ldots$$

Bezüglich der äquivalenten natürlichen Parameterdarstellung $\underline{r} = \underline{g}(s)$ $(0 \leqq s \leqq L)$ unserer Kurve werden die Ableitungen, wie gewohnt, durch Striche markiert, also

$$\underline{r}' = \underline{g}(s)\ ,\quad \underline{r}'' = \underline{g}''(s)\ ,\ \ldots\ ;\ \underline{T} = \underline{g}'(s)\ ,\quad \underline{T}' = \underline{g}''(s)\ ,\ \ldots$$

Dabei werden bei $\underline{T}$, wie bei $\underline{N}$, $\underline{B}$, κ und τ, der Übersicht wegen alle Variablenbezeichnungen weggelassen. Wir berechnen nun diese Größen in Abhängkeit von t.

(a) Tangentialvektor:

$$\boxed{\underline{T} = \frac{\dot{\underline{r}}}{|\dot{\underline{r}}|}} \tag{1.178}$$

Für die Transformation $s = \sigma(t)$ zwischen den Parametern gilt bekanntlich $\dot{s} = |\dot{\underline{\gamma}}(t)| = |\dot{\underline{r}}|$ (vgl. Abschn. 1.1.5, (1.38)). Aus
$\ddot{s} = \frac{d}{dt}|\dot{\underline{r}}| = \frac{d}{dt}\sqrt{\dot{\underline{r}}\cdot\dot{\underline{r}}} = \frac{2\dot{\underline{r}}\cdot\ddot{\underline{r}}}{2\sqrt{\dot{\underline{r}}\cdot\dot{\underline{r}}}} = \frac{\dot{\underline{r}}\cdot\ddot{\underline{r}}}{|\dot{\underline{r}}|}$ folgt daher

$$\underline{T}' = \frac{d\underline{T}}{ds} = \frac{d\underline{T}}{dt}\cdot\frac{dt}{ds} = \dot{\underline{T}}\cdot\frac{1}{|\dot{\underline{r}}|} = \frac{\ddot{\underline{r}}\,|\dot{\underline{r}}| - \frac{\dot{\underline{r}}\cdot\ddot{\underline{r}}}{|\dot{\underline{r}}|}\,\dot{\underline{r}}}{|\dot{\underline{r}}|^2}\ \frac{1}{|\dot{\underline{r}}|}$$

$$\Rightarrow\quad \underline{T}' = \frac{|\dot{\underline{r}}|^2\ddot{\underline{r}} - (\dot{\underline{r}}\cdot\ddot{\underline{r}})\,\dot{\underline{r}}}{|\dot{\underline{r}}|^4} \tag{1.179}$$

---

1) Wir schreiben hier $\underline{r}$ statt des üblichen $\underline{x}$, um $\underline{x}$ für andere Zwecke frei zu haben.

(b) Krümmung: Zwar kann man die Krümmung $\kappa = |\underline{T}'|$ aus obiger Gleichung (1.179) berechnen, doch erhält man auf folgendem Wege eine bequemere Formel: Da $\underline{T}'$ senkrecht auf $\underline{T}$ steht, gilt $|\underline{T}\times\underline{T}'| = |\underline{T}|\,|\underline{T}'| = |\underline{T}'| = \kappa$, also

$$\kappa = |\underline{T}\times\underline{T}'| = \left| \frac{\dot{\underline{r}}}{|\dot{\underline{r}}|} \times \frac{|\dot{\underline{r}}|^2\ddot{\underline{r}} - (\dot{\underline{r}}\cdot\ddot{\underline{r}})\dot{\underline{r}}}{|\dot{\underline{r}}|^4} \right|$$

$$\Rightarrow \quad \boxed{\kappa = \frac{|\dot{\underline{r}}\times\ddot{\underline{r}}|}{|\dot{\underline{r}}|^3}} \tag{1.180}$$

(c) Normalenvektor: Im Falle $\kappa \neq 0$ gilt $\underline{N} = \underline{T}'/\kappa$, also mit (1.179) und (1.180):

$$\boxed{\underline{N} = \frac{|\dot{\underline{r}}|^2\ddot{\underline{r}} - (\dot{\underline{r}}\cdot\ddot{\underline{r}})\dot{\underline{r}}}{|\dot{\underline{r}}|\;|\dot{\underline{r}}\times\ddot{\underline{r}}|}} \tag{1.181}$$

(d) Binormalenvektor In $\underline{B} = \underline{T}\times\underline{N}$ setzen wir (1.178) und (1.181) ein und erhalten wegen $\dot{\underline{r}}\times\dot{\underline{r}} = \underline{0}$ unmittelbar

$$\boxed{\underline{B} = \frac{\dot{\underline{r}}\times\ddot{\underline{r}}}{|\dot{\underline{r}}\times\ddot{\underline{r}}|}} \tag{1.182}$$

(e) Torsion: Es gilt

$$\tau\underline{N} = -\underline{B}' = -(\underline{T}\times\underline{N})' = -\left(\frac{1}{\kappa}(\underline{T}\times\underline{T}')\right)' = \frac{\kappa'}{\kappa^2}\,\underline{T}\times\underline{T}' - \frac{1}{\kappa}\,\underline{T}\times\underline{T}'' .$$

Also folgt nach skalarer Multiplikation mit $\underline{N} = \underline{T}'/\kappa$ wegen $(\underline{T}\times\underline{T}')\cdot\underline{T}' = 0$

$$\tau = -\frac{(\underline{T}\times\underline{T}'')\cdot\underline{T}'}{\kappa^2} = \frac{-\det(\underline{T},\underline{T}'',\underline{T}')}{\kappa^2} = \frac{\det(\underline{T},\underline{T}',\underline{T}'')}{\kappa^2} . \tag{1.183}$$

Aus (1.179) ermitteln wir

$$\underline{T}'' = \frac{d\underline{T}'}{ds} = \frac{d\underline{T}'}{dt}\cdot\frac{dt}{ds} = \frac{|\dot{\underline{r}}|^6\dddot{\underline{r}} + \alpha\ddot{\underline{r}} + \beta\dot{\underline{r}}}{|\dot{\underline{r}}|^8}\cdot\frac{1}{|\dot{\underline{r}}|}$$

mit gewissen Skalaren α,β . Setzt man dies nebst (1.178) und (1.179) in (1.183) ein, so folgt über die üblichen Regeln für Determinanten

$$\tau = \frac{\det(\dot{\underline{r}}, \ddot{\underline{r}}, \dddot{\underline{r}})}{\kappa^2 |\dot{\underline{r}}|^6} \quad \Rightarrow \quad \boxed{\tau = \frac{\det(\dot{\underline{r}}, \ddot{\underline{r}}, \dddot{\underline{r}})}{|\dot{\underline{r}} \times \ddot{\underline{r}}|^2}} \tag{1.184}$$

Aus den Formeln für $\underline{T}$, $\underline{N}$, $\underline{B}$ erhalten wir die Gleichungen für die drei begleitenden Ebenen durch einen Kurvenpunkt $\underline{r} = \underline{\gamma}(t)$:

Normalebene (NE):	$\dot{\underline{r}} \cdot (\underline{x} - \underline{r}) = 0$	(1.185)
rektifizierende Ebene (RE):	$\det(\dot{\underline{r}}, \dot{\underline{r}} \times \ddot{\underline{r}}, \underline{x} - \underline{r}) = 0$	(1.186)
Schmiegebene (SE):	$(\dot{\underline{r}} \times \ddot{\underline{r}}) \cdot (\underline{x} - \underline{r}) = 0$	(1.187)

Zum Beweis: $\dot{\underline{r}}$ steht senkrecht auf der NE, d.h. für $\underline{x} \in$ NE gilt (1.185), und umgekehrt.- Auf der RE steht $\underline{N} = \underline{B} \times \underline{T} = -\underline{T} \times \underline{B}$ senkrecht, also nach den Formeln (1.178), (1.182) für T und B auch $\dot{\underline{r}} \times (\dot{\underline{r}} \times \ddot{\underline{r}})$ Somit beschreibt $(\dot{\underline{r}} \times (\dot{\underline{r}} \times \ddot{\underline{r}})) \cdot (\underline{x} - \underline{r}) = 0$ die RE. Die linke Seite ist dabei aber ein Spatprodukt aus $\underline{r}$, $\dot{\underline{r}} \times \ddot{\underline{r}}$, $(\underline{x} - \underline{r})$, folglich gleich der Determinante in (1.186). Formel (1.187) folgt unmittelbar aus (1.182). -

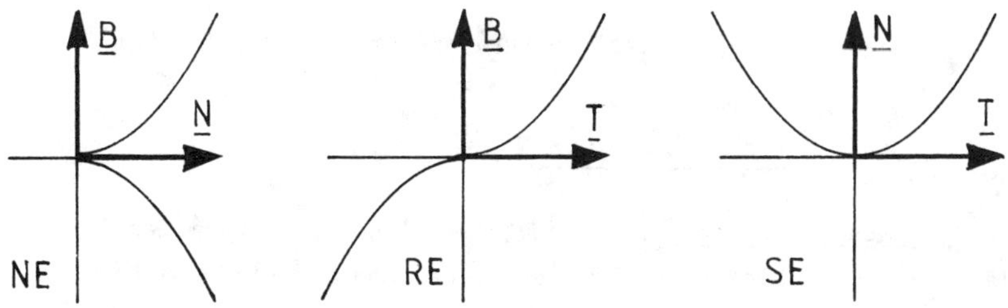

Fig. 1.78: Projektionen der Kurve auf die Normalebene, die rektifizierende Ebene und die Schmiegebene im Falle $\kappa > 0$, $\tau > 0$

Bemerkung: Der lokale Kurvenverlauf - d.h. in der Nähe eines Kurvenpunktes $\underline{r} = \underline{\gamma}(t)$ - wird durch die Projektionen auf die drei Ebenen NE, RE und SE besonders deutlich (s. Fig. 1.78).

Beispiel 1.18 Für die Schraubenlinie

$$\underline{r} = \begin{pmatrix} a\cos(\omega t) \\ a\sin(\omega t) \\ ht \end{pmatrix}$$

mit $a > 0$, $\omega > 0$, $h > 0$, errechnet man aus den Formeln (1.178) bis (1.184) mit der Abkürzung

$$c := a^2\omega^2 + h^2 :$$

Krümmung: $\kappa = \frac{a\omega^2}{c}$, Torsion: $\tau = \frac{h\omega}{c}$ (1.188)

$$\underline{T} = \frac{1}{c}\begin{pmatrix} -a\omega\sin(\omega t) \\ a\omega\cos(\omega t) \\ h \end{pmatrix}, \quad \underline{B} = \frac{1}{c}\begin{pmatrix} h\sin(\omega t) \\ -h\cos(\omega t) \\ a\omega \end{pmatrix}$$

$$\underline{N} = -\begin{pmatrix} \cos(\omega t) \\ \sin(\omega t) \\ 0 \end{pmatrix} \qquad (1.189)$$

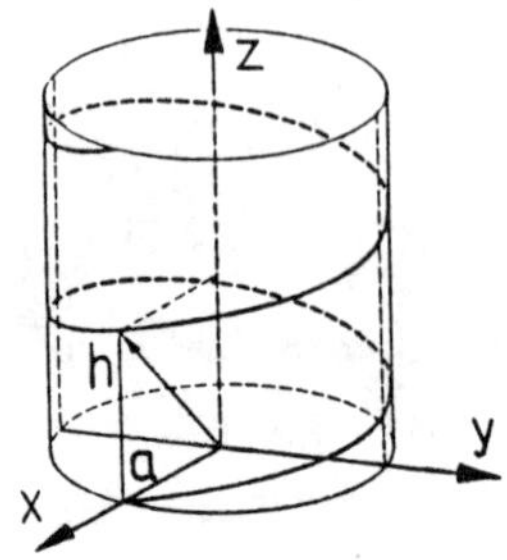

Fig. 1.79: Schraubenlinie

Der Normalvektor liegt also stets "waagerecht" (parallel zur x-y-Ebene) und weist, im Kurvenpunkt $\underline{r}$ angeheftet, "nach innen". Ferner rechnet man leicht aus, daß der Vektor

$$\underline{D} = \tau\underline{T} + \kappa\underline{B}$$

stets "vertikal nach oben" weist, also in Richtung der Schraubenachse (= z-Achse). -

Allgemein nennt man bei beliebigen Kurven (mit $\kappa > 0$) die Summe

$$\boxed{\underline{D} := \tau\underline{T} + \kappa\underline{B}} \qquad (1.190)$$

den Darbouxschen Drehvektor. Er hängt natürlich vom jeweiligen Parameterwert t ab. Das obige Beispielt lehrt, daß man den Darbouxschen Drehvektor als "lokale Schraubenachsen-Richtung" auffassen kann. D.h. faßt man die Kurve in einer Umgebung eines Kurvenpunktes $\underline{r} = \underline{\gamma}(t)$ näherungsweise als Schraubenlinie auf, so stellt der zugehörige Vektor $\underline{D}$ die Achsenrichtung dieser Schraube dar.

Beispiel 1.19 Komponenten der Beschleunigung: Durch $\underline{r} = \underline{\gamma}(t)$ (t Zeit) werde die Bahn eines Massenpunktes beschrieben ($\underline{\gamma} : [a,b] \to \mathbb{R}^3$ glatter C^2-Weg). Durch die Parametertransformation $s = \sigma(t)$ $(\dot{s} = |\dot{\underline{r}}|)$ erhält man eine äquivalente Darstellung des Weges mit dem natürlichen Parameter s . Damit ist die Geschwindigkeit des Punktes zur Zeit t gleich

$$\underline{v} = \dot{\underline{r}} = \frac{d\underline{r}}{ds}\frac{ds}{dt} = \underline{T}\dot{s} \ . \qquad (1.191)$$

Daraus erhält man durch abermaliges Differenzieren nach t die Beschleunigung zur Zeit t :

$$\underline{a} = \frac{d}{dt}(\dot{s}\underline{T}) = \ddot{s}\underline{T} + \dot{s}^2\underline{T}' = \ddot{s}\underline{T} + \kappa\dot{s}^2\underline{N} \qquad (1.192)$$

Die Beschleunigung ist damit additiv zerlegt in die "Bahnbeschleunigung" $\ddot{s}\underline{T}$ in Richtung des Tangentialvektors und die "Zentripetalbeschleunigung" $\kappa\dot{s}^2\underline{N}$, wobei $\dot{s} = |\underline{v}|$ der Betrag der Geschwindigkeit ist. (Es ist $\ddot{s} = \dot{\underline{r}}\cdot\ddot{\underline{r}}/|\dot{\underline{r}}|$). -

Übungen

1.40* Beweise für den Normalenvektor die (einfachere) Formel

$$\boxed{\underline{N} = \frac{(\dot{\underline{r}}\times\ddot{\underline{r}})\times\dot{\underline{r}}}{|(\dot{\underline{r}}\times\ddot{\underline{r}})\times\dot{\underline{r}}|}} \qquad (1.193)$$

1.41 Verifiziere die Formeln (1.188), (1.189) für die Schraubenlinie.

1.42 Berechne $\underline{T}, \underline{N}, \underline{B}, \kappa, \tau$ für $\underline{r} = (t, t^2, t^3)^T$.

1.5.3 Natürliche Gleichungen und Frenétsche Formeln

Wir wollen zeigen, daß Krümmung und Torsion die Form einer Kurve eindeutig bestimmten. Ja, zu beliebig vorgegebenen Funktionen $k(s) > 0$, $w(s)$ (zweimal stetig differenzierbar) existiert sogar eine Kurve, die $\kappa = k(s)$ und $\tau = w(s)$ als Krümmung und Torsion besitzt und bis auf starre Bewegungen eindeutig bestimmt ist. Man nennt daher $\kappa = k(s)$ und $\tau = w(s)$ die natürlichen Gleichungen der Kurve. (s ist dabei der natürliche Parameter.)

Zum Beweis werden die drei Frenétschen Formeln verwendet. Zwei davon kennen wir bereits: $\underline{T}' = \kappa\underline{N}$ und $\underline{B}' = -\tau\underline{N}$. Wir leiten nun die dritte her. Dazu wird die Ableitung $\underline{N}'$ von $\underline{N}$ betrachtet (im folgenden hängen alle Größen vom natürlichen Parameter s ab, so daß wir ihn der Übersichtlichkeit wegen weglassen).

Aus $\underline{N}^2 = 1$ folgt durch Differenzieren $2\underline{N}' \cdot \underline{N} = 0$, also steht $\underline{N}'$ senkrecht auf $\underline{N}$, und daher folgt

$$\underline{N}' = \alpha \underline{T} + \beta \underline{B} \tag{1.194}$$

mit gewissen reellen α, β. Zur Berechnung von α multiplizieren wir (1.194) mit $\underline{T}$ und erhalten $\underline{N}' \cdot \underline{T} = \alpha$. Differenziert man andererseits $\underline{N} \cdot \underline{T} = 0$, so folgt $\underline{N}' \cdot \underline{T} + \underline{N} \cdot \underline{T}' = 0$, also

$$\alpha = \underline{N}' \cdot \underline{T} = -\underline{N} \cdot \underline{T}' = -\underline{N} \cdot (\kappa \underline{N}) = -\kappa .$$

Entsprechend erhält man $\beta = \underline{N}'\underline{B} = -\underline{N}\underline{B}' = -\underline{N}(-\tau \underline{N}) = \tau$, also zusammengefaßt: $\underline{N}' = -\kappa \underline{T} + \tau \underline{B}$. Es gelten somit für eine beliebige glatte, dreimal stetig differenzierbare Kurve mit $\kappa(s) > 0$ für alle s (s natürlicher Parameter) die folgenden

Frenétschen Formeln:

$$\boxed{\begin{aligned} \underline{T}' &= \qquad \kappa \underline{N} \\ \underline{N}' &= -\kappa \underline{T} \qquad + \tau \underline{B} \\ \underline{B}' &= \qquad -\tau \underline{N} \end{aligned}} \tag{1.195}$$

Damit beweisen wir den angekündigten

Satz 1.14 Es seien $k : [0,L] \to (0,\infty)$ und $w : [0,L] \to \mathbb{R}$ zwei beliebige zweimal stetig differenzierbare Funktionen, ferner $\underline{x}_0$ ein beliebiger Punkt aus $\mathbb{R}^3$ und $(\underline{T}_0, \underline{N}_0, \underline{B}_0)$ ein beliebiges rechtsorientiertes Orthonormalsystem im $\mathbb{R}^3$.

Dann gibt es genau einen glatten, dreimal stetig differenzierbaren Weg $\underline{g}$ in $\mathbb{R}^3$, der $\kappa = k(s)$ als Krümmung und $\tau = w(s)$ als Torsion besitzt und die "Anfangsbedingungen" $\underline{x}_0 = \underline{g}(0)$, $\underline{T}(0) = \underline{T}_0$, $\underline{N}(0) = \underline{N}_0$, $\underline{B}_0 = \underline{B}(0)$ erfüllt.

Beweis: Der gesuchte Weg $\underline{g}$ muß die Frenétschen Formeln erfüllen. Die Frenétschen Formeln bilden aber ein lineares Differentialgleichungssystem für die neun Komponenten von $\underline{T}(s)$, $\underline{N}(s)$ und $\underline{B}(s)$ mit den Anfangswerten $\underline{T}_0$, $\underline{N}_0$. $\underline{B}_0$. Dies System hat bekanntlich genau eine Lösung (s. Bd. III, Abschn. 2.1.1). Der Weg $\underline{g}$ muß sich daher aus $\underline{T}(s)$ folgendermaßen ergeben:

$$\underline{g}(s) = \underline{x}_0 + \int_0^s \underline{T}(\sigma)\, d\sigma . \tag{1.196}$$

Es gibt also höchstens einen Weg der gesuchten Art, womit die Eindeutigkeit geklärt ist.

Wir verifizieren nun, daß (1.196) der gesuchte Weg in natürlicher Parameterdarstellung ist und sichern damit gleichzeitig die Existenz des gesuchten Weges.

Zunächst beweisen wir, daß die Lösungsfunktionen $\underline{T}$, $\underline{N}$, $\underline{B}$ der Frenétschen Differentialgleichungen folgendes erfüllen:

$$\underline{T}^2 = \underline{N}^2 = \underline{B}^2 = 1 \quad , \quad \underline{T} \cdot \underline{N} = \underline{B} \cdot \underline{T} = \underline{N} \cdot \underline{B} = 0 . \tag{1.197}$$

Dazu differenzieren wir $\underline{T}^2$, $\underline{N}^2$, $\underline{B}^2$, $\underline{T}\cdot\underline{N}$, $\underline{B}\cdot\underline{T}$, $\underline{N}\cdot\underline{B}$ und erhalten mit den Frenétschen Formeln

$$\begin{aligned}
&(\underline{T}^2)' = 2\kappa(\underline{T}\cdot\underline{N}) , \quad (\underline{N}^2)' = -\kappa(\underline{T}\cdot\underline{N}) + \tau(\underline{N}\cdot\underline{B}) , \quad (\underline{B}^2)' = -\tau(\underline{N}\cdot\underline{B}) ,\\
&(\underline{T}\cdot\underline{N})' = -\kappa\underline{T}^2 + \kappa\underline{N}^2 + \tau(\underline{B}\cdot\underline{T}) , \quad (\underline{B}\,\underline{T})' = -\tau(\underline{T}\cdot\underline{N}) + \kappa(\underline{N}\cdot\underline{B}) ,\\
&(\underline{N}\cdot\underline{B})' = -\tau\underline{N}^2 + \tau\underline{B}^2 - \kappa(\underline{B}\cdot\underline{T}) .
\end{aligned}$$

Dieses neue lineare Differentialgleichungssystem für die sechs inneren Produkte mit den Anfangsbedingungen $\underline{T}_0{}^2 = \underline{N}_0{}^2 = \underline{B}_0{}^2 = 1$, $\underline{T}_0\cdot\underline{N}_0 = \underline{B}_0\cdot\underline{T}_0 = \underline{N}_0\cdot\underline{B}_0 = 0$ hat die (eindeutig bestimmte) Lösung (1.197), wie man durch Einsetzen sieht. Somit gilt (1.197) für alle s .

Damit folgt aus (1.196) durch einfaches Ausrechnen, daß κ, τ, $\underline{T}$, $\underline{N}$, $\underline{B}$ die zur Kurve gehörenden Größen sind, nämlich Krümmung, Torsion und begleitendes Dreibein. □

Bemerkung: Satz 1.2 ist für Anwender nur von theoretischem Interesse. Man merke sich einfach, daß die geometrische Form von Kurven durch ihre Krümmungs- und Torsionsfunktionen vollständig festliegt.

Ergänzend soll die Lösung der Frenétschen Differentialgleichungen, und damit die Berechnung von Parameterdarstellungen aus den natürlichen Gleichungen, kurz umrissen werden (nach S. Lie u. G. Darboux um 1887, s. [52]).

Mit $\underline{T} = [\xi_1,\xi_2,\xi_3]^T$, $\underline{N} = [\mu_1,\mu_2,\mu_3]^T$, $\underline{B} = [\zeta_1,\zeta_2,\zeta_3]^T$ verwendet man die Transformation

$$w_k = \frac{\xi_k + i\,\mu_k}{1-\zeta_k} \quad \text{für alle } k = 1,2,3 . \tag{1.198}$$

Es sei hier $\zeta_k \neq 1$ angenommen. Umgekehrt erhält man ξ_k, μ_k, ζ_k aus w_k durch

$$\xi_k = \frac{w_k+\bar{w}_k}{|w_k|^2+1} , \quad \mu_k = \frac{w_k-\bar{w}_k}{i(|w_k|^2+1)} , \quad \zeta_k = \frac{|w_k|^2-1}{|w_k|^2+1} \tag{1.199}$$

für alle $k = 1,2,3$. Die Frenétschen Gleichungen gehen damit für jede Komponente in die gleiche Riccatische Differentialgleichung über:

$$w_k' + i\kappa w_k = \frac{i\tau}{2}(w_k^2 - 1) . \tag{1.200}$$

Lösungsmethoden dazu findet der Leser in Band III, Abschnitt 1.2.5. -

Übung 1.43 Beweise, daß für den Darbouxschen Drehvektor $\underline{D}(s)$ (s. (1.190)) folgende Formeln gelten:

$$\left.\begin{aligned}
\underline{T}' &= \underline{D}\times\underline{T} = && \kappa\underline{N} &&\\
\underline{N}' &= \underline{D}\times\underline{N} = -\kappa\underline{T} && && +\tau\underline{B}\\
\underline{B}' &= \underline{D}\times\underline{N} = && -\tau\underline{N} &&
\end{aligned}\right\} \tag{1.201}$$

1.6 VEKTORFELDER, POTENTIALE, KURVENINTEGRALE

1.6.1 Vektorfelder und Skalarfelder

Es sei D eine nichtleere Teilmenge des Raumes $\mathbb{R}^n$.

Definition 1.13 (a) Eine stetige Abbildung

$$\underline{V} : D \longrightarrow \mathbb{R}^n \qquad \text{(mit der Funktionsgleichung } \underline{y} = \underline{V}(\underline{x}) \text{)}$$

nennen wir ein (n-dimensionales) Vektorfeld.

(b) Eine reellwertige stetige Funktion

$$\varphi : D \longrightarrow \mathbb{R} \qquad \text{(mit der Funktionsgleichung } \eta = \varphi(\underline{x}) \text{)}$$

heißt ein Skalarfeld.

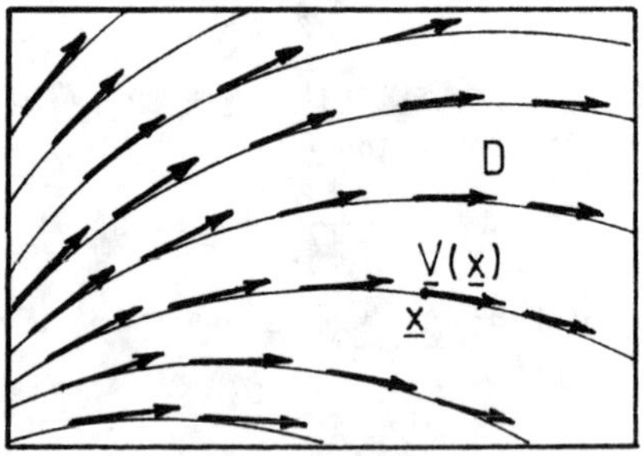

Fig. 1.80: Vektorfeld

Anschauung: (a) Zwei- oder dreidimensionale Vektorfelder $\underline{V} : D \longrightarrow \mathbb{R}^n$ lassen sich folgendermaßen veranschaulichen: Man denke sich in jedem Punkt $\underline{x} \in D$ einen Pfeil, der $\underline{V}(x)$ repräsentiert, mit seinem Anfangspunkt angeheftet. Einige solcher Pfeile zeichne man ein (s. Fig. 1.80). Die Pfeile lassen sich entlang von Kurven aufreihen, deren Tangentialvektoren sie sind ($\underline{V}$ als stetig differenzierbar vorausgesetzt). Diese Kurven heißen auch Stromlinien, ein Wort aus der Strömungsmechanik. Ist nämlich $\underline{V}$ ein Geschwindigkeitsfeld, so sind die Stromlinien die Bahnen der Flüssigkeitsteilchen. Oft genügt auch das Einzeichnen der Stromlinien zur Skizzierung eines Vektorfeldes.

Neben Geschwindigkeitsfeldern sind Kraftfelder, Beschleunigungsfelder, Verschiebungsfelder und andere Felder in Technik und Naturwissenschaft wichtig (s. Fig. 1.81).

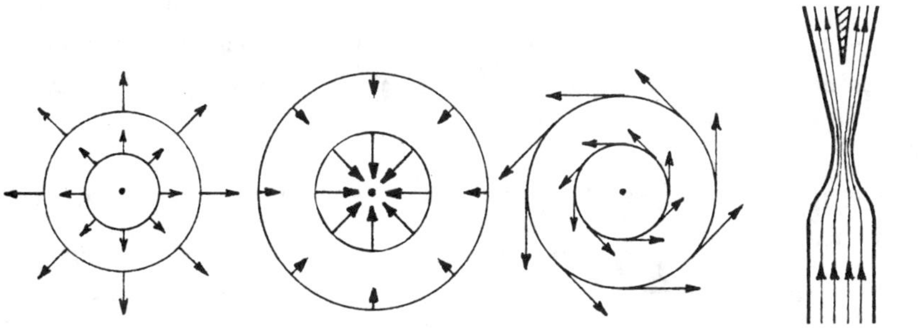

$\underline{V}(\underline{x}) = \lambda\,\underline{x}$ $(\lambda > 0)$ $\qquad$ $\underline{V}(\underline{x}) = -\gamma \dfrac{\underline{x}}{|\underline{x}|^3}$ $(\gamma > 0)$ $\qquad$ $\underline{V}(\underline{x}) = \underline{W} \times \underline{x}$ $\qquad$ Strömung durch Düse

Fig. 1.81: Beispiele für Vektorfelder

(b) Skalarfelder $\varphi : D \rightarrow \mathbb{R}^2$ lassen sich durch ihre Höhenlinien $\varphi(\underline{x}) = \text{const.}$ gut veranschaulichen (s. Fig. 1.82).

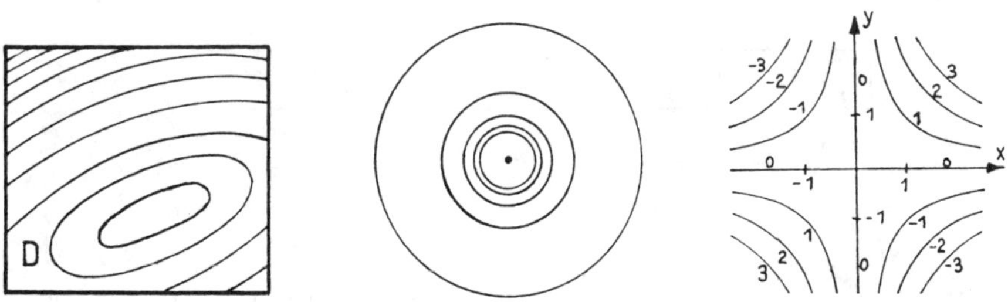

Höhenlinien-darstellung $\qquad$ Zentralkraftpotential $\varphi(\underline{x}) = 1/|\underline{x}|$, Höhenlinien für $\varphi(\underline{x}) = 1, 2, 3, 4, 5$ $\qquad$ Skalarfeld $\psi(x,y) = xy$

Fig. 1.82: Skalarfelder

Aus jedem stetig differenzierbaren Skalarfeld $\varphi : D \rightarrow \mathbb{R}^n$ entsteht durch Gradientenbildung ein Vektorfeld $\underline{V}$:

$$\boxed{\operatorname{grad} \varphi = \underline{V}} \tag{1.202}$$

Dabei ist

$$\operatorname{grad} \varphi = \left[\frac{\partial \varphi}{\partial x_1}, \frac{\partial \varphi}{\partial x_2}, \ldots, \frac{\partial \varphi}{\partial x_n} \right]^T \text{ mit } \underline{x} = \begin{bmatrix} x_1 \\ \vdots \\ x_n \end{bmatrix},$$

(vgl. Bd. I, Abschn. 6.3.3). grad $\varphi(\underline{x})$ ist ein Vektor, der auf der Höhenlinie durch $\underline{x}$ rechtwinklig steht und in Richtung des stärksten Anstiegs des Skalarfeldes liegt. Seine Länge ist ein Maß für die Stärke des Anstiegs (es ist $(\operatorname{grad}\varphi)^T = \varphi'$).

Das Hauptproblem in diesem Abschnitt besteht nun in der Umkehrung des obigen Sachverhaltes:

Zu welchen Vektorfeldern $\underline{V} : D \rightarrow \mathbb{R}^n$ gibt es Skalarfelder $\varphi : D \rightarrow \mathbb{R}$, die grad $\varphi = \underline{V}$ erfüllen, und wie berechnet man sie gegebenenfalls?

Ein Skalarfeld φ , das grad $\varphi = \underline{V}$ erfüllt, nennt man ein Potential von $\underline{V}$. Das Vektorfeld $\underline{V}$ selbst nennt man in diesem Falle ein Potentialfeld oder ein konservatives Feld. Die Hauptfrage lautet damit kurz:

Welche Vektorfelder sind Potentialfelder?

Es ist klar, daß sich im Falle von Potentialfeldern das Arbeiten damit sehr vereinfacht, da man nicht mit n Komponentenfunktionen von $\underline{V}$ rechnen muß, sondern mit nur einer reellen Funktion, nämlich φ . Alle Gleichungen und sonstigen Beziehungen, denen $\underline{V}$ genügt, versucht man auf φ umzuschreiben, und hat damit jeweils $n - 1$ Beziehungen eingespart!

Beispiel 1.20 Das Skalarfeld $\varphi(\underline{x}) = \dfrac{1}{|\underline{x}|}$, $(\underline{x} \neq 0)$, liefert mit $|\underline{x}| = \sqrt{x_1^2 + x_2^2 + \ldots + x_n^2}$ die partiellen Ableitungen

$$\frac{\partial \varphi}{\partial x_k}(\underline{x}) = -\frac{2x_k}{2\sqrt{x_1^2 + \ldots + x_k^2 + \ldots x_n^2}^{\,3}} = -\frac{x_k}{|\underline{x}|^3}$$

also

$$\operatorname{grad}\varphi(\underline{x}) = -\left[\frac{x_1}{|\underline{x}|^3}, \frac{x_2}{|\underline{x}|^3}, \ldots, \frac{x_n}{|\underline{x}|^3}\right]^T = -\frac{\underline{x}}{|\underline{x}|^3} . \qquad (1.203)$$

Durch $\underline{V}(\underline{x}) = -\underline{x}/|\underline{x}|^3$ wird also das zugehörige Potentialfeld beschrieben. Man spricht hier vom Newtonschen Potential, da durch

$\underline{V}_0(\underline{x}) = -c \cdot \underline{x}/|\underline{x}|^3$ $(c > 0)$ das Gravitationsfeld einer Punktmasse im Punkt $\underline{0}$ dargestellt wird. -

Übungen

1.44 Berechne die "Gradientenfelder" $\operatorname{grad}\varphi$ von folgenden Skalarfeldern:

(a) $\varphi(\underline{x}) = \underline{a} \cdot \underline{x}$; (b) $\varphi(\underline{x}) = x_1^2 + 3x_1x_2 - x_2^2$;

(c) $\varphi(\underline{x}) = |\underline{x}|^\alpha$ $(x \neq 0$, falls $\alpha \leqq 1)$; (d) $\varphi(\underline{x}) = e^{|\underline{x}|}$ $(\underline{x} \neq \underline{0})$.

1.45 Zeige, daß $\varphi(\underline{x}) = x_1^m + x_2^m + \ldots + x_n^m$ $(m \in \mathbb{N})$ die Gleichung $\underline{x} \cdot \operatorname{grad} \varphi(\underline{x}) = m\varphi(\underline{x})$ erfüllt.

1.6.2 Kurvenintegrale

Zur Lösung des Problems, zu Vektorfeldern Potentiale zu finden, benutzen wir "Kurvenintegrale". Sie werden im folgenden eingeführt.

Es sei

$$K : \underline{x} = \underline{\gamma}(t) \ , \quad t_0 \leqq t \leqq t_1 \tag{1.204}$$

eine (stückweise) glatte Kurve im $\mathbb{R}^n$. Die Ableitung wird, wie bisher, mit $\dot{\underline{x}} = \dot{\underline{\gamma}}(t)$ bezeichnet. Durch

$$\underline{x} = \underline{g}(s) \ , \quad s_0 \leqq s \leqq s_1 \tag{1.205}$$

wird eine äquivalente Darstellung mit dem natürlichen Parameter s beschrieben (s = "Bogenlängen-Parameter"). (Ableitungen: $\underline{x}' = \underline{g}'(s) = \underline{T}(s)$ und $ds/dt = |\dot{\underline{\gamma}}(t)|$).

$f : K \to \mathbb{R}$ sei eine beliebige stetige, reellwertige Funktion auf der Kurve.

Definition 1.14 Kurvenintegral von f über K :

$$\int_K f(\underline{x})ds := \int_{s_0}^{s_1} f(\underline{g}(s))ds = \int_{t_0}^{t_1} f(\underline{\gamma}(t))\,|\dot{\underline{\gamma}}(t)|\,dt \qquad (1.206)$$

Auf dieses Integral werden alle anderen Formen von Kurvenintegralen zurückgeführt:

Ist $\varphi : D \to \mathbb{R}$ ein beliebiges Skalarfeld auf $D \subset \mathbb{R}^n$, und ist $\underline{V} : D \to \mathbb{R}^n$ ein beliebiges Vektorfeld, wobei $K \subset D$ ist, so vereinbaren wir

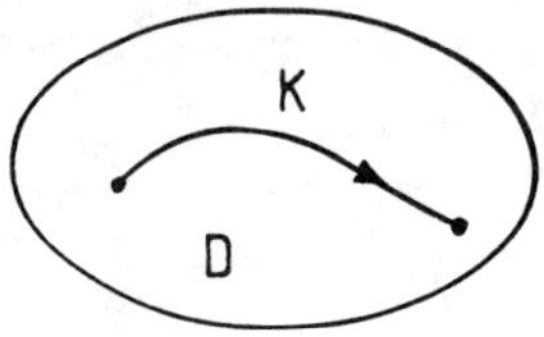

Fig. 1.83: Kurve in D

Definition 1.15 Kurvenintegrale:

skalares Kurvenintegral über einem Skalarfeld:

$$(1) \quad \int_K \varphi(\underline{x})\,ds := \int_{s_0}^{s_1} \varphi(\underline{g}(s))\,ds = \int_{t_0}^{t_1} \varphi(\underline{\gamma}(t))\,|\dot{\underline{\gamma}}(t)|\,dt\,,$$

skalares Kurvenintegral über einem Vektorfeld:

$$(2) \quad \int_K \underline{V}(\underline{x})\cdot d\underline{x} := \int_{s_0}^{s_1} \underline{V}(\underline{g}(s))\cdot\underline{T}(s)ds = \int_{t_0}^{t_1} \underline{V}(\underline{\gamma}(t))\cdot\dot{\underline{\gamma}}(t)dt\,,$$

vektorielle Kurvenintegrale:

$$(3) \quad \int_K \underline{V}(\underline{x})\,ds := \int_{s_0}^{s_1} \underline{V}(\underline{g}(s))ds = \int_{t_0}^{t_1} \underline{V}(\underline{\gamma}(t))\,|\dot{\underline{\gamma}}(t)|\,dt\,,$$

$$(4) \quad \int_K \varphi(\underline{x})\,d\underline{x} := \int_{s_0}^{s_1} \varphi(\underline{g}(s))\underline{T}(s)ds = \int_{t_0}^{t_1} \varphi(\underline{\gamma}(t))\dot{\underline{\gamma}}(t)dt\,,$$

$$(5) \quad \int_K \underline{V}(\underline{x})\times d\underline{x} := \int_{s_0}^{s_1} \underline{V}(\underline{g}(s))\times\underline{T}(s)ds = \int_{t_0}^{t_1} \underline{V}(\underline{x})\times\dot{\underline{\gamma}}(t)dt \quad (\text{im } \mathbb{R}^3).$$

Die vektoriellen Integrale (3), (4), (5) werden komponentenweise gebildet, z.B. $\int_K \underline{V}(\underline{x})ds = \left[\int_K V_1(\underline{x})ds\,,\ldots,\int_K V_n(\underline{x})ds\right]^T$ mit $\underline{V} = \left[V_1,\ldots V_n\right]^T$.

Über die Substitutionsregel für Integrale erkennt man sofort, daß die mittleren und die rechten Ausdrücke gleich sind.

Nun muß man sich diese Kurvenintegrale beileibe nicht alle merken. Es gibt eine einfache Faustregel, mit der linksstehende Ausdrücke über Kurvenintegrale in die rechtsstehenden berechenbaren Integrale übergehen:

> Faustregel: Bei einem Kurvenintegral
>
> $$\int_K \ldots ds \quad \text{oder} \quad \int_K \ldots d\underline{x}$$
>
> erweitere man mit dt :
>
> $$\int_{t_0}^{t_1} \ldots \frac{ds}{dt}\, dt \quad , \quad \int_{t_0}^{t_1} \ldots \frac{d\underline{x}}{dt}\, dt$$
>
> und setze dann die Parameterdarstellung $\underline{x} = \underline{\gamma}(t)$ der Kurve K ein. (Beachte: $ds/dt = |\dot{\underline{\gamma}}(t)|$.)

Der Leser überzeuge sich davon, daß in allen Fällen der obigen Definition 1.15 die rechtsstehenden Integralausdrücke entstehen, die mit den bekannten Methoden der Integralrechnung ausgewertet werden können. Im Sonderfall $s = t$ entstehen die mittleren Formelausdrücke der Kurvenintegrale.

Bemerkung: (a) Statt ds wird auch gelegentlich $|d\underline{x}|$ geschrieben, also

$$\int_K \varphi(\underline{x})\,|d\underline{x}| = \int_K \varphi(\underline{x})\,ds \quad , \quad \int_K \underline{V}(\underline{x})\,|d\underline{x}| = \int_K \underline{V}(\underline{x})\,ds \,. \tag{1.207}$$

(b) Oftmals notiert man das Integral (2) komponentenweise, d.h. mit $\underline{x} = [x_1,\ldots,x_n]^T$, $\underline{V} = [V_1,\ldots,V_n]^T$, $\underline{x} = \underline{\gamma}(t) = [\gamma_1(t),\ldots,\gamma_n(t)]^T$:

$$\begin{aligned}\int_K \underline{V}(\underline{x}) \cdot d\underline{x} &= \int_K \left(V_1(\underline{x})dx_1 + \ldots + V_n(\underline{x})dx_n\right) \\ &:= \int_K V_1(\underline{x})dx_1 + \ldots + \int_K V_n(\underline{x})\,dx_n \,.\end{aligned} \tag{1.208}$$

Hier wird auf $\int_K V_i(\underline{x})dx_i$ wieder unsere famose Faustregel angewendet, und wir erhalten:

$$\int_K V_i(\underline{x})\,dx_i = \int_K V_i(\underline{x})\,\frac{dx_i}{dt}\,dt = \int_{t_0}^{t_1} V_i(\underline{\gamma}(t))\,\dot{\gamma}_i(t)\,dt \qquad (1.209)$$

Entsprechend behandelt man $\int_K \underline{V}(\underline{x}) \times d\underline{x}$.

(c) Ist schließlich $K : z = \underline{\gamma}(t)$, $t_0 \leqq t \leqq t_1$, eine komplexwertige stückweise glatte Kurve in $D \subset \mathbb{C}$, und ist $f : D \longrightarrow \mathbb{C}$ stetig, so gilt für das komplexe Kurvenintegral von f über der Kurve die Faustregel entsprechend:

$$\int_K f(z)\cdot dz := \int_K f(z)\,\frac{dz}{dt}\,dt = \int_{t_0}^{t_1} f(\underline{\gamma}(t))\,\dot{\underline{\gamma}}(t)\,dt\ . - \qquad (1.210)$$

Kurvenintegrale können als Grenzwerte von Riemannschen Summen aufgefaßt werden, z.B.

$$\lim_{\max \Delta s_i \to 0} \sum_{i=1}^{m} \varphi(\underline{x}_i)\,\Delta s_i = \int_K \varphi(\underline{x})\,ds\ , \qquad (1.211)$$

$$\lim_{\max |\Delta \underline{x}_i| \to 0} \sum_{i=1}^{m} \underline{V}(\underline{x}_i)\cdot \Delta\underline{x}_i = \int_K \underline{V}(\underline{x})\cdot d\underline{x}\ . \qquad (1.212)$$

Hier beschreibt $s_0 = s_0' < \ldots < s_m' = s_1$ eine Teilung von $[s_0, s_1]$; ferner ist $\Delta s_i = s_i' - s_{i-1}'$, $\underline{x}_i = \underline{\gamma}(s_i')$, $\Delta\underline{x}_i = \underline{x}_i - \underline{x}_{i-1}$.

Auf diese Weise entstehen Kurvenintegrale im Zusammenhang mit geometrischen, physikalsichen oder sonstigen Anwendungsproblemen. Entsprechend kann man sie inhaltlich deuten.

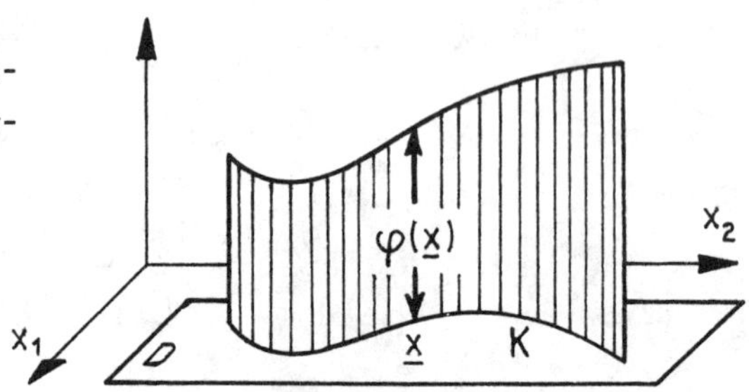

Fig. 1.84: Zum Kurvenintegral $\int_K \varphi(\underline{x})ds$

Das Kurvenintegral (1.211) kann z.B. im Fall $n = 2$ als Flächeninhalt einer "Spanischen Wand" aufgefaßt werden (falls $\varphi(\underline{x}) > 0$). Denn denkt man sich über der Kurve $K \subset D$ die Funktionswerte $\varphi(\underline{x})$ aufgetragen, etwa durch eine

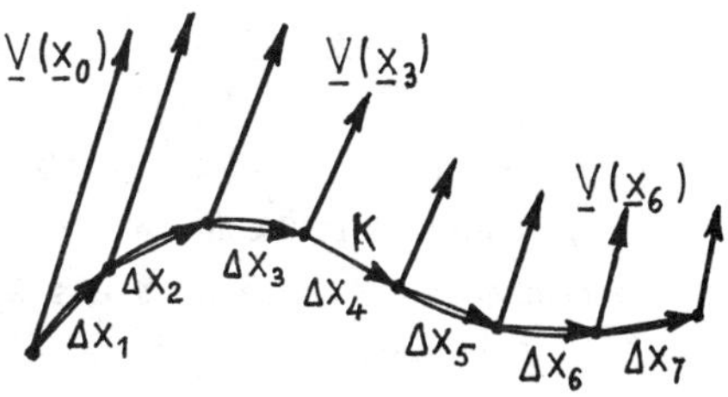

Fig. 1.85: $\int_K \underline{V} \cdot d\underline{x}$ als Arbeit gedeutet

Strecke verwirklicht (s. Fig. 1.84), so bilden diese Strecken eine Fläche, deren Flächeninhalt als das Integral $\int_K \varphi(\underline{x})\,ds$ angesehen werden kann.

Das Integral (1.212) dagegen kann im $\mathbb{R}^3$ als Arbeit gedeutet werden, wenn $\underline{V}$ ein Kraftfeld ist. Denn führt man einen Massenpunkt an der Kurve K entlang, so ist die durch das Kraftfeld geleistete Arbeit approximativ gleich der Riemannschen Summe auf der linken Seite von (1.212) (s. Fig. 1.85). Der Grenzübergang liefert dann physikalisch die geleistete Arbeit und mathematisch das Kurvenintegral in (1.212). -

Satz 1.15 Beim Orientierungwechsel einer Kurve $K : \underline{x} = \underline{\gamma}(t)$, $(t_0 \leq t \leq t_1)$, d.h. beim Übergang zur Kurve $-K : \underline{x} = \underline{\gamma}(-t)$, $(-t_1 \leq t \leq -t_0)$, behalten Kurvenintegrale der Form $\int_K \ldots ds$ ihr Vorzeichen:

$$\int_{-K} \ldots ds = \int_K \ldots ds ,$$

während die Kurvenintegrale $\int_K \ldots d\underline{x}$ ihr Vorzeichen wechseln:

$$\int_{-K} \ldots d\underline{x} = -\int_K \ldots d\underline{x} .$$

Insbesondere gilt also

$$\boxed{\int_{-K} \varphi(\underline{x})\,ds = \int_K \varphi(\underline{x})\,ds} \qquad \boxed{\int_{-K} \underline{V}(\underline{x}) \cdot d\underline{x} = -\int_K \underline{V}(\underline{x}) \cdot d\underline{x}} \qquad (1.213)$$

Der Leser beweist dies leicht durch Einsetzen in die Formeln der Definition 1.15.

Übungen Berechne die folgenden Kurvenintegrale:

1.46 $\int_K \left(x_1^2 x_2\,dx_1 + (x_1 - x_2 x_1)\,dx_2\right)$, $K : x_1 = 4t$, $x_2 = 3t$ $(0 \leq t \leq 1)$

1.47 $\int_K \left(x_1^2 + x_2^2\right) ds$, $K : x_1 = t$, $x_2 = t^2$ $(-2 \leq t \leq 2)$

1.6.3 Der Kurvenhauptsatz

Eine offene Menge $G \subset \mathbb{R}^n$ heißt (wegweise) zusammenhängend, wenn man je zwei Punkte in G durch eine Kurve in G verbinden kann. Eine offene zusammenhängende Menge wird als Gebiet bezeichnet.

Wir denken uns ein Vektorfeld $\underline{V} : G \to \mathbb{R}^n$ auf einem Gebiet $G \subset \mathbb{R}^n$ gegeben.

Man sagt, die (skalaren) Kurvenintegrale von $\underline{V}$ sind wegunabhängig, wenn für je zwei Punkte $\underline{p}_0, \underline{p}_1$ aus G folgendes gilt: Für alle stückweise glatten Wege mit Anfangspunkt $\underline{p}_0$ und Endpunkt $\underline{p}_1$ hat das zugehörige Kurvenintegral

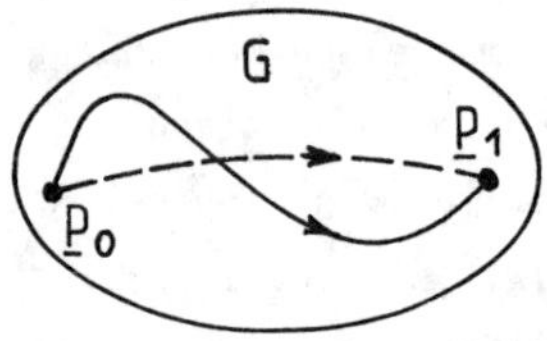

Fig. 1.86:
Zur Wegunabhängigkeit

$$\int_K \underline{V}(\underline{x}) \cdot d\underline{x} \tag{1.214}$$

den gleichen Wert. Kurz: Das Integral hängt nur vom Anfangs- und Endpunkt ab, nicht von der verbindenden Kurve.

Im Falle der Wegunabhängigkeit beschreibt man das Integral auch durch

$$\int_{\underline{p}_0}^{\underline{p}_1} \underline{V}(\underline{x}) \cdot d\underline{x} \ . \tag{1.215}$$

Damit erhalten wir folgende Lösung unseres Hauptproblems:

Satz 1.16 Kurvenhauptsatz. (a) Ein Vektorfeld $\underline{V} : G \to \mathbb{R}^n$ auf einem Gebiet $G \subset \mathbb{R}^n$ besitzt genau dann ein Potential $\varphi : G \to \mathbb{R}$ (d.h. $\underline{V} = \operatorname{grad} \varphi$), wenn die Kurvenintegrale von $\underline{V}$ wegunabhängig sind.

(b) Das Potential φ ist bis auf eine additive Konstante durch $\underline{V}$ eindeutig bestimmt.

Beweis:[1] (a),(I): $\underline{V} : G \to \mathbb{R}^n$ besitze ein Potential $\varphi : G \to \mathbb{R}$. Wir zeigen, daß die Kurvenintegrale von $\underline{V}$ wegunabhängig sind.

[1] Der Beweis kann vom anwendungsorientierten Leser zunächst überschlagen werden.

Für eine beliebige stückweise glatte Kurve $K : \underline{x} = \underline{\gamma}(t)$ $(a \leq t \leq b)$ gilt (mit den Bezeichnungen $\underline{x} = [x_1, \ldots, x_n]^T$, $d\underline{x}/dt = \dot{\underline{\gamma}}(t)$, $\underline{p}_0 = \underline{\gamma}(a)$, $\underline{p}_1 = \underline{\gamma}(b)$):

$$\int_K \underline{V}(\underline{x}) \cdot d\underline{x} = \int_a^b \underline{V}(\underline{\gamma}(t)) \cdot \frac{d\underline{x}}{dt} dt = \int_a^b \operatorname{grad} \varphi(\underline{\gamma}(t)) \cdot \frac{d\underline{x}}{dt} dt =$$

$$= \int_a^b \sum_{i=1}^n \frac{\partial \varphi}{\partial x_i}(\underline{\gamma}(t)) \frac{dx_i}{dt} dt = \int_a^b \frac{d}{dt} \varphi(\underline{\gamma}(t)) dt = \varphi(\underline{\gamma}(b)) - \varphi(\underline{\gamma}(a)) =$$

$$= \varphi(\underline{p}_1) - \varphi(\underline{p}_0) \,. \tag{1.216}$$

(In der zweiten Zeile wurde die Kettenregel für mehrere Variable benutzt: $\frac{d}{dt}\varphi(\underline{\gamma}(t)) = \sum_{i=1}^n \frac{\partial \varphi}{\partial x_i} \frac{dx_i}{dt}$). Der rechtsstehende Wert $\varphi(\underline{p}_1) - \varphi(\underline{p}_0)$ hängt nur vom Anfangs- und Endpunkt des Weges $\underline{\gamma}$ ab, d.h. die Kurvenintegrale von $\underline{V}$ sind wegunabhängig.

(a) (II): Es seien nun die Kurvenintegrale von $\underline{V}$ wegunabhängig. Wir wollen zeigen, daß die Funktion

$$\varphi(\underline{x}) = \int_{\underline{p}_0}^{\underline{x}} \underline{V}(\hat{\underline{x}}) \cdot d\hat{\underline{x}} = \int_{\underline{p}_0}^{\underline{x}} V(\underline{\gamma}(t)) \cdot \dot{\underline{\gamma}}(t) dt \,, \quad \underline{x} \in G \tag{1.217}$$

ein Potential von $\underline{V}$ ist, also $\operatorname{grad} \varphi = \underline{V}$ erfüllt, d.h. $\partial \varphi / \partial x_i = V_i$ (mit $\underline{V} = [V_1, \ldots, V_n]^T$). Dabei ist $\underline{p}_0$ ein beliebiger, fest gewählter Punkt aus G, während $\underline{\gamma}(t)$ irgendein stückweise glatter Weg mit Anfangspunkt $\underline{p}_0$ und Endpunkt $\underline{x}$ ist.

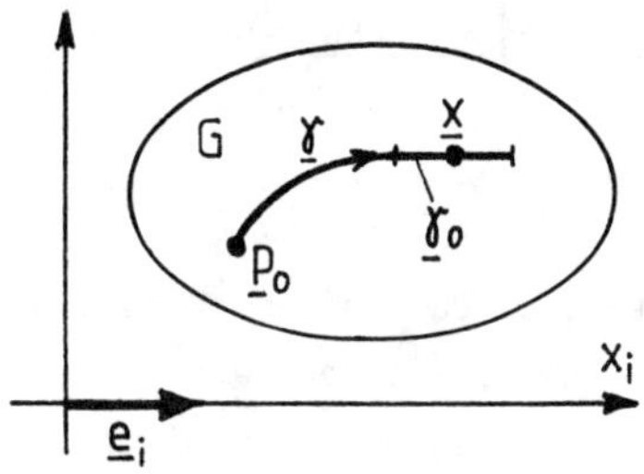

Fig. 1.87: Zum Beweis des Kurvenhauptsatzes

Wir wählen den Weg $\underline{\gamma}$ nun so, daß er in einer Strecke $\underline{\gamma}_0$ durch $\underline{x}$ endet, die parallel zu einer beliebig ausgewählten Koordinatenachse liegt, etwa zur i-ten (s. Fig. 1.87). Die Strecke kann dabei ruhig etwas über $\underline{x}$ hinausschießen. Wir setzen daher:

$$\underline{\gamma}_0(t) = \underline{x} + t\underline{e}_i \,,$$

$$-h \leq t \leq h \quad (h > 0)$$

mit dem i-ten Koordinaten-Einheitsvektor $\underline{e}_i$. Damit erhalten wir den Differenzenquotienten

$$\frac{\varphi(\underline{x}+h\underline{e}_i) - \varphi(\underline{x})}{h} = \frac{1}{h}\int_0^h \underline{V}(\underline{\gamma}_0(t)) \cdot \underbrace{\dot{\underline{\gamma}}_0(t)}_{\underline{e}_i} dt =$$

$$= \frac{1}{h}\int_0^h \underline{V}(\underline{x}+t\underline{e}_i) \cdot \underline{e}_i \, dt = \frac{1}{h}\int_0^h V_i(\underline{x}+t\underline{e}_i) dt = V_i(\underline{x}+\tau\,\underline{e}_i)$$

mit einem $\tau \in (0,h)$ (Letzteres folgt aus dem Mittelwertsatz der Integralrechnung). Ersetzt man h durch $-h$, gewinnt man eine analoge Gleichung. Für $|h| \to 0$ strebt damit die rechte Seite gegen $V_i(\underline{x})$ (wegen $|\tau| < |h|$), und somit konvergiert auch die linke Seite. Ihr Grenzwert ist

$$\frac{\partial \varphi_i}{\partial x_i}(\underline{x}) = V_i(\underline{x}) \qquad (i \in \{1,\ldots,n\} \quad ,$$

d.h. es gilt $\operatorname{grad}\varphi = \underline{V}$, womit Teil (a) bewiesen ist.

(b) Es seien die Kurvenintegrale von $\underline{V}$ wegunabhängig. φ bezeichne das in (1.217) definierte Potential von $\underline{V}$ und $\tilde{\varphi}$ sei ein beliebiges anderes Potential von $\underline{V}$. Wie in (1.216) folgt für eine Kurve K mit Anfangspunkt $\underline{p}_0$ und Endpunkt $\underline{x}$:

$$\varphi(\underline{x}) = \int_K V(\hat{\underline{x}})\,d\hat{\underline{x}} = \int_K \operatorname{grad}\tilde{\varphi}(\hat{\underline{x}}) \cdot d\hat{\underline{x}} = \tilde{\varphi}(\underline{x}) - \tilde{\varphi}(\underline{p}_0) \quad ,$$

also mit $\tilde{\varphi}(\underline{p}_0) = c$ die Gleichung $\tilde{\varphi}(\underline{x}) = \varphi(\underline{x}) + c$ für alle $\underline{x}$, d.h. die Potentiale von $\underline{V}$ unterscheiden sich nur durch additive Konstanten, was zu beweisen war. □

Bezeichnung: Kurvenintegrale über geschlossenen Kurven K kennzeichnet man gern mit einem Kreis am Integralzeichen, also $\oint_K \ldots = \int_K \ldots$

Hilfssatz 1.1 Die Kurvenintegrale eines Vektorfeldes $\underline{V} : G \to \mathbb{R}^n$ (G Gebiet in $\mathbb{R}^n$) sind genau dann wegunabhängig, wenn sie über allen geschlossenen Kurven K in G verschwinden, d.h.:

$$\oint_K \underline{V}(\underline{x}) \cdot d\underline{x} = 0 \;.$$

Beweis: Da man zwei Wege von $\underline{p}_0$ nach $\underline{p}_1$ in G als einen geschlossenen Weg auffassen kann, wenn man die Durchlaufung des einen Weges umkehrt, ist die Behauptung unmittelbar klar. -

Übung 1.48* In der Nähe der Erdoberfläche herrscht lokal das (nahezu) konstante Gravitationsfeld $\underline{V}(\underline{x}) = -g\underline{e}_3$. Zeige die Wegunabhängigkeit und berechne über (1.217) dazu das Potential φ. Welches sind die "Äquipotentialflächen" $\{\underline{x} \in \mathbb{R}^3 \mid \varphi(\underline{x}) \equiv \text{const.}\}$ dazu?

1.6.4 Potentialkriterium

Nach dem Kurvenhauptsatz hat ein stetig differenzierbares Vektorfeld $\underline{V} : G \longrightarrow \mathbb{R}^n$ $(G \subset \mathbb{R}^n)$ genau dann ein Potential $\varphi : D \longrightarrow \mathbb{R}$, wenn alle Kurvenintegrale von V wegunabhängig sind. Diese Bedingung ist aber in konkreten Fällen kaum nachprüfbar, da es praktisch unmöglich ist, alle Kurvenintegrale zu untersuchen. Die Aussage hat daher hauptsächlich theoretischen Wert beim Beweis weiterer Sätze über Potentiale.

Für die Praxis müssen wir somit nach einem griffigeren Kriterium suchen. Zu diesem Zweck nehmen wir zunächst an, daß das Vektorfeld $\underline{V} : G \longrightarrow \mathbb{R}^n$ auf dem Gebiet $G \subset \mathbb{R}^n$ ein Potential $\varphi : G \longrightarrow \mathbb{R}$ besitzt. Es gilt also $\operatorname{grad} \varphi = \underline{V}$, d.h. mit $\underline{V} = \left[V_1, \ldots, V_n\right]^T$:

$$\varphi_{x_i}(\underline{x}) = V_i(\underline{x}) \quad ^{1)} \quad \text{für alle} \quad \underline{x} = \begin{bmatrix} x_1 \\ \vdots \\ x_n \end{bmatrix} \in G \, .$$

Ist $\underline{V}$ stetig differenzierbar, also φ zweimal stetig differenzierbar, so gilt bekanntlich

$$\varphi_{x_i x_k} = \varphi_{x_k x_i} \qquad \text{für alle} \quad i,k = 1,\ldots,n \, ,$$

folglich

$$\boxed{V_{i,x_k} = V_{k,x_i}} \qquad \text{für alle} \quad i,k = 1,\ldots,n \tag{1.218}$$

Diese Gleichung heißt Integrabilitätsbedingung. Sie ist offenbar notwendig für die Existenz eines Potentials. Ist sie auch hinreichend?

Dies ist tatsächlich der Fall bei einfach zusammenhängenden Gebieten. Es handelt sich dabei - anschaulich ausgedrückt - um Gebiete ohne "durchgehende Löcher".

Figur 1.88 zeigt Beispiele einfach zusammenhängender Gebiete; insbesondere gehören Kreise und Rechtecke in der Ebene, Kugeln und Quader im Raum $\mathbb{R}^3$, ja alle konvexen Gebiete dazu.

---

1) $\varphi_{x_i} = \dfrac{\partial \varphi}{\partial x_i}$, $\varphi_{x_i x_k} = \dfrac{\partial^2 \varphi}{\partial x_k \partial x_i}$, $V_{i,x_k} = \dfrac{\partial V_i}{\partial x_k}$ usw.

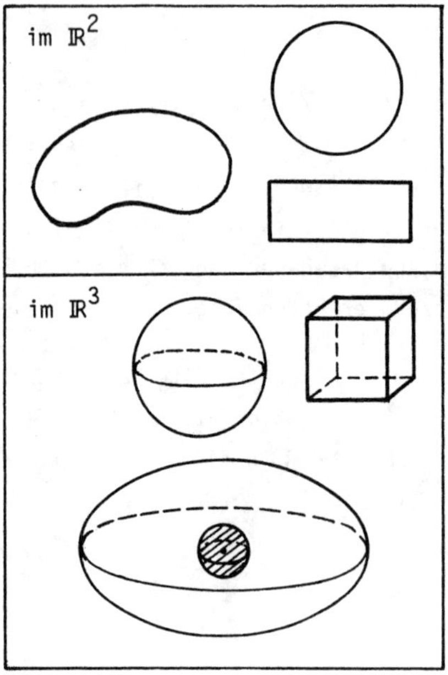

Fig. 1.88: Einfach zusammenhängende Gebiete

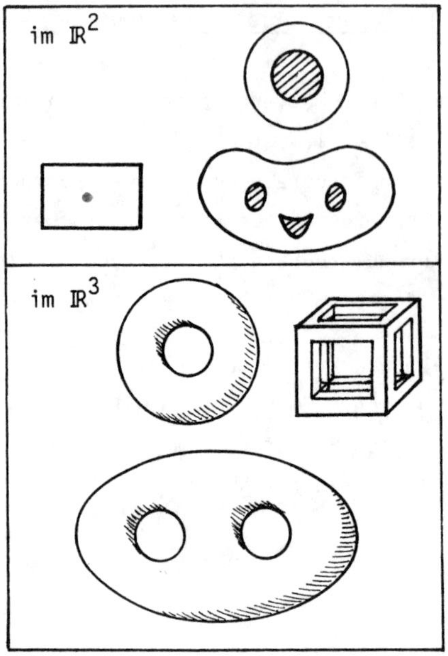

Fig. 1.89: Nicht einfach zusammenhängende Gebiete

Sie dürfen - falls dreidimensional - sogar innenliegende konvexe "Löcher" haben.

Figur 1.89 dagegen veranschaulicht Gebiete, die nicht einfach zusammenhängend sind. Sie sind dadurch gekennzeichnet, daß man um die darin befindlichen Löcher geschlossene Kurven legen kann, die sich innerhalb des Gebietes nicht auf einen Punkt zusammenziehen lassen. Die Löcher sind bei diesen Zusammenziehungen im Wege!

Diese anschauliche Vorstellung präzisiert man folgendermaßen:

Eine stetige Abbildung $\underline{h} : [a,b] \times [0,1]^{1)} \to G \subset \mathbb{R}^n$ heißt eine Deformation von Kurven.

Dies wird verständlich, wenn man die Funktionsgleichung $\underline{y} = \underline{h}(t,s)$ in der Form

1) $[a,b] \times [0,1]$ beschreibt das Rechteck $\left\{ \begin{bmatrix} x \\ y \end{bmatrix} \mid a \leq x \leq b \ , \ 0 \leq y \leq 1 \right\}$ in der Ebene $\mathbb{R}^2$

$$\underline{y} = \underline{h}(t,s) =: \underline{h}_s(t) \tag{1.219}$$

schreibt. Hier bedeutet $\underline{h}_s$ für jedes s einen Weg, d.h. es ist eine Schar von Wegen gegeben - und damit auch eine Schar von Kurven - die sich mit s stetig ändern. Damit vereinbart man:

Definition 1.16 Eine geschlossene Kurve $K : \underline{\gamma} : [a,b] \to G \subset \mathbb{R}^n$ heißt in G zusammenziehbar, wenn es eine Deformation $\underline{h} : [a,b] \times [0,1] \to G$ dazu gibt mit

$$\left.\begin{aligned} \underline{h}(t,0) &= \underline{\gamma}(t) \\ \underline{h}(t,1) &= y_0 = \text{konstant} \end{aligned}\right\} \text{ für alle } t \in [a,b] \tag{1.220}$$

und $\underline{h}(a,s) = \underline{h}(b,s)$ für alle $s \in [0,1]$ (d.h. alle Kurven der Schar sind geschlossen).

(1.220) bedeutet in der Schreibweise $\underline{h}_s(t) = \underline{h}(t,s)$ kurz $\underline{h}_0 = \underline{\gamma}$ und $\underline{h}_1 = y_0$ = konstant. D.h. für den "Scharparameter" $s = 0$ stellt $\underline{h}_s$ die ursprüngliche Kurve dar, für $s = 1$ einen einzigen Punkt y_0, während für $0 < s < 1$ "Zwischenkurven" dargestellt werden, die geometrisch den Deformationsvorgang der Kurve K zu einem Punkt beschreiben.

Definition 1.17 Ein Gebiet[1] $G \subset \mathbb{R}^n$ heißt einfach zusammenhängend, wenn jede geschlossene Kurve in G zusammenziehbar ist. -
So einfach ist das! - Damit formulieren wir das wichtige Kriterium:

Satz 1.17 Potentialkriterium (Integrabilitätskriterium):

(a) Ein stetig differenzierbares Vektorfeld $\underline{V} : G \to \mathbb{R}^n$ auf einem einfach zusammenhängenden Gebiet $G \subset \mathbb{R}^n$ besitzt genau dann ein Potential, wenn für die Komponenten $V_1, \ldots, V_n$ von $\underline{V}$ die folgende "Integrabilitätsbedingung" erfüllt ist:

$$\boxed{V_{i,x_k} = V_{k,x_i}} \quad \text{für alle } i,k = 1,\ldots,n \quad \left(\underline{V} = [V_1,\ldots,V_n]^T \right) \tag{1.221}$$

(b) Das Potential φ ist bis auf eine additive Konstante durch $\underline{V}$ eindeutig bestimmt.

---

[1] Wir erinnern uns: Ein Gebiet ist eine offene zusammenhängende Menge im $\mathbb{R}^n$

Bemerkung: Der Beweis von (a) wird im Abschnitt 1.6.6 geführt. (Er kann beim ersten Lesen ohne Schaden überschlagen werden.) Teil (b) wurde schon in Satz 1.16 im vorangehenden Abschnitt gezeigt. -

Potentialkriterium im $\mathbb{R}^2$. Es sei G ein einfach zusammenhängendes Gebiet in der Ebene. Das heißt anschaulich, daß das Gebiet G "keine Löcher" hat (auch keine punktförmigen). Schreiben wir $x = x_1$ und $y = x_2$ für die Koordinaten, so lautet die Integrabilitätsbedingung für ein stetig differenzierbares Vektorfeld $\underline{V} : G \to \mathbb{R}^2$ einfach

$$\boxed{V_{1,y} = V_{2,x}} \quad , \quad \text{mit } \underline{V} = \begin{bmatrix} V_1 \\ V_2 \end{bmatrix} . \tag{1.222}$$

Unter diesen Voraussetzungen hat $\underline{V}$ also ein Potential φ.

Potentialkriterium im $\mathbb{R}^3$. Im dreidimensionalen Raum, der ja für Technik und Naturwissenschaft besonders wichtigt ist, hat man eine besonders übersichtliche Formulierung erdacht. Und zwar führt man für ein stetig differenzierbares Vektorfeld $\underline{V} = [V_1, V_2, V_3]^T$ auf einem Gebiet $G \subset \mathbb{R}^3$ in jedem Punkt $\underline{x} = [x,y,z]^T$ aus G den Vektor[1)]

$$\operatorname{rot} \underline{V}(\underline{x}) := \begin{bmatrix} V_{3y} - V_{2z} \\ V_{1z} - V_{3x} \\ V_{2x} - V_{1y} \end{bmatrix}_{(\underline{x})} \tag{1.223}$$

ein. Er heißt Rotation von $\underline{V}$ (in $\underline{x}$). (Sein Name rührt von Flüssigkeits-Rotationen her, bei deren mathematischer Behandlung er eine wichtige Rolle spielt, s. Abschn. 3.2.2). Als Merkregeln können folgende symbolische Schreibweisen verwendet werden:

$$\operatorname{rot} \underline{V} = \begin{vmatrix} \underline{i} & \underline{j} & \underline{k} \\ \frac{\partial}{\partial x} & \frac{\partial}{\partial y} & \frac{\partial}{\partial z} \\ V_1 & V_2 & V_3 \end{vmatrix} , \text{ oder mit } \nabla := \begin{bmatrix} \frac{\partial}{\partial x} \\ \frac{\partial}{\partial y} \\ \frac{\partial}{\partial z} \end{bmatrix} : \boxed{\operatorname{rot} \underline{V} = \nabla \times \underline{V}} \tag{1.224}$$

In der symbolischen Determinante links sind $\underline{i}$, $\underline{j}$, $\underline{k}$ die Koordinateneinheitsvektoren. Man hat die Determinante nur auf übliche Weise auszuwerten. Der rechtsstehende symbolische Vektor ∇ heißt Nabla-Operator.

---

1) $V_{3y} = \frac{\partial}{\partial y} V_3$ usw.

Das Vektorprodukt $\nabla \times \underline{V}$ ist hier formal nach den üblichen Regeln auszurechnen. Der Leser tue es zur Übung!

Man erkennt, daß die Integrabilitätsbedingung einfach $\operatorname{rot} \underline{V} = \underline{0}$ lautet. Es gilt somit die

Folgerung 1.3 Potentialkriterium im $\mathbb{R}^3$: Ein stetig differenzierbares Vektorfeld $\underline{V} : G \to \mathbb{R}^3$ auf einem einfach zusammenhängenden Gebiet $G \subset \mathbb{R}^3$ hat genau dann ein Potential, wenn

$$\boxed{\operatorname{rot} \underline{V} = \underline{0}} \tag{1.225}$$

auf ganz G erfüllt ist.

Übungen Welche der folgenden Vektorfelder auf $\mathbb{R}^3$ haben ein Potential? Dabei ist $\underline{x} = [x,y,z]^T$.

1.49 $\underline{V}(\underline{x}) = \begin{bmatrix} 0 \\ x \\ 0 \end{bmatrix}$ 1.50 $\underline{V}(\underline{x}) = \begin{bmatrix} z \\ y \\ x \end{bmatrix}$ 1.51 $\underline{V}(\underline{x}) = e^{xyz} \begin{bmatrix} yz \\ zx \\ xy \end{bmatrix}$

1.6.5 Berechnung von Potentialen

Der folgende Satz liefert eine explizite Berechnungsformel für Potentiale, wenn das zugrunde liegende Gebiet ein Quader oder eine Kugel ist. Dabei wollen wir als (achsenparallelen) offenen Quader im $\mathbb{R}^2$ jede Menge der Form

$$G = \left\{ \underline{x} = \begin{bmatrix} x_1 \\ \vdots \\ x_n \end{bmatrix} \middle| \, x_i \in I_i \text{ für alle } i = 1,\dots,n \right\}, \quad I_i \text{ offenes Intervall,}$$

bezeichnen. Da die Intervalle I_i, in denen die Komponenten von $\underline{x}$ variieren, auch unbeschränkt sein können, z.B. gleich $\mathbb{R}$, so sind hier also auch "Quader mit unendlich langen Seiten" gemeint. Insbesondere ist $\mathbb{R}^n$ in dieser Sprechweise auch ein Quader.

Satz 1.18 Explizite Potentialformel. Es sei $\underline{V} = [V_1,\ldots,V_n]^T : G \to \mathbb{R}^n$ ein stetig differenzierbares Vektorfeld auf einem offenen Quader $G \subset \mathbb{R}^n$, wobei die Integrabilitätsbedingung $V_{i,x_k} = V_{k,x_i}$ für alle i,k auf G erfüllt ist. Wählt man einen beliebigen festen Punkt $\underline{a} = [a_1,\ldots,a_n]^T \in G$, so liefert die folgende Formel ein Potential von $\underline{V}$:

$$\boxed{\varphi(\underline{x}) = \sum_{k=1}^{n} \int_{a_k}^{x_k} V_k(x_1,\ldots,x_{k-1},\xi_k,a_{k+1},\ldots,a_n)\,d\xi_k} \tag{1.226}$$

Beweis: Es soll $\frac{\partial\varphi}{\partial x_i} = V_i$ gezeigt werden ($i \in \{1,\ldots,n\}$ beliebig). Bei der Ableitung $\frac{\partial\varphi}{\partial x_i}$ werden aber in (1.226) alle Glieder mit $k < i$ Null, da sie nicht von x_i abhängen. Folglich gilt

$$\frac{\partial\varphi}{\partial x_i}(\underline{x}) = \frac{\partial}{\partial x_i}\int_{a_i}^{x_i} V_i(x_1,\ldots,x_{i-1},\xi_i,a_{i+1},\ldots,a_n)\,d\xi_i + \sum_{k=i+1}^{n} \int_{a_k}^{x_k} \frac{\partial}{\partial x_i} V_k(x_1,\ldots,x_{k-1},\xi_k,a_{k+1},\ldots a_n)\,d\xi_k\ ,^{1)}$$

und wegen $V_{k,x_i} = V_{i,x_k}$:

$$\frac{\partial\varphi}{\partial x_i}(\underline{x}) = V_i(x_1,\ldots,x_{i-1},x_i,a_{i+1},\ldots,a_n) + \sum_{k=i+1}^{n} \int_{a_k}^{x_k} \frac{\partial}{\partial x_k} V_i(x_1,\ldots,x_{k-1},\xi_k,a_{k+1},\ldots a_n)\,d\xi_k\ .$$

Mit $\underline{p}_k = [x_1,\ldots,x_k,a_{k+1},\ldots,a_n]^T$ $(k = 1,\ldots,n)$, folgt

$$\begin{aligned}\frac{\partial\varphi}{\partial x_i}(\underline{x}) &= V_i(\underline{p}_i) + \sum_{k=i+1}^{n} \Big[V_i(x_1,\ldots,x_{k-1},\xi_k,a_{k+1},\ldots a_n)\Big]_{a_k}^{x_k} \\ &= V_i(\underline{p}_i) + \sum_{k=i+1}^{n} \Big(V_i(\underline{p}_k) - V_i(\underline{p}_{k-1})\Big) = V_i(\underline{p}_n)\ .\end{aligned}$$

Also gilt wegen $\underline{p}_n = \underline{x}$ die Gleichung $\frac{\partial\varphi}{\partial x_i}(\underline{x}) = V_i(\underline{x})$, was zu beweisen war. □

---

1) Im Falle $i = n$ wird die Summe $\sum_{k=i+1}^{n} \ldots$ gleich Null gesetzt

Bemerkung: (a) Die rechte Seite in (1.226) kann als Wegintegral von $\underline{V}$ über den Streckenzug $[\underline{a},\underline{p}_1]$, $[\underline{p}_1,\underline{p}_2]$, ..., $[\underline{p}_{n-1},\underline{x}]$ gedeutet werden ($\underline{p}_k$ s. Beweis).

(b) Satz 1.18 gilt auch, wenn man G als Kugel um den Mittelpunkt $\underline{a}$ auffaßt, da dann der genannte Streckenzug für jedes $\underline{x}$ aus der Kugel ganz in der Kugel liegt. Die Komponenten können auch beliebig permutiert werden. -

Ist G ein einfach zusammenhängendes Gebiet von komplizierter Gestalt - also nicht Quadrat, Kugel, Ellipsoid o.ä. - so muß man φ über Kurvenintegrale ermitteln

$$\varphi(\underline{x}) = \int_{\underline{x}_0}^{\underline{x}} \underline{V}(\hat{x}) \cdot d\hat{x} = \int_a^b \underline{V}(\underline{\gamma}(t)) \cdot \dot{\underline{\gamma}}(t)\,dt \,. \qquad (1.227)$$

Als Kurven bevorzuge man Strecken oder Streckenzüge von $\underline{x}_0$ nach $\underline{x}$ in G , da $\dot{\underline{\gamma}}(t)$ in diesem Falle (stückweise) konstant ist, was das Integral vereinfacht. Ist G konvex, so kann man stets Strecken $K : \underline{\gamma}(t) = \underline{x}_0 + t(\underline{x}-\underline{x}_0)$, $(0 \leq t \leq 1)$, verwenden. Man erhält damit

Folgerung 1.4 Ist $G \subset \mathbb{R}^n$ ein konvexes Gebiet, ferner $\underline{x}_0 \in G$, und erfüllt $\underline{V} : G \to \mathbb{R}^n$ die Integrabilitätsbedingung $V_{i,x_k} = V_{k,x_i}$, so liefert die folgende Gleichung ein Potential φ von $\underline{V}$:

$$\boxed{\varphi(\underline{x}) = \int_0^1 \underline{V}(\underline{x}_0 + t(\underline{x}-\underline{x}_0)) \cdot (\underline{x}-\underline{x}_0)\,dt} \qquad (\underline{x} \in G) \qquad (1.228)$$

Im Falle $\underline{x}_0 = \underline{0}$ (was durch Nullpunktverschiebung stets erreicht werden kann) ergibt sich daraus die einfache Formel

$$\boxed{\varphi(\underline{x}) = \int_0^1 \underline{V}(t\underline{x}) \cdot \underline{x}\,dt} \qquad (1.229)$$

Potentialfelder im $\mathbb{R}^2$. Es sei $\underline{V}(x,y) = \begin{bmatrix} V_1(x,y) \\ V_2(x,y) \end{bmatrix}$ ein stetig differenzierbares Vektorfeld auf einem offenen Rechteck G , wobei die

Integrabilitätsbedingung $V_{1,y} = V_{2,x}$ erfüllt sei. Ist $\underline{x}_0 = \begin{bmatrix} x_0 \\ y_0 \end{bmatrix}$ beliebig aus G, so erhält die Formel (1.226) die spezielle Gestalt

$$\boxed{\varphi(x,y) = \int_{x_0}^{x} V_1(\xi,y_0)\,d\xi + \int_{y_0}^{y} V_2(x,\eta)\,d\eta} \qquad (1.230)$$

Für eine offene Kreisscheibe G um x_0 gilt diese Formel ebenfalls.

Beispiel 1.21 Es soll ein Potential φ von

$$\underline{V}(\underline{x}) = \begin{bmatrix} V_1(x,y) \\ V_2(x,y) \end{bmatrix} = \begin{bmatrix} 10xy^2 + 12x^2 \\ 10x^2y - 4y^3 \end{bmatrix}, \quad \underline{V} : \mathbb{R}^2 \to \mathbb{R}^2$$

berechnet werden. Die Integrabilitätsbedingung $V_{1,y} = V_{2,x} = 20xy$ ist erfüllt, womit die Existenz von φ gesichert ist. Nach (1.230) ist (mit $x_0 = y_0 = 0$):

$$\varphi(x,y) = \int_0^x (10\xi \underbrace{y_0^2}_{0} + 12\xi^2)\,d\xi + \int_0^y (10x^2\eta - 4\eta^3)\,d\eta$$

$$= \Big[4\xi^3\Big]_0^x + \Big[5x^2\eta^2 - \eta^4\Big]_0^y = \underline{\underline{4x^3 + 5x^2y^2 - y^4}} \; . -$$

Potentialfelder im $\mathbb{R}^3$. Es sei $G \subset \mathbb{R}^3$ eine offene Kugel um $\underline{x}_0 = [x_0, y_0, z_0]^T$ oder ein offener Quader, wobei $\underline{x}_0$ ein beliebiger Punkt des Quaders ist. Für ein stetig differenzierbares Vektorfeld $\underline{V} = [V_1, V_2, V_3]^T$ auf G mit $\operatorname{rot}\underline{V} = 0$ erhält man dann nach Satz 1.18 ein Potential φ von $\underline{V}$ durch die Formel

$$\boxed{\varphi(x,y,z) = \int_{x_0}^{x} V_1(\xi,y_0,z_0)\,d\xi + \int_{y_0}^{y} V_2(x,\eta,z_0)\,d\eta + \int_{z_0}^{z} V_3(x,y,\zeta)\,d\zeta} \; . \qquad (1.231)$$

Beispiel 1.22 $\underline{V}(x,y,z) = 2e^{-r^2}\begin{bmatrix} x \\ y \\ z \end{bmatrix}$ mit $r = \sqrt{x^2+y^2+z^2}$, definiert auf $\mathbb{R}^3$, erfüllt $\operatorname{rot}\underline{V} = \underline{0}$. Formel (1.231) ergibt:

$$\varphi(x,y,z) = 2\int_0^x \xi e^{-\xi^2}\,d\xi + 2\int_0^y \eta e^{-x^2-\eta^2}\,d\eta + 2\int_0^z \zeta e^{-x^2-y^2-\zeta^2}\,d\zeta$$

$$= \Big[-e^{\xi^2}\Big]_0^x + \Big[-e^{x^2+\eta^2}\Big]_0^y + \Big[-e^{-x^2-y^2-\zeta^2}\Big]_0^z = 1 - e^{-r^2} \; .$$

Zur Übung wollen wir φ ein zweites Mal berechnen, und zwar aus (1.229):

$$\varphi(x,y,z) = \int_0^1 \underline{V}(tx,ty,tz) \cdot \begin{bmatrix} x \\ y \\ z \end{bmatrix} dt = 2\int_0^1 e^{-t^2r^2} tr^2 dt = \left[-e^{-t^2r^2} \right]_0^1 = 1 - e^{r^2} .$$

Bemerkung: Das wichtigste Potential im dreidimensionalen Raum $\mathbb{R}^3$ ist das "Newtonsche Potential", welches in seiner einfachsten Form durch $\varphi(\underline{x}) = 1/r$ mit $r = |\underline{x} - \underline{x}_0|$ gegeben ist. Sein Gradient beschreibt (bis auf einen konstanten Faktor) das Gravitationsfeld eines Massenpunktes in $\underline{x}_0$ oder das elektrostatische Feld einer Punktladung in $\underline{x}_0$ (s. Beisp. 1.20, Abschn. 1.6.1). Sind mehrere Massenpunkte der Massen m_i in den Punkten $\underline{y}_i$ $(i = 1,\dots,n)$ gegeben, so lautet das Potential des Gravitationsfeldes

$$\varphi(\underline{x}) = c \sum_{i=1}^{n} m_i/r_i$$

mit $r_i = |\underline{x} - \underline{y}_i|$, c = konstant . Für einen Körper, der das Gebiet $G \subset \mathbb{R}^3$ ausfüllt und die (stetige) Massendichte $\rho(\underline{y})$ $(\underline{y} \in G)$ besitzt, erhält man durch Grenzübergang daraus das Potential des zugehörigen Potentialfeldes:

$$\varphi(\underline{x}) = c \iiint_G \frac{\rho(\underline{y})}{|\underline{x} - \underline{y}|} d\underline{y} . \tag{1.232}$$

φ genügt zusätzlich der Differentialgleichung $\varphi_{xx} + \varphi_{yy} + \varphi_{zz} = 0$, (abgekürzt: $\Delta\varphi = 0$), und ist damit der Ausgangspunkt der eigentlichen "Potentialtheorie", (s. Bd. V). -

Übungen: Überprüfe, ob die folgenden Vektorfelder Potentiale haben (auf $\mathbb{R}^2$ oder $\mathbb{R}^3$). Berechne sie gegebenenfalls:

1.50 $\underline{V}(x,y) = e^x \begin{bmatrix} \sin y \\ \cos y \end{bmatrix}$ **1.51** $\underline{V}(x,y) = \begin{bmatrix} xy^4 + 2x^5 \\ 2x^2y^3 - y^6 \end{bmatrix}$

1.52 $\underline{V}(x,y) = \begin{bmatrix} -y \\ x \end{bmatrix}$ **1.53** $\underline{V}(x,y,z) = \begin{bmatrix} 6x^2 \\ 2x^3 - z \\ y \end{bmatrix}$

1.54 $\underline{V}(x,y,z) = \begin{bmatrix} x \\ 0 \\ 0 \end{bmatrix}$ **1.55** $\underline{V}(x,y,z) = \begin{bmatrix} y \\ 0 \\ 0 \end{bmatrix}$

1.56 Zeige, daß jedes "Zentralfeld" $\underline{V}(\underline{x}) = f(\underline{x})(\underline{x} - \underline{x}_0)$ mit $\underline{x},\underline{x}_0 \in \mathbb{R}^n$, $r = |\underline{x} - \underline{x}_0| > 0$ und stetigem $f : (0,\infty) \to \mathbb{R}$ ein Potential φ hat. Mache dabei den Ansatz $\varphi(\underline{x}) = g(r)$. Berechne mit dieser Methode nochmals das Potential aus Beispiel 1.22.

1.6.6 Beweis des Potentialkriteriums[1)]

Der Beweis des Satzes 1.17(a) aus Abschnitt 1.6.4 wird hier nachgeholt, d.h. es wird folgende Aussage bewiesen:

"Ein stetig differenzierbares Vektorfeld $\underline{V} : G \to \mathbb{R}^n$ auf einem einfach zusammenhängenden Gebiet $G \subset \mathbb{R}^n$ besitzt genau dann ein Potential, wenn für $\underline{V} = [V_1, \ldots, V_n]$ die Integrabilitätsbedingung $V_{i,x_k} = V_{k,x_i}$ $(i,k = 1,\ldots,n)$ in G erfüllt ist."

Für den Sonderfall, daß G ein Quader oder eine Kugel ist, wurde die Aussage schon in Satz 1.18, Abschnitt 1.6.5, nachgewiesen. Darauf aufbauend wird der folgende allgemeine Beweis geführt:

Beweis des Satzes 1.17 (a): (I) Hat $\underline{V}$ ein Potential φ, so gilt $V_{i,x_k} = V_{k,x_i}$, wie in Abschnitt 1.6.4 gezeigt.

(II) Es sei jetzt vorausgesetzt, daß $\underline{V}$ die Integrabilitätsbedingung $V_{i,x_k} = V_{k,x_i}$ $(i,k = 1,\ldots,n)$ erfüllt. Für eine beliebige geschlossene, stückweise glatte Kurve $K : \gamma : [a,b] \to G$ weisen wir im folgenden nach, daß das Kurvenintegral von $\underline{V}$ verschwindet:

$$\oint_K \underline{V}(\underline{x}) \cdot d\underline{x} = 0 \qquad (1.233)$$

Dies bedeutet die Wegunabhängigkeit der Kurvenintegrale von $\underline{V}$ (nach Hilfssatz 1.1, Abschn. 1.6.3) und damit die Existenz eines Potentials φ von $\underline{V}$ (nach dem Kurvenhauptsatz: Satz 1.16, Abschn. 1.6.3).

Unser Plan ist damit klar: Wir müssen nur (1.233) beweisen.

Da G einfach zusammenhängt, ist jede geschlossene Kurve $K : \underline{x} = \gamma(t)$ $(a \leq t \leq b)$ zusammenziehbar. D.h. es existiert eine stetige Abbildung $\underline{h} : [a,b] \times [0,1] \to \mathbb{R}^n$ - beschrieben durch $\underline{y} = \underline{h}(t,s)$ - mit $\underline{h}(t,0) = \gamma(t)$, $\underline{h}(t,1) = \underline{c}$ = konstant (für alle $t \in [a,b]$) und $\underline{h}(a,s) = \underline{h}(b,s)$ für alle $s \in [0,1]$ (s. Abschn. 1.6.4).

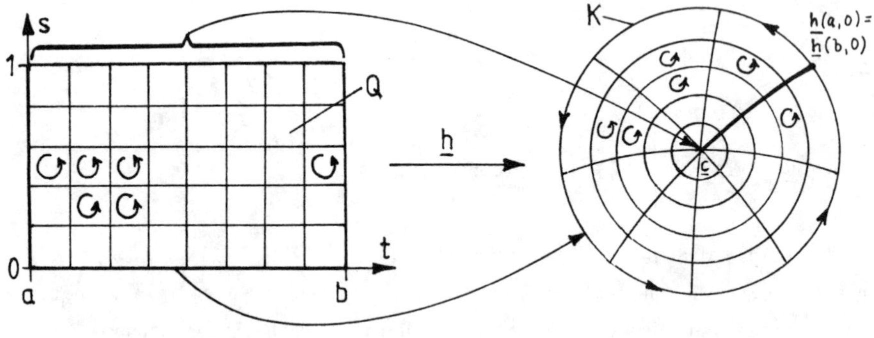

Fig. 1.90: Zum Beweis des Potentialkriteriums

1) Dieser Abschnitt kann vom anwendungsorientierten Leser übergangen werden.

Für das Rechteck $Q = [a,b] \times [0,1]$, auf dem $\underline{h}$ definiert ist, wählen wir eine so feine Rechteckzerlegung (s. Fig. 1.90), daß das Bild eines jeden Teilrechteckes bez. $\underline{h}$ ganz in einer Kugel in G liegt.

Die Abbildung $\begin{bmatrix} t \\ s \end{bmatrix} \to \underline{h}(t,s)$ auf dem Rand eines jeden Teilrechteckes Q_i kann als geschlossener Weg $\underline{\gamma}_i$ aufgefaßt werden. Er kann als stückweise glatt angenommen werden[1]. Der Rand von Q_i werde dabei gegen den Uhrzeigersinn umlaufen. Das zugehörige Kurvenintegral ist Null: $\oint\limits_{K_i} \underline{V}(\underline{x}) \cdot d\underline{x} = 0$, da K_i ganz in einer Kugel in G liegt (nach Satz 1.18, Abschn. 1.6.5). Damit ist die Summe aller dieser Kurvenintegrale auch Null:

$$\sum_i \oint\limits_{K_i} \underline{V}(\underline{x}) \cdot d\underline{x} = 0 . \tag{1.234}$$

In der linken Summe heben sich aber alle Integralanteile weg, die zu Kurvenstücken im Inneren des Rechteckes Q gehören, da diese Kurvenstücke doppelt durchlaufen werden, und zwar in zwei verschiedenen Richtungen. Ferner heben sich die Integralanteile des linken Randes von Q gegen die des rechten Randes weg (wegen $\underline{h}(a,s) = \underline{h}(b,s)$), und die Integralanteile des oberen Randes von Q sind Null, da $\underline{h}$ dort konstant gleich $\underline{c}$ ist.

Somit bleiben in der Summe in (1.234) nur noch die Integralanteile übrig, die dem unteren Rand von Q entsprechen. Sie summieren sich aber zum Kurvenintegral bez. der Kurve $K : \underline{x} = \underline{\gamma}(t)$, d.h. es gilt

$$\oint\limits_{K} \underline{V}(\underline{x}) \cdot d\underline{x} = \sum_i \oint\limits_{K_i} \underline{V}(\underline{x}) \cdot d\underline{x} = 0 ,$$

was zu beweisen war. □

Bemerkung: Das Potentialkriterium wurde für einfach zusammenhängende Gebiete $G \subset \mathbb{R}^n$ bewiesen. Diese Voraussetzung ist nicht überflüssig, denn für nicht einfach zusammenhängende Gebiete gibt es "Gegenbeispiele", also Vektorfelder, die die Integrabilitätsbedingung darauf erfüllen, aber kein Potential besitzen. Ein sehr einfaches Gegenbeispiel ist das folgende

Beispiel 1.21 Durch

$$\underline{V}(x,y) = \frac{1}{r^2} \begin{bmatrix} -y \\ x \end{bmatrix} \quad \text{mit} \quad r = \sqrt{x^2 + y^2} , \tag{1.235}$$

ist ein Vektorfeld auf $G = \mathbb{R}^2 \setminus \{0\}$ definiert. (Identifiziert man den $\mathbb{R}^2$ mit der komplexen Ebene $\mathbb{C}$, so hat $\underline{V}$ die einfach Form $\underline{V}(z) = i/\bar{z}$ für $z = x + iy \neq 0$). Der Leser weist leicht nach, daß die

[1] Dies gilt, da man $\underline{h}$ andernfalls durch "stückweise affine" Abbildungen $\underline{h}_m$ gleichmäßig approximieren kann, für die das zutrifft. Man kann ersatzweise mit $\underline{h}_m$ arbeiten und dann den Grenzübergang $\underline{h}_m \to \underline{h}$ durchführen. - (Eine stetige Abbildung $\underline{h}_m : Q \to \mathbb{R}^2$ heißt dabei "stückweise affin", wenn eine Dreieckszerlegung von Q vorliegt und $\underline{h}_m(t,s)$ auf jedem Teildreieck die Form $t\underline{a} + s\underline{b} + \underline{d}$ ($\underline{a},\underline{b}$ linear unabhängig) hat.)

Integrabilitätsbedingung $V_{1,y} = V_{2,x}$ erfüllt ist, daß aber das Kurvenintegral $\oint_K \underline{V}(\underline{x}) \cdot d\underline{x}$ über dem Einheitskreis $K : x = \cos t\ ,\ y = \sin t$ $(0 \leq t \leq 2\pi)$ den Wert 2π hat, also nicht Null ist. Damit ist die Wegunabhängigkeit der Kurvenintegrale von $\underline{V}$ verletzt (nach Hilfssatz 1.1, Abschn. 1.6.3), und es existiert kein Potential von $\underline{V}$ auf $G = \mathbb{R}^2 \setminus \{0\}$ (nach dem Kurvenhauptsatz, Abschn. 1.6.3).

Es sei angemerkt, daß $\underline{V}$ selbstverständlich ein Potential φ besitzt, wenn man ein einfach zusammenhängendes Gebiet G_0 zugrunde legt, z.B. die in der negativen x-Achse "geschlitzte" Ebene $G_0 = \mathbb{R}^2 \setminus \{[x,0]^T \mid x \leq 0\}$. Ein Potential zu $\underline{V}$ auf G_0 ist gegeben durch

$$\varphi(x,y) = \operatorname{arc}(x,y) = \begin{cases} \arccos\frac{x}{r} & \text{für } y \geq 0 \\ -\arccos\frac{x}{r} & \text{für } y \leq 0 \end{cases} \tag{1.236}$$

Übungen

1.57 Zu Beispiel 1.21: Zeige, daß φ in (1.236) ein Potential von $\underline{V}$ auf G_0 ist.

1.58 Berechne das Potential von $\underline{V}(\underline{x}) = \underline{x}/|\underline{x}|^2\ ,\ \underline{x} = \begin{bmatrix} x \\ y \end{bmatrix} \in \mathbb{R}^2 \setminus \{\underline{0}\}$, falls es existiert.

2. FLÄCHEN UND FLÄCHENINTEGRALE

In diesem und den folgenden Abschnitten legen wir den dreidimensionalen Raum $\mathbb{R}^3$ zugrunde, da er für physikalische und technische Anwendungen von vorrangiger Wichtigkeit ist. Überdies haben sich im $\mathbb{R}^3$ praktische Schreib- und Rechenmethoden eingebürgert, die das Arbeiten damit übersichtlicher und für Anwendungen griffiger machen. Man denke z.B. an das Vektorprodukt $\underline{a} \times \underline{b}$, den Rotationsoperator $\operatorname{rot} \underline{V}$, an Drehungen um (eindimensionale) Achsen, ja, an den Begriff der Fläche selbst, der man eindeutig die Dimension 2 zuschreibt, also genau zwischen Kurvendimension (= 1) und Raumdimension des $\mathbb{R}^3$ (= 3) liegend. (Im $\mathbb{R}^n$ mit $n \geq 4$ ist dies alles umständlicher, unanschaulicher und weniger praktikabel.)

2.1 FLÄCHENSTÜCKE UND FLÄCHEN

2.1.1 Flächenstücke

Flächenstücke im Raum $\mathbb{R}^3$ stellen wir uns als dünne Platten vor, gekrümmt oder gerade. Um sie mathematisch zu beschreiben, faßt man sie am besten als Bilder ebener Bereiche auf, bezüglich geeigneter Funktionen. Wir präzisieren dies:

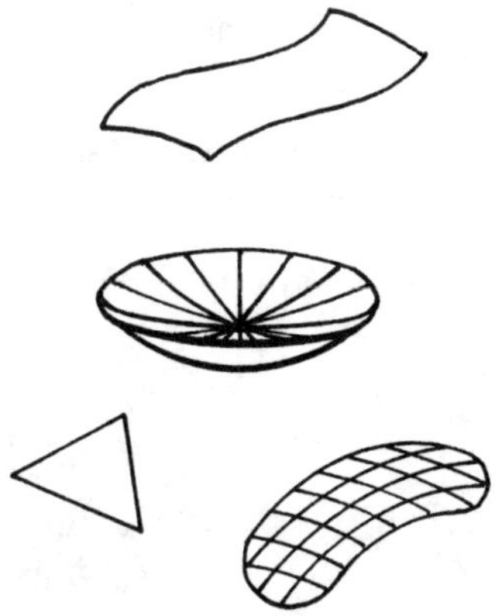

Fig. 2.1: Flächenstücke

Definition 2.1 Unter einem Flächenstück versteht man den Wertebereich einer stetig differenzierbaren Abbildung $\underline{f} : \overline{D} \to \mathbb{R}^3$ $(D \subset \mathbb{R}^2)$[1]. Dabei wird folgendes vorausgesetzt: D ist offen und meßbar[2], und es gilt

$$\operatorname{Rang} \underline{f}'(u,v) = 2 \quad \text{für alle} \begin{bmatrix} u \\ v \end{bmatrix} \in D \,. \tag{2.1}$$

[1] $\overline{D}$ ist die "abgeschlossene Hülle" von D, also die Vereinigung von D mit seinem Rand ∂D.

[2] Eine Menge D heißt meßbar (= Jordan-meßbar), wenn sie einen wohldefinierten Flächeninhalt hat (im Riemannschen Sinn!)(s. Bd. I, Abschn. 7.1.2, Def. 7.3)

Die Abbildung $\underline{f}$ selbst, wie auch ihre Funktionsgleichung $\underline{x} = \underline{f}(u,v)$, nennt man eine Parameterdarstellung des Flächenstückes, oder kurz eine Flächendarstellung, u,v heißen Parameter des Flächenstückes und $\overline{D}$ der zugehörige Parameterbereich (vgl. Fig. 2.2).

Bemerkung: Die stetige Differenzierbarkeit von $\underline{f} : \overline{D} \to \mathbb{R}^3$ bedeutet, daß man $\underline{f}$ erweitern kann auf einen offenen Definitionsbereich $D_0 \supset \overline{D}$, auf dem dann die partiellen Ableitungen der Abbildung existieren und stetig sind (vgl. Bd. I, Abschn. 6.3.5).

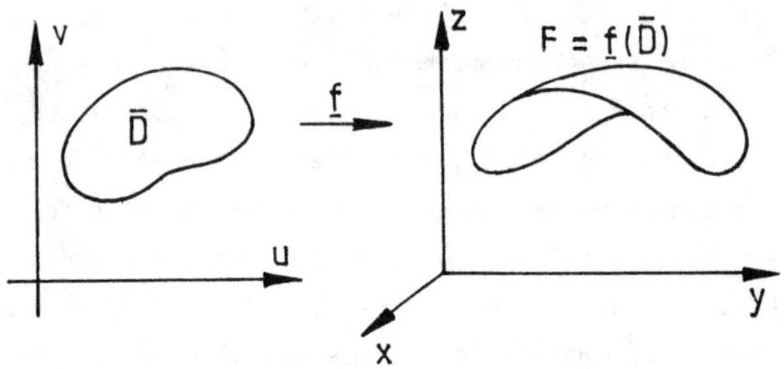

Fig. 2.2: Flächenstück

Diese Erweiterung auf D_0 mag etwas künstlich anmuten, doch ist sie zweckmäßig, da man so die partiellen Ableitungen $\underline{f}_u$, $\underline{f}_v$ auf ganz $\overline{D}$ bilden kann, auch in Randpunkten von $\overline{D}$! -

Die Parameterdarstellung $\underline{x} = \underline{f}(u,v)$ erhält mit den Komponenten-Darstellungen

$$\underline{x} = \begin{bmatrix} x \\ y \\ z \end{bmatrix}, \quad \underline{f}(u,v) = \begin{bmatrix} X(u,v) \\ Y(u,v) \\ Z(u,v) \end{bmatrix} \quad \text{die explizite Form} \quad \boxed{\begin{matrix} x = X(u,v) \\ y = Y(u,v) \\ z = Z(u,v) \end{matrix}} \tag{2.2}$$

sowie

$$\underline{f}'(u,v) = \begin{bmatrix} X_u & X_v \\ Y_u & Y_v \\ Z_u & Z_v \end{bmatrix}_{(u,v)}^{1)} ; \quad \underline{f}_u = \begin{bmatrix} X_u \\ Y_u \\ Z_u \end{bmatrix}, \quad \underline{f}_v = \begin{bmatrix} X_v \\ Y_v \\ Z_v \end{bmatrix}. \tag{2.3}$$

Die Matrix $\underline{f}'(u,v)$ hat nach Definition überall in D den Rang 2, d.h. $\underline{f}_u$ und $\underline{f}_v$ sind für alle $\begin{bmatrix} u \\ v \end{bmatrix} \in D$ linear unabhängig; dies bedeutet, kurz ausgedrückt: Es gilt

$$\boxed{\underline{f}_u \times \underline{f}_v \neq \underline{0}} \quad \text{in } D. \tag{2.4}$$

---

1) $X_u = \partial X/\partial u$ usw.

Beispiele 2.1

(a) $\underline{f}(u,v) = \begin{bmatrix} u \\ v \\ uv \end{bmatrix} \quad (u^2 + v^2 \leqq 1)$ (b) $\underline{f}(u,v) = u\underline{a} + v\underline{b} + \underline{x}_0$
$(\underline{a} \times \underline{b} \neq \underline{0}\ ,\ |u| \leqq 1\ ,\ |v| \leqq 1)$

(c) $\underline{f}(\varphi,\delta) = \begin{bmatrix} r\cos\varphi\cos\delta \\ r\sin\varphi\cos\delta \\ r\sin\delta \end{bmatrix}$ $(0 \leqq \varphi \leqq 2\pi\ ,\ -\frac{\pi}{2} \leqq \delta \leqq \frac{\pi}{2})$ mit konstantem $r > 0$.

(a) beschreibt ein hyperbolisches Paraboloid (Sattelfläche), denn wegen $x = u$, $y = v$, $z = uv$ kann man kurz $z = xy$ schreiben, wodurch die Sattelfläche bekanntermaßen beschrieben wird.

(b) stellt ein Ebenenstück dar, aufgespannt von $\underline{a}$ und $\underline{b}$.

(c) ergibt eine Kugeloberfläche mit Kugelradius r . An den "Polen" $(\delta = \pm\frac{\pi}{2})$ ist Rang $f'(\varphi,\delta) = 1$, doch gilt Rang $f'(\varphi,\delta) = 2$ für alle Punkte $D = \left\{\begin{bmatrix}\varphi \\ \delta\end{bmatrix} \,\middle|\, 0 \leqq \varphi \leqq 2\pi,\ -\frac{\pi}{2} < \delta < \frac{\pi}{2}\right\}$, wie gefordert. Die Bedingung Rang $f'(\varphi,\delta) = 2$ ist also nur in einigen Randpunkten von $\overline{D}$ verletzt, was ja erlaubt ist. -

(d) Jeder Funktionsgraph einer stetig differenzierbaren Funktion $g : \overline{D} \to \mathbb{R}$ $(D \subset \mathbb{R}^2$ offen und meßbar) läßt sich als Flächenstück im obigen Sinne deuten. Man hat in der Funktionsgleichung $z = g(x,y)$ nur $x = u$ und $y = v$ zu setzen. Man erhält dann die Parameterdarstellung $\underline{f}(u,v) = [u,v,g(u,v)]^T$. Der Leser zeige: $\underline{f}_u \times \underline{f}_v \neq \underline{0}$ in $\overline{D}$. -

Übung 2.1 Stereographische Projektion.[1)]

$\mathbb{R}^2$ sei in den $\mathbb{R}^3$ eingebettet, in dem man $[u,v]^T \in \mathbb{R}^2$ mit $[u,v,0]^T \in \mathbb{R}^3$ identifiziert. Einen beliebigen Punkt $\underline{u} = [u,v]^T \in \mathbb{R}^2$ verbinden wir geradlinig mit dem "Nordpol" $\underline{n} = [0,0,1]^T$ der Einheitssphäre $S^2 = \{x \in \mathbb{R}^3 \mid |x| = 1\}$ und ordnen ihm so den Durchstoßpunkt $\underline{x} = \underline{f}(\underline{u})$ mit S^2 zu (s. Fig. 2.3).

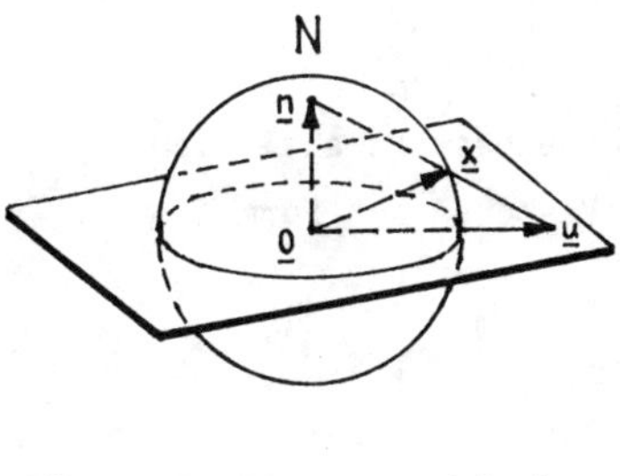

Fig. 2.3: Stereographische Projektion

[1)] Eine etwas andere stereographische Projektion ist in Abschnitt 6.1.2 angegeben.

Beweise:

$$\underline{x} = \underline{f}(\underline{u}) = \frac{1}{|\underline{u}|^2+1} \begin{bmatrix} 2u \\ 2v \\ |\underline{u}|^2-1 \end{bmatrix} \qquad \underline{u} = \begin{bmatrix} u \\ v \end{bmatrix} \in \mathbb{R}^2 . \qquad (2.5)$$

(a) Zeige, daß $\underline{f}'(\underline{u})$ stets den Rang 2 hat. (Damit ist $\underline{f}$ auf jedem Kompaktum $\overline{D} \subset \mathbb{R}^2$ (D offen, meßbar) eine Flächendarstellung. Insbesondere erhalten wir für $\underline{u} \in \overline{D} = \{\underline{u} \in \mathbb{R}^2 \mid |u| \leq 1\}$ eine Parameterdarstellung einer Hemisphäre, nämlich der "südlichen" $(-1 \leq z \leq 0)$).

(b) Beweise, daß die Umkehrabbildung von $\underline{f}$ durch folgende Gleichungen beschrieben wird:

$$u = \frac{x}{1-z} , \quad v = \frac{y}{1-z} , \quad \text{für } \underline{x} = \begin{bmatrix} x \\ y \\ z \end{bmatrix} \in S^2 \setminus \{\underline{n}\} . \qquad (2.6)$$

2.1.2 Tangentialebenen, Normalenvektoren

Definition 2.2 Es sei

$$F : \underline{x} = \underline{f}(u,v) , \quad \begin{bmatrix} u \\ v \end{bmatrix} \in \overline{D} \;{}^{1)}$$

ein Flächenstück und $\underline{x}_0 = f(u_0,v_0)$ mit $\begin{bmatrix} u_0 \\ v_0 \end{bmatrix} \in D$ ein Punkt darauf. Die von $\underline{f}_u(u_0,v_0)$ und $\underline{f}_v(u_0,v_0)$ aufgespannte Ebene heißt die Tangentialebene von F in $\underline{x}_0$ (bez. $\begin{bmatrix} u_0 \\ v_0 \end{bmatrix}$) (s. Fig. 2.4). Sie besteht aus allen Vektoren der Form

$$\underline{x} = \lambda \underline{f}_u(u_0,v_0) + \mu \underline{f}_v(u_0,v_0) , \quad \lambda,\mu \in \mathbb{R} . \qquad (2.7)$$

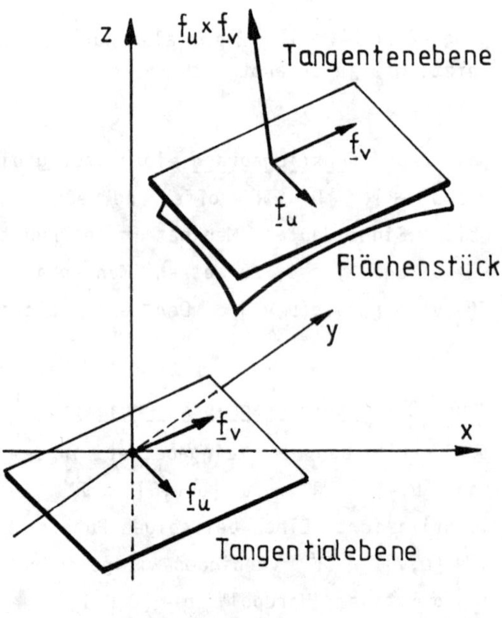

Fig. 2.4: Tangentialebene

Die parallel verschobene Ebene dazu durch $\underline{x}_0 = \underline{f}(u_0,v_0)$ wollen wir die Tangentenebene an F in $\underline{x}_0$ (bez. $\begin{bmatrix} u_0 \\ v_0 \end{bmatrix}$) nennen. Sie besteht aus

---

1) Durch diese Symbolik werden Flächenstücke explizit beschrieben.

den Punkten

$$\underline{x} = \underline{x}_0 + \lambda \underline{f}_u(u_0,v_0) + \mu \underline{f}_v(u_0,v_0) \quad , \quad \lambda,\mu \in \mathbb{R} \ . \tag{2.8}$$

Der Ausdruck "Tangentialebene" ist aus folgendem Grunde sinnvoll: Ist $K : \underline{\gamma} : [a,b] \longrightarrow D$ eine glatte Kurve im Parameterbereich $\bar{D}$, so wird über $\underline{f}$ eine Kurve

$$\hat{K} : \underline{x} = \underline{k}(t) := \underline{f}(\underline{\gamma}(t)) \quad , \quad a \leqq t \leqq b \quad , \tag{2.9}$$

erzeugt. Sie heißt eine Kurve auf F. Wir wollen annehmen, daß sie durch den Punkt $\underline{x}_0 \in F$ verläuft, daß also $\underline{x}_0 = \underline{k}(t_0) = \underline{f}(\underline{\gamma}(t_0))$ für ein t_0 erfüllt ist. Dann ergibt sich der Tangentenvektor der Kurve in t_0 mit Hilfe der Kettenregel folgendermaßen:

$$\dot{\underline{k}}(t_0) = \underline{f}'(\underline{\gamma}(t_0))\dot{\underline{\gamma}}(t_0) = \underline{f}_u\dot{\gamma}_1 + \underline{f}_v\dot{\gamma}_2 \ . \tag{2.10}$$

Dabei ist $\underline{\gamma} = \begin{bmatrix} \gamma_1 \\ \gamma_2 \end{bmatrix}$. (Rechts in (2.10) wurden die Variablen aus Übersichtsgründen weggelassen). Wegen $\operatorname{Rang} \underline{f}' = 2$ und $\dot{\underline{\gamma}}(t_0) \neq \underline{0}$ ist $\dot{\underline{k}}(t_0) \neq \underline{0}$. Ferner zeigt die rechte Seite in (2.10), daß $\underline{k}(t_0)$ in der Tangentialebene bez. $\underline{\gamma}(t_0)$ liegt. Also:

Folgerung 2.1 Es sei $F : \underline{x} = \underline{f}(\underline{u})$ ein Flächenstück und $\hat{K} : \underline{x} = \underline{k}(t) = \underline{f} \circ \underline{\gamma}(t)$ eine beliebige glatte Kurve auf F. Dann liegt für jeden Punkt $\underline{x}_0 = \underline{k}(t_0) = \underline{f}(\underline{\gamma}(t_0))$ der Tangentialvektor $\dot{\underline{k}}(t_0)$ der Kurve in der Tangentialebene von F in $\underline{x}_0$ (bez. $\underline{\gamma}(t_0)$). Mehr noch: Die Tangentialebene besteht - von $\underline{0}$ abgesehen - gerade aus diesen Tangentenvektoren.

Definition 2.3 Ist $F : \underline{f} : \bar{D} \longrightarrow \mathbb{R}^3$ ein Flächenstück und $\underline{x}_0 = \underline{f}(\underline{u}_0)$ (mit $\underline{u}_0 \in D$) ein Punkt darauf, so nennt man

$$\underline{n}(\underline{u}_0) := \frac{\underline{f}_u(\underline{u}_0) \times \underline{f}_v(\underline{u}_0)}{|\underline{f}_u(\underline{u}_0) \times \underline{f}_v(\underline{u}_0)|} \tag{2.11}$$

den Normalenvektor[1] von F in $\underline{x}_0$ (bez. $\underline{u}_0$). Er steht senkrecht auf der Tangentialebene von F in $\underline{x}_0$ (bez. $\underline{u}_0$).

[1] Auch Flächennormale genannt

Explizite Darstellung des Normalenvektors: Mit der Flächendarstellung $\underline{f} = [X,Y,Z]^T$ von F folgt

$$\underline{f}_u \times \underline{f}_v = \begin{bmatrix} \xi \\ \eta \\ \zeta \end{bmatrix} \quad \text{mit} \quad \xi = \begin{vmatrix} Y_u & Y_v \\ Z_u & Z_v \end{vmatrix}, \quad \eta = \begin{vmatrix} Z_u & Z_v \\ X_u & X_v \end{vmatrix}, \quad \zeta = \begin{vmatrix} X_u & X_v \\ Y_u & Y_v \end{vmatrix} \tag{2.12}$$

und damit

$$\underline{n} = \frac{1}{\sqrt{\xi^2+\eta^2+\zeta^2}} \begin{bmatrix} \xi \\ \eta \\ \zeta \end{bmatrix} =: \begin{bmatrix} \cos\alpha \\ \cos\beta \\ \cos\gamma \end{bmatrix}, \tag{2.13}$$

wobei α,β,γ (abhängig von u,v) die Winkel zwischen $\underline{n}$ und den Koordinatenachsen sind (s. Fig. 2.5).

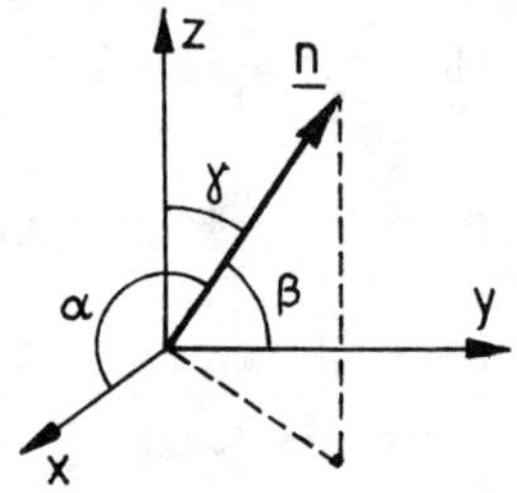

Fig. 2.5: Normalenvektor $\underline{n}$ mit Achsenwinkeln α,β,γ

Sonderfall: Normale eines Funktionsgraphen: Ist durch $z = g(x,y)$ eine stetig differenzierbare Funktion auf $\bar{D} \subset \mathbb{R}^2$ gegeben (D offen, meßbar), so formt man sie mit $x = u$, $y = v$, $z = g(u,v)$ in ein Flächenstück um

$$F : \underline{f}(u,v) = \begin{bmatrix} u \\ v \\ g(u,v) \end{bmatrix}.$$

Aus (2.12), (2.13) ergibt sich der zugehörige Normalenvektor

$$\underline{n} = \frac{1}{\sqrt{g_x^2+g_y^2+1}} \begin{bmatrix} -g_x \\ -g_y \\ 1 \end{bmatrix}. \tag{2.14}$$

Die dritte Komponente ist positiv. Der Normalenvektor $\underline{n}$ weist also "nach oben" (s. Fig. 2.6). Sein Winkel mit der positiven z-Achse ist

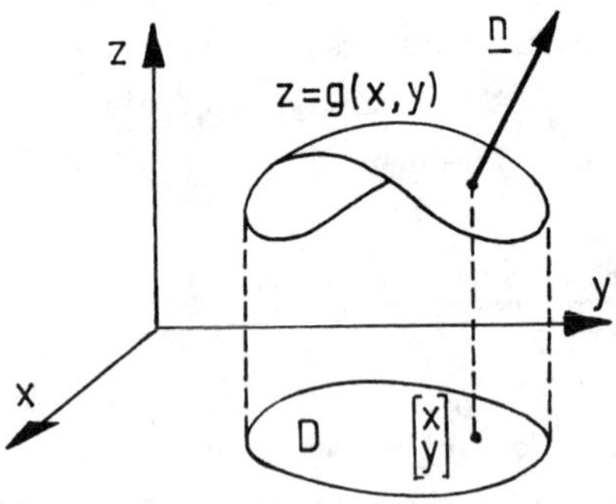

Fig. 2.6: Normalenvektor auf Funktionsgraphen

$$\gamma = \arccos\left(1 / \sqrt{g_x^2+g_y^2+1}\right) \tag{2.15}$$

Übung 2.2 Berechne den Normalenvektor $\underline{n}(u_0,v_0)$ für das Flächenstück $F : x = uv+u$, $y = v^2$, $z = e^{u-v}$ ($|u| \leq 2$, $|v| \leq 2$) im Punkt $[u_0,v_0]^T = [1,1]^T$.

2.1.3 Parametertransformation, Orientierung

Im folgenden werden verschiedene Parameterdarstellungen ein und desselben Flächenstücks betrachtet und ihre Beziehungen zueinander untersucht. Beim ersten Lesen kann man dies übergehen, um evtl. später hier nachzuschlagen.

Eine umkehrbar eindeutige Abbildung $\underline{\varphi} : \bar{D} \to \bar{G}$ (D,G offen im $\mathbb{R}^n$) heißt ein Diffeomorphismus, wenn $\underline{\varphi}$ und $\underline{\varphi}^{-1}$ stetig differenzierbar sind. Damit vereinbaren wir

Definition 2.4 Eine Parameterdarstellung $\underline{g} : \bar{G} \to \mathbb{R}^3$ einer Fläche F heißt zu einer anderen Parameterdarstellung $\underline{f} : \bar{D} \to \mathbb{R}^3$ von F äquivalent (kurz $\underline{g} \sim \underline{f}$), wenn $\underline{g}$ aus $\underline{f}$ durch Komposition mit einem Diffeomorphismus $\underline{\varphi} : \bar{D} \to \bar{G}$ hervorgeht:

$$\boxed{\underline{g} = \underline{f} \circ \underline{\varphi}} \text{ , wobei } \boxed{\det \underline{\varphi}' > 0}^{1)} \text{ gilt.} \tag{2.16}$$

Die Abbildung $\underline{\varphi}$ - wie auch die Funktionsgleichung $\underline{u} = \underline{\varphi}(\underline{s})$ - heißt eine Parametertransformation (von $\underline{f}$ auf $\underline{g}$). -

Bemerkung: Die üblichen Bedingungen einer Äquivalenzrelation sind für ~ erfüllt, nämlich

$$\underline{f} \sim \underline{f} \; ; \; \underline{f} \sim \underline{g} \Leftrightarrow \underline{g} \sim \underline{f} \; ; \; \underline{f} \sim \underline{g} \text{ und } \underline{g} \sim \underline{h} \Rightarrow \underline{f} \sim \underline{h} \, .$$

Der Leser prüft dies leicht nach. -

Eine Parametertransformation $\underline{u} = \underline{\varphi}(\underline{s})$ sieht, komponentenweise geschrieben, so aus

$$\boxed{\begin{aligned} u &= \varphi_1(s,t) \\ v &= \varphi_2(s,t) \end{aligned}} \quad \text{mit } \underline{u} = \begin{bmatrix} u \\ v \end{bmatrix}, \quad \underline{\varphi} = \begin{bmatrix} \varphi_1 \\ \varphi_2 \end{bmatrix}, \quad \underline{s} = \begin{bmatrix} s \\ t \end{bmatrix}. \tag{2.17}$$

Beispiel 2.2 Die Parameterdarstellung $\underline{f}(u,v) = [u,v,uv]^T$ der "Sattelfläche" geht durch die Parametertransformation

$$\begin{aligned} u &= s - t \\ v &= s + t \end{aligned} \quad \text{über in} \quad \underline{g}(s,t) = \begin{bmatrix} s - t \\ s + t \\ s^2 - t^2 \end{bmatrix}$$

Als Definitionsbereich für $\underline{f}$ bzw. $\underline{g}$ wurde zunächst die ganze Ebene angenommen. Dies läßt sich aber natürlich auf geeignete meßbare Bereiche einschränken, z.B. auf $\bar{D} = \{\underline{u} \mid |u| \le 1 , |v| \le 1\}$ in der u-v-Ebene und auf $\bar{G} = \{\underline{s} \mid |s| + |t| \le 1\}$ in der s-t-Ebene. -

Bei Parametertransformationen bleiben die wesentlichen Flächengrößen und -eigenschaften unverändert: Das Flächenstück selbst bleibt unverändert, ebenso alle Tangentenebenen und Normalenvektoren (s. Üb. 2.3). Später

---

1) $\det \underline{\varphi}'$ = Determinante von $\underline{\varphi}'$

werden wir sehen, daß Flächeninhalt und Flächenintegrale gegen Parametertransformation invariant bleiben. D.h. man kann sich besonders günstige Parameterdarstellungen aussuchen, ohne Wesentliches zu verlieren. Darin liegt die Bedeutung der Parametertransformation.

Z.B. kann man "lokal" die Koordinaten x,y,z selbst als Parameter benutzen. Es gilt nämlich der

Satz 2.1 (Kanonische Darstellungen). Jedes Flächenstück $F : \underline{f} : \bar{D} \to \mathbb{R}^3$ läßt sich lokal[1] in den Parametern x,y oder y,z oder z,x beschreiben.

Genauer: Zu jedem Punkt $\underline{u}_0 \in D$ gibt es eine Umgebung $\bar{U}$, auf der $\underline{f}$ in eine der folgenden sechs Parameterdarstellungen transformiert werden kann

$$\underline{g}(s,t) = \begin{bmatrix} s \\ t \\ \zeta(s,t) \end{bmatrix}, = \begin{bmatrix} t \\ s \\ \zeta(t,s) \end{bmatrix}, = \begin{bmatrix} s \\ \eta(s,t) \\ t \end{bmatrix}, = \begin{bmatrix} t \\ \eta(t,s) \\ s \end{bmatrix}, = \begin{bmatrix} \xi(s,t) \\ s \\ t \end{bmatrix}, = \begin{bmatrix} \xi(t,s) \\ t \\ s \end{bmatrix}. \tag{2.18}$$

Im ersten Fall kann man s durch x ersetzen und t durch y, im zweiten Fall t durch x, s durch y, usw.

Beweis: Es sei

$$\underline{f}(u,v) = \begin{bmatrix} X(u,v) \\ Y(u,v) \\ Z(u,v) \end{bmatrix} \text{ und o.B.d.A.}^{2)} \quad J := \begin{vmatrix} X_u & X_v \\ Y_u & Y_v \end{vmatrix} \neq 0 \quad \text{in} \quad \underline{u}_0 = \begin{bmatrix} u_0 \\ v_0 \end{bmatrix}.$$

Dann ist die durch $x = X(u,v)$, $y = Y(u,v)$ beschriebene Abbildung auf einer Umgebung von $\underline{u}_0$ umkehrbar, mehr noch: ein Diffeomorphismus (s. Bd. I, Abschn. 6.4.2, Satz 6.16). Die Umkehrabbildung werde durch $u = \varphi_1(x,y)$, $v = \varphi_2(x,y)$ beschrieben und damit $z = \zeta(x,y) :=$ $:= Z(\varphi_1(x,y),\varphi_2(x,y))$ definiert. Im Falle $J > 0$ setze man $x = s$, $y = t$ und damit auch $z = \zeta(s,t)$, im Falle $J < 0$ dagegen $x = t$, $y = s$ und $z = \zeta(t,s)$. Die Determinante $\frac{\partial(u,v)}{\partial(s,t)}$ ist in beiden Fällen positiv. Damit sind die ersten beiden Möglichkeiten in (2.18) hergeleitet. Die übrigen ergeben sich analog. □

Orientierung. Wir betrachten ein Flächenstück F mit einer Parameterdarstellung $\underline{f} : \bar{D} \to \mathbb{R}^3$, die eineindeutig auf D ist. Ein Flächenstück mit einer solchen Parameterdarstellung nennen wir doppelpunktfrei.

D sei im folgenden überdies zusammenhängend. Alle Parameterdarstellungen von F, die zu $\underline{f}$ äquivalent sind, bilden eine "Äquivalenzklasse". Eine solche Äquivalenzklasse heißt eine Orientierung von F. Jede Parameterdarstellung der Äquivalenzklasse repräsentiert die Orientierung.

Man veranschaulicht eine Orientierung von F durch eine kleine geschlossene Kurve um einen beliebigen Punkt $\underline{x}_0 \in F$, die mit dem Uhrzeigersinn

---

[1] "lokal" heißt: In einer Umgebung eines beliebigen Punktes aus D.

[2] o.B.d.A. = ohne Beschränkung der Allgemeinheit.

umlaufen wird, wenn man in *Richtung der Normalen* $\underline{n}$ in $\underline{x}_0$ sieht (vgl. Fig. 2.7 a). Da $\underline{n}$ unverändert bleibt bei Übergang zu einer äquivalenten Parameterdarstellung, ist dies sinnvoll.

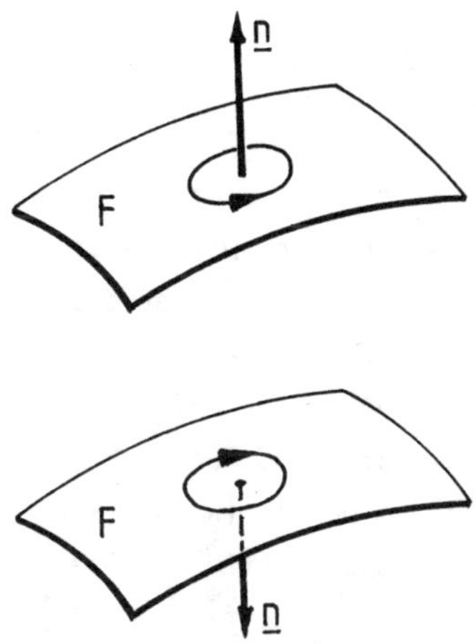

Fig. 2.7: Orientierungen eines Flächenstückes

Durch die Substitution

$$\begin{bmatrix} u \\ v \end{bmatrix} = \underline{\psi}(s,t) := \begin{bmatrix} s \\ -t \end{bmatrix}$$

mit der Funktionaldeterminante

$$\det \underline{\psi}' = \begin{vmatrix} \partial u/\partial s & \partial u/\partial t \\ \partial v/\partial s & \partial v/\partial t \end{vmatrix} = \begin{vmatrix} 1 & 0 \\ 0 & -1 \end{vmatrix} = -1$$

geht $f : \overline{D} \longrightarrow \mathbb{R}^3$ in eine *Parameterdarstellung*

$$\underline{g}(s,t) := \underline{f} \circ \underline{\psi}(s,t) = \underline{f}(s,-t)$$

von F über, die *nicht äquivalent zu* $\underline{f}$ ist (wegen $\det \underline{\psi}' < 0$). $\underline{g}$ repräsentiert also eine andere Orientierung. Man nennt sie die *entgegengesetzte Orientierung* zu der von $\underline{f}$ repräsentierten. In Figur 2.7 sind beide Orientierungen veranschaulicht.

Bemerkung: Weitere Orientierungen gibt es nicht, d.h.: Zu F gibt es *genau zwei Orientierungen*! M.a.W.: Im doppelpunktfreien Fall ist jede eineindeutige Parameterdarstellung von F entweder zu $\underline{f}$ oder zu $\underline{g}$ äquivalent. Den Beweis, den man über die kanonischen Darstellungen in Satz 2.1 führen kann, wollen wir hier weglassen. -

Übung 2.3* Zeige, daß Normalenvektoren und Tangentenebenen bei Parametertransformationen unverändert bleiben. D.h.: Beweise folgendes:
Sind $\underline{x} = \underline{g}(s,t)$ und $\underline{x} = \underline{f}(u,v)$ zwei äquivalente Parameterdarstellungen eines Flächenstückes, so gilt

$$\underline{n} = \frac{\underline{g}_s(s,t) \times \underline{g}_t(s,t)}{|\underline{g}_s(s,t) \times \underline{g}_t(s,t)|} = \frac{\underline{f}_u(u,v) \times \underline{f}_v(u,v)}{|\underline{f}_u(u,v) \times \underline{f}_v(u,v)|} \tag{2.19}$$

wobei $\begin{bmatrix} u \\ v \end{bmatrix} = \underline{\varphi}(s,t)$ ist mit der Parametertransformation $\underline{\varphi} : \overline{G} \longrightarrow \overline{D}$ ($\det \underline{\varphi}' > 0$, $\underline{g} = \underline{f} \circ \underline{\varphi}$) .

2.1.4 Flächen

Definition 2.5 Unter einer Fläche verstehen wir die Vereinigung endlich vieler doppelpunktfreier Flächenstücke, wobei zwei solcher Flächenstücke höchstens Randpunkte gemeinsam haben. (Randpunkte eines doppelpunktfreien Flächenstückes $F : \underline{f} : \overline{D} \longrightarrow \mathbb{R}^3$ sind die Punkte $\underline{x} \in F$, deren Urbildmenge $\overset{-1}{\underline{f}}(\underline{x})$ in ∂D liegt.) -

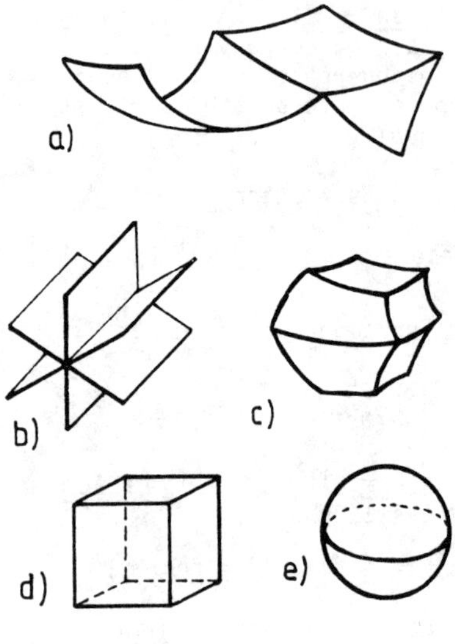

Fig. 2.8: Flächen

Die Flächen, mit denen man es bei Anwendungen zu tun hat, setzen sich aus Flächenstücken ungefähr so zusammen, wie in Figur 2.8 a) skizziert. Doch ist die obige Definition so allgemein, daß auch "pathologische " Fälle wie in Figur 2.8 b) darunter fallen.

Meistens jedoch haben wir es bei Flächen, die sich aus mehreren Flächenstücken zusammensetzen, mit Oberflächen physikalischer Körper zu tun, mathematisch gesagt, mit Rändern kompakter Mengen $\overline{M} \subset \mathbb{R}^3$ (M offen) (s. Fig. 2.8 c)). Sie fallen unter die obige Definition. Aus diesem Grunde begnügen wir uns hier mit der angegebenen recht allgemeinen Flächendefinition. Sie reicht für unsere Zwecke aus. Z.B. sind die Oberflächen von Quadern (aus 6 Flächenstücken), Kugeln (aus 2 Flächenstücken) und anderen gängigen Bereichen darunter (s. Fig. 2.8 c), d), e)).

Bemerkung: Eine schärfere und kompliziertere Flächendefinition, die "pathologische" Fälle sicher ausschließt, findet man bei Heuser, Bd. II, [14]. -

2.2 FLÄCHENINTEGRALE

Wie schon erwähnt, heißt ein Flächenstück F doppelpunktfrei, wenn es mit einer Parameterdarstellung $\underline{f} : \overline{D} \to \mathbb{R}^3$ beschrieben werden kann, die eineindeutig auf D ist. In den Schreibweisen $F : \underline{f} : \overline{D} \to \mathbb{R}^3$ oder $F : \underline{x} = \underline{f}(\underline{u})$, $\underline{u} \in \overline{D}$ ist dabei stets eine solche Abbildung $\underline{f}$ gemeint.

2.2.1 Flächeninhalt

Zur Motivation: Es sei $F : \underline{f} : \overline{D} \to \mathbb{R}^3$ ein doppelpunktfreies Flächenstück, wobei wir der Einfachheit halber annehmen, daß $\overline{D}$ ein achsenparalleles Rechteck in der u-v-Ebene ist.

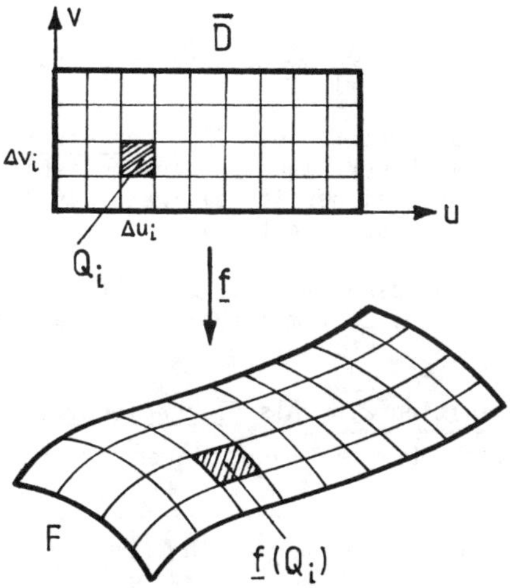

Fig. 2.9: "Maschen" auf einem Flächenstück

$\overline{D}$ sei in Teilrechtecke $Q_1,\dots,Q_m$ zerlegt. Ihre Bilder $\underline{f}(Q_1),\dots,\underline{f}(Q_n)$ wollen wir "Maschen" nennen. Aus ihnen setzt sich das Flächenstück F zusammen (s. Fig. 2.9).

Die Maschen haben nahezu Parallelogrammgestalt, wenn die Rechteckzerlegung fein genug ist. Ist Q_i ein Teilrechteck in $\overline{D}$ mit den Seitenlängen Δu_i und Δv_i in u- bzw. v-Richtung und ist $\underline{u}_i = \begin{bmatrix} u_i \\ v_i \end{bmatrix}$ der linke untere Eckpunkt von Q_i , so hat die Masche $\underline{f}(Q_i)$ beinahe die Gestalt des Parallelogramms, welches von den Vektoren

$$\underline{f}(u_i + \Delta u_i, v_i) - \underline{f}(u_i, v_i) \ ,$$
$$\underline{f}(u_i, v_i + \Delta v_i) - \underline{f}(u_i, v_i)$$

aufgespannt wird. Diese Vektoren

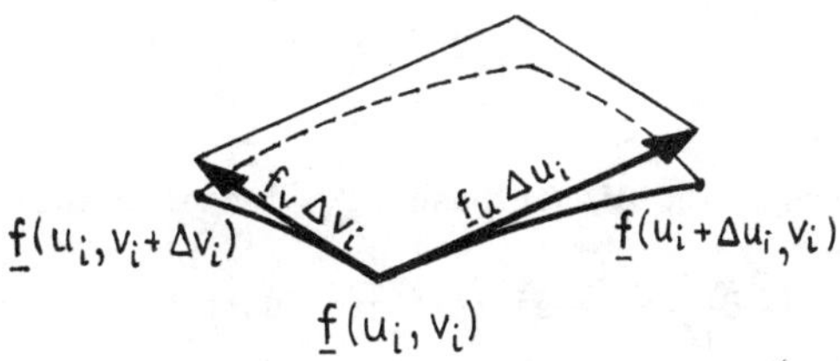

Fig. 2.10: Zum Flächeninhalt einer "Masche"

sind aber (nach Definition der partiellen Ableitungen) ungefähr gleich

$$\underline{f}_u(u_i,v_i)\Delta u_i \quad , \quad \underline{f}_v(u_i,v_i)\Delta v_i \ . \tag{2.20}$$

Diese beiden Vektoren spannen ein Parallelogramm auf, dessen Flächeninhalt bekanntlich gleich der Länge ihres Vektorproduktes ist, also mit $\underline{u}_i = [u_i, v_i]^T$ gleich der Länge von

$$\Delta\underline{\sigma}_i := \left(\underline{f}_u(\underline{u}_i) \times \underline{f}_v(\underline{u}_i)\right)\Delta u_i \, \Delta v_i \ . \tag{2.21}$$

Man kann daher $|\Delta\underline{\sigma}_i|$ als "angenäherten Flächeninhalt" der Masche $\underline{f}(Q_i)$ ansehen und

$$\sum_{i=1}^{m} |\Delta\underline{\sigma}_i| = \sum_{i=1}^{m} |\underline{f}_u(\underline{u}_i) \times \underline{f}_v(\underline{u}_i)| \Delta u_i \Delta v_i \tag{2.22}$$

als Näherung für den "Flächeninhalt" des Flächenstückes F . (Wäre D kein Rechteck, sondern eine beliebige meßbare offene Menge, so kämen wir zur gleichen Formel, wenn wir $\overline{D}$ von innen durch rechteckzerlegte Bereiche ausschöpften.)

Wir sind daher motiviert, in (2.22) $\max\{\Delta u_i, \Delta v_i\}$ gegen Null streben zu lassen und so zum Integral überzugehen, also zu folgender

Definition 2.6 Als Flächeninhalt eines doppelpunktfreien Flächenstückes $F : \underline{f} : \overline{D} \rightarrow \mathbb{R}^3$ definieren wir die Zahl

$$A(F) := \iint_F d\sigma := \iint_{\overline{D}} \left|\underline{f}_u(u,v) \times \underline{f}_v(u,v)\right| d(u,v) \tag{2.23}$$

Hierbei wurde die symbolische Bezeichnung

$$d\sigma = \left|\underline{f}_u(u,v) \times \underline{f}_v(u,v)\right| d(u,v) \tag{2.24}$$

verwendet. Dieser Ausdruck wird gelegentlich als Flächenelement bezeichnet.

Wird $\overline{D}$ von zwei stetigen Funktionen g,h eingegrenzt, d.h. $\overline{D} = \left\{\begin{bmatrix} u \\ v \end{bmatrix} \middle| \, a \leq u \leq b \text{ und } g(u) \leq v \leq h(u)\right\}$, so erhalten wir den Flächeninhalt in der berechenbaren Form:

$$A(F) = \int_a^b \int_{g(u)}^{h(u)} \left|\underline{f}_u(u,v) \times \underline{f}_v(u,v)\right| dv\, du \tag{2.25}$$

Dabei läßt sich der Integrand auch in folgender Weise schreiben (s. Bd. II, Abschn. 1.2.4, Satz 6(e)):

$$|\underline{f}_u \times \underline{f}_v| = \sqrt{|\underline{f}_u|^2 \cdot |\underline{f}_v|^2 - (\underline{f}_u \cdot \underline{f}_v)^2} = \begin{vmatrix} \underline{f}_u^2 & \underline{f}_u \cdot \underline{f}_v \\ \underline{f}_v \cdot \underline{f}_u & \underline{f}_v^2 \end{vmatrix}^{\frac{1}{2}} \tag{2.26}$$

Der Flächeninhalt $A(F)$ ist gegen Parametertransformationen und Orientierungswechsel invariant, wie man leicht nachprüft.

Beispiele 2.2 Der Leser berechne mit (2.25) folgende Flächeninhalte (s. Üb. 2.5):

(a) Kugeloberfläche K $\begin{bmatrix} x \\ y \\ z \end{bmatrix} = \begin{bmatrix} r\cos\varphi\cos\delta \\ r\sin\varphi\cos\delta \\ r\sin\delta \end{bmatrix}$, $\varphi \in [0, 2\pi]$, $\delta \in \left[-\frac{\pi}{2}, \frac{\pi}{2}\right]$, $A(K) = 4\pi r^2$ (Radius r)

(b) Zylinderfläche Z $\begin{bmatrix} x \\ y \\ z \end{bmatrix} = \begin{bmatrix} r\cos\varphi \\ r\sin\varphi \\ \zeta \end{bmatrix}$, $\varphi \in [0, 2\pi]$, $\zeta \in [0, h]$, $A(Z) = 2\pi rh$ (Radius r, Höhe h)

(c) Kegelfläche C $\begin{bmatrix} x \\ y \\ z \end{bmatrix} = \begin{bmatrix} r\zeta\cos\varphi \\ r\zeta\sin\varphi \\ \zeta h \end{bmatrix}$, $\varphi \in [0, 2\pi]$, $\zeta \in [0, 1]$, $A(C) = \pi r\sqrt{r^2 + h^2}$ (Grundkreisradius r, Höhe h)

(d) Torusfläche T $\begin{bmatrix} x \\ y \\ z \end{bmatrix} = \begin{bmatrix} (R + r\cos\delta)\cos\varphi \\ (R + r\cos\delta)\sin\varphi \\ r\sin\delta \end{bmatrix}$, $\varphi \in [0, 2\pi]$, $\delta \in [0, 2\pi]$, $(0 < r < R/2)$, $A(T) = 4\pi^2 rR$ (Hauptradius R, Nebenradius r)

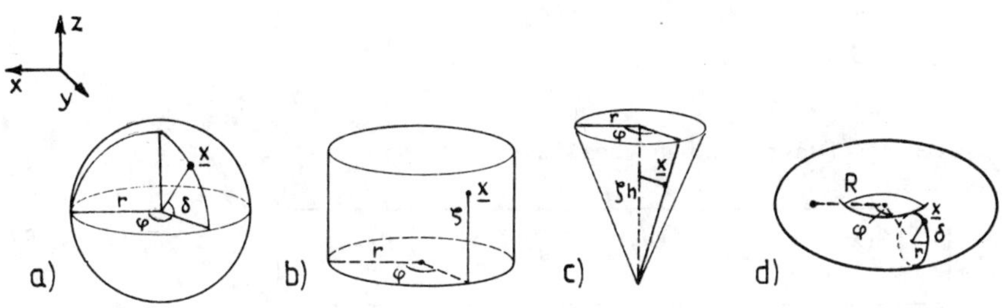

Fig. 2.11: Zu den Parameterdarstellungen der Oberflächen von (a) Kugel, (b) Zylinder, (c) Kegel, (d) Torus

Der folgende Satz zeigt schließlich, daß die wesentlichen Grundgesetze, die man vom Flächeninhalt erwartet, erfüllt sind. Die einfachen Beweise werden dem Leser überlassen.

Satz 2.2 Es seien F und $\hat{F}$ zwei beliebige Flächen. Damit gilt

(a) Additivität: Haben F und $\hat{F}$ höchstens Randpunkte gemeinsam, so folgt

$$A(F \cup \hat{F}) = A(F) + A(\hat{F}) .$$

(b) Monotonie: $F \supset \hat{F} \Rightarrow A(F) \geqq A(\hat{F})$.

(c) Bewegungsinvarianz: Geht F durch Bewegung in F' über, so folgt $A(F) = A(F')$.

(d) Normierung: Für das Einheitsquadrat $Q = \{\underline{x} \in \mathbb{R}^3 \mid 0 \leqq x \leqq 1 , 0 \leqq y \leqq 1 , z = 0\}$ gilt $A(Q) = 1$.

Übung 2.5 Berechne die in Beispiel 2.2 angegebenen Flächeninhalte $A(K)$, $A(Z)$, $A(C)$, $A(T)$ aus Formel ~~2.26~~. 2.25

2.2.2 Flächenintegrale erster und zweiter Art

Definition 2.7 Es sei $F : \underline{f} : \overline{D} \longrightarrow \mathbb{R}^3$ ein Flächenstück und

$$G : A \longrightarrow \mathbb{R} \quad \text{mit} \quad F \subset A \subset \mathbb{R}^3$$

eine stetige Funktion. Dann bezeichnet man[1]

$$\boxed{\int_F G(\underline{x})\,d\sigma := \iint_{\overline{D}} G(\underline{f}(u,v))\,|\underline{f}_u \times \underline{f}_v|_{(u,v)}\,d(u,v)} \tag{2.27}$$

als ein Flächenintegral erster Art.

[1] Es ist gleichgültig, ob man ein Integralzeichen $\int$ oder zwei $\iint$ schreibt. Beides bedeutet hier dasselbe. Zwei Integralzeichen $\iint$ weisen nur deutlicher auf die Zweidimensionalität der Flächen hin.

Es ist gegen Parametertransformation und Orientierungswechsel invariant. Bei der Schreibweise links in (2.27) wird die symbolische Bezeichnung $d\sigma = |\underline{f}_u \times \underline{f}_v|_{(u,v)} d(u,v)$ verwendet (wie beim Flächeninhalt). Zu Grunde liegende Parameterdarstellungen müssen dabei aus dem Kontext hervorgehen.

Bemerkung: Im Falle der Doppelpunktfreiheit ist die Schreibweise links in (2.27) völlig eindeutig, da ja je zwei zugehörige Parameterdarstellungen entweder äquivalent oder entgegengesetzt orientiert sind. -

Zur Motivation. Es sei $F : \underline{f} : \overline{D} \to \mathbb{R}^3$ ein doppelpunktfreies Flächenstück, welches elektrostatisch geladen ist, und zwar mit der Ladungsdichte $G(\underline{x})$ in jedem Flächenpunkt $\underline{x}$ (Ladung pro Flächeneinheit). Gefragt ist nach der Gesamtladung L auf dem Flächenstück.

$\overline{D}$ sei der Einfachheit wegen als Rechteck vorausgesetzt und - wie bei der Flächeninhaltsmotivation - in kleine Rechtecke $Q_1,\ldots,Q_n$ zerlegt, womit F in "Maschen" $\underline{f}(Q_i)$ aufgeteilt ist. Der Flächeninhalt einer Masche ist nach Abschnitt 2.2.1, (2.21) ungefähr

$$\Delta\sigma_i := |\underline{f}_u \times \underline{f}_v|_{(\underline{u}_i)} \, \Delta u_i \Delta v_i$$

($\underline{u}_i \in Q_i$; $\Delta u_i, \Delta v_i$ Seitenlängen von Q_i ; vgl. Abschn. 2.2.1). Folglich trägt diese "Masche" näherungsweise die Ladung

$$\Delta L_i \approx G(\underline{x}_i)\Delta\sigma_i \quad , \quad \underline{x}_i = f(\underline{u}_i) .$$

Summation über alle $i = 1,\ldots,n$ und anschließender Übergang zum Integral (d.h. Maximum der Maschendurchmesser gegen Null) liefert die Gesamtladung L in der Form eines Flächenintegrals 1. Art:

$$L = \int_F G(\underline{x})\, d\sigma . \tag{2.28}$$

Wäre G eine magnetische Dichte, eine Beleuchtungsdichte, eine Energiedichte oder eine andere Flächendichte, so erhielte man analog den Gesamtbetrag der entsprechenden physikalischen Größe auf F . -

Auch Flächeninhalte $A(F)$ werden durch Flächenintegrale 1. Art ermittelt.

Definition 2.8 Ist $F : \underline{f} : \overline{D} \to \mathbb{R}^3$ ein Flächenstück und

$$\underline{V} : A \to \mathbb{R}^3 \qquad \text{mit } F \subset A \subset \mathbb{R}^3$$

ein Vektorfeld, so nennt man

$$\boxed{\int_F \underline{V}(\underline{x}) \cdot d\underline{\sigma} := \int_{\overline{D}} \underline{V}(\underline{f}(u,v)) \cdot (\underline{f}_u \times \underline{f}_v)_{(u,v)} \, d(u,v)} \tag{2.29}$$

ein Flächenintegral zweiter Art.

Dabei wurde die symbolische Bezeichnung

$$d\underline{\sigma} := \left(\underline{f}_u \times \underline{f}_v\right)_{(u,v)} d(u,v)$$

verwendet. Mit dem Normalenvektor $\underline{n} = \left(\underline{f}_u \times \underline{f}_v\right) / \left|\underline{f}_u \times \underline{f}_v\right|$ und $d\sigma = \left|\underline{f}_u \times \underline{f}_v\right| d(u,v)$ folgt $d\underline{\sigma} = \underline{n} d\sigma$. Damit schreibt man das Integral auch in der Form

$$\boxed{\int_F \underline{V}(\underline{x}) \cdot \underline{n}\, d\sigma} \qquad (2.30)$$

Der Integrand in (2.29) rechts ist ein Spatprodukt dreier Vektoren. Man kann daher das Integral auch so beschreiben:

$$\int_F \underline{V}(\underline{x}) \cdot d\underline{\sigma} := \int_{\underline{D}} \det\left(\underline{V}\left(\underline{f}(u,v)\right), \underline{f}_u(u,v), \underline{f}_v(u,v)\right) d(u,v) \qquad (2.31)$$

Das Flächenintegral zweiter Art ändert sich nicht, wenn man $\underline{f}$ durch eine äquivalente Parameterdarstellung ersetzt.

Bei Orientierungswechsel allerdings wechselt das Integral das Vorzeichen, da dies für $\underline{f}_u \times \underline{f}_v$ gilt.

Wir nennen nun eine der beiden Orientierungen eines gegebenen doppelpunktfreien Flächenstückes F die "positive Orientierung" und die andere die "negative Orientierung". (Die Auswahl ist dabei willkürlich.) F, versehen mit der negativen Orientierung, bezeichnen wir dann durch $-F$, während F, versehen mit der positiven Orientierung, durch $+F$ oder einfach F symbolisiert wird. Damit folgt

$$\boxed{\int_{-F} \underline{V}(\underline{x}) \cdot d\underline{\sigma} = -\int_F \underline{V}(\underline{x}) \cdot d\underline{\sigma}} \qquad (2.32)$$

Hierbei werden die Integrale über Parameterdarstellungen berechnet, die die jeweiligen Orientierungen repräsentieren.

Ist F eine Fläche, zusammengesetzt aus den Flächenstücken $F_1, \ldots, F_n$, so definiert man das Flächenintegral erster wie zweiter Art über F durch die Summe

$$\int\limits_F \ldots = \sum_{i=1}^{n} \int\limits_{F_i} \ldots \tag{2.33}$$

Wie beim Flächeninhalt hängt auch hier der Integralwert nicht von der speziell gewählten Zerlegung von F in Flächenstücke ab. Bei Flächenintegralen zweiter Art ist nur darauf zu achten, daß in keinem Punkt ein Orientierungswechsel auftritt, wenn man zu einer anderen Zerlegung oder anderen Parameterdarstellungen übergeht.

Zur Motivation des Flächenintegrals zweiter Art. Wir nehmen an, daß $\underline{V} : A \longrightarrow \mathbb{R}^3$ ein (stationäres) Geschwindigkeitsfeld einer strömenden Flüssigkeit ist. F sei ein Flächenstück in $A \subset \mathbb{R}^3$, und wir fragen nach der Flüssigkeitsmenge, die F pro Sekunde durchfließt.

F sei - wie beim Flächeninhalt - in "Maschen" eingeteilt, die näherungsweise Parallelogrammform haben. $\Delta\underline{\sigma}_i$ sei ein "*Flächenvektor*" eines solchen Parallelogramms ΔF_i, d.h. er steht rechtwinklig auf ΔF_i in Normalenrichtung von F, und $|\Delta\underline{\sigma}_i|$ ist der Flächeninhalt des Parallelogramms.

Dann ist $|\underline{V}(\underline{x}_i) \cdot \Delta\underline{\sigma}_i|$ (mit einem $\underline{x}_i \in \Delta F_i$) das Flüssigkeitsvolumen, das (näherungsweise) pro Sekunde durch ΔF_i fließt. Denn pro Sekunde schiebt sich ein Parallelflach durch ΔF_i mit der Höhe $|\underline{V}(\underline{x}_i)| \cos\varphi$ (s. Fig. 2.12) und dem Grundflächen-Inhalt $|\Delta\underline{\sigma}_i|$, also dem Volumen

$$|\underline{V}(\underline{x}_i)| \cdot |\Delta\underline{\sigma}_i| \cos\varphi = |\underline{V}(\underline{x}_i) \cdot \Delta\underline{\sigma}_i|$$

(Dabei wird in erster Näherung $\underline{V} = \text{const}$ auf ΔF_i angenommen.)

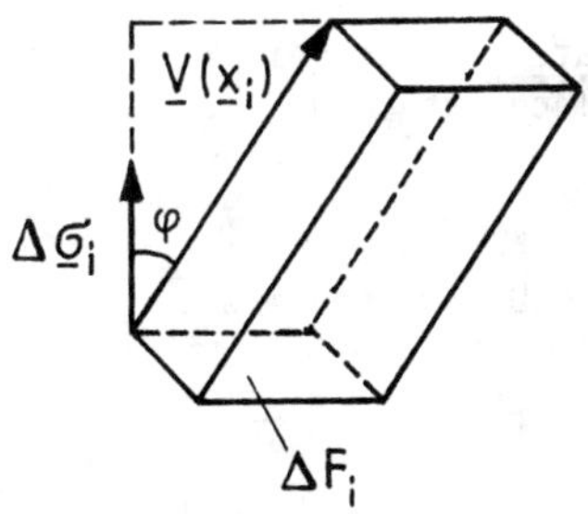

Fig. 2.12: Durchströmung eines "Flächenelementes"

Fließt die Flüssigkeit aus der Seite von ΔF_i heraus, in die der Flächenvektor $\Delta\underline{\sigma}_i$ weist, so ist $\underline{V}(\underline{x}_i) \cdot \Delta\underline{\sigma}_i \geq 0$, andernfalls ≤ 0. Das Vorzeichen von $\underline{V}(\underline{x}_i) \cdot \Delta\underline{\sigma}_i$ gibt also an, in welcher Richtung ΔF_i durchflossen wird.

Summierung von $\sum_i \underline{V}(\underline{x}_i)\Delta\underline{\sigma}_i$ und Übergang zu beliebig kleinen Maschenweiten führt zum *Flächenintegral zweiter Art*:

$$U = \int\limits_F \underline{V}(\underline{x}) \cdot d\underline{\sigma} \quad . \tag{2.34}$$

$|U|$ gibt also das *Gesamtvolumen* an, das *pro Sekunde die Fläche durchströmt*, wobei die Anteile beider Strömungsrichtungen durch F gegeneinander aufgerechnet sind.

Man nennt U den *Fluß von* $\underline{V}$ *durch* F.

Das Vorzeichen von U gibt an, an welcher Seite des Flächenstückes mehr herausfließt: Ist $U > 0$, so strömt mehr Flüssigkeit in die Richtung der Normalenvektoren von F, ist $U < 0$, so in umgekehrte Richtung. -

Übung 2.6 Es sei durch $\underline{f}(u,v) = \left[u, v, \frac{1}{4}uv\right]^T$, $|u| \leq 1$, $|v| \leq 1$ ein Flächenstück F gegeben. Ferner seien

$$G(\underline{x}) = 1 + \frac{1}{2}xyz , \quad \underline{V}(\underline{x}) = \begin{bmatrix} 1 + z^4 \\ 1 + z^4 \\ 1 + x^2y^2 \end{bmatrix} , \quad \text{mit} \quad \underline{x} = \begin{bmatrix} x \\ y \\ z \end{bmatrix}$$

ein Skalar- und ein Vektorfeld auf $\mathbb{R}^3$. Berechne

$$\text{(a)} \int_F G(\underline{x})\, d\sigma \quad , \quad \text{(b)} \int_F \underline{V}(\underline{x}) \cdot d\underline{\sigma} .$$

2.2.3 Transformationsformel für Flächenintegrale zweiter Art

Wird ein Flächenstück F auf ein anderes Flächenstück F^* abgebildet, so stellt sich die Frage, wie zugehörige Flächenintegrale dabei "transformiert" werden. Für Flächenintegrale 2. Art gibt der folgende Satz eine Antwort.

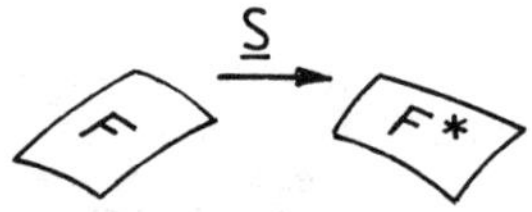

Fig. 2.13: Zur Transformation von Flächenintegralen

Satz 2.2 Es sei $F : \underline{x} = f(\underline{u})$, $\underline{u} \in \overline{D}$, ein Flächenstück und $\underline{V} : F \to \mathbb{R}^3$ ein Vektorfeld auf F. Durch einen Diffeomorphismus $\underline{S} : F \to F^*$ $(\underline{y} = S(\underline{x}))$ mit $\det S' \neq 0$ wird F in ein Flächenstück $F^* : \underline{y} = \underline{f}^*(\underline{u}) := S(\underline{f}(\underline{u}))$, $\underline{u} \in \overline{D}$ transformiert. $\underline{V}$ verwandeln wir in $\underline{V}^* : F^* \to \mathbb{R}^3$, definiert durch

$$\boxed{\underline{V}^*(\underline{y}) = \frac{\underline{S}'(\underline{x})}{\det \underline{S}'(\underline{x})} \underline{V}(\underline{x})} \quad \text{mit} \quad \underline{x} = \underline{S}^{-1}(\underline{y}) . \tag{2.35}$$

Mit der Umkehrabbildung $\underline{T} = \underline{S}^{-1} : F^* \to F$ $(\underline{x} = T(\underline{y}))$ kann man $\underline{V}^*$ auch so schreiben:

$$\boxed{\underline{V}^* = (\det \underline{T}')(\underline{T}')^{-1} \underline{V} \circ \underline{T}} \tag{2.36}$$

Damit gilt die Transformationsformel für Flächenintegrale 2. Art:

$$\boxed{\int_F \underline{V}(\underline{x}) \cdot d\underline{\sigma} = \int_{F^*} \underline{V}^*(\underline{y}) \cdot d\underline{\sigma}^*} , \tag{2.37}$$

mit $d\sigma^* = \left|\underline{f}_u^* \times \underline{f}_v^*\right|_{(u,v)} d(u,v)$.

Beweis: Nach Definition ist

$$\int_F \underline{V}(\underline{x})\cdot d\underline{\sigma} = \iint_D (\underline{V}\circ\underline{f})\cdot(\underline{f}_u\times\underline{f}_v)\,d(u,v) \overset{1)}{=} \int_D \det(\underline{V}\circ\underline{f}\,,\,\underline{f}_u\,,\,\underline{f}_v)\,d(u,v)\ .$$

Dabei gilt für die Determinante (mit $\underline{f} = T\circ f^*$, $\underline{f}_u = \underline{T}'\underline{f}_u^*$, usw.):

$$\begin{aligned}\det(\underline{V}\circ\underline{f}\,,\,\underline{f}_u\circ\underline{f}_v) &= \det\left((\underline{T}'\,\underline{T}'^{-1})\,\underline{V}\circ\underline{f}\,,\,\underline{T}'\,\underline{f}_u^*\,,\,\underline{T}'\,\underline{f}_v^*\right) = \\ &= \det(\underline{T}'(\underline{T}'^{-1}\,\underline{V}\circ\underline{f}\,,\underline{f}_u^*\,,\,\underline{f}_v^*)) = \det\underline{T}'\cdot\det(\underline{T}'^{-1}\,\underline{V}\circ\underline{f}\,,\underline{f}_u^*\,,\,\underline{f}_v^*) \\ &= \det((\det\underline{T}')\underline{T}'^{-1}\,\underline{V}\circ(\underline{T}\circ\underline{f}^*),\underline{f}_u^*\,,\,\underline{f}_v^*) = \det(\underline{V}^*\circ\underline{f}^*\,,\,\underline{f}_u^*,\underline{f}_v^*)\ ,\end{aligned}$$

woraus die Behauptung (2.37) folgt. □

Man kann $\underline{V}^*$ aus der nachfolgenden bequemen Formel berechnen:

Folgerung 2.1 Unter den Voraussetzungen des Satzes 2.2 gilt

$$\underline{V}^*(\underline{y}) = \begin{bmatrix} \det(\underline{V}\circ\underline{T}\,,\,\underline{T}_{y_2}\,,\,\underline{T}_{y_3}) \\ \det(\underline{T}_{y_1}\,,\,\underline{V}\circ\underline{T}\,,\,\underline{T}_{y_3}) \\ \det(\underline{T}_{y_1}\,,\,\underline{T}_{y_2}\,,\,\underline{V}\circ\underline{T}) \end{bmatrix}_{(y)} \tag{2.38}$$

Dabei beschreiben die $\underline{T}_{y_i}$ $(i = 1,2,3)$ die partiellen Ableitungen von $\underline{T}$ nach den Komponenten y_1,y_2,y_3 von $\underline{y}$.

Beweis: Es gilt

$$\underline{V}^* = (\det\underline{T}')(\underline{T}')^{-1}\,\underline{V}\circ\underline{T} = \operatorname{adj}(\underline{T}')\,\underline{V}\circ\underline{T}$$

mit der "Adjunkten" $\operatorname{adj}(\underline{T}') =: (t_{ik})_{3,3}$ von $\underline{T}'$ (s. Bd. II, Abschn. 3.4.7). Dabei ist jedes t_{ik} eine zweireihige Determinante, die aus $\det\underline{T}'$ durch Streichen der k-ten Zeile und i-ten Spalte hervorgeht, sowie durch Multiplikation mit $(-1)^{i+k}$. Es ergibt sich mit $\underline{V} = [V_1,V_2,V_3]^T$:

$$\underline{V}^* = (t_{ik})_{3,3}\underline{V}\circ\underline{T} = \begin{bmatrix} \sum_k t_{1k}\,V_k\circ\underline{T} \\ \sum_k t_{2k}\,V_k\circ\underline{T} \\ \sum_k t_{3k}\,V_k\circ\underline{T} \end{bmatrix} \tag{2.39}$$

Entwickelt man in (2.38) die Determinante der ersten Zeile nach ihrer ersten Spalte $\underline{V}\circ\underline{T}$, so erhält man die erste Komponente von (2.39). Für die übrigen Komponenten gilt dies analog. □

---

1) Die Variablenangabe (u,v) wird der besseren Übersicht wegen weggelassen

3. INTEGRALSÄTZE

"Alles fließt!" sagt Heraklit. Wir wollen diesen allumfassenden Ausspruch des griechischen Philosophen hier nicht ergründen, sondern ihn als Aufforderung verstehen, strömende Flüssigkeiten und Gase mit der Vektoranalysis zu untersuchen.

Dabei dringen wir zum Herzstück der Vektoranalysis vor, den Integralsätzen von Gauß, Stokes und Green. Man kann sie als Verallgemeinerungen des Hauptsatzes der Differential- und Integralrechnung aus dem "Eindimensionalen" auffassen. Ihre Anwendungen in Strömungslehre, Elektrodynamik und Teilchenphysik sind zahlreich und grundlegend.

3.1 DER GAUSS'SCHE INTEGRALSATZ

Der Gaußsche Integralsatz ist im Grunde eine Binsenwahrheit. Wir wollen ihn am Beispiel strömender Flüssigkeiten formulieren:

> *Die Flüssigkeitsmenge, die durch die Oberfläche eines räumlichen Gebietes herausströmt, ist gleich der Flüssigkeitsmenge, die die Quellen in dem Gebiet hervorbringen.*

Oder noch kürzer: *Es kann nur herausfließen, was die Quellen hergeben.*

Nicht nur auf Flüssigkeiten läßt sich dies anwenden, sondern auch auf Gase, auf elektromagnetische Felder und Schwerefelder, ja, auf den Export eines Landes und seine Warenherstellung sowie auf die Herausgabe von Büchern durch die Verlage und deren Produktion durch ihre Autoren.

3.1.1 Ergiebigkeit, Divergenz

Zur Einführung: Wir betrachten eine Flüssigkeit, die ein Gebiet[1] M im dreidimensionalen Raum durchströmt. Die Geschwindigkeit der Flüssigkeitsteilchen wird in einem beliebigen Punkt $\underline{x} \in M$ durch $\underline{V}(\underline{x}) \in \mathbb{R}^3$ angegeben, wobei wir der Einfachheit halber annehmen, daß $\underline{V}(\underline{x})$ nicht von der Zeit abhängt ("stationäre Strömung"). Das so beschriebene "Geschwindigkeitsfeld" $\underline{V} : M \to \mathbb{R}^3$ wollen wir als stetig differenzierbar voraussetzen.

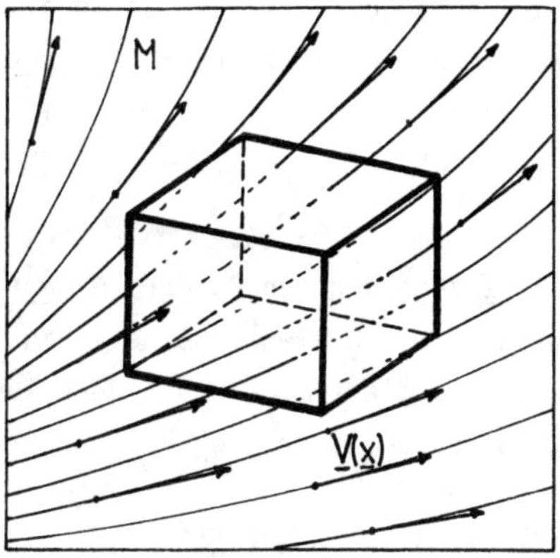

Fig. 3.1: Gedachter Quader in einer Strömung

Im Gebiet M betrachten wir einen gedachten Quader Q , der von der Flüssigkeit durchströmt wird. (Der Quader bewegt sich bez. M nicht.) Durch einen Teil der Oberfläche des Quaders strömt Flüssigkeit hinein und durch einen anderen wieder heraus. Wir interessieren uns dabei für den "Überschuß", d.h. für das herausfließende Volumen pro Zeiteinheit minus dem hereinfließenden Volumen pro Zeiteinheit. Wir wollen sozusagen das Flüssigkeitsvolumen bestimmen, welches "netto" in der Zeiteinheit aus Q herausfließt. Dieser Überschuß - kurz Fluß genannt - ist nach Abschnitt 2.2.2, (2.34), gleich dem Flächenintegral

$$U = \iint_{\partial Q} \underline{V}(\underline{x}) \cdot \underline{d\sigma} \,, \tag{3.1}$$

wobei ∂Q die Oberfläche des Quaders ist, zusammengesetzt aus 6 Flächenstücken, den Seiten des Quaders. Die Orientierungen werden dabei so gewählt, daß die Normalenvektoren der Flächenstücke "nach außen weisen". (D.h. heftet man Pfeile, die die Normalenvektoren darstellen, mit ihren Fußpunkten in den zugehörigen Oberflächenpunkten an, so sind sie in den Außenraum $\mathbb{R}^3 \setminus Q$ gerichtet (wie bei einem Igel!)).

[1] Ein Gebiet ist eine offene, zusammenhängende Menge

Dividiert man den Überschuß U durch das Volumen $\Delta\tau = \Delta x\, \Delta y\, \Delta z$ des Quaders (wobei Δx, Δy, Δz die Seitenlängen des Quaders sind), so erhält man die "mittlere Ergiebigkeit" bez. Q :

$$E_Q := \frac{1}{\Delta\tau} \iint_{\partial Q} \underline{V}(\underline{x}) \cdot d\underline{\sigma} \,. \tag{3.2}$$

Wir ziehen nun den Quader Q auf einen Punkt $\underline{x}_0$ zusammen. Das soll heißen: Wir wählen eine beliebige Folge von achsenparallelen Quadern $Q_n \subset M$, die alle ein und denselben Punkt $\underline{x}_0$ enthalten, wobei die Quaderdurchmesser $|Q_n|$ gegen Null konvergieren.

Der Grenzwert von E_{Q_n} [1] heißt dann die Ergiebigkeit des Feldes $\underline{V}$ in $\underline{x}_0$ oder die Divergenz von $\underline{V}$ in $\underline{x}_0$. Zusammengefaßt also:

Definition 3.1 Es sei $\underline{V} : M \longrightarrow \mathbb{R}^3$ stetig differenzierbar auf der offenen Menge $M \subset \mathbb{R}^3$. Als Divergenz von $\underline{V}$ in $\underline{x}_0 \in M$, abgekürzt $\operatorname{div} \underline{V}(\underline{x}_0)$, bezeichnet man den Grenzwert

$$\boxed{\operatorname{div} \underline{V}(\underline{x}_0) := \lim_{|Q| \to 0} \frac{1}{\Delta\tau} \iint_{\partial Q} \underline{V}(\underline{x}) \cdot d\underline{\sigma}} \tag{3.3}$$

Mit $Q \subset M$ werden dabei achsenparallele Quader mit $\underline{x}_0 \in Q$ bezeichnet, mit $|Q|$ ihre Durchmesser und mit $\Delta\tau$ ihre Volumina.

Im Falle $\operatorname{div} \underline{V}(\underline{x}_0) > 0$ nennt man $\underline{x}_0$ eine Quelle des Feldes $\underline{V}$, im Falle $\operatorname{div} \underline{V}(\underline{x}_0) < 0$ eine Senke (oder "negative Quelle").

Glücklicherweise zeigt es sich, daß man die Divergenz leicht ausrechnen kann. Es gilt nämlich

Satz 3.1 Für ein stetig differenzierbares Vektorfeld $\underline{V} = [V_1, V_2, V_3]^T$ von M in $\mathbb{R}^3$ (M offen in $\mathbb{R}^3$) berechnet man die Divergenz nach folgender Formel

$$\boxed{\operatorname{div} \underline{V} = V_{1,x} + V_{2,y} + V_{3,z}} \tag{3.4}$$

---

[1] Die Existenz des Grenzwertes wird durch Satz 3.1 gesichert

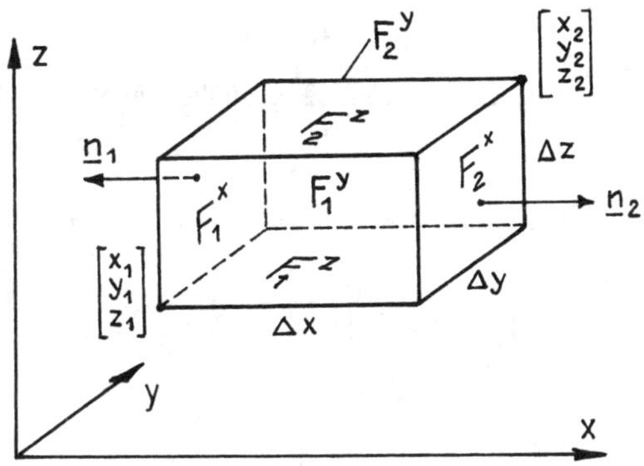

Fig. 3.2: Zur Divergenz

Beweis: Zunächst berechnen wir explizit den "Fluß" U nach Formel (3.1).

Wir wählen dazu einen beliebigen Quader Q in M . Mit den Bezeichnungen der Figur 3.2 können wir den Seitenflächen F_1^x, F_2^x des Quaders Q folgende Parameterdarstellungen geben. (Es sind die kanonischen, s. Abschn. 2.1.3, Satz 2.1):

$$F_1^x : \underline{f}(u,v) = \begin{bmatrix} x_1 \\ v \\ u \end{bmatrix}, \begin{cases} y_1 \leqq v \leqq y_2 \\ z_1 \leqq u \leqq z_2 \end{cases}, \quad F_2^x : \underline{g}(u,v) = \begin{bmatrix} x_2 \\ u \\ v \end{bmatrix}, \begin{cases} y_1 \leqq u \leqq y_2 \\ z_1 \leqq v \leqq z_2 \end{cases}$$

Sie sind so gewählt, daß $\underline{f}_u \times \underline{f}_v = \begin{bmatrix} -1 \\ 0 \\ 0 \end{bmatrix}$, $\underline{g}_u \times \underline{g}_v = \begin{bmatrix} 1 \\ 0 \\ 0 \end{bmatrix}$ wird, daß also die Normalenvektoren nach außen weisen. Damit folgt für die zugehörigen Flächenintegrale:

$$\Phi_1 := \iint_{F_2^x} \underline{V} \cdot d\underline{\sigma} + \iint_{F_1^x} \underline{V} \cdot d\underline{\sigma} = \int_{z_1}^{z_2} \int_{y_1}^{y_2} V_1(x_2,u,v) \, du\,dv - \int_{z_1}^{z_2} \int_{y_1}^{y_2} V_1(x_1,v,u) dv\,du$$

Im ersten Integral rechts schreiben wir y statt u und z statt v , im zweiten umgekehrt y statt v und z statt u . Man kann damit die Integrale zusammenfassen:

$$\Phi_1 = \int_{z_1}^{z_2} \int_{y_1}^{y_2} \Big(V_1(x_2,y,z) - V_1(x_1,y,z) \Big) dy\,dz$$

$$= \int_{z_1}^{z_2} \int_{y_1}^{y_2} \left(\int_{x_1}^{x_2} V_{1,x}(x,y,z)\,dx \right) dy\,dz = \iiint_Q V_{1,x}(\underline{x})\,d\tau \,.^{1)}$$

---

1) Bei Raumintegralen (dreidimensional) benutzen wir hier das Symbol $d\tau$ (statt $d\underline{x}$ oder $d\underline{v}$, wie in Bd. I allgemein verwendet). $d\tau$ wird als "Volumenelement" bezeichnet, wobei man symbolisch $d\tau = dx\,dy\,dz$ schreibt.

Bei der Umformung der eingeklammerten Differenz wurde der Hauptsatz der Differential- und Integralrechnung ausgenutzt (s. Bd.I, Abschn. 4.1.5, Satz 4.7).

Analog folgt für die übrigen Quaderseiten (s. Fig. 3.2)

$$\phi_2 := \iint_{F_2^y} \underline{V} \cdot d\underline{\sigma} + \iint_{F_1^y} \underline{V} \cdot d\underline{\sigma} = \iiint_Q V_{2,y}(\underline{x})\, d\tau \quad ,$$

$$\phi_3 := \iint_{F_2^z} \underline{V} \cdot d\underline{\sigma} + \iint_{F_1^z} \underline{V} \cdot d\underline{\sigma} = \iiint_Q V_{3,z}(\underline{x})\, d\tau \quad .$$

Das Integral über die gesamte Oberfläche ∂Q des Quaders ist damit gleich $\phi_1 + \phi_2 + \phi_3$, also [1] [2]

$$\boxed{\iint_{\partial Q} \underline{V} \cdot d\underline{\sigma} = \iiint_Q \left(V_{1,x} + V_{2,y} + V_{3,z} \right) d\tau} \tag{3.5}$$

Damit folgt für die mittlere Ergiebigkeit bez. Q :

$$E_Q = \frac{1}{\Delta\tau} \iiint_Q \left(V_{1,x} + V_{2,y} + V_{3,z} \right)(\underline{x})\, d\tau \quad , \tag{3.6}$$

mit dem Quadervolumen $\Delta\tau = \Delta x \Delta y \Delta z$ (s. Fig. 3.2). Wir ziehen jetzt den Mittelwertsatz der Integralrechnung für Mehrfachintegrale heran (s.Bd.I, Abschn. 7.1.3, Satz 7.6, und Abschn. 7.2.1, Absatz nach Satz 7.9). Damit verwandeln wir (3.6) in

$$E_Q = \frac{1}{\Delta\tau} \left(V_{1,x} + V_{2,y} + V_{3,z} \right)(\underline{x}^*)\, \Delta\tau \quad , \tag{3.7}$$

mit einem $\underline{x}^* \in Q$. Die $\Delta\tau$ kürzen sich hier weg. Ziehen wir Q nun auf seinen Mittelpunkt $\underline{x}_0$ zusammen, so folgt

---

1) Die Variablenangabe ($\underline{x}$) nach den Funktionssymbolen wurde zur besseren Übersicht weggelassen.

2) Es stellt sich später heraus, daß diese Formel schon der Gauss'sche Integralsatz für Quader ist.

$$\operatorname{div}\underline{V}(\underline{x}_0) = \lim_{|Q|\to 0} E_Q = \left(V_{1,x} + V_{2,x} + V_{3,x}\right)(\underline{x}_0) \,. \tag{3.8}$$

Da $\underline{x}_0$ hier ein beliebiger Punkt aus M sein kann, ist der Satz bewiesen. □

Bemerkung: Der vorstehende Beweis ist im Prinzip ganz einfach: Es wird der Hauptsatz der Differential- und Integralrechnung benutzt, in jeder Achsenrichtung einmal, und dann der Mittelwertsatz für Bereichsintegrale angewendet. Das ist alles! -

Quellenfreiheit: Man nennt $\underline{V}$ genau dann quellenfrei, wenn im ganzen Definitionsgebiet von $\underline{V}$ die Gleichung $\operatorname{div}\underline{V} = 0$ gilt.

Folgerung 3.1 Rechenregeln für die Divergenz: Es seien $\underline{V},\underline{W}$ Vektorfelder und φ ein Skalarfeld, alle stetig differenzierbar auf $M \subset \mathbb{R}^3$. Dann gilt

$$\operatorname{div}(\underline{V}+\underline{W}) = \operatorname{div}\underline{V} + \operatorname{div}\underline{W} \,,\quad \operatorname{div}(\lambda\underline{V}) = \lambda \operatorname{div}\underline{V} \quad (\lambda \in \mathbb{R}) \tag{3.9}$$

$$\operatorname{div}(\varphi\underline{V}) = \varphi \operatorname{div}\underline{V} + \underline{V}\cdot \operatorname{grad}\varphi \tag{3.10}$$

$$\operatorname{div}\underline{x} = 3 \quad (\underline{x} \in \mathbb{R}^3) \tag{3.11}$$

$$\operatorname{div}\left(f(r)\underline{x}\right) = 3f(r) + \underline{x}\cdot \operatorname{grad} f(r) \quad (r = |\underline{x}|) \tag{3.12}$$

Wegen (3.9) nennt man div einen linearen Differentialoperator. (3.12) beschreibt den Fall eines kugelsymmetrischen Feldes.

Übung 3.1 Beweise die Formeln in Folgerung 3.1.

3.1.2 Der Gaußsche Integralsatz für Bereiche mit stückweise glattem Rand

Es sei $\underline{V} : M \to \mathbb{R}^3$ wieder ein stetig differenzierbares Vektorfeld auf einer offenen Menge $M \subset \mathbb{R}^3$ und Q ein achsenparalleler Quader in M. Damit gilt insbesondere Formel (3.5) im vorigen Abschnitt. Setzt man darin $\operatorname{div}\underline{V} = V_{1,x} + V_{2,y} + V_{3,z}$ ein, so erhält man sofort den Gauss'schen Integralsatz für Quader

$$\iint_{\partial Q} \underline{V} \cdot d\underline{\sigma} = \iiint_{Q} \operatorname{div} \underline{V} \, d\tau \qquad (3.13)$$

Aus diesem elementaren Fall leiten wir den Gaußschen Satz für allgemeine Bereiche her. Den einfachen Grundgedanken dabei erläutern wir an folgendem Fall:

Gaußscher Integralsatz für quaderzerlegbare Bereiche (s. Fig. 3.3): Es sei B eine kompakte Menge im $\mathbb{R}^3$, die sich in endlich viele Quader $Q_1, \ldots, Q_n$ zerlegen läßt, und $\underline{V} : B \to \mathbb{R}^3$ darauf stetig differenzierbar.

Für jeden Quader Q_k schreibe man die Formel des Gaußschen Integralsatzes (3.13) hin und summiere diese Gleichungen über alle $k = 1, \ldots, n$. Es entsteht dann die Formel

$$\iint_{\partial B} \underline{V} \cdot d\underline{\sigma} = \iiint_{B} \operatorname{div} \underline{V} \, d\tau \qquad (3.14)$$

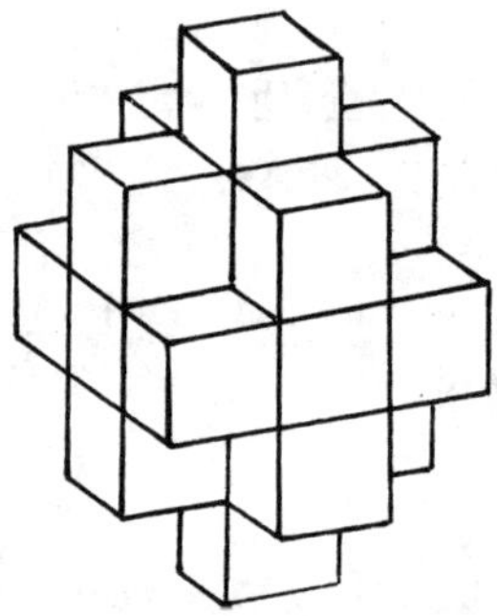

Fig. 3.3: Quaderzerlegbarer Bereich B

denn auf der rechten Seite ist dies unmittelbar klar. Auf der linken Seite gilt dies auch, da sich bei der Summation alle Integrale über Flächenstücke im Inneren von B wegheben. (Denn über sie wird zweimal integriert, wobei die Richtungen der Flächennormalen entgegengesetzt sind.) Die Normalen auf ∂B sind dabei nach außen gerichtet.

Der Gaußsche Integralsatz gilt also für quaderzerlegbare Bereiche B (s. (3.14)).

Da man aber alle meßbaren[1] Mengen M im $\mathbb{R}^3$ - und damit alle physikalisch wichtigen - durch quaderzerlegbare Bereiche beliebig gut approximieren kann, ist zu erwarten, daß man durch Grenzübergang den Gaußschen Satz für diese Mengen M erhält (sofern ∂M eine vernünftige Fläche ist).

Für die Volumenintegrale rechts in (3.14) geht das auch problemlos. Für die Flächenintegrale links ist das jedoch nicht ohne weiteres zu erkennen, da z.B. die Flächeninhalte bei dieser Approximation nicht unbedingt gegen den Flächeninhalt von ∂M konvergieren.

Trotzdem ist der Grundgedanke dieser Approximation in Ordnung. Er führt - über Zusatzüberlegungen - zum Gaußschen Integralsatz für Bereiche mit "stückweise glattem Rand". Dies wird im folgenden beschrieben.

---

[1] gemeint ist hier Riemann-meßbar (s. Bd. I, Abschn. 7.2.1)

Definition 3.2 Eine kompakte Menge $B \subset \mathbb{R}^3$ heißt ein Bereich mit stückweise glattem Rand, wenn sie von der Form $B = \overline{B}_0$ (B_0 offen) ist und ∂B eine "Fläche" ist, d.h. sich aus endlich vielen Flächenstücken zusammensetzt (s. Fig. 3.4). Jede Parameterdarstellung $\underline{f} : \overline{D} \to \mathbb{R}^3$ eines solchen Flächenstückes sei stetig differenzierbar, umkehrbar eindeutig auf $\overline{D}$ und erfülle $\operatorname{Rang} \underline{f}' = 2$ auf ganz $\overline{D}$. D sei dabei ein Gebiet, das von endlich vielen stückweise glatten Kurven berandet wird. Die Normalenvektoren auf ∂B weisen nach außen.

∂B wird die Oberfläche des Bereiches genannt.

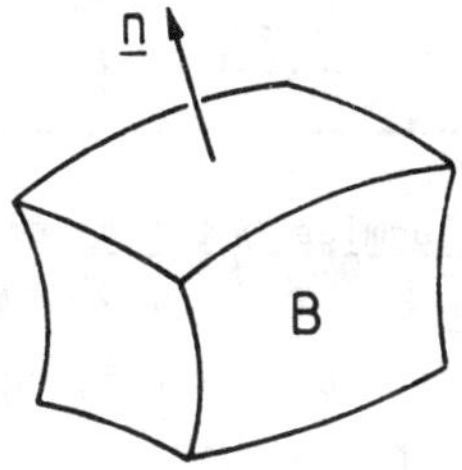

Fig. 3.4: Bereich mit stückweise glattem Rand

Bemerkung: (a) Quader, Kugeln, Kegel, Prismen, platonische Körper usw., sowie Zusammensetzungen daraus, fallen unter die obige Definition. Dies, wie auch Figur 3.4 machen deutlich, daß praktisch alle Fälle technischer und physikalischer Anwendungen darunter fallen.

(b) B ist meßbar (d.h. B hat ein wohldefiniertes Volumen, denn der Rand ∂B ist eine Nullmenge; vgl. Bd. I, Abschn. 7.2.1). Damit folgt

Satz 3.2 Gaußscher Integralsatz. Ist $\underline{V} : B \to \mathbb{R}^3$ ein stetig differenzierbares Vektorfeld auf einem Bereich $B \subset \mathbb{R}^3$ mit stückweise glattem Rand, so gilt

$$\boxed{\iint_{\partial B} \underline{V} \cdot d\underline{\sigma} = \iiint_{B} \operatorname{div} \underline{V} \, d\tau} \qquad (3.15)$$

Der Beweis wird im Abschnitt 3.1.4 geführt.

Wichtig für den Anwender ist die physikalische Deutung, die im folgenden noch einmal an Hand von Strömungen gegeben wird.

Physikalische Interpretation des Gaußschen Satzes. Es sei $\underline{V}$ wieder ein Geschwindigkeitsfeld einer strömenden Flüssigkeit (oder eines Gases). Das Flächenintegral links in (3.15) ergibt den Überschuß an Flüssigkeitsvolumen, das aus B pro Zeiteinheit herausströmt (also Herausfließendes minus Hineinfließendes). Rechts in (3.15) steht die "Summe"[1] der Ergiebigkeiten aller Quellen oder Senken (bei Senken "negative Ergiebigkeit"). Somit

> *Der Überschuß des ausströmenden Flüssigkeitsvolumens gleicht dem, was die Quellen insgesamt liefern.*

Punktförmige Quellen, die sich stetig über ganze Gebiete A verteilen ($\operatorname{div} \underline{V}(\underline{x}) > 0$ in ganz A), kommen z.B. vor, wenn man die Flüssigkeit oder das Gas erwärmt, oder - bei Gasen - wenn Expansionen durch Druckunterschiede auftreten.

Analoge Anwendungen gibt es bei Kraftfeldern, insbesondere elektrischen und magnetischen.

Für all dies reichen die betrachteten Bereiche mit stückweise glattem Rand vollständig aus.

Übung 3.2 Verifiziere die Formel (3.15) des Gaußschen Satzes für die Einheitskugel $B = \{\underline{x} \in \mathbb{R}^3 \mid |\underline{x}| \leq 1\}$ und das Vektorfeld $\underline{V}(\underline{x}) = |\underline{x}|^2 \underline{x}$ auf $\mathbb{R}^3$.

3.1.3 Die Kettenregel der Divergenz[2]

Ein C^2-Diffeomorphismus ist eine umkehrbar eindeutige Abbildung $\underline{T} : M^* \to M$, wobei $\underline{T}$ und $\underline{T}^{-1}$ zweimal stetig differenzierbar sind. Damit beweisen wir

Satz 3.3 Es sei $\underline{V} : M \to \mathbb{R}^3$ ($\underline{v} = \underline{V}(\underline{x})$) ein stetig differenzierbares Vektorfeld auf der offenen Menge $M \subset \mathbb{R}^3$. Durch $\underline{T} : M^* \to M$ ($\underline{x} = \underline{T}(\underline{y})$), sei ein C^2-Diffeomorphismus gegeben. Dann gilt für die Abbildung

---

[1] Man denke an approximierende Riemannsche Summen.

[2] Kann beim ersten Lesen übersprungen werden.

$$\underline{V}^* = (\det \underline{T}')(\underline{T}')^{-1}\underline{V} \circ \underline{T}$$ [1)]

die "Kettenregel der Divergenz":

$$\mathrm{div}_{\underline{y}}\, \underline{V}^*(\underline{y}) = \det \underline{T}'(\underline{y})\, \mathrm{div}_{\underline{x}} \underline{V}(\underline{x}) \quad \text{mit} \quad \underline{x} = \underline{T}(\underline{y}) \ ,$$

oder kürzer geschrieben

$$\boxed{\mathrm{div}_{\underline{y}} \underline{V}^* = (\det \underline{T}')(\mathrm{div}_{\underline{x}} \underline{V}) \circ \underline{T}} \quad . \tag{3.16}$$

(Die Indizes $\underline{y}$ und $\underline{x}$ an div markieren die Variablen, nach denen differenziert wird.)

Beweis: Es seien $\underline{V}_i$, $\underline{V}_i^*$, $\underline{x}_i$, $\underline{y}_i$ $(i = 1,2,3)$ die Komponenten von $\underline{V}$, $\underline{V}^*$, $\underline{x}$ und $\underline{y}$. Wir legen die explizite Darstellung von $\underline{V}^*$ in Abschnitt 2.2.3, Folgerung 2.1, (2.38), zu Grunde und berechnen damit

$$V^*_{1,y_1} = \frac{\partial}{\partial y_1} \det\left(\underline{V} \circ \underline{T}, \underline{T}_{y_2}, \underline{T}_{y_3}\right) \overset{2)}{=} \det\left(\frac{\partial}{\partial y_1}\underline{V} \circ \underline{T}, \underline{T}_{y_2}, \underline{T}_{y_3}\right) + D_{21} + D_{31}$$

mit $D_{21} := \det\left(\underline{V} \circ \underline{T}, \underline{T}_{y_2 y_1}, \underline{T}_{y_3}\right)$, $D_{31} := \det\left(\underline{V} \circ \underline{T}, \underline{T}_{y_2}, \underline{T}_{y_3 y_1}\right)$.

Entsprechend werden $\underline{V}^*_{2,y_2}$ und $\underline{V}^*_{3,y_3}$ gebildet. Bei der Summation der $\underline{V}^*_{i,y_i}$ heben sich alle D_{ik} weg. Mit $\frac{\partial}{\partial y_i}\underline{V} \circ \underline{T}(\underline{y}) = \underline{V}'(\underline{x})\underline{T}_{y_i}(\underline{y})$, $\underline{x} = \underline{T}(\underline{y})$, (nach üblicher Kettenregel), folgt damit

$$\mathrm{div}_{\underline{y}} \underline{V}^* = V^*_{1,y_1} + V^*_{2,y_2} + V^*_{3,y_3} = \tag{3.17}$$

$$= \det\left(\underline{V}'\underline{T}_{y_1}, \underline{T}_{y_2}, \underline{T}_{y_3}\right) + \det\left(\underline{T}_{y_1}, \underline{V}'\underline{T}_{y_2}, \underline{T}_{y_3}\right) + \det\left(\underline{T}_{y_1}, \underline{T}_{y_2}, \underline{V}'\underline{T}_{y_3}\right) ,$$

wobei Variablenangaben $(\underline{x})$ nach $\underline{V}'$ und $(\underline{y})$ nach $\underline{T}_{y_i}$ weggelassen sind. Setzt man im folgenden Hilfssatz nun $A = \underline{T}'$ und $B = \underline{V}'$, so folgt (3.16). □

Hilfssatz 3.1 Für je zwei reelle $n \times n$-Matrizen $A = (\underline{a}_1, \ldots, \underline{a}_n)$ und $B = (b_{ik})_{n,n}$ gilt die Formel

$$\boxed{\sum_{k=1}^{n} \det\left(\underline{a}_1, \ldots, \underline{a}_{k-1}, B\underline{a}_k, \underline{a}_{k+1}, \ldots, \underline{a}_n\right) = (\det A) \sum_{i=1}^{n} b_{ii}} \quad . \tag{3.18}$$

[1)] $\underline{V}^*$ ist uns bei der Transformation von Flächenintegralen schon begegnet, s. Abschn. 2.2.3.

[2)] Zur Erinnerung sei die Ableitungsregel für Determinanten erwähnt: $\det'(\underline{u},\underline{v},\underline{w}) = \det(\underline{u}',\underline{v},\underline{w}) + \det(\underline{u},\underline{v}',\underline{w}) + \det(\underline{u},\underline{v},\underline{w}')$.

Beweis: Im Falle $\sum_{i=1}^{n} b_{ii} \neq 0$ dividiert man die linke Seite von (3.18) durch die Summe und nennt den Quotienten $f(\underline{a}_1,\dots,\underline{a}_n)$. Die Funktion f ist zweifellos in jeder Variablen $\underline{a}_i$ linear, ferner alternierend (Vertauschung zweier Variabler ändert das Vorzeichen), und es gilt $\underline{f}(\underline{e}_1,\dots,\underline{e}_n) = 1$ ($\underline{e}_i$ Koordinaten-Einheitsvektoren). Nach dem Eindeutigkeitssatz für Determinanten (Bd. II, Abschn. 3.4.2, Satz 3.13) ist damit $f(\underline{a}_1,\dots,\underline{a}_n) = \det A$, d.h. es gilt (3.18). Den Fall $\sum_{i=1}^{n} b_{ii} = 0$ gewinnt man durch Grenzübergang. □

3.1.4 Beweis des Gaußschen Integralsatzes für Bereiche mit stückweise glattem Rand[1)]

Wir wollen eine Menge $B \subset \mathbb{R}^3$ einen Gaußschen Bereich nennen, wenn für jedes stetig differenzierbare Vektorfeld $\underline{V}$ auf B der Gaußsche Integralsatz gilt, d.h.

$$\iint_{\partial B} \underline{V}(\underline{x}) \cdot d\underline{\sigma} = \iiint_{B} \operatorname{div} \underline{V}(\underline{x})\, d\tau \,. \tag{3.19}$$

Dabei ist ∂B eine Fläche mit nach außen weisenden Normalen.

Bisher wissen wir nur, daß achsenparallele Quader Gaußsche Bereiche sind. Von ihnen gehen wir aus. Durch Verformen und Zusammensetzen gelangt man zu allgemeinen Gaußschen Bereichen. Der folgende Satz erlaubt weitreichende Verformungen.

Satz 3.4 Transformation Gaußscher Bereiche. Ist B^* ein Gaußscher Bereich und $\underline{T} : B^* \to B$ ein C^2-Diffeomorphismus[2)] mit $\det \underline{T}' > 0$, so ist auch der Bildbereich B ein Gaußscher Bereich.

Beweis: (I) Es sei $\underline{V} : B \to \mathbb{R}^3$ ein beliebiges stetig differenzierbares Vektorfeld. Mit der Transformationsformel für Flächenintegrale (Abschn. 2.2.3, (2.37)) gilt

$$\iint_{\partial B} \underline{V} \cdot d\underline{\sigma} = \iint_{\partial B^*} \underline{V}^* \cdot d\underline{\sigma}^* \overset{(a)}{=} \iiint_{B^*} \operatorname{div} \underline{V}^*\, d\tau^{*\,3)} \quad (\text{mit } \underline{V}^* = \det \underline{T}'(\underline{T}')^{-1} \underline{V} \circ \underline{T}) \,. \tag{3.20}$$

---

1) Der anwendungsorientierte Leser kann diesen Abschnitt überschlagen.

2) $\underline{T}$ umkehrbar eindeutig; $\underline{T}, \underline{T}^{-1}$ zweimal stetig differenzierbar.

3) $d\tau^*$ ist das Volumenelement in B^*.

Aus der Tatsache, daß die Normalenvektoren von ∂B nach außen weisen, folgt das gleiche für ∂B^* (wir beweisen dies später in (II)). Die Gleichung (a) gilt, da B^* als Gaußscher Bereich vorausgesetzt ist.

Durch Anwendung der Kettenregel für die Divergenz (Abschn. 3.1.3) und dann der Transformationsformel für Bereichsintegrale[1] folgt

$$\iiint\limits_{B^*} \operatorname{div} \underline{V}^* d\tau^* = \iiint\limits_{B^*} (\operatorname{div} \underline{V}) \circ \underline{T} \underbrace{(\det \underline{T}') d\tau^*}_{d\tau} = \iiint\limits_{B} \operatorname{div} \underline{V} \, d\tau$$

und damit

$$\iint\limits_{\partial B} \underline{V} \cdot d\underline{\sigma} = \iiint\limits_{B} \operatorname{div} \underline{V} d\tau \ .$$

B ist also ein Gaußscher Bereich.

(II) Nachtrag: Es bleibt zu beweisen, daß die Normalenvektoren auf ∂B^* nach außen weisen, wobei vorausgesetzt ist, daß dies für ∂B gilt.

Man sieht das so ein: Ist $\underline{f}^*$ Parameterdarstellung eines Flächenstükkes von ∂B^*, so $\underline{f} = \underline{T} \circ \underline{f}^*$ entsprechend von ∂B. Wir betrachten $\underline{f}_u = \underline{T}'\underline{f}_u^*$, $\underline{f}_v = \underline{T}'\underline{f}_v^*$ in einem Punkt $\underline{x}_0 = \underline{T}(\underline{x}_0^*)$ von ∂B. Mit einem kleinen Vektor $\Delta\underline{x}^* = \underline{x}^* - \underline{x}_0^*$ $(\underline{x}^* \in \mathring{B}^*)$, der von $\underline{x}_0^*$ aus in $\mathring{B}^*$ hineinragt (in umgekehrter Normalenrichtung) weist auch $\Delta\underline{x} = \underline{T}'\Delta\underline{x}^* \approx$ $\approx \underline{T}(\underline{x}^*) - \underline{T}(\underline{x}_0^*)$ von $\underline{x}_0$ aus in $\mathring{B}$[2] hinein. Es gilt daher $(\underline{f}_u \times \underline{f}_v) \cdot \Delta\underline{x} < 0$, weil $\underline{f}_u \times \underline{f}_v$ nach außen weist. Damit folgt

$$\begin{aligned} 0 > (\underline{f}_u \times \underline{f}_v) \cdot \Delta\underline{x} &= \det(\underline{f}_u, \underline{f}_v, \Delta\underline{x}) = \det(\underline{T}'\underline{f}_u^*, \underline{T}'\underline{f}_v^*, \underline{T}'\Delta\underline{x}^*) \\ &= (\det \underline{T}') \det(\underline{f}_u^*, \underline{f}_v^*, \Delta\underline{x}^*) = (\det \underline{T}')(\underline{f}_u^* \times \underline{f}_v^*) \cdot \Delta\underline{x}^* \ . \end{aligned} \tag{3.21}$$

Wegen $\det \underline{T}' > 0$ gilt also $(\underline{f}_u^* \times \underline{f}_v^*) \cdot \Delta\underline{x}^* < 0$, d.h. $\underline{f}_u^* \times \underline{f}_v^*$ weist nach außen, folglich auch der zugehörige Normalenvektor
$\underline{n}^* = \underline{f}_u^* \times \underline{f}_v^* / |\underline{f}_u^* \times \underline{f}_v^*|$. □

Ferner gilt die einfache

Folgerung 3.2 Setzt man zwei Gaußsche Bereiche B_1, B_2 zu einem Bereich $B = B_1 \cup B_2$ zusammen, wobei $B_1 \cap B_2$ ein Flächenstück F aus $\partial B_1 \cap \partial B_2$ ist, so ist auch B ein Gaußscher Bereich, (s. Fig. 3.5).

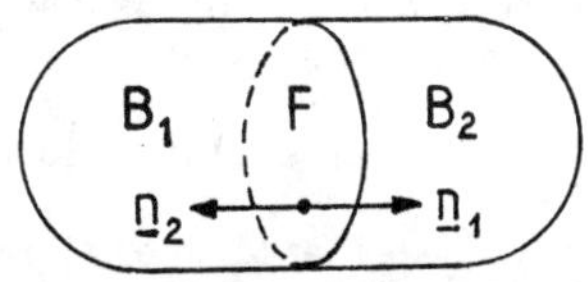

Fig. 3.5: Zusammensetzen Gaußscher Bereiche

Beweis: Die Aussage folgt aus der Tatsache, daß sich bei der Summation der Formeln des Gaußschen Satzes für B_1 und B_2 die Flächenintegrale über F herausheben. □

Satz 3.4 und Folgerung 3.2 liefern nun alles Wünschenswerte!

---

[1] Bd. I, Abschn. 7.2.3, Satz 7.13

[2] $\mathring{B}$ ist das Innere von B.

Zunächst: Durch Bewegungen ($\underline{T}(\underline{x}) = A\underline{x} + \underline{b}$, A orthogonal, det A = 1) oder allgemeiner affine Verzerrungen ($\underline{T}(\underline{x}) = A\underline{x} + \underline{b}$, det A > 0) gehen Gaußsche Bereiche in Gaußsche Bereiche über.

Ferner betrachten wir die folgenden wichtigen Beispiele.

Beispiele 3.1 (a) In Figur 3.6 sei F der Graph einer zweimal stetig differenzierbaren Funktion $z = g(x,y) > 0$. Der Quader Q wird durch

$$\underline{T}(x,y,z) = \left[x, y, \frac{1}{h} g(x,y)\right]^T$$

auf den Bereich B , der unterhalb von F in Q liegt, gestaucht. B ist also Gaußscher Bereich. Ist g nur einmal stetig differenzierbar, erhalten wir das gleiche Ergebnis, indem wir g durch eine Folge (g_n) approximieren ($g_n \to g$, $g_n' \to g'$ gleichmäßig, g_n zweimal stetig differenzierbar).[1]

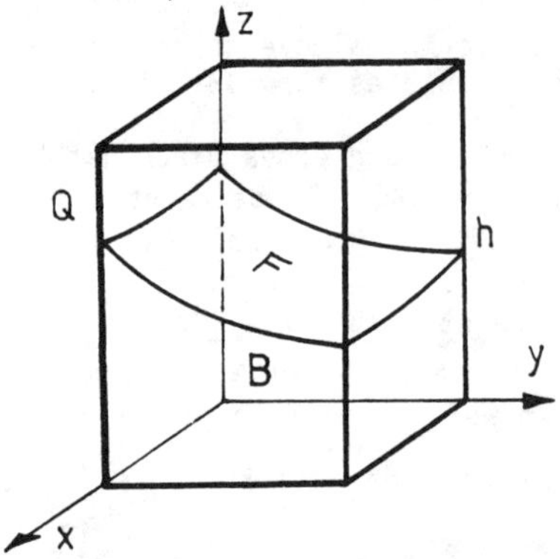

Fig. 3.6: Stauchung von Q auf B

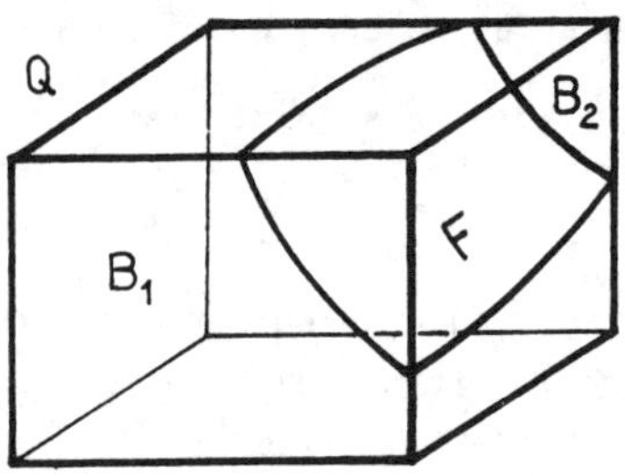

Fig. 3.7: Zerlegung von Q in zwei Bereiche durch das Flächenstück F

(b) Zerlegt ein "nahezu ebenes" Flächenstück F einen Quader Q in zwei zusammenhängende Bereiche B_1, B_2 (s. Fig. 3.7), so ist jeder dieser Bereiche ein Gaußscher Bereich. "Nahezu eben" soll bedeuten, daß F als Graph einer stetig differenzierbaren Funktion $z = g(x,y)$ aufgefaßt werden kann (wobei x,y,z auch die Rollen tauschen können), und $\partial Q \cap F$ eine stückweise glatte Jordankurve ist. - Begründung:

Man wähle eine (feine) Quaderzerlegung von Q und entferne zunächst alle Teilquader, die die "Randkurve" $\partial Q \cap F$ schneiden. Jeden weiteren Teilquader Q_k , der F schneidet, verlängere man zu einer "Säule", indem man alle darüber- und darunterliegenden Quader "anklebt".[2] Der unter F liegende Teil der Säule ist nach (a) ein Gaußscher Bereich. Diese Bereiche und alle restlichen Quader, die in B_1 liegen, bilden zusammen einen Gaußschen Bereich, der gleich B_1 ohne die $\partial Q \cap F$ schneidenden Teilquader ist. Grenzübergang (beliebige Verfeinerung) ergibt, daß B_1 Gaußscher Bereich ist (B_2 analog).

Damit setzen wir den strahlenden Schlußpunkt:

1) [35] , 2) "drüber" und "drunter" bez. einer senkrechten z-Achse

Beweis des Satzes 3.2 (Gaußscher Integralsatz für Bereiche mit stückweise glattem Rand). Man bettet B in einen Quader Q ein: $B \subset Q$, zerlegt diesen in endlich viele Teilquader und betrachtet die Teilquader, die B schneiden. Sie seien $Q_1,\dots,Q_n$ genannt.

Zunächst nehmen wir alle Quader Q_k weg, die Kanten[1] von B schneiden.

Die übrigen Q_k liegen entweder ganz oder teilweise in B. Von jedem Teilquader Q_k der letzteren Art können wir annehmen, daß er von ∂B in zwei zusammenhängende Teile zerlegt wird. (Denn $\partial B \cap Q_k$ ist bei genügend feiner Quaderzerlegung nahezu eben. Eine geringfügige Vergrößerung von Q_k in den Außenraum von B hinein tut evtl. das übrige). Jeder dieser Teile ist daher ein Gaußscher Bereich (s. Beisp. 3.1(b)).

Damit ist die Vereinigung aller $Q_k \cap B \neq \emptyset$, die keine Kantenstücke von B enthalten, ein Gaußscher Bereich. Die $Q_k \cap B$, die Kantenstücke von B enthalten, liefern bei Flächen- und Raumintegralen aber beliebig kleine Anteile, wenn die Quaderzerlegung genügend fein ist. Grenzübergang (d.h. maximale Kantenlänge der Teilquader gegen Null) ergibt dann die Gültigkeit des Gaußschen Satzes für B. □

Folgerung 3.3 Der Gaußsche Integralsatz gilt für alle Polyeder. (Ein "Polyeder" ist eine kompakte Menge $M \subset \mathbb{R}^3$ mit $M = \overline{M_0}$ (M_0 offen), die von endlich vielen Ebenenstücken berandet wird.)

3.1.5 Gaußscher und Greenscher Integralsatz in der Ebene

Aus dem Gaußschen Integralsatz im $\mathbb{R}^3$ gewinnt man den Gaußschen Integralsatz im $\mathbb{R}^2$ durch geeignete Reduzierung um eine Koordinate. Dies geschieht auf folgende Weise:

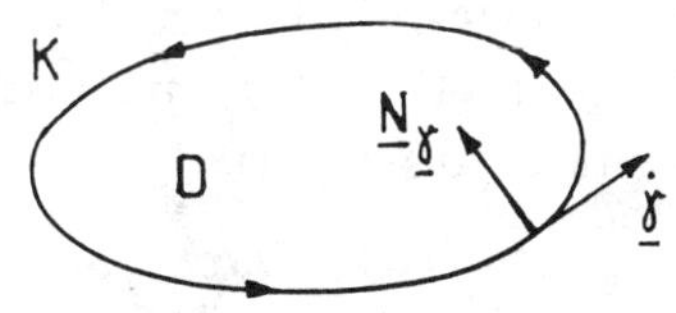

Es sei D ein beschränktes, einfach zusammenhängendes Gebiet im $\mathbb{R}^2$, welches von einer geschlossenen, stückweise glatten Kurve $K: \underline{x} = \underline{\gamma}(t)$, $a \leq t \leq b$, berandet ist. Dabei soll D "links von der Kurve liegen". (D.h. der Normalenvektor $\underline{N}_\gamma(t)$ weist, von $\underline{x} = \underline{\gamma}(t)$ aus gesehen, in D hinein). Man sagt auch: "D wird von der Kurve positiv umlaufen".

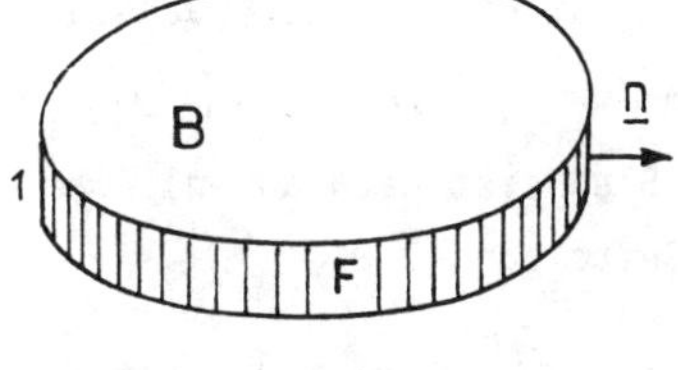

Fig. 3.8: Bereich B

[1] d.s. die Ränder der Flächenstücke, aus denen sich ∂B zusammensetzt.

Auf $\bar{D}$ sei ein stetig differenzierbares Vektorfeld $\underline{V}$ gegeben:

$$\underline{V} = \begin{bmatrix} V_1 \\ V_2 \end{bmatrix} : \bar{D} \longrightarrow \mathbb{R}^2 .$$

Wir bilden nun aus $\bar{D}$ den räumlichen Bereich

$$B = \bar{D} \times [0,1] = \left\{ \begin{bmatrix} x \\ y \\ z \end{bmatrix} \;\middle|\; \begin{bmatrix} x \\ y \end{bmatrix} \in D \ , \ z \in [0,1] \right\} ,$$

d.h. $\bar{D}$ wird in eine "Scheibe der Dicke 1" verwandelt, wobei "Boden" und "Deckel" der Scheibe die Form von $\bar{D}$ haben, (s. Fig. 3.8). Ferner erweitern wir $\underline{V}$ um die Komponente $V_3 = 0$:

$$\tilde{\underline{V}} := \begin{bmatrix} V_1 \\ V_2 \\ 0 \end{bmatrix} : B \longrightarrow \mathbb{R}^3 \tag{3.22}$$

und wenden den Gaußschen Integralsatz an:

$$\iint\limits_{\partial B} \tilde{\underline{V}} \cdot d\underline{\sigma} = \iiint\limits_{B} \operatorname{div} \tilde{\underline{V}} \cdot d\tau . \tag{3.23}$$

Beim Flächenintegral links heben sich die Anteile bez. Boden und Deckel weg, da die zugehörigen Normalenvektoren entgegengesetzt sind, aber sonst alles gleich ist (insbesondere $\tilde{\underline{V}}(x,y,0) = \tilde{\underline{V}}(x,y,1)$). Bezeichnet $F = K \times [0,1]$ die "Mantelfläche" der Scheibe (in Fig. 3.8 schraffiert), so folgt aus (3.23)

$$\iint\limits_{F} \tilde{\underline{V}} \cdot d\underline{\sigma} = \iiint\limits_{B} \operatorname{div} \tilde{\underline{V}} \cdot d\tau . \tag{3.24}$$

F hat die Parameterdarstellung $\underline{f}(t,z) = [\gamma_1(t), \gamma_2(t), z]^T$ mit $a \leq t \leq b$, $0 \leq z \leq 1$, woraus man die Flächennormale $\underline{n} = [\dot{\gamma}_2, -\dot{\gamma}_1, 0]^T$ berechnet. (Sie weist nach außen). Damit wird $d\underline{\sigma} = \underline{n}\,dt\,dz$, also gilt für die linke Seite von (3.24)

$$\iint\limits_{F} \tilde{\underline{V}}(\underline{\gamma}(t)) \cdot \underline{n}(t)\,dt\,dz = \int\limits_0^1 \int\limits_a^b \left[V_1(\underline{\gamma}(t))\dot{\gamma}_2(t) - V_2(\underline{\gamma}(t))\dot{\gamma}_1(t) \right] dt\,dz .$$

Die äußere Integration $\int_0^1 \ldots dz$ kann dabei gestrichen werden, da der Integrand nicht von z abhängt. Setzt man ferner $\operatorname{div}\tilde{\underline{V}} = V_{1,x} + V_{2,y}$ in die rechte Seite ein, so folgt nach Ausrechnung des Integrals:

Satz 3.5 Gaußscher Integralsatz in der Ebene. Es sei $\underline{V} = \begin{bmatrix} V_1 \\ V_2 \end{bmatrix} : \bar{D} \to \mathbb{R}^2$ ein stetig differenzierbares Vektorfeld, wobei das einfach zusammenhängende Gebiet D durch die stückweise glatte Kurve $K : \underline{\gamma} = \begin{bmatrix} \gamma_1 \\ \gamma_2 \end{bmatrix} : [a,b] \to \mathbb{R}^2$ berandet wird, die D positiv umläuft. Damit gilt

$$\int_a^b \left[V_1(\underline{\gamma}(t))\dot{\gamma}_2(t) - V_2(\underline{\gamma}(t))\dot{\gamma}_1(t)\right]dt = \iint_{\bar{D}} \left[V_{1,x}(x,y) + V_{2,y}(x,y)\right]d(x,y) \tag{3.25}$$

Mit

$$\boxed{\operatorname{div}\underline{V} := V_{1,x} + V_{2,y}} \, , \tag{3.26}$$

(analog zum $\mathbb{R}^3$) und den Symbolen $dx = \dot{\gamma}_1(t)dt$, $dy = \dot{\gamma}_2(t)dt$ beschreibt man (3.25) auch in der prägnanten Form

$$\boxed{\int_K \left(V_1 dy - V_2 dx\right) = \iint_{\bar{D}} \operatorname{div}\underline{V}\, d(x,y)}^{\,1)} \, . \tag{3.27}$$

Nimmt man folgende Umbenennung vor:

$$W_1 = V_2 \quad , \quad W_2 = -V_1 \qquad , \quad \underline{W} = \begin{bmatrix} W_1 \\ W_2 \end{bmatrix} ,$$

so folgt:

Greenscher Integralsatz in der Ebene

$$\boxed{\int_K \left(W_1 dx + W_2 dy\right) = \int_{\bar{D}} \left(W_{2,x} - W_{1,y}\right) d(x,y)}^{\,2)} \, . \tag{3.28}$$

Bemerkung: Beide Integralsätze, (3.27) und (3.28) gelten auch für Gebiete G , die sich in endlich viele einfach zusammenhängende Gebiete D_k zerlegen lassen, wobei die D_k stückweise glatt berandet sind.

---

1) Das Kurvenintegral links heißt Fluß von $\underline{V}$ durch K (s. Abschn. 3.1.1)

2) Das Kurvenintegral links heißt Zirkulation von $\underline{V}$ längs K (s.Abschn. 3.2.2)

Dabei ist links über den gesamten Rand von G zu integrieren, wobei die Orientierungen der Randkurven von den Randkurven auf ∂D_k erzeugt werden, (s. Fig. 3.9). D.h. G liegt stets "links" von den Randkurven auf ∂G .

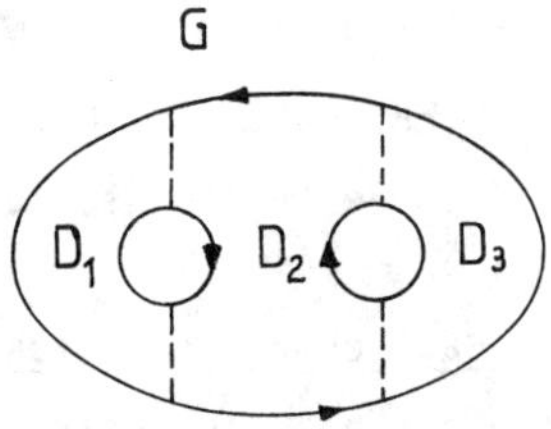

Fig. 3.9: Integrationsbereich, nicht einfach zusammenhängend

Übung 3.3 Verifiziere den Gaußschen Integralsatz der Ebene für die Einheitskreisscheibe D und

$V_1(x,y) = x^2 - 5xy + 3y$,

$V_2(x,y) = 6xy^2 - x$.

3.1.6 Der Gaußsche Integralsatz für Skalarfelder

Es sei $\varphi : B \longrightarrow \mathbb{R}$ ein stetig differenzierbares Skalarfeld auf einem Gaußschen Bereich $B \subset \mathbb{R}^3$. Mit einem beliebigen Vektor $\underline{a} \in \mathbb{R}^3$ bilden wir das Vektorfeld $\underline{V} = \varphi \underline{a}$ auf B und schreiben dafür den Gaußschen Integralsatz hin

$$\iint_{\partial B} \varphi(\underline{x})\, \underline{a} \cdot d\underline{\sigma} = \iiint_B \operatorname{div}\left(\varphi(\underline{x})\, \underline{a}\right) d\tau \ . \tag{3.29}$$

Mit $\underline{a} = \left[a_1, a_2, a_3\right]^T$ errechnet man

$$\operatorname{div}(\varphi \underline{a}) = a_1 \varphi_x + a_2 \varphi_y + a_3 \varphi_z = \underline{a} \cdot \operatorname{grad} \varphi \ ,$$

also folgt aus (3.29):

$$\underline{a} \cdot \iint_{\partial B} \varphi(\underline{x})\, d\underline{\sigma} = \underline{a} \cdot \iiint_B \operatorname{grad} \varphi(\underline{x})\, d\tau \tag{3.30}$$

mit $d\underline{\sigma} = \underline{n}\, d\sigma$, wobei $\underline{n}$ die nach außen weisende Normale auf ∂B bezeichnet. Die Integrale werden komponentenweise gebildet. Da (3.30) für alle $\underline{a} \in \mathbb{R}^3$ gilt, erhält man:

Gaußscher Integralsatz für Skalarfelder

$$\iint_{\partial B} \varphi(\underline{x})\, d\underline{\sigma} = \iiint_B \operatorname{grad}\, \varphi(\underline{x})\, d\tau \tag{3.31}$$

Bemerkung: Setzt sich ∂B aus den Flächenstücken $F_i : \underline{f}^{(i)}: \bar{D}_i \to \mathbb{R}^3$ zusammen, so lautet die Formel explizit:

$$\sum_i \iint_{F_i} \varphi\left(\underline{f}^{(i)}(u,v)\right)\left(\underline{f}_u^{(i)} \times \underline{f}_v^{(i)}\right)(u,v)\, d(u,v) = \begin{bmatrix} \iiint \varphi_x(\underline{x})\, d\tau \\ \iiint \varphi_y(\underline{x})\, d\tau \\ \iiint \varphi_z(\underline{x})\, d\tau \end{bmatrix}$$

Alle Volumenintegrale $\iiint$ werden dabei über B genommen.

Folgerung 3.4 Für jeden Bereich $B \subset \mathbb{R}^3$ mit stückweise glattem Rand gilt

$$\iint_{\partial B} d\underline{\sigma} = \underline{0} \; .$$

Beweis: Dies folgt unmittelbar aus (3.31) mit $\varphi(\underline{x}) \equiv 1$.

Beispiel 3.2 Auftrieb eines schwimmenden Körpers. Ein physikalischer Körper, der den Raumbereich $B \subset \mathbb{R}^3$ ausfüllt, schwimme in einer Flüssigkeit mit dem spezifischen Gewicht ρ Dabei befinde sich der Teil B^* von B unter der Flüssigkeitsoberfläche, der Rest darüber, (s. Fig. 3.10)[1]. Der Druck der Flüssigkeit wird durch die skalare Funktion

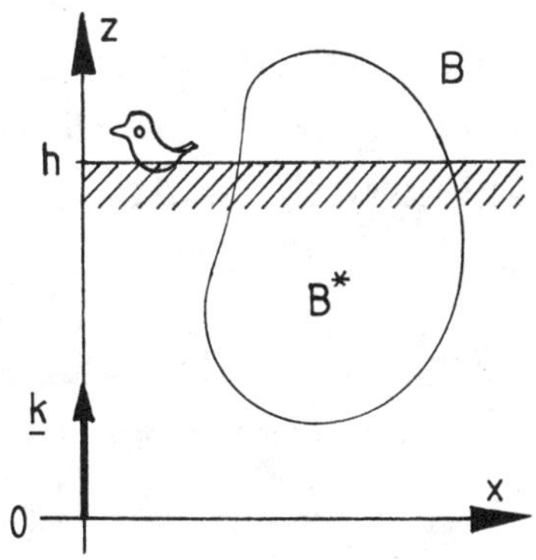

Fig. 3.10: Zum Auftrieb eines schwimmenden Körpers

$$p(\underline{x}) = \begin{cases} p_0 & \text{für } z \geqq h\,, \\ p_0 + \rho\cdot(h-z) & \text{für } z \leqq h\,, \end{cases} \quad \text{mit } \underline{x} = \begin{bmatrix} x \\ y \\ z \end{bmatrix},$$

[1] B und B^* werden als Gaußsche Bereiche angesehen.

wobei p_0 der (Luft-)druck über der Oberfläche ist und h die Höhe der Oberfläche auf der senkrechten z-Achse, (s. Fig. 3.10). Der Auftrieb $\underline{A}$ des Körpers ist die durch den Druck erzeugte Kraft

$$\underline{A} = -\iint_{\partial B} p(\underline{x})\, d\underline{\sigma} ,$$

wie die Physik lehrt. (Das Minuszeichen rührt daher, daß der Druck der nach außen gerichteten Flächennormalen entgegenwirkt.) Es folgt nach (3.31):

$$\underline{A} = -\iint_{\partial B} p(\underline{x})\, d\underline{\sigma} = -\iiint_{B} \operatorname{grad} p(\underline{x})\, d\tau = -\iiint_{B^*} \operatorname{grad} p(\underline{x})\, d\tau .$$

Die letzte Gleichung gilt, da $\operatorname{grad} p(\underline{x}) = 0$ für $z \geq h$ ist. Setzt man den Ausdruck für $p(\underline{x})$ ein, so folgt

$$\underline{A} = \iiint_{B^*} \rho \underline{k}\, d\tau = \rho \underline{k} \iiint_{B^*} d\tau = \rho \underline{k}\, V(B^*) ,$$

wobei $V(B^*)$ das Volumen von B^* ist. Damit ist $m(B^*) := \rho V(B^*)$ das Gewicht der von B^* verdrängten Flüssigkeit, und es folgt das Archimedesche Auftriebsgesetz

$$\underline{A} = m(B^*)\underline{k} ,$$

d.h.: *Die nach oben gerichtete Auftriebskraft eines Körpers ist betragsmäßig gleich dem Gewicht der verdrängten Flüssigkeit.*

Übungen

3.4 * Wie tief taucht eine kugelförmige Boje mit Radius $r > 0$ ins Wasser? Dabei sei ρ das spezifische Gewicht des Wassers und $V \left(= \frac{4}{3}\pi r^3\right)$ das Volumen der Kugel, $G > 0$ das Gewicht der Kugel und $\frac{G}{V} < \rho$.

3.5 Verifiziere (3.31) für die Einheitskugel B und $\varphi(\underline{x}) = |\underline{x}|^2$.

3.2 DER STOKES'SCHE INTEGRALSATZ

Der Stokessche Satz läßt sich gut an Hand strömender Flüssigkeiten oder Gase erläutern. Er lautet, umgangssprachlich ausgedrückt:

> *Die Umströmung einer Fläche (Zirkulation genannt) resultiert aus den Wirbeln in den Punkten der Fläche.*

Er wird im folgenden physikalisch erläutert und mathematisch exakt gefaßt.

3.2.1 Einfache Flächenstücke

Die Flächenstücke, mit denen wir im folgenden arbeiten, sollen stückweise glatt berandet sein und zunächst auch einfach zusammenhängend. Dies ist so erklärt:

Definition 3.3 Ein Flächenstück F heißt stückweise glatt berandet, wenn es durch eine Parameterdarstellung $\underline{f} : \overline{D} \longrightarrow \mathbb{R}^3$ beschrieben werden kann mit folgenden Eigenschaften:

(a) D ist ein Gebiet[1] im $\mathbb{R}^2$, das von endlich vielen geschlossenen Jordankurven berandet ist, die stückweise glatt und "positiv orientiert" sind (d.h. D liegt "links" von den Kurven, vgl. Abschn. 3.1.5).

(b) $\underline{f} : \overline{D} \longrightarrow \mathbb{R}^3$ ist eineindeutig, und es gilt $\operatorname{Rang} \underline{f}' = 2$ auf ganz $\overline{D}$.

(c) Der Rand $\partial F := \underline{f}(\partial D)$ des Flächenstückes besteht somit aus endlich vielen geschlossenen Jordankurven, die entsprechend den Urbildkurven auf ∂D orientiert sind.

Flächenintegrale über F und Kurvenintegrale über ∂F beziehen sich im folgenden stets auf die beschriebene Parameterdarstellung und Orientierung.

[1] D.h. offen und zusammenhängend.

(d) F heißt zusätzlich einfach zusammenhängend, wenn dies für D gilt. Das bedeutet, daß D , wie auch F , nur von einer geschlossenen Jordankurve berandet ist.

(e) Ein Flächenstück nennen wir kurz einfach, wenn es stückweise glatt berandet und einfach zusammenhängend ist.

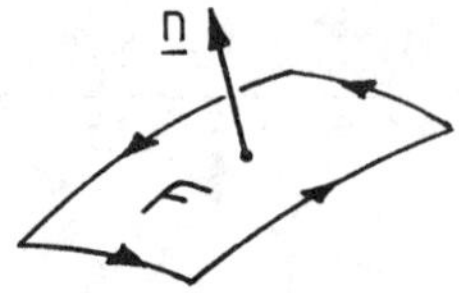

Fig. 3.11: Einfaches Flächenstück

3.2.2 Zirkulation, Wirbelstärke, Rotation[1)]

Am Beispiel strömender Flüssigkeiten (oder Gase) werden im folgenden Begriffe, Zusammenhänge und schließlich der Stokessche Satz entwickelt.

Es sei $\underline{V} : M \to \mathbb{R}^3$ das Geschwindigkeitsfeld einer strömenden Flüssigkeit in der offenen Menge $M \subset \mathbb{R}^3$. $\underline{V}$ sei stetig differenzierbar.

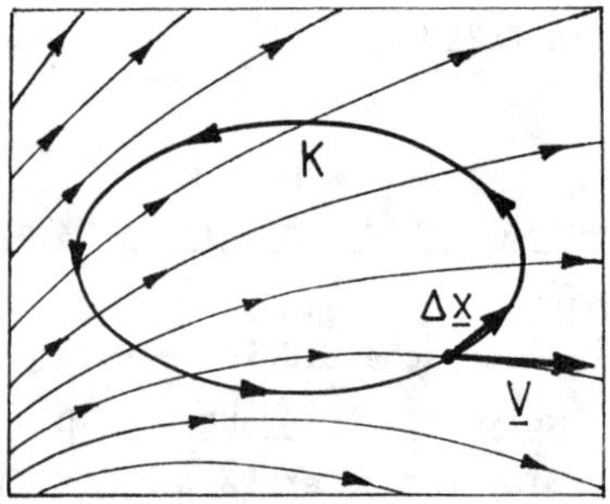

Fig. 3.12: Zur Zirkulation

Zirkulation. In M betrachten wir eine geschlossene orientierte Jordankurve K , die wir als stückweise glatt voraussetzen. Das Kurvenintegral

$$Z = \oint_K \underline{V}(\underline{x}) \cdot d\underline{x} \tag{3.32}$$

nennt man die Zirkulation von $\underline{V}$ längs der Kurve K (oder "bez. K"). Dies wird durch approximierende Riemannsche Summen

$$\sum_i \underline{V}(\underline{x}_i) \cdot \Delta \underline{x}_i \tag{3.33}$$

motiviert. Jeder Summand $\underline{V}(\underline{x}_i) \cdot \Delta \underline{x}_i$ ist eine Geschwindigkeitskomponente in der Durchlaufungsrichtung der Kurve. Die Summierung ergibt ein Maß

[1)] Der Leser, der hauptsächlich an mathematischer Systematik und Beweisökonomie interessiert ist (ohne physikalische Motivation) kann gleich mit Satz 3.7 im Abschnitt 3.2.4 fortfahren.

dafür, wie stark die Kurve umströmt wird, d.h. wie stark die Flüssigkeit längs der Kurve "zirkuliert".

Wirbelstärke. In unserer Strömung mit dem Geschwindigkeitsfeld $\underline{V} : M \longrightarrow \mathbb{R}^3$ betrachten wir ein einfaches Flächenstück F[1] und berechnen die Zirkulation entlang der Randkurve ∂F :

$$Z = \oint_{\partial F} \underline{V}(\underline{x}) \cdot d\underline{x} \,. \quad ^{2)} \tag{3.34}$$

Wir dividieren nun Z durch den Flächeninhalt $\sigma(F)$ des Flächenstückes und erhalten die mittlere Wirbelstärke von $\underline{V}$ bez. F :

$$\frac{1}{\sigma(F)} \oint_{\partial F} \underline{V}(\underline{x}) \cdot d\underline{x} \,.$$

Um zur Wirbelstärke in einem Punkt $\underline{x}_0 \in F$ zu gelangen, liegt es nun nahe, F "auf den Punkt $\underline{x}_0$ zusammenzuziehen". Dabei nehmen wir F als eben an, und die Flächennormale $\underline{n}$ als unveränderlich:

Definition 3.4 Es sei $\underline{V} : M \longrightarrow \mathbb{R}^3$ ($M \subset \mathbb{R}^3$ offen) stetig differenzierbar und $\underline{x}_0$ ein Punkt aus M . Der Grenzwert

$$\boxed{W_{\underline{n}}(x_0) := \lim_{\substack{|F|\to 0 \\ \underline{x}_0 \in F}} \frac{1}{\sigma(F)} \oint_{\partial F} \underline{V}(\underline{x}) \cdot d\underline{x}} \tag{3.35}$$

heißt die Wirbelstärke von $\underline{V}$ in $\underline{x}_0$. Dabei werden mit F ebene einfache Flächenstücke mit $\underline{x}_0 \in F$ bezeichnet, die alle die gleiche Normale $\underline{n}$ haben.[3] $|F|$ symbolisiert den Durchmesser von F und $\sigma(F)$ seinen Flächeninhalt.

Die Existenz des Grenzwertes ergibt sich leicht mit dem Greenschen Satz der Ebene. Wir können nämlich o.B.d.A. annehmen, daß F parallel zur

---

[1] d.h. F ist stückweise glatt berandet und einfach zusammenhängend (s. Abschn. 3.2.1)

[2] Die Orientierung von ∂F wird von der positiven Umlaufung des Parameterbereiches induziert, s. Abschn. 3.2.1.

[3] Die Orientierung der Randkurve ∂F steht mit den Normalenvektor $\underline{n}$ im Einklang; d.h.: Sieht man auf das Flächenstück F in Richtung der Normalen $\underline{n}$, so wird F auf ∂F "im Uhrzeigersinn" umlaufen.

x-y-Ebene liegt,[1] parametrisiert durch x und y selbst, wobei die Randkurve ∂F das Flächenstück positiv umläuft. Mit den Komponentendarstellungen

$$\partial F : \underline{k}(t) = \begin{bmatrix} k_1(t) \\ k_2(t) \\ z_0 \end{bmatrix}, \quad a \leqq t \leqq b \quad \text{und} \quad \underline{V} = \begin{bmatrix} V_1 \\ V_2 \\ V_3 \end{bmatrix}$$

erhält man

$$\oint_{\partial F} \underline{V}(\underline{x}) \cdot d\underline{x} = \int_a^b \underline{V}(\underline{k}) \cdot \dot{\underline{k}} dt \overset{2)}{=} \int_a^b \left(\underline{V}_1(\underline{k}) \cdot \dot{\underline{k}}_1 + \underline{V}_2(\underline{k}) \cdot \dot{\underline{k}}_2\right) dt =$$

$$= \oint_{\partial F} \left(V_1 dx + V_2 dy\right) \overset{\text{Green}}{=} \iint_F \left(V_{2,x} - V_{1,y}\right)(\underline{x}) d(x,y) \text{ mit } \underline{x} = \begin{bmatrix} x \\ y \\ z_0 \end{bmatrix}$$

$$= \sigma(F)\left(V_{2,x} - V_{1,y}\right)(\underline{x}^*) \tag{3.36}$$

Die letzte Gleichung folgt nach dem Mittelwertsatz der Integralrechnung mit einem geeigneten $\underline{x}^* \in F$. Division durch $\sigma(F)$ und Zusammenziehung von F auf einen Punkt $\underline{x}_0$ liefert die Wirbelstärke $W_{\underline{n}}(\underline{x}_0)$ und damit gleichzeitig die Existenz des Grenzwertes (3.35):

$$W_{\underline{n}}(\underline{x}_0) = \left(V_{2,x} - V_{1,y}\right)(\underline{x}_0) \quad \text{mit} \quad \underline{n} = \begin{bmatrix} 0 \\ 0 \\ 1 \end{bmatrix} \tag{3.37}$$

Berechnung der Wirbelstärke. Wir betrachten den allgemeineren Fall, daß das ebene Flächenstück schräg im Raum liegt, und zwar so, wie es die Figur 3.14 zeigt. F wird dabei als kleines Dreieck $[A,B,C]$ gewählt,[3] das mit dem Punkt D einen Tetraeder mit den Seiten F, F_x, F_y, F_z bildet, wobei die Seiten F_x, F_y, F_z

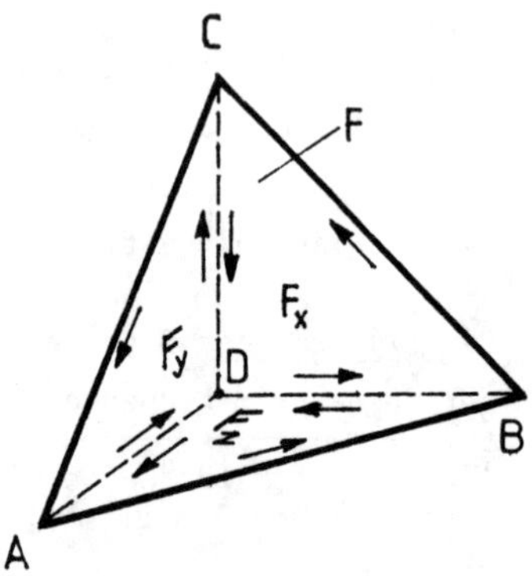

Fig. 3.13: Zur Wirbelstärke und Rotation

[1] Andernfalls wird zunächst eine entsprechende Drehung des Koordinatensystems vorgenommen.

[2] Variablenangabe (t) nach $\underline{k}, \dot{\underline{k}}$ usw. weggelassen.

[3] Da die Existenz des Grenzwertes $W_{\underline{n}}(\underline{x}_0)$, (3.35), gesichert ist, ist die Form von F beliebig wählbar.

rechtwinklig zur x-, y- bzw. z-Achse liegen. Der Normalenvektor $\underline{n}$ von F habe drei positive Komponenten. F liege im Definitionsbereich $M \subset \mathbb{R}^3$ (M offen) des stetig differenzierbaren Vektorfelds $\underline{V} : M \to \mathbb{R}^3$. Mit den skizzierten Umlaufungen der Flächenstücke des Tetraeders (s. Fig. 3.13) folgt für die entsprechenden Kurvenintegrale

$$\oint_{\partial F} \underline{V} \cdot d\underline{x} = \oint_{\partial F_x} \underline{V} \cdot d\underline{x} + \oint_{\partial F_y} \underline{V} \cdot d\underline{x} + \oint_{\partial F_z} \underline{V} \cdot d\underline{x} \,, \tag{3.38}$$

da sich die Integralanteile über die Kanten $[A,D]$, $[B,D]$, $[C,D]$ wegheben. F_z liegt parallel zur x-y-Ebene, also folgt aus (3.36)

$$\oint_{\partial F_z} \underline{V} \cdot d\underline{x} = \sigma(F_z) r_3 \quad \text{mit} \quad r_3 = \left(V_{2,x} - V_{1,y}\right)(\underline{x}_3) \,, \quad (\underline{x}_3 \in F_z)$$

und analog

$$\begin{aligned} \oint_{\partial F_y} \underline{V} \cdot d\underline{x} &= \sigma(F_y) r_2 \quad \text{mit} \quad r_2 = \left(V_{1,z} - V_{3,x}\right)(\underline{x}_2) \,, \quad (\underline{x}_2 \in F_y) \,, \\ \oint_{\partial F_x} \underline{V} \cdot d\underline{x} &= \sigma(F_x) r_1 \quad \text{mit} \quad r_1 = \left(V_{3,y} - V_{2,z}\right)(\underline{x}_1) \,, \quad (\underline{x}_1 \in F_x) \,. \end{aligned} \tag{3.39}$$

Addition und anschließende Division durch $\sigma(F)$ liefern nach (3.38):

$$\frac{1}{\sigma(F)} \oint_{\partial F} \underline{V} \cdot d\underline{x} = \frac{\sigma(F_x)}{\sigma(F)} r_1 + \frac{\sigma(F_y)}{\sigma(F)} r_2 + \frac{\sigma(F_z)}{\sigma(F)} r_3 \,. \tag{3.40}$$

Es gilt aber
$$\left\{ \begin{aligned} \sigma(F_x) &= \sigma(F)\cos\alpha \\ \sigma(F_y) &= \sigma(F)\cos\beta \\ \sigma(F_z) &= \sigma(F)\cos\gamma \end{aligned} \right. \quad \text{mit} \quad \underline{n} = \begin{bmatrix} \cos\alpha \\ \cos\beta \\ \cos\gamma \end{bmatrix} , \tag{3.41}$$

wobei α, β, γ die Winkel zwischen der Flächenormalen $\underline{n}$ und den positiven Koordinatenachsen sind.

In (3.40) denkt mach sich $\cos\alpha$, $\cos\beta$, $\cos\gamma$ für die Flächenquotienten $\sigma(F_x)/\sigma(F)$ usw. eingesetzt. Dann zieht man F auf einen Punkt $\underline{x}_0$ zusammen, wobei $\underline{n}$ konstant bleibt. Die Größen r_1, r_2, r_3 gehen dabei in die Komponenten des Vektors

$$\boxed{\operatorname{rot}\underline{V} = \begin{bmatrix} V_{3,y} - V_{2,z} \\ V_{1,z} - V_{3,x} \\ V_{2,x} - V_{1,y} \end{bmatrix}}^{1)} \quad (= \text{Rotation von } \underline{V}) \qquad (3.42)$$

an der Stelle $\underline{x}_0$ über, also die rechte Seite von (3.40) in das Produkt $\underline{n}\cdot\operatorname{rot}\underline{V}(\underline{x}_0)$. (Sind einige Komponenten von $\underline{n}$ negativ bzw. Null, so gewinnt man das gleiche Ergebnis durch Umorientierung bzw. Grenzübergang). Wir haben damit gezeigt:

Satz 3.6 (Berechnung der Wirbelstärke). Für ein stetig differenzierbares Vektorfeld $\underline{V} : M \to \mathbb{R}^3$ ($M \subset \mathbb{R}^3$ offen) ist die Wirbelstärke in $\underline{x}_0 \in M$ gleich

$$\boxed{W_{\underline{n}}(\underline{x}_0) = \lim_{\substack{|F|\to 0 \\ \underline{x}_0\in F}} \frac{1}{\sigma(F)} \oint_{\partial F} \underline{V}\cdot d\underline{x} = \underline{n}\cdot\operatorname{rot}\underline{V}(\underline{x}_0)} \qquad (3.43)$$

($\underline{n}$ ist hierbei der konstante Normalenvektor aller Flächenstücke F.)

Man nennt $\operatorname{rot}\underline{V}$ das Wirbelfeld zu $\underline{V}$.

Bemerkung: (a) Die Formel (3.43), angewandt auf Strömungen mit Geschwindigkeitsfeld $\underline{V}$, macht folgendes klar: $\operatorname{rot}\underline{V}(\underline{x}_0)$ gibt die Richtung der Rotationsachse für lokale Wirbel um $\underline{x}_0$ an. Denn $W_{\underline{n}}(\underline{x}_0)$ ist am größten, wenn $\underline{n}$ in Richtung von $\operatorname{rot}\underline{V}(\underline{x}_0)$ liegt, d.h. die lokalen Zirkulationen um $\underline{x}_0$ verlaufen dann um kleine ebene Flächenstücke F herum, die rechtwinklig zu $\operatorname{rot}\underline{V}(\underline{x}_0)$ liegen. F ($\perp \operatorname{rot}\underline{V}(\underline{x}_0)$) kennzeichnet dann also die Hauptrotationsebene. -

(b) Die drei Formeln (3.39) und Figur 3.18 liefern eine physikalische Deutung der Komponenten von $\operatorname{rot}\underline{V}$, und zwar durch Zirkulationen längs $\partial F_z, \partial F_y, \partial F_x$. -

Die Rotationsbildung $\operatorname{rot}\underline{V}$ ist eine Art Differentiation von $\underline{V}$. Es gilt dafür

Folgerung 3.4 Rechenregeln für die Rotation. Für stetig differenzierbare Vektorfelder $\underline{A},\underline{B}$ von $M \subset \mathbb{R}^3$ in $\mathbb{R}^3$ gilt

1) Der Vektor $\operatorname{rot}\underline{V}$ ist uns schon in Abschn. 1.6.4 begegnet.

(a) $\mathrm{rot}(\underline{A}+\underline{B}) = \mathrm{rot}\,\underline{A} + \mathrm{rot}\,\underline{B}$
(b) $\mathrm{rot}(\lambda\underline{A}) = \lambda\,\mathrm{rot}\,\underline{A}$ } Linearität
(c) $\mathrm{rot}\,\underline{x} = \underline{0}$

Weitere Regeln über Produkte und Kombinationen mit div, grad usw. sind im späteren Abschnitt 3.3.2 zusammengestellt.

Übungen

3.6* Berechne $\mathrm{rot}\,\underline{V}$ von folgenden Vektorfeldern:

(a) $\underline{V}(x,y,z) = \begin{bmatrix} xyz \\ y^2+z^2 \\ e^{x+y+z} \end{bmatrix}$, (b) $\underline{V}(x,y,z) = \begin{bmatrix} x \\ 0 \\ 0 \end{bmatrix}$

3.7 Beweise Formel (3.43) noch einmal auf anderem Wege, und zwar aus (3.37) durch einen Wechsel des Koordinatensystems: $\underline{x} = Q\underline{\xi}$. Dabei ist $Q = [\underline{q}_1, \underline{q}_2, \underline{q}_3]$ eine Drehmatrix, sie erfüllt also $Q^{-1} = Q^T$ und $\underline{q}_1 \times \underline{q}_2 = \underline{q}_3$.

Hinweis: $\underline{V}(\underline{x})$ wird in $\tilde{\underline{V}}(\underline{\xi}) = Q^{-1}\underline{V}(Q\underline{\xi})$ transformiert. Hieraus ermittle man $\tilde{V}_{2,\xi_1} - \tilde{V}_{1,\xi_2} = \ldots$ (mit $\underline{\xi} = [\xi_1, \xi_2, \xi_3]^T$) und zeige, daß sich die rechte Seite von (3.43) ergibt. (3.37) liefert dann Formel (3.43).

3.2.3 Idee des Stokesschen Integralsatzes

In einer Strömung mit dem Geschwindigkeitsfeld $\underline{V} : M \to \mathbb{R}^3$ ($M \subset \mathbb{R}^3$ offen) denken wir uns ein einfaches Flächenstück $F \subset M$ eingebettet. Es soll die Zirkulation um das Flächenstück aus den Wirbelstärken auf F berechnet werden.

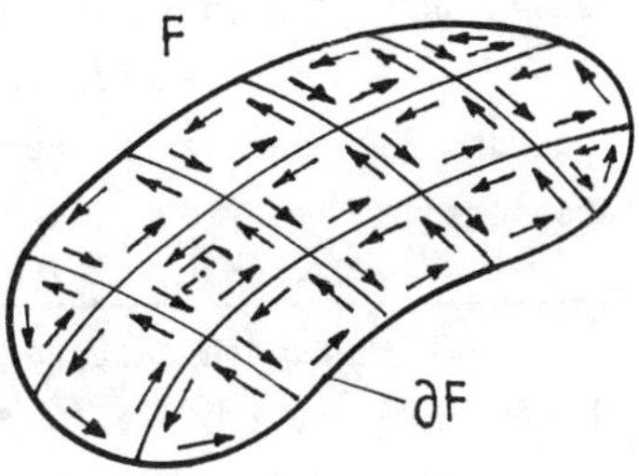

Fig. 3.14: Zum Stokesschen Integralsatz

Dazu zerlegt man F in endlich viele "Maschen" F_i (s. Fig. 3.14), und erhält damit für die Zirkulation um F :

$$\oint_{\partial F} \underline{V}(\underline{x}) \cdot d\underline{x} = \sum_i \oint_{\partial F_i} \underline{V}(\underline{x}) \cdot d\underline{x} \tag{3.44}$$

Denn in der rechten Summe heben sich alle Anteile an Kurvenintegralen weg, die "innen liegen", d.h. nicht zu ∂F gehören (s. Fig. 3.14).

Sind die "Maschen" klein genug, so ist nach Satz 3.6 im vorigen Abschnitt jeder Summand der rechten Seite von (3.44) ungefähr gleich $\underline{n}_i \cdot \text{rot}\,\underline{V}(\underline{x}_i)\sigma(F_i)$, mit einem $\underline{x}_i \in F_i$ und dem Normalenvektor $\underline{n}_i$ in $\underline{x}_i$. Somit folgt

$$\oint_{\partial F} \underline{V}(\underline{x}) \cdot d\underline{x} \approx \sum_i \text{rot}\,\underline{V}(\underline{x}_i) \cdot \underline{n}_i \sigma(F_i) \ . \tag{3.45}$$

Durch Verfeinerung der Maschenzerlegung geht die rechte Seite von (3.45) schließlich in das Integral $\iint_F \text{rot}\,\underline{V}(x) \cdot d\underline{\sigma}$ über. Man vermutet daher

$$\boxed{\oint_{\partial F} \underline{V}(\underline{x}) \cdot d\underline{x} = \iint_F \text{rot}\,\underline{V}(x) \cdot d\underline{\sigma}} \tag{3.46}$$

Dies ist der Stokessche Integralsatz.[1] Seine Richtigkeit wird im folgenden exakt nachgewiesen.

Für Techniker und Naturwissenschaftler ist die vorstehende heuristische Herleitung und physikalische Deutung des Stokesschen Integralsatzes wichtiger als der nachfolgende exakte Beweis. Denn nach den obigen Überlegungen kann man den Stokesschen Satz an Hand von Strömungen so interpretieren

> *Die Zirkulation entlang einer Kurve, die ein Flächenstück umschließt, ist gleich dem Integral über alle Wirbelstärken auf dem Flächenstück.*

---

[1] George Gabriel Stokes, 1819-1903

Nun zur mathematischen Formulierung des Stokesschen Satzes und zu seinem Beweis!

3.2.4 Stokesscher Integralsatz im dreidimensionalen Raum

Satz 3.7 Stokesscher Integralsatz im $\mathbb{R}^3$. Es sei $\underline{V} : M \to \mathbb{R}^3$ ($M \subset \mathbb{R}^3$ offen) ein stetig differenzierbares Vektorfeld und F ein stückweise glatt berandetes Flächenstück[1] in M. Dann gilt:

$$\boxed{\oint_{\partial F} \underline{V}(\underline{x}) \cdot d\underline{x} = \iint_F \operatorname{rot} \underline{V}(\underline{x}) \cdot d\underline{\sigma}} \qquad (3.47)$$

Beweis: Zunächst setzen wir F als einfach voraus, d.h. F wird von nur einer geschlossenen Jordankurve berandet. $\underline{x} = \underline{f}(u,v)$, $\underline{u} = \begin{bmatrix} u \\ v \end{bmatrix} \in \overline{D}$, sei die zugehörige Parameterdarstellung von F. Die Randkurve $\partial D : \underline{\gamma} : [a,b] \to \mathbb{R}^2$ wird durch

$$\underline{k}(t) = \underline{f}(\underline{\gamma}(t)) \, , \; a \leq t \leq b \, ,$$

in die Randkurve von ∂F transformiert.

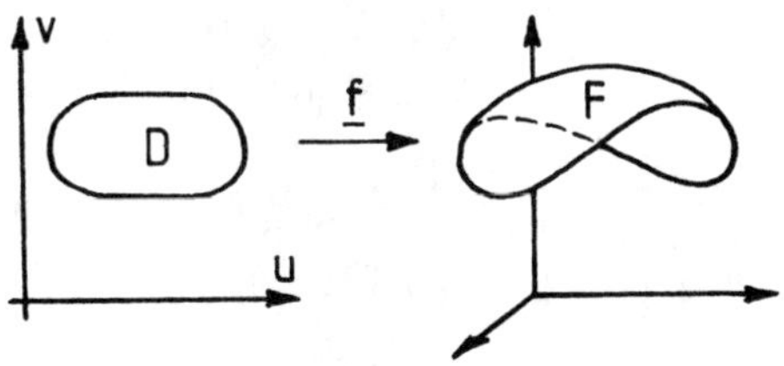

Fig. 3.15: Zur Parameterdarstellung von F

Die Beweisidee beruht nun darauf, das Flächenstück F (nebst Integralen) auf den Parameterbereich $\overline{D}$ zu transformieren, dort den ebenen Greenschen Satz anzuwenden und dann zurück zu transformieren. Wir führen dies durch:

$$\oint_{\partial F} \underline{V}(\underline{x}) \cdot d\underline{x} = \int_a^b \underline{V}(\underline{k}(t)) \cdot \dot{\underline{k}}(t)dt \overset{2)}{=} \int_a^b \underline{V}(\underline{k}(t))^T \dot{\underline{k}}(t)dt =$$

---

[1] vgl. Abschn. 3.2.1

[2] Denn es gilt $\underline{a} \cdot \underline{b} = \underline{a}^T \underline{b}$ für alle $\underline{a}, \underline{b} \in \mathbb{R}^n$

$$= \int_a^b \underline{V}(\underline{f}\circ\underline{\gamma}(t))^T f'(\underline{\gamma}(t))\dot{\underline{\gamma}}(t)dt$$

$$= \int_a^b \underline{V}^T \left[\underline{f}_u,\underline{f}_v\right]\begin{bmatrix}\dot{\gamma}_1\\ \dot{\gamma}_2\end{bmatrix}dt$$

Abkürzungen dabei: $\underline{V} := V(\underline{f}\circ\underline{\gamma}(t))$, $\underline{f}_u := \underline{f}_u(\underline{\gamma}(t))$, $\underline{f}_v := \underline{f}_v(\underline{\gamma}(t))$, $\begin{bmatrix}\dot{\gamma}_1\\ \dot{\gamma}_2\end{bmatrix} := \dot{\underline{\gamma}}(t)$, $\left[\underline{f}_u,\underline{f}_v\right] = \underline{f}'$

$$= \int_a^b \left(\underline{V}^T\underline{f}_u\dot{\gamma}_1 + \underline{V}^T\underline{f}_v\dot{\gamma}_2\right)dt$$

$$= \int_a^b \left[\left(\underline{V}^T\underline{f}_u\right)du + \left(\underline{V}^T\underline{f}_v\right)dv\right]$$

mit den Symbolen $du = \dot{\gamma}_1 dt$, $dv = \dot{\gamma}_2 dt$

$$= \iint_{\overline{D}} \left[\left(\underline{V}^T\underline{f}_v\right)_u - \left(\underline{V}^T\underline{f}_u\right)_v\right]d(u,v)$$

nach dem ebenen Greenschen Satz; ab hier $\underline{V} := \underline{V}(\underline{f}(u,v))$

$$= \iint_{\overline{D}} \left[\left(\underline{V}'\underline{f}_u\right)^T\underline{f}_v + \underline{V}^T\underline{f}_{uv} - \left(\underline{V}'\underline{f}_v\right)^T\underline{f}_u - \underline{V}^T\underline{f}_{vu}\right]d(u,v)$$

nach der Produktregel der Differentiation

$$= \iint_{\overline{D}} \left[\underline{f}_u^T\underline{V}'^T\underline{f}_v - \underline{f}_v^T\underline{V}'^T\underline{f}_u\right]d(u,v)\,,$$

hier $\underline{f}_u^T\underline{V}'^T\underline{f}_v = \underline{f}_v^T\underline{V}'\underline{f}_u$ einsetzen!

$$= \iint_{\overline{D}} \underbrace{\left[\underline{f}_v^T\left(\underline{V}' - \underline{V}'^T\right)\underline{f}_u\right]}d(u,v)\,,$$

mit $\left(\underline{V}'-\underline{V}'^T\right)\underline{f}_u = \text{rot}\,\underline{V}\times\underline{f}_u$ folgt

$$= \iint_{\overline{D}} \underbrace{\underline{f}_v\cdot\left(\text{rot}\,\underline{V}\times\underline{f}_u\right)}_{\text{Spatprodukt}}d(u,v) = \iint_{\overline{D}} \text{rot}\,\underline{V}\cdot\left(\underline{f}_u\times\underline{f}_v\right)d(u,v) = \iint_F \text{rot}\,\underline{V}(\underline{x})\cdot d\underline{\sigma}\,.$$

Damit gilt der Stokessche Satz für einfache Flächenstücke.

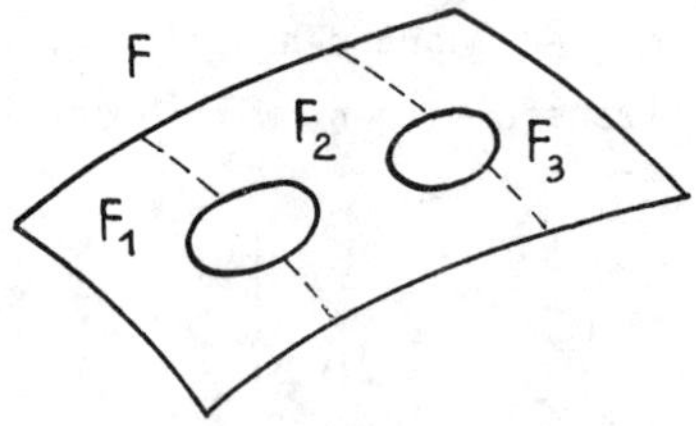

Fig. 3.16: Zerlegung in einfache Flächenstücke

Da man stückweise glatt berandete Flächenstücke F in endlich viele einfache Flächenstücke F_i zerlegen kann (s. Fig. 3.16), folgt durch Summation der Stokesschen Integralformeln bez. der F_i die allgemeine Formel (3.47) des Stokesschen Integralsatzes. □

Bemerkung: (a) Aus dem Stokesschen Satz folgt auf einfache Weise wiederum die Formel für die Wirbelstärke (Abschn. 3.2.2, (3.43)), denn es gilt:

$$W_{\underline{n}}(\underline{x}_0) = \lim_{|F|\to 0} \frac{\int\limits_{\partial F} \underline{V}\cdot d\underline{x}}{\sigma(F)} = \lim_{|F|\to 0} \frac{\iint\limits_{F} \mathrm{rot}\,\underline{V}\cdot\underline{n}\,d\sigma}{\sigma(F)} = \lim_{\substack{|F|\to 0\\ (\underline{x}^*\in F)}} \mathrm{rot}\,\underline{V}(\underline{x}^*)\cdot\underline{n} = \underline{n}\cdot\mathrm{rot}\,\underline{V}(\underline{x}_0) \tag{3.48}$$

wobei $\underline{x}_0 \in F$, F eben , $\underline{n}$ gemeinsamer Normalenvektor aller F . (In der vorletzten Gleichung wurde der Mittelwertsatz der Integralrechnung verwendet.)

(b) Der Leser, der nur an mathematischer Systematik und ökonomischer Beweisführung interessiert ist, kann auf die Abschnitte 3.2.2 und 3.2.3 verzichten. Er kommt mit dem vorliegenden Abschnitt (und Abschnitt 3.2.1) vollkommen aus, da Satz 3.7 nebst Beweis alles Wesentliche enthält.

Wir haben in den vorangehenden Abschnitten trotzdem den längeren Weg über physikalische Motivation beschritten, um Anwendungsbezüge und anschauliche Vorstellungen zu vermitteln. -

Folgerung 3.5 Es sei $\underline{V} : M \to \mathbb{R}^3$ stetig differenzierbar ($M \subset \mathbb{R}^3$ offen) und B ein stückweise glatt berandeter Bereich in M. Dann gilt

$$\boxed{\iint\limits_{\partial B} \mathrm{rot}\,\underline{V}\cdot d\underline{\sigma} = 0}$$

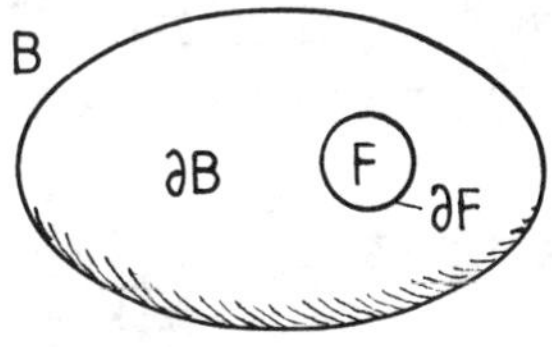

Fig. 3.17: Zu Folgerung 3.5

Man drückt dies kurz so aus: *Der Wirbelfluß durch eine geschlossene Fläche ist Null.*

Beweis: Aus ∂B schneide man ein kleines, einfaches Flächenstück F heraus (s. Fig. 3.17). Für die verbleibende Fläche $\partial B/F$ ist nach dem Stokesschen Satz $\iint\limits_{\partial B/F} \mathrm{rot}\,\underline{V}\cdot d\underline{\sigma} = \oint\limits_{\partial F} \underline{V}\cdot d\underline{x}$. Zieht man F auf einen Punkt zusammen, so hat man Folgerung 3.5. □

Beispiel 3.3 Konstantes Wirbelfeld. Das Vektorfeld

$$\underline{V}(\underline{x}) = \tfrac{1}{2}\underline{w}\times\underline{x} \quad (\underline{x}\in\mathbb{R}^3)$$

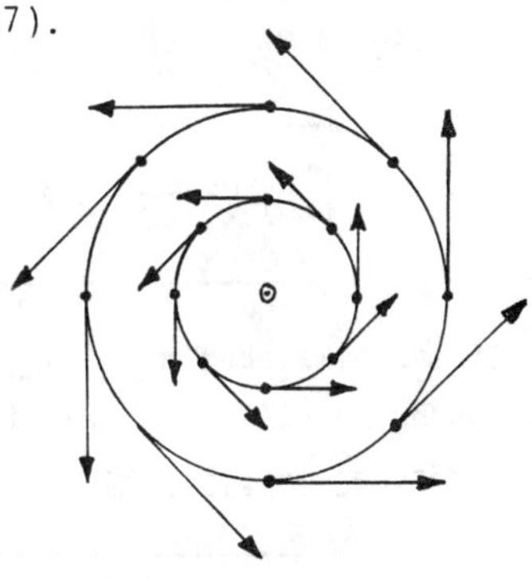

Fig. 3.18: Feld konstanter Wirbelstärke

kann in einer Ebene E senkrecht zu $\underline{w} \neq \underline{0}$ wie in Figur 3.18 skizziert werden. Es folgt $\operatorname{rot} \underline{V} = \underline{w}$ (konstantes Wirbelfeld). Für jedes einfache Flächenstück F in der Ebene E gilt nach dem Stokesschen Satz

$$\int_{\partial F} \underline{V} \cdot d\underline{x} = \iint_F \underline{w} \cdot d\underline{\sigma} = \underline{w} \cdot \iint_F d\underline{\sigma} = |\underline{w}| \sigma(F) .$$

Die Wirbelstärke $W_{\underline{n}}(\underline{x}_0)$ mit $\underline{n} = \underline{w}/|\underline{w}|$ ist also konstant gleich $|\underline{w}|$.

Übung 3.8* Verifziere den Stokesschen Integralsatz für $\underline{V}(\underline{x}) = [x+y,\ -x^2zy,\ z+xy]^T$ und die "obere Hemisphäre" $H = \{\underline{x} \in \mathbb{R}^3 \mid |\underline{x}| = 1 ,\ z \geq 0\}$.

3.2.5 Zirkulation und Stokesscher Satz in der Ebene[1)]

Für ein ebenes Vektorfeld $\underline{V} : G \to \mathbb{R}^2$ $(G \subset \mathbb{R}^2)$ mit $\underline{V} = [V_1, V_2]^T$ wird die Zirkulation Z entlang einer stückweise glatten, geschlossenen Jordankurve $K : \underline{x} = \underline{\gamma}(t) \subset G$ $(a \leq t \leq b)$ analog zum $\mathbb{R}^3$ definiert:

$$\text{Zirkulation: } Z = \oint_K \underline{V}(\underline{x}) \cdot d\underline{x} = \oint_K \left(V_1 dx + V_2 dy\right) := \int_a^b \underline{V}(\underline{\gamma}(t)) \cdot \dot{\underline{\gamma}}(t) dt . \quad (3.49)$$

Umläuft K dabei ein einfach zusammenhängendes Gebiet $D \subset \mathbb{R}^2$ im positiven Sinne (d.h. $K = \partial D$, und D liegt stets "links" von K bei der Durchlaufung), so folgt aus dem Stokesschen Satz im $\mathbb{R}^3$ (durch Nullsetzen der dritten Koordinaten) der Stokessche Satz in der Ebene.

$$\oint_K \left(V_1 dx + V_2 dy\right) := \iint_D \left(V_{2,x} - V_{1,y}\right) d(x,y) \quad (3.50)$$

Dies stimmt aber mit dem Greenschen Satz (in der Ebene) überein (s. Abschn. 3.15, (3.28)), und nach Umbenennung der Koordinaten mit dem Gaußschen Integralsatz im $\mathbb{R}^2$. D.h.:

In der Ebene sind die die Integralsätze von Gauß, Green und Stokes identisch.

1) Kann beim ersten Lesen überschlagen werden.

Komplexe Schreibweise. Man kann den $\mathbb{R}^2$ mit der komplexen Ebene $\mathbb{C}$ identifizieren und Vektorfelder durch komplexwertige stetige Funktionen beschreiben: $w = f(z)$, $z \in G \subset \mathbb{C}$. Auch Kurven lassen sich komplex darstellen: $K : z = g(t)$, $a \leq t \leq b$. Das komplexe Kurvenintegral über K wird dann durch

$$I = \oint_K f(z) \cdot dz := \int_a^b f(\underbrace{g(t)}_{z})\dot{g}(t)dt \quad (g \text{ glatt})$$

beschrieben, was mit den Zerlegungen $f = f_1 + if_2$, $g = g_1 + ig_2$ in Real- und Imaginärteile folgendes ergibt

$$I = \int_a^b \left(f_1\dot{g}_1 - f_2\dot{g}_2\right)dt + i\int_a^b \left(f_1\dot{g}_2 + f_2\dot{g}_1\right)dt \overset{1)}{:=} \underbrace{\int_K \left(f_1 dx - f_2 dy\right)}_{a} + i\underbrace{\int_K \left(f_1 dy + f_2 dx\right)}_{b} \quad (3.51)$$

Der Realteil a ist also zu deuten als Fluß des Vektorfeldes $\underline{F} = \left[f_2, f_1\right]^T$ durch K (s. Abschn. 3.1.5, Fußnote zu (3.27)), und der Imaginärteil in (3.51) als Zirkulation von $\underline{F}$ längs K (K als geschlossen vorausgesetzt).

Beispiel 3.4 Es sei $f(z) = \frac{1}{z}$ $(z \in \mathbb{C}$, $z \neq 0)$ und $K : z = re^{it}$ $(0 \leq t \leq \pi$; $r > 0)$ eine Kreislinie um 0 , "positiv" umlaufen. Damit errechnet man das Kurvenintegral

$$\oint_K f(z)dz = \oint_K \frac{1}{z}dz = \int_0^{2\pi} \frac{1}{re^{it}}\, re^{it} \cdot i dt = 2\pi i \ .$$

Die Funktion $h(z) = \frac{T}{2\pi} \cdot \frac{1}{z}$ ergibt also $\oint_K h(z)dz = iT$.

Mit $z = x + iy$ ist aber $1/z = \bar{z}/|z|^2 = (x - iy)/(x^2 + y^2)$. Somit folgt: Das Vektorfeld

$$\underline{F}(x,y) = \frac{T}{2\pi(x^2+y^2)} \begin{bmatrix} -y \\ x \end{bmatrix} \quad \text{auf} \quad \mathbb{R}^2 \setminus \{\underline{0}\}$$

hat längs positiv umlaufener Kreise um 0 die Zirkulation T . Man erkennt, daß die Berechnung einer Zirkulation über die komplexe Schreibweise sehr bequem sein kann (vgl. Beisp. 2.21 in Abschn. 1.6.6). -

Man sagt übrigens, $\underline{F}$ hat bei $\underline{0}$ einen "punktförmigen Wirbel". -

---

1) Hier Kurzschreibweise: f_k statt $f_k(g(t))$, $\dot{g}_k$ statt $\dot{g}_k(t)$.

3.3 WEITERE DIFFERENTIAL- UND INTEGRALFORMELN IM $\mathbb{R}^3$

In diesem und dem folgenden Abschnitt pflücken wir die Früchte der vorangegangenen Arbeit wie reife Trauben. Die Flexibilität, Kraft und Anwendbarkeit der Vektoranalysis wird deutlich.

3.3.1 Nabla-Operator

Der symbolische Vektor

$$\nabla := \begin{bmatrix} \frac{\partial}{\partial x} \\ \frac{\partial}{\partial y} \\ \frac{\partial}{\partial z} \end{bmatrix} = \underline{i}\frac{\partial}{\partial x} + \underline{j}\frac{\partial}{\partial y} + \underline{k}\frac{\partial}{\partial z} \tag{3.52}$$

wird Nabla-Operator[1] genannt. Man rechnet mit ihm formal wie mit jedem Vektor des $\mathbb{R}^3$, wobei z.B. $\frac{\partial}{\partial x}\varphi$ als formales Produkt aus $\frac{\partial}{\partial x}$ und φ aufgefaßt wird, usw. Der Leser prüft damit für stetig differenzierbare Vektorfelder $\underline{V}$ und Skalarfelder φ sofort folgendes nach:

$$\boxed{\begin{aligned} \operatorname{grad}\varphi &= \nabla\varphi \\ \operatorname{div}\underline{V} &= \nabla\cdot\underline{V} \\ \operatorname{rot}\underline{V} &= \nabla\times\underline{V} \end{aligned}} \tag{3.53}$$

∇ ist ein linearer Operator, d.h. es gilt für alle stetig differenzierbaren Vektorfelder $\underline{A},\underline{B}$ und Skalarfelder φ,ψ auf ihren gemeinsamen Definitionsbereichen

$$\left.\begin{aligned} \nabla(\lambda\varphi + \mu\psi) &= \lambda\nabla\varphi + \mu\nabla\psi \\ \nabla\cdot(\lambda\underline{A} + \mu\underline{B}) &= \lambda\nabla\cdot\underline{A} + \mu\nabla\cdot\underline{B} \\ \nabla\times(\lambda\underline{A} + \mu\underline{B}) &= \lambda\nabla\times\underline{A} + \mu\nabla\times\underline{B} \end{aligned}\right\} \lambda,\mu \in \mathbb{R} \tag{3.54}$$

Ist φ zweimal stetig differenzierbar, so erhält man

$$(\nabla\cdot\nabla)\varphi =: \boxed{\Delta\varphi = \varphi_{xx} + \varphi_{yy} + \varphi_{zz}}\ , \quad \text{kurz} \quad \boxed{\nabla^2 = \Delta}\ . \tag{3.55}$$

---

[1] Der Ausdruck "Nabla" stammt von einem hebräischen Saiteninstrument, das etwa die Form ∇ hat.

$$\Delta = \frac{\partial^2}{\partial x^2} + \frac{\partial^2}{\partial y^2} + \frac{\partial^2}{\partial z^2}$$

heißt dabei der Laplace-Operator.[1] Er kann auch auf Vektorfelder $\underline{A} = [A_1, A_2, A_3]^T$ angewandt werden:

$$\Delta\underline{A} = [\Delta A_1, \Delta A_2, \Delta A_3]^T$$

3.3.2 Formeln über Zusammensetzungen mit grad, div und rot

Im folgenden bezeichnen $\underline{A},\underline{B} : M \longrightarrow \mathbb{R}^3$ Vektorfelder und φ,ψ,η Skalarfelder auf der offenen Menge $M \subset \mathbb{R}^3$. Sie seien alle so oft stetig differenzierbar, wie es die folgenden Formeln fordern. Es gilt damit:

Doppelte Anwendungen der Differentialoperatoren grad, div, rot:

(a) $\operatorname{div}\operatorname{rot}\underline{A} = 0$ (Jedes Wirbelfeld ist quellenfrei!)

(b) $\operatorname{rot}\operatorname{grad}\varphi = \underline{0}$ (Jedes Gradientenfeld ist wirbelfrei!)

(c) $\operatorname{div}\operatorname{grad}\varphi = \Delta\varphi$ (kurz: $\operatorname{div}\operatorname{grad} = \Delta$)

(d) $\operatorname{grad}\operatorname{div}\underline{A} = \Delta\underline{A} + \operatorname{rot}\operatorname{rot}\underline{A}$, oder umgestellt:

(d_1) $\operatorname{rot}\operatorname{rot}\underline{A} = \operatorname{grad}\operatorname{div}\underline{A} - \Delta\underline{A}$

Anwendungen der Differentialoperatoren auf Produkte

(e) $\operatorname{grad}(\varphi\psi) = \varphi\operatorname{grad}\psi + \psi\operatorname{grad}\varphi$

(e_1) $\operatorname{grad}(\varphi\psi\eta) = \varphi\psi\operatorname{grad}\eta + \psi\eta\operatorname{grad}\varphi + \eta\varphi\operatorname{grad}\psi$

(f) $\operatorname{div}(\varphi\underline{A}) = \varphi\operatorname{div}\underline{A} + \underline{A}\cdot\operatorname{grad}\varphi$

(g) $\operatorname{rot}(\varphi\underline{A}) = \varphi\operatorname{rot}\underline{A} + \operatorname{grad}\varphi\times\underline{A}$

(h) $\operatorname{grad}(\underline{A}\cdot\underline{B}) = \underline{A}\times\operatorname{rot}\underline{B} + \underline{B}\times\operatorname{rot}\underline{A} + \underline{A}'\underline{B} + \underline{B}'\underline{A}$

(i) $\operatorname{div}(\underline{A}\times\underline{B}) = \underline{B}\cdot\operatorname{rot}\underline{A} - \underline{A}\cdot\operatorname{rot}\underline{B}$

(j) $\operatorname{rot}(\underline{A}\times\underline{B}) = \underline{A}\operatorname{div}\underline{B} - \underline{B}\operatorname{div}\underline{A} + \underline{A}'\underline{B} - \underline{B}'\underline{A}$

Gelegentlich schreibt man in (h) und (j) auch: $\underline{A}'\underline{B} = (\underline{B}\cdot\nabla)\underline{A}$.

[1] Nach Pierre Simon Laplace (1749-1827)

Die gleichen Formeln in ∇-Schreibweise

(a') $\nabla \cdot (\nabla \times \underline{A}) = 0$

(b') $\nabla \times (\nabla \varphi) = \underline{0}$

(c') $(\nabla \cdot \nabla)\varphi = \Delta\varphi$

(d') $\nabla(\nabla \cdot \underline{A}) = \Delta \underline{A} + \nabla \times (\nabla \times \underline{A})$

(e') $\nabla(\varphi\psi) = \varphi\nabla\psi + \psi\nabla\varphi$

(f') $\nabla \cdot (\varphi\underline{A}) = \varphi\nabla \cdot \underline{A} + \underline{A} \cdot \nabla\varphi$

(g') $\nabla \times (\varphi\underline{A}) = \varphi\nabla \times \underline{A} + (\nabla\varphi) \times \underline{A}$

(h') $\nabla(\underline{A} \cdot \underline{B}) = \underline{A} \times (\nabla \times \underline{B}) + \underline{B} \times (\nabla \times \underline{A}) + (\underline{B} \cdot \nabla)\underline{A} + (\underline{A} \cdot \nabla)\underline{B}$

(i') $\nabla \cdot (\underline{A} \times \underline{B}) = \underline{B} \cdot (\nabla \times \underline{A}) - \underline{A} \cdot (\nabla \times \underline{B})$

(j') $\nabla \times (\underline{A} \times \underline{B}) = \underline{A}(\nabla \cdot \underline{B}) - \underline{B}(\nabla \cdot \underline{A}) + (\underline{B} \cdot \nabla)\underline{A} - (\underline{A} \cdot \nabla)\underline{B}$

Übung 3.9* Man rechne nach, daß die angegebenen Formeln (a) bis (j) richtig sind.

3.3.3 Gaußscher und Stokesscher Satz in div-, grad-, rot- und Nabla-Form

Im folgenden sind, wie bisher, das Vektorfeld $\underline{V} : M \longrightarrow \mathbb{R}^3$ und das Skalarfeld $\varphi : M \longrightarrow \mathbb{R}^3$ stetig differenzierbar auf einer offenen Menge $M \subset \mathbb{R}^3$. Der Bereich $B \subset M$ wie auch die Fläche $F \subset M$ sind stückweise glatt berandet. Voilà! - Damit lassen sich Gaußscher und Stokesscher Satz in folgenden Varianten beschreiben:

Satz 3.8 Gaußscher Integralsatz in div-, grad- und rot-Form:

$$\iint_{\partial B} \underline{V}(\underline{x}) \cdot d\underline{\sigma} = \iiint_B \operatorname{div} \underline{V}(\underline{x})\, d\tau \qquad (3.56)$$

$$\iint_{\partial B} \varphi(\underline{x})\, d\underline{\sigma} = \iiint_B \operatorname{grad} \varphi(\underline{x})\, d\tau \qquad (3.57)$$

$$\iint_{\partial B} d\underline{\sigma} \times \underline{V}(\underline{x}) = \iiint_B \operatorname{rot} \underline{V}(\underline{x})\, d\tau \qquad (3.58)$$

Beweis: (3.56) ist der ursprüngliche Gaußsche Satz und (3.57) wurde schon in Abschnitt 3.1.6 hergeleitet.

In der dritten Gleichung bedeutet $\iint_{\partial B} d\underline{\sigma} \times \underline{V}(\underline{x}) := \iint_{\partial B} \underline{n}(\underline{x}) \times \underline{V}(\underline{x}) d\sigma$, mit der äußeren Normalen $\underline{n}(\underline{x})$ in $\underline{x} \in \partial B$. Hier wird also die symbolische Gleichung $d\underline{\sigma} = \underline{n}(\underline{x}) d\sigma$ verwendet, wie bisher. Zum Beweis der Rotationsform (3.58) des Gaußschen Satzes wendet man (3.56) auf $\tilde{\underline{V}} = \underline{a} \times \underline{V}$ mit beliebigen Konstanten $\underline{a} \in \mathbb{R}^3$ an. Aus Formel (i) im vorigen Abschnitt ergibt sich

$$\operatorname{div}(\underline{a} \times \underline{V}) = -\underline{a} \cdot \operatorname{rot} \underline{V} \overset{(3.56)}{\Rightarrow} \iint_{\partial B} (\underline{a} \times \underline{V}) \cdot \underline{n} \, d\sigma = -\underline{a} \cdot \iiint_{B} \operatorname{rot} \underline{V} \, d\tau .$$

Die linke Seite der letzten Gleichung kann aber als $\underline{a} \cdot \iint_{\partial B} (\underline{V} \times \underline{n}) \cdot d\sigma$ geschrieben werden, also folgt

$$\underline{a} \cdot \iint_{\partial B} (\underline{n} \times \underline{V}) d\sigma = \underline{a} \cdot \iiint_{B} \operatorname{rot} \underline{V} \, d\tau . \qquad (3.59)$$

Da diese Gleichung für jedes $\underline{a} \in \mathbb{R}^3$ gilt (insbesondere für $\underline{a} = \underline{i}, \underline{j}, \underline{k}$) kann man $\underline{a}$ "herauskürzen", und es bleibt Gleichung (3.58) übrig. □

Satz 3.8 liefert die folgende

> Merkregel: *Raumintegrale über* div..., grad... *oder* rot... *lassen sich in Flächenintegrale umwandeln.*

Satz 3.9 Stokesscher Integralsatz in rot-, grad- und ∇-Form.

$$\int_{\partial F} \underline{V}(\underline{x}) \cdot d\underline{x} = \iint_{F} \operatorname{rot} \underline{V}(\underline{x}) \cdot d\underline{\sigma} \qquad (3.60)$$

$$\int_{\partial F} \varphi(\underline{x}) \, d\underline{x} = \iint_{F} d\underline{\sigma} \times \operatorname{grad} \varphi(\underline{x}) \qquad (3.61)$$

$$\int_{\partial F} d\underline{x} \times \underline{V}(\underline{x}) = \iint_{F} (d\underline{\sigma} \times \nabla) \times \underline{V}(\underline{x}) \qquad (3.62)$$

Dabei wird in naheliegender Weise mit

$$d\underline{\sigma} = \underline{n}(\underline{x})d\sigma \quad \text{und} \quad d\underline{x} = \underline{T}(\underline{x})ds$$

gearbeitet ($\underline{n}$ Flächennormale, $\underline{T}$ Tangenteneinheitsvektor an ∂F).[1)]

<u>Beweis</u>: (3.60) ist der eigentliche Stokessche Satz. (3.61) ergibt sich leicht durch Anwendung der Formel (3.60) auf $\underline{V} = \underline{a}\varphi$ (unter Ausnutzung der Regel $(\underline{u}\times\underline{v})\cdot\underline{w} = \underline{u}\cdot(\underline{v}\times\underline{w})$ für das Spatprodukt).

Zum Nachweis von (3.62) wird der Stokessche Satz (3.60) auf $\tilde{\underline{V}} = \underline{a}\times\underline{V}$ angewendet $(a \in \mathbb{R}^3)$. Es gilt also

$$\int_{\partial F} (\underline{a}\times\underline{V})\cdot d\underline{x} = \iint_F \operatorname{rot}(\underline{a}\times\underline{V})\cdot d\underline{\sigma} \tag{3.63}$$

Links ergibt sich: $\int_{\partial F} (\underline{a}\times\underline{V})\cdot d\underline{x} = \underline{a}\cdot \int_{\partial F} \underline{V}\times d\underline{x} = -\underline{a}\cdot \int_{\partial F} d\underline{x}\times\underline{V}$.

Die rechte Seite von (3.63) wandelt man um in

$$\iint_F [\nabla\times(\underline{a}\times\underline{V})]\cdot\underline{n}d\sigma = \iint_F \underline{n}\cdot[\nabla\times(\underline{a}\times\underline{V})]d\sigma = \iint_F (\underline{n}\times\nabla)\cdot(\underline{a}\times\underline{V})d\sigma =$$

$$= -\iint_F (\underline{n}\times\nabla)\cdot(\underline{V}\times\underline{a})d\sigma = -\iint_F [(\underline{n}\times\nabla)\times\underline{V}]\cdot\underline{a}d\sigma = -\underline{a}\cdot\iint_F (d\underline{\sigma}\times\nabla)\times\underline{V} .$$

Einsetzen in (3.63) nebst $\underline{a} = \underline{i},\underline{j}$ und $\underline{k}$ liefert (3.62). □

Beide Sätze, d.h. alle sechs Formeln lassen sich einheitlich zusammenfassen zu folgender

<u>Merkregel</u>[2)]

Gaußscher Satz: $\int_{\partial B} d\underline{\sigma}\,\star = \int_B d\tau\,\nabla\,\star$ (3.64)

Stokesscher Satz: $\int_{\partial F} d\underline{x}\,\star = \int_F (d\underline{\sigma}\times\nabla)\,\star$ (3.65)

Dabei darf $\star$ *in jeder Gleichung wahlweise durch folgende Ausdrücke ersetzt werden*

$$\cdot\,\underline{V}(\underline{x}) \quad , \quad \varphi(\underline{x}) \quad , \quad \times\,\underline{V}(\underline{x}) \tag{3.66}$$

1) Zur Orientierung: In Randpunkten der Fläche weist $\underline{n}\times\underline{T}$ lokal in Richtung der Fläche (längs der Tangentialebene)

2) Nach Großmann [42], S. 226 und S. 238

3.3.4 Partielle Integration

Aus der eindimensionalen Analysis ist die Formel

$$\int_a^b u'(x)\,v(x)\,dx = \Big[u(x)\,v(x)\Big]_a^b - \int_a^b u(x)\,v'(x)\,dx$$

der partiellen Integration bekannt. Man gewinnt sie aus $(uv)' = u'v + uv'$ durch Integration.

Im $\mathbb{R}^3$ besitzt die Formel mehrere Gegenstücke. Man erhält sie, indem man die Differentialoperatoren div, grad und rot auf Produkte von Feldern anwendet und dann den Gaußschen Satz in einer der Varianten des vorigen Abschnittes (Satz 3.8) heranzieht. Wir führen dies im folgenden aus, wobei die Produktformeln (e), (f), (g), (i) aus Abschnitt 3.3.2 verwendet werden. Die in den Formeln vorkommenden Felder sind dabei auf ihrem gemeinsamen Definitionsbereich stetig differenzierbar (wen wundert's?).

(I) Aus $\operatorname{grad}(\varphi\psi) = \varphi \operatorname{grad}\psi + \psi \operatorname{grad}\varphi$ folgt mit (3.57):

$$\iint_{\partial B} \varphi\,\psi \cdot d\underline{\sigma} = \iiint_B (\varphi \operatorname{grad}\psi + \psi \operatorname{grad}\varphi)\,d\tau \tag{3.67}$$

(II) Aus $\operatorname{div}(\varphi\underline{A}) = \varphi \operatorname{div}\underline{A} + \underline{A}\cdot\operatorname{grad}\varphi$ ergibt sich

$$\iint_{\partial B} \varphi\,\underline{A} \cdot d\underline{\sigma} = \iiint_B (\varphi \operatorname{div}\underline{A} + \underline{A}\cdot\operatorname{grad}\varphi)\,d\tau \tag{3.68}$$

(III) Die Formel $\operatorname{div}(\underline{A}\times\underline{V}) = \underline{V}\cdot\operatorname{rot}\underline{A} - \underline{A}\cdot\operatorname{rot}\underline{V}$ liefert

$$\iint_{\partial B} (\underline{A}\times\underline{V})\cdot d\underline{\sigma} = \iiint_B (\underline{V}\cdot\operatorname{rot}\underline{A} - \underline{A}\operatorname{rot}\underline{V})\,d\tau \tag{3.69}$$

(IV) Mit $\operatorname{rot}(\varphi\underline{A}) = \varphi \operatorname{rot}\underline{A} + \operatorname{grad}\varphi\times\underline{A}$ folgt über (3.58):

$$\iint_{\partial B} d\underline{\sigma}\times\varphi\,\underline{A} = \iiint_B (\varphi \operatorname{rot}\underline{A} + \operatorname{grad}\varphi\times\underline{A})\,d\tau \tag{3.70}$$

Übung 3.10* Leite aus den Formeln (h) und (j) in Abschnitt 3.3.2 auf entsprechende Weise wie oben Integralformeln her.

3.3.5 Die beiden Greenschen Integralformeln

Aus der Formel für $\operatorname{div}(\varphi \underline{A})$ (Abschn. 3.3.2, (f)) gewinnt man im Falle $\underline{A} = \operatorname{grad}\psi$ die Gleichung

$$\boxed{\operatorname{div}(\varphi \operatorname{grad}\psi) = \varphi\,\Delta\psi + \operatorname{grad}\varphi \cdot \operatorname{grad}\psi} \qquad (3.71)$$

Hierbei wurde $\Delta\psi = \operatorname{div}\operatorname{grad}\psi$ gesetzt. Wendet man nun den Gaußschen Integralsatz an, so folgt

$$\iint\limits_{\partial B} \varphi \operatorname{grad}\psi \cdot d\underline{\sigma} = \iiint\limits_{B} \left(\varphi\,\Delta\psi + \operatorname{grad}\varphi \cdot \operatorname{grad}\psi\right) d\tau \qquad (3.72)$$

B ist dabei ein stückweise glatt berandeter Bereich im $\mathbb{R}^3$, wie üblich. Auf der linken Seite von (3.72) ersetzen wir $d\underline{\sigma}$ durch $\underline{n}\,d\sigma$ (mit dem nach außen weisenden Normalenvektor $\underline{n}$ auf ∂B). Erinnern wir uns noch an die Richtungsableitung

$$\frac{\partial\psi}{\partial\underline{n}} = \underline{n} \cdot \operatorname{grad}\psi \quad , \text{ (s.Bd. I, Abschn. 6.3.3)}, \qquad (3.73)$$

so erhält Gleichung (3.72) die folgende Form:

Erste Greensche Integralformel[1)]

$$\boxed{\iint\limits_{\partial B} \varphi \frac{\partial\psi}{\partial\underline{n}}\, d\sigma = \iiint\limits_{B} \left(\varphi\,\Delta\psi + \operatorname{grad}\varphi \cdot \operatorname{grad}\psi\right) d\tau} \qquad (3.74)$$

Den Integranden rechts kann man natürlich auch durch die linke Seite von (3.71), $\operatorname{div}(\varphi \operatorname{grad}\psi)$ ersetzen.

Vertauscht man φ mit ψ in (3.74) und subtrahiert die so gewonnene Formel von (3.74), so gelangt man zu folgendem:

---

1) George Gabriel Green, 1793-1841

Zweite Greensche Integralformel

$$\iint_{\partial B} \left(\varphi \frac{\partial \psi}{\partial \underline{n}} - \psi \frac{\partial \varphi}{\partial \underline{n}}\right) d\sigma = \iiint_{B} \left(\varphi \Delta \psi - \psi \Delta \varphi\right) d\tau \tag{3.75}$$

φ und ψ sind in den Formeln dieses Abschnittes stets so oft stetig differenzierbar vorausgesetzt, wie es die Formeln verlangen.

Im Spezialfall $\psi(\underline{x}) \equiv 1$ gewinnen wir aus (3.75) noch die interessante Formel

$$\iint_{\partial B} \frac{\partial \varphi}{\partial \underline{n}} d\sigma = \iiint_{B} \Delta \varphi \, d\tau \tag{3.76}$$

Sie zeigt, daß Raumintegrale über Laplacesche Differentialausdrücke $\Delta\varphi$ in Flächenintegrale verwandelt werden können.

Bemerkung: Die Greenschen Formeln sind bedeutungsvoll für Eindeutigkeitsbeweise bei gewissen partiellen Differentialgleichungen der mathematischen Physik. Im nächsten Abschnitt 3.4 werden wichtige Beispiele dazu gegeben.

3.3.6 Krummlinige orthogonale Koordinaten

Orthogonale Koordinatentransformationen. Eine Koordinatentransformation im $\mathbb{R}^3$ wird folgendermaßen beschrieben:[1)]

$$\underline{x} = \underline{T}(\underline{u}) \;,\; \underline{u} \in D \quad \text{mit} \quad \underline{x} = \begin{bmatrix} x_1 \\ x_2 \\ x_3 \end{bmatrix}, \quad \underline{T} = \begin{bmatrix} T_1 \\ T_2 \\ T_3 \end{bmatrix}, \quad \underline{u} = \begin{bmatrix} u_1 \\ u_2 \\ u_3 \end{bmatrix}. \tag{3.77}$$

$\underline{T} : D \longrightarrow G$ bildet dabei den Bereich $D \subset \mathbb{R}^3$ auf dem Bereich $G \in \mathbb{R}^3$ ab. $\underline{T}$ sei so oft stetig differenzierbar, wie es die folgenden Formeln jeweils verlangen. Überdies sei $\underline{T}$ umkehrbar eindeutig und es gelte überall in D :

---

1) Wir schreiben wahlweise x_1, x_2, x_3 oder x, y, z für die Koordinaten. x_1, x_2, x_3 werden gerne bei theoretischen Erörterungen benutzt, x, y, z dagegen in Beispielen.

$$\det \underline{T}' > 0 \quad \text{und} \quad \underline{T}_{u_i} \cdot \underline{T}_{u_k} = 0 \quad \text{für} \quad i \neq k\,.$$ [1)]

Letzteres heißt, daß die Spalten von $\underline{T}'$ paarweise rechtwinklig zueinander stehen. Aus diesem Grunde spricht man von einer (krummlinigen) orthogonalen Koordinatentransformation $\underline{T}$. x_1, x_2, x_3 sind dabei die "alten (kartesischen) Koordinaten" und u_1, u_2, u_3 die "neuen (krummlinigen) Koordinaten".

Die Kurven, die durch

$$\left.\begin{aligned} \underline{x} &= \underline{T}(t, u_2, u_3) \\ \underline{x} &= \underline{T}(u_1, t, u_3) \\ \underline{x} &= \underline{T}(u_1, u_2, t) \end{aligned}\right\}, \quad t \text{ variabel} \qquad (3.78)$$

beschrieben werden, heißen Koordinatenlinien. Betrachten wir z.B. die erste Gleichung $\underline{x} = \underline{T}(t, u_2, u_3)$, so werden dabei u_2, u_3 beliebig, aber fest gewählt, während t variiert (wobei $[t, u_2, u_3]^T \in D$ ist). Analoges gilt für die zweite und dritte Gleichung in (3.78). Es handelt sich also um drei Scharen von Kurven.

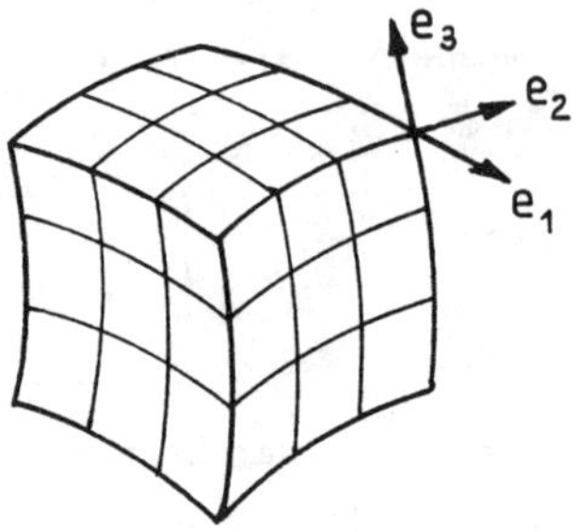

Fig. 3.19: Krummlinige orthogonale Koordinaten (mit Koordinatenlinien)

Durch jeden Punkt $\underline{x} = \underline{T}(u_1, u_2, u_3)$ verlaufen genau drei Kurven, aus jeder der drei Scharen in (3.78) eine. Sie kreuzen sich in $\underline{x}$ paarweise rechtwinklig, d.h. ihre Tangentenvektoren $\underline{T}_{u_1}, \underline{T}_{u_2}, \underline{T}_{u_3}$ stehen dort paarweise senkrecht aufeinander. Damit bilden die Vektoren

$$\boxed{\underline{e}_1 = \frac{\underline{T}_{u_1}}{g_1}\,, \quad \underline{e}_2 = \frac{\underline{T}_{u_2}}{g_2}\,, \quad \underline{e}_3 = \frac{\underline{T}_{u_3}}{g_3}} \quad \text{mit} \quad \boxed{g_i := |\underline{T}_{u_i}|} \qquad (3.79)$$
$$(i = 1,2,3)$$

für jedes $\underline{u} \in D$ ein orthonormales Rechtssystem (d.h. $\underline{e}_i \cdot \underline{e}_k = \delta_{ik}$, $\det(\underline{e}_1, \underline{e}_2, \underline{e}_3) = 1$). Man nennt $(\underline{e}_1, \underline{e}_2, \underline{e}_3)$ auch ein (Rechts-)Dreibein längs der Koordinatenlinien.

Die wichtigsten Beispiele für krummlinige orthogonale Koordinaten sind Zylinder- und Kugelkoordinaten.

[1)] $\underline{T}_{u_i} = \partial \underline{T} / \partial u_i$

<u>Beispiel 3.5</u> Zylinderkoordinaten (s. Fig. 3.20(a)):

$$x = r\cos\varphi$$
$$y = r\sin\varphi \qquad (r \geqq 0\ ,\ 0 \leqq \varphi < 2\pi\ ,\ z \in \mathbb{R}) \qquad (3.80)$$
$$z = z$$

Für $r = \text{konstant} > 0$ beschreiben die Gleichungen jeweils einen Zylinder, dessen Achse die z-Achse ist. Daher der Name (s. Fig. 3.20(b))!

Wir schreiben im folgenden $\underline{e}_r, \underline{e}_\varphi, \underline{e}_z$ statt $\underline{e}_1, \underline{e}_2, \underline{e}_3$. Damit folgt im Falle $r > 0$:

$$g_1 = 1,\quad g_2 = r,\quad g_3 = 1\ ,\quad \underline{e}_r = \begin{bmatrix}\cos\varphi\\ \sin\varphi\\ 0\end{bmatrix},\ \underline{e}_\varphi = \begin{bmatrix}-\sin\varphi\\ \cos\varphi\\ 0\end{bmatrix},\ \underline{e}_z = \begin{bmatrix}0\\0\\1\end{bmatrix} \qquad (3.81)$$

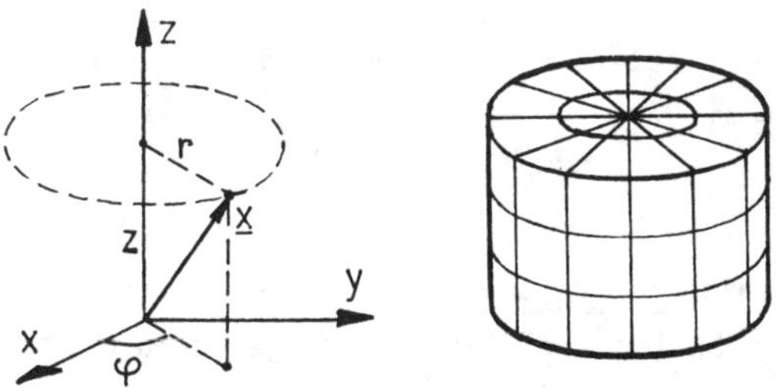

Fig. 3.20 (a) Zylinderkoordinaten r, φ, z
(b) Koordinatenlinien dazu

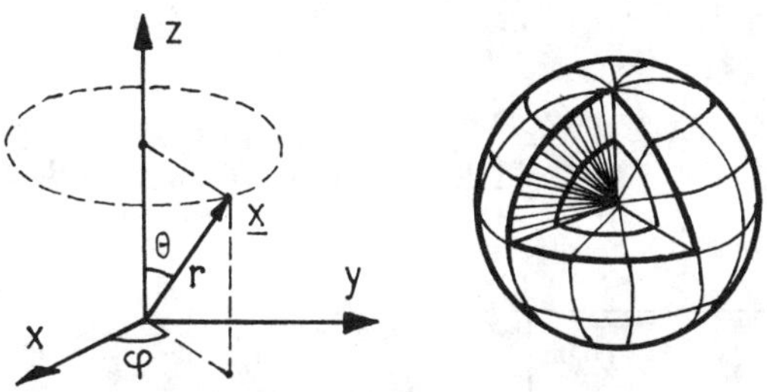

Fig. 3.21 (a) Kugelkoordinaten r, θ, φ
(b) Koordinatenlinien dazu

<u>Beispiel 3.6</u> Kugelkoordinaten (auch "sphärische" oder "räumliche Polarkoordinaten" genannt), (vgl. Fig. 3.21(a)):

$$x = r\sin\theta\cos\varphi$$
$$y = r\sin\theta\sin\varphi \qquad (r \geqq 0\ ,\ 0 \leqq \theta \leqq \pi\ ,\ 0 \leqq \varphi < 2\pi) \qquad (3.82)$$
$$z = r\cos\theta$$

Für r = konstant > 0 wird jeweils eine Kugeloberfläche um $\underline{0}$ beschrieben. Die Durchstoßpunkte der z-Achse können dabei als "Nord-" und "Südpol" angesehen werden. φ beschreibt die "geographische Länge" und θ die "Breite" ($\theta = \underline{0}$: Nordpol, $\theta = \pi/2$: Äquator, $\theta = \pi$: Südpol). Die Koordinatenlinien sind also die Längen- und Breitenkreise, sowie die Geraden durch $\underline{0}$, siehe Figur 3.21(b).

Es folgt im Falle $r > 0$, $0 < \theta < \pi$, wobei wir $\underline{e}_r, \underline{e}_\theta, \underline{e}_\varphi$ statt $\underline{e}_1, \underline{e}_2, \underline{e}_3$ schreiben:

$$\begin{array}{l} g_1 = 1 \\ g_2 = r \\ g_3 = r\sin\theta \end{array} , \quad \underline{e}_r = \begin{bmatrix} \sin\theta\cos\varphi \\ \sin\theta\sin\varphi \\ \cos\theta \end{bmatrix}, \quad \underline{e}_\theta = \begin{bmatrix} \cos\theta\cos\varphi \\ \cos\theta\sin\varphi \\ -\sin\theta \end{bmatrix}, \quad \underline{e}_\varphi = \begin{bmatrix} -\sin\varphi \\ \cos\varphi \\ 0 \end{bmatrix} \tag{3.83}$$

Weitere technisch und physikalisch nützliche orthogonale Koordinaten sind folgende (vgl. Bd.I, Abschn. 7.2.3): Parabolische Zylinderkoordinaten, rotationsparabolische Koordinaten, elliptische Zylinderkoordinaten und Toruskoordinaten ($x_1 = (a - R\cos\theta)\cos\varphi$, $x_2 = (a - R\cos\theta)\sin\varphi$, $x_3 = R\sin\theta$, wobei $0 \leq R < a$).

Felder in krummlinigen orthogonalen Koordinaten. $\underline{V} : G \to \mathbb{R}^3$ sei ein Vektorfeld und $\psi : G \to \mathbb{R}$ ein Skalarfeld. Beide seien genügend oft stetig differenzierbar im Zusammenhang mit folgenden Formeln. Die Funktionsgleichungen $\underline{y} = \underline{V}(\underline{x})$ und $\lambda = \psi(\underline{x})$ werden durch $\underline{x} = \underline{T}(\underline{u})$ transformiert in

$$\underline{y} = \underline{V}(\underline{T}(\underline{u})) =: \tilde{\underline{V}}(\underline{u}) \quad , \quad \lambda = \psi(\underline{T}(\underline{u})) = \tilde{\psi}(\underline{u}) \tag{3.84}$$

kurz

$$\boxed{\underline{V}(\underline{x}) = \tilde{\underline{V}}(\underline{u})} \quad , \quad \boxed{\psi(\underline{x}) = \tilde{\psi}(\underline{u})} \quad \text{mit} \quad \underline{x} = \underline{T}(\underline{u}) \tag{3.85}$$

$\underline{V}(\underline{x})$ und $\tilde{\underline{V}}(\underline{u})$ bezeichnen also den gleichen Punkt in G.

Für beliebig gewähltes $\underline{u} \in D$ sei $(\underline{e}_1, \underline{e}_2, \underline{e}_3)$ das zugehörige Dreibein, (s. (3.79)). Damit läßt sich $\tilde{\underline{V}}(\underline{u})$ als Linearkombination der $\underline{e}_i$ schreiben:

$$\boxed{\underline{\tilde{V}} = V^1\underline{e}_1 + V^2\underline{e}_2 + V^3\underline{e}_3}^{\,1)} \quad \text{mit} \quad \boxed{V^i = \underline{\tilde{V}} \cdot \underline{e}_i} \tag{3.86}$$

Der Übersicht wegen wird hier die Variable $\underline{u}$ weggelassen. Die rechte Gleichung folgt durch Multiplikation der linken Gleichung mit $\underline{e}_i$.
Die V^i sind von $\underline{u} \in D$ abhängige reelle Funktionen. Wir nennen V^1, V^2, V^3 die Komponenten von $\underline{V}$ entlang der Koordinatenlinien (bez. $\underline{T}$).

Da sowohl die V^i wie auch die $\underline{e}_i$ von $\underline{u} = [u_1, u_2, u_3]^T$ abhängen, erhält man die partielle Ableitung von $\underline{\tilde{V}}$ nach u_i durch die Produktdifferentiation:

$$\underline{\tilde{V}} = \sum_{i=1}^{3} V^i \underline{e}_i \Rightarrow \frac{\partial}{\partial u_k} \underline{\tilde{V}} = \sum_{i=1}^{3} \left(V^i_{u_k} \underline{e}_i + V^i \underline{e}_{i,u_k} \right) \tag{3.87}$$

Beispiel 3.7 Für $\underline{V}(\underline{x}) = [z^2, 0, 0]^T$ errechne man die Komponenten entlang der Kugelkoordinaten-Linien. Wir bezeichnen sie mit V^r, V^θ, V^φ statt V^1, V^2, V^3 . Es gilt mit (3.82), (3.83):

$$\begin{aligned} V^r &= \underline{\tilde{V}} \cdot \underline{e}_r &&= z^2 \sin\theta \cos\varphi = r^2 \cos^2\theta \sin\theta \cos\varphi \\ V^\theta &= \underline{\tilde{V}} \cdot \underline{e}_\theta &&= z^2 \cos\theta \cos\varphi = r^2 \cos^3\theta \cos\varphi \\ V^\varphi &= \underline{\tilde{V}} \cdot \underline{e}_\varphi &&= -z^2 \sin\varphi \qquad = -r^2 \cos^2\theta \sin\varphi \end{aligned}$$

Übungen

3.11* (a) Für das Vektorfeld $\underline{V}(\underline{x}) = [y, -z, 1]^T$ berechne man die Komponenten V^r, V^φ, V^z entlang der Zylinderkoordinaten-Linien (vgl. Beisp. 3.5).

(b) Berechne die partiellen Ableitungen nach r, φ und z für die Vektoren $\underline{e}_r, \underline{e}_\varphi, \underline{e}_z$ bei Zylinderkoordinaten (s. (3.81)), also $\partial\underline{e}_r/\partial r$, $\partial\underline{e}_r/\partial\varphi$ usw.

(c) Entsprechend wie (b) für Kugelkoordinaten.

---

1) In V^i ist i ein (oberer) Index. Es ist hier also keine Potenzierung gemeint.

3.3.7 Die Differentialoperatoren grad, div, rot, Δ in krummlinigen orthogonalen Koordinaten

Mit den Bezeichnungen des vorigen Abschnittes folgt

Satz 3.10 Es gilt

(a)
$$\operatorname{grad}\psi(\underline{x}) = \frac{\underline{e}_1}{g_1}\frac{\partial\tilde{\psi}}{\partial u_1} + \frac{\underline{e}_2}{g_2}\frac{\partial\tilde{\psi}}{\partial u_2} + \frac{\underline{e}_3}{g_3}\frac{\partial\tilde{\psi}}{\partial u_3} \quad {}^{1)} \tag{3.88}$$

und damit symbolisch:

(b)
$$\nabla = \frac{\underline{e}_1}{g_1}\frac{\partial}{\partial u_1} + \frac{\underline{e}_2}{g_2}\frac{\partial}{\partial u_2} + \frac{\underline{e}_3}{g_3}\frac{\partial}{\partial u_3} \tag{3.89}$$

Ferner:

(c)
$$\operatorname{div}\underline{V}(\underline{x}) = \frac{1}{g_1g_2g_3}\left[\frac{\partial}{\partial u_1}\left(g_2g_3V^1\right) + \frac{\partial}{\partial u_2}\left(g_3g_1V^2\right) + \frac{\partial}{\partial u_3}\left(g_1g_2V^3\right)\right]^{2)} \tag{3.90}$$

(d)
$$\operatorname{rot}\underline{V}(\underline{x}) = \frac{1}{g_1g_2g_3}\begin{vmatrix} g_1\underline{e}_1 & g_2\underline{e}_2 & g_3\underline{e}_3 \\ \partial/\partial u_1 & \partial/\partial u_2 & \partial/\partial u_3 \\ g_1V^1 & g_2V^2 & g_3V^3 \end{vmatrix} \tag{3.91}$$

(e)
$$\Delta\psi(\underline{x}) = \frac{1}{g_1g_2g_3}\sum_{i=1}^{3}\frac{\partial}{\partial u_i}\left(\frac{g_1g_2g_3}{g_i^{\,2}}\frac{\partial\tilde{\psi}}{\partial u_i}\right) \tag{3.92}$$

Auf den linken Seiten beziehen sich alle Differentialoperatoren auf $\underline{x}$. Die rechten Seiten in (a), (c), (d), (e) hängen von $\underline{u}$ ab. Setzt man links $\underline{x} = \underline{T}(\underline{u})$ ein, so hängen auch die linken von $\underline{u}$ ab.

Beweis: Zu (a),(b): Zu zeigen ist $\operatorname{grad}\psi\cdot\underline{e}_i = \frac{1}{g_i}\frac{\partial\tilde{\psi}}{\partial u_i}$, wie das Durchmultiplizieren von (a) mit $\underline{e}_i$ verdeutlicht.

Mit $\underline{x} = \underline{T}(\underline{u})$, $\frac{\partial x_k}{\partial u_i} = T_{k,u_i}$ ergibt sich dies so:

$$\operatorname{grad}\psi\cdot\underline{e}_i = \operatorname{grad}\psi\cdot\frac{\underline{T}_{u_i}}{g_i} = \frac{1}{g_i}\sum_{k=1}^{3}\frac{\partial\psi}{\partial x_k}\frac{\partial x_k}{\partial u_i} = \frac{1}{g_i}\frac{\partial\tilde{\psi}}{\partial u_i}\,. \tag{3.93}$$

---

1) $\psi(\underline{x}) = \tilde{\psi}(\underline{u})$, $(\underline{x} = \underline{T}(\underline{u}))$

2) $\underline{V}(\underline{x}) = \sum_{i=1}^{3} V^i(\underline{u})\underline{e}_i(\underline{u})$. (In V^i ist i ein oberer Index.)

Zu (c):[1] Gleichung (a), angewandt auf $u_1 = \varphi(\underline{x}) =: \left(T^{-1}\right)_1(\underline{x})$ liefert zunächst

$$\nabla u_1 = \frac{\underline{e}_1}{g_1} \Rightarrow \underline{e}_1 = g_1 \nabla u_1 \,, \quad \text{allgemein:} \quad \boxed{\underline{e}_i = g_i \nabla u_i}$$

Damit kann man die Formeln über Zusammensetzungen mit ∇ ausnutzen (s. Abschn. 3.3.2, (a') bis (j')). Zum Beweis von (c) hat man mit dieser Methode

$$\operatorname{div} \underline{V} = \nabla \cdot \underline{V} = \nabla \cdot \sum_{i=1}^{3} V^i \underline{e}_i = \sum_{i=1}^{3} \nabla \cdot \left(V^i \underline{e}_i\right)^{2)}$$

zu ermitteln. Zur Bearbeitung von $\nabla \cdot \left(V^1 \underline{e}_1\right)$ setzt man dabei zunächst

$$\underline{e}_1 = \underline{e}_2 \times \underline{e}_3 = g_2 g_3 \nabla u_2 \times \nabla u_3$$

ein. Es folgt mit (f'), Abschnitt 3.3.2:

$$\nabla \cdot \left(V^1 \underline{e}_1\right) = \nabla \cdot \left(g_2 g_3 V^1 \nabla u_2 \times \nabla u_3\right) =$$

$$= g_2 g_3 V^1 \underbrace{\nabla \cdot \left(\nabla u_2 \times \nabla u_3\right)} + \underbrace{\left(\nabla u_2 \times \nabla u_3\right)}_{\underline{e}_1/(g_2 g_3)} \cdot \nabla \left(g_1 g_3 V^1\right)$$

Dabei ist mit (i') in Abschnitt 3.3.2:

$$\nabla \cdot \left(\nabla u_2 \times \nabla u_3\right) = \nabla u_3 \cdot \underbrace{\left(\nabla \times \nabla u_2\right)}_{0} - \nabla u_2 \cdot \underbrace{\left(\nabla \times \nabla u_3\right)}_{0} = 0 \,,$$

also

$$\nabla \left(V^1 \underline{e}_1\right) = \frac{1}{g_2 g_3} \underline{e}_1 \cdot \nabla \left(g_2 g_3 V^1\right) = \frac{1}{g_1 g_2 g_3} \frac{\partial}{\partial u_1} \left(g_2 g_3 V^1\right) \,,$$

letzteres nach (3.93). Entsprechendes folgt für $\nabla\left(V^2 \underline{e}_2\right)$ und $\nabla\left(V^3 \underline{e}_3\right)$, woraus sich (c) ergibt.

Zu (d): Nach dem gleichen Prinzip wie oben wird $\operatorname{rot} \underline{V}$ umgeformt:

---

[1] Die Divergenzformel (c) folgt auch als Spezialfall aus der "Kettenregel der Divergenz", Abschn. 3.1.3.

[2] ∇ bezieht sich stets auf $\underline{x}$! Man hat sich also in $\nabla \cdot \left(\tilde{V}_1(\underline{u}) \underline{e}_i(\underline{u})\right)$ zunächst $\underline{u} = \underline{T}^{-1}(\underline{x})$ eingesetzt zu denken, worauf dann ∇ auf $\underline{x}$ wirkt: $\nabla = \left[\partial/\partial x_1, \partial/\partial x_2, \partial/\partial x_3\right]^T$.

$$\operatorname{rot}\underline{V} = \nabla\times\underline{V} = \nabla\times\sum_{i=1}^{3} V^i\underline{e}_i = \sum_i \nabla\times\left(V^i\underline{e}_i\right) = \sum_i \nabla\times\left(g_i V^i \nabla u_i\right) =$$

$$= \sum_i \left[g_i V^i \nabla\times\left(\nabla u_i\right) - \nabla u_i \times\nabla\left(g_i V^i\right)\right] \qquad \text{(nach (g'), Abschn. 3.3.2)}$$

$$= \sum_i \nabla\left(g_i V^i\right)\times\nabla u_i = \sum_i \left[\sum_k \frac{\underline{e}_k}{g_k}\left(g_i V^i\right)_{u_k}\right]\times\frac{\underline{e}_i}{g_i} \qquad \text{(nach (a)).}$$

Ausmultiplizieren der rechten Seite liefert 6 Glieder (da $\underline{e}_i\times\underline{e}_i = \underline{0}$). Es sind die gleichen 6 Glieder, die durch Auswerten der Determinante in Formel (d) entstehen (mit Sarrusscher Regel). Damit ist (d) bewiesen.

Zu (e): Es gilt $\Delta = \nabla\cdot\nabla = \nabla\cdot\left[\sum_i \underline{e}_i\left(1/g_i\right)\left(\partial/\partial\underline{u}_i\right)\right]$ nach (b). Man wendet nun die Divergenzformel (c) an, wobei V^i durch $\left(1/g_i\right)\left(\partial/\partial\underline{u}_i\right)$ ersetzt wird. Damit folgt (e). □

Wir wenden Satz 3.10 nun auf Zylinder- und Kugelkoordinaten an:

Beispiel 3.8 Für Zylinderkoordinaten r,φ,z mit dem zugehörigen Dreibein $(\underline{e}_r,\underline{e}_\varphi,\underline{e}_z)$ (s. (3.81)) gelten für die Felder $\psi(\underline{x}) = \tilde{\psi}(r,\varphi,z)$ und $\underline{V}(\underline{x}) = V^r\underline{e}_r + V^\varphi\underline{e}_\varphi + V^z\underline{e}_z$ die folgenden Formeln:

$$\operatorname{grad}\psi(\underline{x}) = \frac{\partial\tilde{\psi}}{\partial r}\underline{e}_r + \frac{1}{r}\frac{\partial\tilde{\psi}}{\partial\varphi}\underline{e}_\varphi + \frac{\partial\tilde{\psi}}{\partial z}\underline{e}_z \tag{3.94}$$

$$\operatorname{div}\underline{V}(\underline{x}) = \frac{1}{r}\frac{\partial}{\partial r}\left(rV^r\right) + \frac{1}{r}\frac{\partial V^\varphi}{\partial\varphi} + \frac{\partial V^z}{\partial z} \tag{3.95}$$

$$\operatorname{rot}\underline{V}(\underline{x}) = \frac{1}{r}\begin{vmatrix} \underline{e}_r & r\underline{e}_\varphi & \underline{e}_z \\ \partial/\partial r & \partial/\partial\varphi & \partial/\partial z \\ V^r & rV^\varphi & V^z \end{vmatrix} = \tag{3.96}$$

$$= \left(\frac{1}{r}\frac{\partial V^z}{\partial\varphi} - \frac{\partial V^\varphi}{\partial z}\right)\underline{e}_r + \left(\frac{\partial V^r}{\partial z} - \frac{\partial V^z}{\partial r}\right)\underline{e}_\varphi + \frac{1}{r}\left(\frac{\partial(rV^\varphi)}{\partial r} - \frac{\partial V^r}{\partial\varphi}\right)\underline{e}_z$$

$$\Delta\psi(\underline{x}) = \frac{1}{r}\frac{\partial}{\partial r}\left(r\frac{\partial\tilde{\psi}}{\partial r}\right) + \frac{1}{r^2}\frac{\partial^2\tilde{\psi}}{\partial\varphi^2} + \frac{\partial^2\tilde{\psi}}{\partial z^2} \tag{3.97}$$

Beispiel 3.9 Für Kugelkoordinaten r,θ,φ mit dem Dreibein $(\underline{e}_r,\underline{e}_\theta,\underline{e}_\varphi)$ (s. (3.83)) erhält man für die Felder $\psi(\underline{x}) = \tilde{\psi}(r,\theta,\varphi)$ und $\underline{V}(\underline{x}) = V^r\underline{e}_r + V^r\underline{e}_\theta + V^\varphi\,\underline{e}_\varphi$ folgendes:

$$\operatorname{grad}\psi(\underline{x}) = \frac{\partial\tilde{\psi}}{\partial r}\underline{e}_r + \frac{1}{r}\frac{\partial\tilde{\psi}}{\partial\theta}\underline{e}_\theta + \frac{1}{r\sin\theta}\frac{\partial\tilde{\psi}}{\partial\varphi}\underline{e} \tag{3.98}$$

$$\operatorname{div}\underline{V}(\underline{x}) = \frac{1}{r^2}\frac{\partial}{\partial r}\left(r^2 V^r\right) + \frac{1}{r\sin\theta}\left[\frac{\partial}{\partial\theta}\left(\sin\theta\, V^\theta\right) + \frac{\partial V^\varphi}{\partial\varphi}\right] \tag{3.99}$$

$$\operatorname{rot}\underline{V}(\underline{x}) = \frac{1}{r^2\sin\theta}\begin{vmatrix} \underline{e}_r & r\,\underline{e}_\theta & r\sin\theta\,\underline{e}_\varphi \\ \partial/\partial r & \partial/\partial\theta & \partial/\partial\varphi \\ V^r & rV^\theta & r\sin\theta\, V^\varphi \end{vmatrix} = \tag{3.100}$$

$$= \frac{1}{r\sin\theta}\left(\frac{\partial(\sin\theta V^\varphi)}{\partial\theta} - \frac{\partial V^\theta}{\partial\varphi}\right)\underline{e}_r + \frac{1}{r}\left(\frac{1}{\sin\theta}\frac{\partial V^r}{\partial\varphi} - \frac{\partial(rV^\varphi)}{\partial r}\right)\underline{e}_\theta + \frac{1}{r}\left(\frac{\partial(rV^\theta)}{\partial r} - \frac{\partial V^r}{\partial\theta}\right)\underline{e}_\varphi$$

$$\Delta\psi = \frac{1}{r^2}\frac{\partial}{\partial r}\left(r^2\frac{\partial\tilde{\psi}}{\partial r}\right) + \frac{1}{r^2\sin\theta}\frac{\partial}{\partial\theta}\left(\sin\theta\frac{\partial\tilde{\psi}}{\partial\theta}\right) + \frac{1}{r^2\sin^2\theta}\frac{\partial^2\tilde{\psi}}{\partial\varphi^2} \tag{3.101}$$

Übungen

3.12* Man wende die Operatoren grad und Δ in Zylinder- und Kugelkoordinaten auf folgende Skalarfelder an:

(a) $\psi(\underline{x}) = xyz$, (b) $\phi(\underline{x}) = \underline{a}\cdot\underline{x}$ $(\underline{a} \neq \underline{0})$, (c) $\alpha(\underline{x}) = |\underline{x}|$ $(\neq 0)$

3.13* Bestimme $\operatorname{grad}\operatorname{div}\underline{e}_r$ und $\operatorname{rot}\underline{e}_\theta$ in Kugelkoordinaten ($(\underline{e}_r, \underline{e}_\theta, \underline{e}_\varphi)$ zugehöriges Dreibein).

3.14 Wende rot und div in Zylinder- und Kugelkoordinaten auf folgende Vektorfelder an:

$$\text{(a)}\quad \underline{V}(\underline{x}) = [yz\,, x^2\,, 1]^T \;,\quad \text{(b)}\quad \underline{W}(\underline{x}) = \underline{w}\times\underline{x} \quad (\underline{w} \neq \underline{0}) \tag{3.102}$$

Hinweis: Schreibe die Felder zunächst in die jeweiligen Kooordinaten um!

3.15* Berechne grad, div, rot und Δ in folgenden Koordinaten:

(a) elliptische Zylinderkoordinaten: $\left\{\begin{array}{l} x = c\cosh u\cos v \\ y = c\sinh u\sin v \\ z = z \end{array}\right\}$ $\quad c = \text{konst.} > 0$, $u,z \in \mathbb{R}$, $v \in [0,2\pi)$

(b) rotationsparabolische Koordinaten: $\left\{\begin{array}{l} x = uv\cos\varphi \\ y = uv\sin\varphi \\ z = (u^2 - v^2)/2 \end{array}\right\}$ $\quad u,v \in \mathbb{R}$, $\varphi \in [0,2\pi)$

3.4 Wirbelfreiheit, Quellfreiheit, Potentiale

Nun kommt "Butter bei die Fische".

3.4.1 Wirbelfreiheit: $\operatorname{rot}\underline{V} = \underline{0}$, skalare Potentiale

Schon in Abschnitt 1.6.4, Folgerung 1.3, wurde folgendes gezeigt:

Ein stetig differenzierbares Vektorfeld $\underline{V} : G \to \mathbb{R}^3$ *auf einem einfach zusammenhängenden Gebiet* $G \subset \mathbb{R}^3$ *besitzt genau dann ein (skalares) Potential* $\varphi : G \to \mathbb{R}$, *wenn* $\operatorname{rot}\underline{V} = \underline{0}$ *ist.*

In Kurzform:

$$\boxed{\operatorname{rot}\underline{V} = \underline{0} \iff \exists\varphi : \underline{V} = \operatorname{grad}\varphi}^{\,1)} \qquad (3.103)$$

Gilt $\underline{V} = \operatorname{grad}\varphi$, so heißt $\underline{V}$ ein Potentialfeld (auch Gradientenfeld oder konservatives Feld genannt). Man sagt ferner, $\underline{V}$ ist wirbelfrei, wenn $\operatorname{rot}\underline{V} = \underline{0}$ gilt.

Damit lautet die obige Aussage kurz (bezogen auf einfach zusammenhängende Gebiete[2]):

Ein wirbelfreies Vektorfeld ist ein Potentialfeld, und umgekehrt.

Die Potentiale φ von $\underline{V}$ ergeben sich explizit aus

$$\varphi(\underline{x}) = \int_{\underline{x}_0}^{\underline{x}} V(\underline{\xi}) \cdot d\xi + c \qquad (c \in \mathbb{R} \text{ konstant}), \qquad (3.104)$$

wobei $\underline{x}_0$ beliebig, aber fest in G gewählt ist, und die Integration auf einer beliebigen stückweise glatten Kurve von $\underline{x}_0$ bis $\underline{x}$ ausgeführt wird. Am besten nimmt man Strecken oder Streckenzüge (Abschn. 1.6.3).

---

1) $\exists$ = es existiert ~~um~~ ein

2) Darunter fallen Quader, Kugeln, ja, alle konvexen Gebiete mit oder ohne "blasenartigen" Löchern.

Bemerkung: Die obige Aussage (3.103) folgt auch aus dem Stokesschen Integralsatz. Wir skizzieren den Beweis kurz: Es sei $\operatorname{rot}\underline{V} = \underline{0}$. Wir betrachten nun einen beliebigen geschlossenen Streckenzug S in G . Man kann ihn in G auf einen Punkt zusammenziehen (da G einfach zusammenhängt), und zwar o.B.d.A. auf einer triangulierten Fläche, wie es die Figur 3.22 zeigt[1]. S ist also gleich dem Rand dieser Fläche F , und mit dem Stokesschen Satz gilt

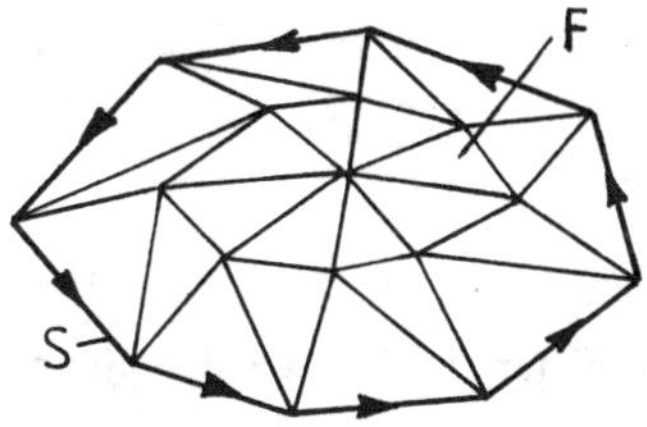

Fig. 3.22: Die Fläche F "überspannt" die Kurve S

$$\oint_S \underline{V}\cdot d\underline{x} = \iint_F \operatorname{rot}\underline{V}\cdot d\underline{\sigma} = 0 . \qquad (3.105)$$

Die Kurvenintegrale von $\underline{V}$ verschwinden also über jedem geschlossenen Streckenzug in G , durch Grenzübergang damit über beliebige geschlossene, stückweise glatte Wege, woraus die Wegunabhängigkeit bez. $\underline{V}$ in G folgt und nach dem Kurvenhauptsatz (Abschn. 1.6.3) die Existenz eines Potentials φ von $\underline{V}$.

Die umgekehrte Schlußrichtung ($\underline{V} = \operatorname{grad}\varphi \Rightarrow \operatorname{rot}\underline{V} = \underline{0}$) ist wegen $\operatorname{rot}\operatorname{grad}\varphi = \underline{0}$ trivial. -

Übung 3.16* Berechne das Potential φ von $\underline{V}(\underline{x}) = \underline{x}$ auf $\mathbb{R}^3$.

3.4.2 Laplace-Gleichung, harmonische Funktionen

In Physik und Technik treten oft Vektorfelder $\underline{V} : G \longrightarrow \mathbb{R}^3$ auf, die wirbelfrei und quellfrei sind, also

$$\operatorname{rot}\underline{V} = \underline{0} \quad \text{und} \quad \operatorname{div}\underline{V} = 0 \qquad (3.106)$$

auf G erfüllen. Wir wollen G als einfach zusammenhängendes Gebiet annehmen. Dann existiert ein Potential $\varphi : G \longrightarrow \mathbb{R}$ mit $\underline{V} = \operatorname{grad}\varphi$. Aus $\operatorname{div}\underline{V} = \underline{0}$ folgt damit $\operatorname{div}\operatorname{grad}\varphi = 0$, d.h.

$$\boxed{\Delta\varphi = 0} \quad \text{auf } G . \qquad (3.107)$$

---

[1] Man trianguliere das Urbildrechteck R der Zusammenziehung $\underline{h} : R \to G$ fein genug und übertrage die Triangulierung in den Bildbereich von h. Es entsteht F.

Diese Differentialgleichung ist die Laplace-Gleichung (oder Potentialgleichung). Ein zweimal stetig differenzierbares Skalarfeld $\varphi : G \to \mathbb{R}^3$, welches $\Delta\varphi = 0$ auf $G \subset \mathbb{R}^3$ erfüllt, heißt eine harmonische Funktion[1)] auf G.

Bemerkung: Wirbel- und quellfreie Vektorfelder kommen als Geschwindigkeitsfelder im Rahmen der Hydrodynamik häufig vor, ja, auch in der Aerodynamik. Zur Berechnung der Strömungen um verschiedene Körper (Zylinder, Rohre, Tragflächen usw.) sind daher harmonische Funktionen unentbehrlich. (Auf zweidimensionale Strömungen wird im zweiten Teil "Funktionentheorie" eingegangen.) -

Für Eindeutigkeitsbeweise verwenden wir folgenden Satz (s. Bd. V):

Satz 3.11 Maximumprinzip. Eine nichtkonstante harmonische Funktion auf $G \subset \mathbb{R}^3$ nimmt in keinem inneren Punkt von G ihr Maximum oder Minimum an.

Dirichletsches Randwertproblem: Gesucht ist eine Funktion $\varphi : G \to \mathbb{R}$, die auf dem beschränkten Gebiet $G \subset \mathbb{R}^3$ zweimal stetig differenzierbar ist und stetig auf ganz $\overline{G}$, und die folgendes erfüllt:

$$\boxed{\Delta\varphi = 0 \text{ in } G, \quad \varphi(\underline{x}) = g(\underline{x}) \text{ auf } \partial G} \tag{3.108}$$

$g : \partial G \to \mathbb{R}$ ist dabei eine stetige Funktion. Die rechte Bedingung in (3.108) heißt Dirichletsche Randbedingung.

Folgerung 3.6 Das Dirichletsche Randwertproblem hat höchstens eine Lösung φ.

Beweis: Sind φ, ψ zwei Lösungen von (3.108), so folgt für die Differenz $\phi = \varphi - \psi$ ebenfalls $\Delta\phi = 0$, aber $\phi(\underline{x}) = 0$ für alle $\underline{x} \in \partial G$. Da ϕ nach Satz 3.11 ihr Maximum und ihr Minimum auf dem Rande ∂G annimmt, folgt $\phi(\underline{x}) = 0$ auf ganz G, also $\varphi = \psi$. □

Der Beweis der Lösungsexistenz und die Lösungsberechnung für (3.108) ist schwierig. Wir verweisen daher auf Bd. V.

---

1) auch Potentialfunktion genannt.

Auf Kugeln lassen sich aber die Lösungen des Dirichlet-Problems formelmäßig angeben. Es gilt für die Kugel $K_r \subset \mathbb{R}^3$ mit Radius $r > 0$ um $\underline{0}$

Satz 3.12 Poissonsche Integralformel

$$\boxed{\begin{array}{l} \Delta\varphi = 0 \text{ in } K_r \\ \varphi_{|\partial K_r} = g \text{ (g stetig)} \end{array}} \Leftrightarrow \boxed{\varphi(\underline{x}) = \frac{r^2-\underline{x}^2}{4\pi r} \iint\limits_{\partial K_r} \frac{g(\underline{y})}{|\underline{x}-\underline{y}|^3} d\sigma_{\underline{y}}} \text{ 1)} \quad (3.109)$$

Die Formel läßt sich durch Rechnung verifizieren. (Dies ist allerdings kompliziert. Wir verweisen daher auf den entsprechenden Beweis in Bd.V.)

In der Strömungsmechanik treten neben dem Dirichlet-Problem häufig folgende Aufgaben auf:

Neumannsches Randwertproblem:

$$\boxed{\Delta\varphi = 0 \quad \text{auf } G \quad , \quad \frac{\partial\varphi}{\partial\underline{n}}(\underline{x}) = g(\underline{x}) \quad \text{auf } \partial G} \qquad (3.110)$$

Gemischtes Randwertproblem:

$$\boxed{\begin{array}{l} \Delta\varphi = 0 \quad \text{auf } G \quad , \quad \frac{\partial\varphi}{\partial\underline{n}}(\underline{x}) + h(\underline{x})\,\varphi(\underline{x}) = g(\underline{x}) \quad \text{auf } \partial G \\ \qquad\qquad\qquad\quad (h \geq 0 \text{ und } h(\underline{x}) > 0 \text{ für einige } \underline{x} \in \partial G) \end{array}} \qquad (3.111)$$

φ wird dabei zweimal stetig differenzierbar auf $\overline{G}$ vorausgesetzt. g und h sind gegebene stetige Funktionen, $\frac{\partial\varphi}{\partial\underline{n}}$ bezeichnet die Ableitung nach der äußeren Normalen auf $\partial G \neq \emptyset$. G sei offen und $\overline{G}$ ein stückweise glatt berandeter Bereich.

Folgerung 3.7 (Zur Eindeutigkeit). (a) Je zwei Lösungen der Neumannschen Randwertaufgabe unterscheiden sich nur um eine additive Konstante.

(b) Das gemischte Randwertproblem hat höchstens eine Lösung.

Beweis: (b) Für die Differenz $\phi = \varphi - \psi$ zweier beliebiger Lösungen von (3.111) gilt $\Delta\phi = 0$ in G und $\partial\phi/\partial\underline{n} + h\phi = 0$ auf ∂G. Mit der

---

1) $d\sigma_{\underline{y}}$ bedeutet, daß sich die Integration auf $\underline{y}$ bezieht.

ersten Greenschen Formel (Abschn. 3.3.5), in der beide Funktionen gleich ϕ gesetzt werden, folgt dann

$$\left.\begin{aligned}&\iiint_G (\operatorname{grad}\phi)^2 d\tau = \iint_{\partial G} \phi \frac{\partial \phi}{\partial \underline{n}} d\sigma = -\iint_{\partial G} h\,\phi^2 d\sigma \leqq 0 \\ \Rightarrow\quad &\operatorname{grad}\phi = 0 \;\Rightarrow\; \phi = \varphi - \psi = \text{konstant.}\end{aligned}\right\} \qquad (3.112)$$

Damit auf ∂G : $\frac{\partial \phi}{\partial \underline{n}} = 0$, wegen $\frac{\partial \phi}{\partial \underline{n}} + h\phi = 0$ also $\phi = 0$, d.h. $\varphi = \psi$.

(a) Die Schlußkette (3.112) wird mit $h = 0$ durchgeführt. Es folgt wie dort $\varphi - \psi$ = konstant für zwei Lösungen φ, ψ von (3.110). □

Die Lösungsberechnung der genannten Probleme (Dirichlet, Neumann, gemischt) wird heutzutage mit der Methode der finiten Elemente oder mit Differenzenverfahren auf Computern erfolgreich durchgeführt. Analytische Behandlungen (z.B. mit "Greenscher Funktion") sind in spezielleren Fällen auch möglich (s. Bd.V).

Übung 3.17* Löse $\Delta\varphi = 0$ mit dem Produktansatz $\varphi(x,y,z) = X(x)\cdot Y(y)\cdot Z(z) \neq 0$ (Lösungen evtl. komplex.)

3.4.3 Poissongleichung

Die Poissongleichung in

skalarer Form: $\boxed{\Delta\varphi = f}$ oder Vektorform: $\boxed{\Delta\underline{A} = \underline{B}}$ (3.113)

spielt in der Gasdynamik, in der Theorie zäher Flüssigkeiten und in der Elektrodynamik (Wellenausbreitung) eine wichtige rolle. Wir untersuchen in diesem Zusammenhang das folgende

Randwertproblem:

$$\boxed{\Delta\varphi = f \text{ auf } G \quad , \quad \varphi(\underline{x}) = g(\underline{x}) \text{ auf } \partial G \neq \emptyset} \qquad (3.114)$$

($G \subset \mathbb{R}^3$ Gebiet; f,g gegebene stetige Funktionen; $\varphi : \bar{G} \longrightarrow \mathbb{R}$ gesucht, wobei φ zweimal stetig differenzierbar in G und stetig auf $\bar{G}$ sein soll.)

Wie in Folgerung 3.6 im vorigen Abschnitt beweist man, daß das Randwertproblem höchstens eine Lösung hat.

Ferner kann man das Problem (3.114) in die folgenden zwei Randwertprobleme aufspalten:

$$\Delta \varphi_1 = f \quad \text{auf} \quad G \ , \quad \varphi_{1/\partial G} = 0 \tag{3.115}$$

$$\Delta \varphi_2 = 0 \quad \text{auf} \quad G \ , \quad \varphi_{2/\partial G} = g \tag{3.116}$$

Sind φ_1, φ_2 Lösungen dieser Probleme, so löst $\varphi = \varphi_1 + \varphi_2$ das ursprüngliche Randwertproblem (3.114).

Das zweite Problem, (3.116), ist das Dirichletsche Randwertproblem, welches im vorigen Abschnitt behandelt wurde. Wir konzentrieren uns daher auf (3.115), die "Poisson-Gleichung nebst homogenen Randbedingungen".

Für numerische Lösungsmethoden mit "finiten Elementen", Differenzenverfahren, Reihen, Splines usw. wird auf die Literatur verwiesen (z.B. Schwarz [88]). Analytische Methoden findet der Leser in Bd. V. Hier sollen nur die Spezialfälle $G = K_r$ (Kugel) und $G = \mathbb{R}^3$ (Ganzraumproblem) notiert werden.

Satz 3.13 Das Randwertproblem (3.115) hat für $G = K_r$ (Kugel) die eindeutig bestimmte Lösung

$$\varphi_1(\underline{x}) = -\frac{1}{4\pi} \iiint\limits_{K_r} \left[\frac{f(\underline{y})}{|\underline{x}-\underline{y}|} - \frac{r\, f(\underline{y})}{|\underline{y}|\, |x - r^2 \underline{y}/\underline{y}^2|} \right] d\tau_{\underline{y}} \tag{3.117}$$ [1)]

Beweis durch Verifikation von $\Delta\varphi_1 = f$, $\varphi_{1/\partial G} = 0$ (ausführlich in Bd. V).

Läßt man r gegen ∞ streben, so ergibt sich

[1)] $d\tau_{\underline{y}}$ markiert, daß sich die Integration auf $\underline{y}$ bezieht.

Satz 3.14 Gelöst werden soll das Ganzraumproblem

$$\Delta\varphi = f \quad \text{auf} \quad \mathbb{R}^3 \,, \quad \max_{|\underline{x}|=r} \left|\varphi(\underline{x})\right| \longrightarrow 0 \quad \text{für} \quad r \longrightarrow \infty \tag{3.118}$$

Die zweimal stetig differenzierbare Funktion $\varphi : \mathbb{R}^3 \longrightarrow \mathbb{R}$ ist dabei gesucht und die stetige funktion $f : \mathbb{R}^3 \longrightarrow \mathbb{R}$ vorgegeben. Sie erfülle $f(\underline{x}) = O\left(1/|\underline{x}|^{2+\varepsilon}\right)$ $(\varepsilon > 0)$ für $|\underline{x}| \longrightarrow \infty$. [1)]

Es folgt: Die eindeutig bestimmte Lösung φ lautet

$$\varphi(\underline{x}) = -\frac{1}{4\pi} \iiint_{\mathbb{R}^3} \frac{f(\underline{y})}{|\underline{x}-\underline{y}|}\, d\tau_{\underline{y}} \tag{3.119}$$

Zum Beweis: Die Konvergenz des Integrals folgt aus $f(\underline{x}) = O\left(1/|\underline{x}|^{2+\varepsilon}\right)$ Die Eindeutigkeit ergibt sich ähnlich wie in Folgerung 3.6 im vorigen Abschnitt mit dem Maximumprinzip harmonischer Funktionen. Im übrigen geht (3.119) aus (3.117) durch $r \longrightarrow \infty$ hervor.

Bemerkung: Ein analoger Satz gilt für die Poisson-Gleichung in Vektorform $\Delta\underline{A} = \underline{B}$ auf $\mathbb{R}^3$. Falls $\underline{B} = O\left(1/|\underline{x}|^{2+\varepsilon}\right)$ $(\varepsilon > 0)$ und $\max_{|\underline{x}|=r} \left|\underline{A}(\underline{x})\right| \longrightarrow 0$ für $r \longrightarrow \infty$ gilt, lautet die eindeutig bestimmte Lösung

$$\underline{A}(\underline{x}) = -\frac{1}{4\pi} \iiint_{\mathbb{R}^3} \frac{\underline{B}(\underline{y})}{|\underline{x}-\underline{y}|}\, d\tau_{\underline{y}} \tag{3.120}$$

Übung 3.18* Führe den Eindeutigkeitsbeweis für Satz 3.14 durch.

---

1) $\phi(\underline{x}) = O(h(|\underline{x}|))$ für $|\underline{x}| \longrightarrow \infty$ bedeutet $|\phi(\underline{x})| \leq c \cdot h(|\underline{x}|)$ für $|\underline{\alpha}| \geq R$ (c,R positive Konstanten). Also: $\phi(\underline{x}) = O\left(\frac{1}{|\underline{x}|^{2+\varepsilon}}\right) \Leftrightarrow |\phi(\underline{x})| \leq \frac{c}{|\underline{x}|^{2+\varepsilon}}$ für $|\underline{x}| \geq R$.

3.4.4 Quellfreiheit: $\mathrm{div}\,\underline{W} = 0$, Vektorpotential

Gilt

$$\underline{W} = \mathrm{rot}\,\underline{A} \quad ^{1)}$$

so nennt man das Feld $\underline{A}$ ein *Vektorpotential* von $\underline{W}$. $\underline{W}$ heißt ein *Wirbelfeld* (bez. $\underline{A}$).

Wir fragen uns: Unter welchen Voraussetzungen besitzt ein gegebenes Vektorfeld $\underline{W}$ ein Vektorpotential?

Notwendig ist jedenfalls

$$\mathrm{div}\,\underline{W} = 0 \quad \text{(d.h. } \underline{W} \text{ ist } \textit{quellfrei}\text{)},$$

wegen $\mathrm{div}\,\mathrm{rot}\,\underline{A} = 0$. Wir zeigen, daß dies auch hinreichend ist, jedenfalls in sogenannten *sternförmigen Gebieten*.

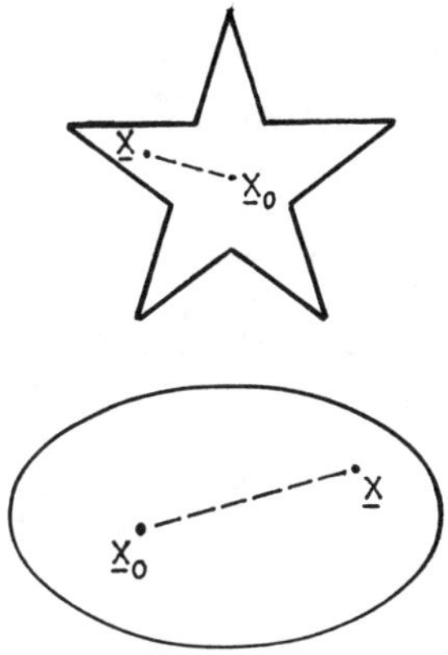

Fig. 3.23: Sternförmige Gebiete

Dabei heißt ein Gebiet G im $\mathbb{R}^n$ *sternförmig*, wenn es einen Punkt $\underline{x}_0$ darin gibt, der mit jedem anderen Punkt $\underline{x} \in G$ geradlinig in G verbunden werden kann. $\underline{x}_0$ heißt ein *Zentrum* von G (vgl. Fig. 3.23). Z.B. sind alle konvexen offenen Mengen sternförmig (obwohl sie, landläufig betrachtet, nicht so aussehen).

Satz 3.15 (a) Ein stetig differenzierbares Vektorfeld $\underline{W}$ auf einem sternförmigen Gebiet $G \subset \mathbb{R}^3$ hat genau dann ein Vektorpotential $\underline{A}$, wenn $\mathrm{div}\,\underline{W} = 0$ gilt. Kurz:

$$\boxed{\mathrm{div}\,\underline{W} = 0 \quad \Leftrightarrow \quad \exists\, \underline{A} : \quad \underline{W} = \mathrm{rot}\,\underline{A}} \;^{2)} \qquad (3.121)$$

Folgende Formel gibt ein Vektorpotential von $\underline{W}$ an, wobei $\underline{x}_0$ ein Zentrum von G ist:

---

1) Alle Felder $\underline{V}$, $\underline{A}$, φ usw. in diesem Abschnitt haben gleichen Definitionsbereich $M \subset \mathbb{R}^3$ (M offen) und sind darin so oft stetig differenzierbar, wie es die zugehörigen Formeln verlangen

2) $\exists$ bedeutet: "Es existiert ein".

$$\boxed{\underline{A}(\underline{x}) := \int_0^1 t\,\underline{W}\Big(\underline{x}_0 + t(\underline{x}-\underline{x}_0)\Big)\times\Big(\underline{x}-\underline{x}_0\Big)\,dt} \tag{3.122}$$

(b) Zwei Vektorpotentiale von $\underline{W}$ unterscheiden sich nur durch ein Gradientenfeld.

Genauer: Ist $\underline{A}$ ein Vektorpotential von $\underline{W}$, so ist die Menge aller Vektorpotentiale von $\underline{W}$ gegeben durch

$$\underline{A} + \operatorname{grad}\varphi \tag{3.123}$$

Beweis: (a) Es sei $\operatorname{div}\underline{W} = 0$. O.B.d.A nehmen wir $\underline{x}_0 = \underline{0}$ an (sonst vorher Nullpunktverschiebung). Formel (3.122) lautet damit

$$\underline{A}(\underline{x}) = \int_0^1 t\Big(\underline{W}(t\underline{x})\times\underline{x}\Big)dt. \tag{3.124}$$

Zu zeigen ist, daß dies ein Vektorpotential von $\underline{W}$ ist, d.h. daß rot , angewandt auf das Integral, $\underline{W}(\underline{x})$ liefert. Das geschieht durch Rechnung, wobei Formel (j) aus Abschnitt 3.3.2 verwendet wird:

$$\operatorname{rot}\int_0^1 t\Big(\underline{W}(t\underline{x})\times\underline{x}\Big)dt \overset{1)}{=} \int_0^1 t\operatorname{rot}\Big(\underline{W}(t\underline{x})\times\underline{x}\Big)dt \overset{(j)}{=}$$

$$= \int_0^1 t\Big[\underline{W}(t\underline{x})\underbrace{\operatorname{div}\underline{x}}_{3} + t\underline{W}'(t\underline{x})\underline{x} - E\,\underline{W}(t\underline{x})\Big]dt = \qquad \text{(E Einheitsmatrix)}$$

$$= \int_0^1\Big(2t\underline{W}(t\underline{x}) + t^2\frac{d}{dt}\underline{W}(\underline{x}t)\Big)dt = \int_0^1\frac{d}{dt}\Big(t^2\underline{W}(t\underline{x})\Big)dt = \Big[t^2\underline{W}(t\underline{x})\Big]_0^1 = \underline{W}(\underline{x})$$

(b) Es sei $\underline{A}$ ein gegebenes Vektorpotential von $\underline{W}$, z.B. das in (3.122). Dann ist auch $\underline{A} + \operatorname{grad}\varphi$ ein Vektorpotential von $\underline{W}$, wegen $\operatorname{rot}\operatorname{grad}\varphi = 0$.

Ist umgekehrt $\underline{A}_0$ ein beliebiges Vektorpotential von $\underline{W}$, so gilt mit einem vorgegebenen Vektorpotential $\underline{A}$:

---

1) rot bezieht sich auf $\underline{x}$.

$$\operatorname{rot}(\underline{A}_0 - \underline{A}) = \operatorname{rot}\underline{A}_0 - \operatorname{rot}\underline{A} = \underline{0} \ .$$

Nach Abschnitt 3.4.1 existiert damit ein φ mit $\underline{A}_0 - \underline{A} = \operatorname{grad}\varphi$,
also $\underline{A}_0 = \underline{A} + \operatorname{grad}\varphi$ □

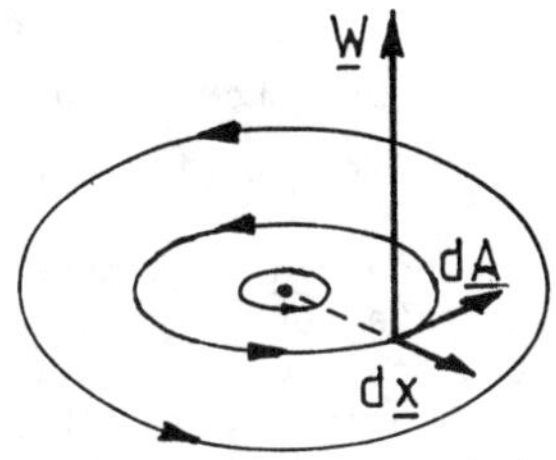

Fig. 3.24: Zur Konstruktion eines Vektorpotentials $\underline{A}$

Bemerkung: Wie kommt man auf die Formel (3.122) für $\underline{A}(\underline{x})$, oder im Falle $\underline{x}_0 = \underline{0}$ auf (3.124)?

Wir wissen folgendes: Ist $\underline{W}$ konstant, so beschreibt

$$\underline{A}(\underline{x}) = \frac{1}{2}\underline{W} \times \underline{x}$$

ein Vektorpotential von $\underline{W}$ (vgl. Bsp. 3.3, Abschn. 3.2.3). So liegt es nahe, bei nicht konstantem $\underline{W}$ den infinitesimalen Ansatz

$$d\underline{A} = \alpha \underline{W} \times d\underline{x}$$

zu versuchen, wobei α ein noch zu bestimmender Skalar ist (vgl. Fig. 3.24). Integration auf der Strecke $S_{\underline{x}}$ von $\underline{x}_0 = \underline{0}$ bis $\underline{x}$ liefert dann

$$\underline{A}(\underline{x}) = \int_{S_{\underline{x}}} \alpha(\underline{\xi})\underline{W}(\underline{\xi}) \times d\underline{\xi} = \int_0^1 \alpha(t\underline{x})\underline{W}(t\underline{x}) \times \underline{x}\,dt \ .$$

Man wendet nun rot auf das rechte Integral an mit dem Ziel, $\underline{W}(\underline{x})$ herauszubekommen. Hierbei hat man α frei zur Verfügung. Durch Anwendung von rot auf den Integranden rechts und Probieren findet man heraus, daß $\alpha(t\underline{x}) = t$ alles erfüllt. -

Physikalisch ausgedrückt lautet der bewiesene Satz für sternförmige Gebiete folgendermaßen:

(a) *Jedes quellfreie Vektorfeld ist ein Wirbelfeld, und umgekehrt.*

(b) ist eine Art Eindeutigkeitsaussage, nämlich:

Das Vektorpotential eines quellfreien Feldes ist bis auf ein additives Gradientenfeld eindeutig bestimmt.

Bemerkung: Ist ein Gebiet $G \subset \mathbb{R}^3$ in $\mathbb{R}^3$ nicht sternförmig, jedoch Vereinigung endlich vieler sternförmiger Gebiete $G_1, \dots, G_n$, so kann man in jedem G_i ein Vektorpotential $\underline{A}_i$ zu $\underline{W} : G \to \mathbb{R}^3$ (mit $\operatorname{div} \underline{W} = 0$) finden. Durch Addition von Gradientenfeldern kann man in den Schnittmengen $G_i \cap G_j$ zu einheitlichen Vektorpotentialen kommen. So läßt sich durch Fortsetzung über $G_1 \to G_2 \to \dots \to G_n$ in praktischen Fällen meistens ein Vektorpotential auf ganz G finden. -

Anwendungen: Inkompressible Flüssigkeiten haben quellfreie Geschwindigkeitsfelder $\underline{V}$. (Die Gleichung $\operatorname{div} \underline{W} = 0$ heißt dabei die "Kontinuitätsbedingung".) Wasser, Öl, ja auch Luft bei niedrigen Ausströmgeschwindigkeiten (Fluggeschwindigkeiten) werden als inkompressibel angenommen. Folglich lebt die ganze (technische) Hydromechanik von quellfreien Feldern, ja, auch Teile der Aerodynamik-

In der Elektrodynamik ist die magnetische Induktion quellfrei, und bei Wellenausbreitung in ruhenden homogenen Medien (sowie im Vakuum) auch elektrische und magnetische Feldstärke. Daraus werden (im Rahmen der Maxwellschen Theorie) weitreichende Schlüsse gezogen. -

Auf Quadern lassen sich Vektorpotentiale einfacher als in Formel (3.122) ermitteln, wie die folgende Übung zeigt:

Übung 3.19 Es sei $\underline{W} : Q \to \mathbb{R}^3$ ein stetig differenzierbares Vektorfeld auf einem offenen achsenparallelen Quader $Q \subset \mathbb{R}^3$. Es gelte $\operatorname{div} \underline{W} = 0$ auf Q. $\underline{x}_0 = [x_0, y_1, z_0]^T$ sei ein beliebiger Punkt aus Q. Zeige, daß durch folgende Formel ein Vektorpotentieal von $\underline{W} = [W_1, W_2, W_3]^T$ gegeben ist:

$$\underline{A}(x,y,z) = \begin{bmatrix} 0 \\ \int\limits_{x_0}^{x} W_3(\xi, y, z)\,d\xi \\ -\int\limits_{x_0}^{x} W_2(\xi, y, z)\,d\xi + \int\limits_{y_0}^{y} W_1(x_0, \eta, z)\,d\eta \end{bmatrix} \tag{3.125}$$

Anmerkung: Wie kommt man darauf? - Da es ein Vektorpotential $\underline{A}_0$ zu $\underline{W}$ gibt (Satz 3.14), gibt es auch ein Vektorpotential $\underline{A} = [A_1, A_2, A_3]^T$ mit $A_1 = 0$. Denn man kann φ so wählen, daß diese Bedingung für $\underline{A} = \underline{A}_0 + \operatorname{grad} \varphi$ erfüllt ist. Bei genauem Hinschauen hat man noch einige weitere Freiheiten für φ. Die kann man so nutzen, daß $A_2(x_0, y, z) \equiv 0$ und $A_3(x_0, y_0, z) \equiv 0$ wird. Damit läßt sich $\operatorname{rot} \underline{A} = \underline{W}$ (d.h. $A_{3,y} - A_{2,z} = W_1$, $A_{3,x} = -W_2$, $A_{2,x} = W_3$) leicht integrieren, wobei man mit den letzten beiden Gleichungen beginnt. Man erhält (3.125). -

3.4.5 Quellfreie Vektorpotentiale

Mit B wird im vorliegenden Abschnitt stets ein sternförmiger, stückweise glatt berandeter Bereich im $\mathbb{R}^3$ bezeichnet, auf dem das Dirichlet-Problem stets lösbar ist. B nennen wir kurz "gutmütig".

Wir wissen, daß jedes quellfreie Vektorfeld $\underline{W} : B \to \mathbb{R}^3$ - also ein Feld mit $\operatorname{div} \underline{W} = 0$ - ein Vektorpotential $\underline{A}$ besitzt, d.h.

$$\underline{W} = \operatorname{rot} \underline{A} \tag{3.126}$$

(s. Abschn. 3.4.4). Dabei ist $\underline{A}$ nur bis auf Summanden der Form $\operatorname{grad} \varphi$ bestimmt. Man kann nun φ so wählen, daß $\operatorname{div} \underline{A} = 0$ wird, daß also $\underline{A}$ auch quellfrei wird. Insbesondere in der Elektrodynamik wird davon vielfach Gebrauch gemacht. Es gilt also

Satz 3.16 Jedes quellfreie Vektorfeld $\underline{W} : B \to \mathbb{R}^3$ auf einem "gutmütigen" Bereich B besitzt ein quellfreies Vektorpotential.

Beweis: Ist $\underline{A}_0$ ein gegebenes Vektorpotential von $\underline{W}$ (z.B. dasjenige aus Satz 3.15 im vorigen Abschnitt), so bilden wir

$$\underline{A} = \underline{A}_0 + \operatorname{grad} \varphi \quad \text{und fordern} \quad 0 = \operatorname{div} \underline{A} = \operatorname{div} \underline{A}_0 + \Delta \varphi \, ,$$

d.h.

$$\Delta \varphi = - \operatorname{div} \underline{A}_0 \quad \text{auf} \quad B \, .$$

Diese Differentialgleichung hat mindestens eine Lösung φ auf B. Damit ist $\underline{A}$ quellfrei: $\operatorname{div} \underline{A} = 0$, und es gilt $\underline{W} = \operatorname{rot} \underline{A}$. □

Ein entsprechender Satz gilt, wenn $\underline{W}$ auf dem ganzen Raum $\mathbb{R}^3$ definiert ist. Allerdings muß über das "Verschwinden im Unendlichen" eine Voraussetzung gemacht werden. Dann kann man ein quellfreies Vektorpotential sogar formelmäßig angeben.

Satz 3.17 Es sei $\underline{W} : \mathbb{R}^3 \to \mathbb{R}^3$ ein quellfreies Vektorfeld, welches

$$\underline{W}(\underline{x}) = O\left(\frac{1}{|\underline{x}|^{2+\varepsilon}}\right) (\varepsilon > 0) \quad \text{und} \quad \underline{W}'(\underline{x}) = O\left(\frac{1}{|\underline{x}|^{3+\varepsilon}}\right) \text{ für } |\underline{x}| \to \infty$$

erfüllt. Dann beschreibt folgende Formel ein quellfreies Vektorpotential von $\underline{W}$ auf $\mathbb{R}^3$:

$$\boxed{\underline{A}(\underline{x}) = \frac{1}{4\pi} \iiint\limits_{\mathbb{R}^3} \frac{\operatorname{rot} \underline{W}(\underline{y})}{|\underline{x} - \underline{y}|} \, d\tau_{\underline{y}}} \tag{3.127}$$

<u>Beweis</u>: Es gilt $\operatorname{div} \underline{A} = 0$, wie man durch Vertauschen von div mit den Integralzeichen sofort sieht. Formel (3.120) in Abschnitt 3.4.3 nebst der zugehörigen Bemerkung lehrt, daß

$$\Delta \underline{A} = -\operatorname{rot} \underline{W}$$

gilt. Verwendet man die Formel $\Delta \underline{A} = \operatorname{grad} \operatorname{div} \underline{A} - \operatorname{rot} \operatorname{rot} \underline{A}$ und berücksichtigt $\operatorname{div} \underline{A} = 0$, so folgt

$$\operatorname{rot} \operatorname{rot} \underline{A} = \operatorname{rot} \underline{W} \;\Rightarrow\; \operatorname{rot}(\underline{W} - \operatorname{rot} \underline{A}) = 0 \;\Rightarrow\; \underline{W} - \operatorname{rot} \underline{A} = \operatorname{grad} \varphi \tag{3.128}$$

nach Abschnitt 3.4.1. Die rechte Gleichung liefert

$$\operatorname{grad} \varphi(\underline{x}) = O\left(\frac{1}{|\underline{x}|^2}\right) \quad \text{für} \quad |\underline{x}| \to \infty \quad \text{und} \quad \Delta\varphi = 0 \, ,$$

letzteres durch Anwenden von div auf die Gleichung.

Daraus folgt durch Integration

$$\varphi(\underline{x}) = \int_0^1 \operatorname{grad} \varphi(t\underline{x}) \cdot \underline{x} \, dt + c \, ,$$

wobei wir $c = 0$ wählen. Folgtlich gilt $\varphi(\underline{x}) = O\left(\frac{1}{|\underline{x}|}\right)$. Anwendung der ersten Greenschen Formel ergibt

$$\iiint\limits_{K_R} (\operatorname{grad} \varphi)^2 d\tau = \iint\limits_{\partial K_R} \varphi \frac{\partial \varphi}{\partial \underline{n}} d\sigma \;\overset{1)}{\longrightarrow}\; 0 \quad \text{für} \quad R \to \infty \, ,$$

also $\operatorname{grad} \varphi = 0$. (3.128) liefert damit $\underline{W} = \operatorname{rot} \underline{A}$, was zu beweisen war. □

---

1) $\frac{\partial \varphi}{\partial \underline{n}} = n \cdot \operatorname{grad} \varphi$

3.4.6 Helmholtzscher Zerlegungssatz

Ein gegebenes Vektorfeld $\underline{V} : B \longrightarrow \mathbb{R}^3$ soll in einen wirbelfreien Anteil $\underline{V}_1$ und einen quellfreien Anteil $\underline{V}_2$ zerlegt werden:

$$\underline{V} = \underline{V}_1 + \underline{V}_2 \, . \tag{3.129}$$

Dabei kann man auf "gutmütigen" Bereichen[1] $\underline{V}_1 = \operatorname{grad}\varphi$ und $\underline{V}_2 = \operatorname{rot}\underline{A}$ schreiben. Wir beweisen also folgenden Satz:

Satz 3.18 Helmholtzscher Zerlegungssatz auf kompakten Bereichen .
Jedes stetig differenzierbare Vektorfeld $\underline{V}$ auf einem "gutmütigen" Bereich B läßt sich als Summe eines wirbelfreien und eines quellfreien Vektofeldes schreiben. D.h. es gilt

$$\boxed{\underline{V} = \operatorname{grad}\varphi + \operatorname{rot}\underline{A}} \tag{3.130}$$

mit einem Skalarfeld φ und einem Vektorfeld $\underline{A}$ auf B .

Zusatz: $\underline{A}$ kann dabei quellfrei gewählt werden: $\operatorname{div}\underline{A} = 0$.

Beweis: Gibt es eine Zerlegung der Form (3.130), so ergibt die Divergenzbildung in (3.130)

$$\operatorname{div}\underline{V} = \Delta\varphi \quad , \tag{3.131}$$

und damit eine Differentialgleichung für φ .

Wir drehen den Spieß jetzt um, d.h. wir gehen von einer Lösung φ der Gleichung (3.131) aus. (Sie existiert, da B gutmütig). (3.131) läßt sich wegen $\Delta = \operatorname{div}\operatorname{grad}$ umschreiben in

$$\operatorname{div}(\underline{V} - \operatorname{grad}\varphi\,) = 0 \, .$$

Nach Satz 3.16 im vorigen Abschnitt gibt es damit ein (quellfreies) Vektorfeld $\underline{A}$ mit

$$\underline{V} - \operatorname{grad}\varphi = \operatorname{rot}\underline{A} \, ,$$

womit der Satz bewiesen ist. □

[1] s. Beginn des vorangehenden Abschnittes.

Schließlich gilt auf ganz $\mathbb{R}^3$ ein entsprechender Zerlegungssatz. Dabei ist es recht befriedigend, daß man die auftretenden Potentiale φ und $\underline{A}$ durch explizite Formeln angeben kann.

Satz 3.19 Helmholtzscher Zerlegungssatz auf $\mathbb{R}^3$.
Es sei $\underline{V} =: \mathbb{R}^3 \to \mathbb{R}^3$ ein stetig differenzierbares Vektorfeld, das

$$\underline{V}(\underline{x}) = 0\left(\frac{1}{|\underline{x}|^{2+\varepsilon}}\right) \quad (\varepsilon > 0) \quad \text{und} \quad \underline{V}'(\underline{x}) = 0\left(\frac{1}{|\underline{x}|^{3+\varepsilon}}\right) \quad \text{für} \quad |\underline{x}| \to \infty$$

erfüllt. Dann läßt sich $\underline{V}$ in folgende Summe zerlegen

$$\boxed{\underline{V} = \operatorname{grad}\varphi + \operatorname{rot}\underline{A}} \tag{3.132}$$

mit

$$\varphi(\underline{x}) = -\frac{1}{4\pi}\iiint\limits_{\mathbb{R}^3} \frac{\operatorname{div}\underline{V}(\underline{y})}{|\underline{x}-\underline{y}|}\,d\tau_{\underline{y}} \tag{3.133}$$

$$\underline{A}(\underline{x}) = \frac{1}{4\pi}\iiint\limits_{\mathbb{R}^3} \frac{\operatorname{rot}\underline{V}(\underline{y})}{|\underline{x}-\underline{y}|}\,d\tau_{\underline{y}} \tag{3.134}$$

Beweis: Das Skalarfeld φ in (3.133) erfüllt $\Delta\varphi = \operatorname{div}\underline{V}$ (nach Satz 3.13, Abschn. 3.4.3). Mit $\Delta = \operatorname{div}\operatorname{grad}$ gilt folglich $\operatorname{div}\operatorname{grad}\varphi = \operatorname{div}\underline{V}$, umgeformt also

$$\operatorname{div}(\underline{V} - \operatorname{grad}\varphi) = 0$$

$\underline{V} - \operatorname{grad}\varphi$ hat somit ein (quellfreies) Vektorpotential $\underline{A}$, welches nach Satz 3.17 im vorigen Abschnitt die Form

$$\underline{A}(\underline{x}) = \frac{1}{4\pi}\iiint\limits_{\mathbb{R}^3} \frac{\operatorname{rot}(\underline{V}-\operatorname{grad}\varphi)(\underline{y})}{|\underline{x}-\underline{y}|}\,d\tau_{\underline{y}}$$

haben kann. Wegen $\operatorname{rot}\operatorname{grad}\varphi = \underline{0}$ ist dies gleich (3.134). Das Vektorpotential $\underline{A}$ von $\underline{V} - \operatorname{grad}\varphi$ erfüllt die Gleichung $\underline{V} - \operatorname{grad}\varphi = \operatorname{rot}\underline{A}$, also (3.132), was zu beweisen war. □

Bemerkung: In der Strömungsmechanik sowie in der Elektrodynamik (Maxwellsche Gleichungen) wird mit der obigen Zerlegung viel gearbeitet. -

4 ALTERNIERENDE DIFFERENTIALFORMEN

Die Theorie der alternierenden Differentialformen gestattet es, die bewiesenen Integralsätze auf den $\mathbb{R}^n$ zu übertragen und sie elegant zu vereinheitlichen. Gipfelpunkt ist der allgemeine Stokessche Satz, der formelmäßig folgende knappe Gestalt besitzt:

$$\int_{\partial F} \omega = \int_F d\omega$$

Beim ersten Lesen des Bandes mag das vorliegende Kapitel überschlagen werden. Da die Ansprüche an die Ingenieurmathematik jedoch immer mehr steigen, sollte der Ingenieur auch von diesem Teil der Vektoranalysis des "Höherdimensionalen" wissen. Die Darstellung ist knapp und übersichtsartig gehalten, insbesondere in Abschnitt 4.2.

4.1 Alternierende Differentialformen im $\mathbb{R}^3$

Die Idee der alternierenden Differentialformen wird in diesem Abschnitt am Beispiel des $\mathbb{R}^3$ entwickelt. Sie tritt hier besonders klar hervor, da der $\mathbb{R}^3$ anschaulich ist, und wir uns auf unser Wissen aus dem vorangehenden Abschnitt stützen können. So wird alles einfach, durchsichtig und - faszinierend!

4.1.1 Integralsätze in Komponentenschreibweise

Ausgangspunkt sind die Integralsätze von Gauß und Stokes, die wir zunächst explizit in Komponenten hinschreiben.

Man betrachtet dazu ein stetig differenzierbares Vektorfeld

$$\underline{V} : B \to \mathbb{R}^3 \quad , \quad \underline{V} = \begin{bmatrix} V_1 \\ V_2 \\ V_3 \end{bmatrix}$$

auf einem stückweise glatt berandeten Bereich $B \subset \mathbb{R}^3$. Der Gaußsche Integralsatz lautet damit

$$\int_{\partial B} \underline{V}(\underline{x}) \cdot d\underline{\sigma} = \int_{B} \operatorname{div} \underline{V}(\underline{x})\, d\tau \quad ^{1)} \tag{4.1}$$

Der Rand ∂B setzt sich nach Definition 3.2 (Abschn. 3.1.2) aus endlich vielen Flächenstücken F_i zusammen, beschrieben durch

$$F_i : \underline{f}^i : D_i \to \mathbb{R}^3 , \quad \text{explizit} \begin{cases} x = f_1^i(u,v) & ^{2)} \\ y = f_2^i(u,v) \\ z = f_3^i(u,v) \end{cases} \tag{4.2}$$

Mit den Funktionaldeterminanten [3]

$$\frac{\partial(x,y)}{\partial(u,v)} = \begin{vmatrix} f^i_{1,u} & f^i_{1,v} \\ f^i_{2,u} & f^i_{2,v} \end{vmatrix} , \quad \frac{\partial(y,z)}{\partial(u,v)} = \begin{vmatrix} f^i_{2,u} & f^i_{2,v} \\ f^i_{3,u} & f^i_{3,v} \end{vmatrix} , \quad \frac{\partial(z,x)}{\partial(u,v)} = \begin{vmatrix} f^i_{3,u} & f^i_{3,v} \\ f^i_{1,u} & f^i_{1,v} \end{vmatrix}$$

gilt

$$\underline{f}_u^i \times \underline{f}_v^i = \left[\frac{\partial(y,z)}{\partial(u,v)} , \frac{\partial(z,x)}{\partial(u,v)} , \frac{\partial(x,y)}{\partial(u,v)} \right]^T \tag{4.3}$$

Das Flächenintegral links in (4.1) ist damit

$$\begin{aligned} \int_{\partial B} \underline{V}(\underline{x}) \cdot d\underline{\sigma} &= \sum_i \int_{F_i} \underline{V}(\underline{x}) \cdot \left(\underline{f}_u^i \times \underline{f}_v^i \right) d(u,v) \qquad (\text{mit } \underline{x} = \underline{f}^i(u,v)\ ) \\ &= \sum_i \int_{F_i} \left(V_1(\underline{x}) \frac{\partial(y,z)}{\partial(u,v)} + V_2(\underline{x}) \frac{\partial(z,x)}{\partial(u,v)} + V_3(\underline{x}) \frac{\partial(x,y)}{\partial(u,v)} \right) d(u,v) \end{aligned} \tag{4.4}$$

wobei man noch $\sum_i \int_{F_i}$ durch $\int_{\partial B}$ ersetzt. Für die letzte Zeile wählt man eine kürzere symbolische Notation. Man schreibt:

---

1) Wir schreiben in diesem Abschnitt 4 einfache Integralzeichen $\int$ statt doppelter $\iint$ oder dreifacher $\iiint$. Das dient der späteren Systematik.

2) i ist hier ein "oberer" Index.

3) Die Variablenangaben (u,v) werden hier, wie auch gelegentlich später, zur besseren Übersicht weggelassen.

$$\int_{\partial B} \underline{V}(\underline{x}) \cdot d\underline{\sigma} =: \int_{\partial B} \Big(V_1 d(y,z) + V_2 d(z,x) + V_3(d(x,y)\Big) \quad ^{1)} \tag{4.5}$$

Merkregel: Man verwendet hier "symbolische Gleichungen" der Art

$$\frac{\partial(x,y)}{\partial(u,v)}\, d(u,v) = d(x,y) \ . \tag{4.6}$$

Sie lassen sich leicht einprägen! - Um von (4.5) zur berechenbaren Gestalt (4.4) zu gelangen, hat man also den Integranden mit $\frac{d(u,v)}{d(u,v)}$ "formal" zu multiplizieren, $d(u,v)$ auszuklammern und einige d in ∂ zu verwandeln. -

Der Gaußsche Satz (4.1) erhält somit folgende Gestalt:

Gaußscher Integralsatz in Komponentenschreibweise

$$\int_{\partial B} \Big(V_1 d(y,z) + V_2 d(z,x) + V_3 d(x,y)\Big) = \int_B \Big(V_{1,x} + V_{2,y} + V_{3,z}\Big) d(x,y,z) \tag{4.7}$$

Ganz entsprechend notiert man den Stokesschen Satz. Dabei ist $\underline{V} : M \longrightarrow \mathbb{R}^3$ ($M \subset \mathbb{R}^3$ offen) ein stetig differenzierbares Vektorfeld und F ein stückweise glatt berandetes Flächenstück in M (s. Satz 3.7, Abschn. 3.2.4).

Stokesscher Integralsatz in Komponentenschreibweise

$$\begin{aligned} &\int_{\partial F} \Big(V_1 dx + V_2 dy + V_3 dz\Big) = \\ &= \int_F \Big[\Big(V_{3,y} - V_{2,z}\Big) d(y,z) + \Big(V_{1,z} - V_{3,x}\Big) d(z,x) + \Big(V_{2,x} - V_{1,y}\Big) d(x,y) \end{aligned} \tag{4.8}$$

Um das Kurvenintegral $\int_{\partial F} \ldots$ in eine berechenbare Form zu bekommen, hat man den Integranden "formal durch $\frac{dt}{dt}$ zu erweitern" (wie schon in Abschn. 3.1.5 beschrieben).

---

1) Auch hier ist kurz V_1 statt $V_1(\underline{x})$ geschrieben, usw.

4.1.2 Differentialformen und totale Differentiale

Die Ausdrücke, die im Gaußschen und Stokesschen Satz auftreten, nennt man alternierende Differentialformen. Dabei legen wir die Komponentenschreibweisen in (4.7) und (4.8) zu Grunde. Hierdurch angeregt, vereinbart man folgendes:

Definition 4.1 Sind $a,b,c : M \to \mathbb{R}$ beliebige stetige Funktionen auf einer offenen Menge $M \subset \mathbb{R}^3$, so führt man folgende Bezeichnungen ein:

alternierende Differentialform[1] im $\mathbb{R}^3$	
0-ten Grades:	$\omega_0 := a$
1-ten Grades:	$\omega_1 := a\,dx + b\,dy + c\,dz$
2-ten Grades:	$\omega_2 := a\,d(y,z) + b\,d(z,x) + c\,d(x,y)$
3-ten Grades:	$\omega_3 := a\,d(x,y,z)$
p-ten Grades, p>3:	$\omega_p := 0$

Hierbei sind die Ausdrücke $dx,\ldots,d(y,z),\ldots,d(x,y,z)$ reellwertige Funktionen auf $\mathbb{R}^3$. Mit den Variablenbezeichnungen $\underline{r},\underline{s},\underline{t} \in \mathbb{R}^3$ werden sie durch folgende Gleichungen definiert:

$$\begin{bmatrix} dx \\ dy \\ dz \end{bmatrix} = \underline{r}\,, \quad \begin{bmatrix} d(y,z) \\ d(z,x) \\ d(x,y) \end{bmatrix} = \underline{r} \times \underline{s}\,, \quad d(x,y,z) = \det(\underline{r},\underline{s},\underline{t}) \tag{4.9}$$

Der Übersicht wegen sind die Variablenbezeichnungen bei $dx,\ldots,d(x,y,z)$ weggelassen. Ausführlich wäre hier zu schreiben:

$$dx(\underline{r}),\ldots,d(y,z)(\underline{r},\underline{s}),\ldots,d(x,y,z)(\underline{r},\underline{s},\underline{t})\,.$$

Bemerkung: Die Definition von $d(y,z),d(z,x),d(x,y)$ wird motiviert durch die Verwandschaft mit

$$\frac{\partial(y,z)}{\partial(u,v)}\,, \quad \frac{\partial(z,x)}{\partial(u,v)}\,, \quad \frac{\partial(x,y)}{\partial(u,v)}$$

---

[1] Wir sagen auch kurz "Differentialform", da keine anderen als alternierende hier vorkommen.

bei beliebigen Flächenstücken. Man sieht, daß die mittlere Gleichung in (4.9) der Gleichung (4.3) nachempfunden ist. Analoges gilt für dx,... - orientiert an dx/dt - und d(x,y,z) , verwandt mit $\frac{\partial(x,y,z)}{\partial(u,v,w)}$. -

Spezielle alternierende Differentialformen sind die sogenannten "totalen Differentiale".

Definition 4.2 Sind $f,g,h,h_k : M \longrightarrow \mathbb{R}$ $(M \subset \mathbb{R}^3)$ stetig differenzierbare Funktionen, so definiert man auf folgende Weise:

Totale Differentiale[1] **im** $\mathbb{R}^3$

Grad 1 : $$df = \frac{df}{dx}\,dx + \frac{df}{dy}\,dy + \frac{df}{dz}\,dz \qquad (4.10)$$

Grad 2 : $$d(f,g) = \frac{\partial(f,g)}{\partial(y,z)}\,d(y,z) + \frac{\partial(f,g)}{\partial(z,x)}\,d(z,x) + \frac{\partial(f,g)}{\partial(x,y)}\,d(x,y) \qquad (4.11)$$

Grad 3 : $$d(f,g,h) = \frac{\partial(f,g,h)}{\partial(x,y,z)}\,d(x,y,z) \qquad (4.12)$$

Grad $p>3$: $$d(h_1,h_2,h_3,\dots,h_p) = 0 \qquad (4.13)$$

Das totale Differential 1. Grades in (4.10) ist schon aus Band I, Abschnitt 6.3.4, bekannt.

Bemerkung: Dividiert man beim totalen Differential 1. Grades df,dx,dy,dz formal durch dt , so entsteht eine geläufige Formel der Analysis. (Spezialfall der Kettenregel.) Diviert man entsprechend (4.11) durch $\partial(u,v)$ und verwandelt alle d in ∂ , so entsteht wieder eine bekannte Formel. In (4.12) schließlich kann man analog durch $\partial(u,v,w)$ formal dividieren und d durch ∂ ersetzen.

Diese Zusammenhänge bilden die Motivation für die Definition der **totalen Differentiale**. -

Bei expliziten Funktionsausdrücken $f(\underline{x}),g(\underline{x}),\dots$ schreibt man auch $df = df(\underline{x})$, $d(f,g) = d(f(\underline{x}),g(\underline{x}))$ usw., oder noch ausführlicher $df = df(x,y,z),\dots$ usw.

Insbesondere kann man x,y,z selbst als Funktionen auf $M \subset \mathbb{R}^3$ auffassen ($f(x,y,z) = x$, $g(x,y,z) = y$ usw.). Setzt man dies in die totalen

[1] auch **vollständige Differentiale** genannt.

Differentiale ein, so erhält man aus (4.10) die Identität $dx = dx$, aus (4.11) $d(x,y) = d(x,y)$ usw. Ferner kann man $d(x,x) = 0$, $d(y,x) = -d(x,y)$ und Ähnliches berechnen. Man gewinnt also aus (4.11), (4.12) die

Folgerung 4.1 (a) Alternierungsregel: Vertauscht man in einer Differentialform

$$d(f,g) \quad \text{oder} \quad d(f,g,h)$$

zwei der Funktionen f,g,h, so ändert sich das Vorzeichen, sonst aber nichts. Beispiele dazu:

$$\boxed{d(g,f) = -d(f,g)\ ,\ d(y,x) = -d(x,y)\ ,\ d(h,g,f) = -d(f,g,h)} \tag{4.14}$$

(b) Es gilt $d(\ldots) = 0$, wenn in der Klammer zwei gleiche Funktionen auftreten, z.B.

$$\boxed{d(f,f) = 0 \quad , \quad d(x,x) = 0 \quad , \quad d(f,f,h) = 0} \tag{4.15}$$

Bemerkung: Regel (b) ist eine unmittelbare Folge der Alternierungsregel (a), denn es gilt $d(f,f) = -d(f,f)$ durch Vertauschung von f mit f, also $d(f,f) = 0$, usw.

4.1.3 Rechenregeln für Differentialformen

Nach Definition 4.1 sind (alternierende) Differentialformen Funktionen von $\underline{x} \in M$ und $\underline{r},\underline{s},\underline{t} \in \mathbb{R}^3$, da a,b,c von $\underline{x}$ abhängen und die $d(\ldots)$ von $\underline{r},\underline{s},\underline{t}$. Ausführlich werden die Differentialformen also so geschrieben

$$\omega_0(\underline{x}) \quad , \quad \omega_1(\underline{x},\underline{r}) \quad , \quad \omega_2(\underline{x},\underline{r},\underline{s}) \quad , \quad \omega_3(\underline{x},\underline{r},\underline{s},\underline{t}) \ .$$

Damit ist klar, wie Differentialformen gleichen Grades zu addieren, subtrahieren und mit reellen Zahlen zu multiplizieren sind. Mit den stetigen reellen Funktionen $a,a_1,a_2,b_1,b_2,c_1,c_2$ auf M gilt also:

Addition von Differentialformen:

Grad 1 : $\left[a_1 dx + b_1 dy + c_1 dz\right] + \left[a_2 dx + b_2 dy + c_3 dz\right] =$

$= \left(a_1 + a_2\right)dx + \left(b_1 + b_2\right)dy + \left(c_1 + c_3\right)dz$

Grad 2 : $\sum_{i=1}^{2} \left[a_i d(y,z) + b_i d(z,x) + c_i d(x,y)\right] =$

$= \left(a_1 + a_2\right)d(y,z) + \left(b_1 + b_2\right)d(z,x) + \left(c_1 + c_2\right)d(x,y)$

Grad 3 : $a_1 d(x,y,z) + a_2 d(x,y,z) = \left(a_1 + a_2\right)d(x,y,z)$

Die Subtraktion verläuft entsprechend. -

Die Multiplikation mit reellen Zahlen λ oder Funktionen $f : M \longrightarrow \mathbb{R}$ erfolgt durch einfaches "Durchmulitplizieren" der Summenausdrücke für die Differentialformen (was sonst?). -

Nun kommt etwas Neues, nämlich die Multiplikation von Differentialformen, beschrieben durch $\omega_1 \wedge \omega_2$.[1] Es handelt sich hier um einfache Zusammenfassungen wie $dx \wedge dy = d(x,y)$. Man verlangt nur noch zusätzlich, daß "Klammerausdrücke ausmultipliziert" werden dürfen. So gelangt man zur

Definition 4.3 Multiplikation von Differentialformen (alternierendes Produkt): $\omega_1 \wedge \omega_2$:

(a) Man definiert

$$\boxed{d(A) \wedge d(B) = d(A,B)} \tag{4.16}$$

wobei A,B Platzhalter für Kombinationen aus x,y,z sind, also z.B.

$$dx \wedge dy = d(x,y) \quad , \quad dx \wedge dx = d(x,x) = 0$$
$$dx \wedge d(y,z) = d(x,y,z) \quad , \quad d(x,y) \wedge dz = d(x,y,z)$$

---

[1] Das Symbol $\wedge$ ist hier das "Malzeichen". Man kann $\wedge$ auch weglassen, also $\omega_1\omega_2$ statt $\omega_1 \wedge \omega_2$ schreiben, wenn Irrtümer ausgeschlossen sind.

(b) Es wird die Gültigkeit des Distributivgesetzes vereinbart:

$$\omega_1 \wedge \left(\omega_2 + \omega_3\right) = \omega_1 \wedge \omega_2 + \omega_1 \wedge \omega_3$$

und

$$\left(\omega_1 + \omega_2\right) \wedge \omega_3 = \omega_1 \wedge \omega_3 + \omega_2 \wedge \omega_3$$

für beliebige Differentialformen $\omega_1, \omega_2, \omega_3$ zu $M \subset \mathbb{R}^3$.

(c) Ist ω_0 vom nullten Grad, so ist $\omega_0 \wedge \omega_1 = \omega_0 \cdot \omega_1$. Hierbei ist $\wedge$ also die "übliche" Multiplikation.

Beispiel 4.1 Mit

$$\omega_1 = \left(a_1 dx + b_1 dy + c_1 dz\right), \quad \omega_2 = \left(a_2 d(y,z) + b_2 d(z,x) + c_2 d(x,y)\right)$$

folgt für $\omega_1 \wedge \omega_2$ durch "Ausmultiplizieren", ferner Weglassen der Glieder mit $d(x,x,y) = 0$, $d(y,y,z) = 0$ usw., sowie Verwendung von $d(x,y,z) = d(y,z,x) = d(z,x,y)$:

$$\omega_1 \wedge \omega_2 = \left(a_1 a_2 + b_1 b_2 + c_1 c_2\right) d(x,y,z) .$$

Der Leser überprüft leicht die folgenden Regeln

Folgerung 4.1 (a) Für beliebige Differentialformen $\omega_1, \omega_2, \omega_3$ gilt (neben dem schon postulierten Distributivgesetz) das

Assoziativgesetz:
$$\boxed{\omega_1 \wedge \left(\omega_2 \wedge \omega_3\right) = \left(\omega_1 \wedge \omega_2\right) \wedge \omega_3} \tag{4.17}$$

Auf Grund dieses Gesetzes läßt man Klammern bei Produkten auch weg.

(b) Hat ω_1 den Grad p und ω_2 den Grad q . so gilt die

Vertauschungsregel:
$$\boxed{\omega_1 \wedge \omega_2 = (-1)^{pq} \omega_2 \wedge \omega_1} \tag{4.18}$$

(c) Für stetig differenzierbare reellwertige Funktionen f,g,h auf M gilt Regel (4.16) ebenfalls, also z.B.

$$\boxed{df \wedge dg = d(f,g)} \quad , \quad \boxed{df \wedge d(g,h) = d(f,g,h)} \qquad (4.19)$$

$$\boxed{df \wedge dg \wedge dh = d(f,g,h)} \qquad dx \wedge dy \wedge dz = d(x,y,z) \qquad (4.20)$$

Schließlich

Definition 4.4 Differentiation von Differentialformen. Die Differentialformen nullten bis vierten Grades

$$\begin{aligned} \omega_0 &= a \ , \qquad\qquad \omega_1 = a dx + b dy + c dz \\ \omega_2 &= a d(y,z) + b d(z,y) + c d(x,y) \ , \quad \omega_3 = a d(x,y,z) \end{aligned} \qquad (4.21)$$

werden folgendermaßen differenziert (a,b,c stetig differenzierbar vorausgesetzt):

$$\boxed{\begin{aligned} &\text{Grad } 0: \quad da = a_x dx + b_y dy + c_z dz \\ &\text{Grad } 1: \quad d\omega_1 = da \wedge dx + db \wedge dy + dc \wedge dz \\ &\text{Grad } 2: \quad d\omega_2 = da \wedge d(y,z) + db \wedge d(z,x) + dc \wedge d(x,y) \\ &\text{Grad } 3: \quad d\omega_3 = da \wedge d(x,y,z) = 0 \end{aligned}} \qquad (4.22)$$

Es werden aus den Koeffizienten a,b,c also die totalen Differentiale da, db, dc gebildet und diese mit den zugehörenden $dx, d(x,y)$ usw. multipliziert. Dies ist sicherlich eine "natürlich" anmutende Definition.

Für Differentialformen ω vom Grad $p > 3$ setzt man $d\omega = 0$.

Der Grad erhöht sich beim Differenzieren also um 1 .

Folgerung 4.3 Differentiationsregeln für Differentialformen $\omega, \omega_1, \omega_2$ mit genügend oft stetig differenzierbaren Koeffizienten:

(a) Linearität: $d\left(\lambda\omega_1 + \mu\omega_2\right) = \lambda d\omega_1 + \mu d\omega_2 \quad (\lambda,\mu \in \mathbb{R})$ (4.23)

(b) Produktregel: $d\left(\omega_1 \wedge \omega_2\right) = (-1)^p \, \omega_1 \wedge d\omega_2 + d\omega_1 \wedge \omega_2$ (4.24)
Hierbei ist p der Grad von ω_1 .

(c) $\boxed{d(d\omega) = 0}$ (4.25)

Insbesondere gilt für jedes totale Differential ω_0 die Gleichung $d\omega_0 = 0$.

Die Beweise (durch Rechnung) werden dem Leser zur Übung überlassen.

Wir kehren noch einmal zur Definition 4.4 zurück und führen die Differentiationen in (4.22) explizit aus. D.h. da, db, dc werden ausführlich geschrieben (wie da beim Grad 0), und die "Klammerausdrücke ausmultipliziert". Es folgt aus (4.22)

$$\begin{array}{ll} \text{0. Grad :} & da = a_x dx + a_y dy + a_z dz \\ \text{1. Grad :} & d\omega_1 = \left(c_y - b_z\right) d(y,z) + \left(a_z - c_x\right) d(z,x) + \left(b_x - a_y\right) d(x,y) \\ \text{2. Grad :} & d\omega_2 = \left(a_x + b_x + c_x\right) d(x,y,z) \\ \text{3. Grad :} & d\omega_3 = 0 \end{array}$$

Mit dem Vektorfeld $\underline{V} = [a,b,c]^T$ erhält man daraus

$$da = \operatorname{grad} a \cdot d\underline{x} \quad \text{mit} \quad d\underline{x} = [dx,dy,dz]^T \tag{4.26}$$

$$d\omega_1 = \operatorname{rot} \underline{V} \cdot d\underline{\sigma} \quad \text{mit} \quad d\underline{\sigma} = [d(y,z),d(z,x),d(x,y)]^T \tag{4.27}$$

$$d\omega_2 = \operatorname{div} \underline{V} \; d\tau \quad \text{mit} \quad d\tau = d(x,y,z) \tag{4.28}$$

Na, das ist aber einmal eine Überraschung!

4.1.4 Integration von Differentialformen, Integralsätze

Es seien $\omega_1, \omega_2, \omega_3$ die Differentialformen 1., 2. und 3. Grades aus Definition 4.1. Man kann damit (wie wir es schon getan haben) die folgenden Integrale bilden:

$$I_1 = \int_K \omega_1 = \int_K (a dx + b dy + c dz) \tag{4.29}$$

$$I_2 = \int_F \omega_2 = \int_F \left[a d(y,z) + b d(z,x) + c d(x,y)\right] \tag{4.30}$$

$$I_3 = \int_B \omega_3 = \int_B a d(x,y,z) \tag{4.31}$$

Dabei ist K eine orientierte Kurve, F ein orientiertes Flächenstück und B ein stückweise glatt berandeter Bereich in $M \subset \mathbb{R}^3$. I_1 ist also ein Kurvenintegral $\int_K \underline{V}(\underline{x}) \cdot d\underline{x}$ mit $\underline{V} = [a,b,c]^T$, I_2 ein Flächenintegral zweiter Art (s. Abschn. 4.1.1, (4.5) und (4.4)) und I_3 ein Bereichsintegral (Raumintegral) (s. Bd. I, Abschn. 7.2.1). In diesem Buch haben wir meistens $d\tau$ für $d(x,y,z)$ geschrieben.

Damit erhält der Gaußsche Integralsatz die Form

$$\boxed{\int_{\partial B} \omega_2 = \int_B d\omega_2} \qquad (4.32)$$

und der Stokessche Satz entsprechend:

$$\boxed{\int_{\partial F} \omega_1 = \int_F d\omega_1} \qquad (4.33)$$

Formal ist also ∂ von seinem Platz unter dem Integral vor das Differential ω_i transportiert worden (und in d verwandelt).

Schreibt man zur Vollständigkeit für eine Differentialform nullten Grades $\omega_0 = a$ das "Integral"

$$\int_{(\underline{p},\underline{q})} \omega_0 := \omega_0(\underline{q}) - \omega_0(\underline{p}) \qquad (\underline{p},\underline{q} \in M \subset \mathbb{R}^3) ,$$

so erhält die bekannte Formel $a(\underline{q}) - a(\underline{p}) = \int_K \operatorname{grad} a(\underline{x}) \cdot d\underline{x}$ (K orientierte Kurve) die Form

$$\boxed{\int_{\partial K} \omega_0 = \int_K d\omega_0} \quad , \qquad (4.34)$$

wobei mit $\partial K = (\underline{p},\underline{q})$ das Paar aus Anfangs- und Endpunkt der Kurve K ist.

In allen Fällen erhalten wir also einen Integralsatz der Form

$$\boxed{\int_{\partial A} \omega = \int_A d\omega} \qquad (4.35)$$

Dies läßt sich ganz analog auf den $\mathbb{R}^n$ mit beliebigem natürlichen n verallgemeinern. Die Formel (4.35) heißt dann der allgemeine Stokessche Integralsatz.

Bemerkung: Setzt man $\underline{V} = [a,b,c]^T$, so lassen sich die Integrale I_1, I_2, I_3 in (4.29), (4.30), (4.31) durch folgende Riemannsche Summen approximieren:

$$I_1 \approx \sum_i \underline{V}(\underline{x}_i) \cdot \Delta\underline{r}_i \quad , \quad I_2 \approx \sum_i \underline{V}(\underline{x}_i) \cdot (\Delta\underline{r}_i \times \Delta\underline{s}_i)$$

$$I_3 \approx \sum_i a(\underline{x}_i) \det(\Delta\underline{r}_i, \Delta\underline{s}_i, \Delta\underline{t}_i) \qquad (\det(\ldots) > 0) ,$$

wobei die (kleinen) Vektoren $\Delta\underline{r}_i, \Delta\underline{s}_i, \Delta\underline{t}_i$ längs der Koordinaten-Kurven in K, F bzw. B liegen und deren Teilungen widerspiegeln (K ist seine eigene Koordinatenkurve). Hier geht die Definition der Differentiale $dx, \ldots, d(x,y), \ldots, d(x,y,z)$ direkt ein (vgl. Def. 4.1, Abschn. 4.1.2). -

4.2 ALTERNIERENDE DIFFERENTIALFORMEN IM $\mathbb{R}^n$

Wir verallgemeinern nun die alternierenden Differentialformen auf beliebige Dimensionen n. Dadurch wird alles noch geschlossener und systematischer. Ziel und leuchtender Höhepunkt ist dabei der allgemeine Stokessche Satz.

4.2.1 Definition, Rechenregeln

Definition 4.5 Es sei M eine offene Menge im $\mathbb{R}^n$. Dann nennt man

$$\omega = \sum_{1 \le k_1 < k_2 < \ldots < k_p \le n} a_{k_1,k_2,\ldots,k_p} d(x_{k_1},\ldots,x_{k_p}) \quad (1 \le p \le n) \tag{4.36}$$

eine alternierende Differentialform[1] p-ten Grades bez. M. Summiert wird über alle "monotonen" p-Tupel $(k_1,k_2,\ldots,k_p)$ aus der Menge $\{1,\ldots,n\}$. "Monoton" heißt hier $k_1 < k_2 < \ldots < k_p$, d.h. die $k_1,\ldots,k_n$ sind der Größe nach geordnet. Die übrigen Bezeichnungen bedeuten folgendes.:

Die $a_{k_1,k_2,\ldots,k_p}$ sind stetige reellwertige Funktionen auf M; sie werden die Koeffizienten der Differentialform ω genannt.

Die $d(x_{k_1},\ldots,x_{k_p})$ beschreiben Funktionen von p Variablen $\underline{r}_1,\ldots,\underline{r}_p \in \mathbb{R}^n$. Mit der Koordinatendarstellung $\underline{r}_i = [r_{i1},r_{i2},\ldots,r_{in}]^T$ $(i = 1,\ldots,p)$ ist

$$d(x_{k_1},\ldots,x_{k_p})(\underline{r}_1,\ldots,\underline{r}_p) := \begin{vmatrix} r_{1k_1} & r_{1k_2} & \cdots & r_{1k_p} \\ r_{2k_1} & r_{2k_2} & \cdots & r_{2k_p} \\ \vdots & \vdots & & \vdots \\ r_{pk_1} & r_{pk_2} & \cdots & r_{pk_p} \end{vmatrix} \tag{4.37}$$

Wir ergänzen: Differentialformen vom Grade Null sind identisch mit reellwertigen Funktionen auf M, und Differentialformen ω vom Grade $p > n$ werden $\omega = 0$ gesetzt.

Man macht sich leicht klar, daß sich Definition 4.1 für den $\mathbb{R}^3$ hier unterordnet.

[1] Das Wort "alternierend" lassen wir oft fort, da keine anderen Differentialformen hier vorkommen.

Da die alternierenden Differentialformen ω reellwertige Funktionen sind (mit den Variablen $\underline{x} \in M$, $\underline{r}_1,\ldots,\underline{r}_p \in \mathbb{R}^n$), ist automatisch klar, was Summen, Differenzen und Produkte mit Zahlen oder reellwertigen Funktionen dabei bedeuten.

Totale Differentiale sind - analog zum $\mathbb{R}^3$ - durch

$$d\left(f_1,f_2,\ldots,f_p\right) = \sum_{k_1<k_2<\ldots<k_p} \frac{\partial(f_1,f_2,\ldots,f_p)}{\partial(x_{k_1},x_{k_2},\ldots,x_{k_p})} d(x_{k_1},x_{k_2},\ldots,x_{k_p}) \tag{4.38}$$

erklärt, wobei die $f_i : M \to \mathbb{R}$ stetig differenzierbare Funktionen sind.

Es folgt daraus wieder die Alternierungsregel: *Vertauschung zweier Funktionen* f_i,f_k *ändert in* $d(f_1,\ldots,f_p)$ *das Vorzeichen, aber sonst nichts.*

Produkte, sowie die Differentiation von Differentialformen

$$\omega = \sum_{k_1<\ldots<k_p} a_{k_1\ldots k_p} d(x_{k_1},\ldots,x_{k_p}) \tag{4.39}$$

$$\tilde{\omega} = \sum_{j_1<\ldots<j_q} b_{j_1\ldots j_q} d(x_{j_1},\ldots,x_{j_q}) \tag{4.40}$$

definiert man ebenfalls wie im $\mathbb{R}^3$:

Produkt:

$$\omega \wedge \tilde{\omega} := \sum_{\substack{k_1<\ldots<k_p \\ j_1<\ldots<j_q}} a_{k_1\ldots k_p} b_{j_1\ldots j_q} d(x_{k_1},\ldots,x_{k_p},x_{j_1},\ldots,x_{j_q}) \tag{4.41}$$

Ableitung: $$d\omega = \sum_{k_1<\ldots<k_p} da_{k_1\ldots k_p} \wedge d(x_{k_1},\ldots,x_{k_p}) \tag{4.42}$$

Hierbei sind die Koeffizienten $a_{k_1,\ldots,k_p}$ natürlich stetig differenzierbar, und es gilt für stetig differenzierbare Funktionen $a : M \to \mathbb{R}$ - wie bekannt -

$$da = \sum_{i=1}^{n} \frac{\partial a}{\partial x_i} dx_i \qquad (4.43)$$

Die Rechenregeln für das Produkt und die Differentiation in den Folgerungen 4.1 und 4.2 sowie (4.16) (Abschn. 4.1.3) gelten hier unverändert.

4.2.2 Integrale über p-dimensionalen Flächen

Ein p-dimensionales (orientiertes) Flächenstück F im $\mathbb{R}^n$ ist durch eine stetig differenzierbare Abbildung $\underline{f} : \overline{D} \longrightarrow \mathbb{R}^n$ gegeben, wobei D ein meßbares Gebiet[1] im $\mathbb{R}^p$ ist, und wobei die Funktionalmatrix $\underline{f}'$ überall den Rang p hat $(p \leq n)$. Man schreibt kurz:

$$F : \underline{x} = \underline{f}(\underline{u}) \quad , \quad \underline{u} \in \overline{D} .$$

Der Bildbereich $\underline{f}(\overline{D})$ ist das eigentliche Flächenstück F. Die Gleichung $\underline{x} = \underline{f}(\underline{u})$ beschreibt eine Parameterdarstellung von F. - Äquivalente Parameterdarstellungen $\underline{g}$ erhält man durch Transformationen $\underline{u} = \underline{\varphi}(\underline{v})$, $\underline{v} \in \overline{D}^*$:

$$\underline{x} = \underline{f}(\underline{\varphi}(\underline{v})) =: \underline{g}(\underline{v}) ,$$

wobei $\underline{\varphi}$ stetig differenzierbar und umkehrbar eindeutig ist und überdies $\det \underline{\varphi}' > 0$ in $\overline{D}^*$ erfüllt.

Die Menge aller Parameterdarstellungen, die zu einer Parameterdarstellung $\underline{f}$ äquivalent ist (genannt Äquivalenzklasse) heißt eine Orientierung von F .

Die Menge $\partial F := \underline{f}(\partial D)$ nennt man den Rand des Flächenstückes F .

Als p-dimensionale Fläche F bezeichnen wir eine Menge von p-dimensionalen Flächenstücken $F_1, \ldots, F_m$, die sich paarweise höchstens in Randpunkten schneiden. Symbolisch:

[1] Gebiet: Offen und zusammenhängend. "Meßbar" bedeutet, daß $\overline{D}$ einen wohlbestimmten (Raum-)Inhalt hat (im Riemannschen Sinne).

$$F = F_1 + F_2 + \ldots + F_m \,.$$

Oft ist der Rand ∂F eines Flächenstückes eine solche Fläche.

Es sei

$$\omega = \sum_{k_1<\ldots<k_p} a_{k_1,\ldots k_p} \, d(x_{k_1},\ldots,x_{k_p}) \qquad (1 \leqq p \leqq n) \tag{4.44}$$

eine beliebige alternierende Differentialform bez. einer Menge $M \subset \mathbb{R}^n$, die F umfaßt. Dann definiert man das Integral von ω über F durch

$$\boxed{\int_F \omega := \sum_{k_1<\ldots<k_p} \int_D a_{k_1,\ldots,k_p}(\underline{f}(\underline{u})) \frac{\partial\left(f_{k_1},\ldots,f_{k_p}\right)}{\partial(u_1,\ldots,u_p)} \, d(u_1,\ldots,u_p)} \tag{4.45}$$

Das Integral bleibt unverändert, wenn man zu einer äquivalenten Parameterdarstellung übergeht.

Für Flächen $F = F_1 + F_2 + \ldots + F_m$ (F_i Flächenstücke) definiert man selbstverständlich

$$\int_F \omega := \int_{F_1} \omega + \int_{F_2} \omega + \ldots + \int_{F_m} \omega \,.$$

4.2.3 Transformationsformel für Integrale

Ist durch

$$\underline{x} = \underline{T}(\underline{\xi}) \qquad (\underline{T} : M^* \to M \,,\; M^* \subset \mathbb{R}^m)$$

eine zweimal stetig differenzierbare Abbildung $\underline{T} = \left[T_1,\ldots,T_n\right]^T$ gegeben (Transformation genannt), so kann man ω aus (4.44) in folgender Weise transformieren

$$\omega^*(\underline{\xi}) := \omega(\underline{T}(\underline{\xi})) := \sum_{k_1<\ldots<k_p} a_{k_1,\ldots,k_p}(\underline{T}(\underline{\xi}))\, d(T_{k_1},\ldots,T_{k_p}) \tag{4.46}$$

Für Differentialformen ω_0 vom nullten Grad reduziert sich dies auf $\omega_0^*(\underline{\xi}) := \omega_0(T\xi)$.

Folgerung 4.4 Für beliebige Differentialformen $\omega, \tilde{\omega}$ bez. $M \subset \mathbb{R}^n$ gilt

$$(\lambda\omega + \mu\tilde{\omega})(\underline{T}\underline{\xi}) = \lambda\omega(\underline{T}\underline{\xi}) + \mu\tilde{\omega}(\underline{T}\,\underline{\xi}) \qquad (\lambda, \mu \in \mathbb{R})^{1)} \tag{4.47}$$

$$(\omega \wedge \tilde{\omega})\,(\underline{T}\,\underline{\xi}) = \omega(\underline{T}\,\underline{\xi}) \wedge \tilde{\omega}(\underline{T}\,\underline{\xi}) \tag{4.48}$$

$$\boxed{d_{\underline{\xi}}\,\omega(\underline{T}\,\underline{\xi}) = (d_{\underline{x}}\omega)\,(\underline{T}\,\underline{\xi})} \tag{4.49}$$

Bei (4.49) sind natürlich die notwendigen Differenzierbarkeitsvoraussetzungen für ω erfüllt. $\underline{T}$ wird als zweimal stetig differenzierbar vorausgesetzt.

Die Indizes $\underline{\xi}$ und $\underline{x}$ in (4.49) zeigen an, daß die Differentiation links bez. $\underline{\xi}$ und rechts bez. $\underline{x}$ zu verstehen ist. - Damit folgt

Satz 4.1 Für die Differentialformen ω und ω^* in (4.44), (4.46) gilt die Transformationsformel für Integrale:

$$\boxed{\int_F \omega = \int_{F^*} \omega^*} \tag{4.50}$$

Dabei sind F und F^* Flächenstücke, die durch $F = T(F^*)$ zusammenhängen. T überträgt auch die zugehörigen Parameterdarstellungen $\underline{f} = \underline{T} \circ \underline{f}^*$.

Die Beweise der Folgerung 4.4 und des Satzes 4.1 lassen sich durch etwas längere, aber geradlinige Rechnungen durchführen (s. z.B. [40], [14] Bd. 2).

Bemerkung: Für Differentialformen vom Grade $p = 1$ läuft (4.50) auf die normale Substitutionsregel für Integrale bei einer Veränderlichen

---

1) Man schreibt hier einfach $\underline{T}\,\underline{\xi} = \underline{T}(\underline{\xi})$

hinaus. Im Falle $p = 2$, $n = 3$ ist (4.50) die "Transformationsformel für Flächenintegrale 2. Art" aus Abschnitt 2.2.3. Für $p = n \geqq 2$ beschreibt (4.50) die bekannte Transformationsformel für Bereichsintegrale (s. Bd. I, Abschn. 7.2.2). Satz 4.1 enthält also schon eine recht umfassende Formel, deren Formulierung überdies von bestechender Eleganz ist. -

4.2.4 Der allgemeine Stokessche Satz

Der allgemeine Stokessche Satz umfaßt die Integralsätze von Gauß und Stokes im $\mathbb{R}^3$ als Spezialfälle. Er wird für stückweise glatt berandete Flächenstücke formuliert.

Wir nennen ein p-dimensionales Flächenstück

$$F : \underline{x} = \underline{f}(\underline{u}) , \quad \underline{u} \in \overline{D} \subset \mathbb{R}^p \qquad (p \geqq 2)$$

im $\mathbb{R}^n$ stückweise glatt berandet, wenn folgendes gilt:

(a) Der Rand ∂D ist eine Fläche, zusammengesetzt aus (p-1)-dimensionalen Flächenstücken

$$H_i : \underline{u} = \underline{h}_i(\underline{v}) , \quad \text{somit:} \quad \partial D = H_1 + H_2 + \ldots + H_m .$$

Dabei sind die $\underline{h}_i$ eineindeutig, und die "äußere Normale"[1] $\underline{n}(\underline{v})$ auf H_i erfüllt $\det(\underline{n},\underline{h}_i') > 0$. (Dies legt die Orientierungen der H_i so fest, wie wir es aus dem $\mathbb{R}^3$ gewohnt sind.) Die Ränder der H_i sind ebenfalls Flächen, und zwar (p-2)-dimensionale[2].

(b) Durch $\underline{f}$ wird nun alles auf F übertragen, also es gilt

$$\partial F = F_1 + \ldots + F_m , \quad \text{mit} \quad F_i = \underline{f}(H_i) \quad \text{(Parameterdarstellung } \underline{f}_i = \underline{f} \circ h_i) .$$

---

[1] D.h. $\underline{n}(\underline{v})$ steht in $\underline{x} = \underline{h}_i(\underline{v})$ rechtwinklig auf den Spaltenvektoren von $\underline{h}_i'$, und eine von $\underline{x}$ ausgehende (kurze) Strecke in Richtung von $\underline{n}(\underline{v})$ liegt außerhalb von D.

[2] Im Falle p = 2 ist H_i eine Kurve und der Rand ∂H_i das Paar der Endpunkte.

Damit gilt

Satz 4.2 Allgemeiner Stokesscher Integralsatz. Ist F ein stückweise glatt berandetes Flächenstück (p-dimensional) im $\mathbb{R}^n$ und ω eine beliebige alternierende Differentialform p-ten Grades bez. $M \supset F$, so gilt

$$\boxed{\int_{\partial F} \omega = \int_F d\omega} \tag{4.51}$$

Der Beweis kann analog zu den Beweisen des Gaußschen und Stokesschen Satzes im $\mathbb{R}^3$ geführt werden: Zunächst behandelt man den Fall $p = n$ (allgemeiner Gaußscher Integralsatz) entsprechend dem Beweis in Abschnitt 3.3.1 und 3.1.4. Im Falle $p < n$ dient der Beweis des Stokesschen Satzes in Abschnitt 3.2.4 als Muster, d.h. schlagwortartig: Transformation in den $\mathbb{R}^p$ - Anwendung des Gaußschen Satzes im $\mathbb{R}^p$ - Rücktransformation nach $\mathbb{R}^n$. (Gut lesbar ausgeführte Beweise findet der Leser in [40], [14] Bd. 2).

Wir sehen: Durch die Theorie der alternierenden Differentialformen lassen sich die klassischen Integralsätze von Gauß, Stokes und Green auf beliebige Dimensionen übertragen und elegant herleiten. Der Gipfelpunkt ist die kurze Formel (4.51) des allgemeinen Stokesschen Satzes.

Fürwahr: *Die Schönheit und Allgemeinheit dieser Formel sucht ihresgleichen!*

5 KARTESISCHE TENSOREN

Neben Skalaren und Vektoren gibt es weitere physikalische Größen, die - mathematisch gesehen - lineare Abbildungen sind. Da jede lineare Abbildung des dreidimensionalen Raumes in sich als (3,3)-Matrix dargestellt werden kann (bez. eines fest gewählten kartesischen Koordinatensystems), kann man diese physikalischen Größen durch Systeme von 9 Skalaren - den Elementen der Matrix - repräsentieren. Man nennt solche Größen Tensoren zweiter Stufe.

Auch Systeme mit 3^3, 3^4, ... Skalaren kommen vor. Sie repräsentieren Tensoren 3., 4., ... Stufe. Vektoren sind in diesem Zusammenhang Tensoren erster Stufe und Skalare Tensoren nullter Stufe.

Im vorliegenden Kapitel wird eine kurze Einführung in die Theorie der kartesischen[1)] Tensoren gegeben. Sie sind für Ingenieure z.B. bei Problemen der Kontinuumsmechanik und der Elektrodynamik wichtig.

5.1 TENSORALGEBRA

In diesem Abschnitt werden die Rechenregeln der Addition, Multiplikation, Verjüngung usw. erläutert. Doch beginnen wir mit einem typischen, Beispiel, und zwar aus der Elastizitätstheorie:

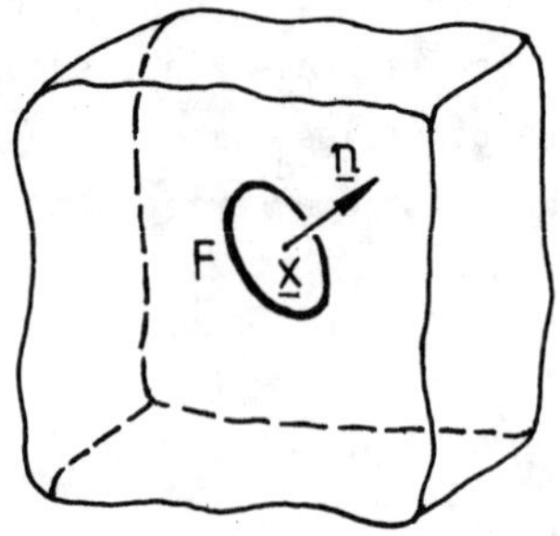

Fig. 5.1: Zum Spannungstensor

[1)] Nach René Descartes (1596-1650), der das nach ihm benannte "kartesische" (rechtwinklige) Koordinatensystem eingeführt hat. Mit Tensoren hatte er natürlich nichts zu tun. Sein Problem war eher die schwedische Königin, die ihn morgens immer um 5 Uhr aus dem Bett warf, um mit ihm zu reiten oder Wissenschaft zu betreiben. Wenn er nicht andauernd "cogito ergo sum" gerufen hätte, hätte er überhaupt nicht mehr gewußt, wo ihm der Kopf steht.

5.1.1 Motivation: Spannungstensor

Wir beginnen mit einem Gedankenexperiment:

In einem elastischen Körper denken wir uns einen Schnitt entlang eines kleinen ebenen Flächenstückes F angebracht. (Man denke sich etwa eine sehr dünne Schicht längs F herausgeschnitten.) F sei der Flächennormalenvektor $\underline{n}$ (mit $|\underline{n}| = 1$) zugeordnet, (s. Fig. 5.1).

Um den Körper im Gleichgewicht zu halten, muß man eine Spannung $\underline{s}_F$ (= Kraft / Flächeninhalt) an F angreifen lassen. Wir betrachten die Spannung in Richtung von $\underline{n}$. (Wegen "actio = reactio" tritt eine gleich große Spannung in entgegengesetzter Richtung auf!).

Wir ziehen nun F auf einen Punkt $\underline{x}$ zusammen, unter Beibehaltung von $\underline{n}$. Dabei darf man annehmen, daß $\underline{s}_F$ gegen einen Vektor $\underline{s}(\underline{x})$ konvergiert. Dies entspricht jedenfalls den physikalischen Modellvorstellungen. Dabei stellt sich, ebenfalls aus physikalischen Gründen heraus, daß

$$\underline{s}(\underline{x}) = \underline{T}(\underline{x})(\underline{n}) \quad ^{1)} \tag{5.1}$$

ist, mit einer linearen Abbildung $\underline{T}(\underline{x}) : \mathbb{R}^3 \longrightarrow \mathbb{R}^3$. Liegt eine Orthonormalbasis $B = [\underline{b}_1, \underline{b}_2, \underline{b}_3]$ zu Grunde und damit ein kartesisches Koordinatensystem, so kann man $\underline{T}(\underline{x})$ bezüglich dieser Basis bekanntlich durch eine Matrix darstellen.

$$\underline{T}(\underline{x}) \quad \text{entspricht} \quad [t_{ik}(\underline{x})]_B \quad (i,k = 1,2,3)\ . \quad ^{2)} \tag{5.2}$$

$\underline{T}(\underline{x})$ ist eine physikalische Größe, repräsentiert durch die 9 Zahlen t_{ik} . Bezüglich einer anderen Basis B' wird $\underline{T}(\underline{x})$ natürlich durch andere 9 Zahlen t'_{ik} dargestellt.

Die physikalische Größe $\underline{T}(\underline{x})$ heißt ein Tensor zweiter Stufe, hier Spannungstensor genannt.

[1] $\underline{n}$ ist die Variable der linearen Abbildung und $\underline{T}(\underline{x})$ das Funktionssymbol.
[2] Der Index B soll den Bezug zur Basis B verdeutlichen.

Kehren wir noch einmal zu (5.1) zurück. Der Spannungstensor $\underline{T}(\underline{x})$ wird hier durch eine symmetrische Matrix $T_B = [t_{ik}]_B$ beschrieben, mehr noch, sie ist positiv definit (d.h. $\underline{y}^T T_B \underline{y} > 0$ für alle $\underline{y} \neq 0$). Daraus folgt, (s. Abschn. 5.1.5), daß die Vektoren $\underline{y} = \sum_{i=1}^{3} \eta_i \underline{b}_i$ mit $\underline{\eta}^T T_B \underline{\eta} = 1$ die Oberfläche eines Ellipsoiden bilden. Man nennt dies das Spannungsellipsoid. Auf diese Weise wird Gleichung (5.1) anschaulich und physikalisch griffig.

Bemerkung: Neben der Elastizitätstheorie und Plastizitätstheorie ist die Elektrodynamik ein weites Anwendungsfeld für kartesische Tensoren. Auch in der Strömungsmechanik begegnen wir ihnen.

Beliebige Tensoren - in schiefwinkligen und überdies oft krummlinigen Koordinaten - sind unverzichtbare Hilfsmittel in der Relativitätstheorie. Die mathematischen Hilfsmittel dazu werden im Rahmen der Differentialgeometrie entwickelt. Da dies aber das Arbeitsfeld des Ingenieurs praktisch nicht berührt, können wir uns hier - ohne Wesentliches zu verlieren - auf die (einfacheren) kartesischen Tensoren beschränken.

5.1.2 Definition kartesischer Tensoren

Physikalische Gesetze sind unabhängig von Koordinatensystemen, d.h. ihre Formulierungen bleiben unverändert beim Wechsel eines rechtsorientierten kartesischen Koordinatensystems zu einem anderen. Aus diesem Grunde weisen Vektoren und Tensoren, mit denen die physikalischen Größen beschrieben werden, gewisse Invarianzeigenschaften beim Koordinatenwechsel auf. Diese gilt es zu erfassen und zu studieren.

Wir beschreiben daher zunächst den Koordinatenwechsel bei rechtwinkligen rechtsorientierten Koordinatensystemen im dreidimensionalen Raum (vgl. Bd. II, Abschn. 3.9.6).

Transformation kartesischer Koordinaten durch Drehung. Es seien $(\underline{b}_1, \underline{b}_2, \underline{b}_3)$ und $(\underline{b}_1', \underline{b}_2', \underline{b}_3')$ zwei rechtsorientierte Orthonormalbasen[1) des $\mathbb{R}^3$. Ein beliebiger Vektor $\underline{x} \in \mathbb{R}^3$ hat bezüglich dieser Basen die Darstellungen

$$\underline{x} = \xi_1\underline{b}_1 + \xi_2\underline{b}_2 + \xi_3\underline{b}_3 \quad , \quad \text{mit} \quad \xi_k = \underline{b}_k \cdot \underline{x} \tag{5.3}$$

$$\underline{x} = \xi_1'\underline{b}_1' + \xi_2'\underline{b}_2' + \xi_3'\underline{b}_3' \quad , \quad \text{mit} \quad \xi_i' = \underline{b}_i' \cdot \underline{x} \tag{5.4}$$

Die rechten Gleichungen erhält man aus den linken durch Multiplikation mit $\underline{b}_k$ bzw. $\underline{b}_i'$.

ξ_1, ξ_2, ξ_3 sind die Koordinaten von $\underline{x}$ bez. der Basis $(\underline{b}_1, \underline{b}_2, \underline{b}_3)$. Das zugehörige kartesische Koordinatensystem (System der drei Koordinatenachsen) bezeichnet man kurz mit $0\xi_1\xi_2\xi_3$. (Für ξ_1', ξ_2', ξ_3' alles entsprechend).

Setzt man den Ausdruck für $\underline{x}$ aus (5.3) in $\xi_i' = \underline{b}_i' \cdot \underline{x}$ ein, und setzt man analog den Ausdruck für $\underline{x}$ aus (5.4) in $\xi_k = \underline{b}_k \cdot \underline{x}$ ein, so erhält man die Koordinatentransformation

$$\begin{array}{l|l}
\xi_1' = a_{11}\xi_1 + a_{12}\xi_2 + a_{13}\xi_3 & \xi_1 = a_{11}\xi_1' + a_{21}\xi_2' + a_{31}\xi_3' \\
\xi_2' = a_{21}\xi_1 + a_{22}\xi_2 + a_{23}\xi_3 & \xi_2 = a_{12}\xi_1' + a_{22}\xi_2' + a_{32}\xi_3' \\
\xi_3' = a_{31}\xi_1 + a_{23}\xi_2 + a_{33}\xi_3 & \xi_3 = a_{13}\xi_1' + a_{23}\xi_2' + a_{33}\xi_3'
\end{array}$$

$$\text{kurz:} \quad \boxed{\xi_i' = \sum_{k=1}^{3} a_{ik}\xi_k} \quad , \quad \boxed{\xi_k = \sum_{i=1}^{3} a_{ik}\xi_i'} \tag{5.5}$$

$$\text{mit} \quad a_{ik} = \underline{b}_i'^{T}\underline{b}_k \, . \tag{5.6}$$

Führt man die folgenden Matrizen ein:

---

1) Das Tripel $(\underline{b}_1, \underline{b}_2, \underline{b}_3)$ aus Vektoren des $\mathbb{R}^3$ ist eine Orthonormalsbasis des $\mathbb{R}^3$, wenn $\underline{b}_i \cdot \underline{b}_k = \delta_{ik}$ für alle $i,k \in \{1,2,3\}$ erfüllt ist. (Dabei ist $\delta_{ik} = \begin{cases} 1 & \text{für } i = k \\ 0 & \text{für } i \neq k \end{cases}$ das Kroneckersymbol.) Die Orthonormalbasis heißt rechtsorientiert, wenn $\det(\underline{b}_1, \underline{b}_2, \underline{b}_3) = 1$ gilt. (D.h. es gelten "Rechte-Hand-Regel", "Korkenzieherregel" u.ä., s. Bd. II, Abschn. 1.2.4)

$$B = \left[\underline{b}_1, \underline{b}_2, \underline{b}_3\right] \ , \quad B' = \left[\underline{b}_1', \underline{b}_2', \underline{b}_3'\right] \ , \quad \underline{\xi} = \begin{bmatrix} \xi_1 \\ \xi_2 \\ \xi_3 \end{bmatrix} \ , \ \underline{\xi}_i' = \begin{bmatrix} \xi_1' \\ \xi_2' \\ \xi_3' \end{bmatrix} \tag{5.8}$$

$$A = \left[a_{ik}\right]_{3,3} \ ,$$

so lauten die obigen Gleichungen kurz

$$\underline{x} = B\underline{\xi} \quad , \qquad \underline{\xi} = B^T\underline{x} \tag{5.3'}$$

$$\underline{x} = B'\underline{\xi} \quad , \qquad \underline{\xi}' = B'^T\underline{x} \tag{5.4'}$$

$$\underline{\xi}' = A\underline{\xi} \quad , \qquad \underline{\xi} = A^T\underline{\xi}' \tag{5.5'}$$

$$A = B'^T B \tag{5.6'}$$

A heißt Übergangsmatrix oder Transformationsmatrix. Da B und B' orthogonale Matrizen[1)] mit Determinante 1 sind, trifft dies auch für $A = B'^T B$ zu:

$$A^{-1} = A^T \quad , \qquad \det A = 1 \tag{5.9}$$

A ist also eine Drehmatrix, falls $A \neq E$ (Einheitsmatrix) (vgl. Bd. II, Abschn. 3.9.3), d.h. sie bewirkt eine Drehung des Koordinatensymstems $O\xi_1\xi_2\xi_3$ in $O\xi_1'\xi_2'\xi_3'$. -

Tensoren zweiter Stufe. Es sei $\underline{T} : \mathbb{R}^3 \rightarrow \mathbb{R}^3$ eine beliebige lineare Abbildung des $\mathbb{R}^3$ in sich. Bekanntlich läßt sie sich bez. eines beliebigen, aber fest gewählten Koordinatensystems $O\xi_1\xi_2\xi_3$ mit Basis $B = \left[\underline{b}_1, \underline{b}_2, \underline{b}_3\right]$ [2)] als Matrix

$$T = \begin{bmatrix} t_{11} & t_{12} & t_{13} \\ t_{21} & t_{22} & t_{23} \\ t_{31} & t_{32} & t_{33} \end{bmatrix}_B \tag{5.10}$$

darstellen. D.h. die Funktionsgleichung $\underline{y} = \underline{T}(\underline{x})$ wird durch

$$\underline{\eta} = T\underline{\xi} \ , \ \text{in Komponenten:} \ \eta_i = \sum_{k=1}^{3} t_{ik}\xi_k \ , \tag{5.11}$$

---

1) B orthogonal $\Leftrightarrow B^{-1} = B^T$

2) Die Matrix $B = \left[\underline{b}_1, \underline{b}_2, \underline{b}_3\right]$ aus den drei Basisvektoren wird kurz als "Basis" bezeichnet.

beschrieben, wobei $\underline{x}$ und $\underline{y}$ bez. $0\xi_1\xi_2\xi_3$ folgendermaßen dargestellt sind:

$$\underline{x} = \sum_{k=1}^{3} \xi_k \underline{b}_k \quad , \quad \underline{y} = \sum_{i=1}^{3} \eta_i \underline{b}_i \quad ; \quad \underline{\xi} = \begin{bmatrix} \xi_1 \\ \xi_2 \\ \xi_3 \end{bmatrix}_B , \quad \underline{\eta} = \begin{bmatrix} \eta_1 \\ \eta_2 \\ \eta_3 \end{bmatrix}_B \qquad (5.12)$$

Der Index B an den Matrizen $\underline{T}$, $\underline{\xi}$, $\underline{\eta}$ soll den Bezug zu dieser Basis symbolisieren. Wählen wir eine andere Basis B' des $\mathbb{R}^3$, so wird $\underline{T}$ in entsprechender Weise durch eine zugehörige Matrix $\underline{T}' = \left[t'_{ik}\right]_{B'}$ dargestellt.

Wir betrachten in diesem Zusammenhang nur rechtsorientierte Orthonormalbasen B, B', ... Damit definieren wir:

> *Ein Tensor zweiter Stufe ist die Menge der Matrizen* $T = \left[t_{ik}\right]_B$ *zu einer linearen Abbildung* $\underline{T} : \mathbb{R}^3 \to \mathbb{R}^3$, *und zwar für alle rechtsorientierten Orthonormalbasen* B *des* $\mathbb{R}^3$.

Jede solche Matrix repräsentiert den Tensor (und die lineare Abbildung $\underline{T}$).

Zweistufige Tensoren und lineare Abbildungen des $\mathbb{R}^3$ in sich sind also umkehrbar eindeutig einander zugeordnet.

Wir wollen nun den Übergang zwischen zwei Matrizen $T = \left[t_{ik}\right]_B$ und $T' = \left[t'_{ik}\right]_{B'}$ eines Tensors studieren.

Die Funktionsgleichung $\underline{y} = \underline{T}(\underline{x})$ der zu Grunde liegenden linearen Abbildung wird bez. B wie auch B' nach (5.11), (5.12), (5.5)' so beschrieben:

$$\underline{\eta} = T\underline{\xi} \ , \ \underline{\eta}' = T'\underline{\xi}' \quad \text{mit} \quad \underline{\xi}' = A\underline{\xi} \ , \ \underline{\eta}' = A\underline{\eta} \qquad (A = B'^T B) \qquad (5.13)$$

Einsetzen der Ausdrücke für $\underline{\xi}'$ und $\underline{\eta}'$ in die zweite Gleichung liefert $A\underline{\eta} = T'A\underline{\xi}$, d.h. $\underline{\eta} = A^T T' A\underline{\xi}$ (wegen $A^{-1} = A^T$). Gleichsetzen mit der ersten Gleichung in (5.13) ergibt $T\underline{\xi} = A^T T' A\underline{\xi}$ für alle Tripel $\underline{\xi}$, also $T = A^T T' A$ oder umgeschrieben:

$$\boxed{T' = ATA^T}\ ,\quad \text{d.h.}\quad \boxed{t'_{ik} = \sum_{p,q=1}^{3} a_{ip} a_{kq} t_{pq}} \tag{5.14}$$

Zwei Repräsentanten $T = [t_{ik}]_B$ und $T' = [t'_{ik}]_{B'}$ eines Tensors hängen also über (5.14) zusammen, wobei $A = [a_{ik}] = B'^T B$ ist.

Dieses Konzept läßt sich ohne Schwierigkeiten auf Tensoren beliebiger Stufen verallgemeinern.

Tensoren beliebiger Stufen. Ein Tensor n-ter Stufe ($n \in \mathbb{N}$) wird bez. eines Koordinatensymstems $O\xi_1\xi_2\xi_3$ mit rechtsorientierter Orthonormalbasis $B = [\underline{b}_1, \underline{b}_2, \underline{b}_3]$ durch 3^n reelle Zahlen

$$t_{ij\ldots k} \qquad (\text{mit } n \text{ Indizes } i,j,\ldots,k \in \{1,2,3\}\ )$$

dargestellt. Wir beschreiben das System dieser Zahlen auch durch

$$T = [t_{ij\ldots k}]_B$$

Bezüglich eines anderen Koordinatensystems $O\xi'_1\xi'_2\xi'_3$ mit rechtsorientierter Basis B' wird der Tensor durch

$$T' = [t'_{ij\ldots k}]_{B'}$$

dargestellt, wobei sich die $t'_{ij\ldots k}$ durch folgende Transformationsregel ergeben:

$$\boxed{t'_{ij\ldots k} = \sum_{p,q,\ldots,r} a_{ip} a_{jq} \ldots a_{kr} t_{pq\ldots r}} \tag{5.15}$$

Hierbei ist $A = [a_{ik}]_{3,3} = B'^T B$ die zugehörige Übergangsmatrix.

Ein Tensor n-ter Stufe wird also bez. einer bestimmten rechtsorientierten Orthonormalbasis mit 3^n Zahlen beschrieben, und bez. einer anderen Basis mit 3^n anderen Zahlen, die mit den erstgenannten durch (5.15) zusammenhängen.

Dies führt zu folgender verschärfter Begriffsbildung:

Definition 5.1 Kartesische Tensoren im $\mathbb{R}^3$:

> (a) Ein Schema von reellen Zahlen $t_{ij\ldots k}$ (mit n Indizes $i,j,\ldots,k \in \{1,2,3\}$), welches wir mit einer rechtsorientierten Orthonormalbasis B des $\mathbb{R}^3$ zu einem Paar verbinden, schreiben wir in der Form
>
> $$T = \left[t_{ij\ldots k}\right]_B$$
>
> Ist
>
> $$T' = \left[t'_{ij\ldots k}\right]_{B'}$$
>
> ein zweites Paar dieser Art, wobei der Zusammenhang (5.15) besteht, so heißen T und T' äquivalent.[1]
>
> (b) Eine Äquivalenzklasse[2] solcher Ausdrücke T heißt ein (kartesischer) Tensor n-ter Stufe.

Die Äquivalenzklasse aller T' , die zu T äquivalent sind, bezeichnen wir mit $\underline{T}$ (in Anlehnung an die Vektorschreibweise). $\underline{T}$ ist also ein Tensor. Man sagt, daß $\underline{T}$ durch das Schema $T = \left[t_{ij\ldots k}\right]_B$ repräsentiert oder dargestellt wird. Natürlich wird der Tensor $\underline{T}$ auch durch jedes T' repräsentiert, das zu T äquivalent ist.

Bemerkung: In vereinfachter Sprechweise bezeichnet man oft $T = \left[t_{ij..k}\right]_B$ selbst als Tensor ("pars pro toto")[3] ; ja, auch das Tensorelement $t_{ij\ldots k}$ wird kurz "Tensor" genannt, wenn dies im Textzusammenhang verständlich ist. -

---

[1] Dies ist in der Tat eine Äquivalenzrelation.

[2] Menge aller T', die zu einem festen T äquivalent sind. (Cantor sagte statt "Äquivalenzklasse" auch "Inbegriff". Das verdeutlicht, daß durch Äquivalenzklassenbildung neue Begriffe geschaffen werden, hier der Begriff "Tensor".)

[3] Dieses "pars pro toto" (ein Teil für das Ganze) kommt in der Umgangssprache oft vor. Z.B.: Sagt ein Arzt: "Schwester, haben Sie dem Blinddarm von Zimmer 13 schon Blut abgenommen?"

Skalare nennt man Tensoren nullter Stufe. Vektoren des $\mathbb{R}^3$ sind Tensoren erster Stufe. Darüber hinaus sind die Tensoren zweiter Stufe in Naturwissenschaft und Technik die wichtigsten.

Summenkonvention. Sehen wir uns die Gleichungen

$$\underline{x} = \sum_{k=1}^{3} \xi_k \underline{b}_k \quad , \quad \xi'_i = \sum_{k=1}^{3} a_{ik}\xi_k \quad , \quad t'_{ik} = \sum_{p,q=1}^{3} a_{ip}a_{kq}t_{pq}$$

noch einmal an (vgl. (5.3), (5.5), (5.14)), so erkennen wir, daß dabei stets über die Indizes summiert wird, die in den zu summierenden Ausdrücken doppelt auftreten. In den ersten beiden Gleichungen tritt k doppelt auf, in $t'_{ik} = \ldots$ dagegen p und q. Diese Erscheinung ist in der Tensorrechnung (ja, in der ganzen linearen Algebra) so häufig, daß wir die Summenzeichen auch weglassen können. Wir vereinbaren daher für das folgende die

> Einsteinsche Summenkonvention. *Tritt bei einer indizierten Größe oder einem Produkt solcher Größen ein Index doppelt auf, so wird über alle möglichen Werte dieses Index summiert.*

In diesem Kapitel nehmen die Indizes dabei stets die Werte 1, 2, 3 an.

Die obigen Gleichungen, nebst (5.15), erhalten damit die prägnante Gestalt

$$\underline{x} = \xi_k \underline{b}_k \quad , \quad \xi'_i = a_{ik}\xi_k \quad , \quad t_{ik} = a_{ip}a_{iq}t_{pq} \, , \qquad (5.16)$$

Transformationsregel: $$\boxed{t'_{ij\ldots k} = a_{ip}a_{jq}\ldots a_{kr}t_{pq\ldots r}} \qquad (5.17)$$

> Allkonvention. *Tritt in einem Summanden einer Tensorgleichung ein Index genau einmal auf, so gilt die Gleichung für alle Werte dieses Index.*

Gleichung (5.17) z.B. gilt für alle $i = 1,2,3$, ferner für alle $j = 1,2,3$, usw. D.h. jeder der n Indizes $i,j,\ldots,k$ kann drei Werte annehmen. Folglich repräsentiert (5.17) genau 3^n reelle Gleichungen.

5.1.3 Rechenregeln für Tensoren

Addition, Subtraktion, Multiplikation mit Skalaren. Durch

$$T = \left[t_{ik\ldots m}\right]_B \quad , \quad S = \left[s_{ik\ldots m}\right]_B$$

seien zwei Tensoren n-ter Stufe dargestellt. Damit definiert man die

Addition und Subtraktion: $T + S = \left[t_{ik\ldots m} + s_{ik\ldots m}\right]_B$

Multiplikation mit Skalar $\lambda \in \mathbb{R}$: $\lambda T = \left[\lambda\, t_{ik\ldots m}\right]_B$

Negativer Tensor von T: $-T = \left[-t_{ik\ldots m}\right]_B$

Man schreibt: $S - T := S + (-T)$

Nulltensoren haben nur Nullen als Elemente. Sie werden einheitlich durch $\underline{0}$ bezeichnet.

Die Definitionen sind unabhängig von den Repräsentanten der Tensoren. Denn geht man zu einer anderen Basis B' über, vermöge (5.15), so gilt für die Systeme $t'_{ik\ldots m}$, $s'_{ik\ldots m}$ alles entsprechend.

Die Tensoren gleicher Stufe erüllen mit obigen Definitionen alle Gesetze eines Vektorraumes:

Assoziativgesetze: $(T+S) + V = T + (S+V)$, $(\lambda\mu)T = \lambda(\mu T)$,

Kommutativgesetz: $T + S = S + T$,

Distributivgesetze: $\lambda(T+S) = \lambda T + \lambda S$, $(\lambda+\mu)T = \lambda T + \mu T$,

sowie: $T + 0 = T$, $T - T = 0$, $1 \cdot T = T$.

Tensorprodukt. Für

$$T = \left[t_{i\ldots k}\right]_B \text{ vom Grad } n \quad \text{und} \quad S = \left[s_{p\ldots q}\right]_B \text{ vom Grad } m$$

ist das Tensorprodukt $TS = W = \left[w_{i\ldots kp\ldots q}\right]_B$ definiert durch

$$\boxed{w_{i\ldots kp\ldots q} = t_{i\ldots k}\, s_{p\ldots q}} \tag{5.18}$$

Das Produkt $\underline{W} = \underline{T}\underline{S}$ hat den Grad $m+n$.

Beispiel: $[t_{ik}]_B \, [s_{prq}]_B = [t_{ik}\, s_{prq}]_B$.

Die Unabhängigkeit von den Repräsentanten ist leicht einzusehen, denn geht man durch Transformation

$$t'_{j\ldots m} = a_{ji} \ldots a_{mk} t_{i\ldots k} \; , \; s'_{u\ldots v} = a_{up} \ldots a_{vq} s_{p\ldots q}$$

zu anderen Repräsentanten $T' = [t'_{j\ldots m}]_{B'}$, $S' = [s'_{u\ldots v}]_{B'}$ der Tensoren über (nach Regel (5.15)), so folgt für das neue Produkt-Element

$$w'_{j\ldots m u\ldots v} = t'_{j\ldots m} s'_{u\ldots v} = a_{ji} \ldots a_{mk} a_{up} \ldots a_{vq} w_{i\ldots k p\ldots q} \; .$$

D.h. $W' = [w'_{j\ldots mu\ldots v}]_B$ und W sind äquivalent, repräsentieren also den gleichen Tensor, eben den Produkttensor.

Verjüngung. $T = [t_{ij\ldots k}]_B$ stelle einen Tensor dar. Setzt man in $t_{ij\ldots k}$ zwei Indizes gleich und summiert über diesen gemeinsamen Index, so entsteht ein neuer Tensor $\underline{T}_0$. Man nennt ihn eine Verjüngung. Z.B.:

$$T = [t_{ijk}]_B \longrightarrow T_0 = [t_{iik}]_B \; .$$ [1)]

Bei Verjüngung verringert sich der Grad um 2 .

Die Unabhängigkeit von Repräsentanten ist auch hier leicht zu zeigen. Es sei dem Leser überlassen.

Beispiel 5.1 Es seien

$$\underline{u} = \begin{bmatrix} u_1 \\ u_2 \\ u_3 \end{bmatrix}_B \; , \; \underline{v} = \begin{bmatrix} v_1 \\ v_2 \\ v_3 \end{bmatrix}_B$$

---

1) Man mache sich klar, daß hier nach der Summenkonvention über i summiert wird. Das allgemeine Element von T_0 lautet also ausführlich $\sum_{i=1}^{3} t_{iik}$.

zwei Vektoren, wobei sich die Koordinaten auf die Orthonormalbasis B beziehen. Sie sind Tensoren erster Stufe. Aus ihnen kann man zunächst das Tensorprodukt $\underline{u}\,\underline{v} = [u_i v_k]_B$ bilden. (Es entspricht der Matrix $\underline{u}\,\underline{v}^T$.) Anschließende Verjüngung liefert den Tensor nullter Ordnung

$$\sum_{i=1}^{3} u_i v_i = \underline{u} \cdot \underline{v} \, ,$$

also das innere Produkt von $\underline{u}$ und $\underline{v}$. Das innere Produkt ergibt sich so als Spezialfall der Tensorrechnung.

Symmetrie und Antisymmetrie. Ein Tensor $\underline{T}$ der Stufe 2 , mit $T = [t_{ik}]_B$, heißt

symmetrisch, wenn $t_{ik} = t_{ki}$ für alle i,k gilt,

antisymmetrisch, wenn $t_{ik} = -t_{ki}$ für alle i,k gilt.

Diese Eigenschaften sind invariant gegen Transformationen $t'_{pq} = a_{pi} a_{qk} t_{ik}$, wie man mit bloßem Auge sieht.

Beim antisymmetrischen Tensor gilt für die Diagonalelemente $a_{ii} = 0$. Ausführlich geschrieben sehen die Tensoren so aus:

symmetrischer Tensor　　　　antisymmetrischer Tensor

$$\begin{bmatrix} t_{11} & t_{12} & t_{13} \\ t_{12} & t_{22} & t_{23} \\ t_{13} & t_{23} & t_{33} \end{bmatrix}_B \qquad \begin{bmatrix} 0 & t_{12} & t_{13} \\ -t_{12} & 0 & t_{23} \\ -t_{13} & -t_{23} & 0 \end{bmatrix}_B \tag{5.19}$$

Der symmetrische Tensor ist also durch 6 Zahlen t_{ik} $(i \leq k)$ gegeben, der antisymmetrische durch 3 Zahlen: t_{12}, t_{13}, t_{23} .

Folgerung 5.1 Jeder Tensor $\underline{T}$ der Stufe 2 läßt sich in eine Summe aus einem symmetrischen und einem antisymmetrischen Tensor zerlegen, und zwar mit der Darstellung $T = [t_{ik}]_B$ durch

$$t_{ik} = \frac{1}{2}\left(t_{ik} + t_{ki}\right) + \frac{1}{2}\left(t_{ik} - t_{ki}\right) \tag{5.20}$$

Divisionsregel.

Satz 5.1 Wir betrachten eine Abbildung der Tensoren $\underline{S}$ m-ter Stufe in der Menge die Tensoren $\underline{T}$ n-ter Stufe, die folgendermaßen beschrieben wird

$$\boxed{t_{i..k} = w_{i..kp..q} s_{p..q}}^{1)} \quad \text{mit} \quad T = [b_{i..k}]_B \in \underline{T}\ ,\ S = [s_{q..p}]_B \in \underline{S} \tag{5.21}$$

Die Zahlen $w_{i...kp...q}$ hängen dabei von B ab, was durch $[w_{i..kp..q}]_B$ verdeutlicht wird.

Damit folgt: Die Schemata $[w_{i...kp...q}]_B$ (für alle B) bilden einen Tensor $\underline{W}$ vom Grade $m+n$.

Bemerkung: (a) Wir schreiben hier symbolisch $\underline{T} = \underline{W}(\underline{S})$ oder "$\underline{W} = \underline{T}/(\underline{S})$" . Hieraus ist der Ausdruck "Divisionsregel" abgeleitet. -

(b) Der Beweis des Satzes ist kindlich einfach: Man hat nur die üblichen Transformationsgleichungen für $\underline{T}$ und $\underline{S}$ hinzuschreiben, in (5.21) einzusetzen und bei der Umformung $a_{ji}\,a_{jk} = \delta_{ik}$ zu beachten. (Letzeres spiegelt $A^T A = E$ wider.) -

Beweis: Es gilt Formel (5.21) bez. B und bezüglich einer anderen Basis B' die entsprechende Gleichung

$$t'_{j..m} = w'_{j..mr..v}\, s'_{r..v} \ . \tag{5.22}$$

Mit den Transformationsgleichungen

$$t'_{j..m} = a_{j\alpha}..a_{m\beta}\, t_{\alpha..\beta} \quad , \quad s'_{r..v} = a_{rp}..a_{vq}\, s_{p..q}$$

folgt durch Einsetzen:

$$a_{j\alpha}..a_{m\beta}\, t_{\alpha..\beta} = w'_{j..mr..v}\, a_{rp}..a_{vq}\, s_{p..q}$$

Man multipliziere diese Gleichung mit $a_{ji}..a_{mk}$ und wende die Summenkonvention an. Links ergibt sich wegen $a_{ji}a_{j\alpha} = \delta_{i\alpha},\dots,a_{mk}a_{m\beta} = \delta_{k\beta}$ einfach t_{ik} , d.h. es folgt

1) Man beachte hierbei die Summenkonvention.

$$t_{i\ldots k} = a_{ji}\ldots a_{mk}\, a_{rp}\ldots a_{vq}\, w'_{j..m\,r..v}\, s_{p..q} \tag{5.23}$$

Gleichsetzen mit (5.21) liefert somit

$$w_{i..k\,p..q}\, s_{p..q} = \left(a_{ji}\ldots a_{mk}\, a_{rp}\ldots a_{vq}\, w'_{j..m\,r..v}\right) s_{p..q} \; . \tag{5.24}$$

Da dies für alle Tensoren $\underline{S}$ der Stufe m gilt, kann man hier die $s_{p..q}$ herausstreichen. (Man denke sich z.B. nacheinander die Schemata $S = \left[s_{p..q}\right]_B$ eingesetzt, die ein Element $s_{p..q}$ mit dem Wert 1 besitzen, während alle anderen Elemente gleich 0 sind.) Formel (5.24), ohne die $s_{p..q}$, stellt aber gerade das Transformationsgesetz für Tensoren dar, folglich bilden die $W = \left[w_{i..k\,p..q}\right]_B$ einen Tensor $\underline{W}$. □

5.1.4 Invariante Tensoren

Definition 5.2 Ein Tensor $\underline{U}$ heißt invariant, wenn er bezüglich aller rechtsorientierten Orthonormalbasen B das gleiche Zahlenschema $\left[u_{i..k}\right]$ aufweist.

Genauer: Sind $\left[u_{i..k}\right]_B$, $\left[u'_{i..k}\right]_{B'}$ zwei Repräsentanten des Tensors $\underline{T}$, so gilt

$$u_{i..k} = u'_{i..k} \quad \text{für jede Kombination } (i,..,k) \; .$$

Deltatensor Der wichtigste invariante Tensor ist der Deltatensor[1] $\underline{E}$ der Stufe 2, der durch

$$\left[\delta_{ik}\right]_B$$

repräsentiert wird mit dem Kroneckersymbol

$$\delta_{ik} = \begin{cases} 1 & \text{für } i = k \\ 0 & \text{für } i \neq k \end{cases} \; .$$

Seine Invarianz ist sofort zu sehen: Da der Tensor bez. jeder Basis B durch die Einheitsmatrix $E = \left[\delta_{ik}\right]_{3,3}$ repäsentiert wird, ist $E = A\,E\,A^T$

[1] auch Substitutionstensor genannt.

zu überprüfen, wobei A eine (orthogonale) Übergangsmatrix ist. Sie erfüllt also $AA^T = E$, d.h. $E = AEA^T$ ist richtig.

Bemerkung: Wir können leicht zeigen, daß jeder invariante Tensor zweiter Stufe die Form $\lambda\underline{E}$ hat $(\lambda \in \mathbb{R})$, also durch

$$\left[\lambda\delta_{ik}\right]_B$$

repräsentiert wird. Denn ist $\underline{U}$ ein beliebiger invarianter Tensor zweiter Stufe, so bedeutet dies für den einheitlichen Repräsentanten $U = \left[u_{ik}\right]$, daß die Matrizen-Gleichung

$$U = AUA^T \tag{5.25}$$

für alle Übergangsmatrizen A gilt (d.h. für alle orthonormalen Matrizen A mit $\det A = 1$). Wählt man für A die Permutationsmatrizen $A = (\underline{j},\underline{k},\underline{i})$ [1]oder $(\underline{k},\underline{i},\underline{j})$, so errechnet man $u_{11} = u_{22} = u_{33} := \lambda$, $u_{12} = u_{23} = u_{31} := \mu$, $u_{13} = u_{21} = u_{32} =: \nu$. Setzt man dann A gleich einer (Eulerschen) Drehmatrix $A = (\underline{a},\underline{b},\underline{k})$ mit $\underline{a} = [c,s,0]^T$, $\underline{b} = [-s,c,0]^T$, $c^2 + s^2 = 1$, so folgt aus (5.25) $\mu = \nu = 0$, also $U = \lambda E$. -

Epsilontensor (Alternierender Tensor). Wir betrachten die Permutationen der Zahlen 1,2,3 . Es gibt $3! = 6$ dieser Permutation. Dabei heißen

(1,2,3) , (2,3,1) , (3,1,2) gerade Permutationen,

(1,3,2) , (3,2,1) , (2,1,3) ungerade Permutationen[2].

Damit definieren wir das Symbol ε_{ijk} $(i,j,k \in \{1,2,3\})$ auf folgende Weise:

$$\varepsilon_{ijk} := \begin{cases} 0, & \text{wenn mindestens zwei Indizes } i,j,k \text{ gleich sind,} \\ 1, & \text{wenn } (i,j,k) \text{ eine gerade Permutation ist,} \\ -1, & \text{wenn } (i,j,k) \text{ eine ungerade Permutation ist.} \end{cases} \tag{5.26}$$

---

[1] $\underline{i},\underline{j},\underline{k}$ sind die üblichen Koordinaten-Einheitsvektoren im $\mathbb{R}^3$.

[2] Die geraden Permutationen gehen durch eine gerade Anzahl von Vertauschungen aus (1,2,3) hervor (auch 0 ist gerade!), und die ungeraden Permutationen entsprechend durch eine ungerade Anzahl von Vertauschungen.

ε_{ijk} beschreibt einen invarianten Tensor dritter Stufe, denn mit einer beliebigen Übergangsmatrix $A = \left[a_{ik}\right]_{3,3}$ errechnet man

$$a_{ir}a_{js}a_{kt}\varepsilon_{rst} = \begin{vmatrix} a_{i1} & a_{i2} & a_{i3} \\ a_{j1} & a_{j2} & a_{j3} \\ a_{k1} & a_{k2} & a_{k3} \end{vmatrix} = \varepsilon_{ijk} \tag{5.27}$$

(Die rechte Gleichung folgt mit Hilfe von $\det A = 1$). Der so gebildete Tensor $\underline{V}$, der bez. aller Basen B durch $\left[\varepsilon_{ijk}\right]_B$ repräsentiert wird, heißt Epsilontensor oder alternierende Tensor.

Folgerung 5.2 Zusammenhang zwischen Epsilontensor und Deltatensor:
Es gilt

$$\boxed{\varepsilon_{ijk}\varepsilon_{rsk} = \delta_{ir}\delta_{js} - \delta_{is}\delta_{jr}} \tag{5.28}$$

Beweis: Die rechte Gleichung in (5.27) gilt für jede orthonormale Matrix $A = \left[a_{ik}\right]_{3,3}$ mit $\det A = 1$. Folglich gilt die Gleichung auch für die Einheitsmatrix $E = \left[\delta_{ik}\right]_{3,3}$, also

$$\varepsilon_{ijk} = \begin{vmatrix} \delta_{i1} & \delta_{i2} & \delta_{i3} \\ \delta_{j1} & \delta_{j2} & \delta_{j3} \\ \delta_{k1} & \delta_{k2} & \delta_{k3} \end{vmatrix} \Rightarrow \varepsilon_{ijk}\varepsilon_{rst} = \begin{vmatrix} \delta_{ir} & \delta_{is} & \delta_{it} \\ \delta_{jr} & \delta_{js} & \delta_{jt} \\ \delta_{kr} & \delta_{ks} & \delta_{kt} \end{vmatrix} \tag{5.29}$$

Setzt man nun $k = t$, so folgt

$$\varepsilon_{ijk}\varepsilon_{rsk} = \sum_{k=1}^{3} \begin{vmatrix} \delta_{ir} & \delta_{is} & \delta_{ik} \\ \delta_{jr} & \delta_{js} & \delta_{jk} \\ \delta_{kr} & \delta_{ks} & 1 \end{vmatrix} \tag{5.30}$$

Im Falle $r = s$ gilt (5.28) trivialerweise. Wir setzen daher $r \neq s$ voraus. Man erkennt dann: In (5.30) sind die Summanden mit $k = r$ und $k = s$ Null. Es bleibt nur der Summand mit $k \neq r$, $k \neq s$. Dabei lautet die letzte Determinantenzeile $0\ 0\ 1$, woraus folgt, daß der Wert der Determinante gleich der rechten Seite von (5.28) ist. Damit ist alles bewiesen. □

Folgerung 5.3 Epsilon-Tensor und äußeres Produkt. Es seien $\underline{a} = [a_1, a_2, a_3]^T$ und $\underline{b} = [b_1, b_2, b_3]^T$ zwei Vektoren des $\mathbb{R}^3$. Die Komponenten des äußeren Produktes $\underline{a} \times \underline{b}$ werden durch $(\underline{a} \times \underline{b})_i$ mit $i = 1,2,3$ beschrieben. Damit gilt

$$\boxed{(\underline{a} \times \underline{b})_i = \varepsilon_{ijk}\, a_j\, b_k} \tag{5.31}$$

Der Beweis folgt durch Ausrechnen.

Ersetzt man $\underline{a}$ durch den Nabla-Operator ∇, so folgt entsprechend

$$\boxed{(\mathrm{rot}\,\underline{V})_i = \varepsilon_{ijk} \frac{\partial V_k}{\partial x_j}} \tag{5.32}$$

Ohne Beweis geben wir noch folgendes Resultat an: Jeder invariante Tensor vierter Stufe mit dem einheitlichen Repräsentanten $U = [u_{ijkm}]$ läßt sich in folgender Form schreiben (s. [36], S. 214):

$$\boxed{u_{ijkm} = \lambda\,\delta_{ij}\delta_{km} + \mu\,\delta_{ik}\delta_{jm} + \nu\,\delta_{im}\delta_{jk}} \tag{5.34}$$

Übungen

5.1* Beweise: $\delta_{ij}\varepsilon_{ijk} = 0$, $\varepsilon_{ijk}\varepsilon_{rjk} = 2\delta_{ir}$, $\varepsilon_{ijk}\varepsilon_{ijk} = 6$

5.2* Man zeige, daß durch $\delta_{ij}\delta_{km}$ ein invarianter Tensor 4. Stufe dargestellt wird.

5.3* Beweise, daß der einzige invariante Tensor 1. Stufe der Nullvektor ist.

5.4 Beweise mit (5.31) und Folgerung 5.2 die (bekannte) Formel

$$\underline{a} \times (\underline{b} \times \underline{c}) = (\underline{a} \cdot \underline{c})\underline{b} - (\underline{a} \cdot \underline{b})\underline{c}\ .$$

5.1.5 Diagonalisierung symmetrischer Tensoren und das Tensorellipsoid

Diagonalisierung Tensoren zweiter Stufe sind in physikalischen Anwendungen oft symmetrisch. Sie lassen sich auf folgende Weise einfach darstellen:

Satz 5.2 (Diagonalisierungssatz) Jeder symmetrische Tensor besitzt einen Repräsentanten der Form

$$S_0 = \begin{bmatrix} \lambda_1 & 0 & 0 \\ 0 & \lambda_2 & 0 \\ 0 & 0 & \lambda_3 \end{bmatrix}_C \tag{5.35}$$

mit reellen $\lambda_1, \lambda_2, \lambda_3$.

Beweis: Wir gehen aus vom Repräsentanten $S = [s_{ik}]_E$ zur Basis $E = [\underline{i}, \underline{j}, \underline{k}]$ (= Einheitsmatrix). Sind $\lambda_1, \lambda_2, \lambda_3$ die Eigenwerte[1] von S (jeder so oft eingeschrieben, wie seine algebraische Vielfachheit angibt), so existiert dazu ein rechtsorientiertes Orthonormalsystem von Eigenvektoren $\underline{c}_1, \underline{c}_2, \underline{c}_3$, die (per definitionem) $S\underline{c}_i = \lambda_i \underline{c}_i$ erfüllen[2]. Mit der Matrix $C = [\underline{c}_1, \underline{c}_2, \underline{c}_3]$ aus diesen Vektoren folgt damit

$$C^T SC = C^T [S\underline{c}_1, S\underline{c}_2, S\underline{c}_3] = C^T [\lambda_1 \underline{c}_1, \lambda_2 \underline{c}_2, \lambda_3 \underline{c}_3]$$

$$= [\underline{c}_i \cdot (\lambda_k \underline{c}_k)]_{3,3} = [\lambda_k \delta_{ik}]_{3,3} = S_0 \ . \quad ^{3)} \qquad \square$$

Zur Berechnung: Die Eigenwerte $\lambda_1, \lambda_2, \lambda_3$ sind die Lösungen der Gleichung

$$\det(S - \lambda E) = 0 \tag{5.36}$$

woraus man sie numerisch berechnen kann (z.B. mit dem Newtonschen Verfahren). Die linke Seite von (5.36) stellt das charakteristische Polynom χ_S von S dar. Die explizite Ausrechnung der Determinante in

---

[1] vgl. Bd. II, Abschn. 3.7.1, 3.7.3, 3.7.5

[2] Nach Bd. II, Abschn. 3.7.5, Folgerung 3.18

[3] Die Indizes C,E,... an den Matrizen S, S_0,... (wie in (5.35)) werden beim Matrizenrechnen einfach ignoriert.

(5.36) ergibt

$$\chi_S(\lambda) = \det(S - \lambda E) = -\lambda^3 + I_1\lambda^2 - I_2\lambda + I_3 \tag{5.37}$$

mit

$$I_1 = s_{11} + s_{22} + s_{33}\ , \quad I_2 = \begin{vmatrix} s_{11} & s_{12} \\ s_{12} & s_{22} \end{vmatrix} + \begin{vmatrix} s_{11} & s_{13} \\ s_{13} & s_{33} \end{vmatrix} + \begin{vmatrix} s_{22} & s_{23} \\ s_{23} & s_{33} \end{vmatrix}$$
$$I_3 = \det S \tag{5.38}$$

Nach dem Fundamentalsatz der Algebra kann man $\chi_S(\lambda)$ in der Form

$$\chi_S(\lambda) = -(\lambda - \lambda_1)(\lambda - \lambda_2)(\lambda - \lambda_3) \tag{5.39}$$

darstellen. (Im Falle $\lambda_1 = \lambda_2 \neq \lambda_3$ ist λ_1 ein zweifacher Eigenwert, im Falle $\lambda_1 = \lambda_2 = \lambda_3$ ein dreifacher, und im Falle $\lambda_1 \neq \lambda_2 \neq \lambda_3 \neq \lambda_1$ sind alle Eigenwerte einfach.) Ausmultiplizieren von (5.39) und Vergleich mit (5.37) ergibt

$$I_1 = \lambda_1 + \lambda_2 + \lambda_3\ , \quad I_2 = \lambda_1\lambda_2 + \lambda_2\lambda_3 + \lambda_3\lambda_1\ , \quad I_3 = \lambda_1\lambda_2\lambda_3\ . \tag{5.40}$$

Hat man die Eigenwerte berrechnet, ermittelt man die $\underline{c}_i$ aus den linearen Gleichungssystemen $(S - \lambda_i E)\underline{c}_i = 0$. (Die $\underline{c}_i$ sind nicht eindeutig bestimmt. Man sucht sich ein orthonormales rechtsorientiertes Tripel $\underline{c}_1, \underline{c}_2, \underline{c}_3$ aus den Lösungen heraus.)

Folgerung 5.4 Jeder Repräsentant $S = [s_{ik}]_B$ eines symmetrischen Tensors $\underline{S}$ hat die gleiche Menge $\{\lambda_1, \lambda_2, \lambda_3\}$ von Eigenwerten und die gleichen Koeffizienten I_1, I_2, I_3 des charakteristischen Polynoms χ_S.

Dies folgt unmittelbar aus dem Satz, daß das charakteristische Polynom χ_S gegen Transformation $S \longmapsto ASA^{-1}$ invariant ist: $\chi_S = \chi_{ASA^{-1}}$, (s. Bd. II, Abschn. 3.7.3, Satz 3.4.3).

Man nennt $\lambda_1, \lambda_2, \lambda_3$, I_1, I_2, I_3 deshalb auch Konstanten des Tensors $\underline{S}$, wobei man $\lambda_1, \lambda_2, \lambda_3$ der Größe nach ordnet: $\lambda_1 \leq \lambda_2 \leq \lambda_3$. Die Koeffizienten I_1, I_2, I_3 heißen darüber hinaus die Hauptkonstanten von $\underline{S}$.

Tensorellipsoid Die meisten symmetrischen Tensoren $\underline{S}$, die in Physik und Technik auftreten, sind positiv definit, d.h. es gilt für einen Repräsentanten $S = [s_{ik}]_B$ die Ungleichung

$$\boxed{\underline{x}^T S \underline{x} > 0} \quad \text{für alle } \underline{x} = \begin{bmatrix} x_1 \\ x_2 \\ x_3 \end{bmatrix}_{B'} \neq \underline{0} \tag{5.42}$$

In Komponenten geschrieben bedeutet dies

$$x_i s_{ik} x_k > 0 \qquad \text{falls } x_i x_i \neq 0 \,.^{1)} \tag{5.43}$$

Es folgt, daß (5.42) für alle Repräsentanten von $\underline{S}$ gilt, ja, daß der Wert $\underline{x}^T S \underline{x} = c$ selbst konstant gegenüber Transformationen ist, denn mit einer Übergangsmatrix A gilt

$$(A\underline{x})^T (ASA^T)(A\underline{x}) = \underline{x}^T \underbrace{A^T A}_{E} S \underbrace{A^T A}_{E} \underline{x} = \underline{x}^T S \underline{x} = c \tag{5.44}$$

Wir setzen hier speziell $c = 1$ und erhalten

Satz 5.3 (a) $\underline{S}$ sei ein symmetrischer, positiv definiter Tensor, repräsentiert durch $S = [s_{ik}]_B$. Dann bilden alle $\underline{x} = B\underline{\xi}$, $\left(\underline{\xi} = [\xi_1, \xi_2, \xi_3]_B^T\right)$ mit

$$\boxed{\underline{\xi}^T S \underline{\xi} = 1} \;, \quad \text{d.h. } s_{ik}\xi_i\xi_k = 1^{1)} \tag{5.45}$$

die Oberfläche eines Ellipsoiden um $\underline{0}$. Er ist invariant gegen Transformation $S \longmapsto ASA^T$.

(b) Die Eigenwerte $\lambda_1, \lambda_2, \lambda_3$ von S sind positiv. Bezüglich der Basis $C = (\underline{c}_1, \underline{c}_2, \underline{c}_3)$ aus den zugehörign Eigenvektoren wird das Ellipsoid durch

$$\boxed{\lambda_1\zeta_1^2 + \lambda_2\zeta_2^2 + \lambda_3\zeta_3^2 = 1} \tag{5.46}$$

---

1) Beachte die Summenkonvention.

beschrieben. Setzt man

$$\lambda_1 = \frac{1}{a^2} \ , \quad \lambda_2 = \frac{1}{b^2} \ , \quad \lambda_3 = \frac{1}{c^2} \ ,$$

so gewinnt man daraus die Hauptachsenlängen 2a,2b,2c des Ellipsoides. -

Man nennt dieses Ellipsoid das Tensorellipsoid von $\underline{S}$. Es vermittelt eine anschauliche geometrische Vorstellung vom Tensor $\underline{S}$.

Zum Beweis des Satzes ist nur zu sagen, daß die λ_i in der Tat positiv sein müssen, sonst folgte, daß $\underline{x}^T S_0 \underline{x}$ mit der Diagonalmatrix $S_0 = \operatorname{diag}(\lambda_1,\lambda_2,\lambda_3)$ auch Werte ≤ 0 annehmen könnte, im Widerspruch zur positiven Definitheit von $\underline{S}$. (b) ist damit unmittelbar klar, und (a) folgt aus (b).

Übungen Berechne die Eigenwerte $\lambda_1,\lambda_2,\lambda_3$ und eine zugehörige Eigenvektormatrix $C = [\underline{c}_1,\underline{c}_2,\underline{c}_3]$ für

5.5* $S = \begin{bmatrix} 1 & -1 & 0 \\ -1 & 10 & 3 \\ 0 & 3 & 1 \end{bmatrix}_E$ 5.6* $S = \begin{bmatrix} 20 & 1 & 2 \\ 1 & 16 & 3 \\ 2 & 3 & 12 \end{bmatrix}_E$

Prüfe die Matrizen auf positive Definitheit.

5.2 TENSORANALYSIS

5.2.1 Differenzierbare Tensorfelder. Fundamentalsatz der Feldtheorie

Es sei M eine offene Teilmenge des $\mathbb{R}^3$. Eine Abbildung $\underline{F}$ von M in die Menge der Tensoren n-ter Stufe bezeichnen wir als ein Tensorfeld oder eine Tensorfunktion des Ortes (von n-ter Stufe). Wir beschreiben das Tensorfeld durch

$$\underline{T} = \underline{F}(\underline{x}) \quad , \quad \underline{x} \in M \quad , \tag{5.47}$$

oder mit Hilfe der Repräsentanten $T = \left[t_{ij..k}\right]_B$, $F(\underline{x}) = \left[f_{ij..k}(\underline{x})\right]_B$ durch

$$T = F(\underline{x}) \quad , \text{ in Komponenten: } \quad \boxed{t_{ij..k} = f_{ij..k}(\underline{x})} \tag{5.48}$$

Sind alle Funktionen $f_{ij..k} : M \longrightarrow \mathbb{R}$ dabei stetig differenzierbar, so heißt das Tensorfeld $\underline{F}$ stetig differenzierbar. Entsprechendes gilt für zweimal, dreimal, ..., p-mal stetig differenzierbare Tensoren.

Wir setzen nun $\underline{F}$ als sooft stetig differenzierbar voraus, wie es die folgenden Formeln jeweils verlangen. Die Ableitungen der $t_{ij..k} = f_{ij..k}(\underline{x})$ nach $\underline{x} = \xi_i \underline{b}_i$ [1] ($B = \left[\underline{b}_1, \underline{b}_2, \underline{b}_3\right]$) werden folgendermaßen symbolisiert:

$$\frac{\partial t_{ij..k}}{\partial \xi_p} =: t_{ij..k,p} \qquad \frac{\partial^2 t_{ij..k}}{\partial \xi_p \partial \xi_q} =: t_{ij..k,pq} \qquad \text{usw.} \tag{5.49}$$

Statt t... kann man natürlich auch $f...(\underline{x})$ dabei schreiben.

Für Tensoren nullter, erster und zweiter Stufe haben wir also folgende Schreibweisen

$$\frac{\partial t}{\partial \xi_p} = t_{,p} \qquad \frac{\partial t_i}{\partial \xi_p} = t_{i,p} \qquad \frac{\partial t_{ik}}{\partial \xi_p} = t_{ik,p} \tag{5.50}$$

---

[1] Summenkonvention!

Damit gilt der folgende Differentiationssatz der Tensorrechnung, der auch gelegentlich (etwas hochtrabend) als Fundamentalsatz der Feldtheorie bezeichnet wird.

Satz 5.4 Es sei $\underline{F}$ ein stetig differenzierbares Tensorfeld n-ter Stufe auf einer offenen Menge M des $\mathbb{R}^3$, beschrieben durch

$$t_{ij..k} = f_{ij..k}(\underline{x}) \ , \quad \text{mit } \underline{x} = \xi_i \underline{b}_i \ , \ B = \left[\underline{b}_1, \underline{b}_2, \underline{b}_3\right] . \tag{5.51}$$

(B beliebige rechtsorientierte Orthonormalbasis des $\mathbb{R}^3$.) Dann bilden die Schemata der partiellen Ableitungen

$$\left[t_{ij..k,p}\right]_B \qquad (i,j,\dots,k,p \in \{1,2,3\}) \tag{5.52}$$

einen Tensor (n+1)-ter Stufe.

Beweis: Durch

$$t'_{\alpha\beta..\gamma} = a_{\alpha i} a_{\beta j} .. a_{\gamma k} t_{ij..k} \tag{5.53}$$

sei ein weiterer Repräsentant von $\underline{T} = \underline{F}(\underline{x})$ gegeben und zwar zur Basis $B' = \left[\underline{b}'_1, \underline{b}'_2, \underline{b}'_3\right]$. Dabei ist $A = \left[a_{ik}\right]$ die Übergangsmatrix $A = B'^T B$. Auch $\underline{x}$ wechselt die Darstellung: $\underline{x} = \xi'_q \underline{b}'_q$. Damit erhalten die partiellen Ableitungen nach den ξ'_q die Form

$$\frac{\partial t'_{\alpha\beta..\gamma}}{\partial \xi'_q} = a_{\alpha i} a_{\beta j} \dots a_{\gamma k} \frac{\partial t_{ij..k}}{\partial \xi_p} \frac{\partial \xi_p}{\partial \xi'_q} \ , \tag{5.54}$$

wobei aus $\xi_p = a_{pq} \xi'_q$ die Ableitung $\partial \xi_p / \partial \xi'_q = a_{pq}$ errechnet wird. Wir setzen dies in (5.54) ein und erhalten

$$t'_{\alpha\beta..\gamma,q} = a_{\alpha i} a_{\beta j} .. a_{\gamma k} a_{qp} t_{\alpha\beta..\gamma,p} \ . \tag{5.55}$$

Dies ist die Transformationsgleichung eines Tensors (n+1)-ter Stufe, d.h. $\left[t'_{\alpha\beta..\gamma,q}\right]_{B'}$ und $\left[t_{ij..\gamma,p}\right]_B$ sind äquivalent, d.h. die Schemata $\left[t_{ij..\gamma,p}\right]_B$ (für alle B) bilden einen Tensor (n+1)-ter Stufe. □

Durch Differenzieren ist also aus $\underline{T} = \underline{F}(\underline{x})$ ein neues Tensorfeld entstanden, das man folgendermaßen bezeichnet (na, wie wohl? Richtig:)

$$\underline{T}' = \underline{F}'(\underline{x})$$

Diese Ableitung wird auch der Tensorgradient von $\underline{T} = \underline{F}(\underline{x})$ genannt.

Man kann die Differentiation natürlich auch zweimal, dreimal, ..., usw. ausführen und erhält damit durch Induktion:

Durch p Differentiationen eines Tensors $\underline{T}$ von n-ter Stufe entsteht ein Tensor $\underline{T}^{(p)}$ von (n+p)-ter Stufe.

Oder noch kürzer:

Fundamentalsatz der Feldtheorie:

Durch p-*malige Differentiation eines Tensors wird dessen Stufe um* p *erhöht.*

Voilà!

5.2.2 Zusammenhang zwischen Tensorgradienten und grad, div, rot, Δ

Tensorgradient eines Skalarfeldes. Ein stetig differenzierbares Skalarfeld $\varphi : M \longrightarrow \mathbb{R}^3$ auf einer offenen Menge $M \subset \mathbb{R}^3$ ist ein Tensorfeld nullter Stufe. Nach dem Differentiationssatz beschreibt damit

$$\partial\varphi_i / \partial x_i = \varphi_{,i} \quad , \quad (\underline{x} = \underline{x}_1\underline{i} + \underline{x}_2\underline{j} + \underline{x}_3\underline{k})$$

einen Tensor erster Stufe, also ein Vektorfeld. Wir kennen es bereits in der Form

$$\operatorname{grad} \varphi = \left[\frac{\partial\varphi}{\partial x_1} , \frac{\partial\varphi}{\partial x_2} , \frac{\partial\varphi}{\partial x_3} \right]_E^T \qquad (5.56)$$

Der Differentiationssatz besagt unter anderem, daß grad φ bezüglich einer beliebigen rechtsorientierten Orthonormalbasis $B = [\underline{b}_1, \underline{b}_2, \underline{b}_3]$ auf entsprechende Weise berechnet wird. Es gilt nämlich

$$\operatorname{grad}\varphi = \left[\frac{\partial\varphi}{\partial\xi_1}, \frac{\partial\varphi}{\partial\xi_2}, \frac{\partial\varphi}{\partial\xi_3}\right]_B^T \quad \text{mit} \quad \underline{x} = \xi_i \underline{b}_i \ .$$

Ist φ zweimal stetig differenzierbar, so liefert zweimalige Differentiation von φ einen Tensor zweiter Stufe. Verjüngt man ihn, so ergibt sich das Skalarfeld

$$\varphi_{,ii} = \frac{\partial^2\varphi}{\partial x_i \partial x_i} = \frac{\partial^2\varphi}{\partial x_1^2} + \frac{\partial^2\varphi}{\partial x_2^2} + \frac{\partial^2\varphi}{\partial x_3^2} = \Delta\varphi$$

$\Delta\varphi$ ist also ein Tensorfeld nullter Stufe.

<u>Tensorgradient eines Vektorfeldes.</u> Für ein stetig differenzierbares Vektorfeld $\underline{V} = [V_1, V_2, V_3]^T$ auf einer offenen Menge $M \subset \mathbb{R}^3$ bilden die Ableitungen $\partial V_i / \partial x_j$ einen Tensor zweiter Stufe. Wir zerlegen ihn in einen symmetrischen und einen antisymmetrischen Anteil:

$$\frac{\partial V_i}{\partial x_j} = s_{ij} + w_{ij} \quad \text{mit} \quad s_{ij} = \frac{1}{2}\left(\frac{\partial V_i}{\partial x_j} + \frac{\partial V_j}{\partial x_i}\right), \quad w_{ij} = \frac{1}{2}\left(\frac{\partial V_i}{\partial x_j} - \frac{\partial V_j}{\partial x_i}\right) \tag{5.57}$$

(a) Divergenz: Verjüngung bezüglich $i = j$ liefert

$$\operatorname{div}\underline{V} = \frac{\partial V_i}{\partial x_i} = s_{ii} \tag{5.58}$$

In die Divergenz geht also nur der symmetrische Anteil an. $\operatorname{div}\underline{V}$ ist somit ein Tensor nullter Stufe.

(b) Rotation. Mit (5.32) aus Abschnitt 5.1.4 errechnet man für die i-te Komponente von $\operatorname{rot}\underline{V}$

$$(\operatorname{rot}\underline{V})_i = \varepsilon_{ijk}\frac{\partial V_k}{\partial x_j} = \underbrace{\varepsilon_{ijk}\, s_{kj}}_{0} + \varepsilon_{ijk}\, w_{kj} \tag{5.59}$$

und damit

$$\operatorname{rot}\underline{V} = 2\,[w_{32}, w_{13}, w_{21}]^T \tag{5.60}$$

$\mathrm{rot}\,\underline{V}$ wird also nur aus dem antisymmetrischen Teil $[w_{ij}]_E$ gebildet. Mehr noch: $\mathrm{rot}\,\underline{V}$ entspricht umkehrbar eindeutig dem antisymmetrischen Tensor $\underline{W}$, dargestellt durch $[w_{ij}]_E$. Ist nämlich

$$\mathrm{rot}\,\underline{V} = [r_1, r_2, r_3]^T , \tag{5.61}$$

so kann man die w_{ik} daraus so gewinnen:

$$[w_{ik}]_E = \frac{1}{2}\begin{bmatrix} 0 & -r_3 & r_2 \\ r_3 & 0 & -r_1 \\ -r_2 & r_1 & 0 \end{bmatrix}_E \tag{5.62}$$

Übungen

5.7* Zeige: Ein Tensor zweiter Stufe, dargestellt durch $[t_{ik}]_B$, ist genau dann symmetrisch, wenn $\varepsilon_{ijk} t_{ij} = 0$ gilt. (Dies wird, nach Umstellung der Indizes, in (5.59) verwendet.)

5.8* Beweise die folgenden Formeln aus Abschnitt 3.3.2 mit der Tensorrechnung

(a) $\mathrm{div}(\underline{A} \times \underline{B}) = \underline{A} \cdot \mathrm{rot}\,\underline{B} - \underline{B} \cdot \mathrm{rot}\,\underline{F}$

(b) $\mathrm{rot}\,\mathrm{rot}\,\underline{A} = \mathrm{grad}\,\mathrm{div}\,\underline{A} - \Delta \underline{A}$

(c) $\mathrm{rot}(\varphi \underline{A}) = \varphi\, \mathrm{rot}\,\underline{A} - \underline{A} \times \mathrm{grad}\,\varphi$.

5.2.3 Der Gaußsche Satz für Tensorfelder zweiter Stufe

Wir gehen von einem stetig differenzierbaren Tensorfeld $\underline{F}(\underline{x})$ zweiter Stufe aus, definiert auf einer offenen Menge $M \subset \mathbb{R}^3$. Dabei betrachten wir einen seiner Repräsentanten:

$$[f_{ik}(\underline{x})]_B . \tag{5.63}$$

Auf jede Zeile dieser Matrix wenden wir nun den Gaußschen Satz im $\mathbb{R}^3$ an, bezogen auf einen stückweise glatt berandeten Bereich $G \subset M$, d.h.

$$\iint_{\partial G}\left(f_{i1}n_1+f_{i2}n_2+f_{i3}n_3\right)d\sigma=\iiint_G\left(\frac{\partial f_{i1}}{\partial \xi_1}+\frac{\partial f_{i2}}{\partial \xi_2}+\frac{\partial f_{i3}}{\partial \xi_3}\right)d\tau \qquad (5.64)$$

Dabei ist $\underline{n} = [n_1,n_2,n_3]^T$ der (ortsabhängige) äußere Normalvektor auf ∂G und $\underline{x} = \xi_1\underline{b}_1 + \xi_2\underline{b}_2 + \xi_3\underline{b}_3$, $B = [\underline{b}_1,\underline{b}_2,\underline{b}_3]$.

Mit der konsequenten Tensorschreibweise (Summenkonvention , $\partial f_{ik}/\partial\xi_p = f_{ik,p}$) erhält (5.64) folgende kürzere Gestalt. Die Formel heißt

Gaußscher Satz für Tensorfelder (bez. des 1. Index)

$$\boxed{\iint_{\partial G} f_{ik}n_k d\sigma = \iiint_G f_{ik,k}d\tau}\ ^{1)} \qquad (5.65)$$

Es wurden nur zulässige Tensoroperationen ausgeführt: links Multiplikation und Verjüngung, rechts Differentiation und Verjüngung. Folglich ist (5.65) eine Tensorgleichung, d.h. bei Übergang zu einer anderen Basis B' werden beide Seiten der Gleichung in gleicher Weise transformiert. Gleichung (5.65) gilt also in entsprechender Weise für alle Repräsentanten von $\underline{F}(\underline{x})$.

Es liegt nahe, alles analog für Spalten von $[f_{ik}(\underline{x})]$ durchzuführen. es folgt also entsprechend:

Gaußscher Satz für Tensorfelder (bez. des 2. Index)

$$\boxed{\iint_{\partial G} f_{ik}n_i d\sigma = \iiint_G f_{ik,i}d\tau} \qquad (5.66)$$

Die Ausdrücke $f_{ik,k}$ bzw. $f_{ik,i}$ in den Formeln (5.65), (5.66) werden Divergenz von $\underline{F}(\underline{x})$ bez. des ersten Index bzw. des zweiten Index genannt.

Der Gaußsche Satz für Tensorfelder spielt z.B. in der Maxwellschen Theorie des elektromagnetischen Feldes eine wichtige Rolle.

---

1) Summenkonvention beachten!

5.2.4 Anwendungen

Drei typische Anwendungsbeispiele aus der Elastizitätstheorie, Strömungslehre und Elektrostatik beschließen diesen Abschnitt. Sie vermitteln einen Eindruck vom vielfältigen Auftreten der Tensoren in Naturwissenschaft und Technik.

Beispiel 5.2 Lineare Elastizitätstheorie. Es sei durch ε_{ik} der Verzerrungstensor bei kleinen Dehnungen eines elastischen Körpers beschrieben und durch σ_{ik} der dadurch erzeugte Spannungstensor (am gleichen Ort). Es handele sich dabei um einen isotropen homogenen vollelastischen Körper. In der klassischen Elastizitätstheorie wird (in erster Näherung) ein linearer Zusammenhang zwischen beiden Größen angenommen, nämlich

$$\sigma_{ik} = u_{ikpq}\varepsilon_{pq} \tag{5.67}$$

Nach der Divisionsregel in Abschnitt 5.1.3 repräsentieren die u_{ikpq} einen Tensor $\underline{U}$.

Der Tensor $\underline{U}$ spiegelt eine Materialeigenschaft wider. Die Isotropie und Homogenität des Körpers bedeutet, daß Materialeigenschaften richtungsunabhängig sind, mathematisch ausgedrückt also, daß $\underline{U}$ ein invarianter Tensor ist. Nach Abschnitt 5.1.4, (5.34) ist damit

$$\mu_{ikpq} = \lambda\delta_{ik}\delta_{pq} + \mu\delta_{ip}\delta_{kq} + \nu\delta_{iq}\delta_{kp} -$$

Einsetzen in (5.67) ergibt

$$\sigma_{ik} = \lambda\varepsilon_{pp}\delta_{ik} + \mu\varepsilon_{ik} + \nu\varepsilon_{ki} \, .$$

Verzerrungstensor und Spannungstensor sind symmetrisch, so daß die letzten beiden Summenglieder zu $(\mu+\nu)\varepsilon_{ik}$ zusammengefaßt werden können. Wir verwenden nun die in der Technik üblichen Konstantenbezeichnungen G und m , die mit λ,μ,ν so zusammenhängen:

$$2G = \mu + \nu \quad , \qquad \lambda = \frac{2G}{m-2} \quad (m > 2) \, .$$

Damit folgt das Hooksche Spannungs-Dehnungsgesetz:

$$\boxed{\sigma_{ik} = 2G\left(\frac{\varepsilon_{pp}\delta_{ik}}{m-2} + \varepsilon_{ik}\right)}\ ^{1)} \tag{5.68}$$

Beispiel 5.3 Strömungen zäher Flüssigkeiten. In einer zähen inkompressiblen Flüssigkeit betrachten wir die Spannung[2] $\underline{k}(\underline{n})$ in einem Punkte $\underline{x}_0$. Sie hängt von dem Richtungsvektor $\underline{n}$ ab, der als Flächenormalenvektor eines (infinitesimal) kleinen ebenen Flächenstückes durch $\underline{x}_0$ aufgefaßt werden kann. (Man denke sich die Flüssigkeit entlang des Flächenstückes aufgeschnitten. Dann hält $\underline{k}(\underline{n})$, multipliziert mit dem Flächeninhalt, die Flüssigkeit dort im Gleichgewicht (zusammen mit $-\underline{k}(\underline{n})$ wegen "actio = reactio").)

Für $\underline{k}(\underline{n})$ gilt nach den Grundvorstellungen der Kontinuumsmechanik

$$k_i(\underline{n}) = \sigma_{ij} n_j \;, \qquad i = 1,2,3 \tag{5.69}$$

mit dem Spannungstensor $[\sigma_{ik}]_B$ in $\underline{x}_0$. Hierbei gilt nach dem Ansatz von Navier und Stokes

$$\sigma_{ij} = -p\delta_{ij} + \mu\left(\frac{\partial V_i}{\partial x_j} + \frac{\partial V_j}{\partial x_i}\right) , \tag{5.70}$$

wobei p der Flüssigkeitsdruck in $\underline{x}_0$ ist, ferner $\underline{V} = [V_1, V_2, V_3]^T$ das Geschwindigkeitsfeld der strömenden Flüssigkeit und μ die "Zähigkeit" der Flüssigkeit, eine Materialkonstante. x_1, x_2, x_3 sind die Komponenten von $\underline{x}$ bezüglich einer Basis B.

Aus (5.69) und (5.70) wollen wir nun $\underline{k}(\underline{n})$ explizit berechnen und komponentenfrei ausdrücken. Es ist also

$$\underline{k}_i(\underline{n}) = -pn_i + \mu(V_{i,j} + V_{j,i})n_j \; . \tag{5.71}$$

Dem rechtsstehenden Glied kann man eine andere Form geben, wobei folgendes benutzt wird:

---

1) Beachte hierbei die Summenkonvention: $\varepsilon_{pp} = \varepsilon_{11} + \varepsilon_{22} + \varepsilon_{33}$.

2) Spannung = Kraft pro Flächeneinheit

$$(\underline{n}\times \mathrm{rot}\,\underline{V})_i = \varepsilon_{ijk} n_j (\mathrm{rot}\,\underline{V})_k$$ nach Abschnitt 5.1.4, (5.31)

$$= \varepsilon_{ijk}\, n_j\, \varepsilon_{kpq} V_{q,p}$$ nach Abschnitt 5.1.4, (5.32)

$$= n_j\, \varepsilon_{ijk}\, \varepsilon_{pqk} V_{q,p}$$

$$= n_j\, (\delta_{ip}\delta_{jq} - \delta_{iq}\delta_{jp}) V_{q,p}$$ nach Abschnitt 5.1.4, (5.28),

$$= n_j\, (V_{j,i} - V_{i,j})$$

$$= n_j\, (V_{i,j} + V_{j,i}) - 2 n_j V_{i,j} \,.$$

Damit erhält (5.71) die Gestalt

$$\underline{k}_i(\underline{n}) = -p\, n_i + 2\mu n_j V_{i,j} + \mu(\underline{n}\times \mathrm{rot}\,\underline{V})_i \,, \tag{5.72}$$

und es folgt für die Spannung in der Flüssigkeit:

$$\boxed{\underline{k}(\underline{n}) = -p\underline{n} + 2\mu(\underline{n}\cdot\nabla)\underline{V} + \mu\underline{n}\times \mathrm{rot}\,\underline{V}} \,. \tag{5.73}$$

Beispiel 5.4 Elektrostatische Kräfte und Spannungen. Wir betrachten ein elektrostatisches Feld $\underline{E}$ in einem Isolator. Dabei kann es sich um Glas, Kunststoff, Luft oder auch Vakuum handeln. $\underline{E}$ ist dabei ein stetig differenzierbares Vektorfeld auf einer offenen Menge M , die den Isolator ausfüllt. Im Isolator ist die von $\underline{E}$ erzeugte Kraftdichte $\underline{k}$ durch folgende Gleichung gegeben (s. [37], S. 94):

$$\boxed{\underline{k} = \rho\underline{E} - \frac{1}{8\pi}\underline{E}^2\, \mathrm{grad}\,\varepsilon + \frac{1}{8\pi}\,\mathrm{grad}\left(\underline{E}^2\frac{d\varepsilon}{d\sigma}\sigma\right)} \tag{5.74}$$

Dabei ist ρ die Ladungsdichte, ε der Dielektritzitäts-Koeffizient und σ die Massendichte. Aus der Sicht der Mathematik sind sie ortsabhängige stetig differenzierbare Skalarfunktionen. Dabei wird die Annahme gemacht, daß ε lediglich von σ abhängt, daß also

$$\varepsilon(\underline{x}) = f(\sigma(\underline{x}))\,, \qquad \underline{x}\in M$$

gilt mit einer stetig differenzierbaren Funktion f . Die Kettenregel liefert damit

$$\mathrm{grad}\,\varepsilon = f'(\sigma)\,\mathrm{grad}\,\sigma\,. \quad \text{Wir schreiben kurz } \varepsilon' := \frac{d\varepsilon}{d\sigma} := f'(\sigma). \tag{5.75}$$

Ferner gilt mit der "elektrischen Verschiebung"

$$\underline{D} := \varepsilon \underline{E} \quad \text{die Gleichung} \quad \operatorname{div} \underline{D} = 4\pi\rho \ . \tag{5.76}$$

Schließlich ist $\underline{E}$ wirbelfrei: $\operatorname{rot} \underline{E} = \underline{0}$.

Auf Grund der Faradayschen[1] und Maxwellschen[2] "Nahwirkungstheorie" wird angenommen, daß sich die Kräfte in elektrischen Feldern ähnlich wie in elastischen Körpern verhalten. Ist G ein Raumteil im Isolator (G stückweise glatt berandet), so nimmt man nach J.C. Maxwell an, daß die durch $\underline{K} = \iiint\limits_G \underline{k}\, d\tau$ geleistete Kraftwirkung durch Flächenkräfte dargestellt werden kann, die an der Oberfläche ∂G angreifen. Dies führt auf den Ansatz

$$\underline{K} = \iiint\limits_G \underline{k}\, d\tau = \iint\limits_{\partial G} \underline{T}(\underline{n})\, d\sigma \tag{5.77}$$

mit Spannungen $\underline{T}(\underline{n})$, die von der Flächennormalen $\underline{n}$ auf ∂G abhängen. Aus Gleichgewichtsüberlegungen gelangt man, wie in der Elastizitätslehre, dabei zu der Beziehung

$$\underline{T}(\underline{n}) = T\,\underline{n}$$

mit einer ortsabhängigen Matrix $T = [t_{ik}]_B$, bezogen auf eine Basis $B = [\underline{b}_1, \underline{b}_2, \underline{b}_3]$.

Hierbei repräsentiert $T = [t_{ik}]_B$ natürlich einen Tensor, wegen der Unabhängigkeit physikalischer Gesetze vom Koordinatensystem. Damit lautet der Ansatz (5.77) in Tensorschreibweise

$$K_i = \iiint\limits_G k_i\, d\tau = \iint\limits_{\partial G} t_{ik} n_k\, d\sigma \ . \tag{5.78}$$

Nach dem Gaußschen Satz für Tensorfelder (bez. des 1. Index), (s. (5.65)), gilt aber

---

[1] Michael Faraday (1791-1867), London, Hampton Court Green; Entdecker der elektromagnetischen Induktion (1831).

[2] James Clerk Maxwell (1831-1879), Aberdeen, London, Cambridge; Begründer der bahnbrechenden "Maxwellschen Theorie" elektromagnetischer Erscheinungen.

$$\iint_{\partial G} t_{ik} n_k d\sigma = \iiint_G t_{ik,k} d\tau \quad , \text{ folglich } \iiint_G k_i d\tau = \iiint_G t_{ik,k} d\tau \; , \tag{5.79}$$

also

$$\boxed{k_i = t_{ik,k}} \quad , \tag{5.80}$$

da $G \subset M$ beliebig ist.[1] Dies gilt stets unter der Maxwellschen Annahme, daß ein Tensor $\left[t_{ik}\right]_B$ existiert, der (5.78) erfüllt. Wir gelangen so zu der klar gestellten mathematischen Aufgabe:

Gesucht ist ein Tensor $\left[t_{ik}\right]_B$, der (5.80) erfüllt!

Zur Lösung des Problems notieren wir uns den Ausdruck für $\underline{k}$ in (5.74) zunächst in Tensorschreibweise, wobei wir gleich $\rho = \mathrm{div}\underline{D}/4\pi$, siehe (5.76), einsetzen.

$$k_i = \frac{1}{8\pi}\left[2D_{k,k}E_i - \varepsilon_{,i}E_kE_k + (E_kE_k\varepsilon'\sigma)_{,i}\right] \quad ^{2)} \tag{5.81}$$

Mit Blick auf (5.80) schreiben wir uns zunächst Ableitungen von Produkten auf, die mit den Gliedern in (5.81) zusammenhängen:

$$(D_k E_i)_{,k} = D_{k,k}E_i + D_kE_{i,k} \tag{5.82}$$

$$(\varepsilon E_kE_k)_{,i} = \varepsilon_{,i}E_kE_k + \varepsilon \cdot 2E_kE_{k,i} \tag{5.83}$$

Das letzte Glied in (5.83) ist gleich $2D_kE_{i,k}$, wegen $D_k = \varepsilon E_k$ und $\mathrm{rot}\underline{E} = \underline{0}$, d.h. $E_{i,k} = E_{k,i}$. Löst man nun (5.82) und (5.83) nach den ersten Gliedern der rechten Seiten auf und setzt die gefundenen Ausdrücke dafür in (5.81) ein, so heben sich die Anteile heraus, die von den zweiten Gliedern in (5.82), (5.83) herrühren. Es folgt

$$k_i = \frac{1}{8\pi}\left[2(D_kE_i)_{,k} - E_kE_k(\varepsilon - \varepsilon'\sigma)_{,i}\right] .$$

---

[1] Man kann dies mit dem Mittelwertsatz der Integralrechnung und Zusammenziehung von G auf einen Punkt schnell einsehen.

[2] Wir erinnern: $D_{i,i} = \partial D_i/\partial x_i$, $\varepsilon_{,i} = \partial\varepsilon/\partial x_i$ usw. (mit $\underline{x} = x_i\underline{b}_i$).

Nun formen wir nur noch ganz formal um: Die Indizes k im zweiten Glied $E_k E_k(\ldots)$ verwandeln wir in p und verlängern das zweite Glied um δ_{ik}, wobei die Formel $x_i = x_k \delta_{ik}$ benutzt wird. Setzen wir noch $D_k = \varepsilon E_k$ ein, so folgt

$$k_i = \frac{1}{8\pi}\left[2\varepsilon E_i E_k - E_p E_p(\varepsilon - \varepsilon'\sigma)\delta_{ik}\right]_{,k} \qquad (5.84)$$

Damit ist eine Lösung gefunden: Ein Tensor, der (5.80) erfüllt, ist gegeben durch

$$\boxed{t_{ik} = \frac{1}{8\pi}\left[2\varepsilon E_i E_k - E_{pp}(\varepsilon - \varepsilon'\sigma)\delta_{ik}\right]} \qquad (5.85)$$

Als volle Matrix geschrieben, lautet er mit $D_k = \varepsilon E_k$:

$$T = \left[t_{ik}\right]_B = \frac{\varepsilon}{4\pi}\begin{bmatrix} E_1^2 - \lambda & E_1 E_2 & E_1 E_3 \\ E_2 E_1 & E_2^2 - \lambda & E_2 E_3 \\ E_3 E_1 & E_3 E_2 & E_3^2 - \lambda \end{bmatrix} \qquad (5.86)$$

wobei

$$\lambda = \frac{\underline{\underline{E}}^2}{2\varepsilon}(\varepsilon - \varepsilon'\sigma) \qquad (5.87)$$

ist. $T = \left[t_{ik}\right]_B$ heißt der Maxwellsche Spannungstensor. Man kann mit ihm die Kraft $\underline{K}_F$ ausrechnen, mit dem das elektrostatische Feld auf ein beliebiges (meßbares) Flächenstück F wirkt, und zwar durch

$$\underline{K}_F = \iint_F T\underline{n}\, d\sigma \ . - \qquad (5.88)$$

Bemerkung: In den Beispielen ist alles verwendet worden, was wir vorher über Tensoren entwickelt haben: Rechengesetze, Divisionsregel, Invariante Tensoren, symmetrische Tensoren, Zusammenhänge mit div, grad, rot und der Gaußsche Satz für Tensorfelder. Überdies stammen die Beispiele aus verschiedenen Gebieten, die für Ingenieure und Physiker wichtig sind. Man erkennt, daß die Vektoranalysis und die hier verallgemeinernde Tensoranalysis unverzichtbare Hilfsmittel für Techniker und Naturwissenschaftler sind. -

Funktionentheorie

6 GRUNDLAGEN

Wie in der reellen Analysis (s. Bd. I) sind auch in der komplexen Analysis Zahlen, Folgen, Konvergenz und Funktionen wichtige Grundbegriffe. Wir wollen sie in diesem Abschnitt erklären, ihre Eigenschaften erläutern und so ein Fundament für das Weitere legen.

6.1 KOMPLEXE ZAHLEN

6.1.1 Wiederholung und Ergänzung

Komplexe Zahlen sind uns bereits in Band I, Abschnitt 2.5 begegnet. Wir wollen an einige ihrer Eigenschaften erinnern und weitere aufzeigen. Wir haben gesehen, daß wir zur eindeutigen Kennzeichnung einer komplexen Zahl z zwei reelle Zahlen benötigen, nämlich geordnete Paare

$$z = (x,y) \ , \quad x,y \in \mathbb{R}, \tag{6.1}$$

die wir auch in der Form

$$z = x + iy \ , \quad x,y \in \mathbb{R} \tag{6.2}$$

schreiben; i heißt imaginäre Einheit; x heißt Realteil, y Imaginärteil von z. Schreibweise: $x = \operatorname{Re} z$, $y = \operatorname{Im} z$. Wir sagen, $z_1 = x_1 + iy_1$ und $z_2 = x_2 + iy_2$ sind gleich, wenn $x_1 = x_2$ und $y_1 = y_2$ ist. Zur Vereinfachung schreibt man

$$x + i0 = x \ , \quad 0 + iy = iy \ , \quad 0 + i0 = 0 \ , \ i1 = i \ .$$

Die Ausdrücke $x + iy$ erhalten den Charakter von Zahlen, man nennt sie komplexe Zahlen, durch Festlegung der folgenden Rechenregeln: Für beliebige komplexe Zahlen $x_1 + iy_1$ und $x_2 + iy_2$ definiert man die

Addition: $(x_1 + iy_1) + (x_2 + iy_2) = (x_1 + x_2) + i(y_1 + y_2)$

Subtraktion: $(x_1 + iy_1) - (x_2 + iy_2) = (x_1 - x_2) + i(y_1 - y_2)$

Multiplikation: $(x_1 + iy_1)(x_2 + iy_2) = (x_1x_2 - y_1y_2) + i(x_1y_2 + y_1x_2)$

Division: $\frac{x_1 + iy_1}{x_2 + iy_2} = \frac{1}{x_2^2 + y_2^2}(x_1 + iy_1)(x_2 - iy_2)$, falls $x_2 + iy_2 \neq 0$.

Die Menge der komplexen Zahlen wird mit $\mathbb{C}$ bezeichnet. Durch $x + i0 = x$ wird die Menge der reellen Zahlen eine Teilmenge der komplexen Zahlen: $\mathbb{R} \subset \mathbb{C}$. In Band I, Abschnitt 2.5.2 wurde gezeigt, daß $\mathbb{C}$ bezüglich der Addition und Multiplikation einen Körper bildet, d.h. wir können in $\mathbb{C}$ "vernünftig rechnen". Nach der Regel für die Multiplikation gilt im Spezialfall $x_1 = x_2 = 0$, $y_1 = y_2 = 1$

$$(x_1 + iy_1)(x_2 + iy_2) = ii = i^2 = -1 . \qquad (6.3)$$

Die Darstellung $z = x + iy$ einer komplexen Zahl z heißt Normaldarstellung von z . Zu ihrer Veranschaulichung haben wir in Band I die komplexe Zahlenebene (= Gaußsche Zahlenebene) verwendet (s. Fig. 6.1).

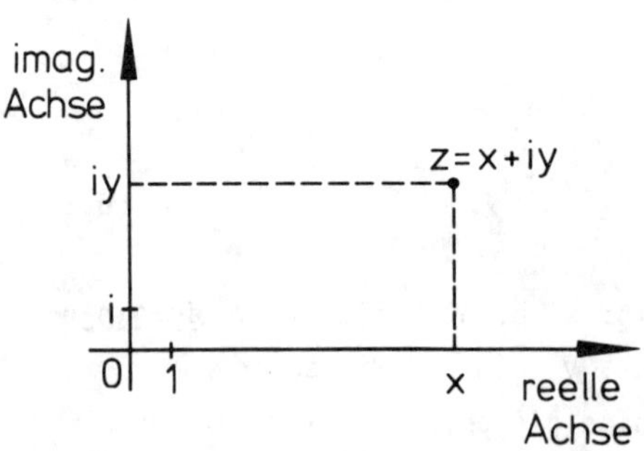

Fig. 6.1: Normaldarstellung von z

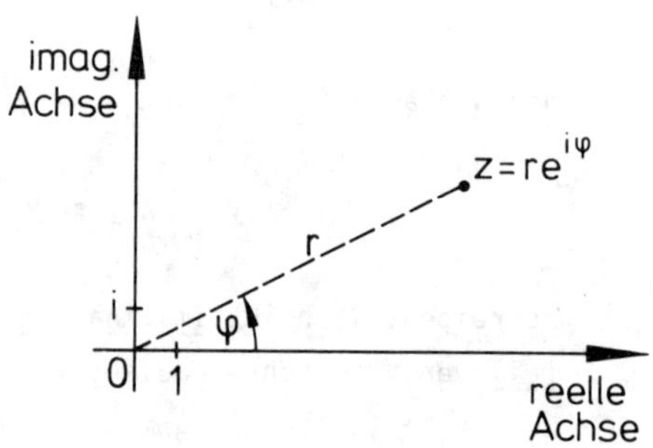

Fig. 6.2: Polarkoordinatendarstellung von z

Neben der Normaldarstellung für komplexe Zahlen steht uns noch ihre Darstellung in Polarkoordinaten zur Verfügung (s. Fig. 6.2):

$$z = r e^{i\varphi} = r(\cos\varphi + i \sin\varphi) \ , \ 0 \leq \varphi < 2\pi \ , \ r \geq 0 \qquad (6.4)$$

mit $\varphi = \arg z$ (Argument von z) und $r = |z| = \sqrt{x^2 + y^2}$ (Betrag von z). Dabei haben wir die Eulersche Formel $e^{i\varphi} = \cos\varphi + i \sin\varphi$ benutzt (s. Bd. I, Abschn. 2.5.3).

Mit Hilfe dieser Darstellungen lassen sich die verschiedenen Rechenoperationen einfach veranschaulichen. Die Figuren 6.3 und 6.4 zeigen dies für die Addition und die Multiplikation:

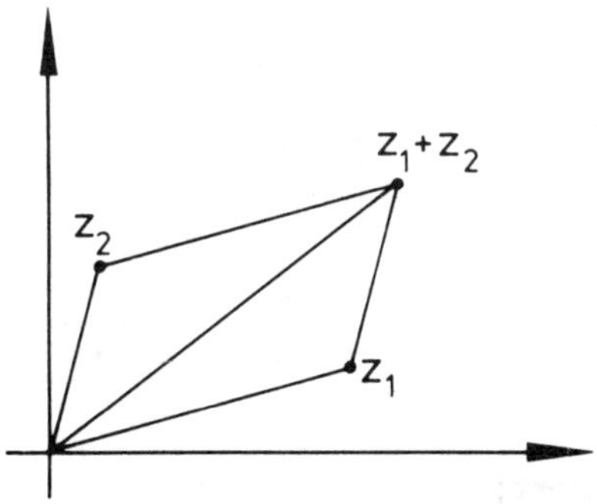

Fig. 6.3: Addition komplexer Zahlen

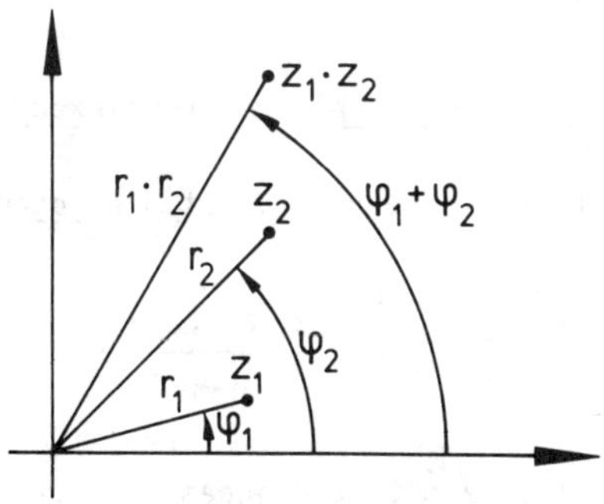

Fig. 6.4: Multiplikation komplexer Zahlen

Die wichtigsten Eigenschaften des Betrages $|z|$ einer komplexen Zahl z kommen zum Ausdruck in den Beziehungen

$$|z_1 + z_2| \leq |z_1| + |z_2| \ ; \ |z_1 - z_2| \geq \big| |z_1| - |z_2| \big| \ ;$$

(Dreiecksungleichungen)

$$|z_1 \cdot z_2| = |z_1| \ |z_2| \ ; \ \left|\frac{z_1}{z_2}\right| = \frac{|z_1|}{|z_2|} \ , \ z_2 \neq 0 \ ,$$

die für alle $z_1, z_2 \in \mathbb{C}$ gelten (s. Bd. I, Abschn. 2.5.2, Folg. 2.10).

Ist $z = x + iy$ eine beliebige komplexe Zahl, so ist die zu z konjugiert komplexe Zahl $\bar{z}$ durch

$$\bar{z} = x - iy \tag{6.5}$$

erklärt. Sie läßt sich geometrisch als Spiegelung von z an der reellen Achse deuten. Die wichtigsten Rechenregeln lauten:

$$\overline{z_1 \pm z_2} = \overline{z_1} \pm \overline{z_2}\,, \quad \overline{z_1 \cdot z_2} = \overline{z_1} \cdot \overline{z_2}\,, \quad \overline{\left(\frac{z_1}{z_2}\right)} = \frac{\overline{z_1}}{\overline{z_2}} \quad (z_2 \neq 0)$$

für beliebige $z_1, z_2 \in \mathbb{C}$ (s. Bd. I, Abschn. 2.5.2, Folg. 2.9).

In Band I haben wir bereits Quadrate und Quadratwurzeln von komplexen Zahlen kennengelernt. Wir wollen nun beliebige Potenzen und Wurzeln erklären, d.h. die Ausdrücke z^n bzw. $\sqrt[n]{z}$ für beliebige $n \in \mathbb{N}$.

Potenzen und Wurzeln von komplexen Zahlen

Da $\mathbb{C}$ ein Körper ist, ist die Potenz

$$z^n = \underbrace{z \cdot z \cdot \ldots \cdot z}_{n\text{-mal}} \tag{6.6}$$

für alle $z \in \mathbb{C}$ und jedes $n \in \mathbb{N}$ definiert; z^0 und z^{-n} erklären wir, wie erwartet, durch

$$z^0 = 1 \quad \text{und} \quad z^{-n} = \frac{1}{z^n} \quad (z \neq 0)\,.$$

Jede komplexe Zahl z, die Lösung der Gleichung

$$z^n = w \tag{6.7}$$

ist, nennen wir n-te Wurzel aus w. Wir zeigen

Satz 6.1 Sei $z = r\,(\cos\varphi + i\sin\varphi)$ und $n \in \mathbb{N}$. Dann gilt

$$\boxed{z^n = r^n(\cos n\varphi + i\sin n\varphi)} \tag{6.8}$$

Ferner besitzt die Gleichung

$$z^n = w = \rho(\cos\psi + i\sin\psi)$$

für $z \neq 0$ genau n verschiedene Lösungen $z_0, z_1, \ldots, z_{n-1}$:

$$\boxed{\begin{gathered} z_k = \sqrt[n]{\rho}\left[\cos\left(\frac{\psi + 2k\pi}{n}\right) + i\sin\left(\frac{\psi + 2k\pi}{n}\right)\right] \\ (k = 0,1,\ldots,n-1) \end{gathered}} \tag{6.9}$$

Beweis: 1. Wir beweisen (6.8) mittels vollständiger Induktion: Für $n = 1$ ist (6.8) trivial. Nun setzen wir für festes $n \in \mathbb{N}$ die Gültigkeit von (6.8) voraus. Dann erhalten wir mit den bekannten Additionstheoremen für sin und cos

$$\begin{aligned} z^{n+1} &= z \cdot z^n = r(\cos\varphi + i\sin\varphi) \cdot r^n(\cos n\varphi + i\sin n\varphi) \\ &= r^{n+1}\Big[(\cos\varphi \cdot \cos n\varphi - \sin\varphi \cdot \sin n\varphi) + i(\cos\varphi \cdot \sin n\varphi + \\ &\qquad\qquad\qquad\qquad\qquad\qquad + \sin\varphi \cdot \cos n\varphi)\Big] \\ &= r^{n+1}\Big[\cos(n+1)\varphi + i\sin(n+1)\varphi\Big] \end{aligned}$$

und damit nach dem Induktionsprinzip (6.8) für alle $n \in \mathbb{N}$.

2. Mit $w = \rho(\cos\psi + i\sin\psi)$ bzw. $z = r(\cos\varphi + i\sin\varphi)$ folgt mit (6.8) aus $z^n = w$

$$r^n(\cos n\varphi + i\sin n\varphi) = \rho(\cos\psi + i\sin\psi) .$$

Da zwei komplexe Zahlen genau dann gleich sind, wenn ihre Beträge gleich sind und ihre Argumente bis auf ganzzahlige Vielfache von 2π übereinstimmen, so erhalten wir

$$r^n = \rho \quad \text{und} \quad n\varphi = \psi + 2k\pi , \quad k \in \mathbb{Z}$$

oder

$$r = \sqrt[n]{\rho} \quad \text{und} \quad \varphi = \frac{\psi + 2k\pi}{n} , \quad k \in \mathbb{Z} .$$

Jede Lösung z_k von $z^n = w$ hat also notwendig die Gestalt

$$z_k = \sqrt[n]{\rho}\left[\cos\left(\frac{\psi + 2k\pi}{n}\right) + i\sin\left(\frac{\psi + 2k\pi}{n}\right)\right] , \quad k \in \mathbb{Z} .$$

Obgleich k alle ganzen Zahlen durchläuft, sind nur n dieser Zahlen voneinander verschieden: $z_0, z_1, \ldots, z_{n-1}$. Dies folgt für $k = ln + m$ ($l \in \mathbb{Z}$, $m = 0,1,\ldots,n-1$) aus

$$\cos\left(\frac{\psi}{n} + \frac{2k}{n}\pi\right) = \cos\left(\frac{\psi}{n} + \frac{2ln + 2m}{n}\pi\right) = \cos\left(\frac{\psi}{n} + \frac{2m}{n}\pi\right)$$

und entsprechend für den sin-Term. □

<u>Folgerung 6.1</u> Ist speziell $w = 1$, d.h. $\rho = 1$ und $\psi = 0$, so ergeben sich die n-<u>ten Einheitswurzeln</u>

$$z_k = \cos\frac{2k\pi}{n} + i\sin\frac{2k\pi}{n} , \quad k = 0,1,\ldots,n-1 , \tag{6.10}$$

als Lösungen der Gleichung $z^n = w = 1$.

<u>Bemerkung</u>: Satz 6.1 läßt eine einfache geometrische Deutung für Potenz und Wurzel zu: Bei der Bildung von z^n haben wir den Absolutbetrag $|z|$ ($= r$) von z zur n-ten Potenz zu nehmen und den Winkel φ n-mal abzutragen (s. Fig. 6.5). Die n Lösungen $z_1, \ldots, z_n$ von $z^n = w$ bilden ein regelmäßiges n-Eck auf dem Kreis mit Radius $\sqrt[n]{\rho}$ um den Ursprung, d.h. diese Punkte teilen den Kreis in n gleiche Teile (s. Fig. 6.6).

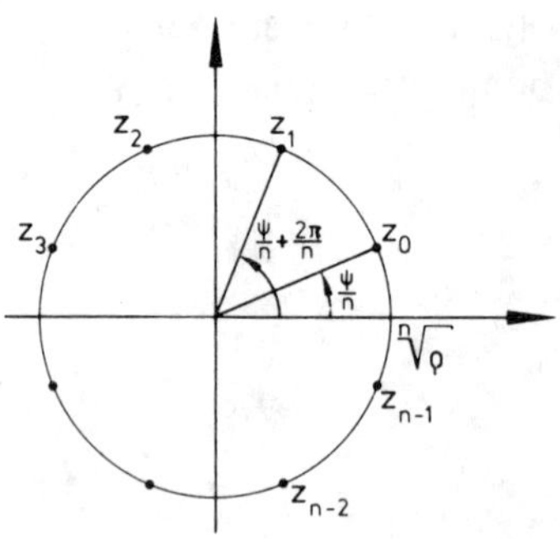

<u>Fig. 6.5</u>: n-te Potenz von z

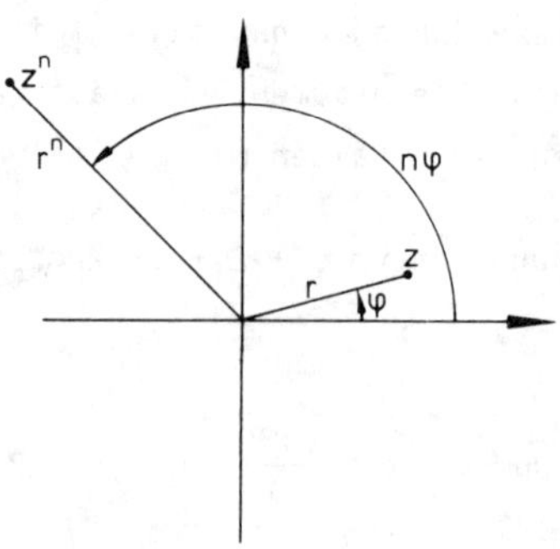

<u>Fig. 6.6</u>: n-te Wurzel von z

6.1.2. Die Riemannsche Zahlenkugel

Bisher haben wir komplexe Zahlen als Punkte in der Gaußschen Zahlenebene, also im $\mathbb{R}^2$, veranschaulicht. Wir führen nun die Riemannsche Zahlenkugel ein, die eine weitere geometrische Darstellung der komplexen Zahlen, insbesondere des "unendlich fernen Punktes", zuläßt.

Hierzu betrachten wir im $\mathbb{R}^3$ ein ξ,η,ζ-Koordinatensystem. Die komplexen Zahlen $z = x + iy$ fassen wir als Punkte der ξ,η-Ebene auf, d.h. wir lassen die ξ-Achse mit der x-Achse und die η-Achse mit der y-Achse der Gaußschen Zahlenebene zusammenfallen. Nun legen wir um den Punkt $(0,0,\frac{1}{2}) \in \mathbb{R}^3$ eine Kugel mit dem Radius $\frac{1}{2}$. Die Punkte der Kugeloberfläche K genügen dann der Gleichung

$$\xi^2 + \eta^2 + \left(\xi - \frac{1}{2}\right)^2 = \left(\frac{1}{2}\right)^2 = \frac{1}{4} .$$

Den Punkt N mit den Koordinaten $(0,0,1)$ nennen wir den Nordpol, den Punkt S mit den Koordinaten $(0,0,0)$ den Südpol der Kugel. Sei nun z irgendeine komplexe Zahl, so entspricht ihr in der x,y-Ebene (= ξ,η-Ebene) ein Punkt P.
Jetzt verbinden wir die Punkte P und N durch eine Gerade. Diese besitzt genau einen Schnittpunkt Q mit der Kugel K. Man sagt, Q ist durch stereographische Projektion von P auf die Kugel K entstanden. Ist P gegeben, so berechnen sich die Koordinaten von Q aus

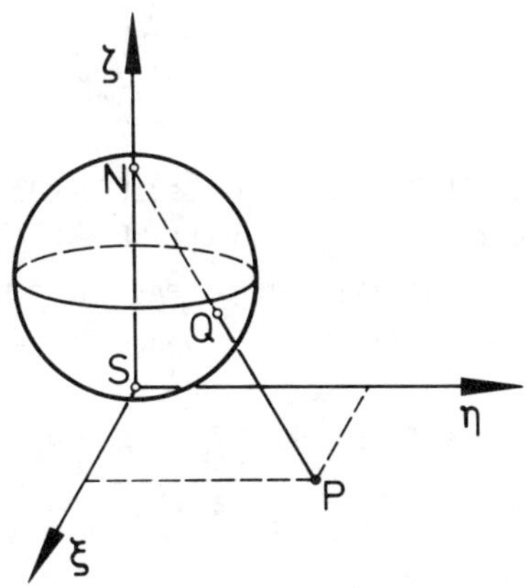

Fig. 6.7: Riemannsche Zahlenkugel

$$\xi = \frac{x}{1 + x^2 + y^2} \; ; \quad \eta = \frac{y}{1 + x^2 + y^2} \; ; \quad \zeta = \frac{x^2 + y^2}{1 + x^2 + y^2} \tag{6.11}$$

Umgekehrt läßt sich jeder von Nordpol N verschiedene Punkt der Kugel K mit Hilfe von

$$x = \frac{\xi}{1 - \zeta} \; ; \quad y = \frac{\eta}{1 - \zeta} \tag{6.12}$$

bestimmen (zeigen!). Jeder komplexen Zahl entspricht also ein eindeutig bestimmtes stereographisches Bild auf der Kugeloberfläche und umgekehrt. (Dabei ist der Nordpol N ausgeschlossen.)

Welche Rolle spielt der Nordpol bei der stereographischen Projektion? Wir ordnen dem Nordpol N formal einen unendlich fernen Punkt z_∞ (gelegentlich schreiben wir einfach ∞) zu, der natürlich nicht zu $\mathbb{C}$ gehören kann. Durch Hinzunahme von z_∞ zu $\mathbb{C}$ schließen wir die komplexe z-Ebene ab und nennen $\overline{\mathbb{C}}$ mit

$$\overline{\mathbb{C}} = \mathbb{C} \cup \{z_\infty\} \tag{6.13}$$

die erweiterte komplexe Zahlenebene. Wegen $z_\infty \notin \mathbb{C}$ ist Vorsicht im Umgang mit z_∞ angebracht. Die Rechenregeln, die wir für die Elemente von $\mathbb{C}$ kennengelernt haben, lassen sich nicht auf $\overline{\mathbb{C}}$ ausdehnen. Es ist jedoch sinnvoll, folgende Rechenregeln für z_∞ zu erklären:

1. $z + z_\infty = z_\infty + z = z_\infty$ für $z \in \mathbb{C}$;
2. $z \cdot z_\infty = z_\infty \cdot z = z_\infty$ für $z \in \overline{\mathbb{C}}$ $(z \neq 0)$;
3. $z_\infty + z_\infty = z_\infty$;
4. $\dfrac{z}{z_\infty} = 0$ für $z \in \mathbb{C}$;
5. $\dfrac{z}{0} = z_\infty$ für $z \in \overline{\mathbb{C}}$ $(z \neq 0)$.

Wir werden diese Regeln im folgenden gelegentlich benutzen.

6.1.3 Topologische Hilfsmittel

Zum Aufbau einer Analysis in $\mathbb{C}$ benötigen wir einige topologische Hilfsmittel. Da wir die komplexen Zahlen als Punkte im $\mathbb{R}^2$ ansehen können, lassen sich die aus der Topologie des $\mathbb{R}^n$ $(n = 2)$ bekannten Begriffsbildungen (s. Bd. I, Abschn. 6.1, 6.2) unmittelbar übertragen, d.h. "in die Sprache von $\mathbb{C}$ übersetzen". Um für das Folgende einen raschen Zugriff zu ermöglichen und um an die "$\mathbb{C}$-Version" zu gewöhnen, wiederholen (bzw. ergänzen) wir diese.

Häufig ist es günstig, Mengen von komplexen Zahlen, die durch Gleichungen oder Ungleichungen beschrieben werden, in der Gaußschen Zahlenebene zu veranschaulichen und umgekehrt geometrische Gebilde mit Hilfe von Gleichungen oder Ungleichungen zu beschreiben. So erhalten wir etwa durch

$$\{z \in \mathbb{C} \mid \operatorname{Re} z > 0\} \quad \text{bzw.} \quad \{z \in \mathbb{C} \mid \operatorname{Im} z > 0\}$$

die rechte Halbebene bzw. die obere Halbebene:

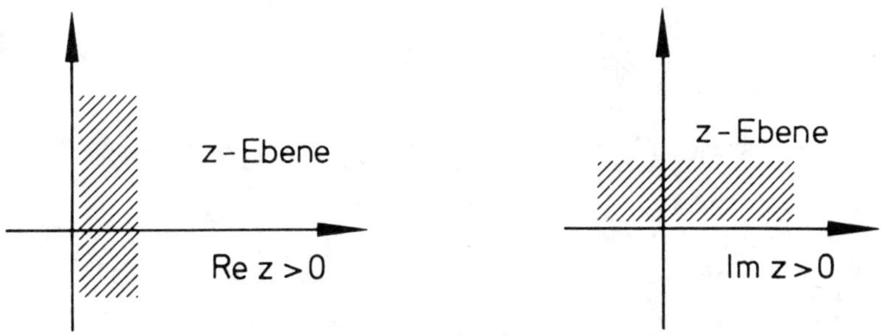

Fig. 6.8: Rechte bzw. obere Halbebene

Bei festem $z_0 \in \mathbb{C}$ und $\varepsilon > 0$ ist durch

$$\{z \in \mathbb{C} \mid |z - z_0| = \varepsilon\} \quad \text{bzw.} \quad \{z \in \mathbb{C} \mid |z - z_0| < \varepsilon\}$$

eine Kreislinie bzw. Kreisscheibe (ohne Berandung) gegeben. Im letzten Fall sprechen wir von einer ε-Umgebung von z_0 und schreiben kurz $U_\varepsilon(z_0)$. Wir sagen, eine Menge $U \subset \mathbb{C}$ ist eine Umgebung von z_0 , wenn U eine ε-Umgebung von z_0 enthält (s. Fig. 6.9a)). Entsprechend nennt man die Menge

$$U_r(z_\infty) := \{z \in \overline{\mathbb{C}} \mid |z| > r \ , \ 0 < r < \infty\}$$

eine r-Umgebung von z_∞ (s. Fig. 6.9 b)). Die Komplementärmenge einer Menge $D \subset \mathbb{C}$ ist durch

$$C(D) := \{z \in \mathbb{C} \mid z \notin D\}$$

erklärt (s. Fig. 6.9 c)).

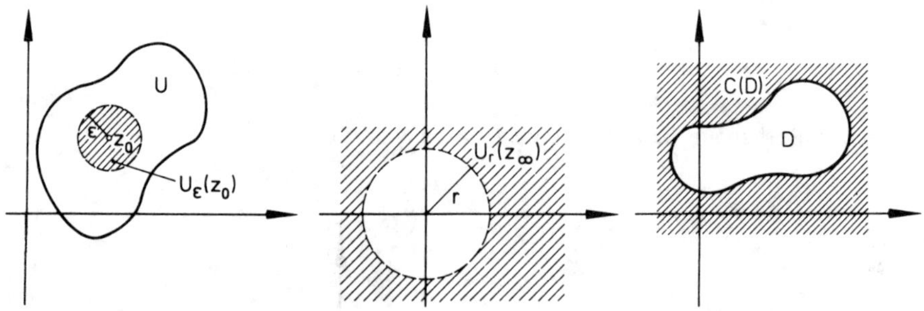

Fig. 6.9: a) ε-Umgebung und Umgebung von z_0 b) Umgebung von z_∞ c) Komplementärmenge C(D)

Auch Definition 6.7 aus Band I (Abschn. 6.1.4) läßt sich direkt übernehmen.:

Definition 6.1 (a) Ein Punkt z_0 heißt Randpunkt einer Menge $D \subset \mathbb{C}$, wenn in jeder Umgebung von z_0 mindestens ein Punkt aus D und mindestens ein Punkt aus C(D) liegt. Die Menge der Randpunkte von D heißt der Rand von D . Schreibweise: ∂D (s. Fig. 6.10).

(b) Ein Punkt, der nicht Randpunkt ist und zu D gehört, heißt innerer Punkt von D (s. Fig. 6.11). Die Menge der inneren Punkte von D heißt Inneres von D : $\mathring{D}$ oder In(D) geschrieben.

(c) Eine Menge $D \subset \mathbb{C}$ heißt offen, wenn sie nur aus inneren Punkten besteht, also keine Randpunkte enthält.

(d) Eine Menge $D \subset \mathbb{C}$ heißt abgeschlossen, wenn sie ihren Rand enthält.

(e) Die Vereinigung einer Menge $D \subset \mathbb{C}$ mit ihrem Rand ∂D heißt die abgeschlossene Hülle von D : $\overline{D} = D \cup \partial D$.

(f) Die Komplementärmenge $C(\overline{D})$ von $\overline{D}$ heißt das Äußere von D : Äu(D) geschrieben.

Bemerkung: 1. Ein Punkt z_0 ist also genau dann ein innerer Punkt von D , wenn D eine Umgebung von z_0 enthält (s. Fig. 6.11).

2. Die Menge $\mathbb{C}$ und die leere Menge $\emptyset$ sind sowohl offen als auch abgeschlossen.

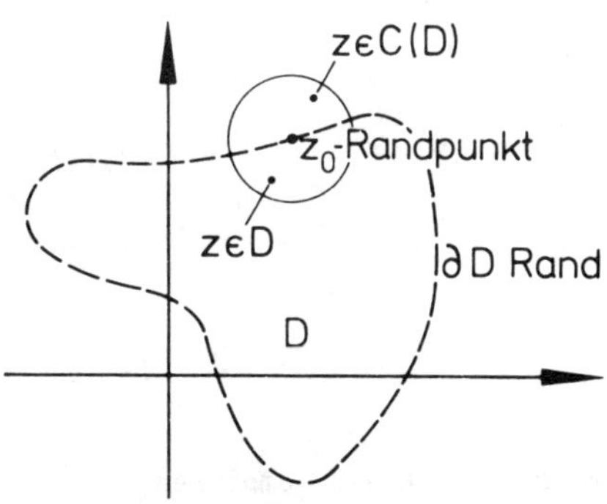

Fig. 6.10: Randpunkt und Rand von D

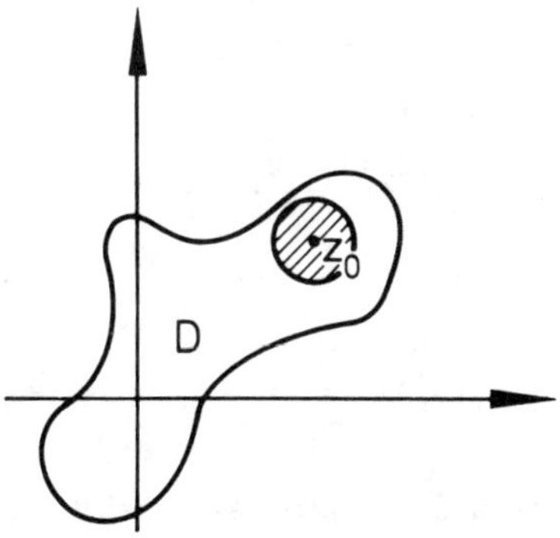

Fig. 6.11: Innerer Punkt von D

Definition 6.2 (a) Eine Menge $D \subset \mathbb{C}$ heißt beschränkt, falls es eine Umgebung $U_M(0)$ gibt mit $D \subset U_M(0)$. Für alle $z \in D$ gilt also $|z| \leq M$.

(b) Eine Menge $D \subset \mathbb{C}$ heißt kompakt, wenn sie beschränkt und abgeschlossen ist.

(c) Ein Punkt $z_0 \in \mathbb{C}$ heißt Häufungspunkt einer Menge $D \subset \mathbb{C}$, falls jede ε-Umgebung von z_0 mindestens einen Punkt $z \in D$ $(z \neq z_0)$ - und damit unendlich viele Punkte $z \in D$ - enthält.

Mit Hilfe von komplexen Zahlenfolgen lassen sich weitere Charakterisierungen von Mengen in $\mathbb{C}$ angeben, etwa für kompakte Mengen (s. Abschn. 6.1.4).

6.1.4 Folgen von komplexen Zahlen

Auch dieser Abschnitt stellt eine Übertragung der Begriffsbildungen und Resultate aus dem $\mathbb{R}^n$ $(n = 2)$ dar (s. Bd. I, Abschn. 6.1.3). Der Absolutbetrag einer komplexen Zahl $z = x + iy$

$$|z| = \sqrt{x^2 + y^2}$$

liefert uns die Möglichkeit, den Abstand $d(z_1,z_2)$ von zwei komplexen Zahlen z_1 und z_2 zu bestimmen: Es gilt

$$d(z_1,z_2) = |z_1 - z_2| = \sqrt{(x_1-x_2)^2 + (y_1-y_2)^2}\ , \tag{6.14}$$

und insbesondere ist durch

$$d(z_1,0) = |z_1 - 0| = \sqrt{x_1^2 + y_1^2} \tag{6.15}$$

der Abstand einer komplexen Zahl z_1 vom Nullpunkt der komplexen Ebene gegeben. Der durch (6.14) erklärte Abstand ist mit dem euklidischen Abstand des $\mathbb{R}^2$ (s. Bd. I, Abschn. 6.1.3) identisch. Damit können wir das, was wir aus Band I über Folgen im $\mathbb{R}^2$ wissen, sofort auf $\mathbb{C}$ übertragen:

Eine Folge

$$z_1, z_2, \ldots, z_n, \ldots$$

von komplexen Zahlen, für die wir $\{z_n\}_{n=1}^{\infty}$ oder kurz $\{z_n\}$ schreiben, ist durch eine Vorschrift gegeben, die jedem $n \in \mathbb{N}$ genau eine komplexe Zahl z_n zuordnet: $n \longmapsto z_n$.

Definition 6.3 Die Folge $\{z_n\}$ aus $\mathbb{C}$ *konvergiert* gegen $z \in \mathbb{C}$, wenn es zu jedem $\varepsilon > 0$ einen Index $n_0 \in \mathbb{N}$ gibt (n_0 hängt von ε ab!), so daß für alle $n \geq n_0$

$$|z_n - z| < \varepsilon \tag{6.16}$$

gilt. Man nennt z *Grenzwert* oder *Limes* der Folge und schreibt: $\lim\limits_{n\to\infty} z_n = z$ oder $z_n \longrightarrow z$ für $n \longrightarrow \infty$.

Satz 6.2 (*Koordinatenweise Konvergenz*). Die Folge $\{z_n\}$ mit $z_n = x_n + iy_n$, $x_n, y_n \in \mathbb{R}$ ist genau dann konvergent gegen $z = x + iy$, $x, y \in \mathbb{R}$, wenn gilt:

$$\lim_{n\to\infty} x_n = x \quad \text{und} \quad \lim_{n\to\infty} y_n = y \,. \tag{6.17}$$

Es folgt dann:

$$\lim_{n\to\infty} z_n = \lim_{n\to\infty} x_n + i \lim_{n\to\infty} y_n = x + iy \,. \tag{6.18}$$

(Zum Beweis s. Bd. I, Abschn. 6.1.3, Folg. 6.1.)

Beispiel 6.1 Wir betrachten die Folge $\{z_n\}$ mit

$$z_n = x_n + iy_n = \left(\sqrt{n^2+1} - n\right) + i\left(\sqrt{n^2+1} - \sqrt{n^2-1}\right) .$$

Wegen

$$x_n = \frac{(\sqrt{n^2+1} - n)(\sqrt{n^2+1} + n)}{\sqrt{n^2+1} + n} = \frac{1}{\sqrt{n^2+1} + n} \longrightarrow 0 \quad \text{für} \quad n \longrightarrow \infty$$

und

$$y_n = \frac{(\sqrt{n^2+1} - \sqrt{n^2-1})(\sqrt{n^2+1} + \sqrt{n^2-1})}{\sqrt{n^2+1} + \sqrt{n^2-1}} = \frac{2}{\sqrt{n^2+1} + \sqrt{n^2-1}} \quad \text{für } n \to \infty \quad \longrightarrow 0$$

folgt: $\lim\limits_{n\to\infty} z_n = 0$.

Auch der Satz von Bolzano-Weierstrass (s. Bd. I, Abschn. 6.1.3, Satz 6.2) läßt sich sofort übertragen.

Satz 6.3 (Bolzano-Weierstrass). Jede beschränkte Folge $\{z_n\}$ aus $\mathbb{C}$, d.h. jede Folge mit $|z_n| < M$ für alle n, $M > 0$, besitzt eine konvergente Teilfolge.

Mit diesem Satz läßt sich zeigen, daß eine Menge D in $\mathbb{C}$ genau dann kompakt ist, wenn jede Folge $\{z_n\}$ aus D eine konvergente Teilfolge besitzt, deren Grenzwert in D liegt (s. auch Bd. I, Abschn. 6.1.3, Folgerung 6.3).

Wir überlassen es dem Leser, weitere Ergebnisse über Folgen und Mengen in $\mathbb{R}^2$ auf $\mathbb{C}$ zu übertragen, etwa das Cauchysche Konvergenzkriterium (s. Satz 1.7, Abschn. 1.4.6, Bd. I; der Beweis verläuft analog).

Wir geben abschließend noch eine weitere Charakterisierung von kompakten Mengen (s. Def. 6.2) an, von der wir gelegentlich Gebrauch machen. Sie beruht auf dem folgenden Überdeckungsbegriff:

Definition 6.4 Sei D eine Menge in $\mathbb{C}$ und $\mathfrak{U}$ eine Schar von offenen Mengen in $\mathbb{C}$ mit der Eigenschaft: Für jedes $z \in D$ gibt es ein $U \in \mathfrak{U}$ mit $z \in U$. Dann heißt $\mathfrak{U}$ eine offene Überdeckung von D.

Kompakte Mengen D zeichnen sich nun gerade dadurch aus, daß sich aus jeder offenen Überdeckung von D endlich viele Mengen auswählen lassen, die bereits zur Überdeckung von D ausreichen. Es gilt nämlich:

Satz 6.4 (Überdeckungssatz von Heine-Borel). Sei D eine kompakte (also abgeschlossene und beschränkte) Menge in $\mathbb{C}$ und $\mathfrak{U}$ eine offene Überdeckung von D. Dann enthält $\mathfrak{U}$ eine endliche Teilüberdeckung, d.h. es gibt endlich viele Mengen $U_1,\ldots,U_m \in \mathfrak{U}$, so daß

$$D \subset \bigcup_{k=1}^{m} U_k \tag{6.19}$$

gilt. Enthält umgekehrt jede offene Überdeckung einer Menge $D \subset \mathbb{C}$ eine endliche Teilüberdeckung, so ist D notwendig kompakt.

Beweis: s. z.B. [68], S. 30-32.

Bemerkung: Dieser Satz mag dem Ingenieur und Naturwissenschaftler nicht besonders eindrucksvoll erscheinen. Dennoch stellt er ein wertvolles beweistechnisches Hilfsmittel dar, wie wir noch sehen werden.

Als einfache Folgerung des Satzes von Heine-Borel ergibt sich

Hilfssatz 6.1 Sei D eine offene Menge in $\mathbb{C}$ mit dem Rand ∂D und K eine kompakte Teilmenge von D. Dann gibt es ein $d > 0$ mit

$$|z - \zeta| \geq d \quad \text{für alle} \quad z \in K \quad \text{und alle} \quad \zeta \in \partial D ,$$

d.h. K kommt dem Rand ∂D von D nicht beliebig nahe.

Beweis: Sei $z \in D$ beliebig. Da D offen ist, gibt es zu z ein $d(z) > 0$, so daß $\{z' \mid |z' - z| < d(z)\} \subset D$ ist. Die Kreisgebiete

$$k(z) = \left\{z' \;\middle|\; |z' - z| < \frac{d(z)}{2}\right\}$$

bilden eine offene Überdeckung von $K \subset D$. Nach Satz 6.4 gibt es endlich viele Punkte $z_1, \ldots, z_m$ mit $K \subset \bigcup_{j=1}^{m} k(z_j)$. Jedes $z \in K$ liegt in mindestens einem Kreisgebiet $k(z_j)$, d.h. es gilt $|z - z_j| < \frac{d(z_j)}{2}$.
Wir setzen

$$d = \min\left(\frac{d(z_1)}{2}, \ldots, \frac{d(z_m)}{2}\right) .$$

Für beliebiges $\zeta \in \partial D$ gilt $|z_j - \zeta| \geq d(z_j)$, und wir erhalten

$$|z - \zeta| \geq |z_j - \zeta| - |z - z_j| > d(z_j) - \frac{d(z_j)}{2} = \frac{d(z_j)}{2} \geq d . \qquad \square$$

6.1.5 Reihen von komplexen Zahlen

Unendliche Reihen mit reellen Gliedern

$$\left[\sum_{k=1}^{\infty} a_k\right], \quad a_k \in \mathbb{R} \tag{6.20}$$

sind uns bereits in Band I, Abschnitt 1.5 begegnet. Wir beschäftigen uns jetzt mit unendlichen Reihen mit komplexen Gliedern

$$\left[\sum_{k=1}^{\infty} z_k\right], \quad z_k \in \mathbb{C}\ . \tag{6.21}$$

Wir werden sehen, daß die wichtigsten Begriffsbildungen und Resultate für reelle unendliche Reihen (wir sprechen kurz von Reihen) unverändert auch im komplexen Fall gelten. Wie im Reellen führen wir einen Konvergenzbegriff ein:

Definition 6.5 (a) Sei $n \in \mathbb{N}$ und s_n durch

$$s_n := \sum_{k=1}^{n} z_k \tag{6.22}$$

erklärt. Wir nennen s_n die *n-te Teilsumme* (oder *Partialsumme*) der Reihe (6.21). Diese Reihe heißt *konvergent* mit *Summe* (oder *Grenzwert*) s , wenn die Folge $\{s_n\}$ der Teilsummen (6.22) von (6.21) gegen s konvergiert:

$$s = \lim_{n\to\infty} s_n = \sum_{k=1}^{\infty} z_k\ .$$

(b) Eine Reihe, die nicht konvergent ist, heißt *divergent*.

(c) Wir sagen, (6.21) ist *absolut konvergent*, wenn die Reihe

$$\left[\sum_{k=1}^{\infty} |z_k|\right] \tag{6.23}$$

konvergiert.

Bemerkung: Die Summation in den obigen Reihen muß nicht notwendig bei $k = 1$ beginnen. Reihen, für die k bei $m \in \mathbb{Z}$ beginnt, lassen sich entsprechend behandeln.

Der in Abschnitt 6.1.4 gewonnene Satz über koordinatenweise Konvergenz von komplexen Folgen ermöglicht es uns, Untersuchungen über komplexe Reihen auf Untersuchungen über reelle Reihen zurückzuführen. Es ergibt sich unmittelbar

Satz 6.5 Die komplexe Reihe $\left[\sum_{k=1}^{\infty} z_k\right]$ mit $z_k = x_k + iy_k$, $x_k, y_k \in \mathbb{R}$, ist dann und nur dann konvergent, wenn die beiden reellen Reihen $\left[\sum_{k=1}^{\infty} x_k\right]$ und $\left[\sum_{k=1}^{\infty} y_k\right]$ konvergieren. In diesem Fall gilt

$$\sum_{k=1}^{\infty} z_k = \sum_{k=1}^{\infty} x_k + i \sum_{k=1}^{\infty} y_k . \tag{6.24}$$

Mit den Abschätzungen

$$|z_k| \leq |x_k| + |y_k| \leq 2|z_k|$$

folgt entsprechend

Satz 6.6 Die komplexe Reihe $\left[\sum_{k=1}^{\infty} z_k\right]$ mit $z_k = x_k + iy_k$, $x_k, y_k \in \mathbb{R}$, ist dann und nur dann absolut konvergent, wenn die reellen Reihen $\left[\sum_{k=1}^{\infty} x_k\right]$ und $\left[\sum_{k=1}^{\infty} y_k\right]$ absolut konvergieren.

Wir überlassen es dem Leser, die weiteren Ergebnisse über reelle Reihen auf den komplexen Fall zu übertragen, etwa das Cauchy-Konvergenzkriterium und die Konvergenzkriterien für absolute Konvergenz: Majoranten-, Quotienten- und Wurzelkriterium (s. Bd. I, Abschn. 1.5.4).

6.1.6 Kurven und Gebiete in $\mathbb{C}$

Die meisten Begriffsbildungen dieses Abschnittes sind uns bereits aus Abschnitt 1.1 für den Fall des $\mathbb{R}^2$ bekannt. Wir wollen die wichtigsten Gesichtspunkte wiederholen und dabei die komplexe Schreibweise verwenden.

Zunächst erinnern wir an komplexwertige Funktionen einer reellen Variablen (s. Bd. I, Abschn. 4.4.2): Sei $[a,b]$ ein abgeschlossenes und beschränktes Intervall in $\mathbb{R}$ und f eine Abbildung von $[a,b]$ in $\mathbb{C}$, $f : [a,b] \longmapsto \mathbb{C}$. Dann hat f die Gestalt

$$z = f(t) = x(t) + iy(t) \ , \quad t \in [a,b] \ ,^{1)} \tag{6.25}$$

wobei $x(t)$ der Realteil und $y(t)$ der Imaginärteil von $f(t)$ ist. Die Funktion f ist stetig bzw. differenzierbar in $[a,b]$, falls die reellwertigen Funktionen x und y in $[a,b]$ stetig bzw. differenzierbar sind. Die Ableitung f' von f ist durch

$$f'(t) = x'(t) + iy'(t) \ , \quad t \in [a,b] \tag{6.26}$$

gegeben.

<u>Definition 6.6</u> (a) Eine stetige Abbildung $\gamma : [a,b] \longmapsto \mathbb{C}$ heißt ein *Weg* in $\mathbb{C}$. Man nennt $\gamma(a)$ den *Anfangspunkt*, $\gamma(b)$ den *Endpunkt* des Weges. Gilt $\gamma(a) = \gamma(b)$, so ist der Weg *geschlossen*.

(b) Der Wertebereich $\gamma([a,b]) \subset \mathbb{C}$ eines Weges γ heißt eine *Kurve* in $\mathbb{C}$ (s. Fig. 6.12). Wir bezeichnen sie meist mit C oder K. Man sagt, $\gamma(t) = x(t) + iy(t)$, $t \in [a,b]$, ist eine *Parameterdarstellung* der Kurve.

(c) Ist $\gamma : [a,b] \longmapsto \mathbb{C}$ stetig und eineindeutig, so heißt der Weg γ *doppelpunktfrei* (oder *einfach*) und der Wertebereich $\gamma([a,b])$ von γ eine *Jordan-Kurve*. Falls γ nur in $[a,b)$ eineindeutig ist und $\gamma(a) = \gamma(b)$ gilt, so sprechen wir von einer *geschlossenen Jordan-Kurve* (s. Fig. 6.13).

---

1) Im folgenden schreiben wir anstelle von $z = f(t)$ gelegentlich $z = z(t)$

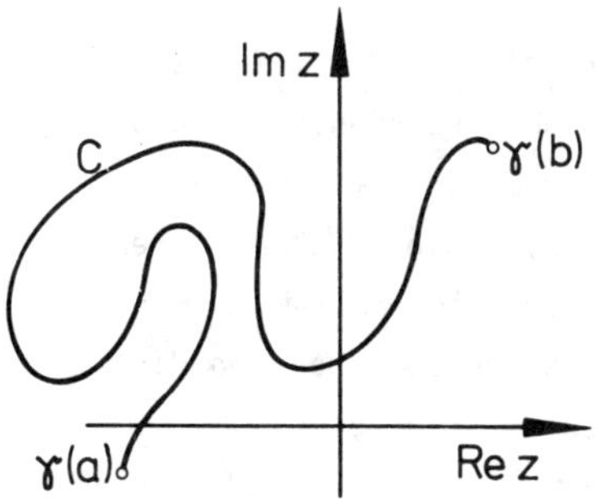

Fig. 6.12: Kurve in ℂ

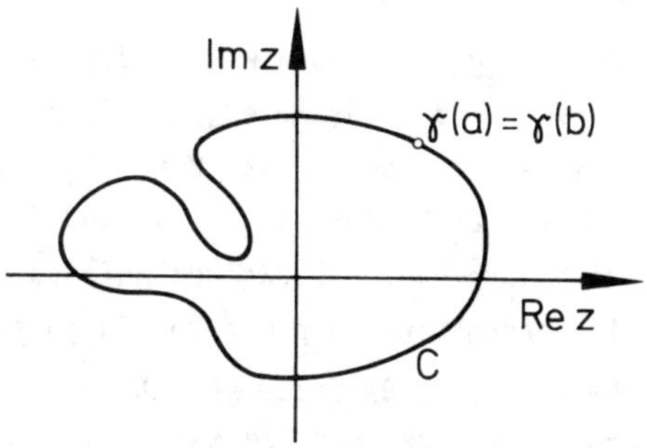

Fig. 6.13: geschlossene Jordan-Kurve

Beispiel 6.2 Seien z_1 und z_2 Punkte in ℂ und sei γ durch

$$z = \gamma(t) = (1-t)z_1 + tz_2 \ , \quad t \in [0,1]$$

gegeben: γ ist eine Parameterdarstellung der Verbindungsstrecke C der Punkte z_1 und z_2 (s. Fig. 6.14); C ist eine Jordan-Kurve.

Beispiel 6.3 Sei $z_0 = x_0 + iy_0$, $r > 0$ und γ durch

$$z = \gamma(t) = (x_0 + r\cos t) + i(y_0 + r\sin t) \ , \quad t \in [0,2\pi]$$

gegeben: γ ist eine Parameterdarstellung eines Kreises C mit Mittelpunkt z_0 und Radius r (s. Fig. 6.15); C ist eine geschlossene Jordan-Kurve.

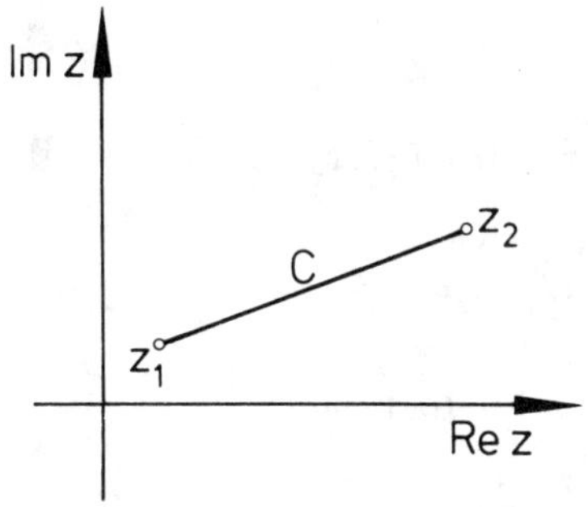

Fig. 6.14: Verbindungsstrecke von z_1 und z_2

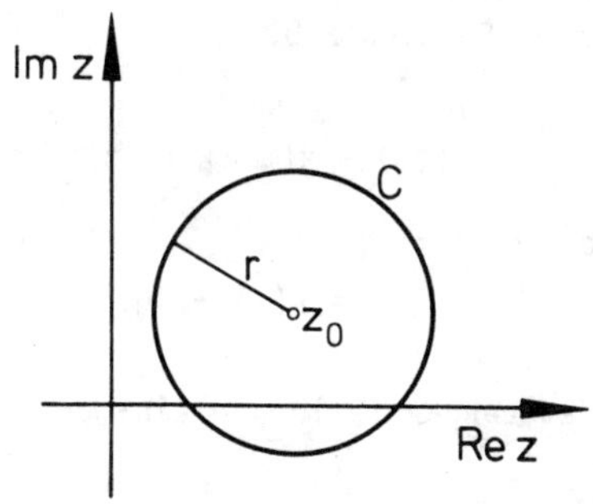

Fig. 6.15: Der Kreis als Beispiel für eine geschlossene Jordan-Kurve

Bemerkung 1: Fassen wir in der Parameterdarstellung $z = \gamma(t)$ einer Kurve C den Parameter $t \in [a,b]$ als Zeit auf, so können wir uns vorstellen, daß der Punkt $z = \gamma(t)$ mit wachsendem t die Kurve C "durchläuft". Er beginnt in $\gamma(a)$ und endet in $\gamma(b)$. Hierdurch erklären sich auch die Sprechweisen Anfangs- bzw. Endpunkt in Definition 6.6 (a). In diesem Sinn kann man von Durchlaufen der Kurve sprechen und dies durch Richtungspfeile an der Kurve skizzieren (s. Fig. 6.16). Mit $-C$ bezeichnen wir die Kurve, die C entgegengesetzt durchlaufen wird (s. Fig. 6.17). Eine Parameterdarstellung von $-C$ ist z.B. durch

$$z = \gamma(a+b-t)\ ,\quad t \in [a,b] \tag{6.27}$$

gegeben, wenn C durch $z = \gamma(t)$, $t \in [a,b]$ beschrieben wird.

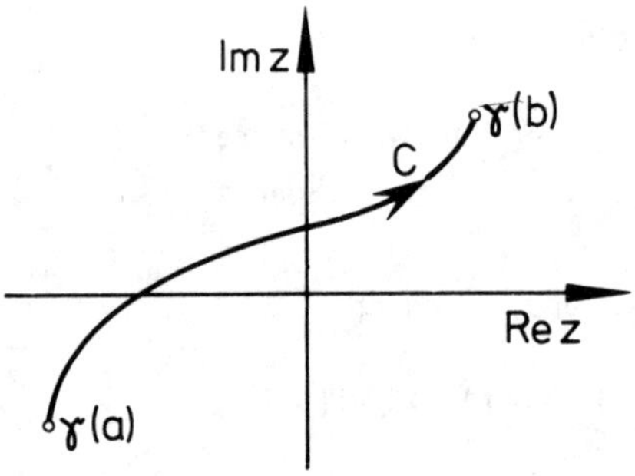

Fig. 6.16: Durchlaufen von C

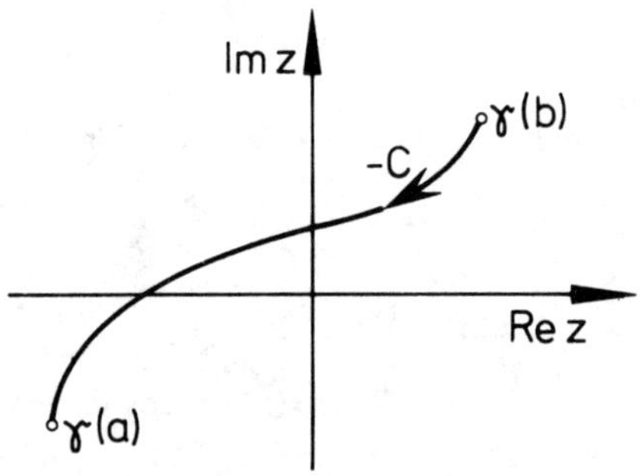

Fig. 6.17: Entgegengesetztes Durchlaufen von C

Bemerkung 2: Eine Kurve kann verschiedene Parameterdarstellungen besitzen. So sind z.B.

$$\gamma_1(t) = x(t) + iy(t) = t + i\sqrt{1-t^2}\ ,\quad t \in [-1,1] \tag{6.28}$$

und

$$\gamma_2(t) = \xi(\tau) + i\eta(\tau) = \cos\tau + i\sin\tau\ ,\quad \tau \in [0,\pi] \tag{6.29}$$

Parameterdarstellungen ein- und derselben Kurve (welcher?).

<u>Definition 6.7</u> Ist $\gamma : [a,b] \mapsto \mathbb{C}$ auf ganz $[a,b]$ stetig differenzierbar[1]), so heißt γ ein <u>stetig differenzierbarer Weg</u>. Gilt außerdem $\gamma'(t) \neq 0$ für alle $t \in [a,b]$ und im Falle geschlossener Kurven zusätzlich $\gamma'(a) = \gamma'(b)$, so nennt man γ <u>glatt</u>. Ein Weg heißt <u>stückweise stetig differenzierbar</u> bzw. <u>stückweise glatt</u>, wenn es eine Zerlegung $\{t_0,t_1,\dots,t_n\}$ des Intervalls $[a,b]$ so gibt, daß γ auf jedem der Teilintervalle (t_{k-1},t_k) stetig differenzierbar bzw. glatt ist und die rechts- und linksseitigen Grenzwerte von γ' in allen Zerlegungspunkten t_k existieren bzw. $\neq 0$ sind[2]). Entsprechend nennt man die durch γ erzeugte Kurve C stetig differenzierbar (bzw. glatt; ...).

<u>Bemerkung 3</u>: Zwei stückweise glatte Wege $\gamma_1 : [a,b] \mapsto \mathbb{C}$ und $\gamma_2 : [c,d] \mapsto \mathbb{C}$ heißen <u>äquivalent</u>, wenn es eine streng monoton wachsende, stückweise stetig differenzierbare Funktion φ von $[c,d]$ auf $[a,b]$ gibt, mit $\varphi'(\tau) \neq 0$ und $\gamma_2(\tau) = \gamma_1(\varphi(\tau))$ für alle $\tau \in [c,d]$. Man sagt dann, γ_1 und γ_2 haben <u>denselben Durchlaufungssinn</u> (oder <u>dieselbe Orientierung</u>). Wir beachten, daß die Wege γ_1 und γ_2 in (6.28) und (6.29) nicht denselben Durchlaufungssinn besitzen. Als <u>Durchlaufungssinn einer Kurve</u> bezeichnet man den Inbegriff (genauer: die Klasse) aller Wege, die zu einem Weg γ äquivalent sind. Eine Kurve, zusammen mit einem Durchlaufungssinn, nennt man eine <u>orientierte Kurve</u> (s. Abschn. 1.1.5).

Mit den Ergebnissen von Abschnitt 1.1.4 und 1.2.3 erhalten wir für Wege γ mit

$$z = \gamma(t) = x(t) + i\,y(t) \ , \quad t \in [a,b] \tag{6.30}$$

(i) Die <u>Länge</u> eines stückweise stetig differenzierbaren Weges $\gamma : [a,b] \mapsto \mathbb{C}$ ist durch

---

1) Eine Funktion heißt stetig differenzierbar auf einem Intervall, wenn die Ableitungsfunktion auf dem Intervall existiert und stetig ist.

2) An den Sprungstellen von γ' , etwa in t_m , erklären wir γ' durch
$\gamma'(t_m) = \dfrac{\gamma'(t_m+) - \gamma'(t_m-)}{2}$.

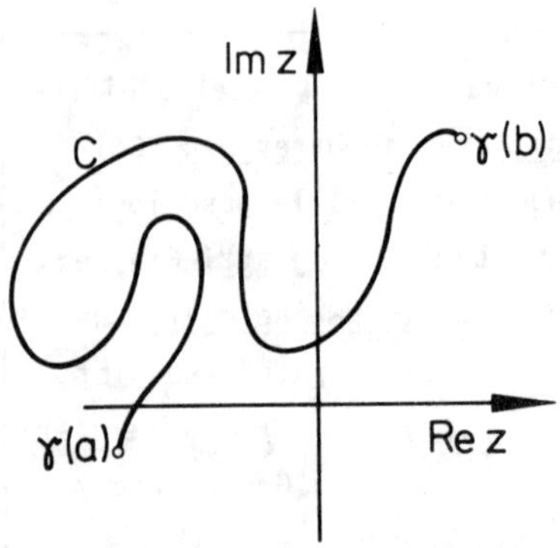

Fig. 6.18: Wertebereich C eines glatten Weges

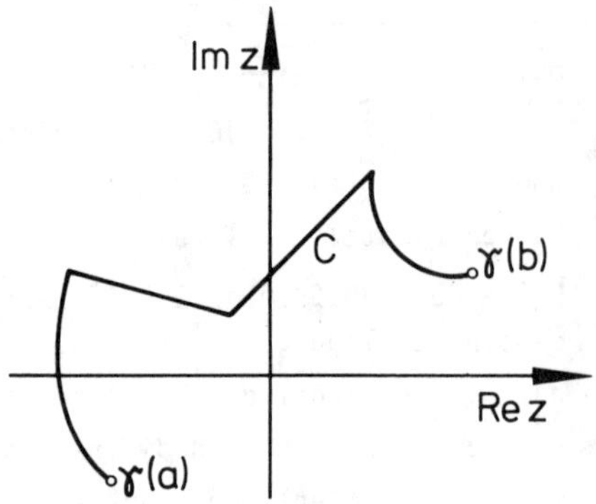

Fig. 6.19: Wertebereich C eines stückweise glatten Weges

$$L(\gamma) = \int_a^b \sqrt{(x'(t))^2 + (y'(t))^2}\, dt \qquad (6.31)$$

gegeben. Beachten wir, daß der Integrand gleich $|\gamma'(t)|$ ist, so läßt sich (6.31) in der Form

$$L(\gamma) = \int_a^b |\gamma'(t)|\, dt \qquad (6.32)$$

schreiben.

(ii) Ist γ ein glatter Weg, so besitzt γ in jedem Punkt $z_0 = \gamma(t_0)$, $t_0 \in [a,b]$, eine Tangente. Sie ist durch

$$z(t) = z_0 + t\gamma'(t_0)\,, \quad t \in \mathbb{R} \qquad (6.33)$$

gegeben. Ferner existiert in z_0 die Normale, die durch

$$z(t) = z_0 + ti\gamma'(t_0)\,, \quad t \in \mathbb{R} \qquad (6.34)$$

gegeben ist.

Die Tangentenrichtung ist durch die Parameterdarstellung (6.30)

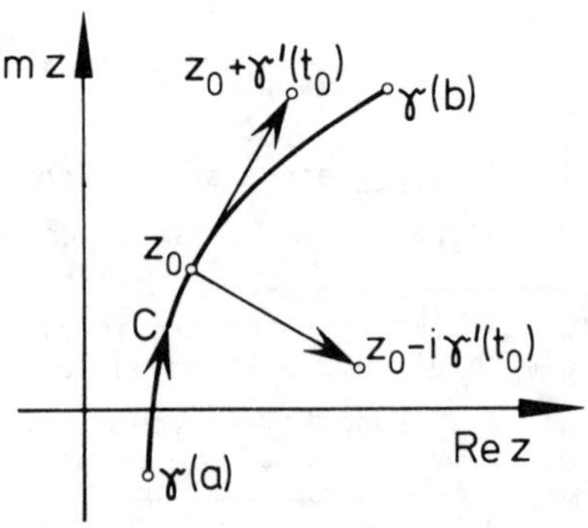

Fig. 6.20: Tangentenvektor / Normalenvektor

der γ entsprechenden Kurve C eindeutig festgelegt (durch γ liegt die Durchlaufung von C fest!). Wir veranschaulichen sie durch einen Pfeil auf C, etwa gemäß Figur 6.20. Als Normalenvektor wählen wir den, der in Richtung der orientierten Kurve C gesehen nach rechts weist.

Abschließend erinnern wir an Gebiete im $\mathbb{R}^2$ (s. Abschn. 1.6.3 und 1.6.4), die wir jetzt als solche in $\mathbb{C}$ ansehen.

Definition 6.8 Eine offene Menge D in $\mathbb{C}$ heißt *zusammenhängend*, falls es zu zwei beliebigen Punkten $z_1, z_2 \in D$ einen Polygonzug gibt, der ganz in D verläuft.

Eine zusammenhängende bzw. nicht zusammenhängende Menge ist in den folgenden Figuren dargestellt:

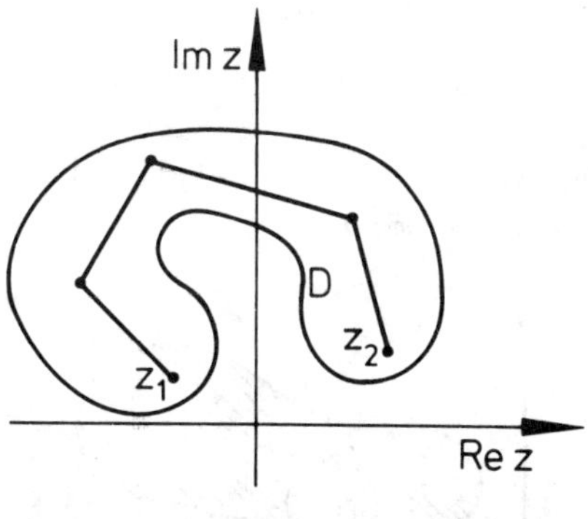

Fig. 6.21: Zusammenhängende Menge in $\mathbb{C}$

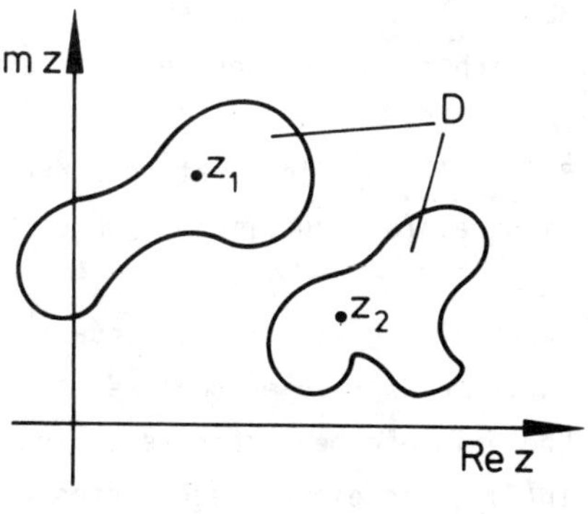

Fig. 6.22: Nicht zusammenhängende Menge in $\mathbb{C}$

Definition 6.9 Eine offene zusammenhängende Menge D in $\mathbb{C}$ heißt ein *Gebiet*. Ein Gebiet D nennt man *einfach zusammenhängend*, wenn sich jeder geschlossene Polygonzug in D stetig innerhalb D auf einen Punkt zusammenziehen läßt (anschaulich: wenn D keine Löcher besitzt).

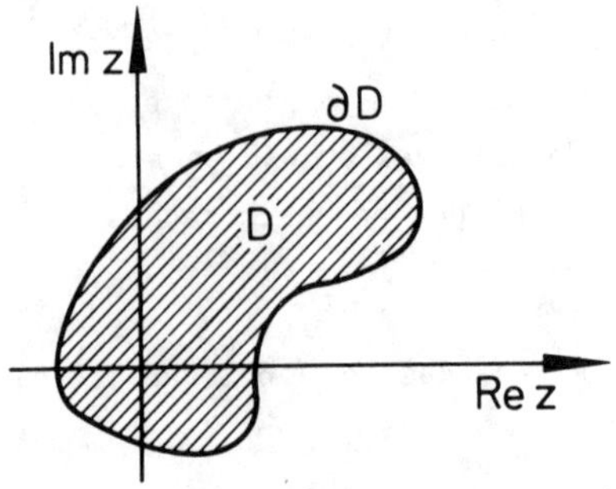

Fig. 6.23: Einfach zusammenhängendes Gebiet

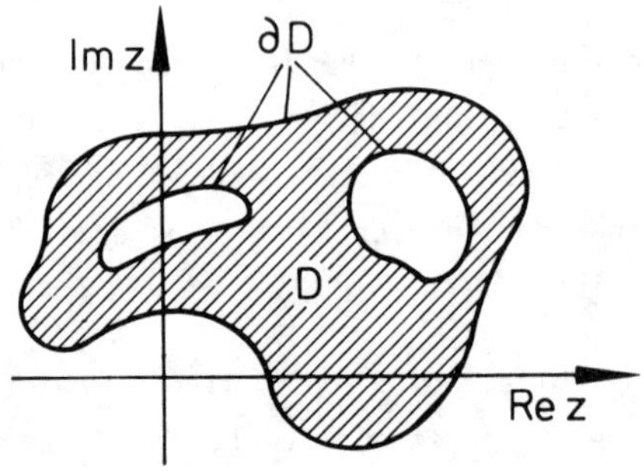

Fig. 6.24: Nicht einfach zusammenhängendes Gebiet

Bemerkung: Wir beachten, daß der Rand ∂D (s. Abschn. 6.1.3, Def. 6.1) von D nicht zum Gebiet D gehört.

Beispiel 6.4 Die Halbebenen $\{z \mid \operatorname{Re} z > 0\}$ und $\{z \mid \operatorname{Im} z > 0\}$ sind einfach zusammenhängende Gebiete.

Beispiel 6.5 Die punktierte Kreisfläche $\{z \mid 0 < |z| < 1\}$ stellt ein nicht einfach zusammenhängendes Gebiet dar. (Warum?)

Durch eine geschlossene Jordan-Kurve C wird die komplexe Ebene in ein beschränktes Gebiet, $\operatorname{In}(C)$, und ein unbeschränktes Gebiet, $\operatorname{Äu}(C)$, zerlegt. C ist der gemeinsame Rand der beiden Gebiete. Dies besagt der Jordansche Kurvensatz (s. z.B. [64], chap. 6).

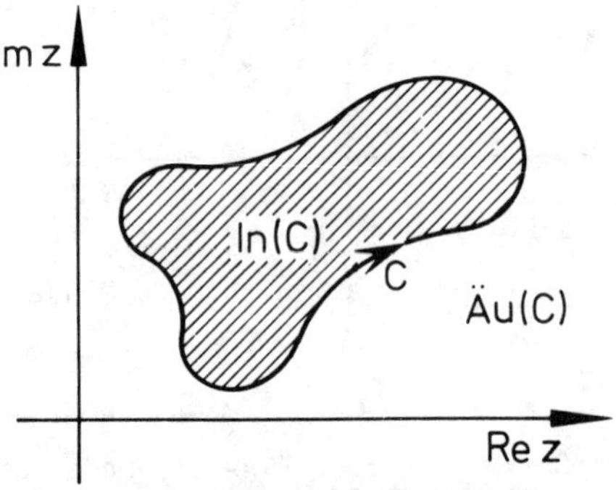

Fig. 6.25: Positiv orientierte Jordan-Kurve

Definition 6.10 Eine geschlossene Jordankurve heißt positiv orientiert, wenn beim Durchlaufen von C das Innere von C stets auf der linken Seite liegt (s. Fig. 6.25).

Übungen

6.1 Stelle in Polarkoordinaten dar:

a) $-2-2i$; b) $1-\sqrt{3}\,i$; c) 5 ; d) $-5i$; e) $3\sqrt{3}+3i$.

6.2 Berechne sämtliche Werte von

a) $(-1-i)^{1/2}$; b) $\sqrt[3]{-2+2i}$; c) $(-3)^{1/5}$; d) $e^{\sqrt[3]{i}}$

und stelle sie in der Gaußschen Zahlenebene dar.

6.3 Berechne

a) $\left|(1-4i)^2\right|$; b) $\left|\frac{(1-2i)(3+i)}{(4-3i)}\right|^3$; c) $\left|\overline{(1-i)}\right|$.

6.4* Welche Gebiete werden durch die folgenden Ungleichungen beschrieben:

a) $\left|z-(1+i)\right|^2 < 2$; b) $|z-2| < \operatorname{Im}(z+i)$;

c) $|z-2| > 2\,|z-1|$? (Skizzen!)

6.5 Bestimme sämtliche Nullstellen von

a) $f(z) = z^3 - i$; b) $f(z) = z^4 - 4$; c) $f(z) = z^8 - 16$.

6.6* Sei $p_n(z) := z^n + a_{n-1}z^{n-1} + \ldots + a_1 z + a_0$ ein Polynom n-ten Grades in z mit reellen Koeffizienten $a_0, a_1, \ldots, a_{n-1}$. Zeige: Ist z eine Nullstelle von $p_n(z)$, dann ist auch $\bar{z}$ eine Nullstelle dieses Polynomes.

6.7* Untersuche die nachstehenden Folgen $\{z_n\}$ auf Konvergenz und bestimme gegebenenfalls ihren Grenzwert:

a) $z_n = \frac{n-2}{n} + i\frac{3}{n}$; b) $z_n = n^3 + i\frac{1}{\ln n}$; c) $z_n = e^{i\frac{\pi}{5}n}$;

d) $z_n = \frac{e^{i\frac{\pi}{5}n}}{n^2}$; e) $z_n = \left(\sqrt{n^2+1} - n\right) + i\frac{\ln n}{n}$.

6.8* Konvergieren die Reihen

a) $\sum_{k=0}^{\infty} \frac{1}{(1+i)^k}$; b) $\sum_{k=0}^{\infty} \frac{(-1+i)^k}{k!}$?

6.2 FUNKTIONEN EINER KOMPLEXEN VARIABLEN

6.2.1 Funktionsbegriff

Definition 6.11 Sei D eine Menge aus $\mathbb{C}$. Unter einer *komplexwertigen Funktion* (oder *Abbildung*) *einer komplexen Variablen* von D in $\mathbb{C}$ versteht man eine Vorschrift f, die jedem $z \in D$ genau eine komplexe Zahl zuordnet: $f : D \longmapsto \mathbb{C}$. Ist w das zu z gehörende Bildelement, so schreibt man

$$w = f(z) \quad \text{oder} \quad z \longmapsto w = f(z).$$ [1]

Man nennt D den *Definitionsbereich* von f und $f(D) = \{w \mid w = f(z)\ ,\ z \in D\}$ den *Wertebereich* von f.

Beispiele

6.6 $f : z \longmapsto z^2 + 1\ ,\quad z \in \mathbb{C}$

6.7 $f : z \longmapsto z^n\ ,\quad z \in \mathbb{C} \quad (n \in \mathbb{N})$

6.8 $f : z \longmapsto \frac{1}{z}\ ,\quad z \in \mathbb{C} - \{0\}$.

Es stellt sich die Frage nach der *geometrischen Darstellung* einer solchen Funktion. Komplexe Zahlen lassen sich, wie wir aus Abschnitt 6.1.1 wissen, in der Gaußschen Zahlenebene veranschaulichen. Dies nutzen wir nun sowohl für die *Urbilder* $z = x + iy$ als auch für die *Bilder* $w = u + iv$ von z aus, d.h. wir arbeiten mit *zwei* Ebenen:

[1] Im folgenden benutzen wir häufig, wie auch schon in Bd. I-III, die einfache (wenn auch etwas unschärfere) Sprech- und Schreibweise: Funktion $f(z) = \ldots$

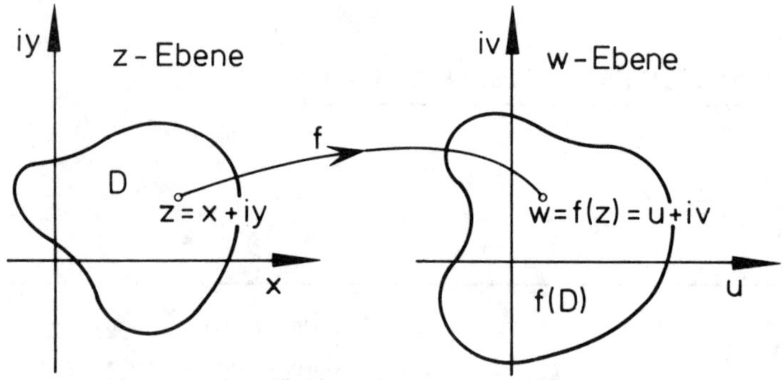

Fig. 6.26: Geometrische Darstellung komplexwertiger Funktionen

Es erweist sich häufig als zweckmäßig, den Definitionsbereich D in der z-Ebene mit einem Koordinatennetz (Polarkoordinaten oder kartesische Koordinaten) zu überziehen, und das Bild dieses Netzes in der w-Ebene zu bestimmen, etwa gemäß Figur 6.27:

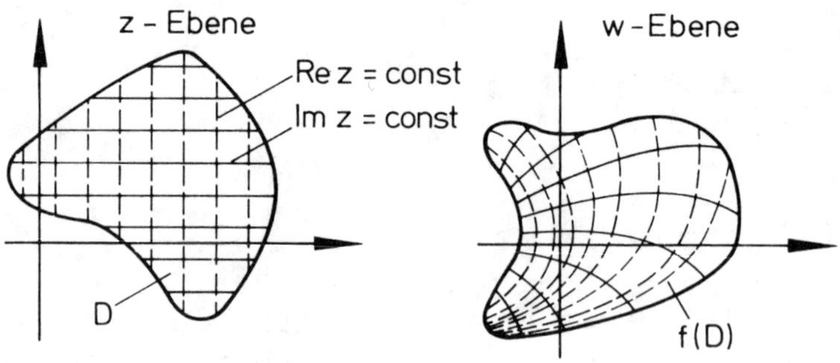

Fig. 6.27: Abbildung von Netzen in D

Wir werden von dieser Darstellungsmöglichkeit im folgenden des öfteren Gebrauch machen.

6.2.2 Stetigkeit

Zur Definition der Stetigkeit bei komplexwertigen Funktionen orientieren wir uns am Stetigkeitsbegriff im $\mathbb{R}^2$ (vgl. Bd. I, Abschn. 6.2.3). Dabei sei jetzt $D \subset \mathbb{C}$.

Definition 6.12 (a) Eine Funktion $f : D \longmapsto \mathbb{C}$ heißt stetig in einem Punkt $z_0 \in D$, wenn für alle Folgen $\{z_n\}$ aus D mit

$$z_n \to z_0 \quad \text{für} \quad n \to \infty$$

stets

$$f(z_n) \to f(z_0) \quad \text{für} \quad n \to \infty$$

folgt. Wir schreiben dann

$$\lim_{z \to z_0} f(z) = f(z_0) \quad \text{oder} \quad f(z) \to f(z_0) \text{ für } z \to z_0 .$$

(b) Die Funktion $f : D \longmapsto \mathbb{C}$ heißt stetig auf D, wenn sie in jedem Punkt von D stetig ist.

Bemerkung 1: Wir beachten, daß bei Stetigkeit von f in z_0 die Bildfolge $\{f(z_n)\}$ gegen $f(z_0)$ streben muß, wie auch immer die Urbildfolge $\{z_n\}$ gegen z_0 strebt (s. Fig. 6.28).

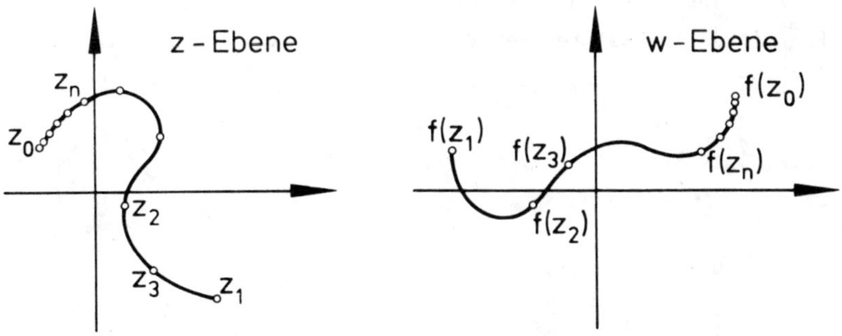

Fig. 6.28: Stetigkeit im Komplexen

Beispiel 6.9 Die Funktion f mit

$$f(z) = \frac{1}{z}, \quad z \in \mathbb{C} - \{0\} =: D$$

ist in jedem Punkt $z_0 \in D$ stetig. Ist nämlich $\{z_n\}$ irgendeine Folge aus $\mathbb{C}$ mit $z_n \to z_0$ für $n \to \infty$ und $z_n \neq 0$ für alle n, so gilt

$$f(z_n) = \frac{1}{z_n} \longrightarrow \frac{1}{z_0} \quad \text{für} \quad n \to \infty .$$

Der Grenzwert der Bildfolge $\{f(z_n)\}$ stimmt also mit dem Funktionswert an der Stelle z_0 überein: $f(z_0) = \frac{1}{z_0}$.

Bemerkung 2: Die ε-δ-Charakterisierung der Stetigkeit gilt wörtlich auch für Funktionen $f : D \to \mathbb{C}$ $(D \subset \mathbb{C})$, so daß wir auf eine erneute Formulierung verzichten. Ebenso überträgt sich die Stetigkeit der Funktionen f,g in z_0 auf

$$f+g \;,\; f-g \;,\; f \cdot g \;\text{ und }\; \frac{f}{g} \;\; (\text{falls } g(z_0) \neq 0).$$

Die gleichmäßige Stetigkeit wird analog zu Definition 1.19, Abschnitt 1.6.6 in Band I erklärt.

Wir wollen jetzt der Frage nachgehen, welche Konsequenzen die Stetigkeit von f für die "zugehörigen" reellen Funktionen $\operatorname{Re} f$ und $\operatorname{Im} f$ besitzt. Durch Zerlegung in Real- und Imaginärteil läßt sich nämlich jede komplexwertige Funktion einer komplexen Variablen auf zwei reellwertige Funktionen in zwei reellen Variablen zurückführen: Hierzu sei $f : D \longmapsto \mathbb{C}$ und $z = x + iy \in D$. Setzen wir

$$u(x,y) := \operatorname{Re} f(x+iy) \;,\; v(x,y) := \operatorname{Im} f(x+iy) \;, \tag{6.35}$$

so gilt

$$f(z) = u(x,y) + iv(x,y) \;. \tag{6.36}$$

Beispiel 6.10 Mit $z = x + iy$ läßt sich

$$f(z) = z^2 + 1 \;,\quad z \in \mathbb{C}$$

in der Form

$$f(z) = (x+iy)^2 + 1 = (x^2 - y^2 + 1) + i\,2xy$$

schreiben; d.h. f kann durch die reellwertigen Funktionen

$$u(x,y) = x^2 - y^2 + 1 \quad \text{und} \quad v(x,y) = 2xy$$

ausgedrückt werden.

Aus Satz 6.2, Abschnitt 6.1.4 folgt unmittelbar

> Satz 6.7 Sei $f : D \longmapsto \mathbb{C}$. Die Funktion f ist genau dann stetig im Punkt $z_0 = x_0 + iy_0 \in D$, falls Realteil u und Imaginärteil v von f als Funktionen der beiden reellen Veränderlichen x und y im Punkt (x_0,y_0) stetig sind.

Mit der Stetigkeit eng zusammen hängt der Begriff "Grenzwert einer Funktion". Wir haben nur die Definitionen 6.13/14, Abschnitt 6.2.3, Band I, sinngemäß zu übertragen:

Definition 6.13 Sei $f : D \longmapsto \mathbb{C}$ und z_0 ein Häufungspunkt von D . Man sagt, $f(z)$ konvergiert für $z \longrightarrow z_0$ gegen den Grenzwert $c \in \mathbb{C}$, wenn für jede Folge $\{z_n\}$ aus D mit

$$\lim_{n\to\infty} z_n = z_0 \quad \text{und} \quad z_n \neq z_0 \quad \text{für alle} \quad n$$

folgt:

$$\lim_{n\to\infty} f(z_n) = c \ .$$

Schreibweisen: $\lim\limits_{z\to z_0} f(z) = c$, $f(z) \longrightarrow c$ für $z \longrightarrow z_0$.

Analog läßt sich Definition 6.14 aus Band I übertragen.

6.2.3 Elementare Funktionen

Wir wollen zunächst die reellen Funktionen

$$e^x \ , \ \sin x \ , \ \cos x$$

auf komplexe Argumente erweitern. In Band I, Abschnitt 3.2.3 haben wir gesehen, daß sich diese Funktionen durch Potenzreihen darstellen lassen, die für alle $x \in \mathbb{R}$ konvergieren:

$$\left.\begin{aligned} e^x &= \sum_{k=0}^{\infty} \frac{x^k}{k!} \; ; \quad \sin x = \sum_{k=0}^{\infty} \frac{(-1)^k}{(2k+1)!} x^{2k+1} \; ; \\ \cos x &= \sum_{k=0}^{\infty} \frac{(-1)^k}{(2k)!} x^{2k} \; . \end{aligned}\right\} \quad (6.37)$$

Wir nehmen diesen Sachverhalt zum Anlaß für die folgende

<u>Definition 6.14</u> Für $z \in \mathbb{C}$ erklären wir e^z, $\sin z$, $\cos z$ durch

$$\left.\begin{aligned} e^z &= \sum_{k=0}^{\infty} \frac{z^k}{k!} \; ; \quad \sin z = \sum_{k=0}^{\infty} \frac{(-1)^k}{(2k+1)!} z^{2k+1} \; ; \\ \cos z &= \sum_{k=0}^{\infty} \frac{(-1)^k}{(2k)!} z^{2k} \; . \end{aligned}\right\} \quad (6.38)$$

Diese Definition ist sinnvoll. Durch Anwendung des Quotientenkriteriums ergibt sich nämlich die absolute Konvergenz dieser Reihen. Wir begnügen uns mit dem Nachweis für die erste Reihe: Für $z = 0$ folgt die Konvergenz der Reihe $\left[\sum_{k=0}^{\infty} \frac{z^k}{k!}\right]$ auf triviale Weise. Für $z \neq 0$ liefert das Quotientenkriterium, wenn wir $a_k = \frac{z^k}{k!}$ setzen,

$$\left| \frac{a_{k+1}}{a_k} \right| = \frac{|z^{k+1}|}{(k+1)!} \frac{k!}{|z^k|} = \frac{|z|}{k+1} \longrightarrow 0 \quad \text{für} \quad k \to \infty \; .$$

Außerdem stimmen die durch Definition 6.14 erklärten Funktionen für reelle z mit den reellen Funktionen e^x, $\sin x$, $\cos x$ überein, so daß wir von einer "Fortsetzung" dieser Funktionen in die komplexe Zahlenebene hinein sprechen können. Wir präzisieren diese Überlegungen in Abschnitt 7.3.5.

I. Die Exponentialfunktion

Wir stellen einige wichtige Eigenschaften der Exponentialfunktion zusammen

a) Es gilt, wie im Reellen, die für die Exponentialfunktion charakteristische Funktionalgleichung

$$\boxed{e^{z_1} \cdot e^{z_2} = e^{z_1+z_2} \quad \text{für alle} \quad z_1, z_2 \in \mathbb{C}} \tag{6.39}$$

Beweis: Wir benötigen das folgende Resultat über das Cauchy-Produkt von zwei (unendlichen) Reihen, das unmittelbar vom reellen auf den komplexen Fall übertragen werden kann: Die beiden (komplexen) Reihen

$$\left[\sum_{k=0}^{\infty} a_k\right] \quad \text{und} \quad \left[\sum_{k=0}^{\infty} b_k\right]$$

seien absolut konvergent. Dann ist auch das Cauchy-Produkt

$$\left[\sum_{k=0}^{\infty} \sum_{l=0}^{k} a_{k-l} b_l\right] \tag{6.40}$$

absolut konvergent und es gilt

$$\left(\sum_{k=0}^{\infty} a_k\right)\left(\sum_{k=0}^{\infty} b_k\right) = \sum_{k=0}^{\infty} \sum_{l=0}^{k} a_{k-l}\, b_l \tag{6.41}$$

(vgl. auch Bd. I, Satz 1.15). Wegen (6.41) gilt

$$e^{z_1} \cdot e^{z_2} = \left(\sum_{k=0}^{\infty} \frac{z_1^k}{k!}\right)\left(\sum_{k=0}^{\infty} \frac{z_2^k}{k!}\right) = \sum_{k=0}^{\infty} \sum_{l=0}^{k} \frac{z_1^{k-l}}{(k-l)!} \frac{z_2^l}{l!}$$

$$= \sum_{k=0}^{\infty} \frac{1}{k!} \left[\sum_{l=0}^{k} \frac{k!}{(k-l)!\,l!} z_1^{k-l} z_2^l\right] .$$

Die auch im Komplexen gültige binomische Formel (für den reellen Fall s. Bd. I, Abschn. 1.1.7) liefert dann

$$e^{z_1} \cdot e^{z_2} = \sum_{k=0}^{\infty} \frac{(z_1 + z_2)^k}{k!} = e^{z_1 + z_2} . \qquad \square$$

b) Zwischen der Exponentialfunktion im Komplexen und den reellen trigonometrischen Funktionen Cosinus und Sinus besteht der folgende interessante Zusammenhang:

(i) Für alle $y \in \mathbb{R}$ gilt

$$e^{iy} = \cos y + i \sin y . \tag{6.42}$$

(ii) Für alle $z = x + iy \in \mathbb{C}$, $x,y \in \mathbb{R}$, gilt

$$e^{z} = e^{x} (\cos y + i \sin y) . \tag{6.43}$$

(Eulersche Formeln)

Beweis: (i) Nach Definition 6.14 gilt

$$e^{iy} = \sum_{k=0}^{\infty} \frac{(iy)^k}{k!} = \sum_{k=0}^{\infty} \frac{(iy)^{2k}}{(2k)!} + \sum_{k=0}^{\infty} \frac{(iy)^{2k+1}}{(2k+1)!} .$$

Wegen

$$i^k = \begin{cases} (-1)^n & \text{für } k = 2n \quad , n = 0,1,\dots \\ (-1)^n \, i & \text{für } k = 2n+1 , n = 0,1,\dots \end{cases}$$

ergibt sich daher

$$e^{iy} = \sum_{n=0}^{\infty} \frac{(-1)^n y^{2n}}{(2n)!} + i \sum_{n=0}^{\infty} \frac{(-1)^n y^{2n-1}}{(2n+1)!}$$

$$= \cos y + i \sin y .$$

(ii) Mit Hilfe von (6.39) und Teil (i) folgt

$$e^{z} = e^{x+iy} = e^{x} \cdot e^{iy} = e^{x} (\cos y + i \sin y) . \qquad \square$$

Bemerkung: In Band I, Abschnitt 2.5.3, haben wir (6.43) zur Definition der Funktion e^z benutzt. Durch unsere obigen Überlegungen ist damit diese Vorgehensweise, die für einen "ersten Durchgang" sinnvoll ist, begründet.

Aus (6.43) folgt für $z = x + iy$, $x,y \in \mathbb{R}$ unmittelbar

$$|e^z| = e^x = e^{\operatorname{Re} z} ,$$

insbesondere also

$$|e^{iy}| = 1$$

und

$$\arg(e^z) = y = \operatorname{Im} z .$$

Außerdem erkennen wir, daß e^z genau dann reelle Werte annimmt, wenn $\sin y = 0$, also $y = k\pi$ $(k \in \mathbb{Z})$ ist.

c) Die Funktion e^z ist eine periodische Funktion mit der (imaginären) Periode $2\pi i$: Diese überraschende Eigenschaft der komplexen Exponentialfunktion folgt aus

$$\begin{aligned} e^{z+2\pi i} &= e^z \cdot e^{2\pi i} = e^z(\cos 2\pi + i \sin 2\pi) \\ &= e^z , \quad \text{für} \quad z \in \mathbb{C} . \end{aligned}$$

Ist $e^{z_1} = e^{z_2}$, so folgt, wenn wir $z = x + iy := z_1 - z_2$ setzen,

$$1 = e^{z_1 - z_2} = e^z = e^x(\cos y + i \sin y) ,$$

d.h. $x = 0$, $\cos y = 1$, $\sin y = 0$ und damit $z = 2\pi ik$ $(k \in \mathbb{Z})$. Die Exponentialfunktion besitzt also nur ganzzahlige Vielfache von $2\pi i$ als Periode. Außerdem folgt, daß e^z in jedem Periodenstreifen (d.h. in jedem Streifen, dessen Ränder parallel zur reellen Achse verlaufen und die durch Parallelverschiebung um $2\pi i$ bzw. $-2\pi i$ ineinander übergehen) jeden Funktionswert genau einmal annimmt. Für den

Wertevorrat von e^z gilt: Jeder von 0 verschiedene Wert w wird genau einmal, der Wert 0 nirgends, angenommen. Denn: Wegen $e^z \cdot e^{-z} = e^0 = 1$ muß $e^z \neq 0$ gelten. Für $w = \rho e^{i\psi} \neq 0$ folgt mit $z = \ln\rho + i(\psi + 2k\pi)$ $(k \in \mathbb{Z})$

$$e^z = e^{\ln\rho + i(\psi + 2k\pi)} = e^{\ln\rho} \cdot e^{i\psi} \cdot e^{i2k\pi}$$
$$= \rho e^{i\psi} \cdot 1 = w\ .$$

Wählen wir k geeignet, so liegt z in dem betrachteten Periodenstreifen.

Um einen anschaulichen Eindruck von e^z zu gewinnen, untersuchen wir, welche Bilder die Geraden $y = \operatorname{Im} z = \text{const.}$ bzw. die Strecken mit $x = \operatorname{Re} z = \text{const.}$ in einem Periodenstreifen besitzen. Hierzu setzen wir $z = x + iy$ und $w = \rho e^{i\psi}$. Wegen $e^z = e^x \cdot e^{iy}$ folgt

$$\rho = e^x \quad \text{und} \quad \psi = y + 2k\pi\ , \quad k \in \mathbb{Z}\ ,$$

d.h. die Geraden $y = \operatorname{Im} z = \text{const.}$ gehen in die Halbgeraden $\psi = \text{const.}$ über. Die Strecke $x = \operatorname{Re} z = \text{const.}$ im Streifen $0 \leq \operatorname{Im} z < 2\pi$ wird in einen Kreis um den Nullpunkt vom Radius $r = e^x$ abgebildet.

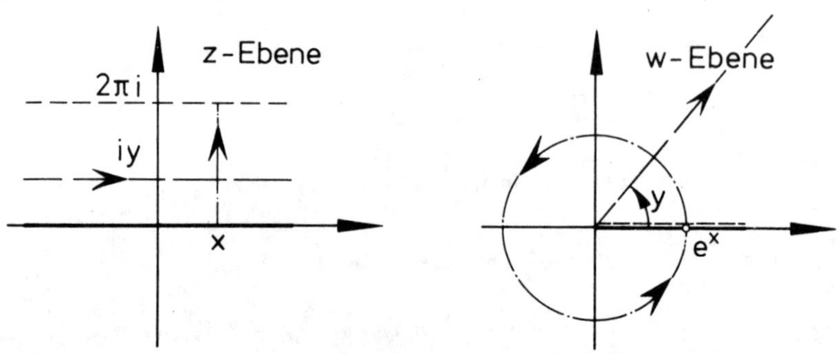

Fig. 6.29: Geometrische Eigenschaften von e^z

II. Die trigonometrischen Funktionen

Nach Definition 6.14 gilt für $z \in \mathbb{C}$

$$\sin z = \sum_{k=0}^{\infty} \frac{(-1)^k}{(2k+1)!} z^{2k+1} , \quad \cos z = \sum_{k=0}^{\infty} \frac{(-1)^k}{(2k)!} z^{2k} .$$

Hieraus folgt unmittelbar

$$\boxed{\cos(-z) = \cos z \quad , \quad \sin(-z) = -\sin z \; ; \quad z \in \mathbb{C}} \tag{6.44}$$

Aus den Reihen für e^{iz} und e^{-iz} gewinnen wir die Beziehung

$$\begin{aligned} e^{iz} + e^{-iz} &= \sum_{k=0}^{\infty} \frac{(iz)^k}{k!} + \sum_{k=0}^{\infty} \frac{(-iz)^k}{k!} \\ &= \sum_{k=0}^{\infty} \left[i^k + (-i)^k \right] \frac{z^k}{k!} \\ &= 2 \sum_{k=0}^{\infty} \frac{(-1)^k z^{2k}}{(2k)!} = 2 \cos z \end{aligned}$$

und entsprechend

$$e^{iz} - e^{-iz} = 2i \sin z .$$

Damit bestehen zwischen der Exponentialfunktion und der Cosinus- bzw. Sinusfunktion die folgenden Zusammenhänge:

Für beliebige $z \in \mathbb{C}$ gilt

$$\cos z = \frac{e^{iz} + e^{-iz}}{2} \; ; \quad \sin z = \frac{e^{iz} - e^{-iz}}{2i} \tag{6.45}$$

Aus (6.45) ergeben sich sofort die Additionstheoreme

$$\left. \begin{aligned} \cos(z_1 + z_2) &= \cos z_1 \cdot \cos z_2 - \sin z_1 \cdot \sin z_2 \\ \sin(z_1 + z_2) &= \sin z_1 \cdot \cos z_2 + \sin z_2 \cdot \cos z_1 \end{aligned} \right\} \tag{6.46}$$

für beliebige $z_1, z_2 \in \mathbb{C}$, mit deren Hilfe die 2π-Periodizität von $\cos z$ und $\sin z$ gefolgert werden kann. Ferner gilt, dem reellen Fall entsprechend,

$$\boxed{\cos^2 z + \sin^2 z = 1 \quad \text{für alle} \quad z \in \mathbb{C}} \tag{6.47}$$

Aus den Eulerschen Formeln erhalten wir, wenn wir

$$\sinh y = \frac{e^y - e^{-y}}{2} \quad \text{und} \quad \cosh y = \frac{e^y + e^{-y}}{2}$$

$(y \in \mathbb{R})$ beachten[1], die Beziehungen

$$\left.\begin{aligned} \sin z &= \sin x \cdot \cosh y + i \cos x \cdot \sinh y \; ; \\ \cos z &= \cos x \cdot \cosh y - i \sin x \cdot \sinh y \; . \end{aligned}\right\} \tag{6.48}$$

Aus (6.48) folgt

$$\begin{aligned} |\sin z|^2 &= \sin^2 x \cdot \cosh^2 y + \cos^2 x \cdot \sinh^2 y \\ &= \sin^2 x \cdot (\cosh^2 y - \sinh^2 y) + \sinh^2 y \cdot (\cos^2 x + \sin^2 x) \\ &= \sin^2 x + \sinh^2 y \end{aligned}$$

(wir beachten: $\cosh^2 y - \sinh^2 y = 1$, $\sin^2 x + \cos^2 x = 1$) und entsprechend

$$|\cos z|^2 = \cos^2 x + \sinh^2 y \; .$$

Da $\sinh y$ in $\mathbb{R}$ nicht beschränkt ist, erkennen wir hieraus:

> *Falls* $y = \operatorname{Im} z \neq 0$, *sind die Funktionen* $\sin z$ *und* $\cos z$ *nicht beschränkt.*

Sowohl die (komplexe) Sinus- als auch die Cosinusfunktion besitzen außer den entsprechenden Nullstellen auf der reellen Achse keine weiteren: Für die Sinusfunktion folgt dies aus (6.45), denn es gilt

---

[1] s. Bd. I, Abschn. 2.4.5, Def. 2.12

$\sin z = 0$ genau dann, wenn $e^{i2z} = 1$, also $z = k\pi$ $(k \in \mathbb{Z})$ ist. Für die Cosinusfunktion ergibt sich dies, wenn wir

$$\sin\left(z + \frac{\pi}{2}\right) = \cos z \qquad \text{(zeigen!)}$$

verwenden.

Die Funktionen Tangens und Cotangens erklären wir für komplexe Argumente z durch

$$\tan z = \frac{\sin z}{\cos z}\ , \quad z \neq \left(k + \frac{1}{2}\right)\pi\ , \quad k \in \mathbb{Z}\ ;$$
$$\cot z = \frac{\cos z}{\sin z}\ , \quad z \neq k\pi\ , \quad k \in \mathbb{Z}\ . \tag{6.49}$$

Übungen

6.9* Sind die folgenden auf $\mathbb{C} - \{0\}$ erklärten Funktionen im Nullpunkt stetig ergänzbar:

a) $f(z) = \dfrac{z}{|z|}$; b) $f(z) = \dfrac{z \operatorname{Re} z}{|z|}$?

6.10* Gegeben sind die Funktionen

$$f(z) = \sin z\ , \ g(z) = \cos z\ , \quad z \in \mathbb{C}\ .$$

a) Bestimme die Bilder der Mengen $A = \{z \in \mathbb{C} \mid \operatorname{Im} z = \text{const.}\}$; $B = \{z \in \mathbb{C} \mid \operatorname{Re} z = \text{const.}\}$; $C = \{z \in \mathbb{C} \mid -\pi < \operatorname{Re} z < \pi\}$ unter f und g.

b) Wann gilt $f(z_1) = f(z_2)$? Bestimme zu jedem Bildpunkt aus $f(C)$ die Anzahl der Urbilder.

c) Zeige: Zu jedem $z \in \mathbb{C}$ existiert eine Umgebung $U = U(z)$, so daß die Restriktion von f auf U : $f|_U$ eine stetige bijektive Abbildung von U auf $f(U)$ ist.

7 HOLOMORPHE FUNKTIONEN

7.1 DIFFERENZIERBARKEIT IM KOMPLEXEN. HOLOMORPHIE

Wir benutzen die Differenzierbarkeit von komplexen Funktionen als Einstieg in die Funktionentheorie und insbesondere zur Definition der holomorphen Funktionen.

7.1.1 Ableitungsbegriff. Holomorphie

Der Ableitungsbegriff für reellwertige Funktionen f wurde in Band I, Abschnitt 3.1.2 mit Hilfe des Differenzenquotienten

$$\frac{f(x) - f(x_0)}{x - x_0}$$

durch Grenzübergang $x \longrightarrow x_0$ erklärt. Analog hierzu gehen wir im komplexen Fall vor:

Definition 7.1 (a) Die komplexwertige Funktion f sei auf einem Gebiet $D \subset \mathbb{C}$ erklärt. Man sagt, f ist *differenzierbar im Punkt* $z_0 \in D$, wenn der Grenzwert

$$\lim_{z \to z_0} \frac{f(z) - f(z_0)}{z - z_0} \tag{7.1}$$

existiert. Dieser Grenzwert ist hierbei im Sinne von Definition 6.13 zu verstehen. Man nennt diesen Grenzwert (*erste*) *Ableitung* oder *Differentialquotient* von f in z_0 und benutzt die Schreibweisen

$$f'(z_0)\ , \quad \frac{d}{dz}f(z_0) \quad \text{oder} \quad \frac{df}{dz}(z_0)\ .$$

(b) f heißt *differenzierbar im Gebiet* D, falls f in jedem Punkt von D differenzierbar ist.

(c) f heißt stetig differenzierbar im Gebiet D, falls f in D differenzierbar und die Ableitung f' in D stetig ist.

Beispiel 7.1 Die Funktion

$$f(z) = z^n , \quad n \in \mathbb{N}$$

ist in ganz $\mathbb{C}$ stetig differenzierbar. (Zeigen!)

Aus der Differenzierbarkeit von f in z_0 folgt insbesondere die Stetigkeit von f in diesem Punkt, eine Aussage, die nicht besonders überrascht.

In Abschnitt 6.2.2 , Satz 6.7 , haben wir gesehen, daß sich die Stetigkeit von $f = u + iv$ im Punkt $z_0 = x_0 + iy_0$ auf die Stetigkeit von Realteil u und Imaginärteil v von f im Punkt (x_0,y_0) überträgt und umgekehrt. Gilt eine entsprechende Aussage auch für die Differenzierbarkeit? Dies ist nicht der Fall, wie das folgende Beispiel zeigt:

Beispiel 7.2 Wir betrachten die Funktion

$$f(z) = |z| , \quad z \in \mathbb{C} .$$

Setzen wir $z = x + iy$, $u(x,y) = \sqrt{x^2+y^2}$ und $v(x,y) = 0$, so können wir f in der Form

$$f(z) = \sqrt{x^2+y^2} + i0 = u(x,y) + iv(x,y)$$

darstellen. Die Funktionen u und v sind für alle $(x,y) \neq (0,0)$ differenzierbar. Jedoch ist f auch für $z_0 \neq 0$ nicht differenzierbar:

(i) Wir wählen zunächst eine Folge $\{z_n\}$ auf dem Kreis um den 0-Punkt mit Radius $|z_0|$, d.h. für diese Folge gilt $|z_n| = |z_0|$ und

$$z_n \longrightarrow z_0 \quad \text{für} \quad n \longrightarrow \infty \quad (z_n \neq z_0) .$$

Daher folgt $f(z_n) = f(z_0)$ und somit

$$\frac{f(z_n) - f(z_0)}{z_n - z_0} \longrightarrow 0 \quad \text{für} \quad n \longrightarrow \infty .$$

(ii) Nehmen wir nun eine Folge $\{z_n\}$, die auf der Geraden durch die Punkte 0 und z_0 liegt, also mit $\arg z_n = \arg z_0$, für die

$$z_n \longrightarrow z_0 \quad \text{für} \quad n \longrightarrow \infty \quad (z_n \neq z_0)$$

gilt. Wegen

$$f(z_n) - f(z_0) = |z_n| - |z_0| \neq 0$$

und

$$z_n - z_0 = (|z_n| - |z_0|)\, e^{i \arg z_0}$$

folgt dann für alle $n \in \mathbb{N}$

$$\frac{f(z_n) - f(z_0)}{z_n - z_0} \longrightarrow e^{-i \arg z_0} \neq 0 .$$

Für die beiden Folgen aus (i) und (ii) ergeben sich somit unterschiedliche Grenzwerte, f kann also in z_0 nicht differenzierbar sein.

Die Frage, unter welchen zusätzlichen Voraussetzungen an die Funktionen u und v auf die Differenzierbarkeit von f geschlossen werden kann, wird uns in Abschnitt 7.1.3 noch beschäftigen.

Der folgende Holomorphiebegriff steht im Zentrum der Funktionentheorie:

Definition 7.2 Sei D ein Gebiet in $\mathbb{C}$ und $f : D \longrightarrow \mathbb{C}$.

(a) Wir sagen, f ist *holomorph* (oder *regulär*, oder *analytisch*) *in D*, falls f in D stetig differenzierbar ist.

(b) Wir nennen f *holomorph im Punkt* $z_0 \in D$, falls f in einer Umgebung von z_0 stetig differenzierbar ist.

Bemerkung: Wir beachten, daß die Holomorphie einer Funktion f in z_0 mehr verlangt, als daß f stetig differenzierbar in z_0 ist: f muß in einer *Umgebung* von z_0 stetig differenzierbar sein.

7.1.2 Rechenregeln für holomorphe Funktionen

Wie in der reellen Analysis (s. Bd. I, Abschn. 3.1) beweist man die folgenden Sätze:

Satz 7.1 Die Funktionen f und g seien holomorph im Gebiet D. Dann sind auch die Funktionen

$$f \pm g\,,\quad f \cdot g \quad \text{und} \quad \frac{f}{g} \quad (\text{falls } g(z) \neq 0 \text{ in } D)$$

holomorph in D, und es gelten die Ableitungsregeln

$$(f \pm g)' = f' \pm g' \quad ; \tag{7.2}$$

$$(f \cdot g)' = f'g + fg' \quad ; \quad (\text{Produktregel}) \tag{7.3}$$

$$\left(\frac{f}{g}\right)' = \frac{f'g - g'f}{g^2} \quad . \quad (\text{Quotientenregel}) \tag{7.4}$$

Dieser Satz ist bei vielen Holomorphienachweisen hilfreich.

Beispiel 7.3 Das komplexe Polynom

$$P_n(z) = a_n z^n + a_{n-1} z^{n-1} + \ldots + a_1 z + a_0 \; ; \; z\,,\, a_i \in \mathbb{C}\,,\; n \in \mathbb{N}$$

ist in ganz $\mathbb{C}$ holomorph.

Beispiel 7.4 Die rationale Funktion

$$f(z) = \frac{a_n z^n + \ldots + a_1 z + a_0}{b_m z^m + \ldots + b_1 z + b_0}$$

$$(a_j, b_k \in \mathbb{C}\,,\; j = 0,1,\ldots,n\,,\; k = 0,1,\ldots,m\,;\; n,m \in \mathbb{N})$$

ist in ganz $\mathbb{C}$ mit Ausnahme der Nullstellen des Nennerpolynoms holomorph.

Auch bei der Verkettung von komplexwertigen Funktionen lassen wir uns von der reellen Analysis leiten (s. Bd. I, Def. 1.5 und Satz 3.3):

Seien D_1, D_2 und D_3 Gebiete in $\mathbb{C}$

$$g : D_1 \to D_2 \quad \text{und} \quad f : D_2 \to D_3 \; .$$

Dann ist die Verkettung von f und g

$$f \circ g : D_1 \to D_3$$

durch

$$(f \circ g)(z) = f(g(z)) \; , \quad z \in D_1 \tag{7.5}$$

erklärt. Es gilt

Satz 7.2 (Kettenregel) Ist $g : D_1 \to D_2$ holomorph in D_1 und ist $f : D_2 \to D_3$ holomorph in D_2, so ist die Verkettung $f \circ g : D_1 \to D_3$ holomorph in D_1 und es gilt

$$(f \circ g)' = (f' \circ g)g' \; . \tag{7.6}$$

Auch der Beweis dieses Satzes läßt sich unmittelbar aus dem entsprechenden reellen Beweis (s. Bd. I, S. 284) übernehmen.

7.1.3 Die Cauchy-Riemannschen Differentialgleichungen

Im folgenden untersuchen wir die Konsequenzen der komplexen Differenzierbarkeit von

$$f(z) = u(x,y) + iv(x,y) \quad \text{im Punkt} \quad z_0 = x_0 + iy_0$$

auf die reellen Funktionen

$$u(x,y) \quad \text{und} \quad v(x,y) \quad \text{im Punkt} \quad (x_0,y_0) \; .$$

Wir leiten eine notwendige Bedingung für die Differenzierbarkeit von f in z_0 her:

<u>Satz 7.3</u> Sei D ein Gebiet in $\mathbb{C}$, $z_0 = x_0 + iy_0 \in D$ und die Funktion $f(z) = u(x,y) + iv(x,y)$ differenzierbar in z_0. Dann besitzen die Funktionen u und v in (x_0,y_0) partielle Ableitungen u_x, u_y, v_x, v_y [1] und es gilt

$$u_x(x_0,y_0) = v_y(x_0,y_0)\ ,\quad v_x(x_0,y_0) = -u_y(x_0,y_0) \tag{7.7}$$

(<u>Cauchy-Riemannsche[2] Differentialgleichungen</u>)

Für die Ableitung f' in z_0 gilt

$$\begin{aligned} f'(z_0) &= u_x(x_0,y_0) + iv_x(x_0,y_0) = \\ &= v_y(x_0,y_0) - iu_y(x_0,y_0)\ . \end{aligned} \tag{7.8}$$

<u>Beweis</u>: Nach Voraussetzung existiert der Grenzwert

$$\lim_{z \to z_0} \frac{f(z) - f(z_0)}{z - z_0} = f'(z_0)\ ,$$

wie auch immer wir mit z gegen z_0 gehen.

(i) Dies gilt insbesondere, wenn wir uns auf einer Parallelen zur x-Achse durch z_0 dem Punkt z_0 nähern: Für jede reelle Folge $\{h_n\}$ mit $h_n \to 0$ für $n \to \infty$ $(h_n \neq 0)$ muß also gelten

1) u_x steht für $\frac{\partial u}{\partial x}$, u_y für $\frac{\partial u}{\partial y}$ usw.

2) A.L. Cauchy (1789-1857), französischer Mathematiker
B. Riemann (1826-1866), deutscher Mathematiker

$$\frac{f(z_0+h_n)-f(z_0)}{h_n} = \frac{[u(x_0+h_n,y_0)+iv(x_0+h_n,y_0)]-[u(x_0,y_0)+iv(x_0,y_0)]}{h_n}$$

$$= \frac{u(x_0+h_n,y_0)-u(x_0,y_0)}{h_n} + i\frac{v(x_0+h_n,y_0)-v(x_0,y_0)}{h_n}$$

$$\longrightarrow f'(z_0) \quad \text{für} \quad n \to \infty \ .$$

Nach Satz 6.7 , Abschnitt 6.2.2, existieren also die partiellen Ableitungen u_x und v_x in (x_0,y_0) und es gilt

$$f'(z_0) = u_x(x_0,y_0) + iv_x(x_0,y_0) \ . \tag{7.9}$$

(ii) Nun nähern wir uns auf einer Parallelen zur y-Achse durch z_0 dem Punkt z_0 : Für jede reelle Folge $\{h_n\}$ mit $h_n \to 0$ für $n \to \infty$ $(h_n \neq 0)$ muß also gelten

$$\frac{f(z_0+ih_n)-f(z_0)}{ih_n} = \frac{[u(x_0,y_0+h_n)+iv(x_0,y_0+h_n)]-[u(x_0,y_0)+iv(x_0,y_0)]}{ih_n}$$

$$= \frac{v(x_0,y_0+h_n)-v(x_0,y_0)}{h_n} - i\frac{u(x_0,y_0+h_n)-u(x_0,y_0)}{h_n}$$

$$\longrightarrow f'(z_0) \quad \text{für} \quad n \to \infty \ .$$

Daher existieren - wieder nach Satz 6.7 - die partiellen Ableitungen v_y und u_y in (x_0,y_0) und es gilt

$$f'(z_0) = v_y(x_0,y_0) - i\,u_y(x_0,y_0) \ . \tag{7.10}$$

Durch (7.9) und (7.10) ist die Beziehung (7.8) bewiesen. Ferner ergibt sich

$$u_x(x_0,y_0) + i\,v_x(x_0,y_0) = v_y(x_0,y_0) - iu_y(x_0,y_0) \ ,$$

womit auch (7.7) nachgewiesen ist. □

Beispiel 7.5 Die Funktion

$$f(z) = |z|^2 , \quad z \in \mathbb{C}$$

läßt sich mit $z = x + iy$, $u(x,y) = x^2 + y^2$ und $v(x,y) = 0$ in der Form

$$f(z) = (x^2+y^2) + i0 = u(x,y) + iv(x,y)$$

schreiben. Da für alle $(x,y) \in \mathbb{R}^2$

$$u_x(x,y) = 2x \quad , \quad u_y(x,y) = 2y$$

$$v_x(x,y) = 0 \quad , \quad v_y(x,y) = 0$$

gilt, sind die Cauchy-Riemannschen Differentialgleichungen (7.7) in keinem Punkt $(x,y) \in \mathbb{R}^2$ mit $(x,y) \neq (0,0)$ erfüllt, die Funktion f ist daher für kein $z \in \mathbb{C} - \{0\}$ differenzierbar, also in keinem Punkt $z_0 \in \mathbb{C}$ holomorph. Dagegen ist f wegen $\frac{f(z)-f(0)}{z-0} = \frac{|z|^2}{z} = \bar{z} \to 0$ für $z \to 0$ im Punkt $z_0 = 0$ differenzierbar.

Bemerkung: Beachten wir, daß die Funktion

$$f(x) = |x|^2 = x^2 , \quad x \in \mathbb{R}$$

in ganz $\mathbb{R}$ differenzierbar ist, so zeigt uns Beispiel 7.5, daß die Forderung der Differenzierbarkeit im Komplexen wesentlich restriktiver als im Reellen ist. Die reelle Differenzierbarkeit verlangt lediglich die Existenz des Grenzwertes

$$\lim_{n\to\infty} \frac{f(x_0+h_n) - f(x_0)}{h_n}$$

für jede reelle Nullfolge $\{h_n\}$ $(h_n \neq 0)$ (s. Fig. 7.1), während im komplexen Fall beliebige komplexe Nullfolgen $\{h_n\}$ $(h_n \neq 0)$ zugelassen werden müssen (s. Fig. 7.2).

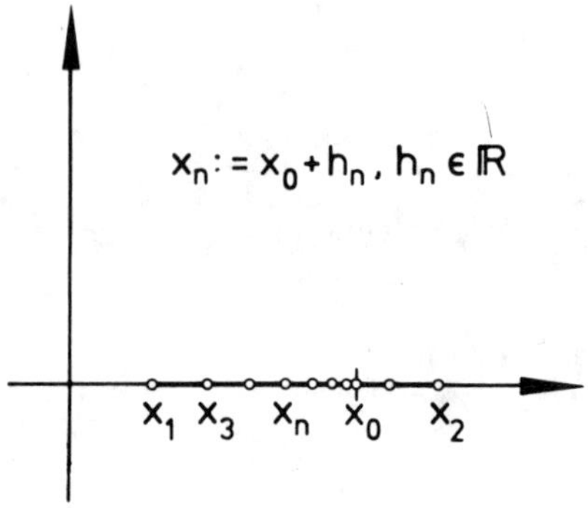

Fig. 7.1: Zur reellen Differenzierbarkeit

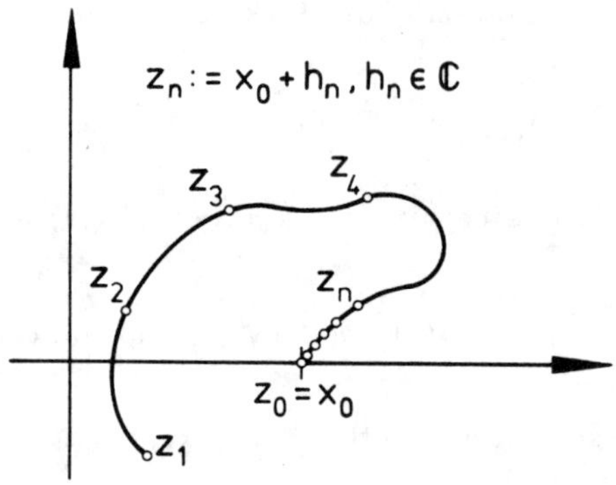

Fig. 7.2: Zur komplexen Differenzierbarkeit

Wir wenden uns jetzt der Frage zu, ob die in Satz 7.3 angegebenen Bedingungen auch hinreichend für komplexe Differenzierbarkeit sind. Dies ist nicht der Fall: So besitzt etwa die Funktion $f = u + iv$ mit

$$f(z) = \begin{cases} \dfrac{z^5}{|z|^4} & \text{für } z \neq 0 \\ 0 & \text{für } z = 0 \end{cases}$$

in $(x_0, y_0) = (0,0)$ zwar partielle Ableitungen u_x, u_y, v_x, v_y, die den Cauchy-Riemannschen Differentialgleichungen genügen; sie ist aber in $z = 0$ nicht differenzierbar (s. Üb. 7.2).

Um vom Verhalten der Funktionen u und v auf Differenzierbarkeitseigenschaften von f schließen zu können, sind also zusätzliche Voraussetzungen nötig. Dies zeigt der folgende

Satz 7.4 Die Funktionen u und v seien in einem Gebiet D des $\mathbb{R}^2$ erklärt. Besitzen u und v in D stetige partielle Ableitungen erster Ordnung und genügen diese dort den Cauchy-Riemannschen Differentialgleichungen (7.7), so ist die Funktion

$$f(z) = f(x+iy) = u(x,y) + iv(x,y)$$

in D stetig differenzierbar, wobei wir D jetzt als Gebiet in $\mathbb{C}$ auffassen.

Ein einfacher Beweis dieses Satzes ergibt sich mit Hilfe des Satzes von Morera (s. Abschn. 7.2.4, Bemerkung im Anschluß an Satz 7.20), so daß wir diesen Nachweis noch zurückstellen.

Mit den obigen Resultaten gewinnen wir die folgende Charakterisierung der holomorphen Funktionen:

Satz 7.5 Die Funktion f ist holomorph im Gebiet D, d.h. f ist in D stetig differenzierbar, genau dann, wenn Realteil u und Imaginärteil v von f stetige partielle Ableitungen erster Ordnung in D (als Gebiet in $\mathbb{R}^2$ aufgefaßt) besitzen, die dort den Cauchy-Riemannschen Differentialgleichungen

$$u_x(x,y) = v_y(x,y) \quad , \quad v_x(x,y) = -u_y(x,y)$$

genügen.

Beweis: Beachten wir, daß sich die Stetigkeit von f' in D auf Real- und Imaginärteil von f' überträgt (s. Satz 6.7, Abschn. 6.2.2), so folgt aus Satz 7.3, (7.8) die Stetigkeit von u_x, u_y, v_x, v_y in D und wegen (7.7), daß auch die Cauchy-Riemannschen Differentialgleichungen erfüllt sind.

Die Umkehrung ist durch Satz 7.4 gegeben. □

Bemerkung: Satz 7.5 ist in zahlreichen Fällen geeignet, die Holomorphie einer vorgegebenen Funktion zu überprüfen.

Beispiel 7.6 Wir betrachten die Exponentialfunktion e^z, die wir mit $z = x + iy$ wegen (6.43) (s. Abschn. 6.2.3) in der Form

$$e^z = e^x \cos y + i e^x \sin y =: u(x,y) + iv(x,y)$$

darstellen können. Offensichtlich besitzen die Funktionen u und v stetige partielle Ableitungen erster Ordnung in ganz $\mathbb{R}^2$:

$$u_x(x,y) = e^x \cos y \quad , \quad u_y(x,y) = -e^x \sin y \; ,$$
$$v_x(x,y) = e^x \sin y \quad , \quad v_y(x,y) = e^x \cos y \; .$$

Ferner gilt in $\mathbb{R}^2$

$$u_x(x,y) = v_y(x,y) \quad \text{und} \quad u_y(x,y) = -v_x(x,y) \; ,$$

so daß aus Satz 7.5 die Holomorphie von e^z in ganz $\mathbb{C}$ folgt. Insbesondere gilt wegen Satz 7.3, (7.8)

$$\frac{d}{dz} e^z = u_x(x,y) + i v_x(x,y) = e^x \cos y + i e^x \sin y$$
$$= e^x(\cos y + i \sin y) \; ,$$

also

$$\boxed{\frac{d}{dz} e^z = e^z \quad \text{für alle} \quad z \in \mathbb{C}} \tag{7.11}$$

Beispiel 7.7 Für die Sinus- bzw. Cosinus-Funktion haben wir in Abschnitt 6.2.3, II die Beziehungen

$$\sin z = \frac{e^{iz} - e^{-iz}}{2i} \quad \text{bzw.} \quad \cos z = \frac{e^{iz} + e^{-iz}}{2}$$

gewonnen. Wegen Satz 7.1, Abschnitt 7.1.2, und Beispiel 7.6 folgt, daß $\sin z$ und $\cos z$ in ganz $\mathbb{C}$ holomorphe Funktionen sind. Außerdem gilt wegen Satz 7.2, (7.6)

$$\frac{d}{dz} \sin z = \frac{1}{2i}\left(i e^{iz} + i e^{-iz}\right) = \frac{e^{iz} + e^{-iz}}{2} \quad ;$$
$$\frac{d}{dz} \cos z = \frac{1}{2}\left(i e^{iz} - i e^{iz}\right) = -\frac{e^{iz} - e^{-iz}}{2i} \; ,$$

also für alle $z \in \mathbb{C}$

$$\boxed{\frac{d}{dz} \sin z = \cos z \quad ; \quad \frac{d}{dz} \cos z = -\sin z} \tag{7.12}$$

Es stellt sich die Frage nach der Umkehrung von holomorphen Funktionen, insbesondere auch der elementaren Funktionen. Als lokales Resultat ergibt sich

> **Satz 7.6** Die Funktion f sei in z_0 holomorph (d.h. in einer Umgebung von z_0 stetig differenzierbar), und es gelte $f'(z_0) \neq 0$. Dann bildet f eine Umgebung von z_0 umkehrbar eindeutig auf eine Umgebung von $w_0 = f(z_0)$ ab. Die Umkehrfunktion f^{-1} ist holomorph in w_0, und es gilt
>
> $$\left(f^{-1}\right)'(w_0) = \frac{1}{f'(z_0)} \quad . \tag{7.13}$$

Beweis: Nach Voraussetzung ist f' stetig in einer Umgebung von z_0. Wegen $f'(z_0) \neq 0$ gilt daher $f'(z) \neq 0$ in einer (möglicherweise kleineren) Umgebung von z_0. Benutzen wir noch für $f(z) = f(x+iy) = u(x,y) + iv(x,y)$ die Beziehung

$$f'(z) = u_x(x,y) + iv_x(x,y)$$

(s. Abschn. 7.1.3, (7.8)) bzw. die Cauchy-Riemannschen Differentialgleichungen (7.7), so erhalten wir

$$\begin{vmatrix} u_x & u_y \\ v_x & v_y \end{vmatrix} = \begin{vmatrix} u_x & -v_x \\ v_x & u_x \end{vmatrix} = u_x^2 + v_x^2 = |f'(z)|^2 \neq 0 \ .$$

Mit Satz 6.16, Abschnitt 6.4.2, Band I, folgt daher, daß durch f eine genügend kleine Umgebung von z_0 umkehrbar eindeutig auf eine Umgebung von w_0 abgebildet wird. Die stetige Differenzierbarkeit der Umkehrabbildung f^{-1} in dieser Umgebung folgt dann mit $w = f(z)$, $w^* = f(z^*)$ aus

$$\lim_{w^*\to w} \frac{f^{-1}(w^*) - f^{-1}(w)}{w^* - w} = \lim_{z^*\to z} \frac{z^* - z}{f(z^*) - f(z)} = \lim_{z^*\to z} \frac{1}{\frac{f(z^*)-f(z)}{z^* - z}} =$$

$$= \frac{1}{f'(z)} \ .$$

□

Bemerkung: Das Beispiel $f(z) = z^2$ macht deutlich:

1. Die Forderung $f'(z_0) \neq 0$ ist wesentlich.
2. Ist $f'(z) \neq 0$ in einem Gebiet D , so folgt nicht notwendig, daß f in ganz D umkehrbar eindeutig ist. (Begründung!)

Diese Problematik führt in die Theorie der Riemannschen Flächen. Wir kommen auf diesen Punkt im Zusammenhang mit der Umkehrung der elementaren Funktionen in Abschnitt 7.1.4 zurück.

7.1.4 Umkehrung der elementaren Funktionen

In Abschnitt 6.2.3 haben wir uns in einem ersten Durchgang mit einigen elementaren Funktionen, insbesondere mit der Exponentialfunktion und den trigonometrischen Funktionen, beschäftigt und einige Eigenschaften dieser Funktionen kennengelernt. Wir wollen diese Betrachtungen im folgenden wieder aufnehmen und erweitern, insbesondere durch Hinzunahme der Potenzfunktion. Dabei steht die Frage nach der Umkehrbarkeit der elementaren Funktionen im Mittelpunkt unserer Überlegungen.

Gestützt auf Satz 7.6, Abschnitt 7.1.3, können wir sagen, daß eine im Punkt z_0 holomorphe Funktion f mit $f'(z_0) \neq 0$ lokal umkehrbar eindeutig ist, also in einer Umgebung von z_0 eine Umkehrfunktion besitzt. Nun fragen wir nach dem natürlichen (globalen) Definitionsbereich der o.g. Umkehrfunktionen, sowie nach ihren geometrischen Eigenschaften. Wir lernen hierbei ein für die Umkehrung typisches Phänomen kennen: die "Mehrdeutigkeit" dieser Umkehrfunktionen.

I. Potenz- und Wurzelfunktion

In Analogie zur reellen Potenzfunktion definieren wir die Potenzfunktion im Komplexen:

$$w = f(z) = z^n \ , \quad n \in \mathbb{N} \ , \ z \in \mathbb{C} \ . \qquad (7.14)$$

Diese Funktion ist in ganz $\mathbb{C}$ holomorph und wegen

$$f'(z) = nz^{n-1}$$

für alle $z \neq 0$ lokal umkehrbar eindeutig. Im Spezialfall $n = 1$ ist f auch in $z = 0$ umkehrbar. Es liegt dann die Identische Abbildung vor, die ganz $\mathbb{C}$ umkehrbar eindeutig auf sich abbildet. Wir schließen diesen trivialen Fall im folgenden aus und orientieren uns zunächst am Fall $n = 2$:

$$w = f(z) = z^2 , \quad z \in \mathbb{C} . \tag{7.15}$$

Verwenden wir für z die Darstellung

$$z = re^{i\varphi} ,$$

so folgt aus (7.14)

$$w = r^2 e^{i2\varphi} ,$$

d.h. jeder Winkel, dessen Scheitel im Nullpunkt liegt, wird verdoppelt. Insbesondere wird die obere Halbebene ohne die negative reelle Achse und ohne den Nullpunkt

$$H_1 = \{z = re^{i\varphi} \mid 0 \leq \varphi < \pi , \ 0 < r < \infty\}$$

auf $G = \mathbb{C} - \{0\}$ abgebildet (s. Fig. 7.3); ebenso die untere Halbebene ohne die positive reelle Achse und ohne den Nullpunkt

$$H_2 = \{z = re^{i\varphi} \mid \pi \leq \varphi < 2\pi , \ 0 < r < \infty\}$$

(s. Fig. 7.4).

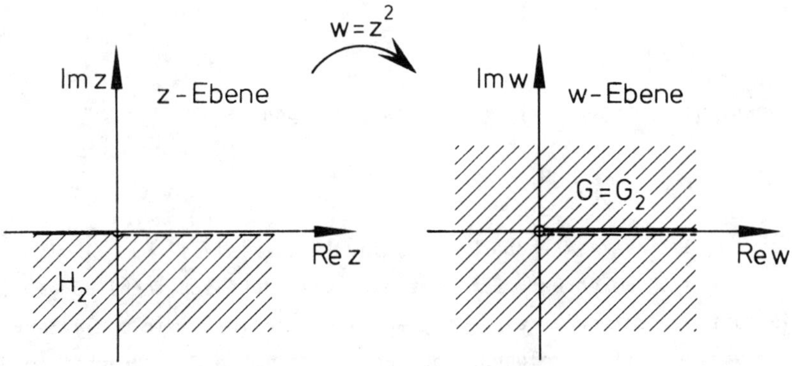

Fig. 7.3: Abbildung von H_1 durch $w = z^2$

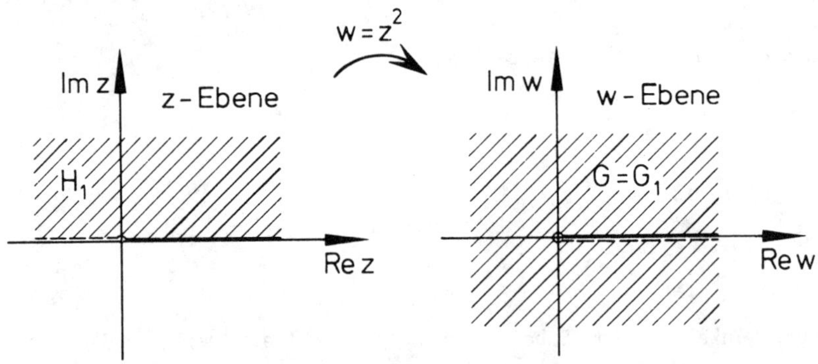

Fig. 7.4: Abbildung von H_2 durch $w = z^2$

Wenden wir uns der Frage nach der Umkehrung von $w = f(z) = z^2$ zu. Nach Satz 6.1, Abschnitt 6.1.1, erhalten wir zu jedem $w \neq 0$ genau zwei komplexe Zahlen z_1, z_2 mit $z_1^2 = z_2^2 = w$, nämlich

$$z_1 = \sqrt{|w|}\, e^{i\frac{\operatorname{Arg} w}{2}}, \quad z_2 = \sqrt{|w|}\, e^{i\left(\frac{\operatorname{Arg} w}{2} + \pi\right)} \quad ^{1)}$$

Die Abbildung f ist daher nicht umkehrbar, eine eindeutige Beschreibung der "Umkehrfunktion $\sqrt{w}$ " somit nicht möglich. Dagegen gelangt man zu einer Beschreibung von " $\sqrt{w}$ " als mehrdeutiger Funktion auf folgende Weise: Schränken wir den Definitionsbereich von f z.B. gemäß Fig. 7.3 bzw. Fig. 7.4 ein, so erhalten wir umkehrbar eindeutige

---

1) $\operatorname{Arg} w$ bezeichnet das Hauptargument von w, also den w zugeordneten Winkel φ mit $-\pi < \varphi \le \pi$ (s. Bd. I, Abschn. 2.5.4)

Abbildungen von H_1 auf G bzw. von H_2 auf G. Damit ergeben sich zwei Umkehrfunktionen,

$$z_1(w) = \sqrt{|w|}\, e^{i\frac{\mathrm{Arg}\, w}{2}} \quad \text{bzw.} \quad z_2(w) = \sqrt{|w|}\, e^{i\left(\frac{\mathrm{Arg}\, w}{2} + \pi\right)}, \tag{7.16}$$

die man auch Zweige der Umkehrfunktion nennt; der erste dieser Zweige heißt Hauptzweig. Beide Zweige lassen sich durch analytische Fortsetzung (s. hierzu Abschn. 7.3.5) ineinander überführen. Wir wollen jetzt die beiden Zweige $z_1(w)$ und $z_2(w)$ durch eine entsprechende Erweiterung des Funktionsbegriffs zu einer mehrdeutigen Funktion $\sqrt{w}$ zusammenfassen. Dies geschieht dadurch, daß wir als Definitionsbereich der Umkehrfunktion nicht wie bisher eine Teilmenge der w-Ebene betrachten, sondern einen allgemeineren, eine sogenannte Riemannsche Fläche: Wir wissen, daß durch $w = f(z) = z^2$ die w-Ebene mit Ausnahme von $w = 0$ doppelt überdeckt wird. Wir denken uns nun zwei Exemplare von punktierten w-Ebenen: $G_1 = G_2 = G = \mathbb{C} - \{0\}$ (s. Fig. 7.3/7.4) übereinander gelegt. Wir schneiden nun G entlang der positiven Halbachse $x > 0$ auf und verheften den oberen Rand (——) von G_1 mit dem unteren Rand (---) von G_2 und den oberen Rand (——) von G_2 mit dem unteren Rand (---) von G_1. Ferner nehmen wir den Nullpunkt, einfach gezählt, hinzu. Auf diese Weise entsteht eine 2-blättrige Riemannsche Fläche $\mathfrak{R} = G_1 \cup G_2 \cup \{0\}$.

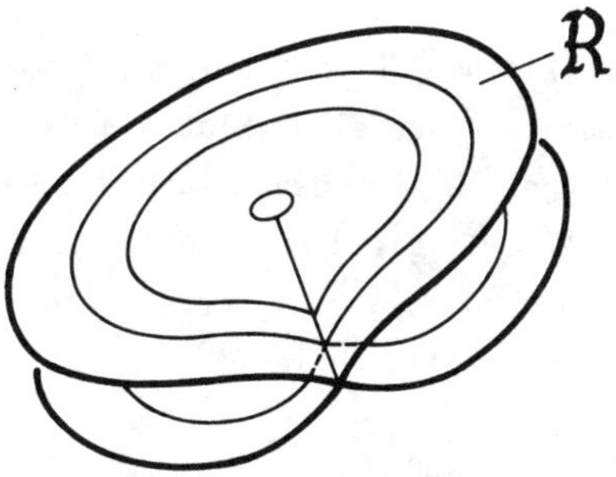

Fig. 7.5: Riemannsche Fläche $\mathfrak{R}$ von $\sqrt{w}$

Wir benutzen das 1. Blatt von $\mathbb{R}$ als Argumentbereich für $z_1(w)$, das 2. Blatt von $\mathbb{R}$ als Argumentbereich für $z_2(w)$. Dadurch stellt $\mathbb{R}$ einen Argumentbereich dar, der es uns ermöglicht, die durch Zusammenfassung von $z_1(w)$ und $z_2(w)$ entstehende Funktion $\sqrt{w}$ eindeutig zu erklären: Jedes $w \in \mathbb{R}$ ist in eindeutiger Weise einem der beiden Blätter von $\mathbb{R}$ zugeordnet, und wir definieren $\sqrt{w}$ durch

$$\sqrt{w} := z_j(w) \quad \text{für} \quad w \in \mathbb{R} . \tag{7.17}$$

Dabei ist $j = 1$, falls w auf dem ersten Blatt G_1 liegt, und $j = 2$, falls w auf dem zweiten Blatt G_2 liegt.

Insgesamt gilt:

Die Funktion $w = f(z) = z^2$ stellt eine umkehrbar eindeutige und in ganz $\mathbb{C}$ holomorphe Abbildung der z-Ebene auf die 2-blättrige Riemannsche Fläche $\mathbb{R}$ dar.

Bemerkung 1: Üblicherweise vertauscht man noch bei Beschreibung der Umkehrfunktion die Variablen w und z (s. auch Bd. I, Abschn. 1.3.4, S. 67) und schreibt

$$w = f^{-1}(z) = \sqrt{z} \tag{7.18}$$

Bemerkung 2: Der Punkt $w = 0$ spielt eine Sonderrolle: Wird er auf einem Kreis mit beliebig (kleinem) Radius umlaufen, so entspricht diesem Umlauf auf $\mathbb{R}$ ein Weg, der von einem Blatt in das andere führt (s. Fig. 7.5). Man bezeichnet $w = 0$ daher auch als Verzweigungspunkt der Riemannschen Fläche $\mathbb{R}$. Im gleichen Sinn ist auch ∞ ein Verzweigungspunkt, was sich besonders gut an der ("zweiblättrigen") Riemannschen Zahlenkugel veranschaulichen läßt.

Der allgemeine Fall $w = f(z) = z^n$ $(n > 2)$ läßt sich entsprechend behandeln. Hier werden anstelle der beiden "Halbebenen" H_1 und H_2 die n Winkelbereiche

$$W_n = \left\{ z = re^{i\varphi} \;\middle|\; \frac{2\pi k}{n} \le \varphi < \frac{2\pi(k+1)}{n} \,,\; 0 < r < \infty \right\} \qquad (7.19)$$

jeweils durch die n Zweige der Umkehrfunktion

$$z_k(w) = \sqrt[n]{|w|}\; e^{i\left(\frac{\operatorname{Arg} w}{n} + \frac{2\pi(k-1)}{n}\right)} \,,\; k = 1,2,\ldots,n \qquad (7.20)$$

umkehrbar eindeutig auf die w-Ebene (ohne Nullpunkt): G , abgebildet. Durch Verwendung einer n-blättrigen Riemannschen Fläche $\mathfrak{R}$, die man wie im Fall $n = 2$ konstruiert, ergibt sich dann, daß $w = f(z) = z^n$ die z-Ebene umkehrbar eindeutig auf $\mathfrak{R}$ abbildet. Die Definition von $\sqrt[n]{w}$ erfolgt entsprechend dem Fall $n = 2$.

II. Exponentialfunktion und Logarithmus

Aus Abschnitt 7.1.3, Beispiel 7.6, bzw. Abschnitt 6.2.3 ist uns bekannt, daß die Exponentialfunktion

$$w = f(z) = e^z \quad , \quad z \in \mathbb{C} \qquad (7.21)$$

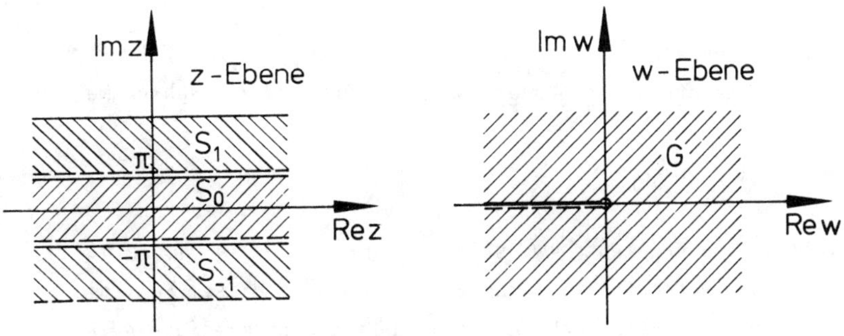

Fig. 7.6: Abbildung von Periodenstreifen durch e^z

eine in ganz $\mathbb{C}$ holomorphe und periodische Funktion mit der (imaginären) Periode $2\pi i$ ist. Durch f wird jeder Periodenstreifen

$$S_k = \{z = x + iy \mid -\infty < x < \infty, 2k\pi - \pi < y \le 2k\pi + \pi\} \quad (k \in \mathbb{Z}) \tag{7.22}$$

auf $G = \mathbb{C} - \{0\}$ umkehrbar eindeutig abgebildet (s. Fig. 7.6). Daß e^z jeden von 0 verschiedenen Wert w in jedem Periodenstreifen genau einmal annimmt, wissen wir bereits aus Abschnitt 6.2.3, I.c). Es gibt also unendlich viele Umkehrfunktionen (= Zweige der mehrdeutigen Umkehrfunktion) von e^z. Wir gewinnen diese auf folgende Weise:

Mit $w = |w|\, e^{i(\operatorname{Arg} w + 2k\pi)}$, $w \neq 0$ und $z = x + iy$ folgen aus $w = e^z$ bzw. aus

$$|w|\, e^{i(\operatorname{Arg} w + 2k\pi)} = e^{x+iy} = e^x \cdot e^{iy}$$

die Beziehungen

$$|w| = e^x \quad \text{oder} \quad x = \ln|w| \quad \text{und} \quad y = \operatorname{Arg} w + 2k\pi \,.$$

Die gesuchten Zweige der Umkehrfunktion werden also durch

$$z_k(w) = \ln|w| + i(\operatorname{Arg} w + 2k\pi)\,, \quad k \in \mathbb{Z} \tag{7.23}$$

gegeben. Wir verwenden für $z_k(w)$ die Schreibweise $\log_k w$. Für $k = 0$ spricht man vom Hauptwert des Logarithmus und benutzt die Schreibweisen

$$\operatorname{Log} w \quad \text{und} \quad \log_0 w \,.$$

Für reelle positive Argumente w stimmt $\operatorname{Log} w$ mit $\ln w$ überein.
Wie schon bei der Potenzfunktion lassen sich auch in diesem Fall die Funktionen $z_k(w)$ zu einer mehrdeutigen Funktion zusammenfassen. Allerdings benötigen wir dazu jetzt abzählbar unendlich viele Exemplare G von w-Ebenen ohne Nullpunkt (s. Fig. 7.7): $G_k := G\,(k \in \mathbb{Z})$, wobei wir wieder wie in I. verheften: den oberen Rand von G_k mit dem unteren Rand von G_{k+1}. Dadurch entsteht eine Riemannsche Fläche $\mathfrak{R}$, die aus

unendlich vielen Blättern besteht. Wir können uns $\mathfrak{R}$ als zusammengedrückte unendliche Wendeltreppe um den Punkt $w = 0$ vorstellen (s. Fig. 7.7). Für jedes $k \in \mathbb{Z}$ benutzen wir G_k als Argumentbereich des k-ten Zweiges $z_k(w)$, $w \neq 0$. Auf $\mathfrak{R}$ läßt sich dann $\log w$ eindeutig definieren: Zu jedem $w \in \mathfrak{R}$ gibt es ein eindeutig bestimmtes $k = k(w) \in \mathbb{Z}$ mit $w \in G_{k(w)}$, und wir erklären $\log w$ durch

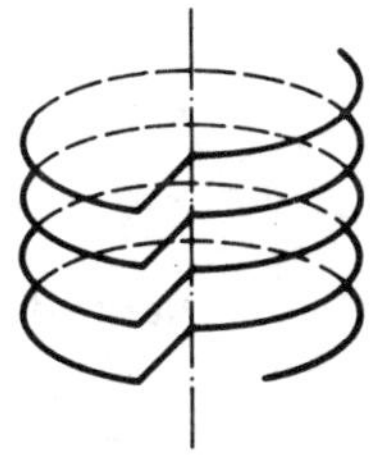

Fig. 7.7: Riemannsche Fläche der log-Funktion

$$\log w := z_{k(w)} \quad \text{für} \quad w \in \mathfrak{R}. \tag{7.24}$$

Wir kommen auf die Logarithmus-Funktion noch einmal im Zusammenhang mit der analytischen Fortsetzung von holomorphen Funktion in Abschnitt 7.3.5 zurück.

III. Die allgemeine Potenzfunktion

Wir beschließen diesen Abschnitt mit einer Bemerkung über die allgemeine Potenzfunktion: In der reellen Analysis erklärt man die Potenz x^a , a irrational und $x > 0$, durch

$$x^a = e^{a \log x} . \tag{7.25}$$

(Für rationale Exponenten s. Bd. I, S. 186.) Wir benutzen (7.25) zur Übertragung auf den komplexen Fall. Für $a \in \mathbb{C}$ und $z \in \mathbb{C}$ $(z \neq 0)$ definieren wir z^a durch

$$z^a = e^{a \log z} . \tag{7.26}$$

Je zwei Werte von z^a unterscheiden sich um einen Faktor $e^{2k\pi i a}$ $(k \in \mathbb{Z})$, so daß für irrationales $a \in \mathbb{C}$ (abzählbar) unendlich viele Werte z^a auftreten. In diesem Fall können wir $z \longmapsto z^a$ somit als Abbildung der Riemannschen Fläche aus II. in die w-Ebene auffassen.

Dagegen besitzt z^a für $a \in \mathbb{Z}$ wegen $e^{2k\pi i a} = 1$ genau einen Wert. Im Fall $a = \frac{1}{n}$ $(n = 2,3,\ldots)$ gilt $e^{\frac{2\pi k i}{n}} = e^{\frac{2\pi \tilde{k} i}{n}}$ genau dann, wenn $k - \tilde{k}$ ein Vielfaches von n ist. Für $k \in \mathbb{Z}$ erhalten wir daher n verschiedene Werte für $e^{\frac{2\pi k i}{n}}$:

$$e^{\frac{2\pi i}{n}}, e^{\frac{4\pi i}{n}}, \ldots, e^{\frac{2n\pi i}{n}} = e^{2\pi i} = 1$$

und für $z^{\frac{1}{n}}$ die n Werte

$$e^{\frac{1}{n}\log z}, e^{\frac{2\pi i}{n}} \cdot e^{\frac{1}{n}\log z}, \ldots, e^{\frac{2(n-1)\pi i}{n}} \cdot e^{\frac{1}{n}\log z}$$

bei festem $z \in \mathbb{C}$ $(z \neq 0)$. Diese Werte sind gerade die n-ten Wurzeln von a (wir beachten, daß

$$\left(e^{\frac{2k\pi i}{n}} e^{\frac{1}{n}\log z}\right)^n = \left(e^{\frac{1}{n}\log z + \frac{2k\pi i}{n}}\right)^n = z$$

ist!). Wie üblich erklärt man 0^a durch $0^a = 0$ für $a \in \mathbb{C}$ und durch $0^0 = 1$ für $a = 0$. Je nachdem ob wir z oder a als Variable auffassen, gelangen wir zur Potenzfunktion $f(z) = z^a$ oder zur Exponentialfunktion $g(z) = b^z$. Wir verzichten auf eine weitergehende Diskussion dieser Funktionen. Diese findet sich z.B. in [67], S. 123 ff.

7.1.5 Die Potentialgleichung

In Abschnitt 7.1.3 haben wir gesehen: Ist

$$f(z) = u(x,y) + iv(x,y) \tag{7.27}$$

in einem Gebiet $D \subset \mathbb{C}$ holomorph, so existieren die partiellen Ableitungen erster Ordnung von u und v in D . Diese sind in D stetig und genügen dort den Cauchy-Riemannschen Differentialgleichungen

$$\frac{\partial u}{\partial x} = \frac{\partial v}{\partial y} \quad , \quad \frac{\partial u}{\partial y} = - \frac{\partial v}{\partial x} \; . \tag{7.28}$$

Nun verlangen wir zusätzlich, daß sämtliche partiellen Ableitungen zweiter Ordnung in D existieren und stetig sind[1]. Differenzieren wir dann die erste Gleichung in (7.28) nach y, die zweite nach x und beachten wir, daß die Differentiationsreihenfolge vertauscht werden darf (s. Bd. I, Abschn. 6.3.5, Satz 6.10), so erhalten wir

$$\frac{\partial^2 u}{\partial x^2} = \frac{\partial^2 v}{\partial x \partial y} \quad , \quad \frac{\partial^2 u}{\partial y^2} = - \frac{\partial^2 v}{\partial y \partial x} = - \frac{\partial^2 v}{\partial x \partial y}$$

oder

$$\frac{\partial^2 u}{\partial x^2} + \frac{\partial^2 u}{\partial y^2} = 0 \quad \text{in } D \; . \tag{7.29}$$

Entsprechend ergibt sich für die Funktion v:

$$\frac{\partial^2 v}{\partial x^2} + \frac{\partial^2 v}{\partial y^2} = 0 \quad \text{in } D \; . \tag{7.30}$$

Mit dem Laplace-Operator

$$\Delta := \frac{\partial^2}{\partial x^2} + \frac{\partial^2}{\partial y^2} \tag{7.31}$$

können wir (7.29) bzw. (7.30) kürzer schreiben; wir erhalten

Satz 7.7 Unter den obigen Voraussetzungen genügen Realteil u und Imaginärteil v von f in D der Potentialgleichung (oder Laplaceschen Differentialgleichung)

$$\Delta u = 0 \quad \text{bzw.} \quad \Delta v = 0 \; . \tag{7.32}$$

[1] Wie wir später sehen werden, ist diese Forderung bei holomorphen Funktionen ohnehin erfüllt (s. Abschn. 7.2.3, III.)

Lösungen der Potentialgleichung mit stetigen partiellen Ableitungen zweiter Ordnung heißen Potentialfunktionen oder harmonische Funktionen; u und v sind also unter den obigen Voraussetzungen harmonische Funktionen; v heißt zu u konjugiert harmonisch, u zu v konjugiert harmonisch. (Beachte: u und v genügen den Cauchy-Riemannschen Differentialgleichungen.)

Wir wollen jetzt der Frage nachgehen, ob es zu jeder harmonischen Funktion u eine konjugiert harmonische Funktion v gibt. Wir beweisen

Satz 7.8 Sei u eine im einfach zusammenhängenden Gebiet D harmonische Funktion. Dann gibt es eine in D zu u konjugiert harmonische Funktion v. Diese ist bis auf eine additive Konstante eindeutig bestimmt. Durch

$$f := u + iv \tag{7.33}$$

ist damit eine in D holomorphe Funktion erklärt.

Beweis: Nach Voraussetzung gilt $\Delta u = 0$ in D, d.h.

$$\frac{\partial}{\partial y}\left(-\frac{\partial u}{\partial y}\right) = \frac{\partial}{\partial x}\left(\frac{\partial u}{\partial x}\right) \quad \text{in } D\,. \tag{7.34}$$

Nun wählen wir einen festen Anfangspunkt $(x_0,y_0) \in D$. Wegen (7.34) ist das Integral

$$\int_{(x_0,y_0)}^{(x,y)} \left(-\frac{\partial u}{\partial y}\,dx + \frac{\partial u}{\partial x}\,dy\right)$$

für $(x,y) \in D$ vom Weg, der die beiden Punkte in D verbindet, unabhängig [1] und definiert daher eine eindeutig bestimmte Funktion:

[1] s. Abschnitt 1.6.3

$$v(x,y) := \int_{(x_0,y_0)}^{(x,y)} \left(-\frac{\partial u}{\partial y}\,dx + \frac{\partial u}{\partial x}\,dy\right) . \tag{7.35}$$

Ferner gilt in D

$$\frac{\partial v(x,y)}{\partial x} = -\frac{\partial u(x,y)}{\partial y} \quad , \quad \frac{\partial v(x,y)}{\partial y} = \frac{\partial u(x,y)}{\partial x} \quad . \tag{7.36}$$

Daher ist die durch (7.35) erklärte Funktion v zu u konjugiert harmonisch[1]. Wir zeigen noch, daß jede weitere zu u konjugiert harmonische Funktion $\tilde{v}$ sich von v nur durch eine additive Konstante unterscheiden kann: Setzen wir

$$f(z) := u(x,y) + i\,v(x,y) \ , \quad \tilde{f}(z) := u(x,y) + i\,\tilde{v}(x,y)$$

für $(x,y) \in D$, dann gilt: f und $\tilde{f}$ sind in D holomorph; daher ist auch g mit

$$g(z) := f(z) - \tilde{f}(z) = i(v(x,y) - \tilde{v}(x,y))$$

(d.h. $\operatorname{Re} g \equiv 0$) in D holomorph. Hieraus folgt aber $\frac{\partial}{\partial x}(v(x,y) - \tilde{v}(x,y)) = \frac{\partial}{\partial y}(v(x,y) - \tilde{v}(x,y)) = 0$ und damit

$$v = \tilde{v} + C \qquad (C = \text{const.}) \ . \qquad \square$$

Bemerkung: Mit Hilfe dieses Satzes lassen sich wichtige Eigenschaften von harmonischen Funktionen aus entsprechenden Eigenschaften holomorpher Funktionen herleiten (s. z.B. Abschn. 7.2.5, a)).

Zwischen konjugiert harmonischen Funktionen besteht noch ein weiterer interessanter geometrischer Zusammenhang: Aus den Cauchy-Riemannschen Differentialgleichungen $u_x = v_y$, $u_y = -v_x$ folgt nämlich

$$\nabla u \cdot \nabla v = u_x v_x + u_y v_y = u_x v_x + (-v_x) u_x \ ,$$

[1] Beachte: u besitzt nach Voraussetzung stetige partielle Ableitungen 2. Ordnung und damit, wegen (7.36), auch v .

also

$$\nabla u \cdot \nabla v = 0 \; . \qquad (7.37)$$

Diese Beziehung besagt: Die Kurvenscharen $u(x,y) = c_1$ und $v(x,y) = c_2$ schneiden sich für beliebige Konstanten c_1 und c_2 rechtwinklig, denn: Aus $u(x,y) = c_1$ folgt mit Hilfe der Kettenregel $u_x + u_y \cdot y'_{(u)} = 0$, also $y'_{(u)} = -\frac{u_x}{u_y}$ und entsprechend $y'_{(v)} = -\frac{v_x}{v_y}$ als Tangentensteigungen dieser Kurven. Die entsprechenden Tangentenvektoren $\underline{t}_{(u)} = \{-u_y, u_x\}$ und $\underline{t}_{(v)} = \{-v_y, v_x\}$ erfüllen dann wegen (7.37) die Beziehung

$$\underline{t}_{(u)} \cdot \underline{t}_{(v)} = u_x v_x + u_y v_y = 0 \; .$$

Wir können diesen Sachverhalt auch folgendermaßen ausdrücken:

Satz 7.9 Die Funktionen u und v seien konjugiert harmonisch. Dann sind die Kurven $v(x,y) = \text{const}$ *Orthogonaltrajektorien* der Schar $u(x,y) = \text{const}$.

Bemerkung: Potentialfunktionen (= harmonische Funktionen) spielen in den Anwendungen, etwa in der Strömungslehre und in der Elektrostatik, eine bedeutende Rolle. In zahlreichen Fällen lassen sich räumliche Probleme näherungsweise als ebene Probleme behandeln, so daß funktionentheoretische Methoden eingesetzt werden können. Wir kommen auf diese Thematik in Abschnitt 9.2 zurück.

Übungen

7.1 Zeige: Die Funktion $f(z) = z^n$, $n \in \mathbb{N}$, ist in ganz $\mathbb{C}$ stetig differenzierbar.

7.2 * Ist die Funktion

$$f(z) = \begin{cases} \dfrac{z^5}{|z|^4} & \text{für } z \neq 0 \\ 0 & \text{für } z = 0 \end{cases}$$

im Punkt $z = 0$ holomorph?

7.3 * In welchen Bereichen der z-Ebene sind die Funktionen

a) $f(z) = \operatorname{Re} z$; b) $f(z) = f(x+iy) = xy^2 + ix^2y$;

c) $f(z) = \begin{cases} 1 & \text{für } |z| < 1 \\ 0 & \text{für } |z| \geq 1 \end{cases}$

holomorph? Benutze zur Lösung die Cauchy-Riemannschen Differentialgleichungen.

7.4 Zeige:

a) $\dfrac{d}{dz} \tan z = \dfrac{1}{\cos^2 z} = 1 + \tan^2 z$; b) $\dfrac{d}{dz} \cot z = -\dfrac{1}{\sin^2 z} = -(1 + \cot^2 z)$.

Wo sind die Funktionen $\tan z$ und $\cot z$ holomorph?

7.5 * Sei $f(z) = z^3$, $z \in \mathbb{C}$, und C die Strecke, die die Punkte $z_1 = 1$ und $z_2 = i$ verbindet. Beweise:

$$\frac{f(i) - f(1)}{i - 1} \neq f'(\zeta) \quad \text{für alle } \zeta \in C .$$

(Der Mittelwertsatz der Differentialrechnung gilt also für komplexe Funktionen nicht!)

7.6 Zeige, daß die folgenden Funktionenpaare (u,v) den Cauchy-Riemannschen Differentialgleichungen genügen:

a) $u(x,y) = x^3 - 3xy^2$; $v(x,y) = 3x^2y - y^3$;

b) $u(x,y) = \sin x \cdot \cosh y$; $v(x,y) = \cos x \cdot \sinh y$.

7.7 a) Zeige: Die Funktion

$$u(x,y) = e^x(x\cos y - y\sin y)$$

genügt der Potentialgleichung.

b) Bestimme zu $u(x,y)$ die konjugiert harmonische Funktion $v(x,y)$ mit $v(0,0) = 0$ und bilde $f(z) = f(x+iy) = u(x,y) + iv(x,y)$. Wo ist f holomorph?

7.8 Transformiere die Cauchy-Riemannschen Differentialgleichungen durch Einführung von Polarkoordinaten

$$x = r\cos\varphi \ , \quad y = r\sin\varphi$$

$$U = R\cos\Phi \ , \quad V = R\sin\Phi \ ,$$

und leite die folgenden Gleichungen her:

a) $rU_r = V_\varphi \ , \quad rV_r = -U_\varphi$;

b) $\frac{1}{R}R_x = \Phi_y \ , \quad \frac{1}{R}R_y = -\Phi_x$;

c) $\frac{r}{R}R_r = \Phi_\varphi \ , \quad \frac{1}{R}R_\varphi = -r\Phi_r$.

7.2 KOMPLEXE INTEGRATION

Wir haben in Abschnitt 7.1.1 holomorphe Funktionen über die Differenzierbarkeit im Komplexen definiert. Um einen tieferen Einblick in das Wesen holomorpher Funktionen zu gewinnen, ist die komplexe Integralrechnung erforderlich. Sie stellt das wichtigste Instrumentarium der Funktionentheorie dar.

7.2.1 Integralbegriff

Wir knüpfen an Abschnitt 6.1.6 an, wo wir uns mit Wegen, Kurven und Gebieten in $\mathbb{C}$ beschäftigt haben und definieren Kurvenintegrale in $\mathbb{C}$ entsprechend den Kurvenintegralen im $\mathbb{R}^n$ (s. Abschn. 1.6.2).

Definition 7.3 Sei D ein Gebiet in $\mathbb{C}$ und f eine auf D erklärte stetige Funktion: $f : D \longmapsto \mathbb{C}$. Ferner sei $\gamma : [a,b] \longmapsto \mathbb{C}$ ein stückweise glatter Weg mit Wertebereich $\gamma([a,b]) \subset D$. Unter dem Kurvenintegral von f längs γ versteht man den Ausdruck

$$\int_\gamma f(z)dz := \int_a^b f(\gamma(t))\gamma'(t)dt \ . \tag{7.38}$$

Bemerkung 1: Der Integrand auf der rechten Seite von (7.38) ist auf $[a,b]$ stückweise stetig, da γ dort stückweise stetig differenzierbar ist. Damit ist dieser Ausdruck sinnvoll. Es zeigt sich, daß sich für äquivalente Wege dieselben Werte der Kurvenintegrale (7.38) ergeben (s. Abschn. 1.6.2, Def. 1.15).

Bemerkung 2: Wird aus dem Kontext, etwa aufgrund einer gegebenen Abbildung γ oder aus einer Skizze (Kurve mit Pfeilen) klar, um welche Kurve C es sich handelt und wie diese Kurve durchlaufen wird, so verwenden wir im folgenden für das Kurvenintegral (7.38) meist die in den Anwendungen übliche Schreibweise

$$\int_C f(z)\,dz \;.$$

Anstelle der Voraussetzungen über γ in Definition 7.3 verwenden wir dann die entsprechenden Voraussetzungen über C : "sei C eine stückweise glatte, orientierte Kurve im Gebiet D ". Bei geschlossenen Kurven, die sich nicht überschneiden und positiv orientiert sind (s. Def. 6.10, Abschn. 6.1.6) benutzen wir auch die Schreibweise

$$\oint_C f(z)\,dz \;.$$

Zurückführung auf reelle Kurvenintegrale

Das Kurvenintegral (7.38) läßt sich auf zwei reelle Kurvenintegrale zurückführen, die bereits in Abschnitt 1.6.2 behandelt wurden:
Mit

$$f(z) = f(x+iy) = u(x,y) + iv(x,y)$$

und

$$\gamma(t) = x(t)+iy(t) \quad , \quad t \in [a,b]$$

folgt aus (7.38)

$$\begin{aligned}\int_\gamma f(z)dz &= \int_a^b [u(x(t),y(t))+iv(x(t),y(t))][x'(t)+iy'(t)]dt \\ &= \int_a^b [u(x(t),y(t))\cdot x'(t)-v(x(t),y(t))\cdot y'(t)]dt \\ &\quad + i\int_a^b [u(x(t),y(t))\cdot y'(t)+v(x(t),y(t))\cdot x'(t)]dt \\ &= \int_\gamma [u(x,y)dx - v(x,y)dy] + i\int_\gamma [u(x,y)dy+v(x,y)dx]\end{aligned}$$

oder, in der Schreibweise von Bemerkung 2,

$$\boxed{\int_C f(z)\,dz = \int_C [u\,dx - v\,dy] + i\int_C [u\,dy + v\,dx]} \tag{7.39}$$

Merkregel: Man bilde formal

$$f(z)dz = (u+iv)(dx+idy) = [udx - vdy] + i\,[udy+vdx] \ .$$

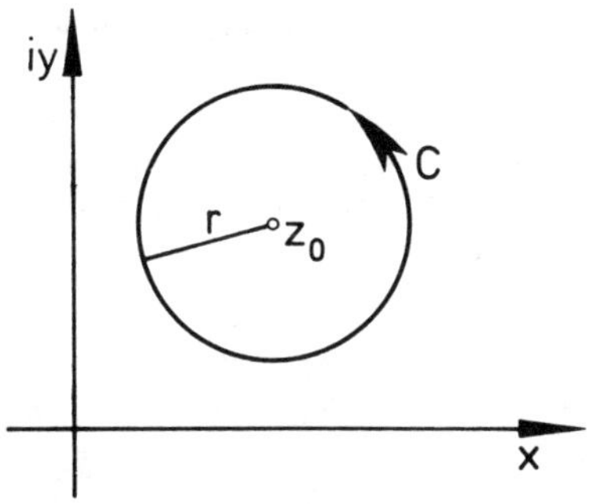

Fig. 7.8: Integration über einen positiv orientierten Kreis

Beispiel 7.8 Sei C die positiv orientierte Kreislinie

$$\{z \mid |z - z_0| = r\}$$

und

$$f(z) = (z - z_0)^n \ , \quad n \in \mathbb{Z} \ .$$

Wir verwenden für C die Parameterdarstellung[1)]

$$z(t) = z_0 + re^{it} = (x_0 + r\cos t) + i(y_0 + r\sin t) \ , \ 0 \leqq t \leqq 2\pi \ .$$

Es gilt dann

$$\begin{aligned} z'(t) &= x'(t) + iy'(t) = (-r\sin t) + i(r\cos t) \\ &= ir(\cos t + i\sin t) = ire^{it} \end{aligned}$$

und

$$f(z(t)) = (z(t) - z_0)^n = (re^{it})^n = r^n e^{int} \ .$$

Damit erhalten wir wegen (7.38)

$$\begin{aligned} \int_C f(z)dz &= \int_0^{2\pi} r^n e^{int} ire^{it} dt = ir^{n+1}\int_0^{2\pi} e^{i(n+1)t} dt = \\ &= ir^{n+1}\int_0^{2\pi} (\cos(n+1)t + i\sin(n+1)t)\,dt \ , \end{aligned}$$

1) Anstelle von $\gamma = \gamma(t)$ schreiben wir im folgenden häufig $z = z(t)$

woraus sich die Beziehung

$$\int_C f(z)dz = \oint_{|z-z_0|=r} (z-z_0)^n dz = \begin{cases} 0 & \text{, für } n \in \mathbb{Z} \text{ , } n \neq -1 \\ 2\pi i & \text{, für } n = -1 \end{cases}$$

ergibt.

Aufgrund der Tatsache, daß sich komplexe Integrale auf reelle Kurvenintegrale zurückführen lassen, übertragen sich die bekannten Integrationsregeln im Reellen auch auf den komplexen Fall. Wir fassen einige zusammen.

<u>Satz 7.10</u> Sei D ein Gebiet in $\mathbb{C}$ und C eine stückweise glatte, orientierte Kurve in D. Ferner seien f und g in D stetige Funktionen.

(a) Für beliebige $\alpha, \beta \in \mathbb{C}$ gilt

$$\int_C (\alpha f(z) + \beta g(z))dz = \alpha \int_C f(z)dz + \beta \int_C g(z)dz \text{ .}$$

(b) Die Kurve C sei in die beiden orientierten Teilkurven C_1 und C_2 zerlegt: $C = C_1 + C_2$. Dann gilt

$$\int_C f(z)dz = \int_{C_1+C_2} f(z)dz = \int_{C_1} f(z)dz + \int_{C_2} f(z)dz \text{ .}$$

(c) Sei $-C$ die in umgekehrtem Sinn durchlaufene Kurve, so gilt

$$\int_C f(z)dz = -\int_{-C} f(z)dz \text{ .}$$

<u>Beispiel 7.9</u> Wir berechnen $\int_C \bar{z}\,dz$, wobei wir für C zwei verschiedene Kurven mit gleichem Anfangspunkt $z_1 = -1$ und gleichem Endpunkt $z_2 = 1 + i$ wählen:

(i) Die Strecke, die $z_1 = -1$ und $z_2 = 1+i$ verbindet;

(ii) den Streckenzug von $z_1 = -1$ über $z_3 = 1$ nach $z_2 = 1+i$ (s. Fig. 7.9)

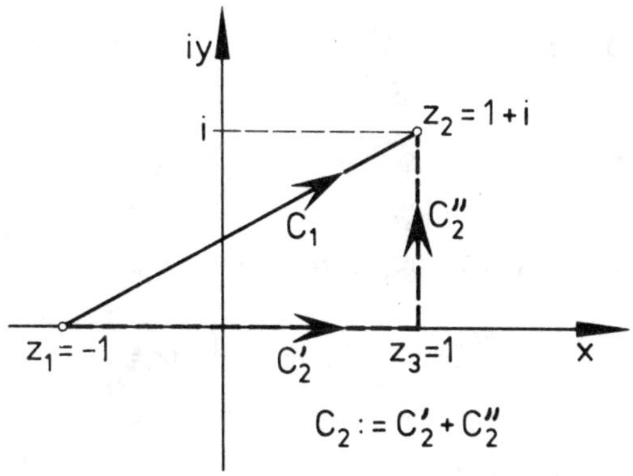

Fig. 7.9: Verschiedene Integrationswege

Zu (i): Für C_1 nehmen wir die Parameterdarstellung

$$z(t) = -1 + t(1+i+1) = (-1+2t) + it \ , \quad 0 \leq t \leq 1 \ .$$

Dann gilt

$$z'(t) = 2 + i$$

und

$$f(z(t)) = \bar{z}(t) = (-1+2t) - it \ .$$

Formel (7.38) liefert dann

$$\int_{C_1} \bar{z}\,dz = \int_0^1 [(-1 + 2t) - it]\,(2+i)dt = \frac{9}{2} + i \ .$$

Zu (ii): Wir berechnen zunächst das Integral, das die Punkte $z_1 = -1$ und $z_3 = 1$ geradlinig verbindet: $C_2' : z(t) = -1 + 2t$, $0 \leq t \leq 1$. Damit ist $z'(t) = 2$, $f(z(t)) = -1 + 2t$ und wir erhalten

$$\int_{C_2'} \bar{z}\,dz = \int_0^1 (-1+2t)\cdot 2dt = 0 \ .$$

Für die Verbindungsstrecke der Punkte z_3 und z_2 nehmen wir die Parameterdarstellung

$$C_2'' : z(t) = 1 + it \ , \quad 0 \leq t \leq 1 \ .$$

Damit ist $z'(t) = i$, $f(z(t)) = 1 - it$ und wir erhalten

$$\int_{C_2''} \bar{z}\,dz = \int_0^1 (1 - it)\,i\,dt = \frac{1}{2} + i .$$

Nach Satz 7.10 (b) folgt dann

$$\int_{C_2} \bar{z}\,dz = \int_{C_2'} \bar{z}\,dz + \int_{C_2''} \bar{z}\,dz = \frac{1}{2} + i .$$

Wir beachten

- das obige Integral über $f(z) = \bar{z}$ ist vom Weg, der z_1 und z_2 verbindet abhängig;
- der Integrand ist in keinem Punkt $z \in \mathbb{C}$ komplex differenzierbar (warum?), also nirgends holomorph.

Die folgende Abschätzung für komplexe Integrale ist häufig von Nutzen:

Satz 7.11 Sei $D \subset \mathbb{C}$ ein Gebiet, C eine stückweise glatte, orientierte Kurve in D und $L(C)$ die Länge von C. Ist dann f eine in D stetige Funktion, so gilt

$$\left| \int_C f(z)\,dz \right| \leqq L(C) \cdot \max_{z \in C} |f(z)| . \tag{7.40}$$

Beweis: Wir verwenden zum Beweis die Schwarzsche Ungleichung für Integrale:

$$\left(\int_a^b f(t)g(t)\,dt \right)^2 \leqq \left(\int_a^b f^2(t)\,dt \right) \left(\int_a^b g^2(t)\,dt \right) , \tag{7.41}$$

die man aus der entsprechenden Ungleichung im $\mathbb{R}^n$ (s. Bd. I, Abschn. 6.1.2, Formel (6.7)) gewinnt, wenn man die Integrale als Grenzwerte von Riemannschen Summen (s. Bd. I, Abschn. 4.1.3) auffaßt.

Für die Darstellung von C wählen wir die Parameterdarstellung mit der Bogenlänge s als Parameter:

$$z(s) = x(s) + iy(s) \ , \quad 0 \leqq s \leqq L(C) \ .$$

Es gilt dann (s. Abschn. 1.1.2, (1.54))

$$(x'(s))^2 + (y'(s))^2 = 1 \ . \tag{7.42}$$

Mit (7.39) und (7.41) gewinnen wir die Abschätzung

$$\begin{aligned}
\left|\int_C f(z)\,dz\right|^2 &= \left(\int_C (u\,dx - v\,dy)\right)^2 + \left(\int_C (u\,dy + v\,dx)\right)^2 \\
&= \left(\int_0^{L(C)} (ux' - vy')\cdot 1\,ds\right)^2 + \left(\int_0^{L(C)} (uy' + vx')\cdot 1\,ds\right)^2 \\
&\leqq \int_0^{L(C)} (ux' - vy')^2 ds \cdot \int_0^{L(C)} 1^2 ds + \int_0^{L(C)} (uy' + vx')^2 ds \cdot \int_0^{L(C)} 1^2 ds \\
&= L(C) \int_0^{L(C)} \left[(ux' - vy')^2 + (uy' + vx')^2\right] ds \ .
\end{aligned}$$

Wegen (7.42) folgt daher

$$\begin{aligned}
\left|\int_C f(z)\,dz\right|^2 &\leqq L(C) \int_0^{L(C)} (u^2 + v^2)\,ds \leqq L(C) \int_0^{L(C)} \left|f(z(s))\right|^2 ds \\
&\leqq L(C) \cdot L(C) \left(\max_{z \in C} |f(z)|\right)^2
\end{aligned}$$

und damit die Behauptung. □

7.2.2 Der Cauchysche Integralsatz

Komplexe Integrale sind im allgemeinen abhängig vom Integrationsweg. Dies hat uns Beispiel 7.9, Abschnitt 7.2.1, verdeutlicht. Es stellt sich nun die Frage, für welche Funktionenklasse komplexe Integrale wegunabhängig sind.

Die Antwort darauf gewinnen wir aus dem folgenden Satz, der im Mittelpunkt der Funktionentheorie steht:

Satz 7.12 (*Cauchyscher Integralsatz*)
Sei $D \subset \mathbb{C}$ ein einfach zusammenhängendes Gebiet und f eine in D holomorphe Funktion. Dann gilt für jede ganz in D verlaufende stückweise glatte, geschlossene Kurve[1] C (s. Fig. 7.10)

$$\int_C f(z)\,dz = 0 \,. \tag{7.43}$$

Beweis: Bezeichne u den Realteil und v den Imaginärteil von f. Nach (7.39) gilt dann

$$\int_C f(z)\,dz = \int_C (u\,dx - v\,dy) + i\int_C (u\,dy + v\,dx) \,.$$

Nach Voraussetzung ist f holomorph in D. Daher besitzen die Funktionen u und v nach Satz 7.5, Abschnitt 7.1.3, stetige partielle Ableitungen u_x, u_y, v_x, v_y in D, die dort den Cauchy-Riemannschen Differentialgleichungen

$$u_x = v_y \quad , \quad u_y = -v_x$$

genügen. Bilden wir das Vektorfeld $\vec{K}(x,y) := \{(v(x,y), u(x,y)\}$, so folgt nach Abschnitt 1.6.4, (1.222):

$$\int_C (v\,dx + u\,dy) = 0$$

und entsprechend, falls wir $\vec{K}(x,y) := \{u(x,y), -v(x,y)\}$ setzen

$$\int_C (u\,dx - v\,dy) = 0 \,.$$

Damit ergibt sich die Behauptung von Satz 7.12. □

[1] Die Orientierung von C spielt hierbei keine Rolle

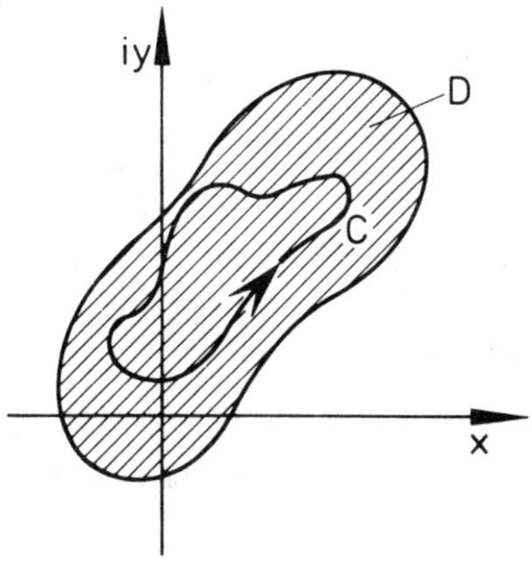

Fig. 7.10: Zum Cauchyschen Integralsatz

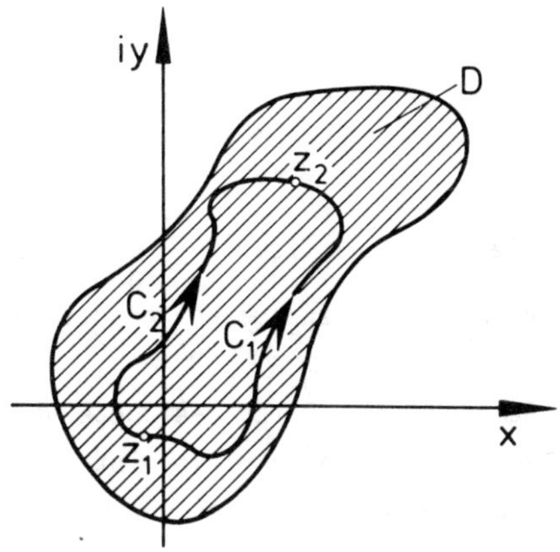

Fig. 7.11: Wegunabhängigkeit bei Integration holomorpher Funktionen

Folgerung Sei $D \subset \mathbb{C}$ ein einfach zusammenhängendes Gebiet, seien z_1 und z_2 beliebige Punkte in D und sei f eine in D holomorphe Funktion. Dann gilt für alle ganz in D verlaufenden stückweise glatten Kurven C_1, C_2, die z_1 (Anfangspunkt) und z_2 (Endpunkt) verbinden (s. Fig. 7.11)

$$\int_{C_1} f(z)\,dz = \int_{C_2} f(z)\,dz \tag{7.44}$$

d.h. das Integral über holomorphe Funktionen ist unabhängig vom Weg, der z_1 und z_2 verbindet.

Beweis: Aus den Sätzen 7.12 und 7.10 gewinnen wir

$$0 = \int_{C_1+(-C_2)} f(z)\,dz = \int_{C_1} f(z)\,dz + \int_{-C_2} f(z)\,dz = \int_{C_1} f(z)\,dz - \int_{C_2} f(z)\,dz\,. \qquad \square$$

Bemerkung 1: Auf die Forderung in Satz 7.12 bzw. in der anschließenden Folgerung, daß das Gebiet D einfach zusammenhängend ist, kann nicht verzichtet werden. Dies zeigt Beispiel 7.8 in Abschnitt 7.2.1: Wählen wir für D die punktierte komplexe Ebene $\mathbb{C} - \{z_0\}$ und für C die positiv orientierte Kreislinie $|z - z_0| = r$, so gilt

$$\oint_{|z-z_0|=r} \frac{dz}{z-z_0} = 2\pi i \ .$$

Die Funktion $f(z) = \dfrac{1}{z-z_0}$ ist zwar in D holomorph, jedoch ist D kein einfach zusammenhängendes Gebiet.

Bemerkung 2: Durch geeignete Wahl des Integrationsweges läßt sich die Berechnung von komplexen Integralen aufgrund von (7.44) in vielen Fällen erheblich vereinfachen.

7.2.3 Folgerungen aus dem Cauchyschen Integralsatz

Aus dem Cauchyschen Integralsatz ergeben sich eine Reihe von Konsequenzen. Wir behandeln einige in diesem, weitere im nachfolgenden Abschnitt.

I. Cauchyscher Integralsatz für mehrfach zusammenhängende Gebiete.

Wir betrachten zunächst ein zweifach zusammenhängendes Gebiet D. Durch C_1 und C_2 seien zwei geschlossene, doppelpunktfreie, stückweise glatte, positiv orientierte Kurven gegeben, die ganz in D verlaufen; C_2 liege im Inneren von C_1 und das Ringgebiet G zwischen C_1 und C_2 gehöre ganz zu D (s. Fig. 7.12). Wir zeigen: Ist f eine in D holomorphe Funktion, so gilt

$$\int_{C_1} f(z)\,dz = \int_{C_2} f(z)\,dz \ , \qquad (7.45)$$

d.h. der Wert des Integrals (7.45) ist unabhängig von der speziellen Wahl des Integrationsweges.

Nach Satz 7.12 ist (7.45) trivial, wenn das Innere von C_1 ganz zu D gehört. (Beide Integrale verschwinden dann.) Liege jetzt die in Figur 7.12 dargestellte Situation vor. Wir verbinden nun C_1 und C_2 durch zwei in G verlaufende stückweise glatte, doppelpunktfreie Kurven S' und S'', die sich nicht schneiden; wir schlitzen das Ringgebiet G

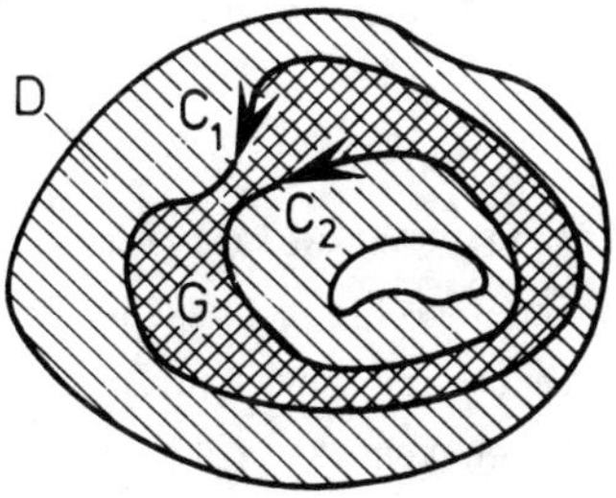

Fig. 7.12: Zum Cauchyschen Integralsatz bei zweifach zusammenhängenden Gebieten

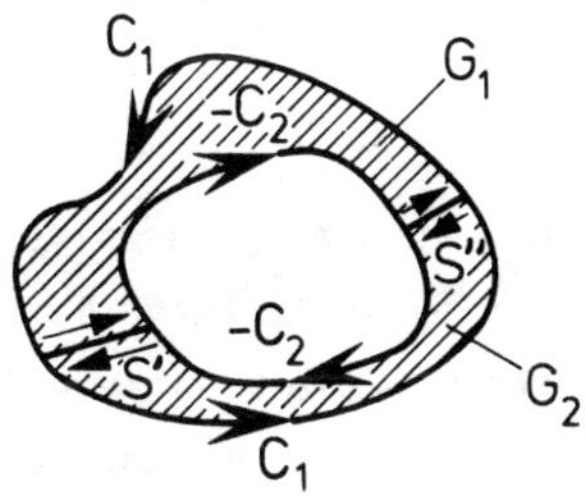

Fig. 7.13: Zerlegung in zwei einfach zusammenhängende Gebiete

gewissermaßen längs S' und S" auf. Auf diese Weise wird G in zwei *einfach* zusammenhängende Gebiete G_1 und G_2 zerlegt. Orientieren wir S' und S" so, daß die Randkurven ∂G_1 und ∂G_2 von G_1 und G_2 positiv orientiert sind (s. Fig. 7.13), so läßt sich Satz 7.12 anwenden, da sich ∂G_1 und ∂G_2 in einfach zusammenhängende Gebiete von D einbetten lassen:

$$\int_{\partial G_1} f(z)\,dz = \int_{\partial G_2} f(z)\,dz = 0 \,. \tag{7.46}$$

Andererseits gilt, da sich die Integrale über die Verbindungswege S' und S" wegkürzen:

$$\int_{\partial G_1} f(z)\,dz + \int_{\partial G_2} f(z)\,dz = \int_{C_1} f(z)\,dz + \int_{-C_2} f(z)\,dz \,,$$

woraus mit (7.46)

$$\int_{C_1} f(z)\,dz = \int_{C_2} f(z)\,dz$$

folgt. Damit ist (7.45) nachgewiesen.

<u>Beispiel 7.10</u> Wir berechnen das Integral

$$\oint_C (z - z_0)^n dz \quad , \qquad n \in \mathbb{Z} \ ,$$

wobei C irgendeine geschlossene, doppelpunktfreie, stückweise glatte, positiv orientierte Kurve ist, für die z_0 im Inneren liegt. Daneben betrachten wir die positiv orientierte Kreislinie um z_0 mit Radius r: $K_r(z_0)$, wobei wir r so wählen, daß C im Inneren von $K_r(z_0)$ liegt (s. Fig. 7.14). Wegen (7.45) gilt dann

$$\int_C (z - z_0)^n dz = \int_{K_r(z_0)} (z - z_0)^n dz$$

und Beispiel 7.8, Abschnitt 7.2.1 liefert uns

$$\oint_C (z - z_0)^n dz = \begin{cases} 0 \ , & \text{für } n \in \mathbb{Z} \ , \ n \neq -1 \\ 2\pi i \ , & \text{für } n = -1 \ . \end{cases}$$

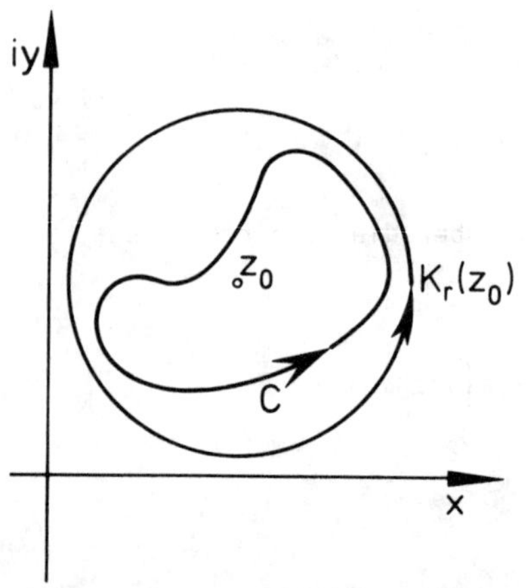

Fig. 7.14: Zweckmäßig gewählter Integrationsweg $K_r(z_0)$

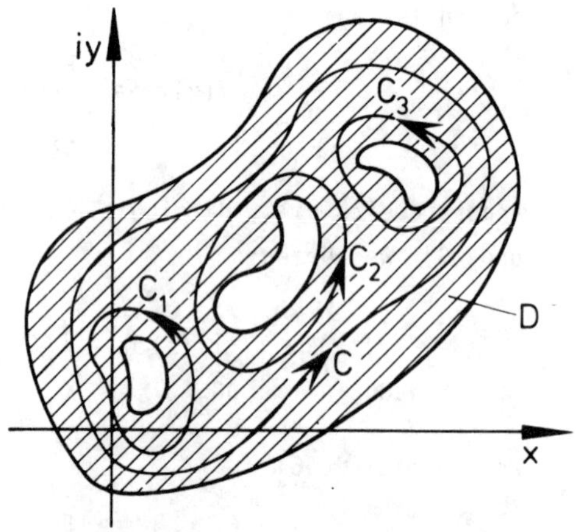

Fig. 7.15: Integrale über mehrfach zusammenhängende Gebiete

Wenden wir uns nun ganz allgemeinen mehrfach zusammenhängenden Gebieten zu[1]. Die oben entwickelten Gedankengänge lassen sich dann analog übertragen und wir gelangen zu

[1] In Fig. 7.15 ist ein 4-fach zusammenhängendes Gebiet zugrunde gelegt

Satz 7.13 Es seien $C, C_1, \ldots, C_n$ geschlossene doppelpunktfreie, stückweise glatte, positiv orientierte Kurven, die ganz in einem Gebiet D verlaufen. Sämtliche Kurven C_k $(k = 1, \ldots, n)$ sollen im Inneren der Kurve C liegen und jede Kurve C_k im Äußeren jeder Kurve C_j $(k \neq j)$. Ferner liege das durch C und die Kurven C_k gebildete Ringgebiet ganz in D (für $n = 3$ s. Fig. 7.15). Ist dann f eine in D holomorphe Funktion, so gilt

$$\int_C f(z)\,dz = \sum_{k=1}^{n} \int_{C_k} f(z)\,dz \,. \tag{7.47}$$

Wir überlassen den Nachweis dem Leser.

Bemerkung: Kurven C_k, deren Inneres ganz in D enthalten ist, liefern nach dem Cauchyschen Integralsatz in (7.47) keinen Beitrag. Der Wert des Integrals auf der linken Seite von (7.47) wird also nur von solchen Kurven C_k beeinflußt, die Bereiche umschließen, die nicht zu D gehören.

II. Stammfunktionen im Komplexen.

Wir betrachten das komplexe Integral

$$F(z) := \int_{z_0}^{z} f(\zeta)\,d\zeta \,. \tag{7.48}$$

Sind die Voraussetzungen des Cauchyschen Integralsatzes erfüllt, so ist dieses Integral unabhängig von der Kurve C, die die Punkte z_0 und z in D verbindet. Wir weisen nach, daß die durch (7.48) erklärte Funktion F in D differenzierbar ist und dort $F' = f$ erfüllt. Wie im Reellen nennen wir eine solche Funktion eine Stammfunktion von f in D.

Zum Nachweis, daß F eine Stammfunktion ist, gehen wir wie folgt vor: D ist ein Gebiet in $\mathbb{C}$ und somit eine offene Punktmenge in $\mathbb{C}$. Zu jedem Punkt $z \in D$ gibt es daher ein $\tau > 0$, so daß das Kreisgebiet $K_\tau(z) = \{\zeta : |z - \zeta| \leq \tau\}$ in D liegt. Sei nun $h \in \mathbb{C}$ beliebig mit

$|h| < \tau$ und sei $C(h)$ die geradlinige Verbindung der Punkte z und $z + h$ (s. Fig. 7.16). (Wir beachten, daß wir die Verbindungskurve in (7.48) wegen Satz 7.12, Folgerung frei wählen können!)

Parameterdarstellung von $C(h)$:

$$\zeta = \zeta(t) = z + th \ ,$$
$$0 \leqq t \leqq 1 \ .$$

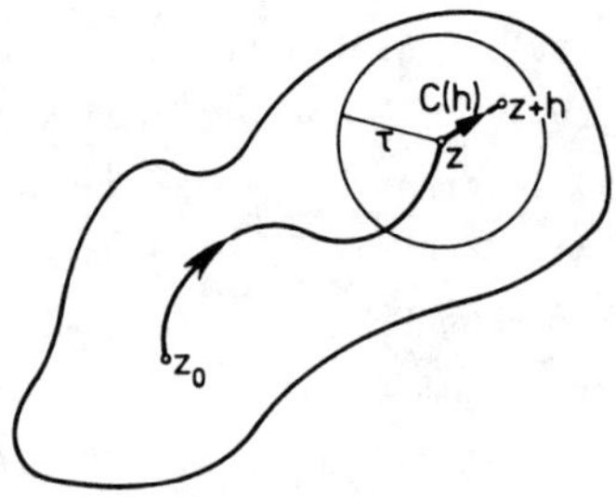

Fig. 7.16: Wahl des Integrationsweges

Wegen

$$F(z+h) = \int_{z_0}^{z+h} f(\zeta)d\zeta = \int_{z_0}^{z} f(\zeta)d\zeta + \int_{C(h)} f(\zeta)d\zeta = F(z) + \int_{C(h)} f(\zeta)d\zeta$$

gilt

$$\frac{F(z+h) - F(z)}{h} = \frac{1}{h} \int_{C(h)} f(\zeta)d\zeta \ ,$$

woraus sich mit der obigen Parameterdarstellung für $C(h)$

$$\frac{F(z+h) - F(z)}{h} = \frac{1}{h} \int_0^1 f(z+th)\zeta'(t)dt = \int_0^1 f(z+th)dt$$

ergibt. Nun führen wir die Zerlegung

$$\int_0^1 f(z+th)dt = \int_0^1 [f(z+th) - f(z) + f(z)]\, dt = f(z) + \int_0^1 [f(z+th) - f(z)]\, dt$$

durch und beachten, daß der Integrand des letzten Integrals für $h \to 0$ gleichmäßig gegen 0 strebt (warum?). Damit erhalten wir

$$\frac{F(z+h) - F(z)}{h} \longrightarrow f(z) \quad \text{für} \quad h \to 0 \ ,$$

also: $F'(z) = f(z)$ in D . Durch (7.48) ist also eine Stammfunktion von f gegeben.

Gibt es noch andere Stammfunktionen von f ? Zur Beantwortung dieser

Frage nehmen wir an, G sei eine weitere Stammfunktion von f, d.h. es gelte $G' = f$ in D. Mit

$$u(x,y) := \mathrm{Re}(F-G) , \quad v(x,y) := \mathrm{Im}(F-G)$$

ergibt sich dann aus Satz 7.3, Abschnitt 7.1.3

$$u_x(x,y) = u_y(x,y) = 0 , \quad v_x(x,y) = v_y(x,y) = 0$$

in D, so daß u und v in D konstant sind. Dies bedeutet aber, daß sich G nur durch eine Konstante von F unterscheiden kann. Damit ist gezeigt:

<u>Satz 7.14</u> Sei D ein einfach zusammenhängendes Gebiet und f sei eine in D holomorphe Funktion. Dann ist für festes $z_0 \in D$ durch

$$F(z) = \int_{z_0}^{z} f(\zeta)\,d\zeta \tag{7.49}$$

eine Stammfunktion von f in D gegeben, wobei der Integrationsweg irgendeine ganz in D verlaufende stückweise glatte Kurve ist, die z_0 mit z verbindet. Ist G eine weitere Stammfunktion von f in D, so gilt

$$G(z) = F(z) + c \tag{7.50}$$

mit einer geeigneten Konstanten c.

In der "Reellen Analysis" haben wir gesehen, daß sich Stammfunktionen zur Berechnung von bestimmten Integralen benutzen lassen. Dies ist auch im Komplexen möglich, wie der folgende Satz zeigt:

<u>Satz 7.15</u> Unter den Voraussetzungen von Satz 7.14 gilt für beliebige $z_1, z_2 \in D$

$$\int_{z_1}^{z_2} f(\zeta)\,d\zeta = F(z_2) - F(z_1) , \tag{7.51}$$

falls F eine Stammfunktion von f in D ist.

Beweis: Nach Satz 7.14 gilt

$$F(z) = \int_{z_1}^{z} f(\zeta)\,d\zeta + c \qquad (c = \text{const.}) .$$

Setzen wir $z = z_1$, so folgt hieraus

$$F(z_1) = c$$

und, wenn wir nun $z = z_2$ setzen, die Behauptung . □

Beispiel 7.11 Wir berechnen $\int_C e^z dz$ längs der Strecke von 1 nach i . Diese Strecke läßt sich in ein einfach zusammenhängendes Gebiet D einbetten (s. Fig. 7.17), in dem $f(z) = e^z$ holomorph ist. (Nach Beisp. 7.6, Abschn. 7.1.3, ist f in ganz $\mathbb{C}$ holomorph.) Nach Satz 7.15 gilt daher mit $F(z) = e^z$

$$\int_C e^z dz = F(i) - F(1) = e^i - e = (\cos 1 - e) + i \sin 1 .$$

Beispiel 7.12 Es soll $\int_C \frac{dz}{z^2}$ längs des Streckenzuges C von 1 über 1 + i und -1 + i nach -1 berechnet werden. Da $f(z) = \frac{1}{z^2}$ in $z = 0$ nicht differenzierbar ist, wählen wir ein einfach zusammenhängendes Gebiet D so, daß $z = 0 \notin D$, aber C ganz in D enthalten ist (s. Fig. 7.18). Mit $F(z) = -\frac{1}{z}$ und Satz 7.15 folgt dann

$$\int_C \frac{dz}{z^2} = F(1) - F(-1) = -1 - (+1) = -2 .$$

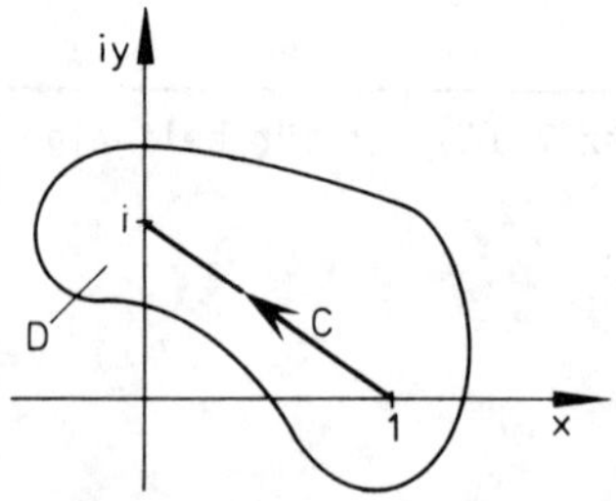

Fig. 7.17: Integration längs der Strecke C

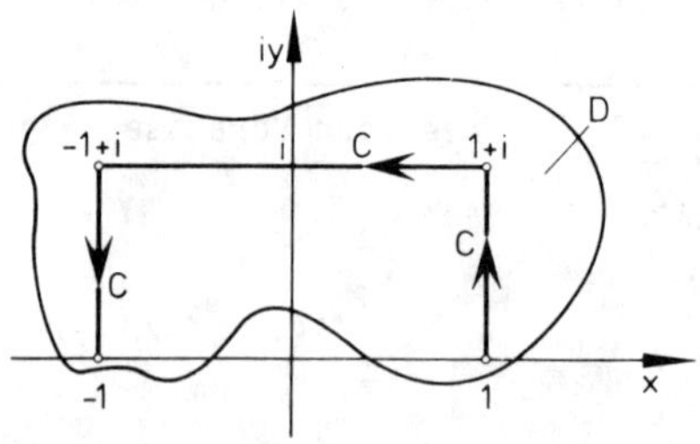

Fig. 7.18: Integration längs des Streckenzuges C

III. Die Cauchysche Integralformel.

Der Cauchysche Integralsatz liefert uns die Möglichkeit, eine Integraldarstellung für die Funktionswerte holomorpher Funktionen herzuleiten. Wir zeigen

Satz 7.16 (Cauchysche Integralformel) Sei f eine in einem einfach zusammenhängenden Gebiet D holomorphe Funktion. Ferner sei C eine ganz in D verlaufende geschlossene, doppelpunktfreie, stückweise glatte und positiv orientierte Kurve. Dann gilt für jedes z aus dem Inneren von C

$$f(z) = \frac{1}{2\pi i} \int_C \frac{f(\zeta)}{\zeta - z}\, d\zeta \tag{7.52}$$

d.h. f ist im Inneren von C bereits durch die Funktionswerte auf dem Rand C eindeutig bestimmt.

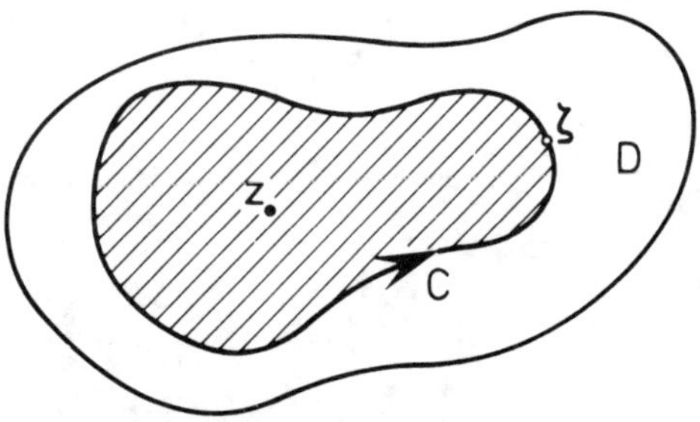

Fig. 7.19: Zur Cauchyschen Integralformel

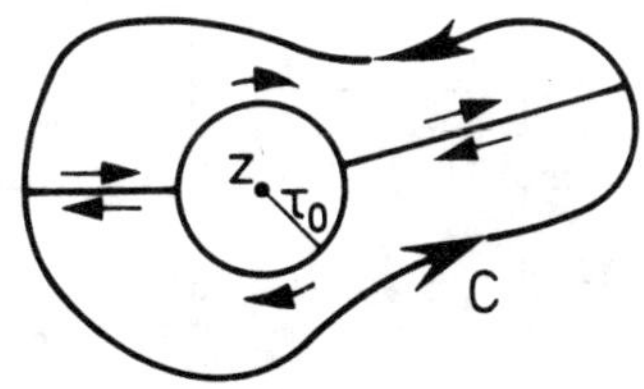

Fig. 7.20: Zum Beweis von Satz 7.16

Beweis: Für $z \in In(C)$ ist $\frac{f(\zeta)}{\zeta - z}$ in $D - \{z\}$ holomorph. Wir wählen nun ein $\tau_0 > 0$, so daß der Kreis $|\zeta - z| \leq \tau_0$ in $In(C)$ liegt (s. Fig. 7.20). Nach I, Formel (7.45) gilt dann für alle τ mit $0 < \tau < \tau_0$

$$\int_C \frac{f(\zeta)}{\zeta - z}\, d\zeta = \int_{K_\tau(z)} \frac{f(\zeta)}{\zeta - z}\, d\zeta ,$$

wobei K_τ die positiv orientierte Kreislinie $K_\tau(z) = \{\zeta : |\zeta - z| = \tau\}$ ist. Mit

$$f(\zeta) = f(z) + [f(\zeta) - f(z)]$$

und

$$\int\limits_{K_\tau(z)} \frac{1}{\zeta - z}\, d\zeta = 2\pi i \qquad \text{(s. Beisp. 7.8, Abschn. 7.2.1)}$$

folgt daher

$$\begin{aligned} \int\limits_C \frac{f(\zeta)}{\zeta - z}\, d\zeta &= f(z) \int\limits_{K_\tau(z)} \frac{1}{\zeta - z}\, d\zeta + \int\limits_{K_\tau(z)} \frac{f(\zeta) - f(z)}{\zeta - z}\, d\zeta \\ &= 2\pi i\, f(z) + \int\limits_{K_\tau(z)} \frac{f(\zeta) - f(z)}{\zeta - z}\, d\zeta\,. \end{aligned} \tag{7.53}$$

Da f holomorph (d.h. stetig differenzierbar) in D ist, ist der Integrand des letzten Integrals in einer Umgebung von z beschränkt, etwa durch die Konstante k, und wir erhalten mit Satz 7.11, Abschnitt 7.2.1, die Abschätzung

$$\left| \int\limits_{K_\tau(z)} \frac{f(\zeta) - f(z)}{\zeta - z}\, d\zeta \right| \leqq k \cdot L(K_\tau(z)) = k \cdot 2\pi\tau \longrightarrow 0 \quad \text{für} \quad \tau \to 0\,.$$

Damit folgt aus (7.53) für $\tau \to 0$

$$\int\limits_C \frac{f(\zeta)}{\zeta - z}\, d\zeta = 2\pi i\, f(z)\,,$$

wodurch unser Satz bewiesen ist. □

Bemerkung 1: Die Cauchysche Integralformel zeigt, daß die Eigenschaft "stetige Differenzierbarkeit in D" (= Holomorphie in D) im Komplexen bedeutend restriktiver ist, als dies im Reellen der Fall ist: Dort sind die Funktionswerte etwa im Inneren eines Intervalls keineswegs durch die Funktionswerte an den Intervallenden festgelegt.

Bemerkung 2: Die Cauchysche Integralformel bleibt auch für mehrfach zusammenhängende Gebiete D gültig, wenn C ganz in einem einfach zusammenhängenden Teilgebiet von D liegt.

Aus Satz 7.16 gewinnen wir sehr einfach die sogenannte Mittelwertformel für holomorphe Funktionen:

Satz 7.17 Sei f holomorph im Gebiet D, $z \in D$ und $K_r(z)$ ein positiv orientierter Kreis um z mit Radius r, der zusammen mit seinem Inneren ganz in D liegt. Dann gilt

$$f(z) = \frac{1}{2\pi} \int_0^{2\pi} f(z + re^{it})\,dt\,. \tag{7.54}$$

(Der Funktionswert im Mittelpunkt des Kreises $K_r(z)$ ist gleich dem "arithmetischen Mittel" der Funktionswerte auf $K_r(z)$.)

Beweis: Mit der Parameterdarstellung

$$\zeta = \zeta(t) = z + re^{it}\,, \quad 0 \leqq t \leqq 2\pi$$

für $K_r(z)$ folgt aus (7.52)

$$f(z) = \frac{1}{2\pi i} \int_{K_r(z)} \frac{f(\zeta)}{\zeta - z}\,d\zeta = \frac{1}{2\pi i} \int_0^{2\pi} \frac{f(z + re^{it})}{re^{it}}\, rie^{it}\,dt = \frac{1}{2\pi} \int_0^{2\pi} f(z + re^{it})\,dt.$$ □

Die Cauchysche Integralformel besitzt eine interessante Erweiterung:

Satz 7.18 (Cauchysche Integralformel für die n-te Ableitung)
Seien die Voraussetzungen von Satz 7.16 erfüllt. Dann gilt für alle $z \in \mathrm{In}(C)$ und für alle $n \in \mathbb{N}$

$$f^{(n)}(z) = \frac{n!}{2\pi i} \int_C \frac{f(\zeta)}{(\zeta - z)^{n+1}}\,d\zeta\,. \tag{7.55}$$

Bemerkung 1: Dieser Satz besagt, daß die stetige Differenzierbarkeit (= Holomorphie) einer Funktion f im Gebiet D bereits nach sich zieht, daß f in D sogar beliebig oft differenzierbar ist. Auch dieses überraschende Resultat macht deutlich: Differenzierbarkeit im Komplexen ist wesentlich folgenschwerer als im Reellen.

Bemerkung 2: In Verschärfung der Aussage von Satz 7.16 gilt: Nicht nur die holomorphe Funktion f selbst, sondern auch jede ihrer Ableitungen, ist im Inneren von C bereits durch die Funktionswerte von f auf dem Rand C eindeutig bestimmt.

Beweis von Satz 7.18: Wir führen diesen zunächst für $n = 1$: Sei $z_0 \in In(C)$ beliebig, fest. Nun wählen wir $h \in \mathbb{C}$ so, daß $z_0 + h \in In(C)$ ist. Setzen wir

$$F_1(z_0) := \frac{1}{2\pi i} \int_C \frac{f(\zeta)}{(\zeta - z_0)^2} d\zeta$$

so folgt mit Satz 7.16

$$\frac{f(z_0+h) - f(z_0)}{h} - F_1(z_0) = \frac{1}{2\pi i} \int_C \left\{ \frac{1}{h} \left[\frac{1}{\zeta - z_0 - h} - \frac{1}{\zeta - z_0} \right] - \frac{1}{(\zeta - z_0)^2} \right\} f(\zeta) d\zeta$$

$$= \frac{h}{2\pi i} \int_C \frac{f(\zeta)}{(\zeta - z_0 - h)(\zeta - z_0)^2} d\zeta \; .$$

Sei nun

$G_\delta := \{z \in In(C) \mid |z - \zeta| \geq \delta \text{ für alle } \zeta \in C\}$,

wobei wir $\delta > 0$ so wählen, daß z_0 aus G_δ ist, also $|\zeta - z_0| \geq \delta$ gilt. Wählen wir $h \in \mathbb{C}$ mit $|h| < \frac{\delta}{2}$, so folgt $|\zeta - z_0 - h| \geq \frac{\delta}{2}$. Setzen wir noch $M := \max_{z \in C} |f(z)|$, so ergibt sich aus Satz 7.11, Abschnitt 7.2.1

$$\left| \frac{f(z_0+h) - f(z_0)}{h} - F_1(z_0) \right| \leq$$

$$\leq L(C) \frac{|h|}{2\pi} \frac{2M}{\delta \cdot \delta^2} \longrightarrow 0$$

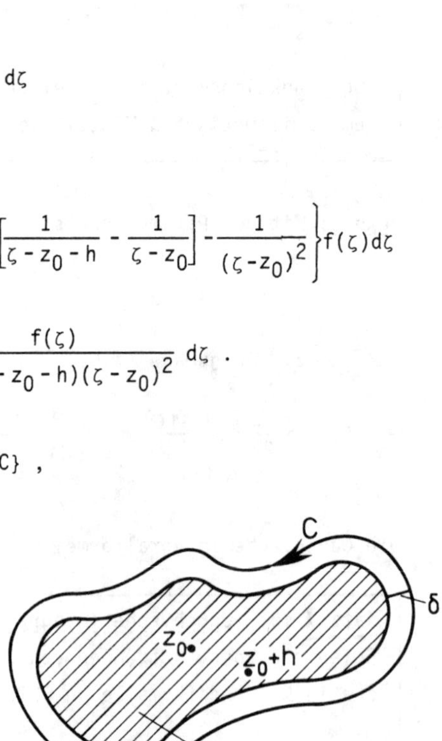

Fig. 7.21: Zum Beweis von Satz 7.18

für $h \to 0$ gleichmäßig in G_δ . Damit erhalten wir

$$f'(z_0) = F_1(z_0) \quad \text{für} \quad z_0 \in In(C) \quad \text{beliebig,}$$

so daß Satz 7.18 für den Fall $n = 1$ bewiesen ist.

Für $n > 1$ führen wir den Beweis mittels vollständiger Induktion:
Wir setzen

$$F_n(z_0) := \frac{n!}{2\pi i} \int_C \frac{f(\zeta)}{(\zeta - z_0)^{n+1}} d\zeta \tag{7.56}$$

und haben zu zeigen, daß für alle $n \in \mathbb{N}_0$ und $z_0 \in In(C)$

$$\frac{f^{(n)}(z_0 + h) - f^{(n)}(z_0)}{h} - F_{n+1}(z_0) \xrightarrow[h\to 0]{} 0 \tag{7.57}$$

gilt. Wie wir bereits gezeigt haben, ist dies für $n = 0$ richtig. Wir nehmen nun an, (7.57) gelte für $n = k - 1$ (k fest), d.h. es sei

$$f^{(k)}(z_0) = F_k(z_0) \quad \text{für} \quad z_0 \in In(C) \quad \text{beliebig}$$

erfüllt. Dann folgt mit

$$\frac{f^{(k)}(z_0 + h) - f^{(k)}(z_0)}{h} - F_{k+1}(z_0)$$

$$= \frac{k!}{2\pi i} \int_C \frac{1}{h} \left[\frac{1}{(\zeta - z_0 - h)^{k+1}} - \frac{1}{(\zeta - z_0)^{k+1}}\right] f(\zeta)\, d\zeta - \frac{(k+1)!}{2\pi i} \int_C \frac{f(\zeta)}{(\zeta - z_0)^{k+2}} d\zeta$$

$$= \frac{k!}{2\pi i} \int_C \left\{\frac{1}{h} \left[\frac{1}{(\zeta - z_0 - h)^{k+1}} - \frac{1}{(\zeta - z_0)^{k+1}}\right] - \frac{(k+1)}{(\zeta - z_0)^{k+2}}\right\} f(\zeta)\, d\zeta \; .$$

Nun benutzen wir für $\{\ldots\}$ die Beziehung

$$\frac{b^{-n} - a^{-n}}{b - a} + n a^{-n-1} = (b - a)\left[a^{-2}b^{-n} + 2a^{-3}b^{-n+1} + \ldots + n a^{-n-1} b^{-1}\right]$$

die für alle $n \in \mathbb{N}$, $a,b \in \mathbb{C}$ $(a \neq b)$ gilt. (Mittels vollständiger Induktion zeigen!). Dazu setzen wir

$$a := \zeta - z_0 \; , \; b := \zeta - z_0 - h \quad \text{und} \quad n := k + 1$$

und erhalten

$$-F_{k+1}(z_0)+\frac{f^{(k)}(z_0+h)-f^{(k)}(z_0)}{h}=\frac{k!}{2\pi i}\int_C h\Big\{1\cdot(\zeta-z_0)^{-2}(\zeta-z_0-h)^{-k-1}+$$
$$+2\cdot(\zeta-z_0)^{-3}(\zeta-z_0-h)^{-k}+\ldots+(k+1)\cdot(\zeta-z_0)^{-k-2}(\zeta-z_0-h)^{-1}\Big\}\cdot f(\zeta)d\zeta .$$

Seien G_δ und M wie oben erklärt. Wegen $|\zeta-z_0|\geq\delta$, $|\zeta-z_0-h|\geq\frac{\delta}{2}$ (s.o.) und

$$1+2+\ldots+(k+1)=\frac{(k+1)(k+2)}{2}$$

erhalten wir unter Beachtung von Satz 7.11, Abschnitt 7.2.1

$$\left|\frac{f^{(k)}(z_0+h)-f^{(k)}(z_0)}{h}-F_{k+1}(z_0)\right|\leq L(C)\cdot\frac{k!|h|}{2\pi}\,\frac{1}{\delta^{3+k}}\,\frac{(k+1)(k+2)}{2}\,M\longrightarrow 0$$

für $h\to 0$ gleichmäßig in G_δ . Damit ist gezeigt:

$$f^{(k+1)}(z_0)=F_{k+1}(z_0)\quad\text{für}\quad z_0\in \mathrm{In}(C)\quad\text{beliebig,}$$

so daß nach dem Induktionsprinzip die Aussage von Satz 7.18 folgt. □

Bemerkung: Da eine im Gebiet D holomorphe Funktion f dort beliebig oft differenzierbar ist, zeigt sich im Rückblick auf Abschnitt 7.1.5 (s. 1. Fußnote), daß sowohl Realteil als auch Imaginärteil von f in D der Potentialgleichung genügen.

Aus Satz 7.18 gewinnen wir sehr einfach eine Abschätzung für die Ableitungen von f , falls eine Abschätzung für f bekannt ist:

Satz 7.19 (Cauchy-Ungleichung) Sei f holomorph in einem Gebiet D , z ein beliebiger Punkt in D und die Kreislinie $K_r(z)$ sowie ihr Inneres ganz in D enthalten. Gilt dann

$$|f(\zeta)|<M\quad\text{für alle}\quad\zeta\in K_r(z)$$

mit einer Konstanten $M>0$, so gilt für alle $n\in\mathbb{N}_0$

$$\left|f^{(n)}(z)\right|\leq\frac{n!M}{r^n}\;. \tag{7.58}$$

Beweis: Nach Satz 7.18 und Satz 7.11, Abschnitt 7.2.1, gilt

$$\left|f^{(n)}(z)\right| = \left|\frac{n!}{2\pi i} \int\limits_{K_r(z)} \frac{f(\zeta)}{(\zeta - z)^{n+1}} d\zeta\right| \le \frac{n!}{2\pi} \cdot 2\pi r \frac{M}{r^{n+1}} = \frac{n!\,M}{r^n} . \qquad \square$$

7.2.4 Umkehrung des Cauchyschen Integralsatzes

Wir erinnern daran, daß wir mit Hilfe des Cauchyschen Integralsatzes aus der Holomorphie von f in D die Beziehung

$$\int\limits_C f(z)\,dz = 0$$

für jede in D verlaufende stückweise glatte, geschlossene Kurve C erhalten (s. Abschn. 7.2.2). Es stellt sich nun die Frage nach der Umkehrung dieses Sachverhaltes. Der folgende Satz ermöglicht uns eine weitere Charakterisierung holomorpher Funktionen:

Satz 7.20 (Morera[1]) Es sei D ein einfach zusammenhängendes Gebiet und f eine in D stetige Funktion. Ferner gelte

$$\int\limits_C f(z)\,dz = 0 \tag{7.59}$$

für jede in D verlaufende stückweise glatte, geschlossene Kurve C. Dann ist f in D holomorph.

Beweis: Wegen (7.59) ist das durch

$$\int\limits_{z_0}^{z} f(\zeta)\,d\zeta =: F(z)$$

erklärte Integral unabhängig vom Weg, der z_0 und z verbindet. Der Beweis von Satz 7.14, Abschnitt 7.2.3, zeigt uns, daß dann F eine Stammfunktion von f ist:

1) G. Morera (1856-1909), italienischer Mathematiker

$$F'(z) = f(z) .$$

(Wir beachten, daß der Beweis an dieser Stelle nur die Stetigkeit von f verlangt.) F ist also in D stetig differenzierbar und damit holomorph in D. Nach Satz 7.18, Abschnitt 7.2.3, ist F folglich beliebig oft differenzierbar in D und wegen $F' = f$ auch f. Damit ist die Holomorphie von f in D nachgewiesen. □

Bemerkung: Der Satz von Morera ermöglicht uns einen besonders einfachen Beweis von Satz 7.4, Abschnitt 7.1.3 : Nach Voraussetzung besitzen u und v in D stetige partielle Ableitungen erster Ordnung, die den Cauchy-Riemannschen DGln (s. (7.7)) genügen. Wie im Beweis von Satz 7.12 (Cauchy-Integralsatz) ergibt sich daraus:

$$\int_C f(z)dz = 0 ,$$

für alle geschlossenen, stückweise glatten Kurven C, die in einem einfach zusammenhängenden Teilgebiet G von D verlaufen. Nach dem Satz von Morera ist damit f in jedem einfach zusammenhängenden Teilgebiet von D - und somit in D selbst - holomorph.

7.2.5 Anwendungen der komplexen Integralrechnung

Die "Cauchyschen Sätze", die wir in den vorhergehenden Abschnitten kennengelernt haben, besitzen zahlreiche Anwendungen. Wir behandeln im folgenden :

(a) das Maximumprinzip, das z.B. bei Eindeutigkeitsnachweisen für die Lösung von Randwertproblemen der Potentialtheorie eine Rolle spielt;

(b) eine Dirichletsche Randwertaufgabe der Potentialtheorie;

(c) den Fundamentalsatz der Algebra, der sich mit den o.g. Hilfsmitteln einfach und elegant beweisen läßt.

(a) Das Maximumprinzip

Wir betrachten die im Gebiet D holomorphe Funktion

$$f(z) = f(x+iy) = u(x,y) + iv(x,y) .$$

Die Holomorphie von f in D zieht die Stetigkeit von f und $|f|$ in D nach sich. Dabei ist

$$\left|f(z)\right| = \sqrt{u^2(x,y)+v^2(x,y)} .$$

Wir zeigen zunächst

> **Satz 7.21** Die Funktion f sei im Gebiet D holomorph und nicht konstant. Dann besitzt die (reellwertige) Funktion $|f|$ in D kein Maximum.

Beweis: Wir führen den Beweis indirekt und nehmen hierzu an, es existiere ein $z_0 \in D$ mit

$$|f(z_0)| \geqq |f(z)| \quad \text{für alle} \quad z \in D . \tag{7.60}$$

Sei $K_r(z_0)$ ein (positiv orientierter) Kreis, der zusammen mit seinem Inneren ganz in D liege. Nach der Mittelwertformel (s. Satz 7.17, Abschn. 7.2.3) gilt dann

$$f(z_0) = \frac{1}{2\pi}\int_0^{2\pi} f(z_0+re^{it})\,dt , \tag{7.61}$$

woraus die Abschätzung

$$|f(z_0)| \leqq \frac{1}{2\pi}\int_0^{2\pi} |f(z_0+re^{it})|\,dt$$

folgt. Hieraus erhalten wir mit der Identität

$$|f(z_0)| = \frac{1}{2\pi}\int_0^{2\pi} |f(z_0)|\,dt$$

die Beziehung

$$\frac{1}{2\pi}\int_0^{2\pi}\left\{|f(z_0)| - |f(z_0+re^{it}|\right\}dt \leqq 0 .$$

Andererseits gilt wegen (7.60): $|f(z_0)| \geqq |f(z_0+re^{it})|$, so daß $|f(z_0)| = |f(z_0+re^{it})|$ und damit

$$f(z_0+re^{it}) = e^{i\varphi} f(z_0), \quad 0 \leqq \varphi < 2\pi \tag{7.62}$$

folgt. Hierbei hängt φ von t ab. Setzen wir (7.62) in (7.61) ein, so ergibt sich

$$f(z_0) = \frac{1}{2\pi}\int_0^{2\pi} e^{i\varphi(t)} f(z_0)\,dt = f(z_0)\,\frac{1}{2\pi}\int_0^{2\pi} e^{i\varphi(t)}dt$$

oder

$$1 = \frac{1}{2\pi}\int_0^{2\pi}\left(\cos\varphi(t) + i\sin\varphi(t)\right)dt .$$

Da die linke Seite dieser Gleichung reell ist, muß notwendig

$$1 = \frac{1}{2\pi}\int_0^{2\pi} \cos\varphi(t)\,dt$$

gelten. Dies ist aber nur für $\cos\varphi(t) \equiv 1$, also für $\varphi(t) \equiv 0$ möglich. Aus (7.62) folgt dann $f(z_0+re^{it}) = f(z_0)$ bzw. $f(z_0+\rho e^{it}) = f(z_0)$ für alle ρ mit $0 \leqq \rho \leqq r$ und damit

$$f(z) = f(z_0) \quad \text{für alle} \quad z \in K_r(z_0) \cup \operatorname{In}(K_r(z_0)) ,$$

so daß f in einer Umgebung von z_0 konstant ist.

Sei nun $\tilde{z}$ ein beliebiger Punkt aus D . Da D zusammenhängend ist (D ist ein Gebiet!), gibt es einen in D verlaufenden Polygonzug K , der z_0 mit $\tilde{z}$ verbindet. Da $K \subset D$ kompakt ist, gibt es nach Hilfssatz 6.1 , Abschnitt 6.1.4 , ein $d > 0$ mit $|z-\zeta| \geqq d$ für alle $z \in K$ und $\zeta \in \partial D$. Nun zerlegen wir K durch endlich viele Teilpunkte

$z_0, z_1, \ldots, z_n = \tilde{z}$ in n Teile mit einer Länge jeweils kleiner als d. Die Kreisgebiete

$$U_d(z_i) = \{z \mid |z - z_i| < d\ ,\ i = 0,1,\ldots,n\} \subset D$$

bilden eine Kreiskette in D (man spricht daher auch von einem Kreiskettenverfahren): jedes Kreisgebiet $U_d(z_i)$ enthält den Mittelpunkt des nachfolgenden Kreisgebietes

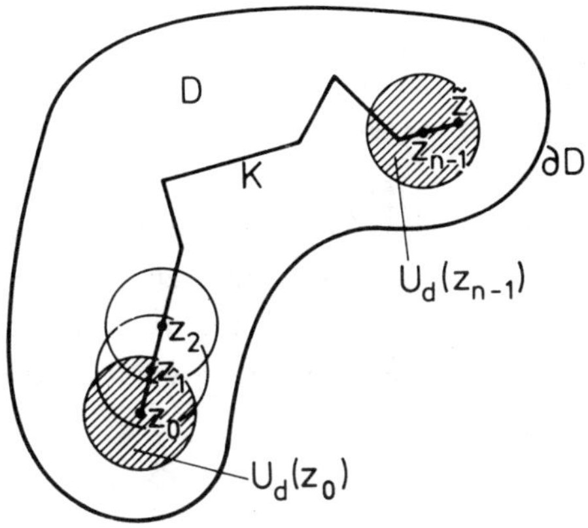

Fig. 7.22: Zum Kreiskettenverfahren

$$z_i \in U_d(z_{i-1})\ ,\ i = 1,\ldots,n$$

(s. Fig. 7.22). Nach unseren obigen Überlegungen gilt $f(z) = f(z_0)$ für $z \in U_d(z_0)$ und nach dem Identitätssatz[1] auch für $z \in U_d(z_1)$. Durch (n-2)-fache Wiederholung folgt dies auch für $z \in U_d(z_{n-1})$. Insbesondere gilt also $f(\tilde{z}) = f(z_0)$. Da $\tilde{z} \in D$ beliebig ist, ergibt sich $f = \text{const.}$ in D, im Widerspruch zu den Voraussetzungen des Satzes. □

Aus diesem Satz ergibt sich nun sofort

Satz 7.22 (Maximumprinzip) Sei D ein beschränktes Gebiet mit dem Rand ∂D. Die Funktion f sei holomorph in D und stetig in $\overline{D} = D \cup \partial D$. Dann nimmt die Funktion $|f|$ ihr Maximum auf dem Rand ∂D von D an, d.h. es gibt ein $z_0 \in \partial D$ mit

$$\left|f(z_0)\right| = \max_{z \in \overline{D}} \left|f(z)\right| . \tag{7.63}$$

Beweis: Mit f ist auch $|f|$ stetig auf $\overline{D}$. Da $\overline{D}$ kompakt ist, nimmt die reellwertige Funktion $|f|$ in $\overline{D}$ ihr Maximum an[2]. Nach Satz 7.21

---
[1] s. Abschn. 7.3.5, Satz 7.39

[2] Satz 1.25, Abschn. 1.6.5, Bd. I gilt entsprechend auch im $\mathbb{R}^2$

liegt die Maximumstelle auf dem Rand ∂D oder es ist $f \equiv \text{const.}$ in $\overline{D}$. □

Bemerkung: Unter der Voraussetzung, daß f in D keine Nullstelle hat, läßt sich entsprechend ein Minimumprinzip beweisen (s. Üb. 7.14).

Für die Anwendungen ist es nützlich, ein Maximum- bzw. Minimumprinzip für harmonische Funktionen zu besitzen. Wir erinnern daran, daß harmonische Funktionen u Lösungen der Potentialgleichung $\Delta u = 0$ sind, mit stetigen partiellen Ableitungen zweiter Ordnung (s. Abschn. 7.1.5). Wir zeigen

Satz 7.23 (Maximumprinzip für harmonische Funktionen) Sei D ein beschränktes Gebiet in $\mathbb{R}^2$ mit Rand ∂D. Ferner sei u eine in D harmonische und in $\overline{D} = D \cup \partial D$ stetige Funktion. Dann nimmt die Funktion u ihr Maximum auf dem Rand ∂D von D an. Entsprechendes gilt für das Minimum.

Beweis: Zu u gibt es nach Satz 7.8, Abschnitt 7.1.5, eine konjugiert harmonische Funktion v, so daß $f(z) = f(x+iy) = u(x,y) + iv(x,y)$ in D (jetzt als Gebiet in $\mathbb{C}$ aufgefaßt) holomorph ist. Ist dann $K_r(z_0)$ ein (positiv orientierter) Kreis, der zusammen mit seinem Inneren ganz in D liegt, so gilt nach der Mittelwertformel (s. Satz 7.17, Abschn. 7.2.3)

$$f(z_0) = \frac{1}{2\pi} \int_0^{2\pi} f(z_0 + re^{it})\,dt .$$

Durch Realteilbildung folgt hieraus die Mittelwertformel

$$u(x_0,y_0) = \frac{1}{2\pi} \int_0^{2\pi} u(x_0 + r\cos t, y_0 + r\sin t)\,dt \tag{7.64}$$

für die harmonische Funktion u. Der weitere Beweis verläuft wie der von Satz 7.21 bzw. Satz 7.22. Im Falle des Minimumprinzips entfällt die Forderung $u \neq 0$ in D (s.o. Bemerkung). Die beiden auf (7.61) folgenden Ungleichungen für $|f|$ gehen in Gleichungen für u über.

Wir zeigen nun, wie mit Hilfe des Maximum- bzw. Minimumprinzips die Eindeutigkeitsfrage für Lösungen von Randwertaufgaben der Potentialtheorie behandelt werden kann: Hierzu sei D ein beschränktes Gebiet mit dem Rand ∂D. Ferner sei g eine vorgegebene auf ∂D stetige Funktion. Die Dirichletsche[1] Randwertaufgabe der Potentialtheorie besteht darin, eine in D harmonische und in $\overline{D} = D \cup \partial D$ stetige Funktion zu finden, die auf ∂D mit g übereinstimmt, für die also gilt:

$$\left.\begin{aligned} \Delta u &= 0 \quad \text{in} \quad D\,; \\ u &= g \quad \text{auf} \quad \partial D\,. \end{aligned}\right\} \quad (7.65)$$

Probleme dieser Art treten z.B. in der Elektrostatik auf: Man gibt auf ∂D ein elektrostatisches Potential vor und fragt nach der Potentialverteilung im Inneren (bzw. im Äußeren) von ∂D (s. auch Abschn. 9.2).

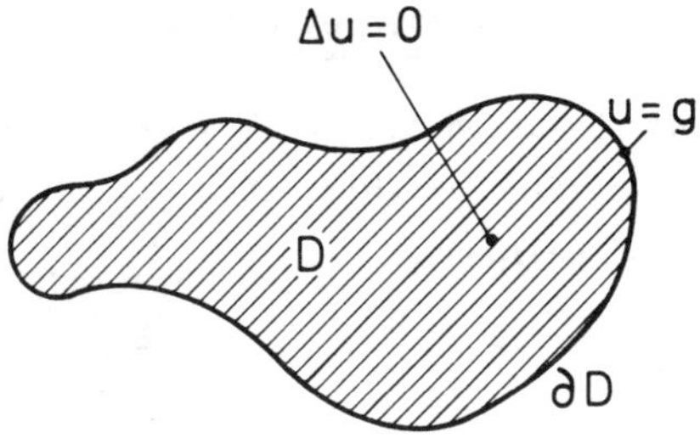

Fig. 7.23: Dirichletsche Randwertaufgabe

Falls überhaupt eine Lösung von Problem (7.65) existiert, gilt

Satz 7.24 Die Lösung der Dirichletschen Randwertaufgabe (7.65) ist eindeutig bestimmt.

Beweis: Wir nehmen an, es seien zwei Lösungen u_1 und u_2 von (7.65) vorhanden und setzen $u := u_1 - u_2$. Dann genügt u dem homogenen Randwertproblem mit

$$\left.\begin{aligned} \Delta u &= 0 \quad \text{in} \quad D\,; \\ u &= 0 \quad \text{auf} \quad \partial D\,. \end{aligned}\right\} \quad (7.66)$$

Nach dem Maximumprinzip für harmonische Funktionen gilt: $u(x,y) \leqq 0$ für $(x,y) \in D$ bzw. nach dem Minimumprinzip $u(x,y) \geqq 0$ für $(x,y) \in D$. Hieraus folgt aber $u(x,y) = 0$ bzw. $u_1(x,y) = u_2(x,y)$ für alle $(x,y) \in D$. □

[1] P.G.L. Dirichlet (1805-1859), deutscher Mathematiker

Bemerkung: Ist der Rand ∂D von D "gutartig", so läßt sich zeigen, daß die Dirichletsche Randwertaufgabe (7.65) stets eine Lösung besitzt (s. Abschn. 9.2.1).

Im nachfolgenden Abschnitt behandeln wir den Spezialfall eines Kreisgebiets.

(b) Eine Dirichletsche Randwertaufgabe

Wir benutzen die Cauchysche Integralformel (Satz 7.16) zur Lösung der folgenden Dirichletschen Randwertaufgabe der Potentialtheorie: Sei G das Kreisgebiet

$$G = \{(x,y) \mid x^2 + y^2 < R^2 \; , \; R > 0\}$$

und ∂G der Rand von G (also der Kreis $x^2 + y^2 = R^2$). Gesucht ist eine in G harmonische Funktion u, die bei Annäherung an den Rand in die vorgegebene stetige Funktion g übergeht, die also die Dirichletsche Randwertaufgabe mit

$$\left.\begin{aligned} \Delta u &= 0 \quad \text{in} \quad G \; ; \\ u &= g \quad \text{auf} \quad \partial G \end{aligned}\right\} \tag{7.67}$$

löst. Wir zeigen zunächst

Satz 7.25 Sei u eine im Gebiet D harmonische Funktion. Das Gebiet $\overline{G} = \{(x,y) \mid x^2 + y^2 \leq R^2 \; , \; R > 0\}$ liege ganz in D. Dann gilt für $r < R$ und $0 \leq \psi < 2\pi$ die Poissonsche Integralformel

$$u(r\cos\psi, r\sin\psi) = \frac{1}{2\pi}\int_0^{2\pi} u(R\cos\varphi\,, R\sin\varphi)\frac{R^2 - r^2}{R^2 - 2Rr\cos(\varphi-\psi) + r^2}\,d\varphi \tag{7.68}$$

Beweis: Wir fassen $\overline{G}$ als Gebiet in $\mathbb{C}$ auf: $\overline{G} = \{z \mid |z| = |x+iy| \leq R\}$. Nach Satz 7.8, Abschnitt 7.1.5, gibt es eine zu u konjugiert harmonische Funktion v, so daß

$$f(z) = u(x,y) + iv(x,y)$$

in $\overline{G}$ holomorph ist. Nun benutzen wir die Cauchysche Integralformel (Satz 7.16, Abschn. 7.2.3) und erhalten (∂G orientieren wir positiv!)

$$f(z) = \frac{1}{2\pi i} \int_{\partial G} \frac{f(\zeta)}{\zeta - z}\, d\zeta \ , \quad z \in G \ . \tag{7.69}$$

Wir stellen z bzw. ζ in der Form

$$z = re^{i\psi} \quad \text{bzw.} \quad \zeta = Re^{i\varphi}$$

dar und "spiegeln z am Kreis ∂G", d.h. wir erhalten den "Spiegelpunkt"

$$\tilde{z} = \frac{R^2}{\overline{z}} = \frac{R^2}{r}\, e^{i\psi} \ .$$

Für $\tilde{z}$ gilt $|\tilde{z}| > R$, so daß $\dfrac{f(\zeta)}{\zeta - \tilde{z}}$ in G holomorph ist. Daher folgt mit dem Cauchyschen Integralsatz (Satz 7.12, Abschn. 7.2.2)

$$\int_{\partial G} \frac{f(\zeta)}{\zeta - \tilde{z}}\, d\zeta = 0 \ . \tag{7.70}$$

Nach (7.69) und (7.70) gilt

$$f(z) = \frac{1}{2\pi i} \int_{\partial G} f(\zeta) \left(\frac{1}{\zeta - z} - \frac{1}{\zeta - \tilde{z}} \right) d\zeta \ .$$

Benutzen wir für $z, \zeta, \tilde{z}$ Polarkoordinaten, so ergibt sich

$$f(z) = \frac{1}{2\pi i} \int_0^{2\pi} f(Re^{i\varphi}) \left\{ \frac{1}{Re^{i\varphi} - re^{i\psi}} - \frac{1}{Re^{i\varphi} - \frac{R^2}{r}\, e^{i\psi}} \right\} iRe^{i\varphi} d\varphi$$

oder, nach einfacher Umformung

$$f(z) = \frac{1}{2\pi} \int_0^{2\pi} f(Re^{i\varphi}) \frac{R^2 - r^2}{R^2 - 2Rr\cos(\varphi - \psi) + r^2}\, d\varphi \ . \tag{7.71}$$

Mit $f(z) = u(x,y) + iv(x,y)$ folgt dann durch Realteilbildung die Behauptung. □

Bemerkung: Mit diesem Ergebnis ist noch nicht die Existenz einer Lösung des Dirichletschen Problems für das Kreisgebiet gezeigt. Man erhält lediglich eine Darstellung unter der Annahme, daß es eine Lösung $u(x,y)$ gibt. Satz 7.25 liefert uns dann die Möglichkeit, die harmonische Funktion u im Inneren eines Kreises durch ihre Randwerte zu beschreiben.

Wir wenden uns jetzt der Frage zu: Gibt es zu beliebig vorgegebenen stetigen Randwerten immer eine im Kreisgebiet harmonische Funktion, die diese Randwerte besitzt? Daß dies zutrifft zeigt

Satz 7.26 Die Funktion $\tilde{g}(\varphi) := g(R\cos\varphi, R\sin\varphi)$ sei im Intervall $[0,2\pi]$ stetig. Dann besitzt das Dirichletsche Randwertproblem (7.67) genau eine Lösung. Diese ist durch

$$u(r\cos\psi, r\sin\psi) = \frac{1}{2\pi}\int_0^{2\pi} \tilde{g}(\varphi)\,\frac{R^2 - r^2}{R^2 - 2Rr\cos(\varphi-\psi) + r^2}\,d\varphi \tag{7.72}$$

gegeben.

Beweis: Wegen

$$\frac{\zeta + z}{\zeta - z} = \frac{R^2 - r^2 + 2iRr\sin(\psi-\varphi)}{R^2 - 2Rr\cos(\psi-\varphi) + r^2} \tag{7.73}$$

läßt sich (7.72) auch in der Form

$$u(r\cos\psi, r\sin\psi) = \frac{1}{2\pi}\,\mathrm{Re}\left(\int_0^{2\pi} \tilde{g}(\varphi)\,\frac{\zeta + z}{\zeta - z}\,d\varphi\right) \tag{7.74}$$

schreiben. Damit ist u (als Realteil einer in G holomorphen Funktion) in G harmonisch.

Wir weisen jetzt nach, daß u auch das gewünschte Randverhalten besitzt. Hierzu zeigen wir

$$u(r\cos\psi, r\sin\psi) \xrightarrow[(r,\psi)\to(R,\varphi_0)]{} \tilde{g}(\varphi_0)\,. \tag{7.75}$$

Wir benutzen die Beziehung

$$\frac{1}{2\pi}\int_0^{2\pi}\frac{R^2-r^2}{R^2+r^2-2Rr\cos(\varphi-\psi)}\,d\varphi = 1\ , \quad r < R\ , \tag{7.76}$$

die aus der Poissonschen Integralformel (7.68) folgt, wenn man für u die konstante (harmonische) Funktion $u \equiv 1$ setzt. Wir beachten, daß der Integrand in (7.76) positiv ist.

Aus der Stetigkeit von $\tilde{g}$ folgt: Zu jedem $\varepsilon > 0$ existiert ein $\delta > 0$ mit

$$|\tilde{g}(\varphi)-\tilde{g}(\varphi_0)| < \varepsilon \quad \text{für} \quad |\varphi-\varphi_0| < \delta\ .$$

Mit (7.72), (7.76) und $A := \max_{\varphi\in[0,2\pi]} |\tilde{g}(\varphi)-\tilde{g}(\varphi_0)|$ ergibt sich

$$|u(r\cos\psi, r\sin\psi)-\tilde{g}(\varphi_0)| = \frac{1}{2\pi}\left|\int_0^{2\pi}\frac{(R^2-r^2)(\tilde{g}(\varphi)-\tilde{g}(\varphi_0))}{R^2+r^2-2Rr\cos(\varphi-\psi)}\,d\varphi\right|$$

$$\leqq \frac{1}{2\pi}\left|\int_{|\varphi-\varphi_0|<\delta}\dots\right| + \frac{1}{2\pi}\left|\int_{|\varphi-\varphi_0|\geqq\delta}\dots\right| \leqq \varepsilon + \frac{A}{2\pi}\int_{|\varphi-\varphi_0|\geqq\delta}\frac{R^2-r^2}{R^2+r^2-2Rr\cos(\varphi-\psi)}\,d\varphi. \tag{7.77}$$

Nun benutzen wir die Abschätzung

$$\frac{R^2-r^2}{R^2+r^2-2Rr\cos(\varphi-\psi)} \leqq \frac{R^2-r^2}{4Rr\sin^2\frac{\delta}{4}} \leqq \frac{R-r}{R\sin^2\frac{\delta}{4}}\ ,$$

die für $|\psi-\varphi_0| \leqq \frac{\delta}{2}$ und $r \geqq \frac{R}{2}$ gilt. Für das letzte Integral in (7.77) ergibt sich dann

$$\frac{A}{2\pi}\int_{|\varphi-\varphi_0|\geqq\delta}\dots \leqq \frac{A}{R}\,\frac{R-r}{\sin^2\frac{\delta}{4}}\ , \quad r < R\ .$$

Wählen wir noch $r \geqq 0$ so, daß $R-r \leqq \left(\frac{R}{A}\sin^2\frac{\delta}{4}\right)\varepsilon$ ist, so erhalten wir

$$\left|u(r\cos\psi, r\sin\psi) - \tilde{g}(\varphi_0)\right| \leq \varepsilon + \varepsilon = 2\varepsilon ,$$

woraus (7.75) folgt.

Die Eindeutigkeit der Lösung ergibt sich aus Satz 7.24. □

Bemerkung: Mit Hilfe von Satz 7.26 und dem Riemannschen Abbildungssatz (s. Abschn. 9.1.2) läßt sich das Dirichletsche Randwertproblem für beliebige einfach zusammenhängende Gebiete mit "gutartiger" Berandung lösen. Wir zeigen dies in Abschnitt 9.2.1.

(c) Der Fundamentalsatz der Algebra

Die Frage nach den Nullstellen von Polynomen hat uns bereits in Band I, Abschnitt 2.5.5, beschäftigt. Die Bedeutung dieser Frage ist uns z.B. bei der Konstruktion von Fundamentallösungen linearer Differentialgleichungen mit konstanten Koeffizienten deutlich geworden (s. Bd. III, Abschn. 3.1.1). Auch bei der Operatorenmethode zur Lösung inhomogener Differentialgleichungsprobleme erwies sich der Fundamentalsatz der Algebra als sehr nützlich (s. Bd. III, Abschn. 3.1.2). Sein Beweis beruht auf dem folgenden

Satz 7.27 (Satz von Liouville[1]) Sei f in ganz $\mathbb{C}$ holomorph und beschränkt. Dann ist f konstant.

Beweis: Sei $M > 0$ eine Schranke für $|f|$ in $\mathbb{C}$:

$$|f(z)| < M \quad \text{für alle} \quad z \in \mathbb{C} .$$

Nach der Cauchy-Ungleichung (s. Abschn. 7.2.3 , Satz 7.19) gilt dann für jedes $r > 0$ und jedes $z \in \mathbb{C}$

$$|f'(z)| \leq \frac{M}{r} .$$

Hieraus folgt durch Grenzübergang $r \longrightarrow \infty$

[1] J.Liouville (1809-1882), französischer Mathematiker

$$f'(z) = 0 \quad \text{für alle} \quad z \in \mathbb{C} .$$

Daraus ergibt sich (s. Beweis von Satz 7.14, Abschn. 7.2.3), daß $f \equiv \text{const.}$ in $\mathbb{C}$. □

Bemerkung: Man nennt Funktionen, die in der ganzen komplexen Zahlenebene holomorph sind, ganze Funktionen. Beispiele für ganze Funktionen sind: Polynome, e^z , $\sin z$ und $\cos z$. Der Satz von Liouville besagt dann, daß die Konstanten die einzigen ganzen Funktionen sind, die in ganz $\mathbb{C}$ beschränkt sind.

Nun zeigen wir

Satz 7.28 (Fundamentalsatz der Algebra) Jedes Polynom vom Grad n in z

$$P_n(z) = z^n + a_{n-1}z^{n-1} + \ldots + a_0$$

mit komplexen Koeffizienten a_i $(i = 0,1,\ldots,n-1)$ und $n \geq 1$ besitzt mindestens eine Nullstelle in $\mathbb{C}$.

Beweis: (indirekt) Wir nehmen an:

$$P_n(z) \neq 0 \quad \text{für alle} \quad z \in \mathbb{C} .$$

Dann ist durch

$$f(z) := \frac{1}{P_n(z)}$$

eine in ganz $\mathbb{C}$ holomorphe Funktion f erklärt. Wegen

$$|P_n(z)| = |z^n| \left| 1 + a_{n-1}\frac{1}{z} + \ldots + a_0\frac{1}{z^n} \right|$$

und

$$\left| a_{n-1}\frac{1}{z} + \ldots + a_0\frac{1}{z^n} \right| < \frac{1}{2}$$

für hinreichend großes $|z|$ folgt

$$|P_n(z)| \geqq |z|^n \left(1 - \frac{1}{2}\right) = \frac{|z|^n}{2} \longrightarrow \infty \quad \text{für} \quad |z| \to \infty .$$

Hieraus ergibt sich

$$|f(z)| \longrightarrow 0 \quad \text{für} \quad |z| \longrightarrow \infty ,$$

f ist also in ganz $\mathbb{C}$ beschränkt. Nach Satz 7.27 folgt daher: f und damit P_n sind konstante Funktionen. Dies ist ein Widerspruch, so daß Satz 7.28 bewiesen ist. □

Folgerung Jedes Polynom $P_n(z)$ vom Grad $n \geqq 1$ läßt sich in der Form

$$P_n(z) = (z - z_1)(z - z_2) \ldots (z - z_n) \tag{7.78}$$

darstellen, besitzt also genau n Nullstellen. Diese können in (7.78) auch mehrfach auftreten.

Beweis: Für $n = 1$ gilt $P_n(z) = z - (-a_0)$, so daß (7.78) trivialerweise erfüllt ist. Für $n > 1$ besitzt $P_n(z)$ nach Satz 7.28 mindestens eine Nullstelle z_n, so daß sich P_n in der Form

$$P_n(z) = (z - z_n)\, P_{n-1}(z)$$

mit einem Polynom P_{n-1} vom Grad $n - 1$ darstellen läßt. Dies folgt wie in Bd. I, Abschn. 2.1.6). Nun wendet man auf P_{n-1} Satz 7.28 an usw. □

Wir schließen diesen Abschnitt ab mit der folgenden

Bemerkung: Sowohl der Cauchysche Integralsatz als auch die Cauchyschen Integralformeln stellen ein wertvolles Hilfsmittel bei der Berechnung von reellen uneigentlichen Integralen dar. Wir behandeln solche Anwendungen in Abschnitt 8.2.3, (b).

Übungen

7.9 Bestimme den Wert der Integrale

$$\int_0^{1+i} z\,dz \quad \text{bzw.} \quad \int_0^{1+i} \bar{z}\,dz$$

a) längs einer Geraden; b) längs der Parabel $\operatorname{Im} z = (\operatorname{Re} z)^2$.
Sind die Integrale unabhängig vom Weg ?

7.10 Berechne $\displaystyle\int_{1-2i}^{1+2i} \frac{dz}{z^2}$

a) mittels Stammfunktion;

b) durch Integration längs der positiv orientierten Kreislinie um den Nullpunkt, die die Punkte $z_1 = 1-2i$ und $z_2 = 1+2i$ verbindet.

7.11* Das Integral $\displaystyle\int_C \frac{z^2-1}{z}$ ist längs der folgenden geschlossenen, positiv orientierten Kurven zu berechnen:

a) $|z-2| = 1$;

b) $|z| = 1$ für $\operatorname{Im} z \geqq 0$, $2\operatorname{Im} z = (\operatorname{Re} z)^2 - 1$ für $\operatorname{Im} z \leqq 0$.

7.12* Bestimme durch Verwendung der Cauchyschen Integralformeln den Wert der Integrale

a) $\displaystyle\int_{|z-2i|=2} \frac{dz}{(z-i)(z+i)^2}$; b) $\displaystyle\int_{|z|=\frac{1}{2}} \frac{\sin z}{z^3(1-z)}\,dz$,

wenn die entsprechenden Kurven positiv orientiert sind.

7.13 Beweise: Ist die Funktion f holomorph im Gebiet D , so ist f genau dann konstant, wenn

$$f'(z) = 0 \quad \text{für alle} \quad z \in D$$

gilt.

7.14* Beweise das folgende Minimumprinzip: Sei D ein beschränktes Gebiet mit dem Rand ∂D. Die Funktion f sei holomorph in D, stetig in $\overline{D} = D \cup \partial D$ und es gelte $f(z) \not\equiv 0$ in D. Dann nimmt die Funktion $|f|$ ihr Minimum auf dem Rand ∂D an, d.h. es gibt ein $z_0 \in \partial D$ mit

$$\left|f(z_0)\right| = \min_{z \in \overline{D}} \left|f(z)\right| .$$

7.15* Bestimme das Maximum von $|f|$ im Kreisgebiet $|z| \leqq 1$, wenn $f(z) = z^2 - 1$ ist.

7.16 Weise anhand der Funktion $f(z) = \sin z$ nach, daß das Maximumprinzip im Falle unbeschränkter Gebiete nicht gilt.

7.17 Sei $f(z) = f(x+iy) = u(x,y) + iv(x,y)$ im Gebiet D holomorph. Zeige, es gilt

$$\Delta\left(|f|^2\right) = 4\,|f'|^2 \qquad \left(\Delta := \frac{\partial^2}{\partial x^2} + \frac{\partial^2}{\partial y^2} \right) .$$

7.3 ERZEUGUNG HOLOMORPHER FUNKTIONEN DURCH GRENZPROZESSE

Wir wollen aufzeigen, daß sich jede holomorphe Funktion durch eine (komplexe) Potenzreihe darstellen läßt. Auf diese Weise gewinnen wir eine weitere Charakterisierung holomorpher Funktionen mit interessanten Konsequenzen.

7.3.1 Folgen von Funktionen

In diesem Abschnitt beschäftigt uns insbesondere die Frage, unter welchen Bedingungen eine Folge von holomorphen Funktionen eine holomorphe Grenzfunktion besitzt. Außerdem sind wir an einer Klärung der Fragen interessiert, unter welchen Voraussetzungen eine Vertauschung von Grenzübergang und Integration bzw. Differentiation erlaubt ist. Wir benötigen hierzu

Definition 7.4 (a) Die komplexwertigen Funktionen f_n $(n \in \mathbb{N})$ seien auf einer Menge $D \subset \mathbb{C}$ erklärt. Die Folge $\{f_n\}$ heißt *konvergent im Punkt* $z_0 \in D$, falls die (komplexe) Punktfolge $\{f_n(z_0)\}$ konvergent ist. Wir sagen, $\{f_n\}$ ist *punktweise konvergent in* D, falls $\{f_n\}$ für jedes $z \in D$ konvergiert. Man nennt dann die durch

$$f(z) = \lim_{n\to\infty} f_n(z) \quad , \quad z \in D \tag{7.79}$$

erklärte Funktion f *Grenzfunktion* der Folge $\{f_n\}$.

(b) $\{f_n\}$ heißt *gleichmäßig konvergent in* D mit Grenzfunktion f, wenn es zu jedem $\varepsilon > 0$ eine natürliche Zahl $n_0 = n_0(\varepsilon)$ gibt, so daß

$$|f_n(z) - f(z)| < \varepsilon \quad \text{für alle } n \geq n_0 \text{ und für alle } z \in D \tag{7.80}$$

gilt.

Diese Definition entspricht völlig dem reellen Fall (s. Bd. I, Abschn. 5.1.1). Wie im Reellen ergibt sich auch

Satz 7.29 (*Cauchy-Konvergenzkriterium*) Die Funktionenfolge $\{f_n\}$ konvergiert gleichmäßig auf D gegen eine Funktion f genau dann, wenn es zu jedem $\varepsilon > 0$ eine natürliche Zahl $n_0 = n_0(\varepsilon)$ gibt, so daß

$$|f_n(z) - f_m(z)| < \varepsilon \quad \text{für alle} \quad n,m \geq n_0 \quad \text{und für alle} \quad z \in D \tag{7.81}$$

gilt.

Der Begriff der gleichmäßigen Konvergenz spielt im Zusammenhang mit den oben angesprochenen Vertauschungsfragen dieselbe Rolle, wie uns das schon aus dem Reellen (s. Bd. I, Abschn. 5.1.3) bekannt ist. Wir zeigen:

Satz 7.30 Sei $\{f_n\}$ eine Folge auf einem Gebiet D holomorpher Funktionen. Ferner sei $\{f_n\}$ auf jeder kompakten Teilmenge G von D gleichmäßig konvergent gegen f. Dann gilt

(i) Die Grenzfunktion f ist holomorph in D.

(ii) Für jede stückweise glatte, orientierte Kurve C in D gilt

$$\int_C f(z)\,dz = \int_C \lim_{n\to\infty} f_n(z)\,dz = \lim_{n\to\infty} \int_C f_n(z)\,dz \,. \tag{7.82}$$

Beweis: Wir zeigen zunächst (ii): Seien $z_0 \in D$ und $\varepsilon > 0$ beliebig. Da D ein Gebiet ist, gibt es ein $r > 0$, so daß

$$K_r(z_0) := \left\{ z \in D \;\middle|\; |z - z_0| \leq r \right\} \subset D \,.$$

Aus der gleichmäßigen Konvergenz von $\{f_n\}$ gegen f folgt: Es existiert eine natürlich Zahl $n_0 = n_0(\varepsilon)$, so daß

$$|f_n(z) - f(z)| < \varepsilon \quad \text{für alle} \quad n \geq n_0 \quad \text{und für alle} \quad z \in K_r(z_0) \tag{7.83}$$

gilt. Aus der Holomorphie der Funktionen f_n in D ergibt sich insbesondere ihre Stetigkeit in D. Zu dem oben gewählten $\varepsilon > 0$ gibt es daher ein $\delta \in (0,r)$ mit

$$|f_n(z) - f_n(z_0)| < \varepsilon \quad \text{für alle} \quad z \in K_\delta(z_0) \quad \text{und für jedes fest } n\,. \tag{7.84}$$

Mit Hilfe der Dreiecksungleichung und mit den Abschätzungen (7.83) und (7.84) folgt dann

$$\begin{aligned} |f(z) - f(z_0)| &\leqq |f(z) - f_n(z)| + |f_n(z) - f_n(z_0)| + |f_n(z_0) - f(z_0)| \\ &< 3\varepsilon \quad \text{für alle} \quad n \geqq n_0 \quad \text{und für alle} \quad z \in K_\delta(z_0)\,. \end{aligned}$$

Daraus erhalten wir, da $z_0 \in D$ beliebig ist, die Stetigkeit von f in D. Damit existiert $\int_C f(z)\,dz$ und mit Satz 7.11, Abschnitt 7.2.1, folgt

$$\begin{aligned} \left| \int_C f(z)\,dz - \int_C f_n(z)\,dz \right| &= \left| \int_C \left[f(z) - f_n(z)\right] dz \right| \\ &\leqq L(C) \max_{z\in C} |f(z) - f_n(z)| \end{aligned} \tag{7.85}$$

Da C eine kompakte Teilmenge von D ist (warum?) und $\{f_n\}$ nach Voraussetzung in jeder kompakten Teilmenge von D gleichmäßig gegen f konvergiert, gibt es zu $\varepsilon > 0$ eine natürliche Zahl $N_0 = N_0(\varepsilon)$, so daß für alle $n \geqq N_0$ und für alle $z \in C$

$$|f(z) - f_n(z)| < \frac{\varepsilon}{L(C)}$$

bzw.

$$\max_{z\in C} |f(z) - f_n(z)| \leqq \frac{\varepsilon}{L(C)}$$

gilt. Aus (7.85) ergibt sich dann (ii).

Zum Nachweis von (i) sei $z_0 \in D$ beliebig und $K_r(z_0) \subset D$ wie oben. Wegen (ii) gilt dann für jede geschlossene, stückweise glatte, orientierte Kurve C in $K_r(z_0)$

$$\int_C f(z)\,dz = \lim_{n\to\infty} \int_C f_n(z)\,dz \; .$$

Da f_n holomorph ist für alle $n \in \mathbb{N}$, verschwindet das letzte Integral für jedes n , und der Satz von Morera ergibt, daß f holomorph in $K_r(z_0)$ ist. Da wir $z_0 \in D$ beliebig gewählt haben, folgt (i), so daß Satz 7.30 bewiesen ist. □

Die gliedweise Differentiation von Funktionenfolgen regelt

> **Satz 7.31** Sei $\{f_n\}$ eine Folge auf einem Gebiet D holomorpher Funktionen. Ferner sei $\{f_n\}$ auf jeder kompakten Teilmenge G von D gleichmäßig konvergent gegen f . Dann gilt für jede natürliche Zahl k
>
> $$f^{(k)}(z) = \lim_{n\to\infty} f_n^{(k)}(z) \qquad (7.86)$$
>
> gleichmäßig auf jeder kompakten Teilmenge G von D .

Beweis: Sei G irgendeine kompakte Teilmenge von D . Da D offen ist, gilt $G \cap \partial D = \emptyset$ (∂D : Rand von D ; $\emptyset$: leere Menge). Nach Hilfssatz 6.1, Abschnitt 6.1.4, gibt es ein $d > 0$, so daß

$$|z - w| \geq d \quad \text{für alle} \quad z \in G \quad \text{und alle} \quad w \in \partial D$$

gilt. Die Mengen

$$U_{\frac{d}{2}}(z) = \left\{ \zeta \in D \;\middle|\; |z-\zeta| < \frac{d}{2} \; , \; z \in G \right\}$$

bilden eine offene Überdeckung von G . Da G kompakt ist, gibt es eine endliche Teilüberdeckung von G , d.h. es gibt endlich viele Punkte $z_1,\ldots,z_m \in G$, so daß

$$G \subset \bigcup_{j=1}^{m} U_{\frac{d}{2}}(z_j) \; . \qquad (7.87)$$

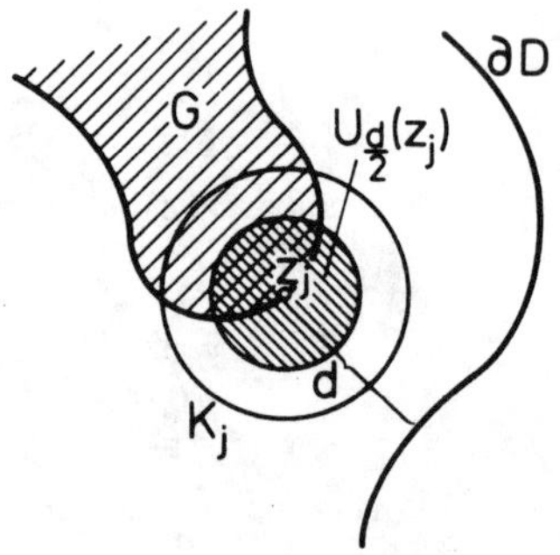

Fig. 7.24: Überdeckung von G

Nun setzen wir $K_j = \left\{z \in D \;\middle|\; |z - z_j| = \frac{3}{4}d\right\}$, $j = 1,\ldots,m$. K_j und $In(K_j)$ liegen im Holomorphiebereich D der Funktionen f_n und damit nach Satz 7.30 auch im Holomorphiebereich von f . Nun benutzen wir die Cauchysche Integralformel für die k-te Ableitung von f (s. Satz 7.18 , Abschn. 7.2.3), wobei wir K_j positiv orientieren:

$$\left|f^{(k)}(z) - f_n^{(k)}(z)\right| = \left|\frac{k!}{2\pi i}\int\limits_{K_j}\frac{f(\zeta)-f_n(\zeta)}{(\zeta-z)^{k+1}}d\zeta\right| , \quad z \in In(K_j) .$$

Das letzte Integral schätzen wir mit Hilfe von Satz 7.11 ab und erhalten für festes j :

$$\left|f^{(k)}(z)-f_n^{(k)}(z)\right| \leqq \frac{k!}{2\pi} L(K_j) \max_{\zeta\in K_j} \left|f(\zeta) - f_n(\zeta)\right| \cdot \left(\frac{d}{4}\right)^{-k-1}$$

$$\leqq 3k!\left(\frac{d}{4}\right)^{-k} \max_{\zeta\in K_j} \left|f(\zeta) - f_n(\zeta)\right| .$$

Da $\{f_n\}$ in jeder kompakten Teilmenge von D gleichmäßig gegen f konvergiert, K_j eine kompakte Teilmenge von D ist, gibt es zu jedem $\varepsilon > 0$ ein $n_j = n_j(\varepsilon) \in \mathbb{N}$, so daß für alle $n > n_j$ und alle $\zeta \in K_j$

$$\left|f(\zeta) - f_n(\zeta)\right| < \left[3k!\left(\frac{d}{4}\right)^{-k}\right]^{-1} \varepsilon$$

gilt. Damit folgt für alle $n > n_j$

$$\left|f^{(k)}(z) - f_n^{(k)}(z)\right| < \varepsilon \quad \text{für alle} \quad z \in In(K_j) \quad (j = 1,\ldots,m) .$$

Setzen wir noch $n_0 = \max\limits_{j=1,\ldots,m} n_j$, so erhalten wir

$$\left|f^{(k)}(z) - f_n^{(k)}(z)\right| < \varepsilon$$

für alle $n \geqq n_0$ und alle $z \in G$ (wir beachten (7.87)). □

7.3.2 Reihen von Funktionen

Die Untersuchung einer Funktionenreihe

$$\left[\sum_{k=1}^{\infty} f_k(z)\right] \tag{7.88}$$

im Komplexen, kann - wie im Reellen - durch Betrachtung der Teilsummen von (7.88):

$$s_n(z) := \sum_{k=1}^{n} f_k(z) \tag{7.89}$$

auf Abschnitt 7.3.1 zurückgeführt werden. Wir sagen, die Reihe (7.88) konvergiert punktweise (bzw. gleichmäßig) auf einer Menge $D \subset \mathbb{C}$, falls die Folge $\{s_n\}$ der Teilsummen von (7.88) auf D punktweise (bzw. gleichmäßig) konvergiert.

Das Cauchy-Konvergenzkriterium (s. Satz 7.29) gilt entsprechend auch für Reihen von Funktionen. Aus der reellen Analysis (s. Bd. I, Abschn. 5.1.3, Satz 5.6) kann der Beweis des folgenden wichtigen Kriteriums zum Nachweis der gleichmäßigen Konvergenz einer Funktionenreihe direkt übernommen werden:

Satz 7.32 (Weierstrass'sches Majorantenkriterium)
Die Funktionen f_k $(k = 1,2,...)$ seien auf einer Menge $D \subset \mathbb{C}$ erklärt. Es gelte

(i) $|f_k(z)| \leq M_k$ für alle $k \in \mathbb{N}$ und alle $z \in D$;

(ii) $\left[\sum_{k=1}^{\infty} M_k\right]$ sei konvergent.

Dann folgt: Die Funktionenreihe $\left[\sum_{k=1}^{\infty} f_k(z)\right]$ konvergiert gleichmäßig auf D.

Wir wenden uns nun der Betrachtung von Reihen von Funktionen zu, bei denen die Summanden holomorphe Funktionen sind. Die Übertragung der Vertauschungssätze aus Abschnitt 7.3.1 führt zu

Satz 7.33 Die Funktionen f_k $(k \in \mathbb{N})$ seien auf einem Gebiet D holomorph. Ferner sei die Funktionenreihe $\left[\sum_{k=1}^{\infty} f_k\right]$ auf jeder kompakten Teilmenge G von D gleichmäßig konvergent gegen f. Dann gilt:

(i) Die Funktion f ist holomorph in D.

(ii) Für jede stückweise glatte, orientierte Kurve C in D gilt

$$\int_C f(z)\,dz = \sum_{k=1}^{\infty} \int_C f_k(z)\,dz\,. \tag{7.90}$$

(iii) Für jede natürliche Zahl l gilt

$$f^{(l)}(z) = \sum_{k=1}^{\infty} f_k^{(l)}(z)\,, \tag{7.91}$$

gleichmäßig auf jeder kompakten Teilmenge G von D.

7.3.3 Potenzreihen

Zwischen holomorphen Funktionen und Potenzreihen bestehen sehr enge Zusammenhänge, die wir im folgenden herausarbeiten wollen.

Wie im Reellen (s. Bd. I, Abschn. 5.2.1) versteht man unter einer *Potenzreihe* eine spezielle Funktionenreihe der Gestalt

$$\left[\sum_{k=0}^{\infty} a_k (z - z_0)^k\right]. \tag{7.92}$$

Die komplexen Zahlen a_k $(k = 0,1,\ldots)$ sind die *Koeffizienten*, $z_0 \in \mathbb{C}$ ist der *Entwicklungspunkt* der Potenzreihe (7.92).

Die Resultate über reelle Potenzreihen, die wir in Band I, Abschnitt 5.2.1, gewonnen haben, lassen sich unmittelbar auf den komplexen Fall übertragen; ebenso die entsprechenden Beweise. Es ergibt sich

Satz 7.34 Zu jeder Potenzreihe (7.92) gibt es ein ρ mit $0 \leqq \rho \leqq \infty$, den sogenannten Konvergenzradius, so daß diese Potenzreihe

(I) absolut konvergiert im Kreisgebiet $\{z \mid |z-z_0| < \rho\}$;

(II) gleichmäßig konvergiert auf $\{z \mid |z-z_0| \leqq r < \rho$ für alle r mit $0 < r < \rho\}$;

(III) divergiert auf $\{z \mid |z-z_0| > \rho\}$.

(s. Fig. 7.25 und Fig. 7.26). Der Konvergenzradius ρ läßt sich aus den Koeffizienten der Potenzreihe mit Hilfe der Formel

$$\rho = \frac{1}{\overline{\lim\limits_{k\to\infty}} \sqrt[k]{|a_k|}} \tag{7.93}$$

bzw., falls der folgende Grenzwert existiert, aus

$$\rho = \frac{1}{\lim\limits_{k\to\infty} \left|\frac{a_{k+1}}{a_k}\right|} \tag{7.94}$$

berechnen.

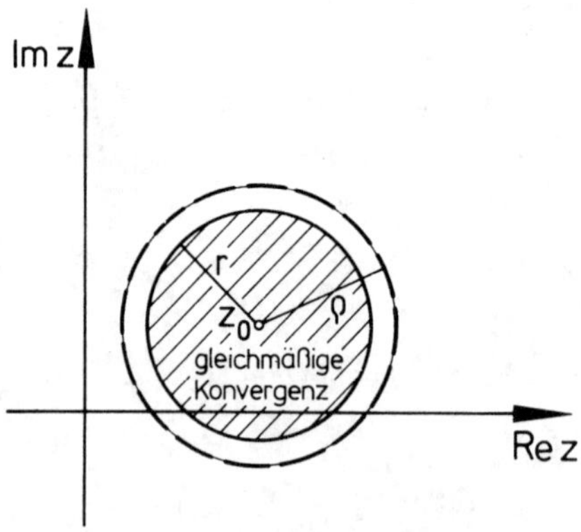

Fig. 7.25: Bereich der gleichmäßigen Konvergenz

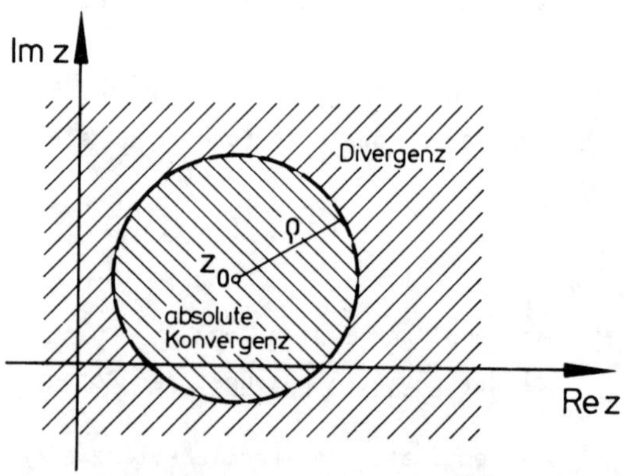

Fig. 7.26: Konvergenz- bzw. Divergenzbereich einer Potenzreihe

Bemerkung: Ist $\rho = 0$, so konvergiert die Potenzreihe (7.92) nur im Punkt z_0 ; ist $\rho = \infty$, so konvergiert (7.92) in ganz $\mathbb{C}$.

Welcher Zusammenhang besteht nun eigentlich zu holomorphen Funktionen? Wir zeigen zunächst

Satz 7.35 Besitzt die Potenzreihe $\left[\sum_{k=0}^{\infty} a_k(z-z_0)^k\right]$ einen von Null verschiedenen Konvergenzradius ρ , so wird durch sie eine auf $\{z \mid |z-z_0| < \rho\}$ holomorphe Funktion erklärt.

Beweis: Nach Satz 7.34 (II) ist $\left[\sum_{k=0}^{\infty} a_k(z-z_0)^k\right]$ gleichmäßig konvergent auf $\{z \mid |z-z_0| \leq r < \rho\}$ für alle r mit $0 < r < \rho$, also nach Satz 7.33(i) dort holomorph. Da r beliebig ist mit $0 < r < \rho$, ergibt sich die Holomorphie auch in $\{z \mid |z-z_0| < \rho\}$. □

Hilfssatz 7.1 Sei f die durch $\sum_{k=0}^{\infty} a_k(z-z_0)^k$ definierte Funktion und sei $\rho > 0$. Dann gilt in $\{z \mid |z-z_0| < \rho\}$

$$f^{(n)}(z) = \sum_{k=n}^{\infty} a_k \frac{k!}{(k-n)!} (z-z_0)^{k-n} .$$

Beweis: Wegen Satz 7.33 (iii) dürfen wir die Potenzreihe gliedweise differenzieren. Wir erhalten

$$f^{(n)}(z) = \sum_{k=n}^{\infty} a_k \cdot k(k-1) \cdot \ldots \cdot (k-n+1)(z-z_0)^{k-n}$$

und mit

$$k(k-1) \ldots (k-n+1) = \frac{k!}{(k-n)!}$$

die Behauptung. □

Wir zeigen nun, daß auch die Umkehrung von Satz 7.35 gilt:

Satz 7.36 Jede in $U_\rho(z_0) = \{z \mid |z-z_0| < \rho\ ,\ 0 < \rho \leqq \infty\}$ holomorphe Funktion f läßt sich dort durch eine Potenzreihe darstellen:

$$f(z) = \sum_{k=0}^{\infty} a_k (z-z_0)^k \tag{7.95}$$

Beweis: Sei $|z-z_0| \leqq r < r_0 < \rho$ und $K_{r_0}(z_0) = \{z \mid |z-z_0| = r_0\}$. Nach Satz 7.16, Abschnitt 7.2.3, gilt bei positiver Orientierung von $K_{r_0}(z_0)$

$$f(z) = \frac{1}{2\pi i} \int\limits_{K_{r_0}(z_0)} \frac{f(\zeta)}{\zeta - z}\, d\zeta\ . \tag{7.96}$$

Nun entwickeln wir den Integranden nach Potenzen von $z-z_0$:
Für $|\zeta - z_0| = r_0$ gilt

$$\frac{1}{\zeta - z} = \frac{1}{\zeta - z_0} \left(\frac{1}{1 - \frac{z-z_0}{\zeta - z_0}} \right) = \frac{1}{\zeta - z_0} \sum_{k=0}^{\infty} \left(\frac{z-z_0}{\zeta - z_0} \right)^k\ . \tag{7.97}$$

Wegen

$$\left| \left(\frac{z-z_0}{\zeta - z_0} \right)^k \right| \leqq \left(\frac{r}{r_0} \right)^k < 1$$

konvergiert die geometrische Reihe $\left[\sum_{k=0}^{\infty} \left(\frac{z-z_0}{\zeta - z_0} \right)^k \right]$ nach Satz 7.32

gleichmäßig bezüglich ζ auf dem Kreis $|\zeta - z_0| = r_0$ (und gleichmäßig bezüglich z in $|z-z_0| \leqq r$). Nach Voraussetzung ist f holomorph in $U_\rho(z_0)$, also insbesondere stetig auf $K_{r_0}(z_0)$. Daher ist f auf $K_{r_0}(z_0)$ auch beschränkt. Dies ergibt zusammen mit unseren obigen Überlegungen:

$$\frac{f(\zeta)}{\zeta - z} = \sum_{k=0}^{\infty} \frac{f(\zeta)}{\zeta - z_0} \left(\frac{z-z_0}{\zeta - z_0} \right)^k = \sum_{k=0}^{\infty} f(\zeta) \frac{(z-z_0)^k}{(\zeta - z_0)^{k+1}}\ ,$$

wobei diese Reihe gleichmäßig bezüglich ζ für $|\zeta - z_0| = r_0$ konvergiert. Nach Satz 7.33 (ii) dürfen wir in

$$f(z) = \frac{1}{2\pi i} \int_{K_{r_0}(z_0)} \left\{ \sum_{k=0}^{\infty} f(\zeta) \frac{(z-z_0)^k}{(\zeta - z_0)^{k+1}} \right\} d\zeta$$

die Integration mit der Summation vertauschen, und wir erhalten

$$f(z) = \sum_{k=0}^{\infty} \left\{ \frac{1}{2\pi i} \int_{K_{r_0}(z_0)} \frac{f(\zeta)}{(\zeta - z_0)^{k+1}} d\zeta \right\} (z - z_0)^k ,$$

also mit

$$a_k = \frac{1}{2\pi i} \int_{K_{r_0}(z_0)} \frac{f(\zeta)}{(\zeta - z_0)^{k+1}} d\zeta \qquad (7.98)$$

die gewünschte Potenzreihenentwicklung

$$f(z) = \sum_{k=0}^{\infty} a_k (z-z_0)^k .$$

Die Koeffizienten a_k sind unabhängig davon, wie wir r_0 wählen (warum?). Ferner konvergiert die Potenzreihe für alle z mit $|z - z_0| < \rho$, woraus sich die Behauptung von Satz 7.36 ergibt. □

Bemerkung 1: Dieser Beweis unterstreicht erneut die Bedeutung der Cauchyschen Integralformel.

Bemerkung 2: Formel (7.98) im Beweis von Satz 7.36 ermöglicht es uns, die Koeffizienten a_k der Potenzreihenentwicklung von f aus der Funktion f zu berechnen. Nehmen wir außerdem noch Satz 7.18, Abschnitt 7.2.3, hinzu, so ergibt sich

$$a_k = \frac{f^{(k)}(z_0)}{k!} , \quad k = 0,1,\dots , \qquad (7.99)$$

d.h. die a_k sind die Koeffizienten der Taylorentwicklung von f um z_0 .

Wir lösen uns nun von dem speziellen Kreisgebiet $U_\rho(z_0)$ in Satz 7.36 und beweisen

Satz 7.37 Sei f eine im Gebiet D holomorphe Funktion. Dann läßt sich f um jeden Punkt $z_0 \in D$ in eine Taylorreihe

$$f(z) = \sum_{k=0}^{\infty} \frac{f^{(k)}(z_0)}{k!}(z-z_0)^k \tag{7.100}$$

entwickeln, die in jedem Kreisgebiet um z_0, das ganz in D liegt, konvergiert. Die Darstellung (7.100) ist eindeutig.

Beweis: Sei ρ der Abstand des Punktes z_0 vom Rand ∂D von D. Dann ist $U_\rho(z_0) = \{z \in \mathbb{C} \mid |z-z_0| < \rho\}$ ganz in D enthalten (s. Fig. 7.27). Nach Satz 7.36 und Bemerkung 2 gilt daher (7.100) in $U_\rho(z_0)$. Wir haben noch die Eindeutigkeit dieser Darstellung zu zeigen: Hierzu nehmen wir an, f besitzt eine weitere Darstellung durch eine Potenzreihe:

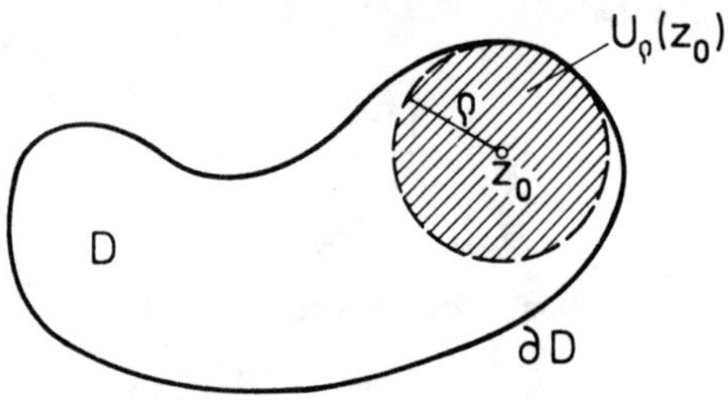

Fig. 7.27: Zum Beweis von Satz 7.37

$$f(z) = \sum_{k=0}^{\infty} b_k (z-z_0)^k ,$$

in einer Umgebung von z_0. Nach Hilfssatz 7.1 gilt dann

$$f^{(n)}(z) = \sum_{k=n}^{\infty} b_k \frac{k!}{(k-n)!}(z-z_0)^{k-n} ,$$

woraus für $z = z_0$ und für beliebige $n \in \mathbb{N}_0$

$$f^{(n)}(z_0) = b_n \cdot n!$$

folgt. Die b_n sind also notwendig die Taylorkoeffizienten von f. □

Bemerkung: Jede holomorphe Funktion besitzt also nur eine Potenzreihenentwicklung: die Taylorentwicklung.

7.3.4. Charakterisierungen holomorpher Funktionen

Aus den in den Abschnitten 7.1 bis 7.3 gewonnenen Resultaten ergeben sich vier verschiedene Möglichkeiten, die Holomorphie einer Funktion zu erklären. Es gilt nämlich

Satz 7.38 Sei D ein beliebiges Gebiet in $\mathbb{C}$. Dann sind die folgenden Aussagen äquivalent:

(a) f ist holomorph in D, d.h. f ist in D stetig differenzierbar;

(b) ist $f(z) = f(x+iy) = u(x,y) + iv(x,y)$, so sind die Funktionen u und v in D (als Gebiet im $\mathbb{R}^2$ aufgefaßt) stetig differenzierbar und genügen den Cauchy-Riemannschen Differentialgleichungen

$$u_x(x,y) = v_y(x,y) \;, \quad u_y(x,y) = -v_x(x,y) \;;$$

(c) ist G ein einfach zusammenhängendes Teilgebiet von D und C eine beliebige geschlossene ganz in G verlaufende stückweise glatte Kurve, so gilt der Cauchysche Integralsatz

$$\int_C f(z)\,dz = 0 \;;$$

(d) f besitzt um jeden Punkt z_0 von D eine (eindeutig bestimmte) Potenzreihenentwicklung, deren Konvergenzradius positiv ist.

Der Beweis ergibt sich durch Kombination der Sätze aus den vorausgehenden Abschnitten.

7.3.5 Analytische Fortsetzung

Ziel dieses Abschnittes ist es, die Grundideen der analytischen Fortsetzung von holomorphen Funktionen, also der Erweiterung dieser Funktionen auf größere Holomorphiegebiete, zu verdeutlichen. Zunächst zeigen wir

Satz 7.39 (*Identitätssatz für holomorphe Funktionen*) Die beiden Funktionen f und g seien im Gebiet D holomorph. Ferner sei $\{z_n\}$ eine Folge von verschiedenen komplexen Zahlen in D mit mindestens einem Häufungspunkt z_0 in D. Gilt außerdem

$$f(z_n) = g(z_n) \quad \text{für alle} \quad n \in \mathbb{N} ,$$

so folgt

$$f(z) = g(z) \quad \text{für alle} \quad z \in D .$$

Bemerkung: Dieser Satz hat eine interessante Konsequenz: Holomorphe Funktionen sind bereits durch ihre Funktionswerte an unendlich vielen verschiedenen Punkten, die sich an mindestens einem Punkt im Holomorphiegebiet häufen, eindeutig bestimmt. Diese Aussage ist weitergehend als die in Abschnitt 7.2.3, III, gewonnene, wo wir gezeigt haben, daß holomorphe Funktionen durch ihre "Randwerte" bestimmt sind. Insbesondere ist also eine in D holomorphe Funktion in D eindeutig festgelegt, wenn sie in einer beliebig kleinen Umgebung eines Punktes $z \in D$ bekannt ist.

Beweis von Satz 7.39: Wir nehmen ohne Beschränkung der Allgemeinheit an, daß die Folge $\{z_n\}$ gegen z_0 konvergiert (sonst Verwendung einer gegen z_0 konvergenten Teilfolge). Setzen wir: $h = f - g$, so folgt: Die Funktion h ist holomorph in D und es gilt $h(z_n) = 0$ für alle $n \in \mathbb{N}$. Nach Satz 7.36 gibt es dann ein $\rho > 0$, so daß $U_\rho(z_0) \subset D$ ist und h sich in $U_\rho(z_0)$ durch eine Potenzreihe darstellen läßt

$$h(z) = \sum_{k=0}^{\infty} a_k (z - z_0)^k .$$

Aus der Stetigkeit von h in z_0 folgt, da $h(z_n) = 0$ für alle $n \in \mathbb{N}$ ist,

$$a_0 = h(z_0) = \lim_{n\to\infty} h(z_n) = 0$$

d.h.

$$h(z) = \sum_{k=1}^{\infty} a_k (z - z_0)^k \ .$$

Durch gliedweise Differentiation dieser Reihe (nach Satz 7.33 (iii), Abschn. 7.3.2, erlaubt!) gewinnen wir

$$h'(z) = a_1 + 2a_2(z - z_0) + \dots$$

und hieraus, da $h(z_0) = 0$, $h(z_n) = 0$ für alle $n \in \mathbb{N}$ und h' stetig in z_0 ist,

$$h'(z_0) = a_1 = \lim_{n\to\infty} \frac{h(z_n) - h(z_0)}{z_n - z_0} = 0 \ .$$

Mittels vollständiger Induktion erhalten wir so $a_k = 0$ für alle $k \in \mathbb{N}$ und damit

$$h(z) = 0 \quad \text{in} \quad U_\rho(z_0) \quad \text{bzw.} \quad f(z) = g(z) \quad \text{in} \quad U_\rho(z_0) \ .$$

Sei nun $z \in D$ beliebig. Wir zeigen: $f(z) = g(z)$. Hierzu benutzen wir das Kreiskettenverfahren aus dem Beweis von Satz 7.21, Abschnitt 7.2.5: Demnach gibt es endlich viele Punkte $\alpha_0 = z_0, \alpha_1, \dots, \alpha_m = z$ und Kreisgebiete $U_d(\alpha_0), U_d(\alpha_1), \dots, U_d(\alpha_m)$ mit

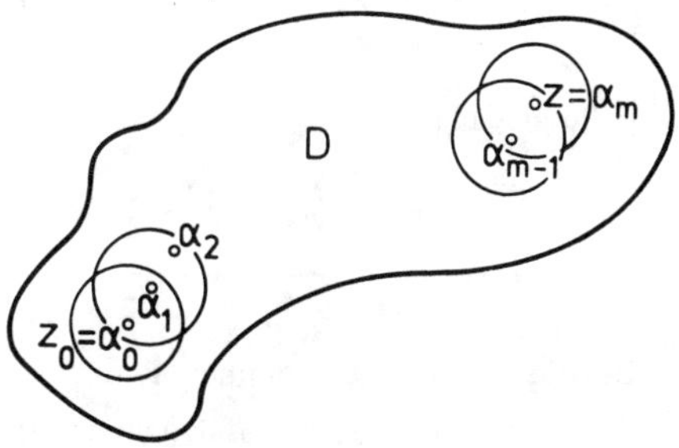

Fig. 7.28: Kreiskettenverfahren

$$U_d(\alpha_i) \subset D \quad (i = 0,1,\dots,m) \ , \ \alpha_i \in U_d(\alpha_{i-1}) \ (i = 1,\dots,m) \ .$$

Da α_1 innerer Punkt von $U_d(\alpha_0)$ ist, gilt insbesondere $f(z) = g(z)$ in einer Umgebung von α_1 . Nun können wir den obigen ersten Beweisschritt erneut anwenden und erhalten $f(z) = g(z)$ in $U_d(\alpha_1)$ und -

nach m-facher Wiederholung - $f(z) = g(z)$ in $U_d(\alpha_m)$, woraus sich insbesondere $f(\alpha_m) = g(\alpha_m)$ ergibt. Wegen $\alpha_m = z$ ist dies die Behauptung. □

Bemerkung: Ist der Punkt z_0 in Satz 7.39 ein Randpunkt von D , so gilt die Aussage dieses Satzes im allgemeinen nicht. Nehmen wir z. B. für D das Gebiet $\mathbb{C} - \{0\}$ und wählen wir

$$f(z) = \sin\frac{1}{z}\ , \qquad g(z) = 0\ .$$

Mit $z_0 = 0 \in \partial D$ erhalten wir dann für die Folge $\{z_n\}$ mit $z_n = \frac{1}{\pi n}$: $z_n \to z_0 = 0$ für $n \to \infty$ und $f(z_n) = g(z_n)$. Dennoch ist $f \not\equiv g$ in D .

Eine andere Fassung des Identitätssatzes, die nur die Funktionen und sämtliche Ableitungen dieser Funktionen an einer Stelle heranzieht, ist gegeben durch

Satz 7.40 Die Funktionen f und g seien im Gebiet D holomorph. Ferner gelte in einem Punkt $z_0 \in D$

$$f^{(k)}(z_0) = g^{(k)}(z_0) \quad \text{für } k = 0,1,\dots\ . \tag{7.101}$$

Dann gilt

$$f(z) = g(z) \quad \text{für alle } z \in D\ . \tag{7.102}$$

Beweis: Da z_0 innerer Punkt von D ist, gibt es nach Satz 7.37, Abschnitt 7.3.3, eine Umgebung von z_0 , in der sich f und g durch die Taylorentwicklungen darstellen lassen:

$$f(z) = \sum_{k=0}^{\infty} \frac{f^{(k)}(z_0)}{k!}(z-z_0)^k$$

bzw.

$$g(z) = \sum_{k=0}^{\infty} \frac{g^{(k)}(z_0)}{k!}(z-z_0)^k\ .$$

Wegen (7.101) stimmen diese Reihen dort - und daher nach Satz 7.39 in ganz D - überein. Damit sind die Funktionen f und g in D identisch. □

Der Identitätssatz liefert uns die Möglichkeit, das "Nullstellenverhalten" von holomorphen Funktionen besser zu verstehen. Wir wenden uns nun diesem Anliegen zu:

Definition 7.5 Die Funktion f sei holomorph im Punkt z_0 (d.h. stetig differenzierbar in einer Umgebung von z_0 !). Der Punkt z_0 heißt Nullstelle der Ordnung m der Funktion f, falls es eine in z_0 holomorphe Funktion g gibt, mit $g(z_0) \neq 0$ und

$$f(z) = (z - z_0)^m g(z) . \tag{7.103}$$

Es gilt dann

Satz 7.41 Die Funktion f sei im Punkt z_0 holomorph. Der Punkt z_0 ist eine Nullstelle der Ordnung m von f genau dann, falls

$$f(z_0) = f'(z_0) = \dots = f^{(m-1)}(z_0) = 0 \quad \text{und} \quad f^{(m)}(z_0) \neq 0$$

erfüllt ist.

Beweis: Die eine Richtung ist trivial (Produktregel), die andere folgt aus der Potenzreihenentwicklung von f. □

Satz 7.42 (Isoliertheit der Nullstellen und ihre Ordnung) Die Funktion f sei holomorph im Kreisgebiet $K_\rho(z_0) = \{z \mid |z - z_0| < \rho\}$, nicht identisch Null und erfülle $f(z_0) = 0$. Dann gilt

(1) Es gibt eine natürliche Zahl m mit

$$f(z_0) = f'(z_0) = \dots = f^{(m-1)}(z_0) \quad \text{und} \quad f^{(m)}(z_0) \neq 0$$

(d.h. z_0 ist eine Nullstelle der Ordnung m von f).

(2) Es gibt ein $r_0 \in (0,\rho]$ mit

$$f(z) \neq 0 \quad \text{in} \quad 0 < |z - z_0| < r_0$$

(d.h. die Nullstelle z_0 von f ist isoliert.)

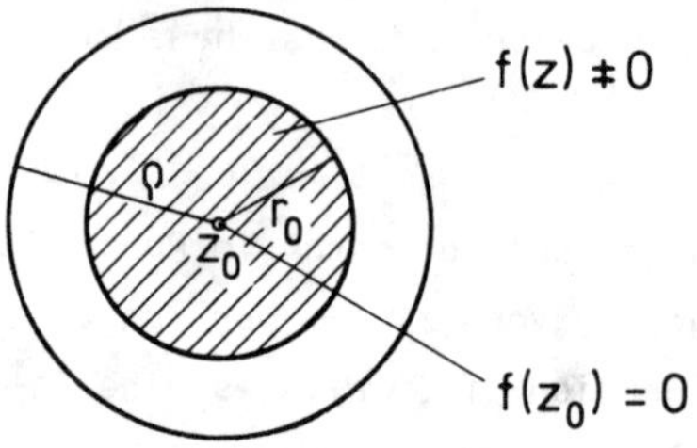

Fig. 7.29: Isoliertheit der Nullstellen

Beweis: (1) Aus der Holomorphie von f in $K_\rho(z_0)$ folgt mit Satz 7.37, Abschnitt 7.3.3,

$$f(z) = \sum_{k=0}^{\infty} a_k (z - z_0)^k \quad \text{in} \quad K_\rho(z_0) ,$$

mit $a_k = \dfrac{f^{(k)}(z_0)}{k!}$. Wegen $a_0 = f(z_0) = 0$ gibt es, da f nicht identisch verschwindet, eine kleinste natürliche Zahl m, so daß $a_m \neq 0$, also $f^{(m)}(z_0) \neq 0$ ist.

(2) Nach dem Identitätssatz (Satz 7.39) kann z_0 nicht Häufungspunkt von Nullstellen von f sein. Es gibt daher ein $r_0 \in (0,\rho]$ mit

$$f(z) \neq 0 \quad \text{für alle } z \text{ mit } 0 < |z - z_0| < r_0 . \qquad \square$$

Der Identitätssatz erschließt uns noch eine weitere wichtige Thematik: Die Frage nach der "Fortsetzbarkeit"

(I) von reellen Funktion ins Komplexe;

(II) von komplexen Funktionen auf "größere" Gebiete.

Zu (I): Wir erinnern an Abschnitt 6.2.3, wo wir einige elementare Funktionen (e^z, $\sin z$ usw.) ausgehend von ihren reellen Reihendarstellungen mit Hilfe der entsprechenden komplexen Reihen eingeführt haben.

Dabei blieb die Frage offen, ob diese Erweiterungen eindeutig sind. Wir wollen unser Anliegen präzisieren. Hierzu führen wir die folgende Begriffsbildung ein:

Definition 7.6 Die reellwertige Funktion f sei auf dem offenen Intervall $I \subset \mathbb{R}$ erklärt. Ferner sei F eine auf einem Gebiet $D \subset \mathbb{C}$ holomorphe Funktion. Gilt dann $I \subset D$ und

$$F(x) = f(x) \ , \text{ für alle } x \in I \ , \tag{7.104}$$

so heißt F *holomorphe Ergänzung von* f *auf* D .

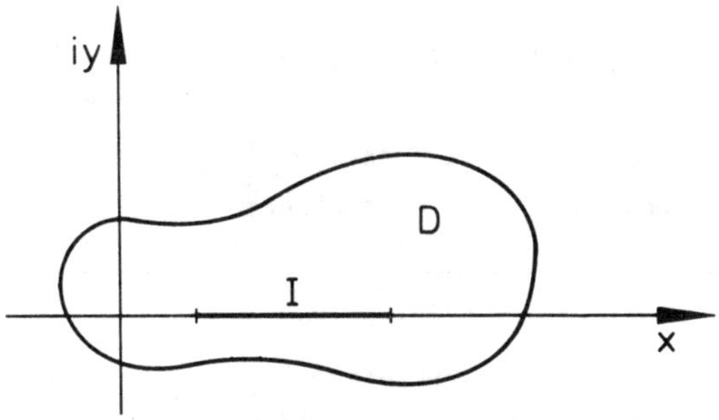

Fig. 7.30: Holomorphe Ergänzung auf D

Aus Satz 7.39 (Identitätssatz) ergibt sich unmittelbar

Satz 7.43 Es gibt höchstens eine holomorphe Ergänzung F von f auf $D \supset I$.

Damit ist unsere Vorgehensweise bei der Einführung der elementaren Funktionen e^z , $\sin z$, $\cos z$ (s. Abschn. 1.2.3) voll legitimiert: Für

$$f(x) = e^x = \sum_{k=0}^{\infty} \frac{x^k}{k!} \ , \ x \in \mathbb{R} \quad \text{ist} \quad F(z) = \sum_{k=0}^{\infty} \frac{z^k}{k!} \ , \ z \in \mathbb{C}$$

die (eindeutig bestimmte) holomorphe Ergänzung von f auf $D = \mathbb{C}$; entsprechend für

$$f(x) = \sin x = \sum_{k=0}^{\infty} \frac{(-1)^k}{(2k+1)!} x^{2k+1} \ , \ x \in \mathbb{R}$$

die Funktion

$$F(z) = \sin z = \sum_{k=0}^{\infty} \frac{(-1)^k}{(2k+1)!} z^{2k+1} \quad , \; z \in \mathbb{C}$$

und für

$$f(x) = \cos x = \sum_{k=0}^{\infty} \frac{(-1)^k}{(2k)!} x^{2k} \quad , \; x \in \mathbb{R}$$

die Funktion

$$F(z) = \cos z = \sum_{k=0}^{\infty} \frac{(-1)^k}{(2k)!} z^{2k} \quad , \; z \in \mathbb{C} \, .$$

Zu (II): Wir lassen jetzt anstelle des offenen Intervalls $I \subset \mathbb{R}$ allgemein ein Gebiet $D \subset \mathbb{C}$ zu und behandeln die Frage, ob sich eine in D holomorphe Funktion f zu einer in einem größeren Gebiet $\tilde{D} \supset D$ holomorphen Funktion fortsetzen läßt.

Definition 7.7 Es seien D_1 und D_2 zwei Gebiete mit $D_1 \cap D_2 \neq \emptyset$ ($D_1 \subset D_2$ oder $D_2 \subset D_1$ ist zugelassen.) Die Funktion f_1 sei holomorph auf D_1, die Funktion f_2 holomorph auf D_2. Gilt

$$f_1(z) = f_2(z) \quad \text{auf} \quad D_1 \cap D_2 \, ,$$

so heißt f_1 *analytische Fortsetzung von* f_2 *auf* D_1 (bzw. f_2 analytische Fortsetzung von f_1 auf D_2).

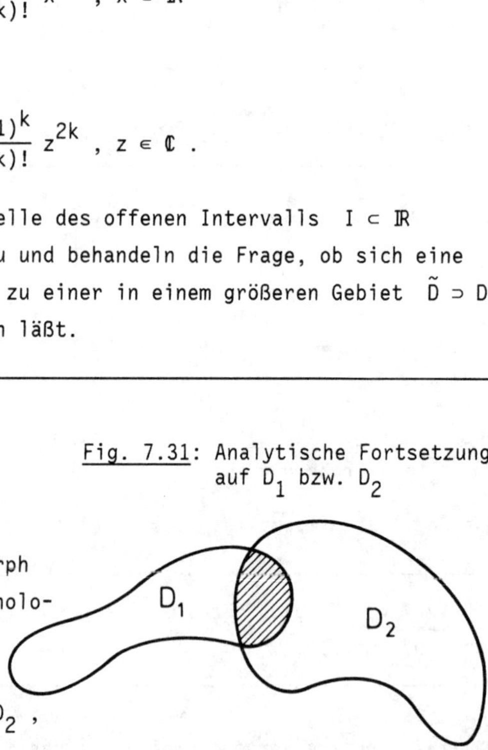

Fig. 7.31: Analytische Fortsetzung auf D_1 bzw. D_2

Insbesondere ist die holomorphe Ergänzung einer Funktion (im Sinne von Def. 7.6) auch analytische Fortsetzung dieser Funktion ($D_1 = I \subset \mathbb{R}$).

Beispiel 7.13 Es seien

$$f_1(z) = \frac{1}{1-z} \quad \text{und} \quad D_1 = \mathbb{C} - \{1\} ;$$

$$f_2(z) = \sum_{k=0}^{\infty} z^k \quad \text{und} \quad D_2 = \{z \mid |z| < 1\} .$$

Dann gilt auf $D_1 \cap D_2 : f_1 = f_2$. Daher ist f_1 eine analytische Fortsetzung von f_2 auf D_1 . Wir zeigen jetzt

> **Satz 7.44** Seien D_1 und D_2 Gebiete mit $D_1 \cap D_2 \neq \emptyset$ und sei f eine auf D_1 holomorphe Funktion. Ist dann F eine analytische Fortsetzung von f auf D_2 , so ist sie eindeutig bestimmt.

Beweis: Seien F_1 und F_2 zwei analytische Fortsetzungen von f auf D_2 . Wir setzen dann

$$\tilde{F} := F_1 - F_2 .$$

Die Funktion $\tilde{F}$ ist holomorph auf D_2 , und es gilt

$$\tilde{F}(z) = F_1(z) - F_2(z) = f(z) - f(z) = 0$$

für alle $z \in D_1 \cap D_2$. Nach Satz 7.39 (Identitätssatz) gilt daher $\tilde{F} = 0$ auf D_2 , d.h. $F_1 = F_2$ auf D_2 . □

Analytische Fortsetzung der Logarithmus-Funktion

Um einige mit Fortsetzungsfragen zusammenhängende Probleme aufzuzeigen, greifen wir eine konkrete Situation auf: Wir wenden uns erneut der Logarithmus-Funktion zu, die wir schon in Abschnitt 7.1.4 kennengelernt haben. Wir wollen die Fortsetzbarkeit der Funktion $\ln x$, $x > 0$, untersuchen. Der naheliegendste Weg der Erweiterung besteht in der Verwendung der Potenzreihenentwicklung dieser Funktion. Wegen

$$\ln x = \ln \left\{ x_0 \left(1 + \frac{x - x_0}{x_0} \right) \right\} = \ln x_0 + \ln \left(1 + \frac{x - x_0}{x_0} \right)$$

gewinnen wir die Potenzreihendarstellung von $\ln x$ um einen Punkt x_0 $(x_0 > 0)$, indem wir $\ln\left(1+\frac{x-x_0}{x_0}\right)$ in eine Potenzreihe entwickeln (s. hierzu Bd. I, Abschn. 3.2.4). Dadurch ergibt sich

$$\ln x = \ln x_0 + \sum_{k=1}^{\infty} \frac{(-1)^{k+1}}{k} \left(\frac{x-x_0}{x_0}\right)^k$$

$$= \ln x_0 + \sum_{k=1}^{\infty} \frac{(-1)^{k+1}}{k x_0{}^k} (x-x_0)^k . \tag{7.105}$$

Die Reihe in (7.105) besitzt den Konvergenzradius x_0 (Konvergenz liegt ja für $\left|\frac{x-x_0}{x_0}\right| < 1$, also für $|x-x_0| < x_0$ vor!). Die holomorphe Ergänzung von $\ln x$ auf das Kreisgebiet $\{z \mid |z-x_0| < x_0\}$ ist durch

$$F(z) = \ln x_0 + \sum_{k=1}^{\infty} \frac{(-1)^{k+1}}{k x_0{}^k} (z-x_0)^k , \quad |z-x_0| < x_0 \tag{7.106}$$

gegeben. Dieses Resultat ist noch unbefriedigend. Bei der stetigen Fortsetzung von Funktionen möchte man zu "möglichst großen" Gebieten D gelangen. Zur Realisierung dieses Anliegens für die Logarithmus-Funktion gehen wir jetzt von der Integraldarstellung

$$\ln x = \int_1^x \frac{dt}{t} \tag{7.107}$$

aus. Für D wählen wir die längs der negativen reellen Achse aufgeschnittene z-Ebene: $\tilde{D} = \mathbb{C} - \{x \in \mathbb{R} \mid x \leqq 0\}$ (vgl. Abschn. 7.1.4, Fig. 7.6). Nun setzen wir

$$\tilde{F}(z) = \int_1^z \frac{d\zeta}{\zeta} , \quad z \in \tilde{D} . \tag{7.108}$$

Ist der Integrationsweg C in (7.108) ganz in $\tilde{D}$ enthalten, so hängt der Wert dieses Integrals nur von z , nicht aber von C , ab. Ferner gilt: $\tilde{F}$ ist holomorph in $\tilde{D}$ (der Nullpunkt gehört nicht zu $\tilde{D}$!) und erfüllt $\tilde{F}'(z) = \frac{1}{z}$. Ist $I \subset \mathbb{R}^+$ ein beliebiges, offenes Intervall, so folgt wegen $\tilde{F}(x) = \ln x$ für $x \in I$, daß $\tilde{F}$ die holomorphe Ergänzung von $\ln x$ auf $\tilde{D}$ ist. Da die Funktionen F (s. (7.106)) und $\tilde{F}$ für

$x > 0$ übereinstimmen, stimmen sie nach dem Identitätssatz auch im Kreisgebiet $\{z \mid |z - x_0| < x_0\}$ überein, d.h. $\tilde{F}$ ist die analytische Fortsetzung von F auf $\tilde{D}$.

Wir wollen das Integral in (7.108) berechnen. Hierzu wählen wir den in Figur 7.32 skizzierten (bequemen) Integrationsweg. Mit der Parameterdarstellung für C'':

$$\zeta = |z|\, e^{it} \;, \; 0 \leq t \leq \varphi$$

ergibt sich

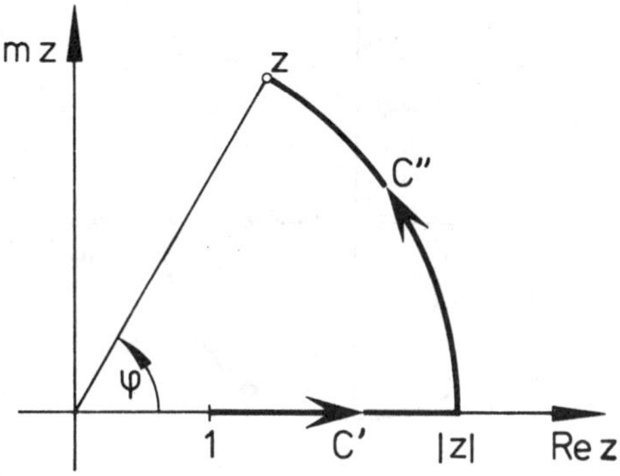

Fig. 7.32: Integrationsweg für $\int_1^z \frac{d\zeta}{\zeta}$

$$\tilde{F}(z) = \int_{C'} \frac{d\zeta}{\zeta} + \int_{C''} \frac{d\zeta}{\zeta}$$

$$= \int_1^{|z|} \frac{dt}{t} + i \int_0^{\varphi} dt = \ln|z| + i\varphi = \ln|z| + i \operatorname{Arg} z \;, \; z \in \tilde{D} \;.$$

Bei Überquerung der negativen reellen Achse springt $\tilde{F}$ um $2\pi i$ (warum?). $\tilde{F}$ kann also nicht stetig und damit auch nicht analytisch auf die punktierte Ebene $\mathbb{C} - \{0\}$ fortgesetzt werden.

Wir haben bei unseren bisherigen Überlegungen das Gebiet $\tilde{D}$ ziemlich willkürlich gewählt. Ebenso gut hätten wir auch das Gebiet $D^* = \mathbb{C} - \{iy \mid y \leq 0\}$, also die längs der negativen imaginären Achse aufgeschnittene z-Ebene, verwenden können. Falls z in der oberen Halbebene oder im 4. Quadranten liegt, läßt sich derselbe Integrationsweg für die Gebiete $\tilde{D}$ und D^* benutzen, und wir erhalten entsprechend die analytische Fortsetzung F^* von $\ln x$ auf das Gebiet D^*. Liegt z jedoch im 3. Quadranten $\{z \mid \operatorname{Re} z < 0 \;, \operatorname{Im} z < 0\}$, so müssen wir zur Berechnung von $\tilde{F}(z)$ und $F^*(z)$ unterschiedliche Integrationswege benutzen.

Um ein Überqueren der herausgenommenen Halbgeraden zu vermeiden, orientieren wir die Integrationswege für $\tilde{F}$ und F^* in diesem Fall gemäß Figur 7.33, also unterschiedlich. Beachten wir noch, daß in der Polar-

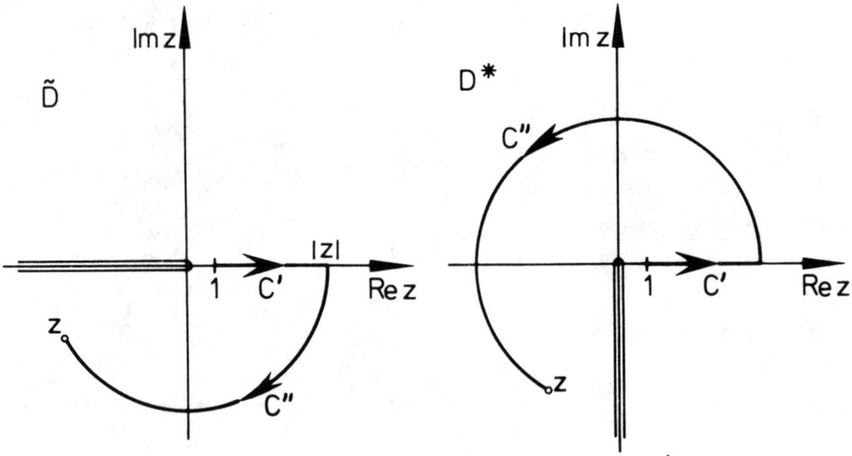

Fig. 7.33: Zur Berechnung von F(z) bzw. F*(z)

koordinatendarstellung von z das Argument von z nur bis auf ganzzahlige Vielfache von 2π bestimmt ist:

$$z = |z|e^{i \arg_k z} \quad \text{mit} \quad 2k\pi - \pi < \arg_k z \leqq 2k\pi + \pi \quad ,$$
$$(k \in \mathbb{Z} \ ; \ \arg_0 z = \operatorname{Arg} z : \text{Hauptargument})$$

so ergibt sich für die Fortsetzung F^* von $\ln x$

$$F^*(z) = \begin{cases} \ln|z| + i \operatorname{Arg} z \ , & \text{falls } -\frac{\pi}{2} < \operatorname{Arg} z \leqq \pi \\ \ln|z| + i \arg_1 z \ , & \text{falls } -\pi < \operatorname{Arg} z < -\frac{\pi}{2} \ . \end{cases}$$

Insgesamt erhalten wir

$$F^*(z) - F(z) = 2\pi i \ , \tag{7.109}$$

wenn $-\pi < \operatorname{Arg} z < -\frac{\pi}{2}$ ist. Für alle z, die im 3. Quadranten liegen, führt die analytische Fortsetzung der Logarithmus-Funktion $\ln x$ auf die Gebiete $\tilde{D}$ und D^* zu unterschiedlichen Werten $\tilde{F}(z)$ und $F^*(z)$. Zusammen mit unseren Überlegungen aus Abschnitt 7.1.4, (Teil II.) erhalten wir: Die dort betrachteten Zweige $\log_k z$ lassen sich durch analytische Fortsetzung ineinander überführen: $\log_k z$ entsteht aus

$\log_0 z$ bei $|k|$-fachem Umlauf um den Nullpunkt (positive Orientierung für $k > 0$, negative für $k < 0$), und zu einer einzigen mehrdeutigen Funktion $\log z$ auf der Riemannschen Fläche $\mathfrak{R}$ zusammenfassen; $\log z$ ist die analytische Fortsetzung von $\ln x$, $x > 0$, auf $\mathfrak{R}$.

Weitere Beispiele für die analytische Fortsetzung von Funktionen lernen wir im Zusammenhang mit der Eulerschen Gammafunktion (s. Abschn. 8.2.3, (b)) und mit der Besselschen Differentialgleichung (s. Abschn. 10) kennen.

Übungen

7.18* Zeige, daß die Funktion

$$f(z) := \sum_{k=1}^{\infty} \frac{z^k}{1+z^{2k}}$$

im Inneren und im Äußeren des Einheitskreises holomorph ist.

7.19* Gegeben sei die Funktion

$$\zeta(z) := \sum_{k=1}^{\infty} k^{-z} \, , \quad z \in D := \{z \in \mathbb{C} \mid \operatorname{Re} z > 1\}$$

(Riemannsche Zeta-Funktion).

a) Zeige: ζ ist holomorph in D .

b) Leite eine Reihendarstellung für die p-te Ableitung von $\zeta(z)$ in D her.

7.20 Entwickle die Funktionen

$$f(z) = \frac{1}{z-\alpha} \, , \quad g(z) = \frac{1}{(z-\alpha)^2} \, , \quad h(z) = \frac{1}{(z-\alpha)^3}$$

in Potenzreihen um z_0 mit $z_0 \neq \alpha$. Welche Ausdrücke ergeben sich bei höheren Potenzen von $\frac{1}{z-\alpha}$? (Hinweis: Beachte $f'(z) = -g(z)$ usw., sowie Hilfssatz 7.1 in Abschnitt 7.3.3).

7.21* Entwickle die folgenden Funktionen in Potenzreihen um die angegebenen Punkte z_0 :

a) $f(z) = -\frac{1}{(z-1)^2(z-2)}$, $z_0 = 0$; b) $f(z) = \frac{e^z}{1-z}$, $z_0 = 0$;

c) $f(z) = e^{-z}$, $z_0 = i\pi$; d) $f(z) = e^z \sin z$, $z_0 = 0$;

e) $f(z) = \frac{2i+3z}{1+z}$, $z_0 = i$.

7.22* Bestimme die maximalen analytischen Fortsetzungen der Funktionen

a) $f_1(z) := \sum_{k=0}^{\infty} (-1)^k z^{2k}$, $|z| < 1$;

b) $f_2(z) := \int_0^{\infty} e^{-zt}\, dt$, $\operatorname{Re} z > 0$.

7.4 Asymptotische Abschätzungen

In zahlreichen Anwendungssituationen ist man am Verhalten von Funktionen $f(z)$ bei großen (bzw. kleinen) Argumenten z interessiert, also an Informationen über das asymptotische Verhalten dieser Funktionen. Solche Probleme treten z. B. im Zusammenhang mit stationären Systemen auf (s. [79], Kap. VI, Nr. 86-87). Auch ist es von Interesse, für die Lösungen gewisser Differentialgleichungen (z. B. der Besselschen Differentialgleichung) asymptotische Darstellungen zu besitzen (etwa für die Hankel- und Besselfunktionen, s. Abschnitt 10.2.3). Aktuelle Anwendungen hierfür ergeben sich bei der Untersuchung von Resonanzphänomenen in akustischen und elektromagnetischen Wellenleitern. Wir verweisen auf Arbeiten von P. Werner [91], [92].

Wir wollen im folgenden zeigen, wie sich funktionentheoretische Methoden zur Gewinnung von asymptotischen Formeln bei großen Argumenten heranziehen lassen.

7.4.1 Asymptotische Entwicklungen

Die Grundidee bei asymptotischen Untersuchungen besteht darin, die entsprechenden Funktionen durch solche von einfacherer "Bauart" zu ersetzen. Dabei sollen die wesentlichen Eigenschaften der ursprünglichen Funktion nicht verloren gehen, wenn die Argumente dieser Funktion groß sind.

Wir präzisieren dies und führen hierzu den Begriff der asymptotischen Entwicklung einer Funktion ein. Dazu betrachten wir eine Reihendarstellung der Form

$$s(z) = a_0 + \frac{a_1}{z} + \frac{a_2}{z^2} + \dots \quad (7.110)$$

Die Summe der ersten $(n+1)$ Glieder der Reihe (7.110) bezeichnen wir mit $s_n(z)$:

$$s_n(z) = a_0 + \frac{a_1}{z} + \ldots + \frac{a_n}{z^n} . \tag{7.111}$$

Definition 7.8 Sei f eine vorgegebene Funktion, $n \in \mathbb{N}_0$ beliebig und z aus dem *Winkelbereich*

$$W_{\alpha,\beta} := \{z \mid \arg z \in [\alpha,\beta]\} \quad \text{(s. Fig. 7.34).}$$

Gilt dann

$$\left|z^n \, [f(z) - s_n(z)]\right| \longrightarrow 0 \quad \text{für} \quad z \to \infty \, , \; z \in W_{\alpha,\beta} \, , \tag{7.112}$$

so nennt man die Reihe in (7.110) *asymptotische Entwicklung* von f nach Potenzen von $\frac{1}{z}$ im Winkelbereich $W_{\alpha,\beta}$ und schreibt: $f(z) \sim s(z)$.

Bemerkung: Mit dem Landau-Symbol[1] o läßt sich (7.112) auch in der Form

$$f(z) - s_n(z) = o\left(\frac{1}{z^n}\right) \quad \text{für} \quad z \longrightarrow \infty \quad \text{in} \quad W_{\alpha,\beta} \tag{7.113}$$

schreiben.

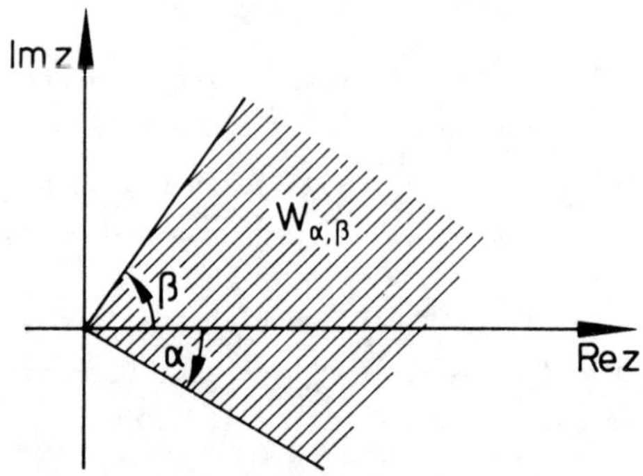

Fig. 7.34: Winkelbereich $W_{\alpha,\beta}$

Falls es eine asymptotische Entwicklung von f in $W_{\alpha,\beta}$ gibt, so ist diese eindeutig bestimmt: Aus (7.112) folgt nämlich für

$n = 0$: $f(z) - a_0 \longrightarrow 0$ für $z \longrightarrow \infty$ und daher

$$a_0 = \lim_{z\to\infty} f(z) .$$

[1] Die Landau-Symbole o und O sind wie folgt erklärt:
$f(z) = o(g(z))$ für $z \to \infty$ bedeutet: $\frac{f(z)}{g(z)} \longrightarrow 0$ für $z \to \infty$;
$f(z) = O(g(z))$ für $z \to \infty$ bedeutet: $\frac{f(z)}{g(z)} \longrightarrow K \neq 0$ für $z \to \infty$.

$$n = 1 : z[f(z) - a_0 - \frac{a_1}{z}] \longrightarrow 0 \quad \text{für} \quad z \longrightarrow \infty \quad \text{und daher}$$

$$a_1 = \lim_{z\to\infty} z[f(z) - a_0]$$

und allgemein für beliebige $n \in \mathbb{N}_0$:

$$a_n = \lim_{z\to\infty} z^n[f(z) - s_{n-1}(z)] \ .$$

(vollständige Induktion!).

Für die Summe $f + g$ und das Produkt $f \cdot g$ von asymptotischen Entwicklungen

$$f(z) \sim \sum_{n=0}^{\infty} \frac{a_n}{z^n} \quad , \quad g(z) \sim \sum_{n=0}^{\infty} \frac{b_n}{z^n}$$

bestehen die Beziehungen

$$f(z) + g(z) \sim \sum_{n=0}^{\infty} \frac{a_n + b_n}{z^n}$$

bzw.

$$f(z) \cdot g(z) \sim \sum_{n=0}^{\infty} \frac{a_0 b_n + a_1 b_{n-1} + \ldots + a_n b_0}{z^n} \ .$$

(s. Üb. 7.23).

Beispiel 7.14 Das *Gaußsche Fehlerintegral* ist durch

$$\frac{2}{\sqrt{\pi}} \int_0^z e^{-\zeta^2} d\zeta =: \operatorname{erf} z \tag{7.114}$$

(erf : Abkürzung für error function) definiert. Diese Funktion stellt eine in ganz $\mathbb{C}$ holomorphe Funktion dar, für die

$$\operatorname{erf} z = \frac{2}{\sqrt{\pi}} \sum_{n=0}^{\infty} \frac{(-1)^n}{n!} \frac{z^{2n+1}}{2n+1} \quad , \quad z \in \mathbb{C}$$

gilt (s. Üb. 7.24). Wir wollen eine asymptotische Darstellung für $\operatorname{erf} z$ für den Fall $z = x > 0$ herleiten. Hierzu betrachten wir die durch

$$f(x) := \int_x^\infty e^{x^2-t^2}\,dt$$

erklärte Funktion f . Diese läßt sich auch in der Form

$$f(x) = -\frac{1}{2}\int_x^\infty \frac{1}{t}\,\frac{d\left(e^{x^2-t^2}\right)}{dt}\,dt$$

darstellen. Mittels partieller Integration (wir beachten das Konvergenzverhalten dieses uneigentlichen Integrals!) erhalten wir

$$f(x) = \frac{1}{2x} - \frac{1}{2}\int_x^\infty \frac{1}{t^2}\,e^{x^2-t^2}\,dt$$

und durch entsprechende Wiederholungen

$$f(x) = \frac{1}{2x} - \frac{1}{2^2x^3} + \frac{1\cdot 3}{2^3x^5} \mp \ldots (-1)^{n-1}\frac{1\cdot 3\cdot\ldots\cdot(2n-3)}{2^n x^{2n-1}}$$

$$+ (-1)^n\,\frac{1\cdot 3\cdot\ldots\cdot(2n-1)}{2^n}\int_x^\infty \frac{1}{t^{2n}}\,e^{x^2-t^2}\,dt.$$

Das letzte Integral läßt sich wie folgt abschätzen: Aus

$$0 < \int_x^\infty \frac{1}{t^{2n}}\,e^{x^2-t^2}\,dt = -\frac{1}{2}\int_x^\infty \frac{1}{t^{2n+1}}\,\frac{d\left(e^{x^2-t^2}\right)}{dt}\,dt$$

$$= \frac{1}{2x^{2n+1}} - \frac{2n+1}{2}\int_x^\infty \frac{1}{t^{2n+2}}\,e^{x^2-t^2}\,dt$$

ergibt sich

$$\int_x^\infty \frac{1}{t^{2n}}\,e^{x^2-t^2}\,dt < \frac{1}{2x^{2n+1}}\;.$$

Mit

$$s_{2n-1}(x) = \frac{1}{2x} - \frac{1}{2^2x^3} \pm \ldots (-1)^{n-1}\,\frac{1\cdot 3\cdot 5\cdot\ldots\cdot(2n-3)}{2^n x^{2n-1}}$$

gewinnen wir daher die Abschätzung

$$\left|x^{2n-1}[f(x)-s_{2n-1}(x)]\right| = \left|x^{2n-1}\frac{1\cdot 3\cdot\ldots\cdot(2n-1)}{2^n}\int\limits_x^\infty \frac{1}{t^{2n}}e^{x^2-t^2}dt\right|$$

$$\leq x^{2n-1}\frac{1\cdot 3\cdot\ldots\cdot(2n-1)}{2^{n+1}x^{2n+1}} = \frac{1\cdot 3\cdot\ldots\cdot(2n-1)}{2^{n+1}}\frac{1}{x^2} \to 0 \quad \text{für} \quad x\to\infty .$$

Damit ist mit Definition 7.8

$$\int\limits_x^\infty e^{x^2-t^2}dt \sim \frac{1}{2x} - \frac{1}{2^2x^3} + \frac{1\cdot 3}{2^3x^5} \mp \ldots \quad .$$

Wegen

$$\int\limits_0^\infty e^{-t^2}dt = \frac{\sqrt{\pi}}{2}$$

(s. Bd. I, Abschn. 7.1.7) folgt

$$\int\limits_0^\infty e^{x^2-t^2}dt = e^{x^2}\cdot\frac{\sqrt{\pi}}{2} ,$$

und wir erhalten

$$\int\limits_0^x e^{x^2-t^2}dt = e^{x^2}\cdot\frac{\sqrt{\pi}}{2} - \int\limits_x^\infty e^{x^2-t^2}dt$$

$$\sim e^{x^2}\cdot\frac{\sqrt{\pi}}{2} - \frac{1}{2x} + \frac{1}{2^2x^3} - \frac{1\cdot 3}{2^3x^5} \pm \ldots .$$

Insgesamt ergibt sich die asymptotische Entwicklung

$$\operatorname{erf} x = \frac{2}{\sqrt{\pi}}\int\limits_0^x e^{-t^2}dt \sim 1 - \frac{2e^{-x^2}}{\sqrt{\pi}}\left(\frac{1}{2x} - \frac{1}{2^2x^3} \pm \ldots\right)$$

oder

$$\boxed{\operatorname{erf} x = 1 - \frac{e^{-x^2}}{\sqrt{\pi}\,x}\left(1+O\left(\frac{1}{x^2}\right)\right) \quad \text{für} \quad x\to\infty} \tag{7.115}$$

Bemerkung: Wir weisen darauf hin, daß

$$s(z) = a_0 + \frac{a_1}{z} + \frac{a_2}{z^2} + \ldots$$

durchaus eine asymptotische Entwicklung von verschiedenen Funktionen f, g sein kann:

$$f \sim s \quad \text{und} \quad g \sim s \qquad (f \not\equiv g) .$$

Das folgende Beispiel verdeutlicht dies: Sei $f(x) \equiv 0$ und $g(x) = e^{-x}$, $x > 0$. Für alle $n \in \mathbb{N}_0$ ist dann $s(x) \equiv 0$ die asymptotische Entwicklung von f und g (wir beachten $x^n e^{-x} \longrightarrow 0$ für $x \longrightarrow \infty$).

7.4.2 Die Sattelpunktmethode

Häufig ist die zu entwickelnde Funktion f von der Form

$$f(z) = \int_C e^{zg(\zeta)} d\zeta , \qquad (7.116)$$

wobei der Integrationsweg C etwa die orientierte Verbindungskurve von zwei Punkten z_1 und z_2 aus $\overline{\mathbb{C}}$ ist (s. Fig. 7.35). In diesem Fall bietet sich die sogenannte Sattelpunktmethode (oder Methode des steilsten Abstiegs) zur asymptotischen Auswertung von f an. Für den Fall, daß z auf der positiven reellen Achse gegen ∞ strebt, liegt dem Verfahren die folgende Idee zugrunde:

Ist g so beschaffen, daß $\mathrm{Re}\, g(\zeta)$ gegen $-\infty$ strebt, wenn ζ sich den beiden Enden z_1, z_2 der Kurve C nähert, so wird für große positive z der Einfluß der "Kurvenendstücke" gering. Man bemüht sich daher nun, den Integrationsweg C unter Verwendung des Cauchyschen Integralsatzes (Wegunabhängigkeit des Integrals bei holomorphen Funktionen!) so zu verformen (s. Fig. 7.35), daß nur ein kleines Teilstück des neuen Integrationsweges $\tilde{C}$ für den Wert des Integrals (7.116) von Bedeutung ist. Dabei wird $\tilde{C}$ zweckmäßig so gewählt, daß $\mathrm{Re}\, g(\zeta)$ möglichst schnell abfällt, wenn man sich von einem Wert ζ_0 entfernt, für den $\mathrm{Re}\, g(\zeta)$

maximal wird.[1] Wir nehmen an, daß es solch ein ζ_0 gibt. Um zu erkennen wie $\tilde{C}$ verlaufen soll, stellen wir $\mathrm{Re}\,g(\zeta)$, $\zeta = u + i\,v$, als Fläche F über der u,v-Ebene dar.

Die Kurven mit steilstem Abfall sind die Orthogonaltrajektorien der Höhenlinien

$$\mathrm{Re}\,g(\zeta) = \text{const.}$$

(warum?), also nach Satz 7.3 , Abschnitt 7.1.3, durch die Kurven

$$\mathrm{Im}\,g(\zeta) = \text{const.}$$

gegeben (Holomorphie von g vorausgesetzt). Ist nun insbesondere ζ_0 ein Sattelpunkt[2] von F , so wählen wir den neuen Integrationsweg $\tilde{C}$ so, daß dieser in einer Umgebung von ζ_0 die durch ζ_0 verlaufende Kurve $\mathrm{Im}\,g(\zeta)$ = const. enthält (s. Fig. 7.35). Bei mehreren Sattelpunkten versucht man entsprechend, $\tilde{C}$ aus mehreren solchen Teilstücken zusammenzusetzen, um auf diese Weise das gewünschte Ziel zu erreichen.

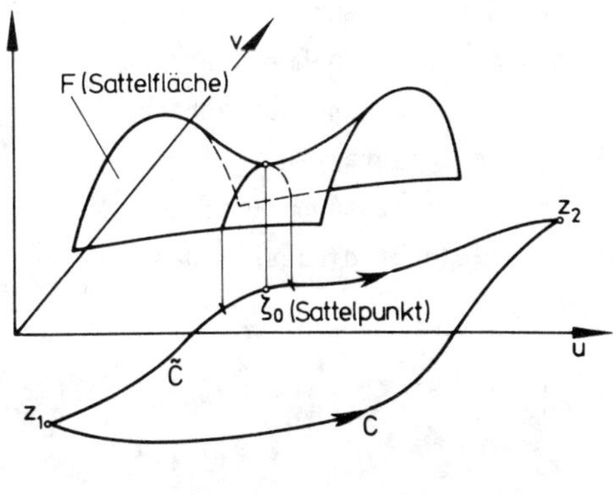

Fig. 7.35: Integrationsweg bei der Sattelpunktmethode

Wie gelangen wir zu Sattelpunkten von $\mathrm{Re}\,g(\zeta)$? Bilden wir in einem Sattelpunkt die Ableitungen der Funktionen $\mathrm{Re}\,g(\zeta)$ und $\mathrm{Im}\,g(\zeta)$ längs der Kurve

$$\mathrm{Im}\,g(\zeta) = \text{const.},$$

so besitzen diese den Wert Null. Daher verschwindet dort auch $g'(\zeta)$ (s. Satz 7.3 , Abschn. 7.1.3), d.h.:

1) Wir beachten: $|e^{zg(\zeta)}| = e^{x\,\mathrm{Re}\,g(\zeta)}$ für $z = x > 0$.

2) zu Sattelflächen s. auch Bd. I, Abschn. 6.2.2

Die Sattelpunkte sind in der Menge der Nullstellen der Funktion g' *enthalten.*

Diese Nullstellen gilt es also zu bestimmen. Wir verdeutlichen die Vorgehensweise anhand von

Beispiel 7.15 Wir betrachten die durch

$$\begin{aligned} -\frac{1}{\pi}\int_{C_1} e^{-iz\sin\zeta+i\lambda\zeta}\,d\zeta &=: H_\lambda^1(z) \\ -\frac{1}{\pi}\int_{C_2} e^{-iz\sin\zeta+i\lambda\zeta}\,d\zeta &=: H_\lambda^2(z) \end{aligned} \tag{7.117}$$

erklärten Funktionen[1] $H_\lambda^1(z)$, $H_\lambda^2(z)$, λ und z aus $\mathbb{C}$, mit den durch Figur 7.36 dargestellten Integrationswegen C_1 und C_2. Unser Ziel ist es, asymptotische Formeln für $H_\lambda^1(z)$ und $H_\lambda^2(z)$ bei großen Argumenten $z = x > 0$ zu gewinnen. Wir nehmen dabei an, daß $x > \lambda$ ist und betrachten das erste Integral in (7.117). Mit der Substitution $\frac{\lambda}{x} =: \cos\alpha$, $0 < \alpha < \frac{\pi}{2}$ geht dieses in das Integral

$$\int_{C_1} e^{x(-i\sin\zeta+i\zeta\cos\alpha)}d\zeta \tag{7.118}$$

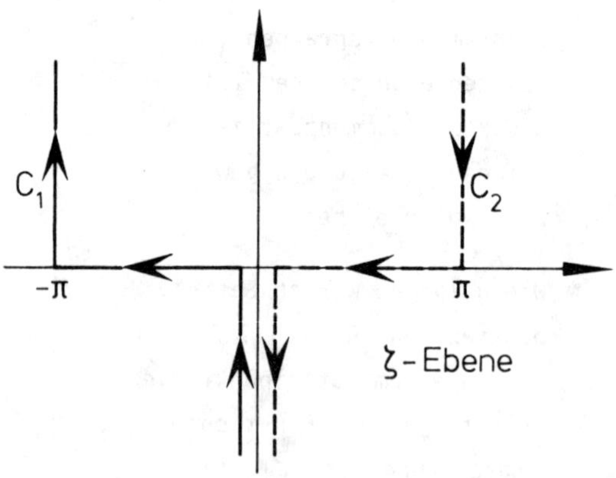

Fig. 7.36: Integrationswege für die Funktionen H_λ^1 und H_λ^2

über, ist also von der oben diskutierten Form

$$\int_{C_1} e^{x\,g(\zeta)}d\zeta ,$$

wenn wir $g(\zeta) := -i\sin\zeta+i\zeta\cos\alpha$ setzen. Durch Zerlegung von g in

[1] Man nennt sie Hankelsche Funktionen (s. Abschn. 10.1.2)

Real- und Imaginärteil folgt mit $\zeta = u + iv$ und (6.48) Abschnitt 6.2.3,

$$g(\zeta) = (\cos u \cdot \sinh v - v\cos\alpha) + i(-\sin u \cdot \cosh v + u\cos\alpha) \ . \qquad (7.119)$$

Die benötigten Sattelpunkte gewinnen wir aus der Beziehung

$$g'(\zeta) = -i\cos\zeta + i\cos\alpha = 0 \ ,$$

also aus der Gleichung $\cos\zeta = \cos\alpha$ zu

$$\zeta = \pm\alpha \quad , \qquad 0 < \alpha < \frac{\pi}{2} \ . \qquad (7.120)$$

Die Begründung dafür, daß diese beiden Punkte tatsächlich Sattelpunkte sind, überlassen wir dem Leser. Nach unseren obigen Überlegungen benötigen wir jetzt die durch

$$\mathrm{Im}\, g(\zeta) = -\sin u \cdot \cosh v + u\cos\alpha = \mathrm{const.} \qquad (7.121)$$

gegebenen Kurven. Insbesondere genügen die Kurven, die durch die Sattelpunkte $\zeta = u + iv = \pm\alpha$ führen, den Gleichungen

$$-\sin u \cdot \cosh v + u\cos\alpha = -\sin(\pm\alpha)\cosh 0 \pm \alpha\cos\alpha$$

also

$$\cosh v = \cos\alpha \frac{u}{\sin u} \pm \frac{\sin\alpha - \alpha\cos\alpha}{\sin u} \ . \qquad (7.122)$$

Es ergeben sich die in Figur 7.37 dargestellten Kurven, die jeweils aus zwei Zweigen durch die Sattelpunkte bestehen. Im nächsten Schritt denken wir uns den Integrationsweg C_1 unseres ursprünglichen Integrals (7.117) (s. Fig. 7.36) in die Form $\tilde{C}_1$ gemäß Figur 7.37 deformiert; $\tilde{C}_1$ wird durch

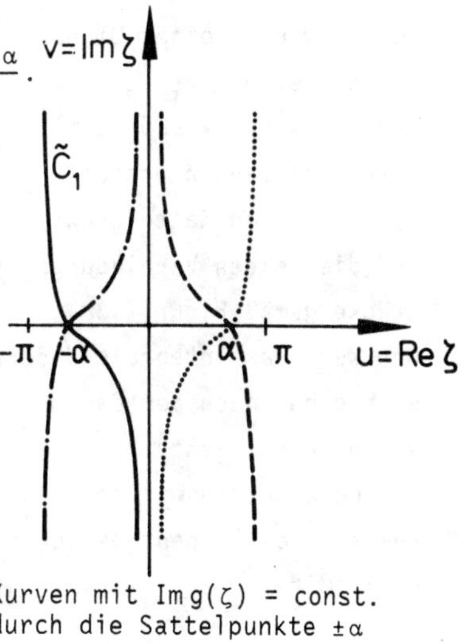

Fig. 7.37: Kurven mit $\mathrm{Im}\, g(\zeta)$ = const. durch die Sattelpunkte $\pm\alpha$

$$\cosh v = \cos\alpha \frac{u}{\sin u} - \frac{\sin\alpha - \alpha\cos\alpha}{\sin u} \tag{7.123}$$

beschrieben. Nach dem Cauchyschen Integralsatz ändert sich der Wert dieses Integrals dabei nicht. (Wir beachten die Holomorphie von g in ganz $\mathbb{C}$. Die Deformation von C_1 in einer beliebig kleinen Umgebung von $\operatorname{Re}\zeta = -\pi$ bzw. von $\operatorname{Re}\zeta = 0$ liefert nur einen beliebig kleinen Beitrag für das Integral!). Es gilt also

$$\int_{C_1} e^{x(-i\sin\zeta + i\zeta\cos\alpha)} d\zeta = \int_{\tilde{C}_1} e^{x(-i\sin\zeta + i\zeta\cos\alpha)} d\zeta . \tag{7.124}$$

Bei Annäherung von $\zeta = u + iv$ an den Anfangs- bzw. Endpunkt von $\tilde{C}_1$ strebt

$$\operatorname{Re} g(\zeta) = \cos u \cdot \sinh v - v\cos\alpha$$

gegen $-\infty$, da aus (7.123) für den gewählten Zweig $\tilde{C}_1$ folgt: $v \to +\infty$ für $u \to +(-\pi)$ bzw. $v \to -\infty$ für $u \to -0$. Das (einzige) Maximum von $\operatorname{Re} g(\zeta)$ auf $\tilde{C}_1$ wird an der Stelle $\zeta = -\alpha$ angenommen (warum?). Der Winkel, den die Tangente an diesen Zweig durch $\zeta = -\alpha$ mit der positiven v-Achse einschließt, ist $\Theta = \frac{3\pi}{4}$. In der Umgebung von $\zeta = -\alpha$ erwarten wir nun den entscheidenden Anteil des Integrationsweges. Zur Abschätzung unseres über $\tilde{C}_1$ gebildeten Integrals ersetzen wir in einer Umgebung des Sattelpunktes $\zeta = -\alpha$ das Kurvenstück von $\tilde{C}_1$ durch das Tangentenstück $\tilde{C}_t$ durch den Sattelpunkt und die beiden Verbindungsstücke gemäß Figur 7.38. Der Wert des Integrals ändert sich dabei nach dem Cauchyschen Integralsatz nicht. Nun untersuchen wir den Beitrag des Tangentenstückes $\tilde{C}_t$: Mit

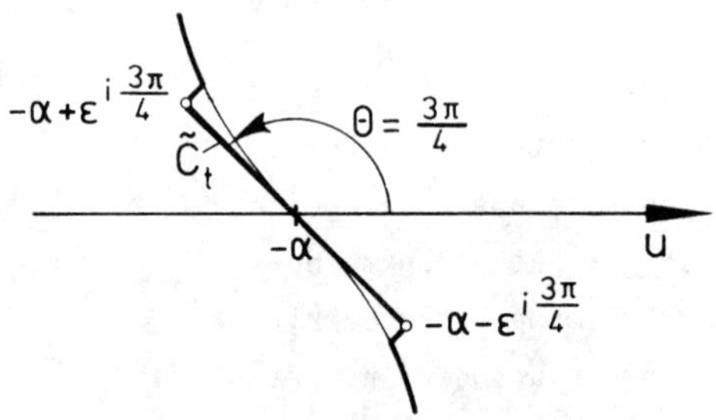

Fig. 7.38: Vereinfachung des Integrationsweges

$$g(-\alpha) = i\sin\alpha - i\alpha\cos\alpha \ , \ g'(-\alpha) = 0 \ , \ g''(-\alpha) = -i\sin\alpha$$

liefert die Taylorentwicklung von g um $\zeta = -\alpha$ für $\zeta \in \tilde{C}_t$ und $\varepsilon \to 0$:

$$g(\zeta) = g(-\alpha) + g'(-\alpha)(\zeta-(-\alpha)) + \frac{g''(-\alpha)}{2!}(\zeta-(-\alpha))^2 + O(\varepsilon^3) \quad {}^{1)}$$

$$= i\sin\alpha - i\alpha\cos\alpha - \frac{i}{2}\sin\alpha\cdot(\zeta+\alpha)^2 + O(\varepsilon^3) \ .$$

Verwenden wir noch die Beziehungen

$$e^y = 1 + O(y) \quad \text{für} \quad y \to 0$$

und

$$e^{xO(\varepsilon^3)} = 1 + O(x\varepsilon^3) \quad \text{für} \quad \varepsilon \to 0 \ ,$$

so folgt

$$\int_{\tilde{C}_t} e^{xg(\zeta)}d\zeta = e^{ix(\sin\alpha-\alpha\cos\alpha)} \int_{-\alpha-\varepsilon^{i\frac{3\pi}{4}}}^{-\alpha+\varepsilon^{i\frac{3\pi}{4}}} e^{-\frac{ix}{2}\sin\alpha\cdot(\zeta+\alpha)^2} d\zeta\cdot(1+O(x\varepsilon^3)) \ . \tag{7.125}$$

Mit der Substitution

$$\tau := \sqrt{\frac{x\sin\alpha}{2}}\, e^{-i\frac{3\pi}{4}}(\zeta+\alpha) \tag{7.126}$$

bzw. mit

$$\tau^2 = \frac{x\sin\alpha}{2}\, e^{-i\frac{3\pi}{2}}(\zeta+\alpha)^2 = \frac{ix}{2}\sin\alpha\cdot(\zeta+\alpha)^2$$

und

$$d\tau = \sqrt{\frac{x\sin\alpha}{2}}\, e^{-i\frac{3\pi}{4}}\, d\zeta$$

ergibt sich für das Integral auf der rechten Seite von (7.125) der

---

1) O bezeichnet das in Abschn. 7.4.1 erklärte Landau-Symbol

Ausdruck

$$e^{i\frac{3\pi}{4}} \sqrt{\frac{2}{x\sin\alpha}} \int_{-\varepsilon\sqrt{\frac{x\sin\alpha}{2}}}^{+\varepsilon\sqrt{\frac{x\sin\alpha}{2}}} e^{-\tau^2}\, d\tau \, . \tag{7.127}$$

Setzen wir schließlich $\varepsilon := x^{-\frac{2}{5}}$, so geht das Integral in (7.127) für $x \to +\infty$ in $\sqrt{2\pi}$ über;[1] und der O-Anteil in (7.125) strebt gegen Null. Mit $e^{i\frac{3\pi}{4}} = -e^{-i\frac{\pi}{4}}$ erhalten wir also

$$\begin{aligned} \int_{\tilde{C}_t} e^{xg(\zeta)} d\zeta &= -e^{-i\frac{\pi}{4}} \sqrt{\frac{2}{x\sin\alpha}} \sqrt{\pi}\, e^{ix(\sin\alpha - \alpha\cos\alpha)} + O\left(\frac{1}{x^{1/5}}\right) \\ &= -\sqrt{\frac{2\pi}{x\sin\alpha}}\, e^{ix(\sin\alpha - \alpha\cos\alpha)} + O\left(\frac{1}{x^{1/5}}\right) \quad \text{für } x \to \infty \, . \end{aligned} \tag{7.128}$$

Für die restlichen Anteile des Integrationsweges lassen sich entsprechende Abschätzungen gewinnen. Dabei zeigt es sich, daß diese Anteile für $x \to \infty$ schneller gegen Null streben als der durch (7.128) gegebene Ausdruck. Wegen (7.117) ergibt sich damit für $H_\lambda^1(x)$ - und analog für $H_\lambda^2(x)$ - die asymptotische Formel

$$H_\lambda^1(x) \sim \sqrt{\frac{2}{\pi x \sin\alpha}}\, e^{ix(\sin\alpha - \alpha\cos\alpha) - i\frac{\pi}{4}} \tag{7.129}$$

bzw.

$$H_\lambda^2(x) \sim \sqrt{\frac{2}{\pi x \sin\alpha}}\, e^{-ix(\sin\alpha - \alpha\cos\alpha) + i\frac{\pi}{4}} \, , \tag{7.130}$$

mit $\frac{\lambda}{x} = \cos\alpha$, $0 < \alpha < \frac{\pi}{2}$.

---

[1] Nach Bd. I, Beisp. 7.14 gilt: $\int_{-\infty}^{\infty} e^{-\tau^2} d\tau = \sqrt{\pi}$.

Bemerkung: Die hier an einem konkreten Beispiel aufgezeigte Sattelpunktmethode läßt sich zu allgemeineren Theorien ausbauen bzw. modifizieren, etwa zur Methode der stationären Phasen. Eine ausführliche Behandlung findet sich z. B. in [81], p. 340-388, oder in [79], Kapitel V, § 3.

Übungen

7.23 Zeige: Für die Summe $f + g$ bzw. für das Produkt $f \cdot g$ der asymptotischen Entwicklungen

$$f(z) \sim \sum_{n=0}^{\infty} \frac{a_n}{z^n} \quad , \quad g(z) \sim \sum_{n=0}^{\infty} \frac{b_n}{z^n}$$

gelten die Beziehungen

$$f(z) + g(z) \sim \sum_{n=0}^{\infty} \frac{a_n + b_n}{z^n}$$

bzw.

$$f(z) \cdot g(z) \sim \sum_{n=0}^{\infty} \frac{a_0 b_n + a_1 b_{n-1} + \ldots + a_n b_0}{z^n}$$

7.24* Sei g durch

$$g(z) = \frac{2}{\sqrt{\pi}} \int_0^z e^{-\zeta^2} d\zeta \quad , \quad z \in \mathbb{C}$$

erklärt. Zeige, daß g in ganz $\mathbb{C}$ holomorph ist und sich in der Form

$$g(z) = \frac{2}{\sqrt{\pi}} \sum_{n=0}^{\infty} \frac{(-1)^n}{n!} \frac{z^{2n+1}}{2n+1} \, , \quad z \in \mathbb{C}$$

darstellen läßt.

8 ISOLIERTE SINGULARITÄTEN. LAURENT-ENTWICKLUNG

Wir haben in Abschnitt 7.3.3 den Zusammenhang zwischen Funktionen, die in einem Gebiet D holomorph sind, und ihren Potenzreihenentwicklungen um beliebige Punkte $z_0 \in D$ herausgestellt. Nun wollen wir den Fall zulassen, daß die Funktionen im Inneren von D singulär werden und für diese Funktionen Reihenentwicklungen um die Singularität, sogenannte Laurent-Entwicklungen, herleiten.

8.1 LAURENTREIHEN

8.1.1 Holomorphe Funktionen in Ringgebieten

Wir betrachten das Ringgebiet

$$D_0 = \{z \mid \rho_1 < |z - z_0| < \rho_2 \text{ mit } 0 \leqq \rho_1 < \rho_2 \leqq \infty\} \quad ,$$

also einen Kreisring (s. Fig. 8.1). Ferner sei f eine in D_0 holomorphe Funktion. Wir versuchen nun, f in eine Reihe nach Potenzen von $(z - z_0)$ zu entwickeln.

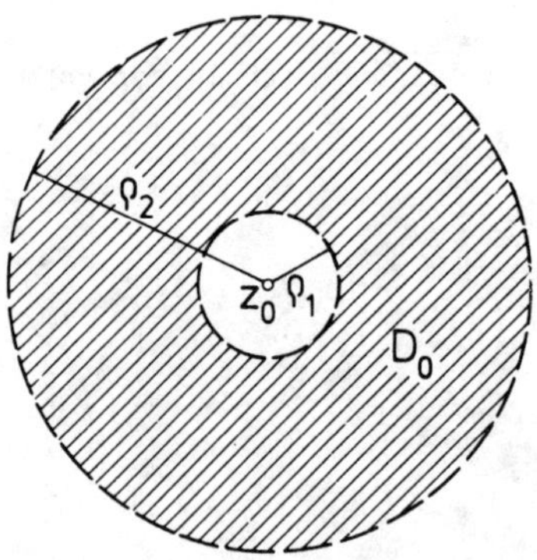

Fig. 8.1: Ringgebiet D_0

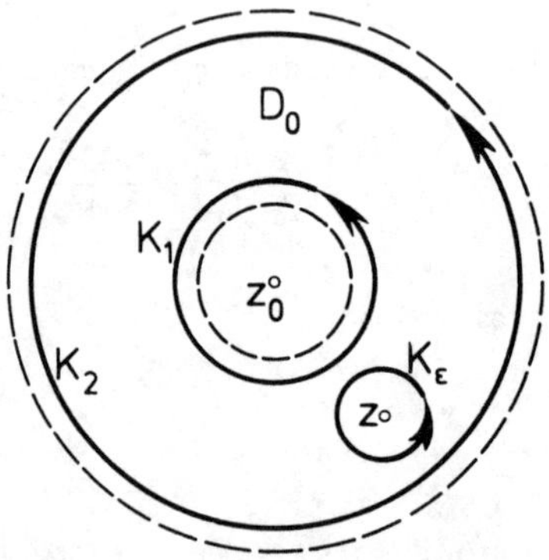

Fig. 8.2: Orientierte Kreislinien im Ringgebiet D_0

Hierzu nehmen wir ein $z \in D_0$ und wählen zwei Kreislinien (kurz: Kreise)

$$K_1 = \{\zeta \mid |\zeta - z_0| = r_1\} \quad \text{und} \quad K_2 = \{\zeta \mid |\zeta - z_0| = r_2\}$$

mit $\rho_1 < r_1 < |z - z_0| < r_2 < \rho_2$ und einen Kreis $K_\varepsilon = \{\zeta \mid |\zeta - z| = \varepsilon\}$. der ganz in dem durch K_1 und K_2 begrenzten Gebiet liegt (s. Fig. 8.2). Die Kreise K_1, K_2 und K_ε orientieren wir positiv. Aus Satz 7.13, Abschnitt 7.2.3, I, ergibt sich dann

$$\int_{K_2} \frac{f(\zeta)}{\zeta - z}\, d\zeta = \int_{K_1} \frac{f(\zeta)}{\zeta - z}\, d\zeta + \int_{K_\varepsilon} \frac{f(\zeta)}{\zeta - z}\, d\zeta . \tag{8.1}$$

Außerdem folgt (s. Beweis von Satz 7.16, Abschn. 7.2.3, III)

$$\int_{K_\varepsilon} \frac{f(\zeta)}{\zeta - z}\, d\zeta \xrightarrow[\varepsilon \to 0]{} 2\pi i f(z) .$$

Damit erhalten wir aus (8.1)

$$f(z) = \frac{1}{2\pi i} \int_{K_2} \frac{f(\zeta)}{\zeta - z}\, d\zeta - \frac{1}{2\pi i} \int_{K_1} \frac{f(\zeta)}{\zeta - z}\, d\zeta . \tag{8.2}$$

Für das erste Integral gilt (s. Beweis von Satz 7.36, Abschn. 7.3.3)

$$f_2(z) := \frac{1}{2\pi i} \int_{K_2} \frac{f(\zeta)}{\zeta - z}\, d\zeta = \sum_{k=0}^{\infty} \left\{ \frac{1}{2\pi i} \int_{K_2} \frac{f(\zeta)}{(\zeta - z_0)^{k+1}}\, d\zeta \right\} (z - z_0)^k . \tag{8.3}$$

Zur Berechnung des zweiten Integrals

$$f_1(z) := -\frac{1}{2\pi i} \int_{K_1} \frac{f(\zeta)}{\zeta - z}\, d\zeta \tag{8.4}$$

gehen wir ähnlich vor wie im Beweis von Satz 7.36, Abschnitt 7.3.3: Die geometrische Reihe im Ausdruck

$$-\frac{1}{\zeta - z} = \frac{1}{(z-z_0)-(\zeta - z_0)} = \frac{1}{(z-z_0)\left(1-\dfrac{\zeta - z_0}{z-z_0}\right)}$$

$$= \frac{1}{z-z_0} + \frac{\zeta - z_0}{(z-z_0)^2} + \ldots + \frac{(\zeta - z_0)^{k-1}}{(z-z_0)^k} + \ldots \qquad (8.5)$$

konvergiert wegen

$$\left|\frac{\zeta - z_0}{z-z_0}\right| = \frac{r_1}{|z-z_0|} < 1 \qquad (\text{da} \quad r_1 < |z-z_0|\,)$$

gleichmäßig bezüglich $\zeta \in K_1$. Setzen wir (8.5) in (8.4) ein, so dürfen wir daher gliedweise integrieren (s. Satz 7.33, Abschn. 7.3.2), und es ergibt sich

$$f_1(z) = \sum_{k=1}^{\infty} \left\{\frac{1}{2\pi i} \int_{K_1} \frac{f(\zeta)\cdot(\zeta - z_0)^{k-1}}{(z-z_0)^k}\, d\zeta \right\}$$

$$= \sum_{k=-1}^{-\infty} \left\{\frac{1}{2\pi i} \int_{K_1} \frac{f(\zeta)}{(\zeta - z_0)^{k+1}}\, d\zeta\right\} (z-z_0)^k . \qquad (8.6)$$

Sei nun K ein beliebiger positiv orientierter Kreis um z_0 , der im Inneren von D_0 liegt. Dann folgt wie im Beweis von Satz 7.16, Abschnitt 7.2.3,III, daß wir in (8.6) bzw. (8.3) die Integrationswege K_1 bzw. K_2 durch K ersetzen dürfen. Setzen wir also

$$a_k := \frac{1}{2\pi i} \int_K \frac{f(\zeta)}{(\zeta - z_0)^{k+1}}\, d\zeta , \quad k \in \mathbb{Z} , \qquad (8.7)$$

so erhalten wir mit (8.2)

$$f(z) = f_2(z) + f_1(z) = \sum_{k=-\infty}^{\infty} a_k\, (z-z_0)^k . \qquad (8.8)$$

Die Reihe $\left[\sum_{k=-\infty}^{\infty} a_k(z-z_0)^k\right]$, man nennt sie Laurentreihe[1], konvergiert

---

[1] P. Laurent (1813-1854), französischer Mathematiker

absolut in D_0 und gleichmäßig in jeder kompakten Teilmenge von D_0. Damit ist gezeigt

---

Satz 8.1 Sei f im Ringgebiet

$$D_0 = \{z \mid \rho_1 < |z - z_0| < \rho_2 \quad \text{mit} \quad 0 \leqq \rho_1 < \rho_2 \leqq \infty\}$$

holomorph. Dann läßt sich f in D_0 in eine Laurentreihe um z_0 entwickeln:

$$f(z) = \sum_{k=-\infty}^{\infty} a_k (z - z_0)^k \tag{8.9}$$

deren Koeffizienten durch

$$a_k = \frac{1}{2\pi i} \int_K \frac{f(\zeta)}{(\zeta - z_0)^{k+1}} d\zeta \, , \qquad k \in \mathbb{Z} \tag{8.10}$$

gegeben sind; K ist hierbei ein beliebiger positiv orientierter Kreis um z_0, der im Inneren von D_0 liegt. Die Laurentreihe (8.9) konvergiert absolut in D_0 und gleichmäßig in jeder kompakten Teilmenge von D_0.

Wir benutzen die Konvergenzaussage von Satz 8.1, um den folgenden Eindeutigkeitssatz zu beweisen:

Satz 8.2 Die Koeffizienten a_k $(k \in \mathbb{Z})$ in der Laurententwicklung (8.9) von f um z_0 sind eindeutig bestimmt.

Beweis: Wir nehmen an, es gebe zwei Darstellungen von f durch Laurentreihen in D_0:

$$f(z) = \sum_{k=-\infty}^{\infty} a_k (z - z_0)^k = \sum_{m=-\infty}^{\infty} b_m (z - z_0)^m \, , \tag{8.11}$$

die gleichmäßig in jeder kompakten Teilmenge von D_0 konvergieren. Nach

Satz 8.1 gilt

$$a_k = \frac{1}{2\pi i} \int_K \frac{f(\zeta)}{(\zeta - z_0)^{k+1}} \, d\zeta \ , \quad k \in \mathbb{Z} \ ,$$

und mit (8.11) folgt

$$a_k = \frac{1}{2\pi i} \int_K \frac{\sum\limits_{m=-\infty}^{\infty} b_m(\zeta - z_0)^m}{(\zeta - z_0)^{k+1}} \, d\zeta \ , \quad k \in \mathbb{Z} \ .$$

Aufgrund der gleichmäßigen Konvergenz der Laurentreihe

$$\left[\sum_{m=-\infty}^{\infty} b_m (\zeta - z_0)^m \right]$$

auf K dürfen wir Summation und Integration vertauschen (s. Satz 7.33(ii), Abschn. 7.3.2), und wir erhalten

$$a_k = \sum_{m=-\infty}^{\infty} b_m \frac{1}{2\pi i} \int_K (\zeta - z_0)^{m-k-1} \, d\zeta \ , \quad k \in \mathbb{Z} \ .$$

Nach Beispiel 7.8, Abschnitt 7.2.1, gilt

$$\int_K (\zeta - z_0)^{m-k-1} \, d\zeta = \begin{cases} 2\pi i \ , & \text{falls} \quad m = k \\ 0 \ , & \text{falls} \quad m \neq k \end{cases}$$

so daß sich

$$a_k = b_k \quad \text{für alle} \quad k \in \mathbb{Z}$$

ergibt. □

Nach dem Beweis von Satz 8.1 läßt sich f im Ringgebiet D_0 durch

$$f(z) = f_2(z) + f_1(z) = \sum_{k=0}^{\infty} a_k(z - z_0)^k + \sum_{k=-1}^{-\infty} a_k(z - z_0)^k$$

darstellen. Man nennt

$$f_2(z) = \sum_{k=0}^{\infty} a_k(z - z_0)^k$$ den regulären Teil,

$$f_1(z) = \sum_{k=-1}^{-\infty} a_k(z-z_0)^k = \sum_{k=1}^{\infty} \frac{a_{-k}}{(z-z_0)^k}$$ den Hauptteil

der Laurententwicklung von f. Die Konvergenzbereiche dieser Reihen sind aus dem o.g. Beweis ersichtlich.

Beispiel 8.1 Für die Funktion

$$f(z) = \frac{1}{(z-2)(z-3)} = \frac{1}{z-3} - \frac{1}{z-2}$$

sollen Laurententwicklungen für die Gebiete $|z| < 2$, $2 < |z| < 3$ und $|z| > 3$ um den Punkt $z_0 = 0$ angegeben werden.

$|z| < 2$:
$$\frac{1}{z-2} = -\frac{1}{2}\,\frac{1}{1-\frac{z}{2}} = -\sum_{k=0}^{\infty} \frac{z^k}{2^{k+1}}$$

$|z| > 2$:
$$\frac{1}{z-2} = \frac{1}{z}\,\frac{1}{1-\frac{2}{z}} = \frac{1}{z}\sum_{k=0}^{\infty}\left(\frac{2}{z}\right)^k = \sum_{k=-\infty}^{-1} \frac{z^k}{2^{k+1}}$$

$|z| < 3$:
$$\frac{1}{z-3} = -\frac{1}{3}\,\frac{1}{1-\frac{z}{3}} = -\sum_{k=0}^{\infty} \frac{z^k}{3^{k+1}}$$

$|z| > 3$:
$$\frac{1}{z-3} = \frac{1}{z}\,\frac{1}{1-\frac{3}{z}} = \sum_{k=-\infty}^{-1} \frac{z^k}{3^{k+1}} .$$

Damit ergibt sich

$$f(z) = \frac{1}{(z-2)(z-3)} = \begin{cases} \sum\limits_{k=0}^{\infty}\left(\frac{1}{2^{k+1}} - \frac{1}{3^{k+1}}\right) z^k , & \text{für } |z| < 2 \\ \sum\limits_{k=-\infty}^{-1} \frac{z^k}{2^{k+1}} - \sum\limits_{k=0}^{\infty} \frac{z^k}{3^{k+1}} , & \text{für } 2 < |z| < 3 \\ \sum\limits_{k=-\infty}^{-1}\left(\frac{1}{3^{k+1}} + \frac{1}{2^{k+1}}\right) z^k , & \text{für } |z| > 3 . \end{cases}$$

8.1.2 Singularitäten

Laurentreihen stellen ein wertvolles Hilfsmittel zur Beschreibung von holomorphen Funktionen in einer Umgebung einer "Singularität" dar. Dabei präzisieren wir diesen Begriff in folgender Weise

<u>Definition 8.1</u> Die Funktion f sei in einer punktierten Umgebung des Punktes z_0

$$\{z \mid 0 < |z - z_0| < \rho\}$$

holomorph, jedoch im Punkt z_0 selbst nicht erklärt. Der Punkt z_0 heißt dann *isolierte Singularität* von f.

Liegt eine isolierte Singularität z_0 vor, so läßt sich f nach Satz 8.1 in einer punktierten Umgebung dieses Punktes durch eine Laurentreihe um z_0 darstellen. Diese Darstellung ermöglicht uns nun eine Unterscheidung von isolierten Singularitäten:

<u>Definition 8.2</u> Sei f holomorph in $\{z \mid 0 < |z - z_0| < \rho\}$ und sei

$$f_1(z) = \sum_{k=1}^{\infty} \frac{a_{-k}}{(z - z_0)^k} \tag{8.12}$$

der Hauptteil der Laurententwicklung von f um z_0. Man nennt den Punkt z_0

(i) *hebbare Singularität*, falls $a_{-k} = 0$ für alle $k \in \mathbb{N}$.

(ii) *Pol der Ordnung m* $(m \in \mathbb{N})$, falls

$$f_1(z) = \sum_{k=1}^{m} \frac{a_{-k}}{(z - z_0)^k}, \quad a_{-m} \neq 0, \tag{8.13}$$

(iii) *wesentliche Singularität*, falls

$$f_1(z) = \sum_{k=1}^{\infty} \frac{a_{-k}}{(z - z_0)^k} \tag{8.14}$$

mit unendlich vielen von Null verschiedenen Koeffizienten a_{-k}.

Bemerkung 1: Für den Charakter eines singulären Punktes z_0 von f ist also der Hauptteil f_1 von f verantwortlich.

Bemerkung 2: Man sagt, eine für $|z| > R$ holomorphe Funktion $f(z)$ hat im Punkt $z = \infty$ eine Nullstelle bzw. einen Pol der Ordnung m, falls dies für die Funktion

$$g(z) = f\left(\frac{1}{z}\right) \tag{8.15}$$

im Punkt $z = 0$ zutrifft. Insbesondere heißt $f(z)$ holomorph im Punkt $z = \infty$, wenn $g(z)$ im Punkt $z = 0$ holomorph ist.

Beispiel 8.2 Sei $f(z) = \frac{\sin z}{z}$, $z \neq 0$; f ist holomorph in $\mathbb{C} - \{0\}$ und die Laurententwicklung um $z_0 = 0$ lautet

$$f(z) = \sum_{k=0}^{\infty} \frac{(-1)^k}{(2k+1)!} z^{2k} , \tag{8.16}$$

d.h. $a_{-k} = 0$ für alle $k \in \mathbb{N}$. Daher ist $z_0 = 0$ eine hebbare Singularität.

Da der Koeffizient a_0 in (8.16) den Wert 1 hat, läßt sich f sehr einfach zu einer in ganz $\mathbb{C}$ holomorphen Funktion $\tilde{f}$ erweitern: Wir setzen hierzu

$$\tilde{f}(z) = \begin{cases} f(z) , & \text{für } z \neq 0 \\ 1 , & \text{für } z = 0 . \end{cases}$$

Die Funktion

$$f(z) = \frac{z^2 - 2z + 7}{z - 2} = \frac{7}{z-2} + 2 + (z-2)$$

ist holomorph für $z \neq 2$. Der Punkt $z_0 = 2$ ist eine Polstelle der Ordnung $m = 1$ von f.

Beispiel 8.3 Die Funktion $f(z) = e^{\frac{1}{z}}$ ist holomorph für $z \neq 0$. Die Laurententwicklung von f um $z_0 = 0$ lautet

$$f(z) = \sum_{k=0}^{\infty} \frac{1}{k!} \left(\frac{1}{z}\right)^k = \sum_{k=-\infty}^{0} \frac{1}{(-k)!} z^k ,$$

d.h. unendlich viele Koeffizienten a_{-k} der Laurententwicklung von f um z_0 sind von Null verschieden. Der Punkt $z_0 = 0$ ist damit wesentliche Singularität der Funktion f.

(i) Die hebbaren Singularitäten stellen die einfachste Form einer Singularität dar. Beispiel 8.2 zeigt uns, wie wir mit ihnen fertig werden können: Ist a_0 der entsprechende Koeffizient der Laurententwicklung, so brauchen wir nur

$$f(z_0) := a_0 \tag{8.17}$$

zu setzen, und die so erweiterte Funktion ist in z_0 holomorph.

Ein einfaches Kriterium für den Nachweis einer hebbaren Singularität ist gegeben durch

Satz 8.3 Die Funktion f besitze in z_0 eine isolierte Singularität. Ferner sei $|f|$ in dem punktierten Kreisgebiet $\{z \mid 0 < |z - z_0| < \rho\}$ beschränkt. Dann ist z_0 eine hebbare Singularität.

Beweis: Sei $M > 0$ so, daß

$$|f(z)| \leq M \quad \text{für} \quad 0 < |z - z_0| < \rho$$

gilt. Für $r < \rho$ folgt dann für die Koeffizienten der Laurententwicklung von f um z_0 nach (8.10)

$$a_k = \frac{1}{2\pi i} \int_{K_r(z_0)} \frac{f(\zeta)}{(\zeta - z_0)^{k+1}} d\zeta ,$$

woraus mit Satz 7.11, Abschnitt 7.2.1

$$|a_k| \le \frac{1}{2\pi}\,\frac{M}{r^{k+1}}\,2\pi r = \frac{M}{r^k} \longrightarrow 0 \quad \text{für} \quad r \to 0\ ,\ k = -1,-2,\ldots$$

also $a_k = 0$ für $k = -1,-2,\ldots$ folgt. □

(ii) Wir wenden uns nun den Polstellen einer Funktion zu. (Die Beweise der beiden folgenden Sätze sind trivial.)

Satz 8.4 Die Funktion f hat im Punkt z_0 einen Pol der Ordnung m genau dann, wenn die durch $g(z) = (z-z_0)^m f(z)$ erklärte Funktion g in z_0 holomorph ist und $g(z_0) \neq 0$ gilt.

Satz 8.5 Der Punkt z_0 ist ein Pol der Ordnung m von f genau dann, wenn die durch

$$h(z) = \frac{1}{f(z)} \tag{8.18}$$

erklärte Funktion h in z_0 eine Nullstelle der Ordnung m (s. Def. 7.5, Abschn. 7.3.5) besitzt.

Einen Einblick in das Verhalten einer holomorphen Funktion in der Umgebung einer Polstelle gibt

Satz 8.6 Sei z_0 eine Polstelle der Funktion f. Dann gilt

$$|f(z)| \longrightarrow \infty \quad \text{für} \quad z \to z_0\ ,$$

d.h. zu jedem $M > 0$ gibt es ein $\delta = \delta(M) > 0$ mit

$$|f(z)| > M \quad \text{für alle} \quad z \neq z_0 \quad \text{mit} \quad |z-z_0| < \delta\ .$$

Beweis: Wir nehmen an, die Ordnung der Polstelle sei m $(m \in \mathbb{N})$. Nach Satz 8.4 gilt dann: Die Funktion $g(z) = (z-z_0)^m f(z)$ ist in z_0 holomorph und $g(z_0) \neq 0$. Insbesondere ist g also stetig in z_0. Es gibt daher ein $\delta_1 > 0$ und ein $\varepsilon > 0$ mit

$$|g(z)| > \varepsilon \quad \text{für alle} \quad z \quad \text{mit} \quad 0 < |z - z_0| < \delta_1 .$$

Nun wählen wir $M > 0$ beliebig und setzen

$$\delta_2 := \sqrt[m]{\frac{\varepsilon}{M}} \quad \text{und} \quad \delta := \mathrm{Min}(\delta_1, \delta_2) .$$

Dann ergibt sich für $|z - z_0| < \delta$

$$|f(z)| = \left|\frac{g(z)}{(z - z_0)^m}\right| > \frac{\varepsilon}{|z - z_0|^m} > \frac{\varepsilon}{\delta_2{}^m} = M$$

und damit die Behauptung. □

Definition 8.3 Eine Funktion f heißt meromorph in einem nicht notwendig beschränkten Gebiet D, wenn jeder Punkt von D entweder Holomorphiepunkt von f oder Polstelle von f ist.

Beispiel 8.4 Die rationalen Funktionen

$$f(z) = \frac{P_n(z)}{Q_m(z)} \quad (P_n, Q_m \ \text{Polynome}; \ n < m)$$

sind in ganz $\mathbb{C}$ meromorph. Nach dem Fundamentalsatz der Algebra (s. Satz 7.28, Abschn. 7.2.5 (C)) gilt

$$f(z) = \frac{P_n(z)}{Q_m(z)} = \frac{(z - z_1)^{\alpha_1} (z - z_2)^{\alpha_2} \dots (z - z_k)^{\alpha_k}}{(z - \zeta_1)^{\beta_1} (z - \zeta_2)^{\beta_2} \dots (z - \zeta_l)^{\beta_l}}$$

mit $z_i \neq z_j$, $\zeta_i \neq \zeta_j$ für $i \neq j$ und $z_i \neq \zeta_j$ für alle i, j.

Die Punkte ζ_i $(i = 1, \dots, l)$ sind dann Polstellen von f, denn

$$(z - \zeta_i)^{\beta_i} f(z) = \frac{(z - z_1)^{\alpha_1} \dots (z - z_k)^{\alpha_k}}{(z - \zeta_1)^{\beta_1} \dots (z - \zeta_{i-1})^{\beta_{i-1}} (z - \zeta_{i+1})^{\beta_{i+1}} \dots (z - \zeta_l)^{\beta_l}}$$

ist in einer Umgebung von ζ_i holomorph. Die behauptete Meromorphie folgt dann aus Satz 8.4.

(iii) Wesentliche Singularitäten.

In der Umgebung einer Polstelle haben wir das durch Satz 8.6 beschriebene Verhalten einer Funktion f. Ein ganz anderes Verhalten von f ergibt sich, wenn eine wesentliche Singularität von f vorliegt. Hier gilt

Satz 8.7 (Casorati - Weierstrass) Ist z_0 eine wesentliche Singularität von f, so kommt f in jeder beliebig kleinen Umgebung von z_0 jedem komplexen Wert beliebig nahe, d.h. zu beliebigem $a \in \mathbb{C}$ und zu jedem Paar $\varepsilon > 0$, $\delta > 0$ gibt es ein z_1 mit

$$|f(z_1) - a| < \varepsilon \quad \text{und} \quad |z_1 - z_0| < \delta .$$

Beweis: (indirekt) Wir nehmen an, es gebe ein $\tilde{w}$ und ein Paar $\tilde{\varepsilon} > 0$, $\tilde{\delta} > 0$, so daß

$$|f(z) - \tilde{w}| \geq \tilde{\varepsilon} \quad \text{für alle } z \text{ mit } 0 < |z - z_0| < \tilde{\delta} .$$

Setzen wir

$$h(z) := \frac{1}{f(z) - \tilde{w}}$$

so folgt: $|h(z)| \leq \frac{1}{\tilde{\varepsilon}}$ für alle z mit $0 < |z - z_0| < \tilde{\delta}$ und h ist dort holomorph. Nach Satz 8.3 ist

$$\tilde{h}(z) = \begin{cases} h(z) & , \text{für } z \neq z_0 \\ \lim\limits_{z \to z_0} h(z) & , \text{für } z = z_0 \end{cases}$$

in z_0 holomorph. (Insbesondere existiert dieser Grenzwert.) Für $\tilde{h}$ kann daher nur einer der beiden folgenden Fälle auftreten:

Entweder gilt

$$\tilde{h}(z) = a_0 + a_1(z - z_0) + \ldots \; ; \; \tilde{h}(z_0) = a_0 \neq 0$$

oder

$$\tilde{h}(z) = (z - z_0)^m g(z) \; , \; g(z_0) \neq 0 \; , \; m \in \mathbb{N} \quad (g \text{ holomorph}).$$

Der erste Teil dieser Alternative scheidet aus, da sonst die Holomorphie von f in z_0 folgen würde. Der zweite Teil zieht nach sich:

$$f(z) = \frac{1}{\tilde{h}(z)} + \tilde{w}$$

besitzt nach Satz 8.4 eine Polstelle der Ordnung m in z_0. Dies aber ist ein Widerspruch zur Voraussetzung, daß z_0 wesentliche Singularität von f ist. □

Übungen

8.1 Entwickle die Funktion

$$f(z) = \frac{1}{z(z-i)^2}$$

um $z_0 = 0$ in Laurentreihen für die Gebiete $0 < |z| < 1$ und $1 < |z| < \infty$.

8.2* Wo konvergieren die Laurentreihen

a) $\sum_{k=-\infty}^{\infty} \frac{z^k}{2^{|k|}}$; b) $\sum_{k=-\infty}^{\infty} \frac{(z-1)^k}{k^2+1}$?

8.3* Bestimme die Art der Singularität der Funktion

$$f(z) = (z^2+2)\sin\frac{1}{z-1}$$

und entwickle f in eine Laurentreihe um ihre Singularität.

8.4* Sei $J_n(t)$ der n-te Koeffizient der Laurententwicklung von $e^{\frac{t}{2}(z-\frac{1}{z})}$ bezüglich z um $z_0 = 0$; $t \in \mathbb{R}$ fest. Beweise:

a) $J_n(t) = \frac{1}{\pi}\int_0^{\pi} \cos(t\sin\varphi - n\varphi)\,d\varphi$;

b) $J_{-n}(t) = (-1)^n J_n(t)$.

($J_n(t)$: Besselfunktion der Ordnung n) .

8.2 RESIDUENSATZ UND ANWENDUNGEN

8.2.1 Der Residuensatz

Es soll nun ein Verfahren zur Berechnung von Integralen der Form

$$\int_C f(z)\,dz$$

entwickelt werden, wenn C eine geschlossene Kurve ist und f im Inneren von C endlich viele isolierte Singularitäten besitzt. Dabei handelt es sich um eine Erweiterung des Cauchyschen Integralsatzes, die in einem engen Zusammenhang zu Satz 7.13, Abschnitt 7.2.3, I, steht.

Wir betrachten zunächst eine Funktion f, die in z_0 eine Singularität besitzt und im punktierten Kreisgebiet $\{z \mid 0 < |z - z_0| \leq \rho\}$ holomorph ist. Nach Satz 8.1 läßt sich f in diesem Gebiet durch eine Laurentreihe darstellen:

$$f(z) = \sum_{k=-\infty}^{\infty} a_k (z - z_0)^k \;, \tag{8.19}$$

wobei die Koeffizienten a_k durch

$$a_k = \frac{1}{2\pi i} \int_{K_r(z_0)} \frac{f(\zeta)}{(\zeta - z_0)^{k+1}}\,d\zeta \;, \quad k \in \mathbb{Z} \tag{8.20}$$

gegeben sind. Dabei ist $K_r(z_0) = \{z \mid |z - z_0| = r, 0 < r < \rho\}$ ein beliebiger, positiv orientierter Kreis. Der Koeffizient a_{-1} ist, wie wir sehen werden, von besonderer Bedeutung. Dem trägt die folgende Definition Rechnung:

<u>Definition 8.4</u> Der Koeffizient

$$a_{-1} = \frac{1}{2\pi i} \int_{K_r(z_0)} f(\zeta)\,d\zeta \tag{8.21}$$

der Laurentreihe (8.19) von f um z_0 heißt Residuum von f an der Stelle z_0. Wir verwenden die Schreibweise[1])

$$a_{-1} = \operatorname*{Res}_{z=z_0} f(z) . \qquad (8.22)$$

Beispiel 8.5 Die Funktion

$$f(z) = \frac{z^2 - 2z + 7}{z - 2} = \frac{7}{z - 2} + 2(z-2)^0 + 1(z-2)$$

besitzt an der Stelle $z_0 = 2$ das Residuum 7:

$$\operatorname*{Res}_{z=2} f(z) = 7 .$$

Beispiel 8.6 Wir berechnen das Residuum von $f(z) = e^{\frac{1}{z}}$ an der Stelle $z_0 = 0$:

Aus der Laurententwicklung von f um $z_0 = 0$

$$f(z) = \sum_{k=0}^{\infty} \frac{1}{k!}\left(\frac{1}{z}\right)^k = \sum_{k=-\infty}^{0} \frac{1}{(-k)!} z^k$$

entnehmen wir

$$\operatorname*{Res}_{z=0} f(z) = \frac{1}{[-(-1)]!} = 1 .$$

Satz 8.8 (Residuensatz) Es sei C eine geschlossene, doppelpunktfreie, stückweise glatte, positiv orientierte Kurve. Ferner sei f holomorph in $In(C) \cup C$, mit Ausnahme von endlich vielen isolierten Singularitäten $z_1, \ldots, z_n$, die in $In(C)$ liegen. Dann gilt

$$\int_C f(z)\,dz = 2\pi i \sum_{j=1}^{n} \operatorname*{Res}_{z=z_j} f(z) . \qquad (8.23)$$

---

1) Andere gebräuchliche Schreibweisen sind:
$\operatorname{Res} f(z)\big|_{z=z_0}$, $\operatorname{res}_{z_0} f$, $\operatorname{Res}(f, z_0)$.

Beweis: Zu jedem Punkt z_j $(j = 1,\dots,n)$ wählen wir positiv orientierte Kreise K_j um z_j mit

$$K_j \subset \mathrm{In}(C) \quad \text{und} \quad [K_m \cup \mathrm{In}(K_m)] \cap [K_n \cup \mathrm{In}(K_n)] = \emptyset \quad \text{für } m \neq n$$

(s. Fig. 8.3). Damit sind alle Voraussetzungen von Satz 7.13, Abschnitt 7.2.3,I, erfüllt, und wir erhalten

$$\int_C f(z)\,dz = \sum_{j=1}^{n} \int_{K_j} f(z)dz .$$

Multiplizieren wir diese Gleichung mit $\frac{1}{2\pi i}$, so ergibt sich nach Definition 8.4

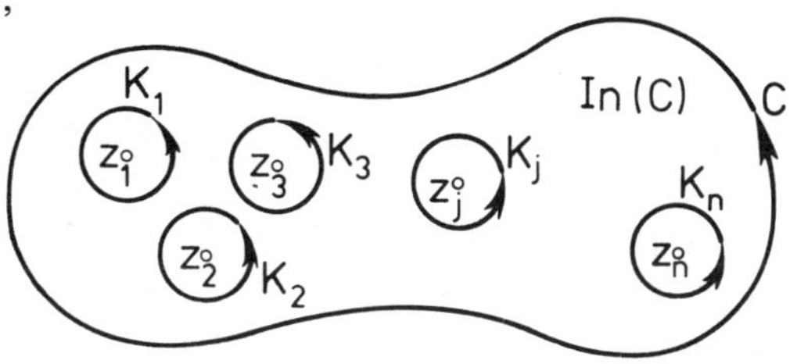

Fig. 8.3: Zum Residuensatz

$$\frac{1}{2\pi i}\int_C f(z)\,dz = \sum_{j=1}^{n} \frac{1}{2\pi i}\int_{K_j} f(z)\,dz = \sum_{j=1}^{n} \operatorname*{Res}_{z=z_j} f(z) . \qquad \square$$

Bemerkung: Der Residuensatz zeigt, daß - unter entsprechenden Voraussetzungen - der Wert des Integrals

$$\int_C f(z)\,dz$$

vollständig durch die Residuen von f im Inneren von C bestimmt ist. Die Berechnung eines solchen Integrals läßt sich daher auf die Bestimmung dieser Residuen zurückführen, die sich aus den jeweiligen Laurententwicklungen ablesen lassen.

Besonders einfach gestaltet sich die Ermittlung von Residuen, wenn als isolierte Singularitäten Polstellen auftreten:

Hilfssatz 8.1 Die Funktion h sei holomorph in einer Umgebung von z_0 und f sei durch

$$f(z) = \frac{h(z)}{(z-z_0)^m} \quad (m \in \mathbb{N}) \ , \ h(z_0) \neq 0 \tag{8.24}$$

erklärt. Dann gilt

$$\operatorname*{Res}_{z=z_0} f(z) = \frac{1}{(m-1)!}\, h^{(m-1)}(z_0) \ . \tag{8.25}$$

Beweis: Nach der Cauchyschen Integralformel für die (m-1)-te Ableitung von h (s. Satz 7.18, Abschn. 7.2.3) gilt

$$h^{(m-1)}(z_0) = \frac{(m-1)!}{2\pi i} \int_{K_r(z_0)} \frac{h(\zeta)}{(\zeta - z_0)^m}\, d\zeta \ ,$$

wobei der positiv orientierte Kreis $K_r(z_0)$ so gewählt ist, daß er ganz im Holomorphiegebiet von h liegt. Mit Definition 8.4 ergibt sich hieraus dann

$$\operatorname*{Res}_{z=z_0} f(z) = \operatorname*{Res}_{z=z_0} \frac{h(z)}{(z-z_0)^m} = \frac{1}{2\pi i} \int_{K_r(z_0)} \frac{h(\zeta)}{(\zeta - z_0)^m}\, d\zeta = \frac{1}{(m-1)!} h^{(m-1)}(z_0) . \qquad \square$$

Beispiel 8.7 a) Wir berechnen die Residuen der Funktion

$$f(z) = \frac{1}{1+z^2} = \frac{1}{2i}\left(\frac{1}{z-i} - \frac{1}{z+i}\right) .$$

Für $z_0 = i$ setzen wir

$$h(z) = (z-i)\, f(z) = \frac{1}{2i}\left(1 - \frac{z-i}{z+i}\right)$$

und erhalten aus Hilfssatz 8.1 ($m = 1$ gesetzt)

$$\operatorname*{Res}_{z=i} f(z) = h(i) = \frac{1}{2i} \ .$$

Für $z_0 = -i$ setzen wir entsprechend

$$h(z) = (z+i)\, f(z) = \frac{1}{2i}\left(\frac{z+i}{z-i} - 1\right)$$

und erhalten dann

$$\operatorname*{Res}_{z=-i} f(z) = h(-i) = -\frac{1}{2i} \ .$$

b) Nun bestimmen wir den Wert des Integrals

$$\int_C \frac{dz}{1+z^2}\,,$$

wobei C der in Figur 8.4 dargestellte Integrationsweg ist.

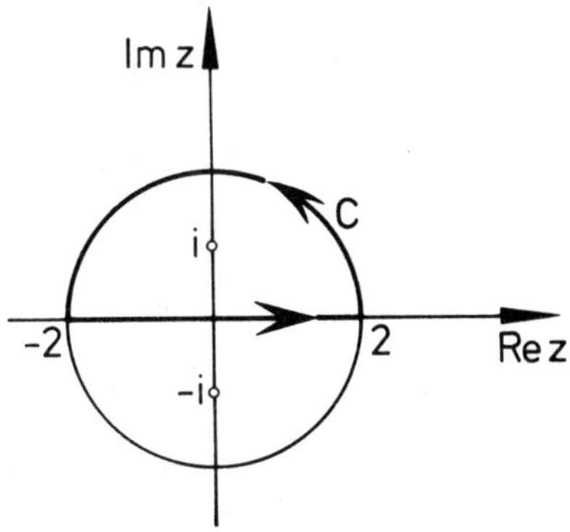

Fig. 8.4: Integrationsweg C von $\int_C \frac{dz}{1+z^2}$

Beachten wir, daß nur die Polstelle $z = i$ im Inneren von C liegt, so ergibt sich nach Satz 8.8 und Teil a)

$$\int_C \frac{dz}{1+z^2} = 2\pi i \cdot \operatorname*{Res}_{z=i} \frac{1}{1+z^2} = 2\pi i \cdot \frac{1}{2i} = \pi\,.$$

8.2.2 Das Prinzip vom Argument

Als eine Konsequenz aus dem Residuensatz ergibt sich

Satz 8.9 (*Prinzip vom Argument*) Sei D ein einfach zusammenhängendes Gebiet und f eine in D meromorphe Funktion[1]. Ferner sei C eine geschlossene, stückweise glatte, positiv orientierte Kurve, die ganz in D liegt. Auf C liege weder eine Nullstelle noch eine Polstelle von f. Die Anzahl der Nullstellen von f im Inneren von C sei N, die der Polstellen von f sei P, die gemäß ihrer Ordnung gezählt werden. Dann gilt

$$\frac{1}{2\pi i}\int_C \frac{f'(z)}{f(z)}\,dz = N - P\,. \tag{8.26}$$

Beweis: In $\operatorname{In}(C)$ können höchstens endlich viele Nullstellen (von endlicher Ordnung) bzw. Polstellen von f liegen (warum?).

---

[1] Wir erinnern daran, daß meromorphe Funktionen mit Ausnahme von Polstellen holomorph sind.

1. Sei z_j eine Nullstelle der Ordnung m_j. In einer Umgebung von z_j gilt dann

$$f(z) = (z-z_j)^{m_j} h(z) \quad \text{mit} \quad h(z_j) \neq 0 \quad (h \ \text{holomorph}).$$

Da

$$f'(z) = (z-z_j)^{m_j} h'(z) + m_j(z-z_j)^{m_j-1} h(z) ,$$

folgt

$$f'(z) = (z-z_j)^{m_j-1} g(z)$$

mit

$$g(z) = m_j h(z) + (z-z_j) h'(z) .$$

Aus $g(z_j) = m_j h(z_j) \neq 0$ folgt, daß $\varphi := \frac{g}{h}$ in z_0 holomorph ist; ferner gilt $\varphi(z_j) = m_j$. Wir erhalten damit

$$\frac{f'(z)}{f(z)} = \frac{\varphi(z)}{z-z_j} , \quad \varphi(z_j) = m_j .$$

Nach Hilfssatz 8.1 ergibt sich dann

$$\operatorname*{Res}_{z=z_j} \frac{f'(z)}{f(z)} = m_j .$$

2. Sei z_l eine Polstelle der Ordnung $\tilde{m}_l$. Eine zu 1. analoge Überlegung liefert

$$\operatorname*{Res}_{z=z_l} \frac{f'(z)}{f(z)} = -\tilde{m}_l \quad \text{(man beachte das negative Vorzeichen!)}$$

3. Wenden wir den Residuensatz auf die Funktion $\frac{f'}{f}$ an, so folgt aus unseren obigen Überlegungen

$$\int_C \frac{f'(z)}{f(z)} dz = 2\pi i \sum \operatorname{Res} \frac{f'(z)}{f(z)} = 2\pi i \left(\sum m_j - \sum \tilde{m}_l\right) = 2\pi i (N-P) . \qquad \square$$

Folgerung: Ist f eine in D holomorphe Funktion und sind die übrigen Voraussetzungen von Satz 8.9 erfüllt, so gilt: Die Anzahl der Nullstellen von f in $\operatorname{In}(C)$ ist durch

$$N = \frac{1}{2\pi i} \int_C \frac{f'(z)}{f(z)}\, dz \tag{8.27}$$

gegeben.

Bemerkung: Wir benutzen das Prinzip vom Argument in Abschnitt 9.2.4 (Umströmung eines Hindernisses). Der durch obige Folgerung gegebene Spezialfall von Satz 8.9 ist für die numerische Bestimmung der Nullstellen einer holomorphen Funktion von Bedeutung. Die Lage der Nullstellen, insbesondere bei rationalen Funktionen, spielt eine Rolle bei Stabilitätsuntersuchungen von mechanischen und elektrischen Systemen (s. z.B. [79], S. 529 ff.).

8.2.3 Anwendungen

Der Residuensatz besitzt zahlreiche Anwendungen, sowohl innerhalb der komplexen Analysis, als auch in anderen Bereichen der Mathematik. Einige davon sind uns bereits begegnet: Im Zusammenhang mit dem Nullstellenverhalten von holomorphen Funktionen (s. Abschn. 8.2.2) und bei der Berechnung der inversen Laplacetransformation einer vorgegebenen Funktion F (s. Bd. III, Abschn. 9.2.2). Diese gestaltet sich, wie wir gesehen haben, mit Hilfe des Residuensatzes besonders einfach und elegant, wenn F Polstellen als Singularitäten besitzt. Die dort benötigten Grundlagen aus der komplexen Analysis stehen nun bereit. Wir wollen im folgenden weitere Anwendungen behandeln.

(a) Berechnung von reellen uneigentlichen Integralen.

Anhand von Beispielen zeigen wir, wie sich der Residuensatz zur Berechnung reeller Integrale, insbesondere vom Typ

$$\int_{-\infty}^{\infty} f(x)\, dx\ , \tag{8.28}$$

heranziehen läßt. Für den Fall, daß die Singularitäten von f in der oberen Halbebene $\operatorname{Im} z > 0$ liegen, ist die Grundidee die folgende:

(i) Man setzt f analytisch in die komplexe Ebene hinein fort.

(ii) Man wählt einen geeigneten geschlossenen Integrationsweg C in $\mathbb{C}$, der das Intervall $[-R,R]$ enthält (z.B. gem. Fig. 8.5)

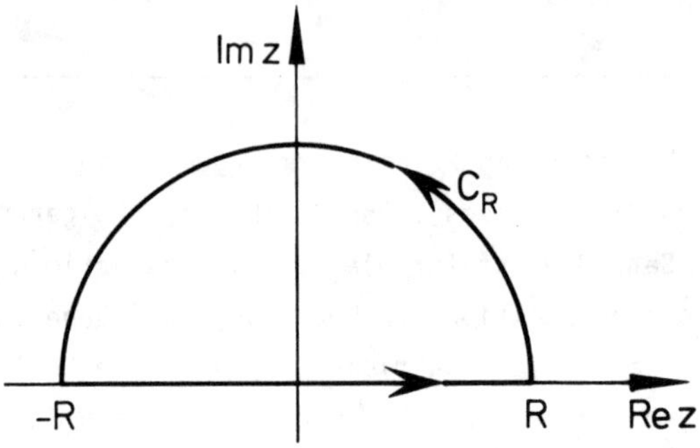

Fig. 8.5: Zur Berechnung von $\int_{-\infty}^{\infty} f(x)\,dx$

(iii) Man berechnet $\int_C f(z)\,dz$ mit Hilfe des Residuensatzes und führt anschließend den Grenzübergang $R \to \infty$ durch. Dabei zeigt es sich in vielen Fällen, daß in

$$\int_C f(z)\,dz = \int_{C_R} f(z)\,dz + \int_{-R}^{R} f(x)\,dx \tag{8.29}$$

das Integral über C_R für $R \to \infty$ keinen Beitrag liefert. In (8.29) bleibt dann auf der rechten Seite gerade das gesuchte Integral (8.28) übrig.

1. Wir verdeutlichen diese Methode an dem sehr einfachen

Beispiel 8.8 Wir berechnen das uneigentliche Integral

$$\int_{-\infty}^{\infty} \frac{dx}{1+x^2} ,$$

das wir bereits in Band I, Abschnitt 4.3.1, untersucht haben. Wir gehen zur Funktion

$$f(z) = \frac{1}{1+z^2}$$

und zu dem in Figur 8.5 dargestellten Integrationsweg über. Mit Beispiel 8.7 b) folgt

$$\pi = \int_C \frac{dz}{1+z^2} = \int_{C_R} \frac{dz}{1+z^2} + \int_{-R}^{R} \frac{dx}{1+x^2} . \tag{8.30}$$

Wegen (7.40), Abschnitt 7.2.1,

$$\left| \int_{C_R} \frac{dz}{1+z^2} \right| \leq \frac{\pi R}{R^2-1} \longrightarrow 0 \quad \text{für} \quad R \to \infty$$

und wir erhalten aus (8.30)

$$\int_{-\infty}^{\infty} \frac{dx}{1+x^2} = \pi .$$

Bemerkung: Entsprechend lassen sich Integrale der Form

$$\int_{-\infty}^{\infty} \frac{P_m(x)}{Q_n(x)}\, dx \tag{8.31}$$

behandeln, wobei P_m bzw. Q_n Polynome vom Grad m bzw. n mit $n \geqq 2 + m$ sind. Für (8.31) ergibt sich dann der Wert:

$2\pi i$ · *Summe der Residuen der Pole in der oberen Halbebene.*

Ferner lassen sich Integrale der Form

$$\int_{-\pi}^{\pi} \frac{P_m(\cos t, \sin t)}{Q_n(\cos t, \sin t)}\, dt \tag{8.32}$$

durch Zurückführung auf Integrale vom Typ (8.31) berechnen. Hierzu benutzt man die Substitutionen

$$x = \tan\frac{t}{2} , \quad \sin t = \frac{2x}{1+x^2} , \quad \cos t = \frac{1-x^2}{1+x^2} , \quad dt = \frac{2dx}{1+x^2} \tag{8.33}$$

2. Das folgende Beispiel verlangt eine gewisse Modifikation unserer bisherigen Vorgehensweise:

Beispiel 8.9 Man berechne

$$\int_0^\infty \frac{\cos \alpha x}{1+x^2}\,dx \quad \text{für} \quad \alpha > 0 \;.$$

Die Existenz dieses Integrals ist klar (warum?). Der Integrand ist eine gerade Funktion, so daß

$$\int_0^\infty \frac{\cos \alpha x}{1+x^2}\,dx = \frac{1}{2}\int_{-\infty}^\infty \frac{\cos \alpha x}{1+x^2}\,dx$$

gilt. Da für die komplexe Funktion $\cos\alpha z$ für $\operatorname{Im} z \longrightarrow \pm\infty$

$$|\cos\alpha z| = \left|\frac{e^{i\alpha z} + e^{-i\alpha z}}{2}\right| \longrightarrow \infty$$

strebt (und zwar exponentiell), können wir nicht wie im vorhergehenden Beispiel vorgehen. Stattdessen verwenden wir die Funktion $e^{i\alpha z}$ $(\alpha > 0)$, für die

$$\left|e^{i\alpha z}\right| = \left|e^{i\alpha(x+iy)}\right| = e^{-\alpha y} \leqq 1 \tag{8.34}$$

für $y = \operatorname{Im} z \geqq 0$ und $\alpha > 0$ gilt. Mit dem Integrationsweg nach Figur 8.5 berechnen wir zunächst

$$\int_C \frac{e^{i\alpha z}}{1+z^2}\,dz \;.$$

Der Integrand besitzt in der oberen Halbebene nur eine einfache Polstelle: i , so daß wir mit Hilfe von Übung 8.6 a)

$$\operatorname*{Res}_{z=i}\left(\frac{e^{i\alpha z}}{1+z^2}\right) = \left.\frac{e^{i\alpha z}}{2z}\right|_{z=i} = \frac{e^{-\alpha}}{2i}$$

erhalten. Nach dem Residuensatz gilt daher

$$\int_C \frac{e^{i\alpha z}}{1+z^2}\,dz = 2\pi i \operatorname*{Res}_{z=i}\frac{e^{i\alpha z}}{1+z^2} = \pi e^{-\alpha} \;. \tag{8.35}$$

Nun schätzen wir das Integral über den Halbkreis C_R mit Hilfe von (7.40), Abschnitt 7.2.1, ab und beachten dabei (8.34):

$$\left| \int_{C_R} \frac{e^{i\alpha z}}{1+z^2}\, dz \right| \leqq \pi R \max_{z \in C_R} \frac{|e^{i\alpha z}|}{|1+z^2|} \leqq \frac{\pi R \cdot 1}{R^2-1} \longrightarrow 0 \quad \text{für} \quad R \longrightarrow \infty \, .$$

Damit folgt

$$\int_C \frac{e^{i\alpha z}}{1+z^2} = \int_{C_R} \frac{e^{i\alpha z}}{1+z^2}\, dz + \int_{-R}^{R} \frac{e^{i\alpha x}}{1+x^2}\, dx \longrightarrow \int_{-\infty}^{\infty} \frac{e^{i\alpha x}}{1+x^2}\, dx \quad \text{für} \quad R \longrightarrow \infty$$

und hieraus mit (8.35)

$$\int_0^{\infty} \frac{\cos \alpha x}{1+x^2}\, dx = \frac{1}{2} \int_{-\infty}^{\infty} \frac{\cos \alpha x}{1+x^2}\, dx = \frac{1}{2} \int_{-\infty}^{\infty} \frac{e^{i\alpha x}}{1+x^2}\, dx \quad \text{(warum?)}$$

$$= \frac{1}{2} \pi e^{-\alpha} \, .$$

3. Unser nächstes Beispiel behandelt den Fall, daß die Singularität des Integranden auf der reellen Achse liegt. Der in Figur 8.5 vorgeschlagene Integrationsweg muß daher modifiziert werden:

Beispiel 8.10 Wir berechnen

$$\int_0^{\infty} \frac{\sin x}{x}\, dx \, .$$

Dieses Integral existiert und wurde von uns bereits mit einer anderen Methode berechnet (s. Bd. I, Abschn. 4.3.2, Beisp. 4.24). Wir betrachten die Funktion

$$f(z) = \frac{e^{iz}}{z}$$

und wählen den folgenden Integrationsweg C :

$$C := C_1 + C_r + C_2 + C_R$$

(s. Fig. 8.6).

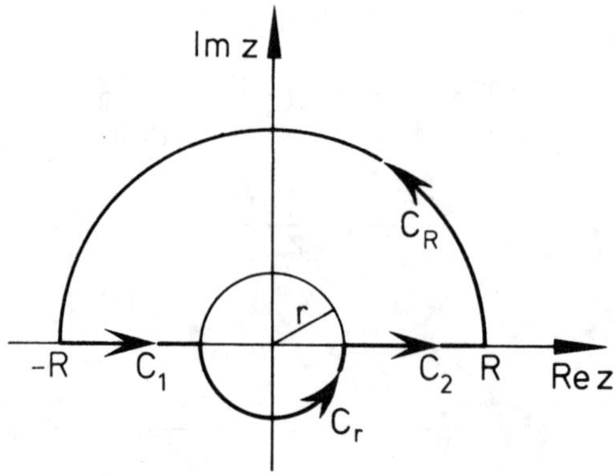

Fig. 8.6: Integrationsweg zur Berechnung von $\int_0^\infty \frac{\sin x}{x}\,dx$

Die Funktion f besitzt in $z_0 = 0$ eine einfache Polstelle, so daß wir mit Übung 8.6 a)

$$\operatorname*{Res}_{z=0} f(z) = \frac{e^{iz}}{1}\bigg|_{z=0} = 1$$

erhalten. Der Residuensatz liefert dann

$$\int_C f(z)\,dz = \int_{C_1+C_r+C_2+C_R} \frac{e^{iz}}{z} = 2\pi i \cdot 1 = 2\pi i \; .$$

a) Wir schätzen zunächst das Integral über C_R ab und beachten dabei, daß (8.34) (s. Beisp. 8.9) jetzt zu grob ist (der Nenner wächst nicht stärker als $|z|$):

$$\left|\int_{C_R} \frac{e^{iz}}{z}\,dz\right| = \left|\int_0^\pi \frac{e^{i(R\cos t + iR\sin t)}}{Re^{it}}\, iRe^{it}\,dt\right|$$

$$\leq \int_0^\pi e^{-R\sin t}\,dt = 2\int_0^{\frac{\pi}{2}} e^{-R\sin t}\,dt \; .$$

Wegen $\sin t \geq \frac{2}{\pi}t$ für $0 \leq t \leq \frac{\pi}{2}$ und der Monotonie der (reellen) Exponentialfunktion folgt hieraus

$$\left|\int_{C_R} \frac{e^{iz}}{z}\,dz\right| \leq 2\int_0^{\frac{\pi}{2}} e^{-\frac{2}{\pi}Rt}\,dt = \frac{\pi}{R}\left(1-e^{-R}\right) \longrightarrow 0 \quad \text{für} \quad R \longrightarrow \infty \; .$$

b) Nun schätzen wir das Integral über C_r ab:

$$\int_{C_r} \frac{e^{iz}}{z}\,dz = \int_{C_r} \frac{dz}{z} + \int_{C_r} \frac{e^{iz}-1}{z}\,dz$$

$$= \pi i + \int_{C_r} \frac{e^{iz}-1}{z}\,dz \quad \text{(s. Beisp. 7.8, Abschn. 7.2.1)}$$

Nach (7.40), Abschnitt 7.2.1, gilt

$$\left|\int_{C_r} \frac{e^{iz}-1}{z}\,dz\right| \leq \pi r \cdot \frac{1}{r} \max_{z\in C_r} \left|e^{iz}-1\right| \longrightarrow 0 \quad \text{für} \quad r \longrightarrow 0 \quad \text{(warum?)}$$

und damit

$$\int_{C_r} \frac{e^{iz}}{z}\,dz \longrightarrow \pi i \quad \text{für} \quad r \longrightarrow 0 \ .$$

c) Für die Integration über C_1 und C_2 ergibt sich

$$\int_{C_1} \frac{e^{iz}}{z}\,dz + \int_{C_2} \frac{e^{iz}}{z}\,dz = \int_{-R}^{-r} \frac{e^{ix}}{x}\,dx + \int_{r}^{R} \frac{e^{ix}}{x}\,dx = \int_{r}^{R} \frac{e^{ix}-e^{-ix}}{x}\,dx$$

$$= 2i\int_{r}^{R} \frac{\sin x}{x}\,dx$$

d) Insgesamt folgt für $r \longrightarrow 0$ und $R \longrightarrow \infty$

$$2\pi i = \pi i + 2i \int_{0}^{\infty} \frac{\sin x}{x}\,dx$$

und damit

$$\int_{0}^{\infty} \frac{\sin x}{x}\,dx = \frac{\pi}{2} \ .$$

Bemerkung: Anstelle des in Figur 8.6 dargestellten Integrationsweges hätten wir ebenso den nach Figur 8.7 nehmen können. Auch lassen sich mit den bisher aufgezeigten Methoden allgemeinere Klassen von uneigentlichen Integralen der Form

$$\int_{-\infty}^{\infty} g(x)\cos\alpha x\,dx \quad \text{bzw.} \quad \int_{-\infty}^{\infty} g(x)\sin\alpha x\,dx \ , \ \alpha > 0 \tag{8.36}$$

behandeln, etwa für rationale Funktionen

$$g(x) = \frac{P_m(x)}{Q_n(x)} \ , \quad n > m \ ,$$

falls Q_n nur komplexe Nullstellen besitzt oder aber sich die Integranden in (8.36) an den reellen Nullstellen von Q_n stetig ergänzen lassen.

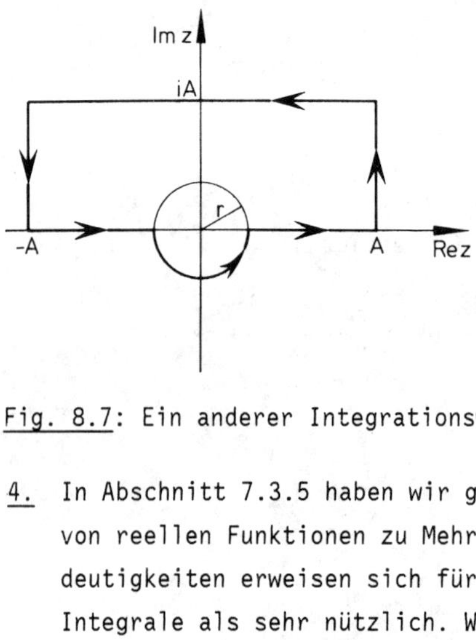

Fig. 8.7: Ein anderer Integrationsweg

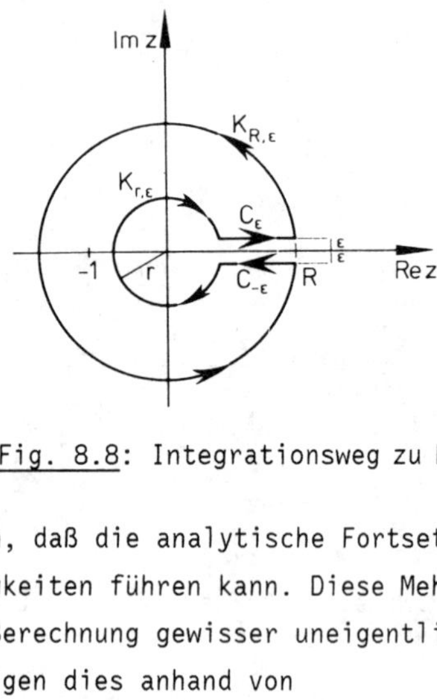

Fig. 8.8: Integrationsweg zu Bsp. 8.11

4. In Abschnitt 7.3.5 haben wir gesehen, daß die analytische Fortsetzung von reellen Funktionen zu Mehrdeutigkeiten führen kann. Diese Mehrdeutigkeiten erweisen sich für die Berechnung gewisser uneigentlicher Integrale als sehr nützlich. Wir zeigen dies anhand von

Beispiel 8.11 Zu berechnen ist

$$\int_0^{\infty} \frac{x^a dx}{x\,(x+1)} \quad \text{für} \quad 0 < a < 1 \ .$$

Dieses Integral existiert nach den Konvergenzkriterien für uneigentliche Integrale (s. Bd. I, Abschn. 4.3.2). Nach Abschnitt 7.3.5 führt die analytische Fortsetzung von x^a zu einer mehrdeutigen Funktion: Schlitzen wir die komplexe Ebene längs der positiven reellen Achse auf und wählen wir in dieser aufgeschlitzten Ebene $D = \mathbb{C} - \{z \in \mathbb{R} \mid z \geq 0\}$

den in Figur 8.8 dargestellten Integrationsweg $C = C_\varepsilon + K_{R,\varepsilon} + C_{-\varepsilon} + K_{r,\varepsilon}$ $(r < 1 < R)$. Dann können wir auf D den Zweig der Potenzfunktion

$$z^a = e^{a \ln|z| + i a \arg z} \quad \text{mit} \quad 0 < \arg z < 2\pi \tag{8.37}$$

wählen. Nach dem Residuensatz gilt dann

$$\int_C \frac{z^a}{z(z+1)} \, dz = 2\pi i \cdot \operatorname*{Res}_{z=-1} \frac{z^a}{z(z+1)} \quad ,$$

woraus mit Übung 8.6 a) und (8.37)

$$\int_C \frac{z^a}{z(z+1)} \, dz = 2\pi i \cdot \frac{e^{ia\pi}}{(-1)} \tag{8.38}$$

unabhängig von r, R und ε folgt. Nun untersuchen wir die Integrale über die entsprechenden Teilwege:

α) Für das Integral über $K_{R,\varepsilon}$ gilt:

$$\left| \int_{K_{R,\varepsilon}} \frac{z^a}{z(z+1)} \, dz \right| \leqq 2\pi R \cdot \max_{z \in K_R} \frac{\left|e^{a \ln|z| + i a \arg z}\right|}{|z| \; |z+1|}$$

$$\leqq 2\pi R \cdot \frac{R^a}{R(R-1)} \longrightarrow 0 \quad \text{für} \quad \varepsilon \longrightarrow 0 \quad \text{und} \quad R \longrightarrow \infty \; .$$

β) Entsprechend folgt für das Integral über $K_{r,\varepsilon}$:

$$\left| \int_{K_{r,\varepsilon}} \frac{z^a}{z(z+1)} \, dz \right| \leqq 2\pi r \cdot \frac{r^a}{r(1-r)} \longrightarrow 0 \quad \text{für} \quad \varepsilon \longrightarrow 0 \quad \text{und} \quad r \longrightarrow 0 \; .$$

γ) Bei Integration über C_ε $(\operatorname{Im} z = \varepsilon)$ bzw. $C_{-\varepsilon}$ $(\operatorname{Im} z = -\varepsilon)$ erhalten wir, wenn wir (8.37) und die Orientierung von C_ε bzw. $C_{-\varepsilon}$ beachten,

$$\int_{C_\varepsilon} \frac{z^a}{z(z+1)} \, dz \longrightarrow \int_r^R \frac{x^a}{x(x+1)} \, dx \quad \text{für} \quad \varepsilon \longrightarrow 0$$

bzw.

$$\int_{C_{-\varepsilon}} \frac{z^a}{z(z+1)} \, dz \longrightarrow - \int_r^R \frac{e^{ia2\pi} \cdot x^a}{x(x+1)} \, dx = -e^{ia2\pi} \int_r^R \frac{x^a}{x(x+1)} \, dx \quad \text{für} \quad \varepsilon \longrightarrow 0 \; .$$

Insgesamt ergibt sich damit für $\varepsilon \to 0$, $r \to 0$ und $R \to \infty$

$$2\pi i \frac{e^{ia\pi}}{(-1)} = \left(1 - e^{ia2\pi}\right) \int_0^\infty \frac{x^a}{x+1}\, dx$$

oder

$$\int_0^\infty \frac{x^a}{x(x+1)}\, dx = \frac{2\pi i \cdot e^{ia\pi}}{e^{ia2\pi} - 1} = \frac{\pi}{\sin(\pi a)} \quad \text{für} \quad 0 < a < 1 .$$

Bemerkung: In ähnlicher Weise lassen sich Integrale der Form

$$\int_0^\infty x^a g(x)\, dx \quad \text{mit} \quad 0 < a < 1$$

behandeln, wenn

$$g(x) = \frac{P_m(x)}{Q_n(x)}$$

eine rationale Funktion mit $n > m + 2$ ist, die in $(0,\infty)$ keine Polstellen und im Nullpunkt höchstens einen einfachen Pol besitzt.

(b) Die Eulersche Gammafunktion

Die Eulersche Gammafunktion ist für $x > 0$ durch

$$\Gamma(x) := \int_0^\infty e^{-t} t^{x-1}\, dt \tag{8.39}$$

erklärt. Sie ist uns bereits in Band I, Abschnitt 4.3.4, begegnet. Wir wollen Γ auf komplexe Argumente ausdehnen. Hierzu setzen wir

$$\Gamma(z) := \int_0^\infty e^{-t} t^{z-1}\, dt \quad , \quad z \in \mathbb{C} , \tag{8.40}$$

wobei unter t^{z-1} die Funktion $e^{(z-1)\ln t}$ ($\ln t$: reeller Logarithmus) zu verstehen ist (s. Abschn. 7.2.4). Nun zerlegen wir das Integral in (8.40) in der Form

$$\int_0^1 e^{-t} t^{z-1} dt + \int_1^\infty e^{-t} t^{z-1} dt =: I_1(z) + I_2(z) \tag{8.41}$$

und untersuchen beide Anteile getrennt.

(i) Wir beginnen mit $I_2(z)$: Sei D irgendeine kompakte Menge in $\mathbb{C}$ und $z = x + iy \in D$. Dann gilt für diese z

$$\left|e^{-t}\, t^{z-1}\right| = \left|e^{-t} e^{(z-1)\ln t}\right| = \left|e^{-t+(x-1)\ln t + iy\ln t}\right|$$

$$\leqq e^{-t+(x-1)\ln t}\left|e^{iy\ln t}\right| .$$

Da $\ln t \geqq 0$ für $t \geqq 1$ und $\left|e^{iy\ln t}\right| = 1$ ist, folgt hieraus

$$\left|e^{-t} t^{z-1}\right| \leqq e^{-t} t^{x-1} \leqq e^{-t} t^{x_1-1} \quad , \; x_1 := \max_{z\in D} (\operatorname{Re} z) .$$

Nach Band I, Beispiel 4.25, existiert

$$\int_1^\infty e^{-t} t^{x_1-1}\, dt.$$

Daher konvergiert das Integral $I_2(z)$ gleichmäßig in D . Setzen wir

$$f(t,z) := e^{-t} t^{z-1} ,$$

so erfüllt diese Funktion die Voraussetzungen von Satz II, Anhang. Demnach stellt $I_2(z)$ eine im Inneren von D und damit, da $D \subset \mathbb{C}$ beliebig, in ganz $\mathbb{C}$ holomorphe Funktion dar.

(ii) Nun betrachten wir das Integral $I_1(z)$: Wir beachten, daß $\ln t \longrightarrow -\infty$ für $t \longrightarrow 0+$, der Integrand also singulär werden kann. Für $x = \operatorname{Re} z > 1$ ist dies nicht der Fall (warum?). Sei nun D wieder eine beliebige kompakte Menge in der rechten Halbebene: $\operatorname{Re} z > 0$. Ferner sei $x_2 := \min_{x\in D} (\operatorname{Re} z)$, also $x_2 > 0$. Für $z \in D$ gilt dann, da $\ln t \leqq 0$ für $t \leqq 1$,

$$\left|e^{-t} t^{z-1}\right| \leqq e^{-t+(x_2-1)\ln t} = e^{-t} t^{x_2-1} .$$

Aus der Existenz des Integrals

$$\int_0^1 e^{-t} t^{x_2-1}\, dt$$

folgt wie in (i) die gleichmäßige Konvergenz des Integrals $I_1(z)$ und die Holomorphie von $I_1(z)$ für $\operatorname{Re} z > 0$, also in der rechten Halbebene.

Insgesamt ergibt sich damit

Die Gammafunktion $\Gamma(z)$ ist eine für $\operatorname{Re} z > 0$ holomorphe Funktion.

Unser Anliegen ist es nun, die Gammafunktion in die linke Halbebene $\operatorname{Re} z \leqq 0$ hinein analytisch fortzusetzen. Da wir die Holomorphie von $I_2(z)$ in ganz $\mathbb{C}$ bereits in (i) gezeigt haben, genügt es, den Anteil $I_1(z)$ zu untersuchen. Hierzu verwenden wir im Integranden die Potenzreihenentwicklung von e^{-t} um $t = 0$:

$$I_1(z) = \int_0^1 e^{-t}\, t^{z-1}\, dt = \int_0^1 \left(\sum_{k=0}^{\infty} \frac{(-1)^k}{k!} t^k \right) t^{z-1} dt$$

$$= \int_0^1 \left(\sum_{k=0}^{\infty} \frac{(-1)^k}{k!}\, t^{k+z-1} \right) dt = \sum_{k=0}^{\infty} \frac{(-1)^k}{k!} \int_0^1 t^{k+z-1}\, dt$$

$$= \sum_{k=0}^{\infty} \frac{(-1)^k}{k!}\, \frac{t^{z+k}}{(z+k)} \Bigg|_{t=0}^{t=1} . \tag{8.42}$$

Die Vertauschung von Summation und Integration ist hierbei wegen der gleichmäßigen Konvergenz der Reihe in $[0,1]$ erlaubt. Für $z \in \mathbb{C}$ mit $\operatorname{Re} z > 0$ verschwindet t^{z+k} an der Stelle $t = 0$, und wir erhalten für diese z

$$I_1(z) = \sum_{k=0}^{\infty} \frac{(-1)^k}{k!(z+k)} . \tag{8.43}$$

Wir wollen den Ausdruck (8.43) genauer untersuchen.

In jedem abgeschlossenen Kreisgebiet $\overline{K_R(0)} = \{z \in \mathbb{C} : |z| \leqq R\}$ konvergiert

$$\sum_{k=m}^{\infty} \frac{(-1)^k}{k!(z+k)} \tag{8.44}$$

für $m = m(R) > R$ absolut und gleichmäßig, da dann

$$\left|\frac{(-1)^k}{k!(z+k)}\right| \leqq \frac{1}{k!(m-R)}$$

gilt und $\frac{1}{m-R}\sum_{k=m}^{\infty}\frac{1}{k!}$ eine konvergente Majorante der Reihe (8.44) ist. Zerlegen wir (8.43) in der Form

$$\sum_{k=0}^{\infty}\frac{(-1)^k}{k!(z+k)} = \sum_{k=0}^{m-1}\frac{(-1)^k}{k!(z+k)} + \sum_{k=m}^{\infty}\frac{(-1)^k}{k!(z+k)}, \tag{8.45}$$

so stellt die letzte Reihe nach Satz 7.33 (i), Abschnitt 7.3.2, eine im Kreisgebiet $K_R(0)$ holomorphe Funktion dar. Die durch

$$\sum_{k=0}^{m-1}\frac{(-1)^k}{k!(z+k)}, \quad z \in K_R(0) \tag{8.46}$$

erklärte Funktion ist in $K_R(0)$ meromorph. Sie besitzt an den Stellen $z = 0,-1,-2,\dots,-m+1$ Pole. Da wir $R > 0$ beliebig wählen können, erhalten wir insgesamt:

> Die Gammafunktion $\Gamma(z)$ läßt sich mit Hilfe von
>
> $$\Gamma(z) = \sum_{k=0}^{\infty}\frac{(-1)^k}{k!(z+k)} + \int_1^{\infty} e^{-t}t^{z-1}\,dt \tag{8.47}$$
>
> meromorph in die linke Halbebene $\operatorname{Re} z \leqq 0$ fortsetzen. Sie besitzt an den Stellen
>
> $$z = 0,-1,-2,\dots \tag{8.48}$$
>
> Pole der Ordnung 1. Das Residuum in $z = -k$ ist
>
> $$\operatorname*{Res}_{z=-k}\Gamma(z) = \frac{(-1)^k}{k!}. \tag{8.49}$$

Die Beziehung (8.49) läßt sich unmittelbar aus (8.47) ablesen. Mit Ausnahme der Stellen (8.48) ist $\Gamma(z)$ also in $\mathbb{C}$ holomorph.

Nehmen wir zunächst $z = x > 0$ an, so ergibt sich durch partielle Integration

$$\Gamma(x+1) = \int_0^\infty e^{-t} t^x \, dt = 0 + x \int_0^\infty e^{-t} t^{x-1} \, dt$$

(an den Grenzen $t = 0$ bzw. $t = +\infty$ erhalten wir keinen Beitrag), also

$$\Gamma(x+1) = x\Gamma(x) \, , \quad x > 0 \, .$$

Nach dem Identitätssatz (Satz 7.39, Abschn. 7.3.5) hat die Übereinstimmung der beiden Funktionen $\Gamma(x+1)$ und $x\Gamma(x)$ auf der positiven reellen Achse die Übereinstimmung dieser Funktionen in ihrem gesamten Holomorphiebereich zur Folge, d.h. es gilt

$$\boxed{\Gamma(z+1) = z\Gamma(z) \quad \text{für alle} \quad z \in \mathbb{C} - \{0,-1,-2,\dots\}} \tag{8.50}$$

Wenden wir diese Formel n-mal an, so ergibt sich

$$\boxed{\Gamma(z+n) = z(z+1) \cdot \ldots \cdot (z+n-1)\,\Gamma(z)} \tag{8.51}$$

Speziell erhalten wir für $z = 1$ aus (8.51)

$$\Gamma(1) = \int_0^\infty e^{-t} \, dt = 1 \tag{8.52}$$

und daher aus (8.51)

$$\boxed{\Gamma(n+1) = n! \quad (n \in \mathbb{N})} \tag{8.53}$$

Die Gammafunktion stellt also eine Verallgemeinerung des für $n \in \mathbb{N}$ erklärten Ausdruckes $n!$ dar.

Nun weisen wir die Beziehung

$$\boxed{\Gamma(z)\Gamma(1-z) = \frac{\pi}{\sin \pi z}} \tag{8.54}$$

nach. Hierzu beschränken wir uns zunächst auf $z = x \in (0,1)$: Mit der Substitution $t = \sigma^2$ folgt aus (8.40)

$$\Gamma(x) = 2\int_0^\infty e^{-\sigma^2}\sigma^{2x-1}\,d\sigma \tag{8.55}$$

oder, wenn man in (8.55) x durch $1-x$ und σ durch τ ersetzt,

$$\Gamma(1-x) = 2\int_0^\infty e^{-\tau^2}\tau^{-2x+1}\,d\tau\ . \tag{8.56}$$

Multiplizieren wir (8.55) und (8.56) und fassen wir das Produkt der beiden Integrale als Gebietsintegral über den ersten Quadranten

$$D = \{(\sigma,\tau)\in\mathbb{R}^2 : \sigma > 0\ ,\ \tau > 0\}$$

der (σ,τ)-Ebene auf, so ergibt sich

$$\Gamma(x)\,\Gamma(1-x) = 4\iint_D e^{-(\sigma^2+\tau^2)}\left(\frac{\sigma}{\tau}\right)^{2x-1} d\sigma\,d\tau\ . \tag{8.57}$$

Wir berechnen dieses Integral, indem wir Polarkoordinaten einführen:

$$\left.\begin{aligned}\sigma &= r\cos\varphi\\ \tau &= r\sin\varphi\end{aligned}\right\}\ 0 < r < \infty\ ,\ 0 \leqq \varphi \leqq \frac{\pi}{2}\ . \tag{8.58}$$

Es folgt dann (Transformationsformel für Gebietsintegrale, s. Bd. I, Abschn. 7.1.7, (7.54))

$$\begin{aligned}\Gamma(x)\Gamma(1-x) &= 4\int_{\varphi=0}^{\pi/2}\left\{\int_{r=0}^{\infty} e^{-r^2} r\,(\cot\varphi)^{2x-1}\,dr\right\}d\varphi\\ &= 4\int_0^{\pi/2}(\cot\varphi)^{2x-1}\,d\varphi\cdot\int_0^\infty e^{-r^2} r\,dr = 2\int_0^{\pi/2}(\cot\varphi)^{2x-1}\,d\varphi\ .\end{aligned}$$

Nun setzen wir $\varphi =: \arctan\sqrt{s}$ und erhalten

$$\Gamma(x)\,\Gamma(1-x) = \int_0^\infty \frac{s^{x-1}}{s+1}\,ds = \int_0^\infty \frac{s^x}{s(s+1)}\,ds\ ,\ 0 < x < 1\ . \tag{8.59}$$

Das letzte Integral in (8.59) besitzt nach Abschnitt 8.2.3, Beispiel 8.11, den Wert $\frac{\pi}{\sin\pi x}$ für $0 < x < 1$, so daß

$$\Gamma(x)\,\Gamma(1-x) = \frac{\pi}{\sin\pi x}\ ,\ 0 < x < 1\ ,$$

folgt. Mit Hilfe des Identitätssatzes (Satz 7.39, Abschn. 7.3.5) erhalten wir dann unsere gewünschte Formel (8.54). Insbesondere ergibt sich für $z = \frac{1}{2}$:

$$\Gamma\left(\frac{1}{2}\right) = \int_0^\infty e^{-t}\, t^{-\frac{1}{2}}\, dt = \sqrt{\frac{\pi}{\sin\frac{\pi}{2}}} = \sqrt{\pi}\ . \tag{8.60}$$

Abschließend zeigen wir, wie man zu einer weiteren Darstellung der Gammafunktion, nämlich der Hankelschen Integraldarstellung

$$\boxed{\Gamma(z) = \frac{1}{e^{2\pi i z} - 1} \int_C e^{-\zeta} \zeta^{z-1}\, d\zeta} \tag{8.61}$$

gelangt. Dabei ist C der Integrationsweg gemäß Figur 8.9 ($\rho > 0$ beliebig) und ζ^{z-1} durch $e^{(z-1)\log\zeta}$, $0 \leqq \arg\zeta \leqq 2\pi$ erklärt. Für das Integral [1)]

$$G(z) := \int_C e^{-\zeta} \zeta^{z-1} d\zeta$$

erhalten wir aufgrund unserer Wahl von C , wenn K_ρ den Kreis vom Radius ρ um den Nullpunkt bezeichnet,

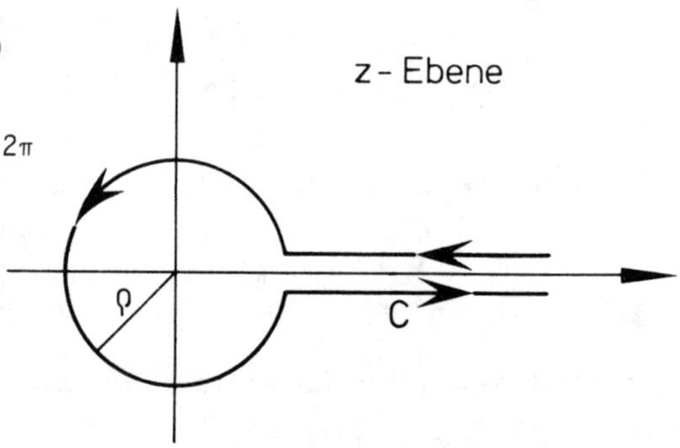

Fig. 8.9: Integrationsweg C bei Hankelscher Integraldarstellung von $\Gamma(z)$

$$\begin{aligned} G(z) &= -\int_\rho^\infty e^{-t} t^{z-1} dt + \int_\rho^\infty e^{-t} e^{(z-1)[\ln t + 2\pi i]} dt + \int_{K_\rho} e^{-\zeta} \zeta^{z-1} d\zeta \\ &= \left(e^{2\pi i} - 1\right) \int_\rho^\infty e^{-t} t^{z-1} dt + \int_{K_\rho} e^{-\zeta} \zeta^{z-1} d\zeta\ . \end{aligned} \tag{8.62}$$

Für das letzte Integral gilt nach Satz 7.11, Abschnitt 7.2.1, wenn wir K_ρ durch $\zeta = \rho e^{i\varphi}$ $(0 \leqq \varphi \leqq 2\pi)$ beschreiben,

---

[1)] Wir beachten, daß dieses Integral nach Satz I, Anhang, eine in jedem beschränkten Gebiet der z-Ebene holomorphe Funktion darstellt (eine integrierbare Majorante ist durch $e^{-t} t^{R-1}$ für alle z mit $|z| < R$ gegeben).

$$\left| \int_{K_\rho} e^{-\zeta} \zeta^{z-1} d\zeta \right| \leq 2\pi\rho \max_{\zeta\in K_\rho} \left| e^{-\zeta} \zeta^{z-1} \right|$$

$$= 2\pi\rho \max_{\varphi\in[0,2\pi]} e^{-\rho\cos\varphi} e^{(\operatorname{Re} z-1)\log\rho - \varphi\cdot\operatorname{Im} z}$$

$$\leq 2\pi\rho\alpha_z \rho^{\operatorname{Re} z-1} = 2\pi\rho^{\operatorname{Re} z}\alpha_z , \qquad (8.63)$$

mit einer von z abhängigen Konstanten $\alpha_z > 0$. Für $\operatorname{Re} z > 0$ strebt $\rho^{\operatorname{Re} z} \to 0$ für $\rho \to 0$, und damit strebt auch das Integral über K_ρ für $\rho \to 0$ gegen Null. Im Falle $\operatorname{Re} z > 0$ folgt daher, wenn wir in (8.62) den Grenzübergang $\rho \to 0$ durchführen und Formel (8.40) verwenden,

$$G(z) = \left(e^{2\pi i} - 1\right) \int_0^\infty e^{-t} t^{z-1} dt = \left(e^{2\pi i} - 1\right)\Gamma(z) .$$

Damit ist (8.61) für $\operatorname{Re} z > 0$ und aufgrund des Identitätssatzes für alle z gezeigt.

Für die Anwendungen auf die Theorie der Besselschen Differentialgleichung (s. Abschn. 10.2.3) benötigen wir noch eine Integraldarstellung für $\frac{1}{\Gamma(z)}$. Wir gewinnen sie auf folgende Weise: Aus (8.61) erhalten wir, wenn wir z durch $1 - z$ ersetzen,

$$\Gamma(1-z) = \frac{1}{e^{-2\pi i z} - 1} \int_C e^{-\zeta} \zeta^{-z} d\zeta ,$$

und hieraus (wir beachten: $\zeta^{-z} = e^{-\pi i z}(-\zeta)^{-z}$, wobei $0 \leq \arg\zeta \leq 2\pi$ für $\log\zeta$ und $-\pi \leq \arg(-\zeta) \leq \pi$ für $\log(-\zeta)$, $\arg(-\zeta) = \arg\zeta - \pi$)

$$\Gamma(1-z) = \frac{e^{-\pi i z}}{e^{-2\pi i z} - 1} \int_C e^{-\zeta} (-\zeta)^{-z} d\zeta .$$

Wegen $\sin\pi z = \frac{1}{2i}\left[e^{i\pi z} - e^{-i\pi z}\right]$ (s. Abschn. 6.2.3, (6.45)) folgt daher

$$\Gamma(1-z) = -\frac{1}{2i\sin\pi z} \int_C e^{-\zeta} (-\zeta)^{-z} d\zeta . \qquad (8.64)$$

Nach (8.54) gilt: $\frac{1}{\Gamma(z)} = \frac{\sin \pi z}{\pi} \Gamma(1-z)$,
also mit (8.64)

$$\frac{1}{\Gamma(z)} = -\frac{1}{2\pi i} \int_C e^{-\zeta}(-\zeta)^{-z} d\zeta \ .$$

Ersetzen wir im letzen Integral ζ durch $-\zeta$, so ergibt sich der neue Integrationsweg C^* gemäß Figur 8.10, und wir erhalten die gewünschte Darstellung

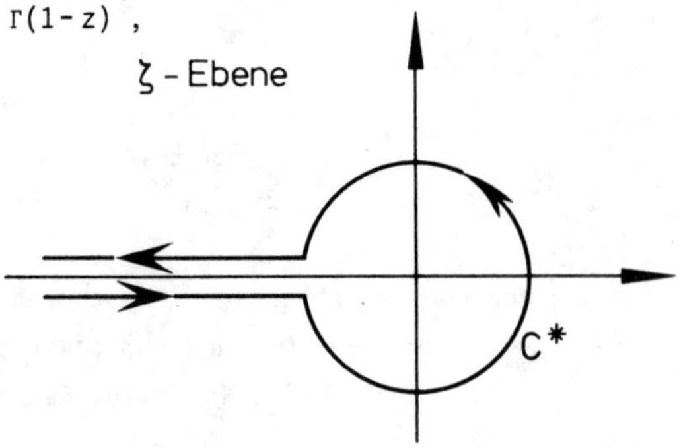

Fig. 8.10: Integrationsweg C^*

$$\boxed{\frac{1}{\Gamma(z)} = \frac{1}{2\pi i} \int_{C^*} e^{\zeta} \cdot \zeta^{-z} d\zeta \ , \quad z \in \mathbb{C} \ .} \tag{8.65}$$

Bemerkung: Mit den in Abschnitt 7.4 behandelten Methoden gewinnt man die Stirlingsche Formel, die das asymptotische Verhalten der Gammafunktion für große $x > 0$ beschreibt:

$$\Gamma(x+1) \sim \sqrt{2\pi x}\, x^x e^{-x} \tag{8.66}$$

(zum Beweis s. z.B. [87], S. 452-453).

Übungen

8.5* Berechne die Residuen der Funktionen f an den jeweiligen Stellen z_0 :

a) $f(z) = \frac{1}{z(z-i)^2}$, $z_0 = 0$ bzw. $z_0 = i$.

b) $f(z) = \frac{1}{(1+z^2)^n}$, $n \in \mathbb{N}$; $z_0 = i$.

c) $f(z) = \frac{e^{iz}}{1+z^4}$, z_0 Nullstelle des Nenners im 1. bzw. 2. Quadranten.

8.6* a) Seien f und g holomorphe Funktionen in einer Umgebung des Punktes z_0. Ferner sei $f(z_0) \neq 0$, $g(z_0) = 0$ und $g'(z_0) \neq 0$. Zeige, dann gilt

$$\operatorname*{Res}_{z=z_0} \frac{f(z)}{g(z)} = \frac{f(z_0)}{g'(z_0)} .$$

b) Bestimme das Residuum der Funktion

$$f(z) = \frac{e^z}{\sin z} \quad \text{an der Stelle} \quad z_0 = 0 .$$

8.7* Berechne $\int_C f(z)\,dz$, wenn $f(z) = \frac{z}{z^2+1}$ und C eine beliebige geschlossene, positiv orientierte, doppelpunktfreie, stückweise glatte Kurve mit $\pm i \in \operatorname{In}(C)$ ist.

8.8* Berechne mit Hilfe der komplexen Integrationstheorie die folgenden uneigentlichen Integrale:

a) $\int_{-\infty}^{\infty} \frac{dx}{1+x^4}$; b) $\int_{-\infty}^{\infty} \frac{dx}{(1+x^2)^n}$, $n \in \mathbb{N}$; c) $\int_{-\infty}^{\infty} \frac{\cos x}{1+x^4}\,dx$;

d) $\int_0^{\pi} \frac{dx}{2+\cos x}$; e) $\int_{-\infty}^{\infty} \frac{\sqrt{x+i}}{1+x^2}\,dx$; f) $\int_1^{\infty} \frac{dx}{x\sqrt{x^2-1}}$.

8.9* Zeige: Für die Eulersche Gammafunktion $\Gamma(z)$ gelten die Beziehungen

$$\Gamma(n+\tfrac{1}{2}) = \frac{(2n)!\sqrt{\pi}}{4^n\, n!} \; ; \; \Gamma(-n+\tfrac{1}{2}) = (-1)^n \frac{4^n\, n!}{(2n)!}\sqrt{\pi} \quad (n \in \mathbb{N}) .$$

9 KONFORME ABBILDUNGEN

In Abschnitt 6.2.1 haben wir gesehen, wie sich komplexe Funktionen veranschaulichen lassen: Man verwendet zwei Ebenen, eine z-Ebene und eine w-Ebene und ordet jedem Punkt z aus dem Definitionsbereich D der Funktion f einen Punkt $w = f(z)$ der w-Ebene zu (s. Fig. 6.26. Abschn. 6.2.1). Nun untersuchen wir, durch welche geometrischen Eigenschaften sich Abbildungen kennzeichnen lassen, die durch holomorphe Funktionen vermittelt werden. Wir stoßen hierbei auf die "konformen Abbildungen". Diese besitzen interessante Anwendungen auf ebene Randwertprobleme (s. Abschn. 9.2).

9.1 Einführung in die Theorie konformer Abbildungen

9.1.1 Geometrische Kennzeichnung holomorpher Funktionen

Wir betrachten eine glatte, orientierte Kurve C in der z-Ebene, die durch einen Punkt z_0 verlaufe. Durch

$$z = z(t) = x(t) + iy(t)\ , \quad a \leq t \leq b$$

sei eine Parameterdarstellung von C mit

$$|z'(t)|^2 = (x'(t))^2 + (y'(t))^2 \neq 0 \quad \text{für} \quad a \leq t \leq b \tag{9.1}$$

gegeben. Dem Punkt z_0 sei der Parameterwert t_0 zugeordnet: $z_0 = z(t_0)$. Bedingung (9.1) sichert uns die Existenz einer Tangente im Punkt z_0 (s. Abschn. 6.1.6, Formel (6.33)).

Sei nun f eine in z_0 holomorphe Funktion. Wir zeigen, daß unter der zusätzlichen Voraussetzung $f'(z_0) \neq 0$ die Bildkurve C^* von C

bei Abbildung durch f im Punkt $f(z_0)$ eine Tangente besitzt: f bildet C in die orientierte Kurve C^* mit der Parameterdarstellung

$$w = w(t) = f(z(t)) \ , \quad a \leq t \leq b \tag{9.2}$$

ab. Der Punkt z_0 besitzt den Bildpunkt $w(t_0) = f(z_0)$. Nach der Kettenregel (Satz 7.2, Abschn. 7.1.2) gilt

$$w'(t) = f'(z(t)) \cdot z'(t) \ , \quad a \leq t \leq b \ . \tag{9.3}$$

Da wir $f'(z_0) \neq 0$ vorausgesetzt haben, ergibt sich mit (9.1) hieraus $w'(t_0) \neq 0$. Aus der Stetigkeit von $w'(t)$ folgt sogar $w'(t) \neq 0$ in einer Umgebung von t_0. Insbesondere besitzt damit die Bildkurve C^* von C im Punkt $f(z_0)$ eine Tangente. Die Tangentenvektoren an die (orientierten) Kurven C und C^* in den Punkten

$$z(t_0) = z_0 \quad \text{bzw.} \quad w(t_0) = f(z_0)$$

haben dieselben Richtungen wie die Vektoren

$$z'(t_0) \quad \text{bzw.} \quad w'(t_0) \ .$$

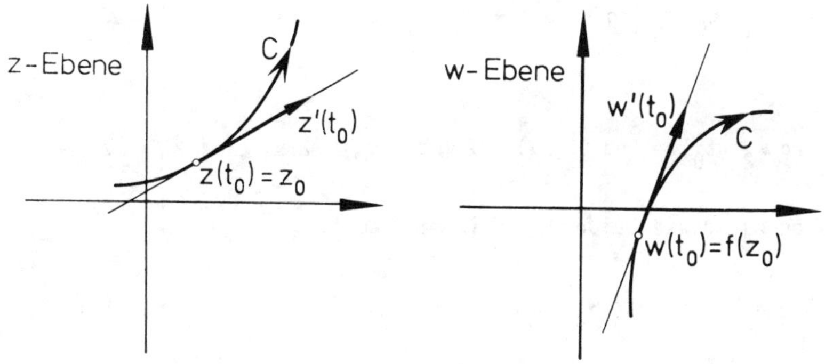

Fig. 9.1: Abbildung von Kurven durch holomorphe Funktionen

Aus (9.3) erhalten wir für $t = t_0$

$$w'(t_0) = f'(z_0) \cdot z'(t_0) . \tag{9.4}$$

Beachten wir, daß sich bei der Multiplikation von zwei komplexen Zahlen, die von 0 verschieden sind, die Argumente addieren, so gewinnen wir aus (9.4) wegen $f'(z_0) \neq 0$ und $z'(t_0) \neq 0$ für die Hauptargumente

$$\operatorname{Arg} w'(t_0) = \operatorname{Arg} f'(z_0) + \operatorname{Arg} z'(t_0) + 2\pi k , \quad k \in \mathbb{Z} . \tag{9.5}$$

Wir erhalten also die Tangentenrichtung von C^* im Punkt $f(z_0)$ dadurch, daß wir die Tangentenrichtung von C im Punkt z_0 um den Winkel

$$\alpha := \operatorname{Arg} f'(z_0)$$

drehen. Wir beachten, daß α unabhängig von C ist.

Anstelle der einen Kurve C betrachten wir nun zwei Kurven C_1 und C_2, die beide durch z_0 verlaufen und die obigen Voraussetzungen erfüllen. Mit β $(-\pi < \beta \leq \pi)$ bezeichnen wir den Winkel, um den wir den Tangentenvektor an C_1 in z_0 drehen müssen, um ihn in den Tangentenvektor an C_2 in z_0 zu überführen (s. Fig. 9.2). Für die Bildkurven C_1^*, C_2^* von C_1, C_2 erhalten wir dann aus (9.5)

$$\operatorname{Arg} w_1'(t_0) = \operatorname{Arg} f'(z_0) + \operatorname{Arg} z_1'(t_0) + 2\pi k_1 , \quad k_1 \in \mathbb{Z}$$

bzw.

$$\operatorname{Arg} w_2'(t_0) = \operatorname{Arg} f'(z_0) + \operatorname{Arg} z_2'(t_0) + 2\pi k_2 , \quad k_2 \in \mathbb{Z} .$$

Subtrahieren wir diese beiden Gleichungen, so folgt

$$\operatorname{Arg} w_1'(t_0) - \operatorname{Arg} w_2'(t_0) = \operatorname{Arg} z_1'(t_0) - \operatorname{Arg} z_2'(t_0) + 2\pi (k_1 - k_2) .$$

oder, wenn wir β^* im Bildbereich entsprechend zu β erklären

$$\beta^* = \beta . \tag{9.6}$$

D.h. eine in z_0 holomorphe Funktion f mit $f'(z_0) \neq 0$ vermittelt eine Abbildung, bei der der Winkel zwischen den Tangentenpaaren nach Größe und Drehsinn erhalten bleibt. Abbildungen mit dieser Eigenschaft heißen winkeltreu im Punkt z_0 .

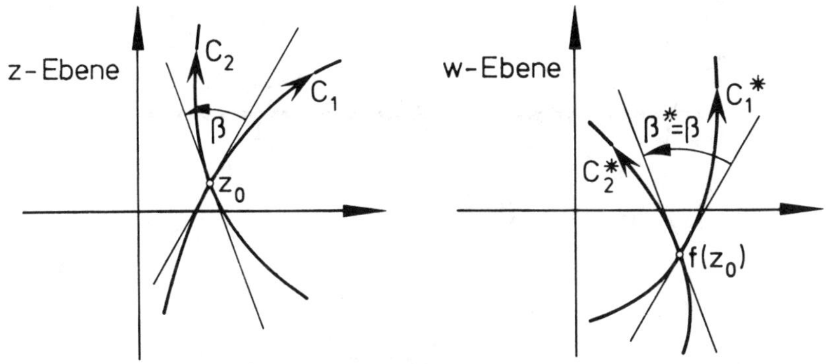

Fig. 9.2: Winkeltreue Abbildungen

Zusammenfassend haben wir das folgende Resultat gewonnen:

> Satz 9.1 (Satz von der Winkeltreue) Sei f eine im Punkt z_0 holomorphe Funktion mit $f'(z_0) \neq 0$. Dann ist f in z_0 winkeltreu.

Bemerkung: Dieser Satz drückt eine wichtige geometrische Eigenschaft von Abbildungen aus, die durch holomorphe Funktionen vermittelt werden.

Auf die zusätzliche Forderung: $f'(z_0) \neq 0$, kann nicht verzichtet werden. Dies zeigt

Beispiel 9.1 Wir betrachten die Funktion $f(z) = z^2$ und den Punkt $z_0 = 0$. Diese Funktion ist holomorph in z_0 , und es gilt $f'(z_0) = 0$. Durch f wird die positive reelle Achse in sich abgebildet. Die positive imaginäre Achse wird wegen $(iy)^2 = -y^2$ in die negative reelle Achse abgebildet:

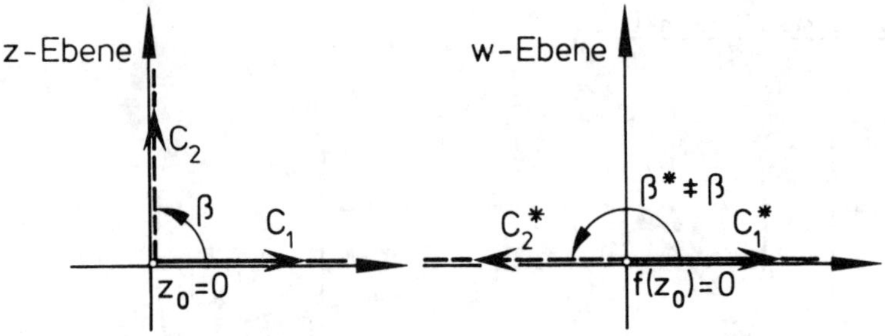

Fig. 9.3: Eine nicht winkeltreue Abbildung

Wir sehen, daß f in z_0 nicht winkeltreu ist.

Mit Blick auf Satz 9.1 gelangen wir zu folgender Begriffsbildung:

Definition 9.1 Eine Abbildung f heißt *konform im Punkt* z_0, falls f in z_0 holomorph ist und $f'(z_0) \neq 0$ gilt. Man nennt f *konform in einem Gebiet* D, falls f in jedem Punkt $z_0 \in D$ konform ist.

Beispiel 9.2 Die Funktion $f(z) = e^z$ ist in ganz $\mathbb{C}$ holomorph. Ferner gilt $f'(z_0) = e^{z_0} \neq 0$ für beliebige $z_0 \in \mathbb{C}$. Daher ist f in $\mathbb{C}$ konform.

Nach Satz 9.1 ist jede in einem Gebiet D konforme Abbildung f in D winkeltreu. Nach Satz 7.6, Abschnitt 7.1.3 ist sie außerdem lokal umkehrbar eindeutig.

Es gilt auch die Umkehrung dieses Sachverhaltes:

Satz 9.2 Sei f eine im Gebiet D lokal umkehrbar eindeutige winkeltreue Abbildung. Dann ist f konform (im Sinne von Def. 9.1)

Beweis: s. z.B. [57], S. 320-321.

Mit Hilfe der Winkeltreue haben wir damit eine geometrische Charakterisierung der durch holomorphe Funktionen vermittelten Abbildungen gewonnen.

9.1.2 Der Riemannsche Abbildungssatz

Ein zentrales Anliegen der Theorie konformer Abbildungen ist es, ein gegebenes Gebiet D auf ein anderes gegebenes Gebiet D* konform abzubilden. Für die Anwendungen ist es dabei wichtigt, D* möglichst "einfach" zu wählen, etwa bei einem Strömungsproblem so, daß der Strömungsverlauf leichter überschaubar ist als in D . Eine solche Situation ist etwa durch Fig. 9.4 aufgezeigt (vgl. hierzu auch Abschn. 9.2.4).

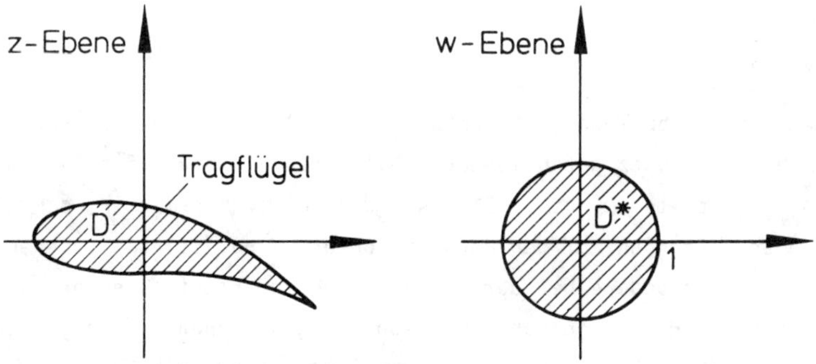

Fig. 9.4: Konforme Abbildung eines Tragflügels

Es stellt sich die Frage, welche Gebiete sich konform aufeinander abbilden lassen. Eine sehr allgemeine Antwort gibt

> Satz 9.3 (Riemannscher Abbildungssatz) Seien D und D* einfach zusammenhängende echte Teilgebiete von $\mathbb{C}$. Dann gibt es eine konforme Abbildung f , die D umkehrbar eindeutig auf D* abbildet.

Beweis: Dieser ist kompliziert und findet sich z.B. in [67], S. 247-249.

Bemerkung 1: Ist D nicht einfach zusammenhängend, so kann die Aussage von Satz 9.3 aus Stetigkeitsgründen nicht gelten. Auch für den Fall, daß $D = \mathbb{C}$, also die gesamte komplexe Ebene, ist, wird die Aussage von Satz 9.3 falsch: Sei etwa D^* das Innere des Einheitskreises. Dann müßte es eine in ganz $\mathbb{C}$ holomorphe nicht konstante Funktion f mit $|f(z)| < 1$ für alle $z \in \mathbb{C}$ geben. Nach dem Satz von Liouville (Satz 7.27, Abschn. 7.2.5) ist dies aber nicht möglich.

Bemerkung 2: Der Riemannsche Abbildungssatz ist mehr von theoretischem Interesse. Seine Bedeutung für die Belange der Praxis ist geringer, da er keine Auskunft darüber gibt, wie eine solche konforme Abbildung f gefunden werden kann. Hier ist man auf die Untersuchung von Spezialfällen oder auf Näherungsverfahren (z.B. Approximation der Ränder der Gebiete durch Polygone) angewiesen. Einige dieser Spezialfälle behandeln wir im nachfolgenden Abschnitt 9.1.3.

Ränderzuordnung

Der Riemannsche Abbildungssatz enthält keine Aussage über das Verhalten der durch diesen Satz garantierten Abbildungen f bzw. f^{-1} auf den Rändern der Gebiete D bzw. D^*. Wir dürfen nicht erwarten, daß diese Abbildungen auch noch auf den Rändern konform sind. Bei zahlreichen Anwendungen, insbesondere bei der Lösung von Randwertaufgaben der Potentialtheorie mit Hilfe von konformen Abbildungen, benötigt man jedoch zusätzlich, daß sich die Abbildung $D \longleftrightarrow D^*$ stetig bis zu den Rändern der Gebiete hin fortsetzen läßt. Dies kann für Gebiete mit "gutartiger" Berandung sichergestellt werden. So gilt etwa der folgende

Satz 9.4 Sei D ein Gebiet in der z-Ebene und D^* ein Gebiet in der w-Ebene. Beide Ränder, ∂D und ∂D^*, seien geschlossene Jordankurven[1]. Ferner sei durch $w = f(z)$ eine konforme Abbildung gegeben, die D umkehrbar eindeutig auf D^* abbildet. Dann stellt f eine umkehrbar eindeutige und stetige Abbildung zwischen $\overline{D} = D \cup \partial D$ und $\overline{D^*} = D^* \cup \partial D^*$ dar.

[1] s. Abschn. 6.1.6, Def. 6.6

Beweis: s. z.B. [83], S. 362-363.

Bemerkung: Ist der Punkt z_∞ ein Randpunkt des Gebietes, so muß der Stetigkeitsbegriff geeignet erweitert werden und etwa im Sinne von Stetigkeit auf der Riemannschen Zahlenkugel verstanden werden:
Zwei Punkten $z_1, z_2 \in \overline{\mathbb{C}}$ entsprechen nach Abschnitt 6.1.2 zwei Punkte Q_1, Q_2 auf der Riemannschen Zahlenkugel. Als chordalen Abstand $\chi(z_1, z_2)$ der Punkte z_1 und z_2 bezeichnet man die Länge der Strecke $\overline{Q_1Q_2}$.
Es gilt, wie einfache geometrische Überlegungen zeigen,

$$\chi(z_1, z_2) = \frac{|z_1 - z_2|}{\sqrt{(1+|z_1|^2)(1+|z_2|^2)}} . \tag{9.7}$$

Mit diesem Abstand läßt sich folgender Stetigkeitsbegriff einführen:
Ist f auf einer Menge $D \subseteq \overline{\mathbb{C}}$ erklärt und $z_0 \in D$, so heißt die Funktion $f : D \longmapsto \overline{\mathbb{C}}$ chordal stetig in z_0, falls es zu jedem $\varepsilon > 0$ ein $\delta > 0$ gibt, so daß für alle z mit $\chi(z, z_0) < \delta$ gilt:

$$\chi(f(z), f(z_0)) < \varepsilon . \tag{9.8}$$

Offensichtlich ist jede Funktion f, die im Sinne von Definition 6.12, Abschnitt 6.2.2 in $z_0 \in \mathbb{C}$ stetig ist, dort auch chordal stetig.

Weitere Resultate über die Ränderzuordnung bei konformen Abbildungen finden sich z.B. in [79], S. 120-128.

9.1.3 Spezielle konforme Abbildungen

(a) Gebrochen lineare Abbildungen. Möbiustransformation

Man nennt Abbildungen der Form

$$\boxed{w = f(z) = \frac{az + b}{cz + d} , \quad z \in \mathbb{C}} \tag{9.9}$$

mit den komplexen Konstanten a,b,c,d , wobei c oder d von Null verschieden sind, gebrochen lineare Abbildungen. Solche Abbildungen treten z.B. im Zusammenhang mit der Frage nach Ortskurven bei elektrischen Schwingkreisen auf.

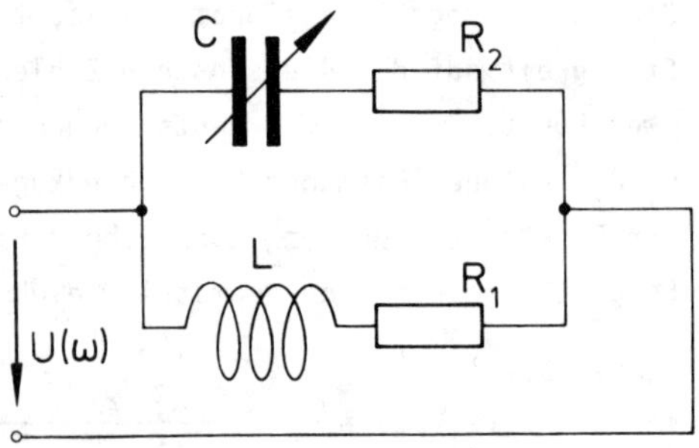

Fig. 9.5: Schaltung mit Drehkondensator

Beispiel 9.3 Für die in Figur 9.5 dargestellte Schaltung ergibt sich der komplexe Scheinwiderstand $\underline{Z}$ als Funktion der Kapazität C zu

$$\underline{Z}(C) = \frac{aC + b}{cC + d}, \quad C \in \mathbb{R} \tag{9.10}$$

mit

$$a = -\omega^2 LR_2 + i\omega R_1R_2, \quad b = R_1 + i\omega L,$$
$$c = -\omega^2 L + i\omega(R_1+R_2), \quad d = 1.$$

Der Graph der Abbildung (9.10) heißt Ortskurve der Schaltung.[1)]

Der Fall $c = 0$ in (9.10) ist besonders einfach: Er liefert die (ganzen) linearen Funktionen

$$w = f(z) = \frac{a}{d}z + \frac{b}{d} = Az + B, \tag{9.11}$$

mit

$$A := \frac{a}{d} \quad \text{und} \quad B := \frac{b}{d} \quad (d \neq 0).$$

Diese Abbildungen bewirken folgendes:

- eine Streckung (bzw. Stauchung) um den Faktor $|A|$, bezogen auf den Nullpunkt;
- eine Drehung um den Nullpunkt. Der Drehwinkel ist hierbei durch $\operatorname{Arg} A$ gegeben;
- eine Parallelverschiebung um den komplexen Vektor B.

---

1) Zur Herleitung von (9.10) und Diskussion der Ortskurve s. Bd. I, Abschn. 4.4.4, Beisp. 4.41.

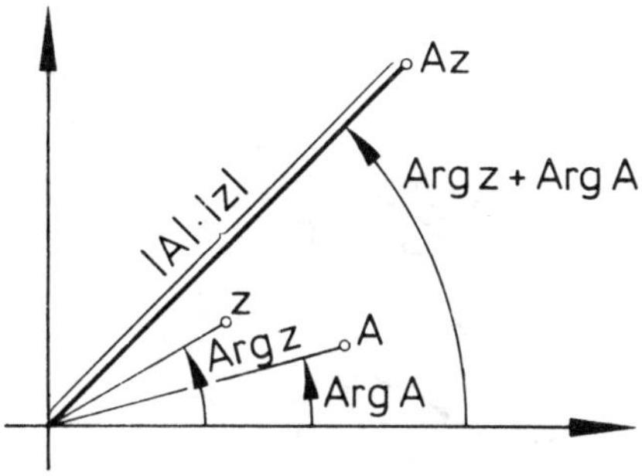

Fig. 9.6 : Drehstreckung w = A z

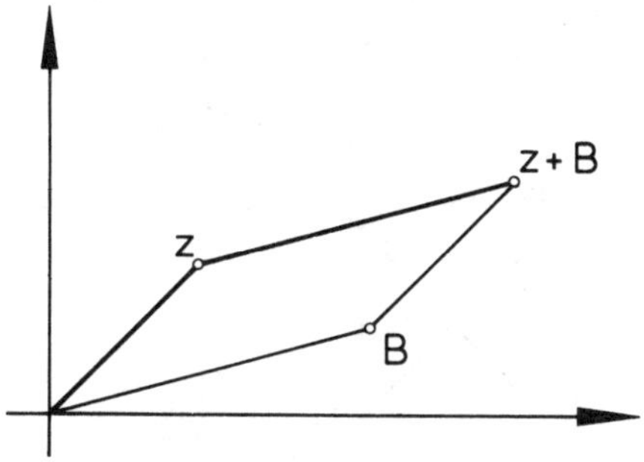

Fig. 9.7: Parallelverschiebung $w = z + B$

Der Fall $c \neq 0$: Wir benutzen für (9.10) die Darstellung

$$w = \frac{az + b}{cz + d} = - \frac{ad - bc}{c} \frac{1}{cz + d} + \frac{a}{c} \quad . \tag{9.12}$$

Um die Wirkung dieser Abbildung besser zu verstehen, untersuchen wir zunächst die Abbildung

$$w = \frac{1}{z} \, . \tag{9.13}$$

Wir wollen die Lage der Bildpunkte ermitteln. Hierzu benutzen wir die Spiegelung (oder Inversion) eines Punktes P an einer Geraden bzw. an einem Kreis:

i) Wir sprechen von einem Spiegelpunkt Q eines Punktes P an einer Geraden g , falls P und Q gleichen Abstand von g haben und die Gerade durch P und Q auf g senkrecht steht (s. Fig. 9.8).

ii) Ist M der Mittelpunkt und r der Radius eines Kreises K , so wird bei der Spiegelung am Kreis jedem Punkt P im Kreisgebiet, der nicht mit M zusammenfällt ein Punkt Q zugeordnet, für den

$$\overline{MP} \cdot \overline{MQ} = r^2 \tag{9.14}$$

gilt und der auf der Halbgeraden von M durch P liegt (s. Fig. 9.9). Umgekehrt wird Q mittels (9.14) in P abgebildet.

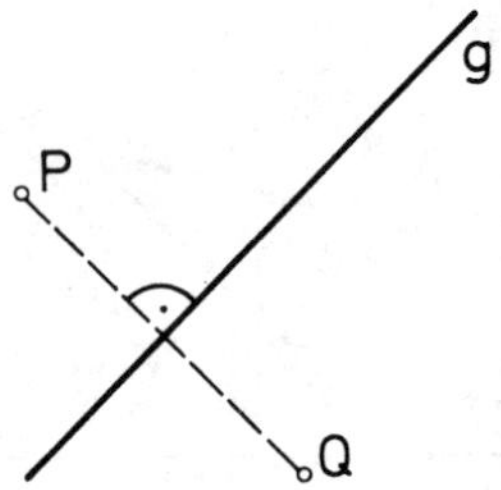

Fig. 9.8: Spiegelung eines Punktes an einer Geraden

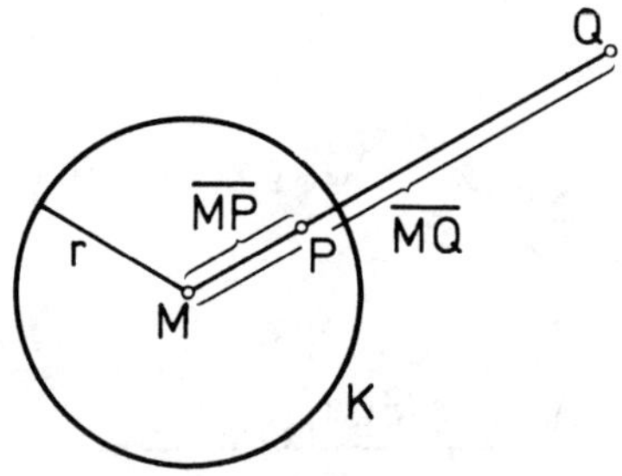

Fig. 9.9: Spiegelung eines Punktes an einem Kreis

Lassen wir für Q den Punkt z_∞ zu, so können wir auch M in die Spiegelung mit einbeziehen.

Nach diesen Überlegungen wenden wir uns wieder der Abbildung (9.13) zu. Mit $z = x + iy$ folgt

$$w = \frac{1}{z} = \frac{1}{x + iy} = \frac{x}{x^2 + y^2} + i\left(-\frac{y}{x^2 + y^2}\right) .$$

Dem Punkt $P = (x,y)$ entspricht also ein Bildpunkt

$$P^* = \left(\frac{x}{x^2 + y^2}, -\frac{y}{x^2 + y^2}\right) .$$

Dies läßt sich so interpretieren: Wir spiegeln P zunächst am Einheitskreis ($M = (0,0)$, $r = 1$). Der Spiegelpunkt sei Q. Nun spiegeln wir Q an der reellen Achse und erhalten P^* (s. Fig. 9.10). In komplexer Form lautet die

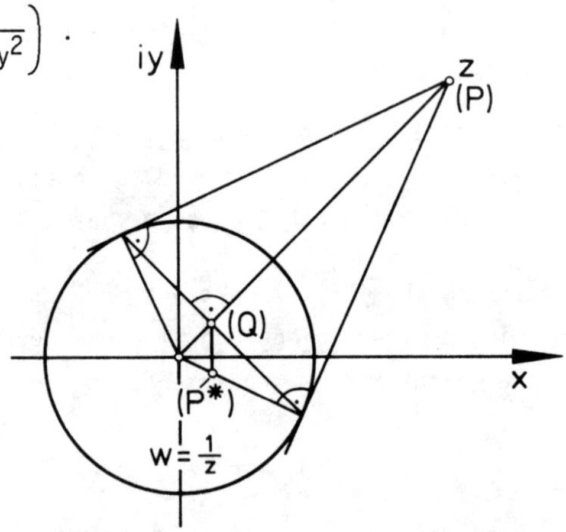

Fig. 9.10: Konstruktion von $w = \frac{1}{z}$

Spiegelung am Einheitskreis:

$$z \longrightarrow \frac{1}{\bar{z}} .$$

Die Spiegelung an der reellen Achse wird durch

$$\frac{1}{\bar{z}} \longrightarrow \overline{\left(\frac{1}{\bar{z}}\right)} = \frac{1}{z}$$

beschrieben.

Nun bauen wir unsere gebrochen lineare Abbildung

$$w = f(z) = \frac{az + b}{cz + d} = - \frac{ad - bc}{c} \frac{1}{cz + d} + \frac{a}{c} \tag{9.15}$$

aus den folgenden uns mittlerweile bekannten Abbildungen auf:

$$\left.\begin{aligned} z &\longrightarrow z_1 := cz + d \\ z_1 &\longrightarrow z_2 := \frac{1}{z_1} \\ z_2 &\longrightarrow w := - \frac{ad - bc}{c} z_2 + \frac{a}{c} \end{aligned}\right\} \tag{9.16}$$

Wir sehen:

> Jede gebrochen lineare Abbildung mit $c \neq 0$ und $ad - bc \neq 0$ läßt sich aus zwei (ganzen) linearen Abbildungen und einer Abbildung der Form $\frac{1}{z}$ zusammensetzen.

Aus (9.15) ergibt sich: Falls $ad - bc = 0$ ist, so ist f konstant und umgekehrt. Da dieser Fall uninteressant ist, fordern wir im folgenden stets

$$ad - bc = \begin{vmatrix} a & b \\ c & d \end{vmatrix} \neq 0 . \tag{9.17}$$

Ist (9.17) erfüllt, so nennt man f auch Möbiustransformation.

Wir zeigen jetzt:

> Durch eine gebrochen lineare Funktion mit $c \neq 0$ und $ad - bc \neq 0$ wird die abgeschlossene komplexe Zahlenebene $\overline{\mathbb{C}} = \mathbb{C} \cup \{z_\infty\}$ umkehrbar eindeutig auf sich abgebildet.

Lösen wir nämlich (9.15) nach z auf, so erhalten wir für den Fall $z \neq -\frac{d}{c}$ die Umkehrabbildung

$$z = f^{-1}(w) = \frac{-dw + b}{cw - a}, \quad w \neq \frac{a}{c}. \tag{9.18}$$

Sei nun umgekehrt $w \neq \frac{a}{c}$ beliebig und z durch (9.18) erklärt. Dann folgt

$$f(z) = \frac{a\,\frac{-dw+b}{cw-a} + b}{c\,\frac{-dw+b}{cw-a} + d} = \frac{a(-dw+b) + b(cw-a)}{c(-dw+b) + d(cw-a)} =$$

$$= \frac{(bc - ad)w}{bc - ad} = w ,$$

da $bc - ad \neq 0$. Damit stellt (9.15) eine umkehrbar eindeutige Abbildung der punktierten Ebene $\mathbb{C} - \left\{-\frac{d}{c}\right\}$ auf die punktierte Ebene $\mathbb{C} - \left\{\frac{a}{c}\right\}$ dar. Wir vereinbaren jetzt, daß wir die z-Ebene durch den Punkt z_∞ und die w-Ebene durch den Punkt w_∞ (im folgenden schreiben wir sowohl für z_∞ als auch für w_∞ einfach ∞) erweitern. In beiden Fällen erhalten wir dann $\mathbb{C} \cup \{\infty\} = \overline{\mathbb{C}}$. Nun setzen wir f auf ganz $\overline{\mathbb{C}}$ fort, indem wir die Vereinbarungen

$$f(\infty) = \infty \quad , \quad \text{falls} \quad c = 0$$

und

$$f\left(-\frac{d}{c}\right) = \infty \,, \; f(\infty) = \frac{a}{c} \quad , \quad \text{falls} \quad c \neq 0$$

treffen. Dadurch haben wir erreicht, daß f eine umkehrbar eindeutige Abbildung von $\overline{\mathbb{C}}$ auf $\overline{\mathbb{C}}$ ist. □

Bemerkung: Wir erinnern daran, daß sich der Punkt ∞ mit Hilfe der Riemannschen Zahlenkugel veranschaulichen läßt. Außerdem sind gewisse Regeln im Umgang mit ∞ zu beachten (s. Abschn. 6.1.2).

Für die Ableitung f' von f ergibt sich aus (9.15) (wir beachten: $c \neq 0$)

$$f'(z) = \frac{ad - bc}{(cz+d)^2} \neq 0 \quad \text{für} \quad ad - bc \neq 0 \ , \ z \neq -\frac{d}{c} \ .$$

Mit Definition 9.1 erhalten wir daher:

Die gebrochen lineare Funktion mit $c \neq 0$ und $ad - bc \neq 0$ stellt eine für alle $z \neq -\frac{d}{c}$ konforme Abbildung dar.

Wir wenden uns der Frage zu, welche Bildkurven bei gebrochen linearen Abbildungen Kreise besitzen. Dabei erweitern wir den Begriff Kreis derart, daß wir auch Geraden als Kreise - durch ∞ - auffassen.

Zur Beantwortung unserer Frage benötigen wir eine geeignete Darstellung von Kreisen in $\mathbb{C}$. Es gilt

Hilfssatz 9.1 Sämtliche Kreise (also im obigen Sinne Kreise und Geraden!) in $\mathbb{C}$ genügen der Gleichung

$$Az\bar{z} + Bz + \bar{B}\bar{z} + C = 0 \ , \quad AC < |B|^2 \tag{9.19}$$

mit reellen Koeffizienten A, C . Umgekehrt beschreiben die Punktmengen, die (9.19) genügen, Kreise in $\mathbb{C}$. Für $A = 0$ liegen Geraden vor.

Beweis: a) Sei eine Punktmenge in $\mathbb{C}$ gegeben, die (9.19) genügt, dann folgt für $A \neq 0$:

$$z\bar{z} + \frac{B}{A}z + \frac{\bar{B}}{A}\bar{z} + \frac{C}{A} = 0$$

oder

$$\left(z+\frac{\overline{B}}{A}\right)\left(\overline{z}+\frac{B}{A}\right)+\frac{C}{A}-\frac{|B|^2}{A^2}=0\ .$$

Wegen $\zeta\cdot\overline{\zeta}=|\zeta|^2$ für $\zeta\in\mathbb{C}$ gilt daher

$$\left|z-\left(-\frac{\overline{B}}{A}\right)\right|^2+\frac{C}{A}-\frac{|B|^2}{A^2}=0$$

oder

$$\left|z-\left(-\frac{\overline{B}}{A}\right)\right|^2=\frac{1}{A^2}\left(|B|^2-AC\right)\ . \tag{9.20}$$

Gleichung (9.20) beschreibt einen Kreis vom Radius $\frac{1}{|A|}\sqrt{|B|^2-AC}$ mit Mittelpunkt $-\frac{\overline{B}}{A}$. Für $A=0$ folgt aus (9.19)

$$Bz+\overline{B}\overline{z}+C=0$$

und hieraus, wenn wir $z=x+iy$ setzen,

$$B(x+iy)+\overline{B}(x-iy)+C=0$$

oder

$$(B+\overline{B})x+i(B-\overline{B})y+C=0\ .$$

Mit $B+\overline{B}=2\mathrm{Re}(B)$, $B-\overline{B}=-2\mathrm{Im}(B)$ folgt damit

$$2\mathrm{Re}(B)\cdot x-2\mathrm{Im}(B)\cdot y+C=0\ ,$$

also die Gleichung einer Geraden.

b) Sei nun $K_r(z_0)$ der Kreis vom Radius r mit Mittelpunkt z_0. Für $z\in K_r(z_0)$ gilt dann $|z-z_0|=r$. Diese Gleichung läßt sich in der Form

$$(z-z_0)(\overline{z}-\overline{z_0})=r^2$$

oder

$$z\overline{z}-\overline{z_0}z-z_0\overline{z}+|z_0|^2-r^2=0$$

schreiben, ist also mit $A = 1$, $B = -\overline{z_0}$, $C = |z_0|^2 - r^2$ und $AC = |z_0|^2 - r^2 < |z_0|^2 = |B|^2$ von der Form (9.19). Ist schließlich eine Gerade durch die Gleichung

$$ax + by + c = 0 \quad , \quad a,b,c \in \mathbb{R}$$

mit $|a| + |b| \neq 0$ gegeben, so lautet die Geradengleichung in komplexer Form, wenn wir $z = x + iy$ setzen:

$$a\frac{z+\overline{z}}{2} - ib\frac{z-\overline{z}}{2} + c = 0$$

oder

$$\frac{a-ib}{2}z + \frac{a+ib}{2}\overline{z} + c = 0 ,$$

ist also mit $A = 0$, $B = \frac{a-ib}{2}$, $C = c$ und $0 = AC < \frac{a^2+b^2}{4} = |B|^2$ ebenfalls von der Form (9.19). □

Der folgende Satz bringt eine interessante Invarianzeigenschaft von gebrochen linearen Abbildungen zum Ausdruck:

Satz 9.5 (Kreisverwandtschaft) Jede gebrochen lineare Abbildung mit $ad - bc \neq 0$ führt Kreise in der z-Ebene in Kreise in der w-Ebene über. [1)]

Beweis: Im Fall $c = 0$ und $ad - bc \neq 0$, also für die (ganzen) linearen Abbildungen, gilt - in Verschärfung der Aussage des Satzes -, daß Geraden in Geraden und Kreise in Kreise überführt werden. Dies ist unmittelbar einsichtig, da sich (ganze) lineare Abbildungen aus Drehungen, Streckungen und Parallelverschiebungen aufbauen lassen (s.o.):

$$w = \frac{az+b}{cz+d} = \frac{1}{cz+d}\,\frac{-ad+bc}{c} + \frac{a}{c} .$$

1) Wir erinnern daran, daß dieser Kreisbegriff auch die Geraden enthält.

Es genügt daher, unseren Beweis für die Funktion $g(z) = \frac{1}{z}$ zu führen: Wir gehen von der Kreis- bzw. Geradengleichung in der z-Ebene

$$Az\bar{z} + Bz + \bar{B}\bar{z} + C = 0$$

mit reellen Koeffizienten A,C und $AC < |B|^2$ aus (s. Hilfssatz 9.1). Für $z \neq 0$ efüllt $w = \frac{1}{z}$ die Gleichung

$$\frac{A}{w\bar{w}} + B\frac{1}{w} + \bar{B}\frac{1}{\bar{w}} + C = 0$$

bzw.

$$Cw\bar{w} + \bar{B}w + B\bar{w} + A = 0 \; .$$

Mit $A^* := C$, $B^* := \bar{B}$ und $C^* := A$ folgt hieraus

$$A^*w\bar{w} + B^*w + \bar{B}^*\bar{w} + C^* = 0 \; . \qquad (9.21)$$

Dabei sind A^*,C^* reell, und es gilt

$$|B^*|^2 - A^*C^* = |B|^2 - AC > 0 \; .$$

Nach Hilfssatz 9.1 beschreibt (9.21) wieder einen Kreis bzw. eine Gerade in der w-Ebene. □

<u>Bemerkung</u>: Durch $w = \frac{1}{z}$ werden Geraden in Kreise oder Geraden durch den Nullpunkt - und umgekehrt - abgebildet.

Wir haben uns in diesem Abschnitt bereits mit der Spiegelung von Punkten an einer Geraden bzw. an einem Kreis beschäftigt (s. Diskussion der Abbildung $\frac{1}{z}$). Es stellt sich die Frage, ob die Spiegelsymmetrie bei Abbildung durch gebrochen lineare Funktionen erhalten bleibt. Wir wollen dies nachweisen und benötigen hierzu den

<u>Hilfssatz 9.2</u> Sei K ein Kreis oder eine Gerade. Die Punkte z_1 und z_2 seien bezüglich K Spiegelpunkte. Ist dann $\tilde{K}$ ein weiterer Kreis

oder eine Gerade durch z_1 , so gilt: $\tilde{K}$ verläuft ebenfalls durch z_2 , dann und nur dann, falls sich $\tilde{K}$ und K rechtwinklig schneiden.

Beweis: s. Übung 9.2.

Mit diesem Hilfsmittel beweisen wir nun

Satz 9.6 Sei K ein Kreis oder eine Gerade. Die Punkte z_1 und z_2 seien bezüglich K Spiegelpunkte mit $z_1 \neq z_2$. Ferner seien K^*, w_1 und w_2 die Bilder von K , z_1 und z_2 bei Abbildung durch die gebrochen lineare Funktion

$$w = \frac{az+b}{cz+d}, \quad ad - bc \neq 0 . \tag{9.22}$$

Dann sind auch w_1 und w_2 bezüglich K^* Spiegelpunkte.

Beweis: Sei $\tilde{K}$ irgendein Kreis durch z_1 und z_2 , dann ist $\tilde{K}$ nach Hilfssatz 9.2 orthogonal zu K . Da die Abbildung (9.22) umkehrbar eindeutig, kreisverwandt und winkeltreu ist, sind die Bilder $\tilde{K}^*$ und K^* von $\tilde{K}$ und K Kreise oder Geraden, die sich rechtwinklig schneiden. Ferner gilt $w_1, w_2 \in \tilde{K}^*$, $w_1 \neq w_2$. Nun wenden wir erneut Hilfssatz 9.2 an und erhalten die behauptete Spiegelsymmetrie. □

Bemerkung: Die Eigenschaften der Kreisverwandtschaft und der Überführung von Spiegelpunkten in Spiegelpunkte bei gebrochen linearen Abbildungen sind bei der Lösung von vielen Abbildungsaufgaben nützlich. Die nachfolgenden Beispiele sollen dies verdeutlichen.

Beispiel 9.4 Wir ermitteln eine gebrochen lineare Funktion, die das Innere des Kreises $K : |z| = 1$ in das Äußere des Kreises $K^* : |w+1| = 1$ abbildet. Dabei sollen die Punkte $z_1 = -1$ auf $w_1 = 0$ und $z_2 = 0$ auf $w_2 = i$ abgebildet werden. Die gebrochen linearen Funktionen sind in ganz $\mathbb{C}$ (mit Ausnahme von höchstens einem Punkt) stetig und umkehrbar eindeutig. Daher muß die gesuchte Funktion K in K^* überführen.

Wir gehen aus von der Abbildung

$$w = f(z) = \frac{az+b}{cz+d}\ , \quad ad - bc \neq 0$$

und bestimmen die Koeffizienten a,b,c und d. Offensichtlich ist $a \neq 0$, da $f(\infty) = 0$ im Widerspruch zu $f(-1) = 0$ stünde. Ohne Beschränkung der Allgemeinheit nehmen wir $a = 1$ an:

$$f(z) = \frac{z+b}{cz+d}\ .$$

Wegen $f(-1) = 0$ ergibt sich

$$0 = \frac{-1+b}{-c+d} \quad \text{oder} \quad b = 1$$

und damit

$$f(z) = \frac{z+1}{cz+d}\ .$$

Wegen $f(0) = i$ erhalten wir

$$i = \frac{1}{d} \quad \text{oder} \quad d = -i\ ,$$

so daß

$$f(z) = \frac{z+1}{cz-i}$$

folgt. Zur Berechnung von c nutzen wir die Eigenschaft der Spiegelsymmetrie aus: $z_2 = 0$ besitzt den Spiegelpunkt $\tilde{z}_2 = \infty$ bezüglich K. Der zu $w_2 = i$ bezüglich K^* symmetrische Punkt $\tilde{w}_2$ ergibt sich wegen (9.14) aus

$$(\tilde{w}_2+1)\,(\bar{i}+\bar{1}) = r^2 = 1$$

zu

$$\tilde{w}_2 = \frac{1}{2}(-1+i)$$

(s. Fig. 9.11). Folglich muß nach Satz 9.6 $f(\infty) = \frac{1}{2}(-1+i)$ gelten, woraus sich

$$\frac{1}{2}(-1+i) = \frac{1}{c} \quad \text{oder} \quad c = -1-i$$

ergibt. Die gesuchte Abbildung lautet daher (Begründung!)

$$f(z) = \frac{z+1}{(-1-i)z-i}.$$

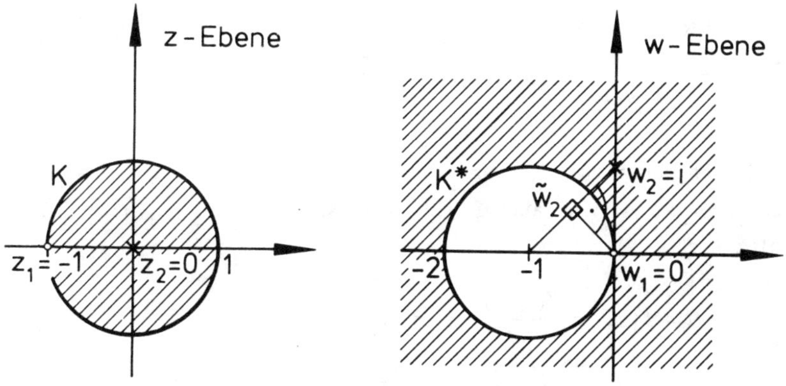

Fig. 9.11: Abbildung des Inneren des Einheitskreises auf das Äußere des Kreises $|w+1| = 1$

Beispiel 9.5 Wir bestimmen diejenigen gebrochen linearen Funktionen, die die obere Halbebene $\operatorname{Im} z > 0$ auf das Innere $|z| < 1$ des Einheitskreises abbilden. Dabei soll ein gegebener Punkt z_0 mit $\operatorname{Im} z_0 > 0$ den Nullpunkt $w_0 = 0$ als Bildpunkt haben.

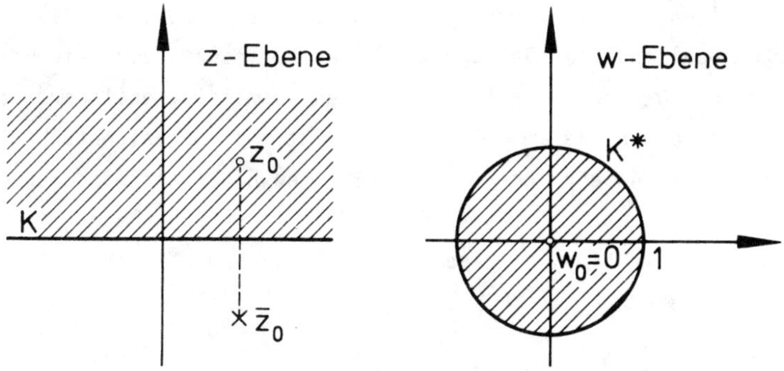

Fig. 9.12: Abbildung der oberen Halbebene in das Innere des Einheitskreises

Mit den entsprechenden Begründungen wie im vorhergehenden Beispiel können wir wieder vom Ansatz

$$w = f(z) = \frac{z+b}{cz+d}$$

ausgehen. Der Punkt z_0 soll den Bildpunkt $w_0 = 0$ haben, d.h. es muß

$$0 = \frac{z_0+b}{cz_0+d} \quad \text{oder} \quad b = -z_0$$

gelten. Damit ist

$$f(z) = \frac{z-z_0}{cz+d} \quad .$$

Der Spiegelpunkt zu z_0 bezüglich K ist $\overline{z}_0$; der zu $w_0 = 0$ bezüglich K^* ist ∞ (s. auch Fig. 9.12). Aus $f(\overline{z_0}) = \infty$ (nach Satz 9.6) ergibt sich

$$\infty = f(\overline{z_0}) = \frac{\overline{z_0}-z_0}{c\overline{z_0}+d} \quad \text{oder} \quad c\overline{z}_0 + d = 0 \,,$$

also $d = -cz_0$, und wir erhalten

$$f(z) = \frac{z-z_0}{cz-c\overline{z_0}} = \frac{1}{c}\,\frac{z-z_0}{z-\overline{z_0}} = a\,\frac{z-z_0}{z-\overline{z_0}} \quad , \tag{9.23}$$

wobei wir $\frac{1}{c} = a$ gesetzt haben. Da die reelle Achse K orthogonal zu sämtlichen Kreisen ist, die durch z_0 und $\overline{z_0}$ verlaufen, muß das Bild von K orthogonal zu allen Geraden durch den Nullpunkt sein, die wir als Kreise durch 0 und ∞ auffassen können. Damit ist gesichert, daß das Bild von K ein Kreis um den Nullpunkt ist. Durch geeignete Wahl von a wollen wir nun erreichen, daß (9.23) den Einheitskreis liefert. Dies gelingt z.B. dadurch, daß wir $0 \in K$ auf einen Punkt von K^* abbilden, d.h. es muß $|f(0)| = 1$ sein. Aus (9.23) ergibt sich dann

$$1 = |f(0)| = |a| \cdot \left|\frac{-z_0}{\overline{z_0}}\right| = |a|$$

und daher

$$a = e^{i\varphi} \quad , \quad 0 \leq \varphi < 2\pi \ .$$

Insgesamt erhalten wir die Abbildung

$$\boxed{f(z) = e^{i\varphi} \frac{z - z_0}{z - \overline{z_0}} \quad , \quad 0 \leq \varphi < 2\pi \ , \quad \operatorname{Im} z > 0} \tag{9.24}$$

die das Gewünschte leistet. Verlangen wir außerdem, daß ein gewisser Randpunkt $z_1 \in K$ in einen vorgegebenen Bildpunkt $w_1 \in K^*$ überführt wird, so kann φ eindeutig festgelegt werden.

Beispiel 9.6 Es sollen sämtliche gebrochen linearen Abbildungen ermittelt werden, die das Innere des Einheitskreises auf sich abbilden und außerdem einen vorgegebenen Punkt z_0 mit $|z_0| < 1$ in den Nullpunkt $w_0 = 0$.

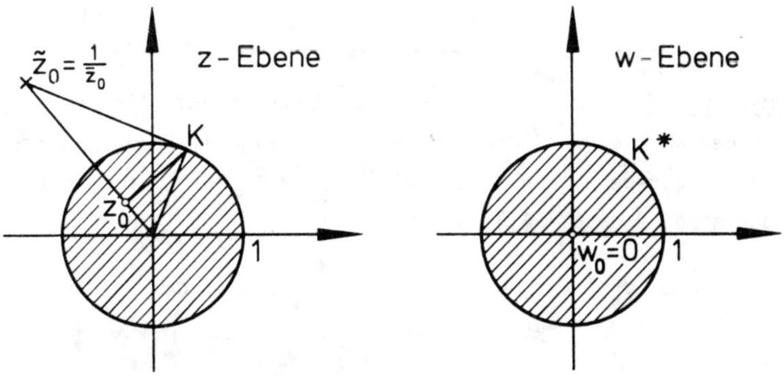

Fig. 9.13: Abbildung des Einheitskreisgebietes auf sich

Die gesuchten Abbildungen müssen wieder K in K^*, also den Einheitskreis $|z| = 1$ auf sich abbilden. Nutzen wir aus, daß z_0 in den Nullpunkt abgebildet wird und der Spiegelpunkt $\frac{1}{\overline{z_0}}$ von z_0 bezüglich K nach Satz 9.6 in ∞, so gelangen wir auf dieselbe Weise wie bei den vorhergehenden Beispielen zu

$$f(z) = \frac{1}{d}\,\frac{z - z_0}{1 - \overline{z_0}\,z} \quad . \tag{9.25}$$

Hilfssatz 9.2 garantiert uns, daß f als Bild von K einen Kreis um den Nullpunkt liefert. Wir bestimmen d so, daß wir den Einheitskreis erhalten. Dazu nehmen wir den (bequemen) Randpunkt $z_1 = 1$ und fordern, daß sein Bild w_1 auf K^* liegt, also $|f(1)| = 1$ erfüllt. Aus (9.25) folgt dann

$$1 = |f(1)| = \left|\frac{1}{d}\right| \left|\frac{1 - z_0}{1 - \overline{z_0}}\right| = \left|\frac{1}{d}\right| ,$$

also

$$\frac{1}{d} = e^{i\varphi} \quad , \quad 0 \leq \varphi < 2\pi \ .$$

Damit lautet die gesuchte Abbildung

$$\boxed{f(z) = e^{i\varphi}\,\frac{z - z_0}{1 - \overline{z_0}\cdot z} \quad , \ 0 \leq \varphi < 2\pi \ , \ |z| < 1} \tag{9.26}$$

<u>Bemerkung</u>: Es läßt sich zeigen, daß durch (9.26) <u>alle</u> umkehrbar eindeutigen Abbildungen, die das Innere des Einheitskreises auf sich und einen vorgegebenen Punkt z_0 mit $|z_0| < 1$ in $w_0 = 0$ abbilden, gegeben sind (s. z.B. [61], p. 192).

Die Aufgabe, <u>drei</u> vorgegebene Punkte z_1, z_2, z_3 der z-Ebene mittels einer gebrochen linearen Funktion

$$w = f(z) = \frac{az + b}{cz + d} \tag{9.27}$$

so abzubilden, daß diese in drei vorgegebene Punkte w_1, w_2, w_3 der w-Ebene überführt werden, ist ebenfalls eindeutig lösbar (s. z.B. [66], S. 62-63). Die entsprechende Funktion kann wie folgt bestimmt werden: Wir gehen, wie in den letzten beiden Beispielen, vom Ansatz

$$w = f(z) = \frac{z + b}{cz + d} \tag{9.28}$$

aus (d.h. wir haben $a = 1$ gesetzt) und setzen z_i und w_i $(i = 1,2,3)$ in (9.28) ein. Aus den entsprechenden Gleichungen können dann die Koeffizienten b, c und d berechnet werden.

Bequemer ist ein anderer Weg: Man nützt hierbei aus, daß gebrochen lineare Abbildungen das Doppelverhältnis von vier verschiedenen Punkten aus $\mathbb{C}$, d.h. den Ausdruck

$$(z_1, z_2, z_3, z_4) := \frac{z_3 - z_1}{z_3 - z_2} \cdot \frac{z_4 - z_2}{z_4 - z_1}, \tag{9.29}$$

invariant lassen (s. Üb. 9.3). In (9.29) sind auch die Fälle zugelassen, in denen ein z_i $(i = 1,2,3,4)$ ∞ ist. Die obige Aufgabe läßt sich dann mit Hilfe der Beziehung

$$(w_1, w_2, w_3, w) = (z_1, z_2, z_3, z)$$

oder (wir beachten (9.29))

$$\frac{w_3 - w_1}{w_3 - w_2} \cdot \frac{w - w_2}{w - w_1} = \frac{z_3 - z_1}{z_3 - z_2} \cdot \frac{z - z_2}{z - z_1} \tag{9.30}$$

rasch lösen.

Beispiel 9.7 Zu bestimmen ist die gebrochen lineare Funktion $w = f(z)$, die die Punkte $z_1 = 1$, $z_2 = i$, $z_3 = -1$ in die Punkte $w_1 = 1$, $w_2 = -i$, $w_3 = 2$ überführt.

Aus (9.30) erhalten wir, wenn wir diese Punkte einsetzen, mit $z_4 := z$ und $w_4 := w$

$$\frac{z - 1}{z + i} \cdot \frac{w + i}{w - 1} = \frac{-1 - 1}{-1 - i} \cdot \frac{z - i}{z - 1}.$$

Auflösen dieser Gleichung nach w ergibt

$$w = f(z) = \frac{(3 + 3i)z + (3 - 5i)}{(3 + i)z + (3 - 3i)}.$$

(b) Die Joukowski-Funktion

Wir betrachten nun die Abbildung

$$\boxed{w = f(z) = \frac{1}{2}\left(z + \frac{1}{z}\right), \quad z \neq 0} \tag{9.31}$$

die sogenannte Joukowski-Funktion[1]. Sie ist besonders in der Strömungsmechanik von Bedeutung. Durch geeignete Wahl der Koordinaten läßt sich nämlich ein kreisförmiges Gebiet in ein tragflügelartiges (s. Fig. 9.4) überführen.

Wir wollen zunächst das geometrische Verhalten von (9.31) untersuchen. Hierzu setzen wir

$$w = u + iv \quad \text{und} \quad z = re^{i\varphi} \quad (r \geq 0,\ 0 \leq \varphi < 2\pi)$$

in $w = \frac{1}{2}\left(z + \frac{1}{z}\right)$ ein. Durch Trennung von Real- und Imaginärteil ergibt sich für $r > 0$, $0 \leq \varphi < 2\pi$

$$u = \frac{1}{2}\left(r + \frac{1}{r}\right)\cos\varphi \ , \quad v = \frac{1}{2}\left(r - \frac{1}{r}\right)\sin\varphi \ . \tag{9.32}$$

(i) Bilder der Kreise $|z| = r = \text{const.}$:

Für den Einheitskreis $(r = 1)$ folgt aus (9.32)

$$u = \cos\varphi \ , \quad v = 0 \qquad (0 \leq \varphi < 2\pi) \ .$$

D.h. das Bild des Einheitskreises ist die Strecke, die die Punkte -1 und $+1$ verbindet (s. Fig. 9.14). Diese wird von -1 bis $+1$ durchlaufen, wenn φ von 0 bis π läuft und ein zweitesmal von $+1$ bis -1 , wenn φ von π bis 2π läuft.

Sei nun $|z| = r$ ein beliebiger Kreis um den Nullpunkt mit $r \neq 1$. Aus (9.32) folgt dann

---

[1] N. Joukowski (1847-1921), russischer Mathematiker

$$\frac{u^2}{\left[\frac{1}{2}\left(r+\frac{1}{r}\right)\right]^2}+\frac{v^2}{\left[\frac{1}{2}\left(r-\frac{1}{r}\right)\right]^2}=1 \quad , r \neq 1 \quad .$$

Als Bilder der Kreise $|z| = r \neq 1$ ergeben sich somit Ellipsen mit den Brennpunkten $z = +1$ und $z = -1$ und den Halbachsen $\frac{1}{2}\left(r+\frac{1}{r}\right)$ und $\frac{1}{2}\left(r-\frac{1}{r}\right)$ (s. Fig. 9.14). Wegen (9.32) werden diese Ellipsen für $r < 1$ im Uhrzeigersinn und für $r > 1$ entgegen dem Uhrzeigersinn durchlaufen. Jeweils zwei Kreise mit dem Radius r und $\frac{1}{r}$ $(r \neq 1)$ liefern dieselbe Ellipse (allerdings mit unterschiedlichem Durchlaufungssinn!).

(ii) Bilder der Halbgeraden durch den Nullpunkt: $\arg z = \varphi = \text{const.}$

Das Bild der positiven reellen Achse ergibt sich mit Hilfe von (9.32), wenn wir $\varphi = 0$ setzen, zu

$$u = \frac{1}{2}\left(r+\frac{1}{r}\right) , \quad v = 0 \qquad (0 < r < \infty) ,$$

d.h. es ergibt sich das Stück der reellen Achse, das $w = 1$ mit $w = \infty$ verbindet. Entsprechend erhalten wir als Bild der negativen x-Achse (in der z-(= x + iy)-Ebene) das Stück der reellen Achse von $w = -1$ bis $w = -\infty$. Diese Stücke werden jeweils zweimal durchlaufen. Dagegen werden die positive und die negative imaginäre Achse der z-Ebene auf die gesamte v-Achse abgebildet. Jedes andere Paar von Halbgeraden $\varphi = \alpha$ und $\varphi = -\alpha$ liefert die beiden Äste ein- und derselben Hyperbel

$$\frac{u^2}{\cos^2\varphi} - \frac{v^2}{\sin^2\varphi} = 1 ,$$

die sich aus (9.32) ergibt, wenn wir r eliminieren. Die Halbachsen dieser Hyperbel haben die Länge $|\cos\varphi|$ bzw. $|\sin\varphi|$; ihre Brennpunkte sind ± 1 (s. Fig. 9.14) .

Insgesamt entsteht so eine konfokale Schar von Ellipsen bzw. Hyperbeln. Da die Joukowski-Abbildung wegen

$$f'(z) = \frac{1}{2}\left(1 - \frac{1}{z^2}\right) \neq 0 \quad , \quad z \neq \pm 1$$

für $z \in \mathbb{C} - \{-1,0,1\}$ winkeltreu ist, schneiden sich diese Ellipsen und Hyperbeln rechtwinklig.

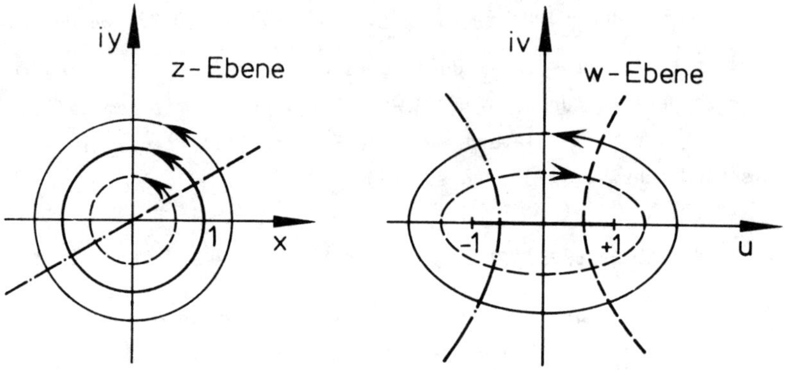

Fig. 9.14: Zur Joukowski-Funktion

Wir haben gesehen, daß die Punkte z und $\frac{1}{z}$ für $z \neq \pm 1$ dieselben Bildpunkte w haben. Zu w gehören also zwei Werte z, die wir erhalten, wenn wir (9.31) nach z auflösen:

$$z_{1/2} = w \pm \sqrt{(w-1)(w+1)} \ . \tag{9.33}$$

Die Umkehrbarkeit der Joukowski-Funktion läßt sich durch Verwendung einer zweiblättrigen Riemannschen Fläche erreichen: Auf das eine Blatt sollen alle z mit $|z| < 1$, auf das andere alle z mit $|z| > 1$ abgebildet werden. für $z = \pm 1$ muß das Bild auf beiden Blättern liegen (nur ein Bildwert liegt vor!). Wir heften die beiden Blätter daher an diesen Stellen $w = \pm 1$ (= Verzweigungspunkte) zusammen. Da das Bild des Einheitskreises $|z| = 1$ die Strecke von -1 bis $+1$ auf der w-Achse ist, so schlitzen wir die w-Ebene längs dieser Strecke auf und stellen hier - durch Verheften - die Verbindung der beiden Riemannschen Blätter her.

Bemerkung: Wir werden in Abschnitt 9.2.4 sehen, daß sich die Joukowski-Funktion bei der Umströmung von Zylindern vorteilhaft anwenden läßt.

(c) Abbildung des Halbkreisgebietes auf das Innere des Einheitskreises

Wir wollen eine Abbildung bestimmen, die das Gebiet $D = \{z \mid |z| < 1 , \operatorname{Im} z > 0\}$ auf das Gebiet $D^* = \{w \mid |w| < 1\}$ bijektiv und konform abbildet:

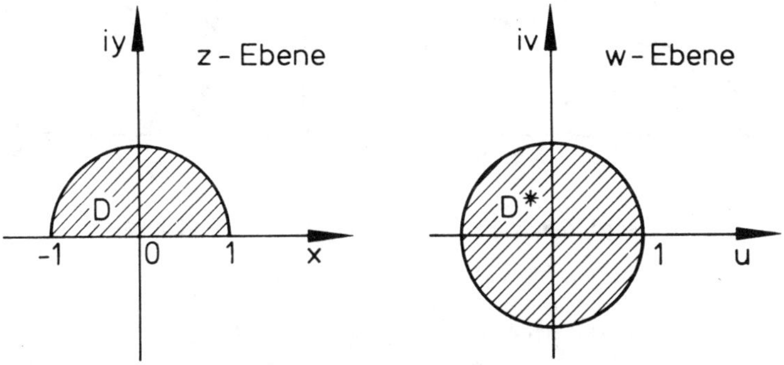

Fig. 9.15: Abbildung: Halbkreisgebiet auf Kreisgebiet

Die Erwartung, daß bereits $f(z) = z^2$ diese Aufgabe löst, bestätigt sich nicht. Bei dieser Abbildung geht D nämlich in das von 0 bis 1 auf der u-Achse aufgeschlitzte Gebiet

$$D^* - \{x \mid 0 \leq x < 1\}$$

über. Wir lösen unser Problem in drei Schritten.

1. Schritt: Abbildung von D auf den ersten Quadranten $(=: D_1)$. Hierzu verwenden wir eine gebrochen lineare Abbildung

$$w_1 = f_1(z) = \frac{az + b}{cz + d} , \quad ad - bc \neq 0 \tag{9.34}$$

von der wir fordern, daß

$$-1 \text{ in } 0 , \quad 0 \text{ in } 1 , \quad 1 \text{ in } \infty$$

überführt werden. Aus der Kreisverwandtschaft und der Winkeltreue dieser Abbildung ergibt sich: Die x-Achse wird in sich abgebildet. Dabei bleibt die Richtung erhalten. Der Halbkreis $|z| = 1$, $\operatorname{Im} z > 0$ wird in die positive v_1-Achse abgebildet:

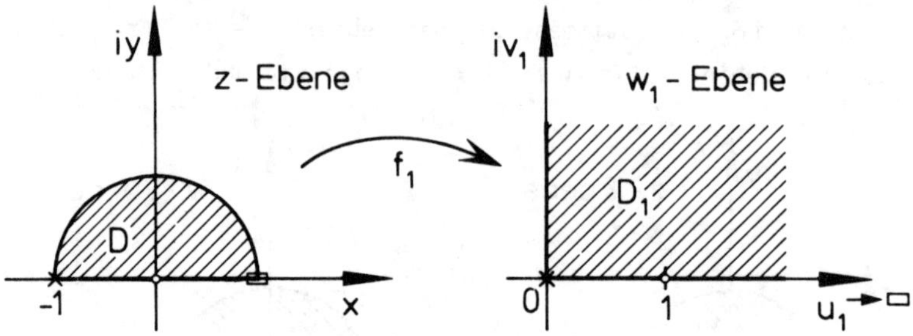

Fig. 9.16: Abbildung: Halbkreisgebiet auf 1. Quadranten

Wie in (a) ergibt sich dann

$$w_1 = f_1(z) = \frac{z+1}{-z+1} \quad . \tag{9.35}$$

2. Schritt: Abbildung von D_1 auf die obere Halbebene $D_2 = \{z \mid \operatorname{Im} z > 0\}$. Dies gelingt mit Hilfe von

$$w_2 = f_2(w_1) = w_1^2 = \left(\frac{z+1}{-z+1}\right)^2 \quad . \tag{9.36}$$

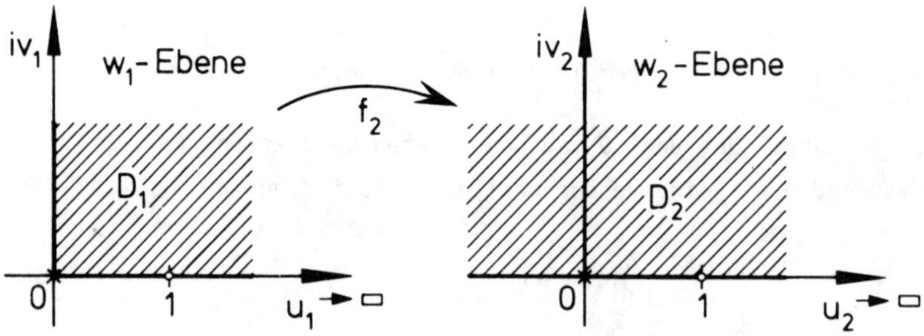

Fig. 9.17: Abbildung: 1. Quadrant auf obere Halbebene

3. Schritt: Abbildung von D_2 auf D^* (= Inneres des Einheitskreises). Diese Aufgabe haben wir bereits in (a), Beispiel 9.5, gelöst. Wählen wir in (9.24) $z_0 = i$, so erhalten wir

$$w = w_3 = f_3(w_2) = \frac{w_2 - i}{w_2 + i} .$$

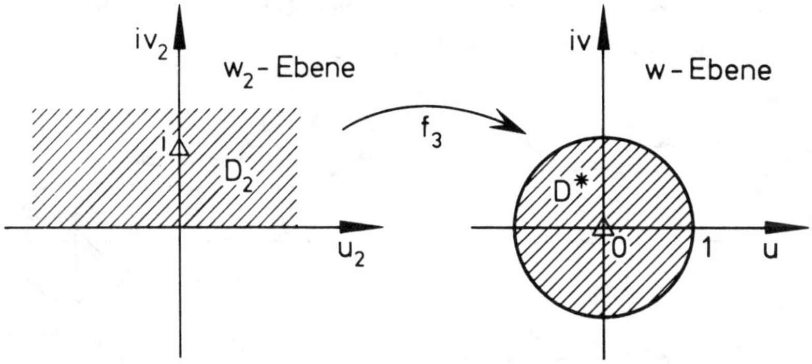

Fig. 9.18: Abbildung: obere Halbebene auf das Innere des Einheitskreises

Insgesamt ergibt sich also

$$w = f(z) = f_3\,[f_2(f_1(z))]$$

$$= \frac{\left(\frac{z+1}{-z+1}\right)^2 - i}{\left(\frac{z+1}{-z+1}\right)^2 + i} = \frac{(z+1)^2 - i\,(-z+1)^2}{(z+1)^2 + i\,(-z+1)^2} . \qquad (9.37)$$

Mit Hilfe dieser (speziellen) Funktion, die das Halbkreisgebiet D auf das Einheitskreisgebiet D^* abbildet, erhalten wir sämtliche bijektiven konformen Abbildungen mit dieser Eigenschaft auf folgende Weise:

Ist $\tilde{f}$ eine weitere solche Abbildung, so ist die Hintereinanderschaltung von f^{-1} (= Inverse zu f) und $\tilde{f}$: $\tilde{f} \circ f^{-1}$, eine bijektive konforme Abbildung von D^* auf sich und hat somit die Gestalt

$$g(w) := e^{i\varphi} \frac{w - w_0}{1 - \overline{w_0}\, w} , \quad 0 \le \varphi < 2\pi , \quad |w| < 1 \qquad (9.38)$$

$$(|w_0| < 1 \text{ beliebig}) .$$

(Vgl. Bemerkung im Anschluß an (9.26)). Mit dem f aus (9.37) ergibt sich daher

$$\tilde{f} = g \circ f . \tag{9.39}$$

Bemerkung: Gebiete, die durch zwei Kreise bzw. Geraden berandet sind (= Kreisbogenzweiecke), lassen sich entsprechend behandeln. Wir verdeutlichen dies anhand der folgenden Figur:

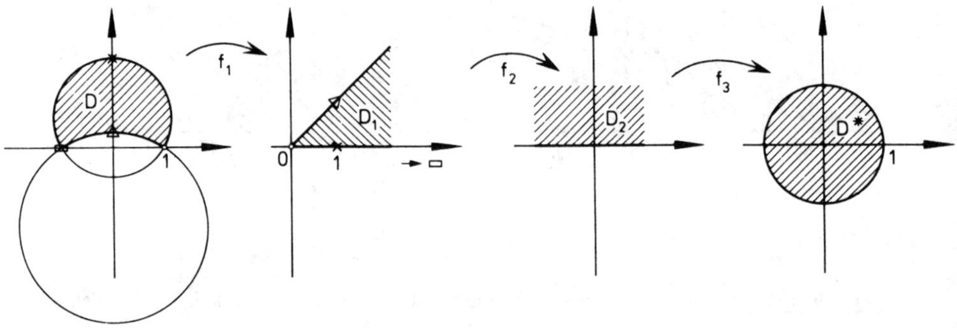

Fig. 9.19: Abbildung: Kreisbogenzweieck auf Einheitskreisgebiet

(s. hierzu auch Üb. 9.4 a)).

(d) Abbildung von Parallelstreifen

Die Aufgabe, den Parallelstreifen $0 < \mathrm{Im}\, z < \pi$ bijektiv und konform auf das Innere des Einheitskreises abzubilden (s. Fig. 9.20), läßt sich

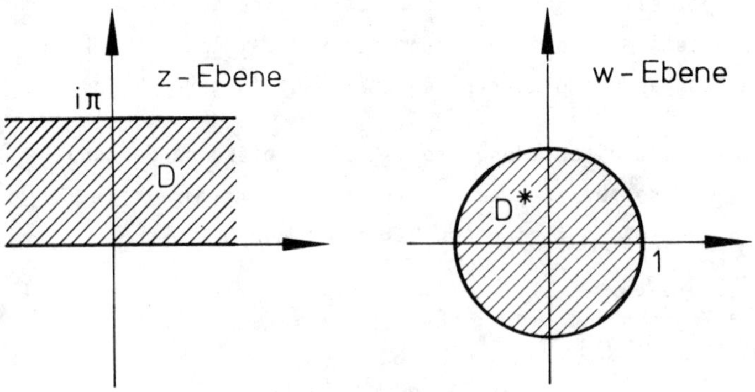

Fig. 9.20: Abbildung: Parallelstreifen auf Einheitskreisgebiet

durch Hintereinanderschaltung einer Exponentialfunktion und einer gebrochen linearen Funktion lösen.

1. Mit Hilfe von

$$w_1 = f_1(z) = e^z = e^x(\cos y + i \sin y) \ , \ 0 < \operatorname{Im} z < \pi$$

wird der Parallelstreifen D bijektiv und konform auf die obere Halbebene abgebildet (vgl. hierzu Abschn. 6.2.3, I. c)).

2. Anschließend benutzen wir die in Beispiel 9.5 behandelte gebrochen lineare Funktion - wir bezeichnen sie mit f_2 - und bilden

$$w = w_2 = f(w_1) = f_2(f_1(z)) \ .$$

Eine Lösung dieser Aufgabe erhalten wir z.B. dadurch, daß wir in (9.24) $z_0 = i$ und $\varphi = 0$ wählen, so daß sich

$$f_2(w_1) = \frac{w_1 - i}{w_1 + i}$$

ergibt und hieraus

$$w = f(z) = \frac{e^z - i}{e^z + i} \ . \tag{9.40}$$

Wie in (c) läßt sich zeigen, daß sämtliche Abbildungen, die die oben gestellte Aufgabe lösen, durch Hintereinanderschalten von f aus (9.40) und der durch (9.38) erklärten Funktion g gegeben sind.

Liegt ein <u>Halbstreifen</u> vor, etwa

$$D = \{z \mid 0 < \operatorname{Im} z < \pi \ , \ \operatorname{Re} z > 0\} \ ,$$

so läßt sich dieser auf folgende Weise bijektiv und konform auf das Innere des Einheitskreises abbilden:

1. Mittels $f_1(z) = e^z$ wird D bijektiv und konform auf das Halbkreisgebiet

$$D_1 = \{z \mid |z| < 1 \ , \ \operatorname{Im} z > 0\}$$

abgebildet.

2. Mit der Abbildung aus Teil (c), wir bezeichnen sie mit f_2, bilden wir anschließend D_1 bijektiv und konform auf das Einheitskreisgebiet D^* ab: $w = f_2(z_1) = f_2(f_1(z))$. Eine Abbildung mit den geforderten Eigenschaften ist durch

$$w = f(z) = \frac{(e^z+1)^2 - i(-e^z+1)^2}{(e^z+1)^2 + i(-e^z+1)^2} \tag{9.41}$$

gegeben (s. (9.37)).

Bemerkung: Mit Hilfe von (ganzen) linearen Abbildungen lassen sich Parallelstreifen bzw. halbe Parallelstreifen mit beliebiger Lage und Breite auf die in (d) behandelten Fälle zurückführen.

Übungen

9.1 Zeige: Führt man zwei Möbiustransformationen hintereinander aus, so entsteht wieder eine Möbiustransformation.

9.2* Beweise: Sei K ein Kreis oder eine Gerade. Die Punkte z_1 und z_2 seien bezüglich K Spiegelpunkte. Ist dann $\tilde{K}$ ein weiterer Kreis oder eine Gerade durch z_1, so gilt: $\tilde{K}$ verläuft ebenfalls durch z_2 genau dann, falls sich $\tilde{K}$ und K rechtwinklig schneiden.

9.3* Weise nach, daß gebrochen lineare Abbildungen das Doppelverhältnis von vier verschiedenen Punkten aus $\mathbb{C}$ invariant lassen. Was passiert, wenn einer dieser Punkte unendlich ist? (Hinweis: Untersuche die Abbildungen $w = az + b$ und $w = \frac{1}{z}$ getrennt.)

9.4* Ermittle eine konforme Abbildung, die

a) das von den Kreislinien $|z| = 1$ und $|z + i\sqrt{3}| = 2$ berandete sichelförmige Gebiet D (s. Fig. 9.21, a))

b) das von den Kreislinien $|z-i| = 1$ und $|z-2i| = 2$ berandete (beschränkte) Gebiet D (s. Fig. 9.21, b))

auf das Innere des Einheitskreises abbildet.

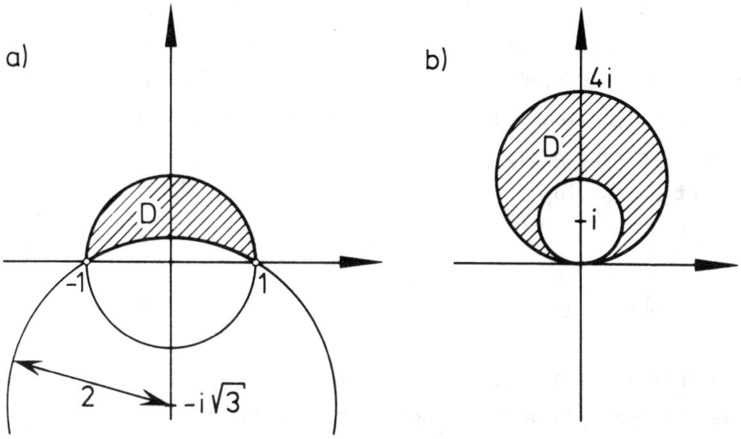

Fig. 9.21: Zur konformen Abbildung von D

9.5* Bestimme eine konforme Abbildung, die das Äußere der Ellipse $\frac{x^2}{2^2} + \frac{y^2}{1^2} = 1$ auf das Innere des Einheitskreises abbildet.

9.2 ANWENDUNGEN AUF DIE POTENTIALTHEORIE

In diesem Abschnitt knüpfen wir an Überlegungen zur Potentialtheorie an, die uns aus den Abschnitten 7.1.5 und 7.2.5 bekannt sind. Unser Anliegen besteht nun darin, Randwertaufgaben der Potentialtheorie mit Hilfe von konformen Abbildungen zu lösen. Auf diese Weise lassen sich zahlreiche Fragestellungen aus Elektrostatik, Wärmelehre und Strömungsmechanik elegant behandeln.

9.2.1 Dirichletsche Randwertprobleme

Wir gehen zunächst von einem beschränkten Gebiet D in $\mathbb{R}^2$ aus, das von einer geschlossenen Jordankurve berandet ist. Den Rand bezeichnen wir mit ∂D. Auf ∂D sei eine stetige Funktion g vorgegeben. Wir erinnern daran (s. Abschn. 7.2.5, (a)), daß bei einer Dirichletschen Randwertaufgabe der Potentialtheorie eine in D zweimal stetig differenzierbare und in $\overline{D} = D \cup \partial D$ stetige Funktion u mit

$$\begin{cases} \Delta u = 0 & \text{in } D \\ u = g & \text{auf } \partial D \end{cases} \tag{9.42}$$

zu bestimmen ist. Die Untersuchung solcher Randwertprobleme mittels konformer Abbildungen beruht auf der Idee, das vorgegebene Gebiet D (als Gebiet in $\mathbb{C}$ aufgefaßt) konform auf ein Gebiet D^* abzubilden, für das sich ein entsprechendes Dirichletsches Randwertproblem lösen läßt. Gelingt es uns, eine Abbildung zu finden, die D konform und umkehrbar eindeutig auf das Einheitskreisgebiet $\{w \in \mathbb{C} \mid |w| < 1\}$ abbildet (s. Fig. 9.22), so sind wir bei der Lösung unserer Aufgabe einen entscheidenden Schritt weiter gekommen: In diesem Fall steht uns nämlich die Lösungstheorie von Abschnitt 7.2.5 b) Satz 7.25 (Poissonsche Integralformel) zur Verfügung.

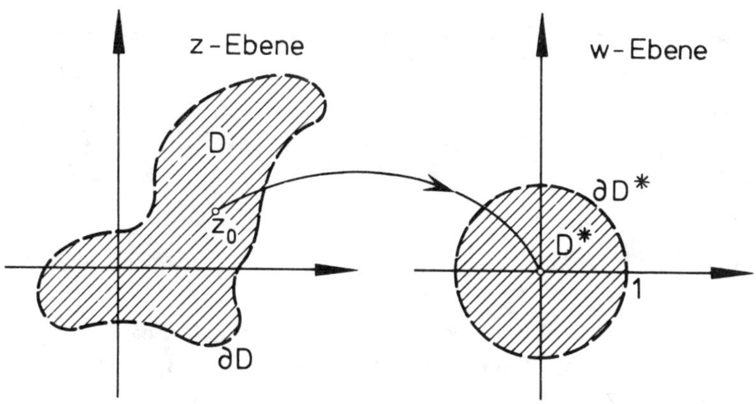

Fig. 9.22: Konforme Abbildung auf ein Einheitskreisgebiet

Wir präzisieren diese Überlegungen und zeigen

> Satz 9.7 Sei D ein Gebiet in $\mathbb{R}^2$, das von einer geschlossenen Jordankurve ∂D berandet wird. Ferner sei g eine auf ∂D vorgegebene stetige Funktion. Dann ist die Dirichletsche Randwertaufgabe (9.42) stets lösbar.

Beweis: Wir fassen D als Gebiet in der komplexen z-Ebene $(z = x + iy)$ auf. Falls es eine in D harmonische Funktion u mit den verlangten Eigenschaften gibt, ist sie Realteil einer in D holomorphen Funktion $F(z)$. Nach dem Riemannschen Abbildungssatz (s. Abschn. 9.1.2, Satz 9.3) existiert eine Funktion f, die D konform und umkehrbar eindeutig auf das Einheitskreis-Gebiet $|w| < 1$ der w-Ebene $(w = \xi + i\eta)$ abbildet. Ihre Umkehrfunktion bezeichnen wir wie üblich mit f^{-1}. Nun setzen wir

$$u^*(w) := \operatorname{Re} F(f^{-1}(w)) \,.^{1)} \tag{9.43}$$

[1] Gelegentlich schreiben wir statt $u^*(\xi,\eta)$ kurz $u^*(w)$ usw.

Es gilt dann: u^* ist eine in $|w| < 1$ harmonische Funktion (wir beachten, daß mit F und f auch die zusammengesetzte Funktion $F \circ f^{-1}$ in $|w| < 1$ holomorph ist!). Aufgrund von Satz 9.4, Abschnitt 9.1.2 (Ränderzuordnung bei konformen Abbildungen) ist u^* außerdem im abgeschlossenen Kreisgebiet $|w| \leq 1$ stetig und nimmt auf $|w| = 1$ die stetigen Randwerte

$$g^*(w) := g(f^{-1}(w)) \tag{9.44}$$

an. Wir haben jetzt ein Dirichletproblem in der w-Ebene für das Kreisgebiet $|w| < 1$ mit den Randwerten (9.44) zu lösen. Dieses gelingt mit Hilfe des Poissonschen Integrals (s. Abschn. 7.2.5 b), Formel (7.68):

$$u^*(w) = \frac{1}{2\pi}\operatorname{Re}\left(\int_0^{2\pi} g^*(e^{i\varphi})\,\frac{e^{i\varphi} - w}{e^{i\varphi} + w}\,d\varphi\right), \quad |w| < 1 . \tag{9.45}$$

Eine Lösung des ursprünglichen Problems ist dann durch

$$u(z) := u^*(f(z)) \tag{9.46}$$

gegeben. Dies folgt mit denselben Schlußweisen wie oben. □

Bemerkung 1: Falls f und f^{-1} bekannt sind, läßt sich also mit (9.46) eine Lösung der Dirichletschen Randwertaufgabe angeben[1]. Die eigentliche Schwierigkeit besteht jedoch im Auffinden solcher Abbildungen, was nur in Spezialfällen mit relativ einfachen geometrischen Konstellationen gelingt. Hierbei ist es hilfreich, wenn man einen möglichst umfassenden Katalog von konformen Abbildungen zur Verfügung hat. Einige kennen wir bereits aus Abschnitt 9.1.3. Weitere finden sich z.B. in [58], S. 391-399; [81], p. 282-284; [77], S. 366-370. Läßt sich f und f^{-1} nicht explizit angeben, so ist man auf andere Lösungsmethoden, etwa numerische Verfahren, angewiesen. Von besonderer Bedeutung sind hier Differenzenverfahren und Finite-Elemente-Methoden (s. z.B. [88], S. 469-482).

---

[1] Die Eindeutigkeitsfrage haben wir bereits in Abschn. 7.2.5 (a), Satz 7.24 beantwortet.

Bemerkung 2: Satz 9.7 gilt entsprechend auch für unbeschränkte Gebiete. Bezüglich der Ränderzuordnung ist die Bemerkung im Anschluß an Satz 9.4 zu beachten.

Beispiel 9.8 Wir lösen das Dirichletsche Randwertproblem für die obere Halbebene $\{(x,y) \mid y > 0 \, , \, x \in \mathbb{R}\}$. Auf der reellen Achse sei eine stetige Funktion g vorgegeben [1], für die die Grenzwerte

$$\lim_{x \to +\infty} g(x) \quad \text{und} \quad \lim_{x \to -\infty} g(x)$$

existieren (als endliche Werte) und gleich sind. Wir bilden die obere Halbebene mit Hilfe der Abbildung

$$w = f(z) = \frac{z - z_0}{z - \overline{z_0}} \quad , \quad \operatorname{Im} z > 0$$

(z_0 beliebig, fest, mit $\operatorname{Im} z_0 > 0$) konform auf das Einheitskreisgebiet $|w| < 1$ ab (s. Abschn. 9.1.3 a), Beisp. 9.5):

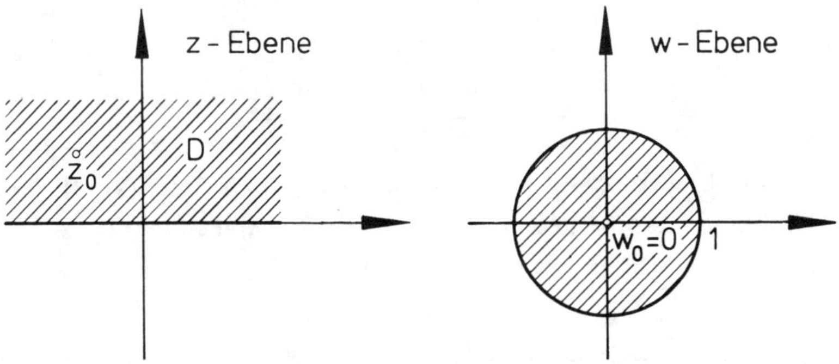

Fig. 9.23: Konforme Abbildung der oberen Halbebene auf das Einheitskreisgebiet

Der Punkt z_0 geht hierbei in den Nullpunkt $w_0 = 0$ über. Zwischen den Punkten w des Einheitskreises $|w| = 1$ und den Punkten $z = t \in \mathbb{R}$ der reellen Achse gilt der Zusammenhang

$$e^{i\varphi} = \frac{t - z_0}{t - \overline{z_0}} \quad . \tag{9.47}$$

[1] Man stößt auf ein solches Problem, wenn längs der x-Achse das elektrostatische Potential g vorgegeben wird und das zugehörige Potential in der oberen Halbebene bestimmt werden soll.

Durchläuft φ die Werte von 0 bis 2π , so durchläuft t die Werte von $-\infty$ bis $+\infty$. Durch Differentiation von (9.47) ergibt sich, wenn wir noch $z_0 = x_0 + iy_0$ setzen

$$d\varphi = \frac{2y_0}{(x_0 - t)^2 + y_0^2}\, dt \; .$$

Aus den Formeln (9.46), (9.45) und (9.44), die entsprechend auch für unser unbeschränktes Gebiet $\operatorname{Im} z > 0$ gelten, erhalten wir dann

$$u(z) = \frac{1}{\pi} \operatorname{Re} \left\{ \int_{-\infty}^{\infty} g(t) \frac{\dfrac{t - z_0}{t - \overline{z_0}} - \dfrac{z - z_0}{z - \overline{z_0}}}{\dfrac{t - z_0}{t - \overline{z_0}} + \dfrac{z - z_0}{z - \overline{z_0}}} \cdot \frac{y_0}{(x_0 - t)^2 + y_0^2}\, dt \right\} .$$

Für $z = z_0$ ergibt sich hieraus mit $u(z_0) = u(x_0, y_0)$ die Poissonsche Integralformel für die obere Halbebene

$$\boxed{u(x_0, y_0) = \frac{1}{\pi} \int_{-\infty}^{\infty} g(t) \frac{y_0}{(x_0 - t)^2 + y_0^2}\, dt} \tag{9.48}$$

Bemerkung: Wir beachten, daß das uneigentliche Integral in (9.48) für in $\mathbb{R}$ stetige und beschränkte Funktionen g existiert.

9.2.2 Neumannsche Randwertprobleme

Neben den Dirichletschen Randwertproblemen treten in vielen Anwendungen Neumannsche[1] Randwertprobleme auf. Hier wird eine stetige Funktion g auf dem Rand ∂D des betrachteten Gebietes D vorgegeben und nach Lösungen $u \in C^2(D) \cap C^1(\overline{D})$ der Potentialgleichung in D gefragt, deren Normalableitungen[2] in jedem Punkt des Randes ∂D mit g übereinstimmen, d.h. für die

---

[1] C. Neumann (1832-1925), deutscher Mathematiker

[2] gleichbed. mit: Ableitung in Richtung der Normalen (s. Bd. I, Abschn. 6.3.3)

$$\begin{cases} \Delta u = 0 & \text{in} \quad D \\ \dfrac{\partial u}{\partial \underline{n}} = g & \text{auf} \quad \partial D \end{cases} \tag{9.49}$$

gilt. Hierbei bedeutet $\underline{n}$ den jeweiligen Normaleneinheitsvektor auf ∂D , der in das Äußere von D weist (s. Fig. 9.24). Es ist klar, daß die Existenz eines Normalenvektors auf ∂D nur gewährleistet ist, falls ∂D "hinreichend glatt" ist. Wir nehmen für die nachfolgenden Überlegungen an, daß ∂D eine glatte Jordan-Kurve ist.

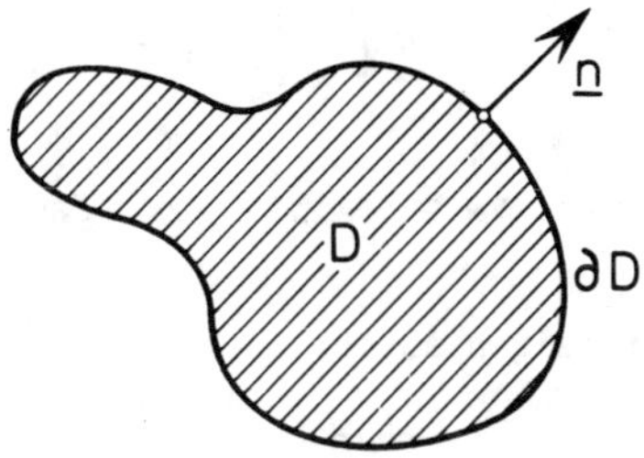

Fig. 9.24: Zur Neumannschen Randwertaufgabe

Auf Neumann-Bedingungen der Form $\frac{\partial u}{\partial \underline{n}} = 0$ stößt man beispielsweise bei der Umströmung eines Körpers D mit der Berandung ∂D durch eine ideale Flüssigkeit. In diesem Fall verläuft die Strömung tangential zum Rand ∂D (s. hierzu auch Abschn. 9.2.4, B)).

Eine Neumannsche Randwertaufgabe ist nur dann lösbar, wenn die vorgegebene Funktion g der Bedingung

$$\boxed{\int_{\partial D} g \, ds = 0} \tag{9.50}$$

genügt (ds : Bogenelement von ∂D). Dies folgt unmittelbar aus (9.49) und aus der Beziehung

$$\int_D \Delta u \, dx \, dy = \int_{\partial D} \frac{\partial u}{\partial n} \, ds \quad \text{(vgl. Abschn. 3.3.5, (3.76)).}$$

Außerdem ist mit jeder Lösung u auch $u + c$, c beliebige Konstante, eine Lösung; d.h. falls es überhaupt eine Lösung des Neumannschen Randwertproblems (9.49) gibt, so ist diese nur bis auf eine additive Konstante eindeutig bestimmt, denn: Sind u_1 und u_2 Lösungen und bilden wir $w := u_1 - u_2$, so löst w das homogene Neumannsche Randwertproblem mit $\Delta w = 0$ in D und $\frac{\partial w}{\partial n} = 0$ auf ∂D , und die 2. Greensche Formel (vgl. Abschn. 3.3.5, (3.71), (3.74)) liefert

$$0 = \int_{\partial D} w \frac{\partial w}{\partial n} ds = \int_D \nabla(w\nabla w) dx dy = \int_D (\nabla w)^2 dx dy ,$$

woraus $\nabla w = 0$ in D und damit $w = u_1 - u_2 = \text{const.}$ in D folgt.

Wir zeigen abschließend

Satz 9.8 Ein Neumannsches Randwertproblem im $\mathbb{R}^2$ für u läßt sich stets auf ein Dirichletsches Randwertproblem für eine zu u konjugiert harmonische Funktion v zurückführen, falls u in $\overline{D} = D \cup \partial D$ stetige partielle Ableitungen erster Ordnung besitzt.

Beweis: Ist ∂D positiv orientiert und bezeichnen wir die Tangenten- bzw. Normaleneinheitsvektoren an ∂D mit $\vec{t}$ bzw. $\vec{n}$, so gilt für die Richtungsableitungen von u und v in Richtung von $\vec{t}$ bzw. $\vec{n}$ (wir schreiben $\frac{\partial}{\partial t}$ bzw. $\frac{\partial}{\partial n}$) auf ∂D

$$\frac{\partial u}{\partial t} = -\frac{\partial v}{\partial n} \quad , \quad \frac{\partial u}{\partial n} = \frac{\partial v}{\partial t} . \tag{9.51}$$

Diese Gleichungen stehen in Analogie zu den Cauchy-Riemannschen Differentialgleichungen und lassen sich ganz entsprechend beweisen (s. Üb. 9.6; wir beachten, daß hier $\vec{n}$ in das Äußere von D weist!). Da $\frac{\partial u}{\partial n}$ (= g) auf ∂D vorgegeben ist, kennen wir wegen (9.51) auch $\frac{\partial v}{\partial t}$ auf ∂D und können daher v auf ∂D (bis auf eine additive Konstante) bestimmen: Mit

$$v(x,y) = \int_{(x_0,y_0)}^{(x,y)} (\nabla v) \cdot \vec{t} \, ds \quad \text{(vgl. Abschn. 1.6.3)}$$

$(x_0,y_0) \in \partial D$ beliebig fest und $\frac{\partial v}{\partial t} = \nabla t \cdot \vec{t}$ folgt dann wegen (9.51)

$$v(x,y) = \int_{(x_0,y_0)}^{(x,y)} \frac{\partial v}{\partial t}\, ds = \int_{(x_0,y_0)}^{(x,y)} \frac{\partial u}{\partial n}\, ds = \int_{(x_0,y_0)}^{(x,y)} g\, ds \,. \tag{9.52}$$

Die Berechnung von v in D führt auf die Lösung eines Dirichlet-Problems mit der durch (9.52) gegebenen Randfunktion. Mit diesem v, das wir z.B. mit den Methoden von Abschnitt 9.2.1 gewinnen können, gelangen wir zu u mit Hilfe von Formel (7.35), Abschnitt 7.1.5, wobei wir in dieser Formel die Rollen von u und v vertauschen müssen. □

9.2.3 Potential von Punktladungen

In zahlreichen Fällen lassen sich Dirichletsche Randwertaufgaben auch ohne Benutzung der Poissonschen Formel lösen, etwa wenn die Lösung im Bildbereich einer konformen Abbildung direkt angegeben werden kann. Wir verdeutlichen dies anhand eines Beispiels aus der Elektrostatik. Dabei modifizieren wir unsere Fragestellung aus Abschnitt 9.2.1 und lassen nun auch zu, daß die zu bestimmende Potentialfunktion Singularitäten besitzt. Wir betrachten zunächst eine Punktquelle im Nullpunkt des $\mathbb{R}^2$ mit *Quellstärke* (= *Ladung*) Q. Ihr Potential u im Einheitskreisgebiet ist durch

$$u(x,y) = \frac{Q}{2\pi} \ln \frac{1}{\sqrt{x^2+y^2}} \tag{9.53}$$

gegeben. Mit $r := \sqrt{x^2+y^2}$ wird also u im Nullpunkt wie

$$\ln \frac{1}{r} \tag{9.54}$$

singulär. Für eine Punktquelle im Nullpunkt können wir nämlich ansetzen:

1.) $\Delta u = 0$ für $(x,y) \neq (0,0)$;

2.) $\nabla u = f(r)\vec{e}_r$ (aus Symmetriegründen), wobei $r = \sqrt{x^2+y^2}$ der Abstand des Punktes (x,y) vom Nullpunkt und $\vec{e}_r$ der von $(0,0)$ nach (x,y) weisende Einheitsvektor ist.

Wir wollen $f(r)$ bestimmen. Hierzu sei $0 < r' < r$; $K_{r'}(0)$ bzw. $K_r(0)$ seien Kreise mit Radius r' bzw. r und Mittelpunkt $(0,0)$. Nach dem Satz von Gauß, angewandt auf das Ringgebiet $D_{r',r}$ zwischen diesen Kreisen, gilt dann

$$\int\limits_{K_r(0)} \nabla u \cdot \vec{n}\, ds - \int\limits_{K_{r'}(0)} \nabla u \cdot \vec{n}\, ds = \int\limits_{D_{r',r}} \Delta u \, dx\, dy .$$

Das letzte Integral verschwindet wegen 1.), so daß die beiden Flußintegrale auf der linken Seite gleich sind. Dies bedeutet, daß der Fluß durch $K_r(0)$ unabhängig von r ist. Diese von r unabhängige Konstante heißt Quellstärke Q . Mit 2.) ergibt sich dann

$$Q = \int\limits_{K_r(0)} \nabla u \cdot \vec{n}\, ds = \int\limits_{K_r(0)} |\nabla u|\, ds = f(r) \int\limits_{K_r(0)} ds = f(r) \cdot 2\pi r$$

bzw. $f(r) = \frac{Q}{2\pi r}$. Damit ist $\nabla u = \frac{Q}{2\pi r}\vec{e}_r = \frac{Q}{2\pi\sqrt{x^2+y^2}} \cdot \left(\frac{x}{\sqrt{x^2+y^2}}, \frac{y}{\sqrt{x^2+y^2}}\right)$,

woraus sich (9.53) durch Integration ergibt.

Formel (9.53) zeigt, daß u auf dem Einheitskreis $\{(x,y) : x^2 + y^2 = 1\}$ verschwindet. Also ist u bereits

> *Lösung einer Dirichletschen Randwertaufgabe mit verschwindenden Randwerten auf dem Einheitskreis und der Singularität (9.54) im Nullpunkt*

ist. Auf ein solches Problem werden wir z.B. geführt, wenn wir nach dem Potential eines geladenen Drahtes in einem geerdeten Zylinder fragen und dies als ein ebenes Problem gemäß Figur 9.25 auffassen (unendlich langer Zylinder und Draht senkrecht zur (x,y)-Ebene!).

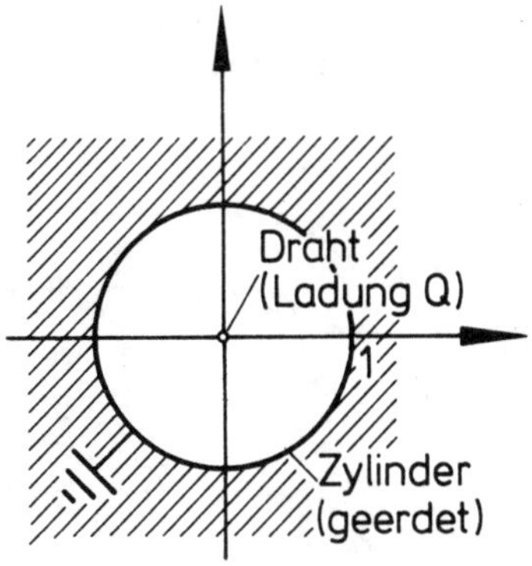

Fig. 9.25: Geladener Draht in Zylindermitte

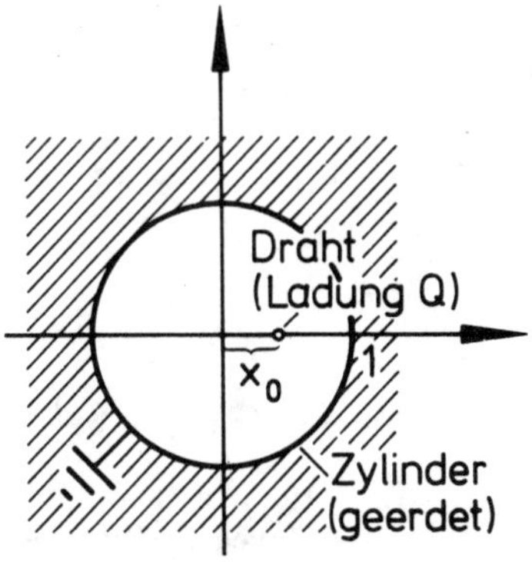

Fig. 9.26: Geladener Draht in verschobener Lage

Jetzt betrachten wir den Fall, daß die Punktquelle um den Betrag x_0 aus dem Mittelpunkt des Einheitskreises verschoben ist (s. Fig. 9.26) und das Potential auf dem Einheitskreis wieder identisch verschwindet:

Zunächst bilden wir das Einheitskreisgebiet in der z-Ebene mit der Punktquelle in $z_0 = x_0$ konform auf ein Einheitskreisgebiet in der w-Ebene so ab, daß z_0 in den Punkt $w = 0$ übergeht. Nach Beispiel 9.6, Abschnitt 9.1.3, (a) leistet die Abbildung

$$w = f(z) = \frac{z - z_0}{1 - \overline{z_0} z} \quad , \quad |z| < 1 \tag{9.55}$$

das Gewünschte. Nach unseren vorhergehenden Überlegungen steht uns die Lösung der entsprechenden Dirichletschen Randwertaufgabe in der w-Ebene zur Verfügung:

$$u^*(\xi,\eta) = \frac{Q}{2\pi} \ln \frac{1}{\sqrt{\xi^2 + \eta^2}} \tag{9.56}$$

Wir schreiben u^* als Realteil einer holomorphen Funktion F. Hierzu verwenden wir die zu u^* konjugiert harmonische Funktion

$$v^*(\xi,\eta) = - \frac{Q}{2\pi} \arctan \frac{\eta}{\xi} \quad {}^{1)} \tag{9.57}$$

1) Wir verwenden hier den Hauptwert der mehrdeutigen arctan-Funktion.

(s. Üb. 9.7) und bilden die für $w \neq w_0 = 0$ holomorphe Funktion

$$\begin{aligned}
F(w) = F(\xi + i\eta) &:= u^*(\xi,\eta) + i v^*(\xi,\eta) \\
&= \frac{Q}{2\pi} \ln \frac{1}{\sqrt{\xi^2+\eta^2}} - i \frac{Q}{2\pi} \arctan \frac{\eta}{\xi} \\
&= -\frac{Q}{2\pi} \ln |w| - i \frac{Q}{2\pi} \operatorname{Arg} w \qquad (9.58)\\
&= -\frac{Q}{2\pi} \operatorname{Log} w \quad \text{(Hauptwert des Logarithmus)} .
\end{aligned}$$

Mit der durch (9.55) erklärten Funktion f bilden wir nun

$$z \longmapsto F(f(z)) \,, \quad |z| < 1 \,. \qquad (9.59)$$

Die so definierte Funktion ist im Einheitskreisgebiet der z-Ebene, mit Ausnahme des Punktes z_0, holomorph. Die gesuchte Lösung unserer Dirichletschen Randwertaufgabe ist dann durch

$$\boxed{u(x,y) = \operatorname{Re} F(f(z)) = \frac{Q}{2\pi} \ln \left| \frac{1-\overline{z_0}z}{z-z_0} \right| ,} \qquad (9.60)$$

$z_0 = \overline{z_0} = x_0$, gegeben. (Wir beachten: $\operatorname{Re} F(w) = 0$ auf dem Rand!)

In Figur 9.27 a) bzw. b) sind Äquipotentiallinien (gestrichelt) und Feldlinien (durchgezogen) dargestellt, die den beiden behandelten Fällen entsprechen. Die Äquipotentiallinien ergeben sich aus der Beziehung

$$\frac{1-\overline{z_0}\,z}{z-z_0} = \text{const.} \qquad \text{(Kreise!)}$$

Die Feldlinien schneiden die Äquipotentiallinien senkrecht (ebenfalls Kreise!)

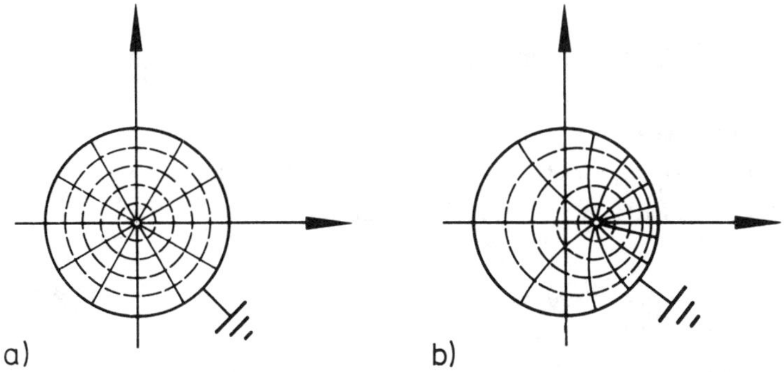

Fig. 9.27: Äquipotential- und Feldlinien des geladenen Drahtes in einem Zylinder

Bemerkung: Der Fall endlich vieler Punktquellen, etwa m, in einem einfach zusammenhängenden Gebiet D, dessen Rand ∂D geerdet ist (s. Fig. 9.28), läßt sich auf die Behandlung einer Punktquelle zurückführen: An den Quellpunkten (x_i, y_i) mit Stärke Q_i $(i = 1, \ldots, m)$ muß die gesuchte Potentialfunktion wie

$$\ln \frac{1}{r_i}$$

(r_i : Abstände von den Quellpunkten) singulär werden und auf dem Rand ∂D von D verschwinden. Ist $u_i(x,y)$ die Potentialfunktion einer Quelle in $(x_i, y_i) \in D$ mit Stärke Q_i, so ist

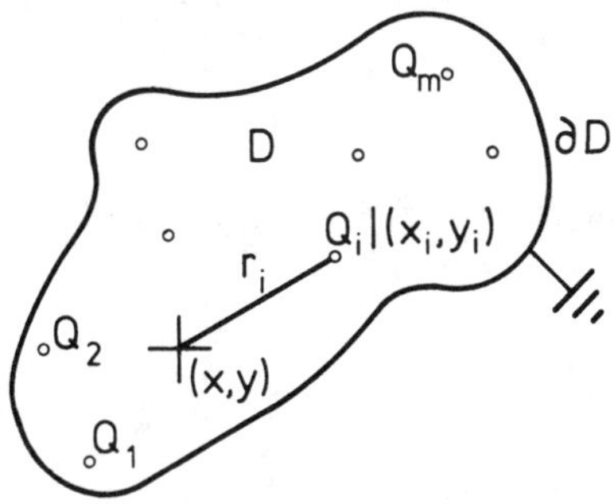

Fig. 9.28: m Punktquellen im Gebiet D mit geerdetem Rand

$$\boxed{u(x,y) := \sum_{i=1}^{m} u_i(x,y) \ , \quad (x,y) \in D} \tag{9.61}$$

die Potentialfunktion der m Quellen.

9.2.4 Ebene stationäre Strömungen

(A) Wir betrachten idealisiert eine stationäre (= zeitunabhängige) inkompressible und reibungsfreie Strömung. Der Geschwindigkeitsvektor dieser Strömung in einem Punkt (x,y) sei durch

$$\underline{v}(x,y) = \{v_1(x,y), v_2(x,y)\} \tag{9.62}$$

gegeben. Wir nehmen an, daß $\underline{v}$ in einem einfach zusammenhängenden Gebiet $D \subset \mathbb{R}^2$ definiert und dort stetig differenzierbar ist. Ferner soll die Strömung in D frei von Quellen und Wirbeln sein, also

$$\operatorname{div} \underline{v} = \frac{\partial v_1}{\partial x} + \frac{\partial v_2}{\partial y} = 0 \tag{9.63}$$

und

$$\operatorname{rot} \underline{v} = \frac{\partial v_2}{\partial x} - \frac{\partial v_1}{\partial y} = 0 \tag{9.64}$$

in D erfüllen (s. Abschn. 3.4).

Wegen (9.64) gibt es nach Abschnitt 3.4.1 eine in D erklärte Funktion Φ mit

$$\operatorname{grad} \Phi = \underline{v} \quad \text{in } D . \tag{9.65}$$

Man nennt Φ das Geschwindigkeitspotential der Strömung.

Nach (9.65) genügen die Komponenten von $\underline{v}$ in D den Beziehungen

$$v_1 = \frac{\partial \Phi}{\partial x} , \quad v_2 = \frac{\partial \Phi}{\partial y} . \tag{9.66}$$

Setzen wir diese in (9.63) ein, so folgt

$$\Delta \Phi = \frac{\partial^2 \Phi}{\partial x^2} + \frac{\partial^2 \Phi}{\partial y^2} = 0 . \tag{9.67}$$

Das Geschwindigkeitspotential Φ der Strömung genügt also in D der Potentialgleichung. Umgekehrt läßt sich jede Lösung von (9.67) als Geschwindigkeitspotential einer quellen- und wirbelfreien Strömung deuten.

Das komplexe Strömungspotential

Das Geschwindigkeitsfeld (9.62) läßt sich in komplexer Form auch durch

$$v(z) = v(x+iy) := v_1(x,y) + i v_2(x,y) \ , \quad z \in D \tag{9.68}$$

darstellen, wobei wir D jetzt als Gebiet in $\mathbb{C}$ auffassen. Nach Abschnitt 7.1.5, Satz 7.8 gibt es zu dem durch (9.65) erklärten Potential Φ eine bis auf eine additive Konstante eindeutig bestimmte konjugiert harmonische Funktion ψ. Durch

$$F(z) = F(x+iy) := \Phi(x,y) + i\psi(x,y) \tag{9.69}$$

ist dann eine in D holomorphe Funktion F erklärt. Man nennt F das komplexe Strömungspotential; Φ heißt das Potential und ψ die Stromfunktion des komplexen Strömungsfeldes v.

Sind in der Strömung Punktquellen bzw. -wirbel vorhanden, so ist F in diesen Punkten singulär.

> *Die Bedeutung des komplexen Potentials* F *besteht darin, daß sich aus* F *das Geschwindigkeitsfeld und weiterhin die Druckverteilung der Strömung ermitteln lassen.*

Denn: Wegen

$$v(z) = \frac{\partial \Phi}{\partial x} + i\,\frac{\partial \Phi}{\partial y} = \frac{\partial \Phi}{\partial x} - i\,\frac{\partial \psi}{\partial x} \quad {}^{1)}$$

ergibt sich mit (7.8), Abschnitt 7.1.3,

$$\boxed{v(z) = \overline{F'(z)}} \tag{9.70}$$

---

1) Wir beachten (9.66) und (9.68), und daß die Funktionen Φ und ψ in D den Cauchy-Riemannschen DGln genügen!

Das Geschwindigkeitsfeld v ergibt sich also aus F durch Differentiation und Übergang zur konjugiert komplexen Funktion.

Auch der Fluß N und die Zirkulation Γ (s. Abschn. 3.2.5) lassen sich aus F bestimmen: Ist C eine positiv orientierte, geschlossene, doppelpunktfreie, glatte Kurve, so gilt wegen Übung 9.10:

$$\Gamma + i N = \int_C F'(z)\, dz , \tag{9.71}$$

also

$$\boxed{\Gamma = \operatorname{Re} \int_C F'(z) dz \ , \ N = \operatorname{Im} \int_C F'(z) dz} \tag{9.72}$$

(B) Umströmung eines Hindernisses

Wir betrachten eine Strömung, die im Unendlichen konstant sein soll, d.h. für die

$$v(z) \longrightarrow v_\infty = \text{const.} \quad \text{für} \quad z \longrightarrow \infty \tag{9.73}$$

gilt. Nun bringen wir ein Hindernis, das von einer glatten Kurve C berandet ist, in die Strömung und interessieren uns für den Verlauf des gestörten Geschwindigkeitsfeldes $v(z)$. Hierzu bestimmen wir das komplexe Strömungspotential F . Für dieses gilt (wir beachten (9.70) bzw. (9.73)): Seine Ableitung F' läßt sich in eine Laurentreihe der Form

$$F'(z) = \overline{v_\infty} + \frac{a_{-1}}{z} + \frac{a_{-2}}{z^2} + \dots \tag{9.74}$$

entwickeln.[1)] Für F ergibt sich dann durch Integration

$$F(z) = \overline{v_\infty} \cdot z + a + a_{-1} \operatorname{Log} z - \frac{a_{-2}}{z} - \dots , \tag{9.75}$$

mit einer beliebigen Konstanten a . Um die Bedeutung der Konstanten a_{-1} zu erkennen, benutzen wir (9.71):

1) F' ist eine in $\text{Äu}(C) \cup \{\infty\}$ holomorphe Funktion. (Beachte: $F'(z) \to \overline{v_\infty}$ für $z \to \infty$!)

$$\int_{C^*} F'(z)\,dz = \Gamma + i\,N ,$$

wobei C^* irgendeine geschlossene, glatte, positiv orientierte Kurve mit $C \subset \text{In}(C^*)$ ist. Nach dem Residuensatz (s. Satz 8.8, Abschn. 8.2.1) gilt

$$\int_{C^*} F'(z)\,dz = 2\pi i\, a_{-1} , \tag{9.76}$$

so daß sich

$$a_{-1} = \frac{1}{2\pi i}(\Gamma + i\,N) \tag{9.77}$$

ergibt. Für C selbst gilt, da C umströmt wird, daß der Fluß N durch C gleich Null ist. Daher folgt

$$a_{-1} = \frac{1}{2\pi i}\,\Gamma , \tag{9.78}$$

und somit ergibt sich für F

$$\boxed{F(z) = \overline{v_\infty} \cdot z + a + \frac{\Gamma}{2\pi i}\,\text{Log}\,z - \frac{a_{-2}}{z} - \ldots} \tag{9.79}$$

In (9.79) kann die Zirkulation Γ noch vorgeschrieben werden. Eine weitere Bedingung (= Randbedingung) ergibt sich aus der Forderung, daß die Kontur C unseres Hindernisses selbst eine Stromlinie, also eine Kurve mit $\psi(x,y) = \text{const.}$, sein soll ($C$ soll umströmt werden!)[1]
Für den Imaginärteil ψ des komplexen Potentials F muß also

$$\psi(x,y) = \text{const.} \quad \text{auf} \quad G \tag{9.80}$$

erfüllt sein. Es läßt sich dann einfach zeigen (s. Üb. 9.11):

[1] Gleichbedeutend hierzu ist: Die Strömung v genügt auf C einer Neumannschen Randbedingung der Form $\frac{\partial v}{\partial \underline{n}} = 0$ (vgl. Abschn. 9.2.2)

Durch Vorgabe von v_∞ und Γ ist das komplexe Potential F - und damit das Geschwindigkeitsfeld - der Strömung bis auf eine additive Konstante eindeutig bestimmt.

Wir betrachten noch den interessanten

Spezialfall $\Gamma = 0$ (zirkulationsfreie Umströmung des Hindernisses)

Aus (9.79) ergibt sich für $\Gamma = 0$:

$$F(z) = \overline{v_\infty} \cdot z + a - \frac{a_{-2}}{z} - \dots \quad . \tag{9.81}$$

Der Punkt $z = \infty$ ist eine Polstelle[1] der Ordnung 1 von F , da $\overline{v_\infty} \cdot z$ eine Nullstelle dieser Ordnung hat, geht also bei der Abbildung durch F in sich über: $F(\infty) = \infty$. Welches Bild vermittelt F von der Berandung C des Hindernisses? Zur Beantwortung dieser Frage tragen wir $F(z) = \Phi(x,y) + i\,\psi(x,y)$ in der w-Ebene $(w = \xi + i\eta)$ auf. Wegen (9.80) ergibt sich als Bild von C eine zur ξ-Achse parallele Strecke C^*:

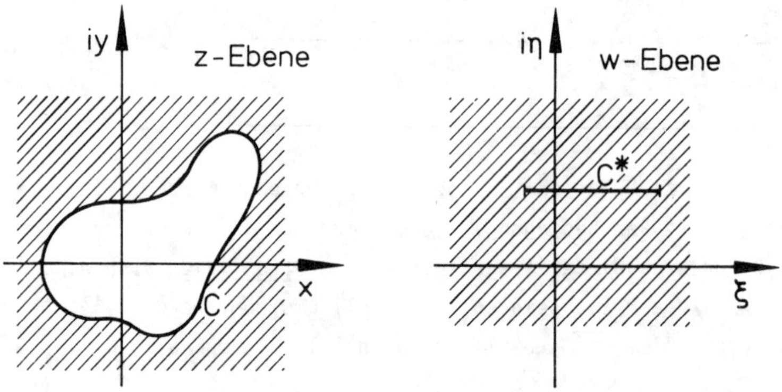

Fig. 9.29: Abbildung des Randes C durch das komplexe Potential F

F bildet das Äußere von C konform auf das Äußere von C^* ab. Wir zeigen, daß diese Abbildung umkehrbar eindeutig ist. Hierzu sei ζ_0

---

[1] s. Abschn. 8.1.2, Bemerkung 2

ein beliebiger Punkt der w-Ebene mit $\zeta_0 \notin C^*$. Ferner nehmen wir $0 \in In(C)$ an. Bezeichnen wir mit $N_F(\zeta_0)$ die Anzahl der Punkte z mit $F(z) = \zeta_0$ und mit P_F die Anzahl der Polstellen von F in $Äu(C)$, und bilden wir die Funktion $G(z) := F(z) - \zeta_0$, so stimmen die ζ_0-Stellen von F mit den Nullstellen $N_G(0)$ der Funktion G überein, und die Polstellen P_G von G sind mit den Polstellen P_F von F identisch. Wenden wir nun das Prinzip vom Argument (s. Abschn. 8.2.2, Satz 8.9) auf G an, so erhalten wir

$$N_F(\zeta_0) - P_F = N_G(0) - P_G = \frac{1}{2\pi i} \oint_C \frac{G'(z)}{G(z)}\,dz$$

$$= \frac{1}{2\pi i} \oint_C \frac{F'(z)}{F(z) - \zeta_0}\,dz = 0 \qquad \text{(warum?)}$$

Mit $P_F = 1$ (wegen $0 \in In(C)$ ist $z = \infty$ die einzige Polstelle; vgl. (9.81)) folgt hieraus $N_F(\zeta_0) = 1$, d.h. es gibt nur eine ζ_0-Stelle von F . Damit ist gezeigt:

> Ist die Zirkulation Γ bei der Umströmung eines Hindernisses mit der Berandung C Null, so bildet das komplexe Potential F unter den obigen Voraussetzungen das Äußere von C umkehrbar eindeutig und konform auf das Äußere einer Strecke C^* , die parallel zur reellen Achse der Bildebene von F verläuft, ab. Dabei geht der Punkt ∞ in sich über.

Für die Diskussion von Strömungen ist der Begriff des Staupunktes von Bedeutung: Unter den Staupunkten einer Strömung versteht man solche Punkte z , für die $F'(z) = 0$ ist. Der Betrag der Geschwindigkeit v der Strömung ist dort wegen (9.70) also Null. In den Staupunkten kann F offensichtlich nicht konform sein.

Beispiel 9.9 Wir untersuchen die Strömung um einen Kreiszylinder bzw., als ebenes Problem aufgefaßt, um ein Kreisgebiet mit Rand $C = \{z \in \mathbb{C} \mid |z| = R\}$. Im Unendlichen liege die konstante Geschwindigkeit

$$v_\infty = |v_\infty| \cdot e^{i\varphi} \tag{9.82}$$

vor. Wir unterscheiden zwei Fälle:

1. Zirkulation $\Gamma = 0$

Wegen des oben gewonnenen Resultates wissen wir, daß jedes komplexe Potential F, das dieser Situation entspricht, das Äußere des Kreises C umkehrbar eindeutig und konform auf das Äußere einer Strecke abbildet. Diese Strecke verläuft parallel zur reellen Achse in der Bildebene von F. Wir erinnern daran (s. Abschn. 9.1.3, (b)), daß die Joukowski-Funktion

$$f(z) = \frac{1}{2}\left(z + \frac{1}{z}\right) \tag{9.83}$$

ähnliches leistet: Sie bildet den Einheitskreis $|z| = 1$ auf die Strecke ab, die die Punkte -1 und $+1$ auf der reellen Achse verbindet. Wir modifizieren nun (9.83) so, daß wir unser komplexes Potential F bestimmen können. Hierzu gehen wir von der Funktion

$$G(z) = \alpha\left(\frac{z}{R} + \frac{R}{z}\right), \quad \alpha \in \mathbb{R} \tag{9.84}$$

aus. Für diese gilt

$$G'(z) = \alpha\left(\frac{1}{R} - \frac{R}{z^2}\right) \longrightarrow \frac{\alpha}{R} \quad \text{für} \quad z \to \infty$$

Um zu einer Funktion F zu gelangen, für die

$$F'(z) \longrightarrow \overline{v_\infty} = |v_\infty| \cdot e^{-i\varphi} \quad \text{für} \quad z \to \infty$$

erfüllt ist, wählen wir für α in (9.84) den Wert $|v_\infty| \cdot R$ und ersetzen z durch $z \cdot e^{-i\varphi}$. Dadurch erhalten wir das gesuchte Potential

$$F(z) = \frac{|v_\infty|\, R\, z\, e^{-i\varphi}}{R} + \frac{|v_\infty|\, R^2}{z \cdot e^{-i\varphi}}$$

oder

$$\boxed{F(z) = \overline{v_\infty} \cdot z + \frac{R^2 v_\infty}{z}} \tag{9.85}$$

In Figur 9.30 ist der Strömungsverlauf für $\Gamma = 0$, $R = 1$ und $v_\infty = \overline{v_\infty}$ dargestellt, genauer, das Geschwindigkeitsfeld $v(z) = \overline{F'(z)}$:

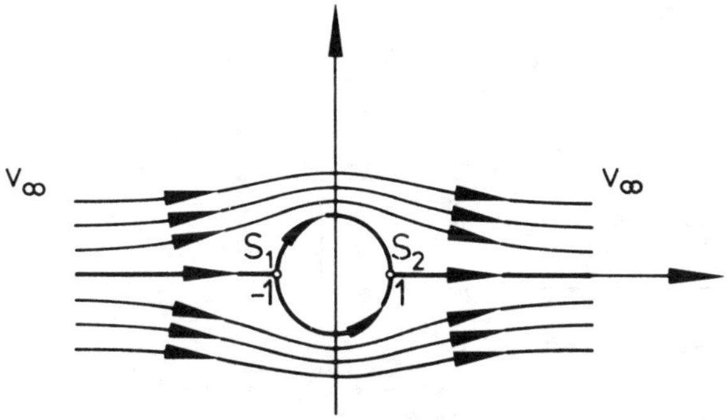

Fig. 9.30: Zirkulationsfreie Umströmung eines Zylinders

Die Staupunkte dieser Strömung ergeben sich aus

$$F'(z) = v_\infty - \frac{v_\infty}{z^2} = 0$$

zu $s_1 = 1$ und $s_2 = -1$.

2. Zirkulation $\Gamma \neq 0$

Das komplexe Potential eines punktförmigen Wirbels im Koordinatenursprung ist durch

$$\frac{\Gamma}{2\pi i} \operatorname{Log} z \tag{9.86}$$

gegeben (s. auch Abschn. 3.2.5, Beisp. 3.4). Überlagern wir diesen Anteil mit dem zirkulationsfreien (s. Formel (9.85)), so gewinnen wir für unsere Strömung das komplexe Potential

$$\boxed{F(z) = \overline{v_\infty} \cdot z + \frac{R^2 v_\infty}{z} + \frac{\Gamma}{2\pi i} \operatorname{Log} z} \qquad (9.87)$$

Staupunkte der Strömung: Wir erhalten diese für den Fall $R = 1$ und $v_\infty = \overline{v_\infty}$ aus der Beziehung

$$F'(z) = v_\infty - \frac{v_\infty}{z^2} + \frac{\Gamma}{2\pi i} \frac{1}{z} = 0 \ ,$$

also als Nullstellen

$$\boxed{s_{1,2} = \frac{1}{4\pi v_\infty} \left(\Gamma i \pm \sqrt{16\pi^2 v_\infty{}^2 - \Gamma^2} \right)} \qquad (9.88)$$

der quadratischen Gleichung

$$z^2 + \frac{\Gamma}{2\pi i v_\infty} z - 1 = 0 \ .$$

a) <u>Für $\Gamma \leq 4\pi v_\infty$</u> folgt aus (9.88)

$$|s_{1,2}| = \frac{1}{4\pi v_\infty} \sqrt{\Gamma^2 + 16\pi^2 v_\infty{}^2 - \Gamma^2} = 1 \ .$$

Die beiden Staupunkte s_1, s_2 liegen daher auf dem Einheitskreis $|z| = 1$. Beschreiben wir die Punkte dieses Kreises durch $z = e^{i\varphi}$, $0 \leq \varphi < 2\pi$, so gewinnen wir mit Hilfe von

$$|F'(z)| = \left| v_\infty - \frac{v_\infty}{z^2} + \frac{\Gamma}{2\pi i} \frac{1}{z} \right| = \left| \left(1 - e^{-i2\varphi}\right) v_\infty + \frac{\Gamma}{2\pi i} e^{-i\varphi} \right|$$

$$= \left| \left(e^{i\varphi} - e^{-i\varphi}\right) v_\infty + \frac{\Gamma}{2\pi i} \right| = \left| 2 v_\infty \sin\varphi - \frac{\Gamma}{2\pi} \right| = 0$$

bzw. mit

$$\sin\varphi = \frac{\Gamma}{4\pi v_\infty}$$

die beiden Staupunkte $s_1 = e^{i\varphi_1}$, $s_2 = e^{i\varphi_2}$ mit

$$\boxed{\varphi_1 = \arcsin \frac{\Gamma}{4\pi v_\infty} \;,\quad \varphi_2 = \pi - \arcsin \frac{\Gamma}{4\pi v_\infty}} \tag{9.89}$$

Für $|\Gamma| < 4\pi v_\infty$ ergibt sich ein Strömungsverlauf gemäß Figur 9.31, während sich für $|\Gamma| = 4\pi v_\infty$ (beide Staupunkte fallen zusammen!) die in Figur 9.32 dargestellte Situation ergibt.

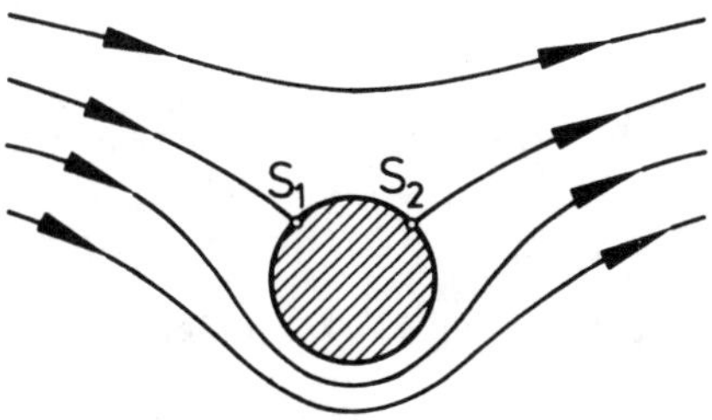

Fig. 9.31: Strömungsverlauf für $|\Gamma| < 4\pi v_\infty$

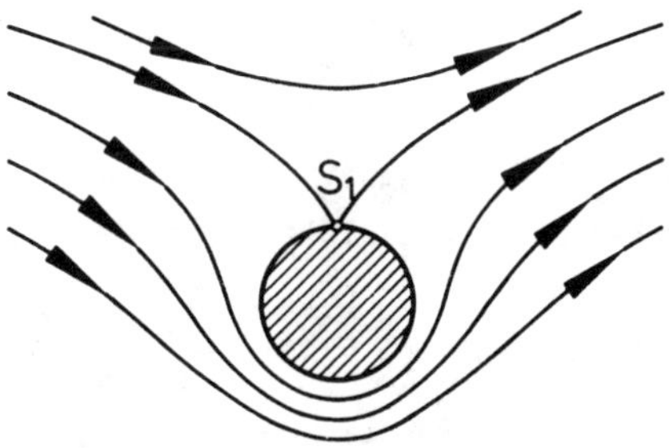

Fig. 9.32: Strömungsverlauf für $|\Gamma| = 4\pi v_\infty$

Bemerkung: Schreiben wir die erste Beziehung in (9.89) in der Form

$$\Gamma = 4\pi v_\infty \sin\varphi_1 \;, \tag{9.90}$$

so erkennen wir, daß wir anstelle der Zirkulation Γ genau so gut den Staupunkt s_1 (d.h. φ_1) hätten vorgeben können.

b) Für $|\Gamma| > 4\pi v_\infty$ gilt für die beiden Staupunkte s_1, s_2 :

$$|s_1| > 1 \quad , \quad |s_2| < 1 \;,$$

d.h. nur der außerhalb des Kreises $|z| = 1$ gelegene Punkt s_1 tritt wirklich als Staupunkt auf (s. auch Üb. 9.12).

Bemerkung: Eine Fülle interessanter Anwendungen der Theorie konformer Abbildungen auf Probleme der Potentialtheorie findet sich z.B. in [58], [71], [77] und [79].

Übungen

9.6* Die Funktion $f(z) = f(x+iy) = u(x,y) + iv(x,y)$ sei holomorph im Punkt z . In z seien zwei Einheitsvektoren $\vec{t}$ bzw. $\vec{n}$ vorgegeben, wobei $\vec{t}$ durch Drehung um $\frac{\pi}{2}$ entgegengesetzt dem Uhrzeigersinn in $\vec{n}$ übergehe. Weise die Beziehungen

$$\frac{\partial u}{\partial t} = \frac{\partial v}{\partial n} \quad , \quad \frac{\partial u}{\partial n} = -\frac{\partial v}{\partial t}$$

nach. Für welchen Spezialfall ergeben sich hieraus die Cauchy-Riemannschen Differentialgleichungen?

9.7 Sei $u(x,y) = A \ln \frac{1}{\sqrt{x^2+y^2}}$, $A > 0$. Bestimme zu u konjugiert harmonische Funktionen v .

9.8* Ermittle das Potential $u(x,y)$ einer Punktquelle der Stärke Q im Punkt $(0,1)$, wenn $u(x,0) = 0$ für alle $x \in \mathbb{R}$ ist. (Geerdete Platte durch die x-Achse und geladener Draht durch $(0,1)$, beide senkrecht zur (x,y)-Ebene.)

9.9* Wie lautet das Potential $u(x,y)$ einer Punktquelle der Stärke Q im Punkt $(-2,0)$ in der längs der positiven x-Achse aufgeschnittenen Ebene, wenn das Potential auf der positiven x-Achse Null ist?

9.10 Unter Verwendung der Bezeichnungen und Voraussetzungen von Abschnitt 9.2.2,(A) ist zu zeigen, daß zwischen dem komplexen Geschwindigkeitsfeld $v(z)$, dem Fluß N und der Zirkulation Γ einer Strömung folgender Zusammenhang besteht:

$$\int_C \overline{v}(z)\,dz = \Gamma + iN \, .$$

9.11* Ein ebenes Hindernis mit glatter Randkurve C befinde sich in einer stationären, inkompressiblen und reibungsfreien Strömung. Zeige: Durch Vorgabe der Geschwindigkeit $v_\infty = \text{const.}$ im Unendlichen und der Zirkulation Γ längs C ist das zugehörige komplexe Potential F der Strömung bis auf eine additive Konstante eindeutig bestimmt.

9.12* Ermittle den Stromlinienverlauf der in Beispiel 9.9 betrachteten Strömung für den Fall $|\Gamma| > 4\pi v_\infty$. Welcher Staupunkt ergibt sich?

10 ANWENDUNG DER FUNKTIONENTHEORIE AUF DIE BESSELSCHE DIFFERENTIALGLEICHUNG

Im vorhergehenden Abschnitt haben wir gesehen, wie sich funktionentheoretische Methoden zur Behandlung von ebenen (= 2-dimensionalen) Problemen heranziehen lassen. Im folgenden wollen wir aufzeigen, daß die Funktionentheorie auch bei höher-dimensionalen Problemen, etwa im Zusammenhang mit der Schwingungsgleichung im $\mathbb{R}^n$, eine wichtige Rolle spielt.

10.1 DIE BESSELSCHE DIFFERENTIALGLEICHUNG

10.1.1 Motivierung

Wir gehen bei unseren Betrachtungen von der Helmholtzschen[1] Schwingungsgleichung (kurz Schwingungsgleichung genannt) im $\mathbb{R}^n$, $n \in \mathbb{N}$, aus:

$$\Delta U(x) + k^2 U(x) = 0 . \tag{10.1}$$

Hierbei ist $x = (x_1,\dots,x_n) \in \mathbb{R}^n$, $k \in \mathbb{C}$ $(\mathrm{Im}\, k \geq 0)$ und $\Delta = \frac{\partial^2}{\partial x_1^2} + \dots + \frac{\partial^2}{\partial x_n^2}$ der Laplace-Operator. Die Schwingungsgleichung enthält für $k = 0$ den Spezialfall der

$$\text{Potentialgleichung} \quad \Delta U(x) = 0 , \quad x \in \mathbb{R}^n . \tag{10.2}$$

Außerdem stößt man auf die Schwingungsgleichung, wenn man bei der Wärmeleitungsgleichung

$$\frac{\partial u(x,t)}{\partial t} = \Delta u(x,t) , \quad x \in \mathbb{R}^n , \quad t \in [0,\infty) \tag{10.3}$$

---

[1] H.v.Helmholtz (1821-1894), deutscher Physiker und Physiologe

bzw. bei der Wellengleichung

$$\frac{\partial^2 u(x,t)}{\partial t^2} = \Delta u(x,t), \quad x \in \mathbb{R}^n \ , \quad t \in [0,\infty) \tag{10.4}$$

zur Gewinnung einer Lösung einen Separationsansatz

$$u(x,t) = U(x) \cdot V(t) \tag{10.5}$$

durchführt. In beiden Fällen genügt U dann der Schwingungsgleichung (zeigen!). In der Theorie der partiellen Differentialgleichungen kommt dieser Gleichung daher eine gewisse Schlüsselstellung zu (vgl. auch Bd. V).

Wir fragen im Rahmen dieses Bandes nach speziellen Lösungen von (10.1), nämlich nach den radialsymmetrischen Lösungen. Das sind solche Lösungen, die nur von $|x| =: r$ abhängen, also nur vom Betrag, nicht aber von der Richtung des Vektors x :

$$U = U(|x|) =: f(r) \ . \tag{10.6}$$

Diese Lösungen werden zum Aufbau der Theorie der Schwingungsgleichung benötigt (s. Bd. V). Mit (10.6) folgt aus (10.1) für f die gewöhnliche Differentialgleichung

$$f''(r) + \frac{n-1}{r} f'(r) + k^2 f(r) = 0 \tag{10.7}$$

(s. Üb. 10.1). Setzen wir

$$f(r) =: r^{-\frac{n-2}{2}} g(kr) \ , \quad kr =: \rho \ , \tag{10.8}$$

so geht (10.7) in eine gewöhnliche Differentialgleichung für g über:

$$g''(\rho) + \frac{1}{\rho} g'(\rho) + g(\rho) \left[1 - \frac{\left(\frac{n-2}{2}\right)^2}{\rho^2} \right] = 0 \ . \tag{10.9}$$

Dies ist eine Besselsche Differentialgleichung, die als Spezialfall in der allgemeinen Besselschen Differentialgleichung mit Index λ

$$u''(z) + \frac{1}{z}u'(z) + \left(1 - \frac{\lambda^2}{z^2}\right)u(z) = 0\,;\ \lambda, z \in \mathbb{C} \tag{10.10}$$

enthalten ist. Wir erkennen den Zusammenhang zwischen den Gleichungen (10.9) und (10.10), wenn wir

$$u := g\ ,\quad z := \rho\ ,\quad \lambda := \frac{n-2}{2} \tag{10.11}$$

setzen. In Abschnitt 10.3.1 kommen wir auf Gleichung (10.9) bzw. auf die Schwingungsgleichung (10.1) zurück.

Bemerkung: Eine erste Behandlung der Besselschen Differentialgleichung im Reellen erfolgte bereits in Band III, Abschnitt 4.2.2, mit Hilfe von verallgemeinerten Potenzreihenansätzen. Für eine tiefergehende und umfassende Diskussion dieser Gleichung ist eine Erweiterung auf den komplexen Fall unentbehrlich. Zur Bestimmung einer Lösung von (10.10) könnte man, analog zum Reellen, von einem Ansatz der Form

$$u(z) = \sum_{k=0}^{\infty} a_k z^{\lambda+k} \tag{10.12}$$

ausgehen und zusammen mit (10.10) die Koeffizienten a_k sukzessive bestimmen. Die Durchführung dieses Programmes findet sich z. B. in [90], S. 126-141). Wir bevorzugen einen anderen Weg und verwenden hierzu eine geeignete Integraltransformation.

10.1.2 Die Hankelschen Funktionen

Wir wollen sämtliche Lösungen der Besselschen Differentialgleichung (10.10), die wir jetzt in der Form

$$z^2 u'' + z u' + z^2 u - \lambda^2 u = 0 \tag{10.13}$$

schreiben, bestimmen. Hierbei setzen wir z und λ als komplex voraus. Um zu Lösungen von (10.13) zu gelangen, benutzen wir die Methode der Integraltransformation (s. hierzu auch Bd. III, S. 282 ff.). Wir suchen dabei Lösungen der Form

$$u(z) = \int_C K(z,\zeta)\, w(\zeta)\, d\zeta \, . \tag{10.14}$$

In (10.14) lassen wir noch offen, welchen Integrationsweg C und welchen Kern $K(z,\zeta)$ wir verwenden und setzen lediglich voraus, daß $K(z,\zeta)$ sowohl bezüglich z als auch bezüglich ζ holomorph ist. Setzen wir (10.14) in (10.13) ein und vertauschen wir Differentiation bezüglich z und Integration (nachher ist zu zeigen, daß dies erlaubt ist!), so ergibt sich

$$\int_C \left(z^2 \frac{\partial^2 K}{\partial z^2} + z \frac{\partial K}{\partial z} + z^2 K - \lambda^2 K \right) w(\zeta)\, d\zeta = 0 \, . \tag{10.15}$$

Falls der Kern $K(z,\zeta)$ unserer Transformation (10.14) der Differentialgleichung

$$z^2 \frac{\partial^2 K}{\partial z^2} + z \frac{\partial K}{\partial z} + z^2 K + \frac{\partial^2 K}{\partial \zeta^2} = 0 \tag{10.16}$$

genügt, geht (10.15) über in

$$\int_C \left(\frac{\partial^2 K}{\partial \zeta^2} + \lambda^2 K \right) w(\zeta)\, d\zeta = 0 \, . \tag{10.17}$$

Durch zweimalige partielle Integration ergibt sich, wenn ζ_0 und ζ_1 den Anfangs- und Endpunkt von C bezeichnen,

$$\int_C \frac{\partial^2 K}{\partial \zeta^2} w(\zeta)\, d\zeta = \int_C K\, w''(\zeta)\, d\zeta + \left| \frac{\partial K}{\partial \zeta} w - K w' \right|_{\zeta=\zeta_0}^{\zeta=\zeta_1}$$

und daraus wegen (10.17)

$$\int_C (w'' + \lambda^2 w)\, K\, d\zeta + \left| \frac{\partial K}{\partial \zeta} w - K w' \right|_{\zeta=\zeta_0}^{\zeta=\zeta_1} = 0 \, . \tag{10.18}$$

Eine sowohl bezüglich z als auch ζ in ganz $\mathbb{C}$ holomorphe Lösung der Differentialgleichung (10.16) ist durch

$$K(z,\zeta) = e^{-iz\sin\zeta} \tag{10.19}$$

gegeben. Dies läßt sich durch Nachrechnen einfach bestätigen.

Ferner besitzt die Differentialgleichung

$$w'' + \lambda^2 w = 0$$

die Lösungen $e^{\pm i\lambda\zeta}$. Mit diesen Lösungen und dem Kern (10.19) gelangen wir nun aufgrund von (10.14) zu Lösungen der Besselschen Differentialgleichung, wenn wir den Integrationsweg C so wählen, daß der letzte Ausdruck in (10.18) verschwindet. Dies gelingt, wenn wir uns z. B. für die Wege C_1 und C_2 gemäß Figur 10.1 entscheiden:

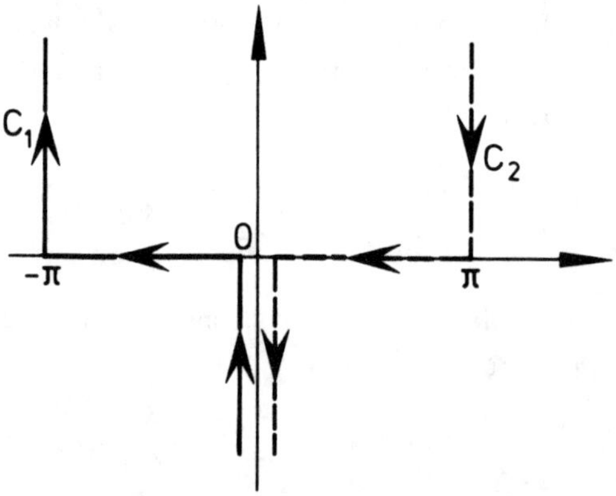

Fig. 10.1: Wahl der Integrationswege

Auf den Halbgeraden $\zeta = -\pi + is$ und $\zeta = \pi + is$, $s \geqq 0$, gilt (s. Abschn. 6.2.3):

$$\begin{aligned} \sin\zeta &= \sin(\mp\pi + is) \\ &= \sin(\mp\pi)\cos(is) + \cos(\mp\pi)\sin(is) \\ &= -\sin(is) = -i\sinh s\,; \end{aligned}$$

auf der negativen imaginären Achse ($\zeta = -is$, $s \geqq 0$) gilt

$$\sin\zeta = \sin(-is) = -\sin(is) = -i\sinh s\,, \quad s \geqq 0\,.$$

Für diese Anteile von C_1 und C_2 erhalten wir daher

$$|K(z,\zeta)| = |e^{-iz\sin\zeta}| = |e^{-i(\operatorname{Re} z + i\operatorname{Im} z)(-i\sinh s)}|$$

$$= |e^{-\operatorname{Re} z\cdot\sinh s}\, e^{-i\operatorname{Im} z\cdot\sinh s}| = |e^{-\operatorname{Re} z\cdot\sinh s}|\,.$$

Wegen $\sinh s = \frac{1}{2}(e^s - e^{-s})$ strebt $K(z,\zeta)$ für $\operatorname{Re} z > 0$ also wie

$$e^{-\frac{1}{2}\operatorname{Re} z \cdot e^s}$$

auf den betrachteten Integrationswegen für $s \longrightarrow \infty$ gegen Null. Ferner konvergieren dort auch die Ausdrücke

$$\frac{\partial K}{\partial \zeta} w = (-iz)\cos\zeta \cdot e^{\pm i\lambda\zeta} K(z,\zeta)$$

und

$$K w' = \pm(i\lambda)e^{\pm i\lambda\zeta} K(z,\zeta)$$

für $s \longrightarrow \infty$ gegen Null, also dann, wenn wir uns den Enden von C_1 und C_2 nähern. (Wir beachten, daß die Faktoren vor K nicht so stark wachsen können, wie K gegen Null strebt!) Insgesamt ergeben sich wegen (10.18) durch

$$\int_{C_1} e^{-iz\sin\zeta + i\lambda z} d\zeta \quad \text{und} \quad \int_{C_2} e^{-iz\sin\zeta + i\lambda\zeta} d\zeta$$

zwei (formale) Lösungen der Besselschen Differentialgleichung (10.13). Daran ändert sich nichts, wenn wir die beiden Integrale mit dem Faktor $-\frac{1}{\pi}$ multiplizieren. Die so entstehenden (formalen) Lösungen nennt man

Hankelsche Funktionen:

$$H_\lambda^1(z) = -\frac{1}{\pi} \int_{C_1} e^{-iz\sin\zeta + i\lambda\zeta} d\zeta$$

$$H_\lambda^2(z) = -\frac{1}{\pi} \int_{C_2} e^{-iz\sin\zeta + i\lambda\zeta} d\zeta \qquad (10.20)$$

Bemerkung: Die Integrale in (10.20) existieren für $\operatorname{Re} z > 0$ und $H_\lambda^1(z)$ und $H_\lambda^2(z)$ sind tatsächlich Lösungen der Besselschen Differentialgleichung (10.13), die für $\operatorname{Re} z > 0$ holomorph sind (s. Üb. 10.2 a)).

Analytische Fortsetzung von $H^1_\lambda(z)$ und $H^2_\lambda(z)$

Wir benutzen das erste Integral in (10.20) zur Klärung der Frage, ob sich $H^1_\lambda(z)$ in die linke Halbebene $\operatorname{Re} z < 0$ analytisch fortsetzen läßt. Hierzu untersuchen wir das Konvergenzverhalten dieses Integrals: Sei $z := x + iy$ beliebig fest, $\zeta := u + iv$, $\lambda := \alpha + i\beta$ und $g_z(\zeta) := -iz\sin\zeta + i\lambda\zeta$. Dann gilt

$$\operatorname{Re} g_z(\zeta) = y\sin u\cdot\cosh v + x\cos u\cdot\sinh v - \beta u - \alpha v \tag{10.21}$$

$$\operatorname{Im} g_z(\zeta) = -x\sin u\cdot\cosh v + y\cos u\cdot\sinh v + \alpha u - \beta v \tag{10.22}$$

Nun wählen wir anstelle des Integrationsweges C_1 (s. Fig. 10.1) den Integrationsweg $\tilde{C}_1$ gemäß Figur 10.2 mit $u_0 \in \mathbb{R}$ beliebig.

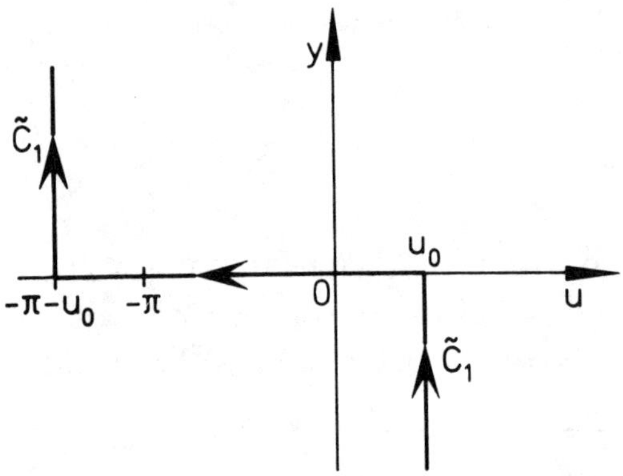

Fig. 10.2: Wahl eines neuen Integrationsweges

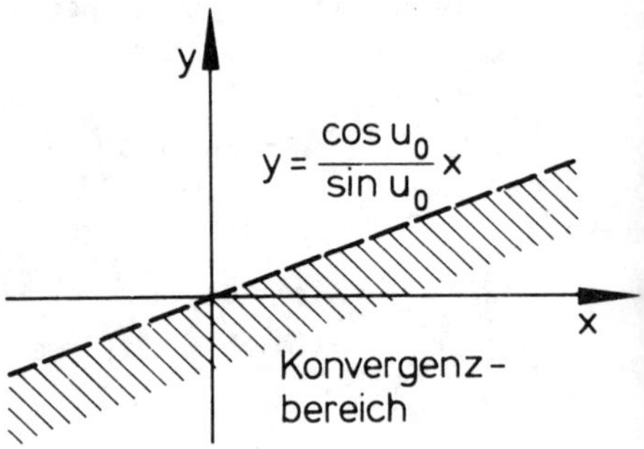

Fig. 10.3: Konvergenzbereich des Integrals

Das Integral

$$\int_{\tilde{C}_1} e^{g_z(\zeta)}\, d\zeta \tag{10.23}$$

existiert für alle $z \in \mathbb{C}$ mit $\operatorname{Re} g_z(\zeta) < 0$, also wegen (10.21) für alle $z = x + iy$ mit

$$y\sin u_0 \cdot \cosh v - x\cos u_0 \cdot \sinh v < 0 \,, \quad v > 0 \,.$$

(Die linearen Anteile und Konstanten in $\operatorname{Re} g_z(\zeta)$ auf $\tilde{C}_1$ spielen für die Existenz des Integrals wegen des exponentiellen Verhaltens von $\cosh v$ und $\sinh v$ keine Rolle.) Mit

$$\cosh v = \frac{e^v - e^{-v}}{2} \quad \text{und} \quad \sinh v = \frac{e^v + e^{-v}}{2}$$

lautet diese Bedingung

$$y \sin u_0 \cdot \frac{e^v + e^{-v}}{2} - x \cos u_0 \cdot \frac{e^v - e^{-v}}{2} < 0 \ , \quad v > 0 \ .$$

Für die Existenz des Integrals sind nur die Anteile mit e^v $(v > 0)$ von Bedeutung, so daß sich die Bedingung

$$y \sin u_0 \cdot \frac{e^v}{2} - x \cos u_0 \cdot \frac{e^v}{2} = \frac{e^v}{2} (y \sin u_0 - x \cos u_0) < 0$$

ergibt; sie ist für alle $z = x + iy$ mit

$$y \sin u_0 - x \cos u_0 < 0$$

erfüllt, also für $u_0 \neq k\pi$ $(k \in \mathbb{Z})$ unterhalb der Geraden $y = \frac{\cos u_0}{\sin u_0} x$ (s. Fig. 10.3). Nach Satz I, Anhang, stellt Integral (10.23) dort also eine holomorphe Funktion dar. Nach dem Cauchyschen Integralsatz stimmt diese Funktion für $\operatorname{Re} z > 0$ mit $H_\lambda^1(z)$ überein (Begründung!), ist also deren analytische Fortsetzung. Da wir für u_0 jeden reellen Wert wählen können, also insbesondere eine unbeschränkte Folge in $\mathbb{R}^+$ bzw. in $\mathbb{R}^-$ ergibt sich die analytische Fortsetzung von $H_\lambda^1(z)$ auf die linke Halbebene $\operatorname{Re} z < 0$ als i.a. unendlich vieldeutige Funktion mit dem Nullpunkt als Verzweigungspunkt. Entsprechendes gilt für $H_\lambda^2(z)$.

10.1.3 Allgemeine Lösung der Besselschen Differentialgleichung

Wir wollen jetzt zeigen, daß die Hankelschen Funktionen $H_\lambda^1(z)$ und $H_\lambda^2(z)$ linear unabhängig sind.[1)] Damit gewinnen wir dann alle Lösungen der Besselschen Differentialgleichung (10.13) als Linearkombination von $H_\lambda^1(z)$ und $H_\lambda^2(z)$:

> Jede Lösung $w(z)$ der Besselschen Differentialgleichung (10.13) ist von der Form
>
> $$w(z) = c_1 H_\lambda^1(z) + c_2 H_\lambda^2(z) \; ; \; c_1, c_2 : \text{Konstanten.} \tag{10.24}$$

Wir schließen die lineare Unabhängigkeit der Hankelschen Funktionen aus ihrem asymptotischen Verhalten für große $|z|$: Nach Abschnitt 7.4.2, Beispiel 7.15, gelten für große Argumente $z = x > 0$ und reelle λ mit $x > \lambda$ die asymptotischen Formeln

$$H_\lambda^1(x) \sim \sqrt{\frac{2}{\pi x \sin\alpha}} \, e^{ix(\sin\alpha - \alpha\cos\alpha) - i\frac{\pi}{4}} \tag{10.25}$$

und

$$H_\lambda^2(x) \sim \sqrt{\frac{2}{\pi x \sin\alpha}} \, e^{-ix(\sin\alpha - \alpha\cos\alpha) + i\frac{\pi}{4}} \tag{10.26}$$

mit $\frac{\lambda}{x} = \cos\alpha$, $0 < \alpha < \frac{\pi}{2}$. Mit $\nu := \sqrt{x^2 - \lambda^2}$ lassen sich diese Formeln in der Form

$$H_\lambda^1(x) \sim \sqrt{\frac{2}{\pi\nu}} \, e^{i(\nu - \lambda\arcsin\frac{\nu}{x} - \frac{\pi}{4})}$$

und

$$H_\lambda^2(x) \sim \sqrt{\frac{2}{\pi\nu}} \, e^{-i(\nu - \lambda\arcsin\frac{\nu}{x} - \frac{\pi}{4})}$$

1) Wie im Reellen heißt ein komplexes Funktionensystem $f_1(z), f_2(z), \ldots, f_k(z)$ linear unabhängig auf $D \subset \mathbb{C}$, falls aus $c_1 f_1(z) + c_2 f_2(z) + \ldots c_k f_k(z) = 0$ für alle $z \in D$ ($c_j \in \mathbb{C}$, $j = 1, \ldots, k$) folgt: $c_1 = c_2 = \ldots = c_k = 0$. Andernfalls heißt es linear abhängig.

schreiben. Eine weitere Vereinfachung ergibt sich, wenn wir $x \gg \lambda$ voraussetzen.[1] Dann ist nämlich $\nu \approx x$ und $\alpha = \arcsin\frac{\nu}{x} \approx \frac{\pi}{2}$. Wir erhalten dann für große x und für $\lambda > 0$ bzw. aufgrund von Übung 10.3 sogar für alle $\lambda \in \mathbb{R}$:

$$H^1_\lambda(x) \sim \sqrt{\frac{2}{\pi x}}\; e^{i(x-\lambda\frac{\pi}{2}-\frac{\pi}{4})} \tag{10.27}$$

und

$$H^2_\lambda(x) \sim \sqrt{\frac{2}{\pi x}}\; e^{-i(x-\lambda\frac{\pi}{2}-\frac{\pi}{4})} \tag{10.28}$$

$(\lambda \ll x\ ;\ \lambda, x \in \mathbb{R})$

Diese beiden Formeln ergeben, da ihre rechten Seiten linear unabhängig sind (warum?), daß $H^1_\lambda(x)$ und $H^2_\lambda(x)$ für große x und beliebige reelle λ linear unabhängig sind. Da andererseits die durch (10.20) erklärten Hankelschen Funktionen $H^1_\lambda(z)$ und $H^2_\lambda(z)$ Lösungen einer linearen Differentialgleichung 2-ter Ordnung sind, nämlich der Besselschen Differentialgleichung, ergibt sich die lineare Unabhängigkeit von $H^1_\lambda(z)$ und $H^2_\lambda(z)$ für beliebige $\lambda \in \mathbb{R}$ und $z \in \mathbb{C}$ durch eine Schlußweise wie im Reellen (s. hierzu Bd. III, Abschn. 2.4.1. Die Übertragung auf den komplexen Fall findet sich z. B. in [89], S. 142-144).

Übungen

10.1 Zeige: Die radialsymmetrischen Lösungen

$$U = U(|x|) =: f(r)\ ,\quad r = |x|$$

der Schwingungsgleichung im $\mathbb{R}^n$

$$\Delta U(x) + k^2 U(x) = 0\ ,\quad x \in \mathbb{R}^n \quad (n \in \mathbb{N})$$

genügen der Differentialgleichung

$$f''(r) + \frac{n-1}{r} f'(r) + k^2 f(r) = 0\ .$$

---

[1] Die nachfolgende Herleitung ist mehr heuristisch als streng .

10.2* Beweise: Die durch (10.20), Abschnitt 10.1.2, erklärten Hankelschen Funktionen $H_\lambda^1(z)$ und $H_\lambda^2(z)$ sind

a) für $\operatorname{Re} z > 0$ sowohl bezgl. z als auch bezgl. λ holomorph und lösen

b) die Besselsche Differentialgleichung.

10.3* Weise nach, daß für $\lambda, z \in \mathbb{C}$ die Beziehungen

$$H_{-\lambda}^1(z) = e^{i\lambda\pi} H_\lambda^1(z), \quad H_{-\lambda}^2(z) = e^{-i\lambda\pi} H_\lambda^2(z)$$

gelten.

10.2 Die Besselschen und Neumannschen Funktionen

10.2.1 Definitionen und grundlegende Eigenschaften

Wir fragen nach Lösungen der Besselschen Differentialgleichung

$$z^2 u'' + z u' + (z^2 - \lambda^2) u = 0 , \qquad (10.29)$$

die für reelle λ und z reell sind. Diese erweisen sich als besonders nützlich für die Anwendungen (s. auch Abschn. 10.3). Um solche Lösungen zu finden, zerlegen wir die Hankelschen Funktionen $H_\lambda^1(z)$ und $H_\lambda^2(z)$ wie folgt

$$\left.\begin{aligned} H_\lambda^1(z) &=: J_\lambda(z) + i N_\lambda(z) \\ H_\lambda^2(z) &=: J_\lambda(z) - i N_\lambda(z) \end{aligned}\right\} . \qquad (10.30)$$

Aus (10.30) ersehen wir, wie sich $J_\lambda(z)$ und $N_\lambda(z)$ aus den Hankelschen Funktionen bestimmen lassen: Es gilt

$$J_\lambda(z) = \frac{H_\lambda^1(z) + H_\lambda^2(z)}{2} \qquad (10.31)$$

und

$$N_\lambda(z) = \frac{H_\lambda^1(z) - H_\lambda^2(z)}{2i} \qquad (10.32)$$

Man nennt

$J_\lambda(z)$ Besselsche Funktion vom Index λ ;

$N_\lambda(z)$ Neumannsche Funktion vom Index λ . [1]

---

[1] Man nennt J_λ, N_λ und H_λ auch Zylinderfunktionen erster, zweiter und dritter Art.

(i) Die Funktionen $J_\lambda(z)$ und $N_\lambda(z)$ sind für alle $\lambda \in \mathbb{C}$ linear unabhängig.

Zum Nachweis zeigen wir, daß aus

$$\alpha J_\lambda(z) + \beta N_\lambda(z) = 0 \; ; \; z \in \mathbb{C} \; ; \; \alpha,\beta \in \mathbb{C} \tag{10.33}$$

$\alpha = \beta = 0$ folgt. Mit (10.31) und (10.32) lautet (10.33)

$$\alpha \left[\frac{1}{2}\left(H_\lambda^1(z) + H_\lambda^2(z)\right)\right] + \beta\left[\frac{1}{2i}\left(H_\lambda^1(z) - H_\lambda^2(z)\right)\right] = 0$$

oder

$$\left(\frac{\alpha}{2} + \frac{\beta}{2i}\right)H_\lambda^1(z) + \left(\frac{\alpha}{2} - \frac{\beta}{2i}\right)H_\lambda^2(z) = 0 \, .$$

Da nach Abschnitt 10.1.2 $H_\lambda^1(z)$ und $H_\lambda^2(z)$ für jedes $\lambda \in \mathbb{C}$ linear unabhängig in $\mathbb{C}$ sind, muß $\frac{\alpha}{2} + \frac{\beta}{2i} = 0$ und $\frac{\alpha}{2} - \frac{\beta}{2i} = 0$ gelten, woraus $\alpha = \beta = 0$ folgt.

(ii) Für $\lambda, z \in \mathbb{R}$ sind $J_\lambda(z)$ und $N_\lambda(z)$ reell.

Um dies zu zeigen, gehen wir von (10.20) aus, also von

$$H_\lambda^1(z) = -\frac{1}{\pi}\int_{C_1} e^{-iz\sin\zeta + i\lambda\zeta}\,d\zeta \, .$$

Ist C_1^s der an der reellen Achse gespiegelte Integrationsweg C_1, so gilt für solche f, für die $\int_{C_1} f(\zeta)d\zeta$ existiert, die Beziehung

$$\overline{\int_{C_1} f(\zeta)d\zeta} = \int_{C_1^s} \overline{f(\overline{\zeta})}\,d\zeta \tag{10.34}$$

(warum?). Dabei bezeichne der Querstrich wie üblich den zugehörigen konjugiert komplexen Ausdruck. Wir setzen nun $f(\zeta) := e^{-iz\sin\zeta + i\lambda\zeta}$. Wegen

$$\overline{\left(e^{ix\overline{w}}\right)} = e^{-ixw} \, , \; (x \in \mathbb{R} \, , \; w \in \mathbb{C}) \quad \text{und} \quad \overline{\sin\overline{\zeta}} = \sin\zeta \quad (\zeta \in \mathbb{C})$$

folgt dann für reelle z und λ

$$\overline{H^1_\lambda(z)} = -\frac{1}{\pi}\overline{\int_{C_1} f(\zeta)d\zeta} = -\frac{1}{\pi}\int_{C_1^s}\overline{f(\overline{\zeta})}d\zeta = -\frac{1}{\pi}\int_{C_1^s}\overline{\left(e^{-iz\sin\overline{\zeta}}\right)}\,\overline{\left(e^{i\lambda\overline{\zeta}}\right)}d\zeta$$

$$= -\frac{1}{\pi}\int_{C_1^s} e^{iz\overline{\sin\overline{\zeta}}}\cdot e^{-i\lambda\zeta}d\zeta = -\frac{1}{\pi}\int_{C_1^s} e^{iz\sin\zeta - i\lambda\zeta}d\zeta \; .$$

Ersetzen wir im letzten Integral ζ durch $-\zeta$, so ergibt sich

$$\overline{H^1_\lambda(z)} = \frac{1}{\pi}\int_{-C_2} e^{-iz\sin\zeta + i\lambda\zeta}d\zeta = -\frac{1}{\pi}\int_{C_2} e^{-iz\sin\zeta + i\lambda\zeta}d\zeta \; ,$$

mit dem durch Figur 10.1 gegebenen Integrationsweg C_2. (Wir beachten, daß bei dieser Transformation C_1^s in $-C_2$ übergeht!) Damit ist gezeigt, daß die Hankelschen Funktionen $H^1_\lambda(z)$ und $H^2_\lambda(z)$ für reelle λ und reelle z zueinander konjugiert komplex sind:

$$\overline{H^1_\lambda(z)} = H^2_\lambda(z) \quad \text{für} \quad \lambda, z \in \mathbb{R} \; . \tag{10.35}$$

Aus (10.30) und (10.31) bzw. (10.32) ergibt sich dann unmittelbar:

> Die Besselsche Funktion $J_\lambda(z)$ und die Neumannsche Funktion $N_\lambda(z)$ sind für reelle λ und z reelle Funktionen. Insbesondere gilt in diesem Fall
>
> $$J_\lambda(z) = \operatorname{Re} H^1_\lambda(z) \; , \quad N_\lambda(z) = \operatorname{Im} H^1_\lambda(z) \tag{10.36}$$

(iii) Darstellung der allgemeinen Lösung der Besselschen Differentialgleichung mit Hilfe der Besselschen bzw. Neumannschen Funktionen.

Aus den für $\lambda, z \in \mathbb{C}$ gültigen Beziehungen

$$H^1_{-\lambda}(z) = e^{i\pi\lambda} H^1_\lambda(z) \; , \quad H^2_{-\lambda}(z) = e^{-i\pi\lambda} H^2_\lambda(z) \tag{10.37}$$

(s. Üb. 10.3) ergibt sich, daß die Hankelschen Funktionen $H^1_\lambda(z)$ und

$H^1_{-\lambda}(z)$ bzw. $H^2_\lambda(z)$ und $H^2_{-\lambda}(z)$ linear abhängige Lösungen der Besselschen Differentialgleichung sind. Sind auch die entsprechenden Besselschen bzw. Neumannschen Funktionen $J_\lambda(z)$ und $J_{-\lambda}(z)$ bzw. $N_\lambda(z)$ und $N_{-\lambda}(z)$ linear abhängig? Es zeigt sich, daß dies nicht für alle $\lambda \in \mathbb{C}$ der Fall ist: Aus

$$\alpha J_{-\lambda}(z) + \beta J_\lambda(z) = 0 \quad \text{für alle} \quad z \in \mathbb{C}$$

folgt mit (10.37) und (10.31) nach Zusammenfassung der Koeffizienten von $H^1_\lambda(z)$ bzw. $H^2_\lambda(z)$

$$\left(\frac{\alpha}{2} e^{i\pi\lambda} + \frac{\beta}{2}\right) H^1_\lambda(z) + \left(\frac{\alpha}{2} e^{-i\pi\lambda} + \frac{\beta}{2}\right) H^2_\lambda(z) = 0 \;, \; z \in \mathbb{C}$$

und hieraus, da $H^1_\lambda(z)$ und $H^2_\lambda(z)$ linear unabhängig sind,

$$\alpha e^{i\pi\lambda} + \beta = 0 \quad \text{und} \quad \alpha e^{-i\pi\lambda} + \beta = 0 \; . \tag{10.38}$$

Hieraus ergibt sich für $\lambda \notin \mathbb{Z}$

$$\alpha \left(e^{i\pi\lambda} - e^{-i\pi\lambda}\right) = 0 \quad \text{oder} \quad \alpha \sin \pi\lambda = 0 \;, \tag{10.39}$$

also $\alpha = 0$ und damit wegen (10.38) auch $\beta = 0$. Entsprechendes gilt für $N_\lambda(z)$.

> Für $\lambda \notin \mathbb{Z}$ sind die Besselschen Funktionen $J_\lambda(z)$ und $J_{-\lambda}(z)$ bzw. die Neumannschen Funktionen $N_\lambda(z)$ und $N_{-\lambda}(z)$ linear unabhängig und die allgemeine Lösung der Besselschen Differentialgleichung (10.29) läßt sich in der Form
>
> $$u(z) = C_1 J_\lambda(z) + C_2 J_{-\lambda}(z) \quad (C_1, C_2 : \text{Konstanten}) \tag{10.40}$$
>
> angeben.

Im Falle $\lambda = n \in \mathbb{Z}$ sind $J_n(z)$ und $J_{-n}(z)$ wegen (10.50), Abschnitt 10.2.3, linear abhängig. Entsprechendes gilt für $N_n(z)$ und wir erhalten:

Für $\lambda = n \in \mathbb{Z}$ sind die Besselschen Funktionen $J_n(z)$ und $J_{-n}(z)$ bzw. die Neumannschen Funktionen $N_n(z)$ und $N_{-n}(z)$ linear abhängig und die allgemeine Lösung der Besselschen Differentialgleichung (10.29) läßt sich in der Form

$$u(z) = a_1 J_n(z) + a_2 N_n(z) \quad (a_1, a_2 : \text{Konstanten}) \tag{10.41}$$

angeben.

10.2.2 Integraldarstellungen der Besselschen Funktionen

Nach (10.20), Abschnitt 10.1.2, gilt für $\operatorname{Re} z > 0$

$$H_\lambda^1(z) = -\frac{1}{\pi} \int_{C_1} e^{-iz\sin\zeta + i\lambda\zeta} d\zeta$$

bzw.

$$H_\lambda^2(z) = -\frac{1}{\pi} \int_{C_2} e^{-iz\sin\zeta + i\lambda\zeta} d\zeta$$

mit den durch Figur 10.1 gegebenen Integrationswegen C_1 bzw. C_2. Wegen (10.31) gilt daher

$$J_\lambda(z) = \frac{1}{2}\left[H_\lambda^1(z) + H_\lambda^2(z)\right] = -\frac{1}{2\pi} \int_{C_1+C_2} e^{-iz\sin\zeta + i\lambda\zeta} d\zeta$$

oder

$$J_\lambda(z) = -\frac{1}{2\pi} \int_C e^{-iz\sin\zeta + i\lambda\zeta} d\zeta \; , \quad \operatorname{Re} z > 0 \tag{10.42}$$

Dabei ist C der Integrationsweg gemäß Figur 10.5. (Die Anteile auf der negativen imaginären Achse kürzen sich weg!)

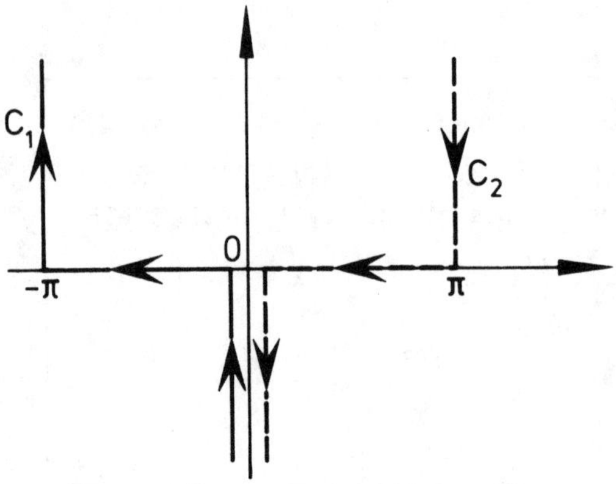

Fig. 10.4: Integrationsweg von $H^1_\lambda(z)$ bzw. $H^2_\lambda(z)$

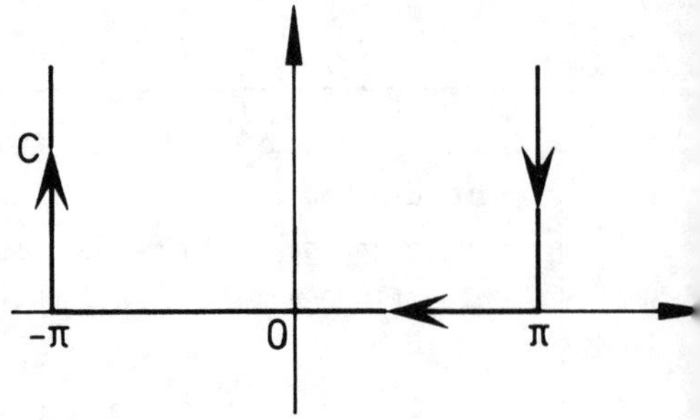

Fig. 10.5: Integrationsweg von $J_\lambda(z)$

Eine weitere Integraldarstellung für J_λ ergibt sich, wenn wir im Integral (10.42) die Substitution $w := e^{-i\zeta}$ durchführen. Dabei geht C, wie man sehr einfach einsieht, in den neuen Integrationsweg C^* gemäß Figur 10.6 über. Für J_λ ergibt sich dann wegen

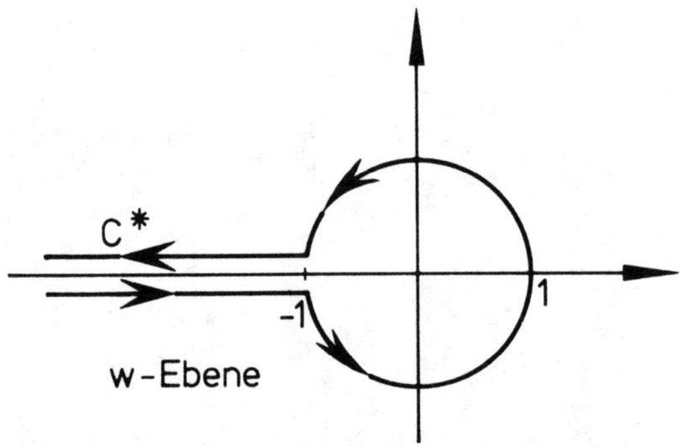

Fig. 10.6: Integrationsweg C^* bei Abbildung $w = e^{-i\zeta}$

$$e^{i\lambda\zeta} = e^{(-i\zeta)(-\lambda)} = w^{-\lambda} ,$$

$$e^{-iz\sin\zeta} = e^{-iz\frac{e^{i\zeta}-e^{-i\zeta}}{2i}} = e^{\frac{z}{2}(w-\frac{1}{w})}$$

und

$$d\zeta = \frac{1}{(-i)e^{-i\zeta}}\,dw = -\frac{1}{iw}\,dw$$

die Darstellung

$$J_\lambda(w) = \frac{1}{2\pi i}\int_{C^*} \frac{e^{\frac{z}{2}(w-\frac{1}{w})}}{w^{\lambda+1}}\,dw , \quad \operatorname{Re} z > 0 \tag{10.43}$$

Sei nun zunächst z eine positive reelle Zahl. Führen wir die Substitution $w := \frac{2\zeta}{z}$ durch, so geht C^* wieder in einen Integrationsweg von derselben Form wie C^* über, insbesondere können wir C^* selbst nehmen, ohne daß sich der Wert des Integrals ändert, und wir erhalten eine weitere Darstellung für J_λ :

$$\boxed{J_\lambda(z) = \frac{1}{2\pi i}\left(\frac{z}{2}\right)^\lambda \int_{C^*} e^{\zeta - \frac{z^2}{4\zeta}} \zeta^{-\lambda-1} d\zeta \, , \quad z \in \mathbb{C}} \tag{10.44}$$

Das Integral in (10.44) konvergiert für alle $z \in \mathbb{C}$. Daher werden die Besselschen Funktionen durch (10.44) für alle $z \in \mathbb{C}$ dargestellt.

Die Darstellung (10.44) zeigt, daß $\frac{J_\lambda(z)}{z^\lambda}$ bezüglich z eine in ganz $\mathbb{C}$ holomorphe Funktion, also eine ganze Funktion (s. Abschn. 7.2.5,(c)) ist. [1)]

10.2.3 Reihenentwicklung und asymptotisches Verhalten der Besselschen Funktionen

Wir benutzen die Darstellung (10.44) zur Herleitung einer Reihendarstellung der Besselschen Funktionen. Wegen

$$e^{-\frac{z^2}{4\zeta}} = e^{-\frac{1}{\zeta}\left(\frac{z}{2}\right)^2} = \sum_{k=0}^{\infty} \frac{(-1)^k}{k!\,\zeta^k}\left(\frac{z}{2}\right)^{2k} \tag{10.45}$$

folgt aus (10.44)

$$J_\lambda(z) = \frac{1}{2\pi i}\left(\frac{z}{2}\right)^\lambda \int_{C^*} e^\zeta \zeta^{-\lambda-1}\left[\sum_{k=0}^{\infty} \frac{(-1)^k}{k!\,\zeta^k}\left(\frac{z}{2}\right)^{2k}\right] d\zeta \, . \tag{10.46}$$

Da die Reihe (10.45) bezüglich ζ in jedem Gebiet der ζ-Ebene, das den Nullpunkt nicht enthält, gleichmäßig konvergiert, dürfen wir in (10.46) gliedweise integrieren und erhalten

1) Für $\lambda \notin \mathbb{Z}$ ist $J_\lambda(z)$ eine mehrdeutige Funktion; $z = 0$ ist Verzweigungspunkt.

$$J_\lambda(z) = \sum_{k=0}^{\infty} \frac{(-1)^k}{k!} \left(\frac{z}{2}\right)^{2k+\lambda} \frac{1}{2\pi i} \int_{C^*} e^\zeta \zeta^{-(\lambda+k+1)} d\zeta \ .$$

Nach (8.65), Abschnitt 8.2.3 gilt:

$$\frac{1}{2\pi i} \int_{C^*} e^\zeta \zeta^{-(\lambda+k+1)} d\zeta = \frac{1}{\Gamma(\lambda+k+1)} \ ,$$

so daß sich die folgende Reihenentwicklung für $J_\lambda(z)$ ergibt:[1)]

$$J_\lambda(z) = \left(\frac{z}{2}\right)^\lambda \sum_{k=0}^{\infty} \frac{(-1)^k}{k!\,\Gamma(\lambda+k+1)} \left(\frac{z}{2}\right)^{2k} ; \ \lambda, z \in \mathbb{C} \tag{10.47}$$

Wir untersuchen noch einige Spezialfälle:

(i) $\lambda = n \in \mathbb{N}_0$: Wegen $\Gamma(n+k+1) = (n+k)!$ (s. (8.53), Abschn. 8.2.3) folgt aus (10.47)

$$J_n(z) = \left(\frac{z}{2}\right)^n \sum_{k=0}^{\infty} \frac{(-1)^k}{k!\,(n+k)!} \left(\frac{z}{2}\right)^{2k} ; \ z \in \mathbb{C} \ , \ n \in \mathbb{N}_0 \tag{10.48}$$

(ii) $\lambda = -n \ , \ n \in \mathbb{N}_0$: Wegen

$$\frac{1}{\Gamma(-n+k+1)} = 0 \quad \text{für} \quad k = 0,1,\dots,n-1$$

(Γ besitzt nach Abschnitt 8.2.3, (8.48), an diesen Stellen Pole) folgt aus (10.47)

$$J_{-n}(z) = \left(\frac{z}{2}\right)^{-n} \sum_{k=n}^{\infty} \frac{(-1)^k}{k!\,(n+k)!} \left(\frac{z}{2}\right)^{2k}$$

oder, wenn wir k durch $k-n$ ersetzen,

---

1) Es handelt sich um eine Potenzreihenentwicklung der Funktion $\dfrac{J_\lambda(z)}{z^\lambda}$

$$J_{-n}(z) = \left(\frac{z}{2}\right)^n \sum_{k=0}^{\infty} \frac{(-1)^{n+k}}{k!\,(n+k)!} \left(\frac{z}{2}\right)^{2k} \; ; \; z \in \mathbb{C} \; , \; n \in \mathbb{N} \tag{10.49}$$

Bemerkung: Die Besselschen Funktionen $J_\lambda(z)$ sind also für $\lambda = n \in \mathbb{Z}$ ganze Funktionen.

Ein Vergleich von (10.48) und (10.49) zeigt

$$J_{-n}(z) = (-1)^n J_n(z) \; ; \; z \in \mathbb{C} \; , \; n \in \mathbb{N} \tag{10.50}$$

(iii) $\lambda = -\frac{1}{2}$: Wegen

$$\Gamma\left(k+\frac{1}{2}\right) = \left(k-\frac{1}{2}\right)\left(k-\frac{3}{2}\right) \cdot \ldots \cdot \frac{3}{2} \cdot \frac{1}{2} \Gamma\left(\frac{1}{2}\right) \quad \text{und} \quad \Gamma\left(\frac{1}{2}\right) = \sqrt{\pi}$$

(s. (8.51), (8.60) Abschn. 8.2.3) folgt aus (10.47)

$$J_{-\frac{1}{2}}(z) = \left(\frac{z}{2}\right)^{-\frac{1}{2}} \sum_{k=0}^{\infty} \frac{(-1)^k}{k!\,\Gamma\left(k+\frac{1}{2}\right)} \left(\frac{z}{2}\right)^{2k} = \left(\frac{z}{2}\right)^{-\frac{1}{2}} \sum_{k=0}^{\infty} \frac{(-1)^k z^{2k}}{k!\,\frac{1\cdot 3\cdot \ldots \cdot (2k-1)}{2^k} \sqrt{\pi}\, 2^{2k}}$$

$$= \sqrt{\frac{2}{\pi z}} \sum_{k=0}^{\infty} \frac{(-1)^k z^{2k}}{k!\, 2^k\, 1\cdot 3\cdot \ldots \cdot (2k-1)} = \sqrt{\frac{2}{\pi z}} \sum_{k=0}^{\infty} \frac{(-1)^k}{(2k)!} z^{2k} \; ,$$

also wegen (6.38), Abschnitt 6.2.3,

$$J_{-\frac{1}{2}}(z) = \sqrt{\frac{2}{\pi z}} \cos z \; , \quad z \in \mathbb{C} \tag{10.51}$$

(iv) $\lambda = +\frac{1}{2}$: Analog zum vorhergehenden Fall ergibt sich

$$J_{\frac{1}{2}}(z) = \sqrt{\frac{2}{\pi z}} \sin z \; , \quad z \in \mathbb{C} \tag{10.52}$$

Die Besselschen Funktionen $J_{1/2}(z)$ und $J_{-1/2}(z)$ lassen sich also in einfacher Weise durch die trigonometrischen Funktionen $\sin z$ und $\cos z$ ausdrücken. Wir zeigen nun, daß zwischen den Hankelschen Funktionen $H^1_{1/2}(z)$ bzw. $H^2_{1/2}(z)$ und der Exponentialfunktion entsprechende Zusammenhänge gelten: Aus den Formeln (10.31) und (10.37), Abschnitt 10.2.1, ergibt sich für $\lambda = \frac{1}{2}$

$$J_{1/2}(z) = \frac{1}{2}\left[H^1_{1/2}(z) + H^2_{1/2}(z)\right] , \quad J_{-1/2}(z) = \frac{i}{2}\left[H^1_{1/2}(z) - H^2_{1/2}(z)\right]$$

und hieraus

$$H^1_{1/2}(z) = J_{1/2}(z) - iJ_{-1/2}(z) , \quad H^2_{1/2}(z) = J_{1/2}(z) + iJ_{-1/2}(z) . \qquad (10.53)$$

Setzen wir noch die obigen Formeln für $J_{1/2}(z)$ und $J_{-1/2}(z)$ ein, so erhalten wir

$$H^1_{1/2}(z) = \sqrt{\frac{2}{\pi z}}\,(\sin z - i\cos z) , \quad H^2_{1/2}(z) = \sqrt{\frac{2}{\pi z}}\,(\sin z + i\cos z) \qquad (10.54)$$

oder, wenn wir (6.45), Abschnitt 6.2.3, verwenden,

$$\boxed{H^1_{1/2}(z) = -i\sqrt{\frac{2}{\pi z}}\,e^{iz} \; ; \; H^2_{1/2}(z) = i\sqrt{\frac{2}{\pi z}}\,e^{-iz}} \qquad (10.55)$$

Insgesamt wird deutlich: Es besteht eine interessante Analogie zwischen

Sinus-, Cosinus- und Exponentialfunktion

und

Bessel-, Neumann- und Hankelfunktionen.

Asymptotisches Verhalten

(a) Aus den asymptotischen Darstellungen der Hankelschen Funktionen $H^1_\lambda(z)$ und $H^2_\lambda(z)$ (s. (10.27), (10.28), Abschn. 10.1.3) und der Beziehung

$$J_\lambda(z) = \frac{1}{2}\left[H_\lambda^1(z) + H_\lambda^2(z)\right] \qquad (\text{s. } (10.31))$$

erhalten wir für $z = x \gg \lambda$ sofort eine asymptotische Darstellung der Besselschen Funktionen:

$$\boxed{J_\lambda(x) \sim \sqrt{\frac{2}{\pi z}}\cos\left(x - \lambda\frac{\pi}{2} - \frac{\pi}{4}\right)} \tag{10.56}$$

(b) Das Verhalten der Besselschen Funktionen $J_\lambda(z)$ für kleine Argumente z können wir - unabhängig von λ - den Reihenentwicklungen dieses Abschnittes entnehmen (s. (10.47) ff.) Für $\lambda \notin \mathbb{Z}$ verhält sich $J_\lambda(z)$ im Nullpunkt wie z^λ, für $\lambda = n \in \mathbb{N}_0$ wie z^n, und für $\lambda = -n$ $(n \in \mathbb{N})$ ebenfalls wie z^n. Im Nullpunkt können also nur Singularitäten der Form z^λ, $\lambda \notin \mathbb{Z}$, auftreten.

10.2.4 Orthogonalität und Nullstellen der Besselschen Funktionen

Ersetzen wir in der Besselschen Differentialgleichung

$$z^2\frac{d^2}{dz^2}J_\lambda(z) + z\frac{d}{dz}J_\lambda(z) + (z^2 - \lambda^2)J_\lambda(z) = 0 \tag{10.57}$$

z durch $\alpha_1 t$ bzw. $\alpha_2 t$ und multiplizieren wir die so entstehenden Gleichungen mit t^{-1}, so lassen sich diese in der Form

$$\frac{d}{dt}\left[t\,\frac{dJ_\lambda(\alpha_1 t)}{dt}\right] + \left(\alpha_1^2 t - \frac{\lambda^2}{t}\right)J_\lambda(\alpha_1 t) = 0 \tag{10.58}$$

bzw.

$$\frac{d}{dt}\left[t\,\frac{dJ_\lambda(\alpha_2 t)}{dt}\right] + \left(\alpha_2^2 t - \frac{\lambda^2}{t}\right)J_\lambda(\alpha_2 t) = 0 \tag{10.59}$$

schreiben. Nun multiplizieren wir (10.58) mit $J_\lambda(\alpha_2 t)$, (10.59) mit $J_\lambda(\alpha_1 t)$ und subtrahieren die zweite Gleichung von der ersten. Anschließend integrieren wir bezüglich t von 0 bis l, wobei $l > 0$ beliebig ist. Wir erhalten dann

$$\int_0^1 \left\{ J_\lambda(\alpha_2 t) \frac{d}{dt} \left[t \frac{dJ_\lambda(\alpha_1 t)}{dt} \right] - J_\lambda(\alpha_1 t) \frac{d}{dt} \left[t \frac{dJ_\lambda(\alpha_2 t)}{dt} \right] \right\} dt$$

$$+ \left(\alpha_1^2 - \alpha_2^2\right) \int_0^1 t J_\lambda(\alpha_1 t) J_\lambda(\alpha_2 t)\, dt = 0 \, . \tag{10.60}$$

Wegen

$$\left\{ \ldots \right\} = \frac{d}{dt} \left[t \frac{dJ_\lambda(\alpha_1 t)}{dt} J_\lambda(\alpha_2 t) - t \frac{dJ_\lambda(\alpha_2 t)}{dt} J_\lambda(\alpha_1 t) \right]$$

können wir (10.60) auch so schreiben:

$$\left| t \frac{dJ_\lambda(\alpha_1 t)}{dt} J_\lambda(\alpha_2 t) - t \frac{dJ_\lambda(\alpha_2 t)}{dt} J_\lambda(\alpha_1 t) \right|_{t=0}^{t=1}$$

$$+ \left(\alpha_1^2 - \alpha_2^2\right) \int_0^1 t J_\lambda(\alpha_1 t) J_\lambda(\alpha_2 t)\, dt = 0 \, . \tag{10.61}$$

Mit $\dfrac{d\,J_\lambda(\alpha t)}{dt} = \alpha J_\lambda'(\alpha t)$ lautet diese Gleichung

$$\left| \alpha_1 t J_\lambda'(\alpha_1 t) J_\lambda(\alpha_2 t) - \alpha_2 t J_\lambda'(\alpha_2 t) J_\lambda(\alpha_1 t) \right|_{t=0}^{t=1}$$

$$+ \left(\alpha_1^2 - \alpha_2^2\right) \int_0^1 t J_\lambda(\alpha_1 t) J_\lambda(\alpha_2 t)\, dt = 0 \, . \tag{10.62}$$

Für kleine z verhält sich $J_\lambda(z)$ wie z^λ (s. Abschn. 8.2.3). Ferner folgt aus der Reihenentwicklung (10.47) durch Differentiation die Beziehung

$$J_\lambda'(z) = -J_{\lambda+1}(z) + \frac{\lambda J_\lambda(z)}{z} \, .$$

Daher existiert das Integral in (10.62) für reelle $\lambda > -1$ und der Ausdruck $|\ldots|$ verschwindet für $t = 0$. Aus (10.62) ergibt sich somit für $\lambda > -1$

$$\boxed{\begin{aligned} &l\left[\alpha_1 J_\lambda'(\alpha_1 l)\,J_\lambda(\alpha_2 l) - \alpha_2 J_\lambda'(\alpha_2 l)\,J_\lambda(\alpha_1 l)\right] \\ &\quad + \left(\alpha_1^2 - \alpha_2^2\right)\int_0^l t\,J_\lambda(\alpha_1 t)\,J_\lambda(\alpha_2 t)\,dt = 0 \end{aligned}} \tag{10.63}$$

Insbesondere erhalten wir hieraus für $l = 1$

$$\alpha_1 J_\lambda'(\alpha_1)J_\lambda(\alpha_2) - \alpha_2 J_\lambda'(\alpha_2)J_\lambda(\alpha_1) + \left(\alpha_1^2 - \alpha_2^2\right)\int_0^1 tJ_\lambda(\alpha_1 t)J_\lambda(\alpha_2 t)dt = 0\,. \tag{10.64}$$

Mit Hilfe dieser Gleichung läßt sich ein Überblick über die Verteilung der Nullstellen von $J_\lambda(z)$ gewinnen. Hierzu sei λ reell, $\lambda > -1$, und $\alpha \neq 0$ eine Nullstelle von $J_\lambda(z)$. Die Reihenentwicklung

$$J_\lambda(z) = \left(\frac{z}{2}\right)^\lambda \sum_{k=0}^{\infty} \frac{(-1)^k}{k!\,\Gamma(k+\lambda+1)} \left(\frac{z}{2}\right)^{2k} \tag{10.65}$$

(s. (10.47), Abschn. 10.2.3) besitzt für reelle z und λ reelle Koeffizienten. Mit $J_\lambda(\alpha) = 0$ muß daher auch $J_\lambda(\bar\alpha) = 0$ für die zu α konjugiert komplexe Zahl $\bar\alpha$ gelten (s. Üb. 6.6, Abschn. 6.1.6), und aus (10.64) folgt für $\alpha_1 = \alpha$ und $\alpha_2 = \bar\alpha$

$$\left(\alpha^2 - \bar\alpha^2\right)\int_0^1 tJ_\lambda(\alpha t)J_\lambda(\bar\alpha t)\,dt = \left(\alpha^2 - \bar\alpha^2\right)\int_0^1 t\,|J_\lambda(\alpha t)|^2\,dt = 0 \tag{10.66}$$

(wir beachten, daß $J_\lambda(\alpha t)$ und $J_\lambda(\bar\alpha t)$ konjugiert komplex sind). Da J_λ nicht identisch verschwindet, muß $\alpha^2 - \bar\alpha^2 = (\alpha - \bar\alpha)(\alpha + \bar\alpha) = 0$ sein, also $\alpha = \bar\alpha$ oder $\alpha = -\bar\alpha$ gelten. Dies bedeutet, daß α entweder reell oder rein imaginär sein muß. Wir zeigen, daß der zweite Fall für $\lambda > -1$ nicht eintreten kann. Hierzu setzen wir $z = i\,a$ ($a \neq 0$, reell) in der Reihenentwicklung (10.65). Dadurch ergibt sich für diese z

$$\frac{J_\lambda(z)}{z^\lambda} = \frac{1}{2^\lambda} \sum_{k=0}^{\infty} \frac{1}{k!\,\Gamma(k+\lambda+1)} \left(\frac{a}{2}\right)^{2k}\,. \tag{10.67}$$

Für reelle λ mit $\lambda > -1$ und alle $k \in \mathbb{N}_0$ gilt $\Gamma(k+\lambda+1) > 0$ (s. Abschn. 8.2.3 (b)); d.h. alle Koeffizienten der Reihe in (10.67) sind positiv. Daher ist die rechte Seite von (10.67) positiv und damit auch $J_\lambda(z)/z^\lambda$, so daß dieser Ausdruck keine Nullstellen der Form $z = ia$ haben kann. Für reelle $\lambda > -1$ besitzt $J_\lambda(z)$ also nur reelle Nullstellen.

Aus der asymptotischen Formel

$$J_\lambda(x) \sim \sqrt{\frac{2}{\pi x}} \cos\left(x - \lambda\frac{\pi}{2} - \frac{\pi}{4}\right) \tag{10.68}$$

(s. (10.56), Abschn. 10.2.3) ersehen wir, daß $J_\lambda(z)$ unendlich viele positive Nullstellen besitzt (die Cosinus-Funktion wechselt unendlich oft ihr Vorzeichen!). Wegen $J_\lambda(-z) = e^{i\lambda\pi}J_\lambda(z)$ [1] treten außerdem unendlich viele negative Nullstellen auf, die bezüglich des Nullpunktes symmetrisch liegen. Insgesamt erhalten wir:

> Für reelle λ mit $\lambda > -1$ besitzt $J_\lambda(z)$ nur reelle Nullstellen: unendlich viele positive und negative, die bezüglich des Nullpunktes symmetrisch liegen.

Diese Nullstellen lassen sich näherungsweise aus (10.68) berechnen:

$$\alpha_n = \alpha_n(\lambda) \approx -\frac{\pi}{4} + \lambda\frac{\pi}{2} + n\pi \;, \; n = 0, \pm 1, \pm 2, \dots \; . \tag{10.69}$$

Die Genauigkeit dieser Werte nimmt mit wachsendem $|n|$ zu.

Bemerkung: Umfangreiche Tabellen über die Nullstellen der Besselschen Funktionen finden sich z.B. in [33], S. 192-195.

Eine weitere interessante Eigenschaft der Besselschen Funktionen, die bei der Entwicklung vorgegebener Funktionen nach Besselschen Funktionen von Bedeutung ist[2], ist deren Orthogonalität. Sie ergibt sich wie folgt:

---

[1] Diese Beziehung folgt aus (10.65). (Zeigen!)

[2] s. auch Abschnitt 10.3.2, Schwingungen einer Membran

Gilt für $z = \alpha_1$ und $z = \alpha_2$ $(\alpha_1 \neq \alpha_2)$

$$J_\lambda(\alpha_1 l) = 0 \quad , \quad J_\lambda(\alpha_2 l) = 0 \tag{10.70}$$

oder

$$J'_\lambda(\alpha_1 l) = 0 \quad , \quad J'_\lambda(\alpha_2 l) = 0 \; , \tag{10.71}$$

so folgt aus (10.64) sofort

$$\int_0^l t J_\lambda(\alpha_1 t) J_\lambda(\alpha_2 t)\, dt = 0 \; ; \; \lambda > -1 \tag{10.72}$$

(Orthogonalitätseigenschaft der Besselschen Funktionen)

Wir beachten, daß auch die Funktion $J'_\lambda(z)$ für $\lambda > -1$ unendlich viele reelle Nullstellen besitzt (warum?). Ist $\{\alpha_n\}_{n=1}^{\infty}$ also eine Folge mit $J_\lambda(\alpha_n l) = 0$ oder $J'_\lambda(\alpha_n l) = 0$, so bildet $\{J_\lambda(\alpha_n t)\}_{n=1}^{\infty}$ ein orthogonales Funktionensystem (mit Gewicht t) auf $(0,l)$.

10.2.5 Die Neumannschen Funktionen

Nach (10.31), Abschnitt 10.2.1, sind die Neumannschen Funktionen $N_\lambda(z)$ durch

$$N_\lambda(z) = \frac{1}{2i}\left[H^1_\lambda(z) - H^2_\lambda(z)\right] \tag{10.73}$$

erklärt. Wir wollen sie durch die Besselschen Funktionen $J_\lambda(z)$ und $J_{-\lambda}(z)$ ausdrücken: Für $\lambda \notin \mathbb{Z}$ gelten die Zusammenhänge

$$H^1_\lambda(z) = -\frac{e^{-i\lambda\pi}J_\lambda(z) - J_{-\lambda}(z)}{i\sin\lambda\pi} \; ; \; H^2_\lambda(z) = \frac{e^{i\lambda\pi}J_\lambda(z) - J_{-\lambda}(z)}{i\sin\lambda\pi} \; . \tag{10.74}$$

Dies folgt aus (10.31) und (10.37) (s. Abschn. 10.2.1), wenn wir nach $H_\lambda^1(z)$ bzw. $H_\lambda^2(z)$ auflösen. Setzen wir (10.74) in (10.73) ein, so erhalten wir

$$N_\lambda(z) = \frac{\cos \lambda\pi \cdot J_\lambda(z) - J_{-\lambda}(z)}{\sin \lambda\pi} \, , \quad \lambda \notin \mathbb{Z} \, . \tag{10.75}$$

Für den Fall, daß $\lambda = n \in \mathbb{Z}$ ist, wollen wir $N_n(z)$ aus (10.75) durch Grenzübergang $\lambda \longrightarrow n$ mit Hilfe der Regel von de l'Hospital bestimmen:[1)] Für $z \neq 0$ sind Zähler und Nenner in (10.75) bezüglich λ holomorphe Funktionen (nach Üb. 10.2 gilt die Holomorphie für die Hankelschen Funktionen und damit auch für die Besselschen Funktionen für $\lambda \in \mathbb{C}$). Außerdem verschwinden Zähler (wir beachten (10.50)) und Nenner an den Stellen $\lambda = n \in \mathbb{Z}$. Mit der Regel von de l'Hospital erhalten wir daher

$$N_n(z) = \lim_{\lambda \to n} \frac{\cos \lambda\pi \cdot J_\lambda(z) - J_{-\lambda}(z)}{\sin \lambda\pi} = \lim_{\lambda \to n} \frac{\frac{\partial}{\partial \lambda}[\cos \lambda\pi \cdot J_\lambda(z) - J_{-\lambda}(z)]}{\frac{\partial}{\partial \lambda} \sin \lambda\pi}$$

$$= \lim_{\lambda \to n} \frac{-\pi \sin \lambda\pi \cdot J_\lambda(z) + \frac{\partial J_\lambda}{\partial \lambda} \cos \lambda\pi - \frac{\partial J_{-\lambda}(z)}{\partial \lambda}}{\pi \cos \lambda\pi} \, ,$$

oder

$$N_n(z) = \frac{1}{\pi} \left[\frac{\partial J_\lambda(z)}{\partial \lambda} - (-1)^n \, \frac{\partial J_{-\lambda}(z)}{\partial \lambda} \right]_{\lambda = n} , \quad n \in \mathbb{Z} \, , \; z \neq 0 \tag{10.76}$$

Diese Formel gestattet es, Resultate, die wir für die Besselschen Funktionen gewonnen haben, auf die Neumannschen Funktionen zu übertragen. So folgt aus der Tatsache, daß $J_\lambda(z)$ und $J_{-\lambda}(z)$ Lösungen der Besselschen Differentialgleichung sind, wegen (10.76) und (10.50) sehr einfach, daß dies auch für $N_n(z)$ gilt. Ebenso lassen sich verschiedene Integraldarstellungen für $N_n(z)$ aus denen von $J_\lambda(z)$ und $J_{-\lambda}(z)$ gewinnen. Wir begnügen uns damit, mit Hilfe von (10.76) Reihenentwicklungen für $N_n(z)$ herzuleiten: Hierzu gehen wir von

---

[1)] Die reelle Version dieser Regel wurde in Bd. I, Abschn. 3.2.1, behandelt; sie gilt entsprechend auch im Komplexen.

$$J_\lambda(z) = \left(\frac{z}{2}\right)^\lambda \sum_{k=0}^{\infty} \frac{(-1)^k}{k!\,\Gamma(\lambda+k+1)} \left(\frac{z}{2}\right)^{2k}$$

aus (s. (10.47), Abschn. 10.2.3). Es gilt

$$\frac{\partial J_\lambda(z)}{\partial\lambda} = \frac{\partial}{\partial\lambda}\left[e^{\lambda\log\frac{z}{2}} \cdot \sum_{k=0}^{\infty} \frac{(-1)^k}{k!\,\Gamma(\lambda+k+1)} \left(\frac{z}{2}\right)^{2k}\right]$$

$$= \log\frac{z}{2} \cdot J_\lambda(z) + \left(\frac{z}{2}\right)^\lambda \frac{\partial}{\partial\lambda} \sum_{k=0}^{\infty} \frac{(-1)^k}{k!\,\Gamma(\lambda+k+1)} \left(\frac{z}{2}\right)^{2k} .$$

Da wir im letzten Ausdruck Differentiation und Summation vertauschen dürfen (warum?), ergibt sich

$$\frac{\partial J_\lambda(z)}{\partial\lambda} = J_\lambda(z)\log\frac{z}{2} + \left(\frac{z}{2}\right)^\lambda \sum_{k=0}^{\infty} \frac{(-1)^k}{k!} \left(\frac{z}{2}\right)^{2k} \frac{d}{dt}\frac{1}{\Gamma(t)}\bigg|_{t=\lambda+k+1}$$

und entsprechend

$$\frac{\partial J_{-\lambda}(z)}{\partial\lambda} = -J_{-\lambda}(z)\log\frac{z}{2} - \left(\frac{z}{2}\right)^{-\lambda} \sum_{k=0}^{\infty} \frac{(-1)^k}{k!} \left(\frac{z}{2}\right)^{2k} \frac{d}{dt}\frac{1}{\Gamma(t)}\bigg|_{t=-\lambda+k+1} .$$

Setzen wir nun diese Ausdrücke in (10.76) ein und verwenden wir außerdem die Beziehungen[1)]

$$\frac{d}{dt}\frac{1}{\Gamma(t)}\bigg|_{t=n} = \frac{1}{(n-1)!}\left(C - 1 - \frac{1}{2} - \ldots - \frac{1}{n-1}\right), \quad n \in \mathbb{N} \tag{10.77}$$

(C: Eulersche Konstante)

und

$$\frac{d}{dt}\frac{1}{\Gamma(t)}\bigg|_{t=-n} = (-1)^n\, n! \quad , \quad n \in \mathbb{N}_0 , \tag{10.78}$$

so erhalten wir für $\lambda = n \in \mathbb{N}$:

---

1) Beweise finden sich z.B. in [87], S. 431-432.

$$N_n(z) = \frac{2}{\pi} J_n(z)\left(\log\frac{z}{2} + C\right) - \frac{1}{\pi}\left(\frac{z}{2}\right)^{-n} \sum_{k=1}^{n-1} \frac{(n-k-1)!}{k!}\left(\frac{z}{2}\right)^{2k}$$
$$- \frac{1}{\pi}\left(\frac{z}{2}\right)^{n} \frac{1}{n!}\left(\frac{1}{n} + \frac{1}{n-1} + \ldots + 1\right) - \frac{1}{\pi}\left(\frac{z}{2}\right)^{n} \sum_{k=1}^{\infty} \frac{(-1)^k}{k!(n+k)!} \cdot$$
$$\cdot \left(\frac{z}{2}\right)^{2k}\left(\frac{1}{n+k} + \frac{1}{n+k-1} + \ldots + 1 + 1 + \frac{1}{k} + \frac{1}{k-1} + \ldots + 1\right) \qquad (10.79)$$

und für $\lambda = n = 0$:

$$N_0(z) = \frac{2}{\pi} J_0(z)\left(\log\frac{z}{2} + C\right) - \frac{2}{\pi} \sum_{k=1}^{\infty} \frac{(-1)^k}{(k!)^2}\left(\frac{z}{2}\right)^{2k}\left(\frac{1}{k} + \frac{1}{k-1} + \ldots + 1\right) \qquad (10.80)$$

Ferner ergibt sich aus (10.76) und (10.50)

$$N_{-n}(z) = (-1)^n N_n(z) , \quad n \in \mathbb{N} . \qquad (10.81)$$

Bemerkung: Die obigen Darstellungen zeigen, daß bei den Neumannschen Funktionen neben den Potenzen von z ein Logarithmusterm auftritt.

Asymptotisches Verhalten

(a) Aus den asymptotischen Darstellungen der Hankelschen Funktionen $H_\lambda^1(z)$ und $H_\lambda^2(z)$ (s. (10.27), (10.28), und der Beziehung $N_\lambda(z) = \frac{1}{2i}\left[H_\lambda^1(z) - H_\lambda^2(z)\right]$ (s. (10.32), Abschn. 10.2.1) erhalten wir für $z = x \gg \lambda$ unmittelbar eine asymptotische Darstellung der Neumannschen Funktionen:

$$N_\lambda(x) \sim \sqrt{\frac{2}{\pi x}} \sin\left(x - \lambda\frac{\pi}{2} - \frac{\pi}{4}\right) \qquad (10.82)$$

(b) Das Verhalten der Neumannschen Funktionen $N_\lambda(z)$ für kleine Argumente z und $\lambda = n \in \mathbb{Z}$ läßt sich nach (10.79) bis (10.81) und Abschnitt 10.2.3 durch eine Singularität im Nullpunkt der Form $z^n \log z$ und einen Pol der Ordnung n beschreiben.

10.2.6 Verhalten der Lösung der Besselschen Differentialgleichung

Nach Abschnitt 10.2.1 lautet die allgemeine Lösung der Besselschen Differentialgleichung für den Fall $\lambda \notin \mathbb{Z}$

$$u(z) = c_1 J_\lambda(z) + c_2 J_{-\lambda}(z) \tag{10.83}$$

und für den Fall $\lambda = n \in \mathbb{Z}$

$$u(z) = c_1 J_n(z) + c_2 N_n(z) \ . \tag{10.84}$$

Mit den Ergebnissen über die Funktionen $J_\lambda(z)$ und $N_\lambda(z)$ der obigen Abschnitte läßt sich das Verhalten dieser Lösungen vollständig überschauen:

(i) Für $\lambda \notin \mathbb{Z}$ kann die allgemeine Lösung im Punkt $z = 0$ nur Singularitäten der Form z^λ bzw. $z^{-\lambda}$ besitzen.

(ii) Für $\lambda = n \in \mathbb{Z}$ kann die allgemeine Lösung nur eine Singularität der Form $z^n \log z$ und einen Pol der Ordnung n im Punkt $z = 0$ besitzen.

(iii) In $\mathbb{C}$ treten keine weiteren Singularitäten der Lösungen auf. Jedoch stellt der Punkt $z = \infty$ für jede Lösung $u \not\equiv 0$ eine wesentliche Singularität dar.

(iv) Durch die Besselschen Funktionen $J_n(z)$, $n \in \mathbb{Z}$, sind diejenigen Lösungen gegeben, die in ganz $\mathbb{C}$ holomorph sind.

10.3 ANWENDUNGEN

10.3.1 Radialsymmetrische Lösungen der Schwingungsgleichung

Die radialsymmetrischen Lösungen[1)] $U(|x|) =: f(r)$ der Schwingungsgleichung im $\mathbb{R}^n$

$$\Delta U + k^2 U = 0 \tag{10.85}$$

genügen der Differentialgleichung

$$f''(r) + \frac{n-1}{r} f'(r) + k^2 f(r) = 0 \tag{10.86}$$

(s. Abschn. 10.1.1). Diese geht mit

$$f(r) =: r^{-\frac{n-2}{2}} g(kr) \ , \quad kr =: \rho$$

in die Besselsche Differentialgleichung

$$g''(\rho) + \frac{1}{\rho} g'(\rho) + \left[1 - \frac{\left(\frac{n-2}{2}\right)^2}{\rho^2}\right] g(\rho) = 0 \tag{10.87}$$

mit Index $\lambda = \frac{n-2}{2}$ über. Den angegebenen Raumdimensionen n entsprechen also die folgenden λ-Werte:

$$n = 2 : \quad \lambda = 0 \in \mathbb{Z}$$
$$n = 3 : \quad \lambda = \frac{1}{2} \notin \mathbb{Z}$$
$$n = 4 : \quad \lambda = 1 \in \mathbb{Z}$$
$$n = 5 : \quad \lambda = \frac{3}{2} \notin \mathbb{Z}$$

usw.

Wir wollen linear unabhängige radialsymmetrische Lösungen der Schwingungsgleichung in Abhängigkeit von der Raumdimension n angeben:

1) Sie werden zum Aufbau der Theorie der Schwingungsgleichung benötigt (s. Bd. V).

Ein Fundamentalsystem von Lösungen der Gleichung (10.87) ist nach Abschnitt 10.1.3 durch die Hankelschen Funktionen

$$H^1_{\frac{n-2}{2}}(\rho) \quad \text{und} \quad H^2_{\frac{n-2}{2}}(\rho)$$

gegeben. Die entsprechenden Lösungen für Gleichung (10.86) lauten

$$r^{-\frac{n-2}{2}} H^1_{\frac{n-2}{2}}(kr) \quad \text{und} \quad r^{-\frac{n-2}{2}} H^2_{\frac{n-2}{2}}(kr)$$

bzw. für die Schwingungsgleichung (10.85)

$$\boxed{|x|^{-\frac{n-2}{2}} H^1_{\frac{n-2}{2}}(k|x|) \quad \text{und} \quad |x|^{-\frac{n-2}{2}} H^2_{\frac{n-2}{2}}(k|x|)} \tag{10.88}$$

Man nennt diese Lösungen auch Grundlösungen der Schwingungsgleichung.

Insbesondere ergeben sich als Grundlösungen für die Raumdimension

n = 3: $\quad |x|^{-\frac{1}{2}} H^1_{\frac{1}{2}}(k|x|)$ und $|x|^{-\frac{1}{2}} H^2_{\frac{1}{2}}(k|x|)$.

Diese Lösungen lassen sich noch einfacher darstellen, wenn wir die Beziehungen

$$H^1_{\frac{1}{2}}(z) = -i\sqrt{\frac{2}{\pi z}}\, e^{iz} \ , \quad H^2_{\frac{1}{2}}(z) = i\sqrt{\frac{2}{\pi z}}\, e^{-iz}$$

benutzen (s. (10.55), Abschn. 10.2.3). Wir erhalten dann als Grundlösungen im $\mathbb{R}^3$

$$\boxed{\frac{e^{ik|x|}}{|x|} \quad \text{und} \quad \frac{e^{-ik|x|}}{|x|}} \tag{10.89}$$

Die Gesamtheit der radialsymmetrischen Lösungen von (10.85) ist für $n = 3$ durch

$$U(x) = c_1 \frac{e^{ik|x|}}{|x|} + c_2 \frac{e^{-ik|x|}}{|x|}, \quad k \neq 0 \tag{10.90}$$

gegeben. Dabei sind c_1, c_2 beliebige Konstanten. Im Falle $k = 0$ liefert (10.90) nur eine Lösung[1]; eine weitere linear unabhängige Lösung von (10.86) ist $f(r) \equiv 1$. Sämtliche radialsymmetrischen Lösungen sind dann für $n = 3$ durch

$$U(x) = c_1 \frac{1}{|x|} + c_2 \tag{10.91}$$

gegeben.

Alle diese Lösungen besitzen im Nullpunkt eine Singularität der Form $\frac{1}{|x|}$.

<u>n = 2</u> : Aus (10.88) ergeben sich die Grundlösungen

$$H_0^1(k|x|) \quad \text{und} \quad H_0^2(k|x|) \tag{10.92}$$

Die Gesamtheit der radialsymmetrischen Lösungen von (10.85) ist in diesem Fall durch

$$U(x) = c_1 H_0^1(k|x|) + c_2 H_0^2(k|x|) \tag{10.93}$$

gegeben. Dabei sind c_1, c_2 beliebige Konstanten. Wegen

$$H_0^1(z) = J_0(z) + i N_0(z) \,, \quad H_0^2(z) = J_0(z) - i N_0(z)$$

und dem aus Abschnitt 10.2.6 bekannten Verhalten der Funktionen $J_0(z)$

[1] Für $k = 0$ geht die Schwingungsgleichung $\Delta U + k^2 U = 0$ in die Potentialgleichung $\Delta U = 0$ über.

und $N_0(z)$ ist ersichtlich, daß die Grundlösungen (und damit auch die allgemeine Lösung (10.93)) im Falle $n = 2$ im Nullpunkt eine logarithmische Singularität der Form $\log|x|$ besitzen.

Bemerkung: Mit den bisher gewonnenen Resultaten beherrschen wir insbesondere das Verhalten der radialsymmetrischen Lösungen der Schwingungsgleichung in Abhängigkeit von der Raumdimension n sowohl in einer Umgebung des Punktes $x = 0$ als auch für große Argumente $|x|$. Beides wird z.B. bei der Behandlung von Ganzraumproblemen der inhomogenen Schwingungsgleichung

$$\Delta U + k^2 U = f \quad \text{in} \quad \mathbb{R}^n$$

mit Hilfe von "Volumenpotentialen" benötigt: Das Verhalten im Nahbereich (d.h. in einer Umgebung von $x = 0$) ist für den Nachweis wichtig, daß das "Volumenpotential" der Schwingungsgleichung genügt. Das asymptotische Verhalten (große $|x|$) ist vor allem für den Fall reeller k von Bedeutung, um die korrekte Eindeutigkeitsbedingung zu gewinnen (s. hierzu Bd. V).

10.3.2 Schwingungen einer Membran

Als weitere Anwendung der Theorie der Besselschen Funktionen untersuchen wir das Schwingungsverhalten einer kreisförmigen Membran. Wir wählen dieses Standardbeispiel, weil sich hier die Lösungsmethode, nämlich die Entwicklung der Lösung nach Besselschen Funktionen, besonders schön und einfach verdeutlichen läßt.

Die Auslenkungen $U(x,y,t)$ einer im Gleichgewichtszustand in der (x,y)-Ebene liegenden Membran, die unter dem Einfluß von Spannungskräften steht, werden für den Fall kleiner Werte U beschrieben durch die Wellengleichung

$$\frac{\partial^2 U}{\partial t^2} = a^2 \left(\frac{\partial^2 U}{\partial x^2} + \frac{\partial^2 U}{\partial y^2} \right) \tag{10.94}$$

mit $a^2 = \frac{T}{\rho}$, T : Spannung, ρ : Flächendichte. Wir nehmen an, daß der Rand C der Membran der Gleichung $x^2 + y^2 = r_0^2$, $r_0 > 0$, genügt, also kreisförmig und fest eingespannt ist. Dies liefert die Randbedingung

$$U(x,y,t) = 0 \quad \text{auf} \quad C\,. \tag{10.95}$$

Ferner geben wir noch die Anfangslage und die Anfangsgeschwindigkeit der Membranpunkte vor, d.h. die Anfangsbedingungen

$$U(x,y,t)\Big|_{t=0} = f(x,y)\,, \quad \frac{\partial U(x,y,t)}{\partial t}\Big|_{t=0} = g(x,y)\,. \tag{10.96}$$

Durch (10.94), (10.95) und (10.96) liegt ein Rand- und Anfangswertproblem für die Wellengleichung vor. Führen wir Polarkoordinaten ein:

$$x = r\cos\varphi\,,\; y = r\sin\varphi\,, \quad 0 \leqq r \leqq r_0\,,\; 0 \leqq \varphi \leqq 2\pi\,,$$

so geht (10.94) in die Gleichung

$$\frac{\partial^2 \tilde{U}}{\partial t^2} = a^2\left(\frac{\partial^2 \tilde{U}}{\partial r^2} + \frac{1}{r}\frac{\partial \tilde{U}}{\partial r} + \frac{\partial^2 \tilde{U}}{\partial \varphi^2}\right) \tag{10.97}$$

über, wobei $\tilde{U}(r,\varphi,t) := U(r\cos\varphi, r\sin\varphi, t)$ ist. Zur weiteren Behandlung unseres Problems gehen wir ähnlich vor wie bei der Behandlung der schwingenden Saite: Wir benutzen die "Methode der stehenden Wellen"[1)] (s. Bd. III, Abschn. 5.2.1 und 5.2.2). Hierzu gehen wir vom Produktansatz

$$\tilde{U}(r,\varphi,t) = V(r,\varphi)\,W(t) \tag{10.98}$$

aus. Setzen wir (10.98) in (10.97) ein und trennen wir die Veränderlichen (r,φ) und t , so ergibt sich die Gleichung

$$\frac{1}{V}\left(\frac{\partial^2 V}{\partial r^2} + \frac{1}{r}\frac{\partial V}{\partial r} + \frac{1}{r^2}\frac{\partial^2 V}{\partial \varphi^2}\right) = \frac{1}{a^2}\,\frac{\frac{\partial^2 W}{\partial t^2}}{W} =: -k^2\,. \tag{10.99}$$

Hierbei ist k eine Konstante. (Die linke Seite von (10.99) ist unab-

---

[1)] auch Fourier-Methode genannt

hängig von t, die rechte von r und φ.) Wir erhalten für W die gewöhnliche Differentialgleichung

$$W''(t) + a^2 k^2 W(t) = 0 \tag{10.100}$$

und für V die partielle Differentialgleichung

$$\frac{\partial^2 V}{\partial r^2} + \frac{1}{r}\frac{\partial V}{\partial r} + \frac{1}{r^2}\frac{\partial^2 V}{\partial \varphi^2} = -k^2 V . \tag{10.101}$$

Verwenden wir erneut einen Produktansatz:

$$V(r,\varphi) = X(r)\, Y(\varphi) \tag{10.102}$$

und gehen wir damit in (10.101) ein, so erhalten wir nach Trennung der Veränderlichen r und φ

$$r^2\frac{X''}{X} + r\frac{X'}{X} + k^2 r^2 = -\frac{Y''}{Y} =: \lambda^2 \tag{10.103}$$

(λ = const.) oder die beiden gewöhnlichen Differentialgleichungen für X und Y

$$Y''(\varphi) + \lambda^2 Y(\varphi) = 0 \tag{10.104}$$

und

$$X'' + \frac{1}{r}X' + \left(k^2 - \frac{\lambda^2}{r^2}\right)X = 0 . \tag{10.105}$$

Durch Übergang zu der Variablen $\rho := kr$ folgt aus (10.105) für $Z(\rho) := X\left(\frac{\rho}{k}\right)$ die Besselsche Differentialgleichung

$$Z''(\rho) + \frac{1}{\rho}Z'(\rho) + \left(1 - \frac{\lambda^2}{\rho^2}\right)Z(\rho) = 0 . \tag{10.106}$$

Mit $\omega := ak$ lautet die allgemeine Lösung von (10.100)

$$W(t) = \tilde{a}\cos\omega t + b\sin\omega t \quad (\tilde{a}, b : \text{Konstanten}) \tag{10.107}$$

Die allgemeine Lösung von (10.104) ist durch

$$Y(\varphi) = c\cos\lambda\varphi + d\sin\lambda\varphi \quad (c,d : \text{Konstanten}) \tag{10.108}$$

gegeben. Da $\tilde{U}(r,\varphi,t)$ als Funktion von φ 2π-periodisch ist, muß dies auch für $V(r,\varphi)$ und $Y(\varphi)$ gelten. Dies bedeutet aber, daß $\lambda \in \mathbb{Z}$ sein muß. Wir nehmen o.B.d.A. an: $\lambda \in \mathbb{N}_0$ und erhalten damit aus (10.108)

$$Y_n(\varphi) = c\cos n\varphi + d\sin n\varphi\,, \quad n \in \mathbb{N}_0\,. \tag{10.109}$$

(Die Abhängigkeit der Lösung Y von n kennzeichnen wir durch den Index n .)

Wir wenden uns nun der Besselschen Differentialgleichung (10.106) zu, wobei wir $\lambda = n \in \mathbb{N}_0$ setzen:

$$Z''(\rho) + \frac{1}{\rho}Z'(\rho) + \left(1 - \frac{n^2}{\rho^2}\right)Z(\rho) = 0\,. \tag{10.110}$$

Nach Abschnitt 10.2.1 (iii) lautet die allgemeine Lösung dieser Gleichung

$$Z_n(\rho) = C_1 J_n(\rho) + C_2 N_n(\rho)\,, \quad n \in \mathbb{N}_0$$

mit den Besselschen Funktionen J_n und den Neumannschen Funktionen N_n. Für die allgemeine Lösung von (10.110) ergibt sich dann

$$X_n(r) = C_1 J_n(kr) + C_2 N_n(kr)\,. \tag{10.111}$$

Da wir von unserer Lösung $\tilde{U}$ (auch aus physikalischen Gründen) erwarten, daß sie auch für $r = 0$ beschränkt ist, muß $C_2 = 0$ sein, da N_n im Nullpunkt singulär ist. Setzen wir noch $C_1 = 1$, was für die Lösungen $\tilde{U}$ ohne Einfluß ist, so gilt

$$X_n(r) = J_n(kr)\,, \quad n \in \mathbb{N}_0\,. \tag{10.112}$$

Aufgrund der Randbedingung (10.95), die $\tilde{U}(r,\varphi,t)|_{r=r_0} = 0$ zur Folge hat, muß

$$J_n(kr_0) = 0 \tag{10.113}$$

gelten, d.h. es sind die Nullstellen der Besselschen Funktionen zu bestimmen. Davon gibt es unendlich viele positive (s. Abschn. 10.2.4):

$$k_0^{(n)}r_0 \,,\; k_1^{(n)}r_0 \,,\; k_2^{(n)}r_0 \,,\; \dots \,,\; k_m^{(n)}r_0 \,,\; \dots \,. \tag{10.114}$$

Insgesamt erhalten wir wegen (10.107), (10.109) und (10.112) unendlich viele Lösungen $\tilde{U}_{n,m}(r,\varphi,t)$ von (10.97) der Form

$$\begin{aligned}\tilde{U}_{n,m}(r,\varphi,t) = {} & (\tilde{a}\cos\omega_{n,m}t + b\sin\omega_{n,m}t)\,\cdot \\ & \cdot\,(c\cos n\varphi + d\sin n\varphi)\,J_n(k_m^{(n)}r)\;,\quad n,m \in \mathbb{N}_0\end{aligned} \tag{10.115}$$

mit $\omega_{n,m} = a\,k_m^{(n)}$, die sowohl die Wellengleichung (10.94) als auch die Randbedingung $\tilde{U}_{n,m}(r,\varphi,t)|_{t=0} = 0$ erfüllen. Da die Konstanten $\tilde{a},b,c,d$ jeweils von n und m abhängen, bringen wir dies durch die Schreibweisen $\tilde{a}_{n,m}$, $b_{n,m}$ usw. im folgenden zum Ausdruck. Um auch noch die Anfangsbedingungen (10.96) bzw.

$$\tilde{U}(r,\varphi,t)|_{t=0} = f(r\cos\varphi,\; r\sin\varphi) =: \tilde{f}(r,\varphi) \tag{10.116}$$

und

$$\left.\frac{\partial\tilde{U}(r,\varphi,t)}{\partial t}\right|_{t=0} = g(r\cos\varphi\;,\; r\sin\varphi) =: \tilde{g}(r,\varphi) \tag{10.117}$$

zu erfüllen, überlagern wir die unendlich vielen Lösungen $U_{n,m}$: Durch Superposition erhalten wir damit den formalen Lösungsansatz

$$\begin{aligned}\tilde{U}(r,\varphi,t) = {} & \sum_{n,m=0}^{\infty}(\alpha_{n,m}\cos\omega_{n,m}t + \beta_{n,m}\sin\omega_{n,m}t)\cos n\varphi\cdot J_n(k_m^{(n)}r) \\ & + \sum_{n,m=0}^{\infty}(\gamma_{n,m}\cos\omega_{n,m}t + \delta_{n,m}\sin\omega_{n,m}t)\sin n\varphi\cdot J_n(k_m^{(n)}r)\end{aligned} \tag{10.118}$$

Dabei ist $\alpha_{n,m} := \tilde{a}_{n,m} c_{n,m}$, $\beta_{n,m} := b_{n,m} c_{n,m}$, $\gamma_{n,m} := \tilde{a}_{n,m} d_{n,m}$, $\delta_{n,m} := b_{n,m} d_{n,m}$. Für das weitere Vorgehen, das auf die Bestimmung dieser Konstanten hinausläuft, begnügen wir uns mit einem formalen Standpunkt. (Wir nehmen an, daß die jeweiligen Reihen konvergieren und die durchzuführenden Vertauschungen erlaubt sind.) Mit (10.116), (10.117) und (10.118) gelangen wir zu den Beziehungen

$$\tilde{f}(r,\varphi) = \sum_{n,m=0}^{\infty} (\alpha_{n,m} \cos n\varphi + \gamma_{n,m} \sin n\varphi)\, J_n(k_m^{(n)} r) \tag{10.119}$$

und

$$\tilde{g}(r,\varphi) = \sum_{n,m=0}^{\infty} \omega_{n,m} (\beta_{n,m} \cos n\varphi + \delta_{n,m} \sin n\varphi)\, J_n(k_m^{(n)} r) \,. \tag{10.120}$$

Die Funktion $\tilde{f}$ (wie auch $\tilde{g}$) ist als Funktion von φ 2π-periodisch. Wir entwickeln sie in eine Fourierreihe (s. hierzu Bd. I, Abschn. 5.3.2):

$$\tilde{f}(r,\varphi) = \sum_{n=0}^{\infty} (A_n \cos n\varphi + B_n \sin n\varphi) \tag{10.121}$$

mit

$$\begin{aligned} A_n &= A_n(r) = \frac{1}{\pi} \int_{-\pi}^{\pi} \tilde{f}(r,\varphi) \cos n\varphi \, d\varphi \quad , \; n = 1,2,\ldots \; ; \\ A_0 &= A_0(r) = \frac{1}{2\pi} \int_{-\pi}^{\pi} \tilde{f}(r,\varphi)\, d\varphi \end{aligned} \tag{10.122}$$

und

$$B_n = B_n(r) = \frac{1}{\pi} \int_{-\pi}^{\pi} \tilde{f}(r,\varphi) \sin n\varphi \, d\varphi \,, \; n = 0,1,2,\ldots \,. \tag{10.123}$$

Ein Vergleich von (10.119) mit (10.121) zeigt:

$$A_n(r) = \sum_{m=0}^{\infty} \alpha_{n,m} J_n(k_m^{(n)} r) \,, \quad B_n(r) = \sum_{m=0}^{\infty} \gamma_{n,m} J_n(k_m^{(n)} r) \,. \tag{10.124}$$

Aufgrund von (10.122) und (10.123) sind $A_n(r)$ und $B_n(r)$ bekannt, und es stellt sich die Aufgabe, die Koeffizienten $\alpha_{n,m}$ und $\gamma_{n,m}$ aus (10.124) zu ermitteln. Hierzu benutzen wir die folgenden Orthogonalitätsrelationen für die Besselschen Funktionen:

$$\int_0^{r_0} r\, J_n(k_j^{(n)} r)\, J_n(k_l^{(n)} r)\, dr = 0 \quad \text{für} \quad j \neq l\,. \tag{10.125}$$

(s. (10.72), Abschn. 10.2.4). Multiplizieren wir die erste der Gleichungen (10.124) jeweils mit $r\, J_n(k_j^{(n)} r)$ und integrieren wir anschließend von 0 bis r_0, so erhalten wir wegen (10.125)

$$\int_0^{r_0} A_n(r)\, r\, J_n(k_j^{(n)} r)\, dr = \alpha_{n,j} \int_0^{r_0} r \left[J_n(k_j^{(n)} r)\right]^2 dr\,, \quad j \in \mathbb{N}_0$$

oder, wenn wir j durch m ersetzen,

$$\boxed{\alpha_{n,m} = \frac{\displaystyle\int_0^{r_0} r\, A_n(r)\, J_n(k_m^{(n)} r)\, dr}{\displaystyle\int_0^{r_0} r \left[J_n(k_m^{(n)} r)\right]^2 dr}\,, \quad n,m = 0,1,2,\ldots\,.} \tag{10.126}$$

Entsprechende Formeln ergeben sich für die Koeffizienten $\gamma_{n,m}$ und, wenn wir analog bei $\tilde{g}$ vorgehen, für die Koeffizienten $\beta_{n,m}$ und $\delta_{n,m}$. Unser Problem ist damit (formal) gelöst: Mit (10.118) haben wir eine Reihenentwicklung von $\tilde{U}(r,\varphi,t)$ nach Besselschen Funktionen, wobei die Koeffizienten $\alpha_{n,m}$ aus (10.126) und (10.122) und die übrigen Koeffizienten aus entsprechenden Formeln bestimmt werden können.

Unter geeigneten Voraussetzungen an die Funktionen f und g (s. Anfangsbedingungen (10.96)) läßt sich zeigen, daß die so gewonnene formale Lösung (10.118) tatsächlich das Gewünschte leistet.

ANHANG

Wir stellen einige Eigenschaften parameterabhängiger Integrale zusammen.

Satz I Sei C ein stückweise glatte, orientierte Kurve und D ein Gebiet in $\mathbb{C}$. Ferner seien $f(\tau,z)$ und $\frac{\partial f(\tau,z)}{\partial z}$ als Funktionen der beiden Veränderlichen τ,z stetig, wobei $\tau \in C$ und $z \in D$ ist. Dann ist die durch

$$g(z) := \int_C f(\tau,z)\,d\tau \ , \ z \in D \tag{0.1}$$

erklärte Funktion g in D holomorph und es gilt

$$g'(z) = \frac{d}{dz}\int_C f(\tau,z)\,d\tau = \int_C \frac{\partial f(\tau,z)}{\partial z}\,d\tau \ . \tag{0.2}$$

Beweis: Sei $z \in D$ beliebig und $r > 0$ so gewählt, daß der Kreis $|\zeta - z| \leq r$ ganz in D liegt. Aufgrund der Voraussetzungen über f ist diese Funktion für alle festen $\tau \in C$ bezüglich z in D holomorph. Aus dem Beweis von Satz 7.18, Abschnitt 7.2.3, entnehmen wir die Beziehung

$$\frac{f(\tau,z+h) - f(\tau,z)}{h} - \frac{\partial f(\tau,z)}{\partial z} = \frac{h}{2\pi i}\int_K \frac{f(\tau,\zeta)}{(\zeta - z - h)(\zeta - z)^2}\,d\zeta \ , \tag{0.3}$$

wobei K die Kreislinie $|\zeta - z| = r$, $\tau \in C$ (fest) und $|h| < r$ ist. Aus der Stetigkeit von f folgt: Es existiert eine Konstante $M > 0$, so daß

$$|f(\tau,\zeta)| \leq M \quad \text{für alle} \quad \tau \in C \quad \text{und} \quad \zeta \in K$$

ist. Aus (0.3) und Satz 7.11, Abschnitt 7.2.1, ergibt sich dann

$$\left| \frac{f(\tau,z+h) - f(\tau,z)}{h} - \frac{\partial f(\tau,z)}{\partial z} \right| \leq \frac{|h|}{2\pi}\left| \int_K \frac{f(\tau,\zeta)}{(\zeta - z - h)(\zeta - z)^2}\,d\zeta \right|$$

$$\leq \frac{|h|}{2\pi}\ \frac{M}{r^2(r - |h|)}\ 2\pi r = \frac{M}{r(r - |h|)}\ |h| \ .$$

Mit dieser Abschätzung und erneuter Anwendung von Satz 7.11 erhalten wir

$$\int_C \left[\frac{f(\tau,z+h)-f(\tau,z)}{h} - \frac{\partial f(\tau,z)}{\partial z}\right] d\tau \leq \frac{M|h|}{r(r-|h|)} L(C) \longrightarrow 0 \text{ für } h \to 0 .$$

Die Funktion g besitzt also für beliebiges $z \in D$ die Ableitung (0.2) und ist daher in D holomorph. □

Der folgende Satz ermöglicht uns eine Ausweitung des obigen Resultats auf gewisse uneigentliche Integrale:

Satz II Sei D ein Gebiet in $\mathbb{C}$. Ferner seien $f(t,z)$ und $\frac{\partial f(t,z)}{\partial z}$ in $[a,b] \times D$ stetige Funktionen, wobei $a,b \in \overline{\mathbb{R}}$ mit $-\infty \leq a < b \leq +\infty$. Konvergiert das Integral

$$\int_a^b f(t,z)\,dt \tag{0.4}$$

gleichmäßig in jedem abgeschlossenen Teilbereich $B \subset D$, so gilt: Die durch

$$g(z) := \int_a^b f(t,z)\,dt \tag{0.5}$$

erklärte Funktion g ist in D holomorph und es gilt

$$g'(z) = \int_a^b \frac{\partial f(t,z)}{\partial z}\,dt . \tag{0.6}$$

Beweis: Wir nehmen zwei beliebige Folgen $\{a_n\}, \{b_n\}$ in $\mathbb{R}$ mit $a < \ldots < a_n < \ldots < a_1 < b_1 < \ldots < b_n < \ldots < b$ und $a_n \to a$, $b_n \to b$ für $n \to \infty$. Mit diesen bilden wir die Funktionenfolge $\{g_n(z)\}$:

$$g_n(z) := \int_{a_n}^{b_n} f(t,z)\,dt . \tag{0.7}$$

Nach Satz I ist g_n für jedes $n \in \mathbb{N}$ in D holomorph und es gilt

$$g_n'(z) = \int_{a_n}^{b_n} \frac{\partial f(t,z)}{\partial z}\, dt \; .$$

Die Folge $\{g_n(z)\}$ konvergiert nach Voraussetzung in B gleichmäßig gegen $g(z)$. Da $B \subset D$ beliebig ist, ist g nach Satz 7.30; Abschnitt 7.3.1, in D holomorph und nach Satz 7.31 gilt $g'_n(z) \to g'(z)$ für $n \to \infty$, woraus

$$g'(z) = \int_{a}^{b} \frac{\partial f(t,z)}{\partial z}\, dt$$

und damit die Behauptung des Satzes folgt. □

LÖSUNGEN ZU DEN ÜBUNGEN

Zu den mit * versehenen Übungen werden Lösungswege skizziert oder Lösungen angegeben.

Zu Abschnitt 1

1.1 a) Vergleicht man (1.4) mit der Polarkoordinatentransformation $x = r\cos\varphi$, $y = r\sin\varphi$, so bedeutet dies $r = at$, $t = \varphi$, d.h.: $r = a\varphi$. (Hier wird $\varphi \geqq 0$ beliebig gesetzt, also über 2π hinaus fortgesetzt.)

b) Mit $r^2 = x^2 + y^2$, $\varphi = 2\pi + \arccos\frac{x}{r}$ $(y \geqq 0)$ folgt aus $r = a\varphi$: $x^2 + y^2 - \left(2\pi a + \arccos\frac{x}{\sqrt{x^2+y^2}}\right)^2 = 0$, wobei $y \geqq 0$.

1.3 Auflösung nach y liefert: $y = \pm\sqrt{x^3/(2-x)}$. Setzt man (z.B.) $x = t$ für $y \geqq 0$ und $x = -t$ für $y \leqq 0$, so folgt eine Parameterdarstellung der Zissoide

$$\left.\begin{array}{lll} x = t, & y = \sqrt{t^3/(2-t)} & \text{für } 0 \leqq t \leqq a \\ x = -t, & y = -\sqrt{-t^3/(2+t)} & \text{für } -a \leqq t < 0 \end{array}\right\} (a < 2)$$

(Darstellung in Polarkoordinaten: $r = 2\cos\varphi\tan\varphi$, $|\varphi| < \frac{\pi}{2}$.)

1.4 Anleitung (vgl. Fig. 1.13): Koordinatensystem mit $A = \underline{0}$, Berechnung von S und Q für ein t, daraus ergibt sich P.

1.5 a) Ja. b) Nein, da $\dot{x} = \dot{y} = 0$ für $t = 0$. c) glatt.

1.6 Verwende aus Bd. I die Integralformel (4.60) in Abschn. 4.2.3.

1.8 $\dot{x} = R(1-\cos t)$, $\dot{y} = R\sin t \Rightarrow$ Bogenlänge L der Zykloide Z:

$$L = \int_0^{2\pi}\sqrt{\dot{x}^2+\dot{y}^2}\,dt = \int_0^{2\pi}\sqrt{2R^2(1-\cos t)dt} = \int_0^{2\pi}\sqrt{2R\cdot 2\sin^2\frac{t}{2}}\,dt = 8R\,.$$

1.9 Wäre $\underline{\gamma} \sim \underline{\gamma}^-$, so müßte $\underline{\gamma}(\varphi(t)) = \underline{\gamma}(-t)$ möglich sein, mit $\dot{\varphi} > 0$. Für $-t \in [a,b]$ ergäbe Differentiation dann $\dot{\underline{\gamma}}(\varphi(t))\cdot\dot{\varphi}(t) = -\dot{\underline{\gamma}}(-t)$, d.h. Richtungsumkehr des Tangentenvektors. Das kann bei Äquivalenz im eineindeutigen Teil nicht sein.

1.18 Bei Auswertung von $\int\cos(\ln\sigma)d\sigma$ substituiere man $t = \ln\sigma$.

1.19 (1.69) $\Rightarrow\ \xi = \frac{a^2-b^2}{a}\cos^3 t\ ,\quad \eta = -\frac{a^2-b^2}{b}\sin^3 t$. Potenzieren mit 2/3 und Addieren liefert $(a\xi)^{2/3}+(b\eta)^{2/3}-(a^2-b^2)^{2/3} = 0$.

1.20 $\xi = t + \sin t\ ,\quad \eta = -1 + \cos t$.

1.22 (a) Die drei Punkte sind die Ecken eines Dreiecks, dessen Mittelsenkrechten sich im Mittelpunkt des "Umkreises" schneiden.

1.23 Fig. 1.38 $\Rightarrow$ $x = a\cos t\ ,\ y = b\sin t$ (Param.-Darst. einer Ellipse).

1.24 Vergleich der Steigungen von (1.101) und $20x + 12y = 24$ nebst der Hyperbelgleichung liefert x_0, y_0 und damit die Lösung.

1.26 Fig. 1.49 $\Rightarrow\ y = t \Rightarrow y^2 = t^2 = c^2 - r^2 = \left[(a-y)^2+x^2\right] - r^2$
$\Rightarrow\ y^2 = (a-y)^2 + x^2 - r^2 \Rightarrow x^2 = 2a\left[y-(a^2-r^2)/(2a)\right]$ Parabel.

1.30 Lichtquelle im Brennpunkt, 18,5797 m vom Scheitelpunkt entfernt.

1.31 Hyperbel. 1.32 Parabel. 1.33 Ellipse.

1.34 $x = r\cdot\arccos\frac{r-y}{c} - \sqrt{c^2-(r-y)^2}$.

1.35 Fig. 1.57 $\Rightarrow$ Gerade $g:\ x\sin(3\alpha) - y\cos(3\alpha) - r\sin\alpha = 0$ (Hessesche Normalform). Mit $t = 2\alpha$ und $r = 3R$ hat die Kardioide die Darstellung

$$x = \frac{r}{3}\Big(2\cos(2\alpha)-\cos(4\alpha)\Big)\ ,\quad y = \frac{r}{3}\Big((2\sin(2\alpha)-\sin(4\alpha)\Big)\ .$$

Diese x, y erfüllen die Gradengleichung von g (man benutze das Addiitionstheorem des Sinus beim Nachweis). g hat also mit der Kardioide einen Punkt $\left[x_0, y_0\right]^T$ gemeinsam. Der Tangentialvektor in $\left[x_0, y_0\right]^T$ liegt parallel zu g, wie man (wieder mit dem Additionstheorem des Sinus) nachweist.

1.40 $\underline{N} = \underline{B}\times\underline{T}$ liefert mit (1.178) und (1.182) $(\dot{\underline{r}}\times\ddot{\underline{r}})\times\dot{\underline{r}}/(|\dot{\underline{r}}|\ |\dot{\underline{r}}\times\ddot{\underline{r}}|)$. Normierung von $(\dot{\underline{r}}\times\ddot{\underline{r}})\times\dot{\underline{r}}$ auf Länge 1 ergibt (1.193).

1.48 (1.217) liefert (über achsenparallelem Wege) $\varphi(\underline{x}) = -gz + c$ mit $\underline{x} = [x,y,z]^T$, c konstant. Da hieraus $\operatorname{grad}\varphi = \underline{V}$ folgt, ist $\underline{V}$ wegunabhängig. Die Äquipotentialflächen sind die "waagerechten" Ebenen, z = konstant.

Zu Abschnitt 2

2.1 a) In Figur 2.3 hat $\underline{x}$ die Koordinaten x, y, z, und $a = \sqrt{x^2+y^2}$ ist die Projektionslänge von $\underline{x}$ in der u-v-Ebene. Damit gilt nach dem "Strahlensatz" $|\underline{u}| : 1 = (|\underline{u}| - a) : z \; (0 < z < 1)$, also $z|\underline{u}| = |\underline{u}| - a$ (auch für $-1 \leq z \leq 0$), und nach $|\underline{u}|$ aufgelöst:

$$|\underline{u}| = \frac{a}{1-z} \Rightarrow |\underline{u}|^2 = \frac{a^2}{(1-z)^2} = \frac{x^2+y^2}{(1-z)^2} = \frac{1-z^2}{(1-z)^2} = \frac{1+z}{1-z}$$

$$\Rightarrow z = \frac{|\underline{u}|^2 - 1}{|\underline{u}|^2 + 1} . \text{ Einsetzen in } |\underline{u}| = \frac{a}{1-z} \text{ ergibt } a = \frac{2|\underline{u}|}{1+|\underline{u}|^2} .$$

Wegen $x : a = u : |\underline{u}|$, $y : a = v : |\underline{u}|$ (falls $\underline{u} \neq \underline{0}$) folgt $x = 2u/(|\underline{u}|^2+1)$, $y = 2v/(|\underline{u}|^2+1)$.- Der Fall $\underline{u} = \underline{0}$ liefert dasselbe. Damit ist (2.5) hergeleitet.

b) Aus der Gleichung für z errechnet man $|\underline{u}|^2 = \frac{1+z}{1-z}$, und daraus $|\underline{u}|^2 + 1 = \frac{2}{1-z}$. Einsetzen in die Gleichungen für x und y nebst Auflösen nach u, v liefert die Umkehrformeln (2.6).

2.3 Aus der Kettenregel folgt $[\underline{g}_s, \underline{g}_t] = [\underline{f}_u, \underline{f}_v]\, \underline{\varphi}'$. Die Komponenten $(\underline{g}_s \times \underline{g}_t)_i$ von $\underline{g}_s \times \underline{g}_t$ sind die zweireihigen Unterdeterminanten der Matrix $[\underline{g}_s, \underline{g}_t]$ (evtl. mit Vorzeichenwechsel). Für $\underline{f}_u \times \underline{f}_v$ gilt Entsprechendes. Damit folgt $(\underline{g}_s \times \underline{g}_t)_i = (\underline{f}_u \times \underline{f}_v)_i \det \underline{\varphi}'$ $(i = 1,2,3)$ nach dem Determinanten-Multiplikationssatz. Dies liefert (2.19).

Zu Abschnitt 3

3.4 (I) Vorproblem: Eine Kugel vom Radius r schwimmt im Wasser wobei die Eintauchtiefe gleich t ist $(0 < t < 2r)$. Wie groß ist das Volumen V_t des Teils der Kugel, der sich unter der Wasseroberfläche befindet? - Mit der Formel für das Volumen von Rotationskörpern (Bd. I, Abschn. 7.2.5, (7.77)) berechnet man dies so:

$$V_t = \pi \int_{-r}^{t-r} \left(\sqrt{r^2-x^2}\right)^2 dx = \pi \int_{-r}^{t-r} \left(r^2 - x^2\right) dx = \pi t^2 \left(r - \frac{t}{3}\right) .$$

(II) Zur Aufgabe: Nach dem Archimedeschen Auftriebsgesetz muß $V_t \rho = G$ sein, also

$$\pi \rho t^2 \left(r - \frac{t}{3} \right) - G = 0 \,, \qquad (0 < t < 2r) \,.$$

Die (einzige) Lösung t dieser Gleichung im Intervall $(0,2r)$ ist die gesuchte Eintauchtiefe. Man kann sie mit der "Cardanischen Formel" für kubische Gleichungen oder - bei Zahlenangaben - mit dem Newtonschen Verfahren gewinnen (dies wird hier nicht ausgeführt).

3.6 a) $\operatorname{rot} \underline{V} = \left[e^{x+y+z} - 2z \,, xy - e^{x+y+z} \,, -xz \right]^T$, b) $\operatorname{rot} \underline{V} = \underline{0}$.

3.8 Wir errechnen $\operatorname{rot}\underline{V}$ und notieren dazu die Parameterdarstellungen der oberen Hemisphäre H und seines Randes ∂H :

$$\operatorname{rot} \underline{V}(\underline{x}) = \begin{bmatrix} x + x^2 y \\ -y \\ -2xyz - 1 \end{bmatrix}, \ H : \underline{f}(\theta,\varphi) = \begin{bmatrix} \sin\theta \cos\varphi \\ \sin\theta \sin\varphi \\ \cos\theta \end{bmatrix}, \ \partial H : \underline{\gamma}(t) = \begin{bmatrix} \cos t \\ \sin t \\ 0 \end{bmatrix},$$

wobei: $0 \leqq \theta \leqq \pi/2$, $0 \leqq \varphi \leqq 2\pi$, $0 \leqq t \leqq 2\pi$. Im "Nordpol" $\underline{N} = [0,0,1]^T$ ist zwar $\underline{f}_\theta \times \underline{f}_\varphi = \underline{0}$, doch schadet dies bei der Integration über H nichts. (Man könnte zunächst eine kleine Scheibe um $\underline{N}$ aus H herausnehmen und diese dann auf $\underline{N}$ zusammenziehen.)

Man errechnet einerseits das Kurvenintegral

$$\int_{\partial H} \underline{V} \cdot d\underline{x} = \int_0^{2\pi} \underline{V}(\underline{\gamma}(t)) \cdot \dot{\underline{\gamma}}(t)\, dt = -\int_0^{2\pi} \Big(\underbrace{\cos t \sin t}_{(1/2)\sin(2t)} + \sin^2 t \, dt \Big) dt = -\pi$$

und andererseits das Flächenintegral mit Abkürzung: $s := \sin$, $c := \cos$):

$$\iint_H \operatorname{rot} \underline{V} \cdot d\underline{\sigma} = \int_0^{2\pi} \int_0^{\pi/2} \operatorname{rot}\underline{V} \cdot \left(\underline{f}_\theta \times \underline{f}_\varphi \right) d\theta\, d\varphi = \int_0^{2\pi} \int_0^{\pi/2} \begin{bmatrix} s\theta\, c\theta + s^3\theta\, c^2\varphi\, s\varphi \\ -s\theta\, s\varphi \\ -2s^2\theta\, c\theta\, c\varphi s\varphi - 1 \end{bmatrix} \cdot \begin{bmatrix} -s^2\theta\, c\varphi \\ -s^2\theta\, s\varphi \\ s\theta\, c\theta \end{bmatrix} d\theta\, d\varphi =$$

$$= \int_0^{2\pi} \int_0^{\pi/2} \Big[s^2\theta \underbrace{\left(s^2\varphi - c^2\varphi \right)}_{-c(2\varphi)} - s^5\theta\, c^3\varphi\, s\varphi - 2s^3\theta\, c^2\theta\, s\varphi\, c\varphi - \underbrace{s\theta\, c\theta}_{\frac{1}{2}s(2\theta)} \Big] d\theta\, d\varphi = -\pi \,.$$

Hier liefern die ersten drei Summanden bei Integration lediglich 0 , wie die Intergration allein über φ zeigt. Der letzte Summand $-\sin\theta \cos\theta = -\frac{1}{2}\sin(2\theta)$ ergibt bei Integration $-\pi$. Die Gleichheit des Kurven- und Flächenintegral verifiziert den Stokesschen Satz. -

3.9 Beweis durch Zurückführung auf Komponenten x_1, x_2, x_3, wobei die Komponenten von grad φ und rot $\underline{A}$ durch $(\operatorname{grad}\varphi)_i$, $(\operatorname{rot}\underline{A})_i$ mit $i = 1,2,3$ beschrieben werden. Z.B. (e):

$$\left(\operatorname{grad}(\varphi\psi)\right)_i = \frac{\partial}{\partial x_i}(\varphi\psi) = \varphi\frac{\partial}{\partial x_i}\psi + \psi\frac{\partial}{\partial x_i}\varphi = \varphi(\operatorname{grad}\psi)_i + \psi(\operatorname{grad}\varphi)_i \ .$$

3.10 (h) $\Rightarrow \iint\limits_{\partial G} \underline{A}\cdot\underline{B}\,d\sigma = \iiint\limits_{G} (\underline{A}\times\operatorname{rot}\underline{B} + \underline{B}\times\operatorname{rot}\underline{A} + \underline{A}'\underline{B} + \underline{B}'\underline{A})\,d\tau$

(j) $\Rightarrow \iint\limits_{\partial G} d\underline{\sigma}\times(\underline{A}\times\underline{B}) = \iiint\limits_{G} (\underline{A}\operatorname{div}\underline{B} - \underline{B}\operatorname{div}\underline{A} + \underline{A}'\underline{B} - \underline{B}'\underline{A})\,d\tau$

3.11 (a) $\underline{\tilde{V}}(r,\varphi,z) = [r\sin\varphi, -z, 1]^T$; $\underline{e}_r, \underline{e}_\varphi, \underline{e}_z$ s. Beisp. 3.5. Damit: $V^r = \underline{\tilde{V}}\cdot\underline{e}_r = r\sin\varphi\cos\varphi - z\sin\varphi$, $V^\varphi = \underline{\tilde{V}}\cdot\underline{e}_\varphi = r\sin^2\varphi - z\cos\varphi$, $V^z = 1$.

(b) $\partial\underline{e}_r/\partial\varphi = \underline{e}_\varphi$, $\partial\underline{e}_\varphi/\partial\varphi = -\underline{e}_r$. Alle anderen partiellen Ableitungen von $\underline{e}_r, \underline{e}_\varphi, \underline{e}_z$ nach r, φ, z sind $\underline{0}$.

(c) $\partial\underline{e}_r/\partial\varphi = \sin\theta\,\underline{e}_\varphi$, $\partial\underline{e}_\theta/\partial\varphi = \cos\theta\,\underline{e}_\varphi$, $\partial\underline{e}_\varphi/\partial\varphi = -\sin\theta\,\underline{e}_r - \cos\theta\,\underline{e}_\varphi$. $\partial\underline{e}_r/\partial\theta = \underline{e}_\theta$, $\partial\underline{e}_\theta/\partial\theta = -\underline{e}_r$. Die restlichen Ableitungen sind $\underline{0}$.

3.12 Verwende (3.94), (3.97). Z.B. (a) $\psi(\underline{x}) = xyz$ in Zylinder-Koordinaten: $\psi(\underline{x}) = \tilde{\psi}(r,\varphi,z) = r^2\cos\varphi\cdot\sin\varphi\cdot z$. Aus (3.94) folgt dann $\operatorname{grad}\psi = 2r\cos\varphi\sin\varphi\, z\,\underline{e}_r - r^2\sin^2\varphi\cdot z\,\underline{e}_\varphi + r^2\cos\varphi\sin\varphi\,\underline{e}_z$.

3.13 $\operatorname{grad}\operatorname{div}\underline{e}_r = \left[-r^{-2}\cot\theta\, , -r^{-2}/\sin^2\theta, 0\right]^T$, $\operatorname{rot}\underline{e}_\theta = \frac{1}{r}\underline{e}_\varphi$.

3.15 Berechne zuerst $\underline{e}_i$ und $\underline{g}_i$ nach (3.79), Abschn. 3.3.6, und dann grad, div, rot, Δ nach Satz 3.10: (3.88) - (3.92).

3.16 $\varphi(\underline{x}) = |\underline{x}|^2/2$.

3.17 $\Delta\varphi = \varphi_{xx} + \varphi_{yy} + \varphi_{zz} = 0 \Leftrightarrow X''YZ + XY''Z + XYZ'' = 0$ (Variablen (x), (y), (z) der Übersichtlichkeit wegen weggelassen). Division durch $\varphi = XYZ$ liefert $X''/X + Y''/Y + Z''/Z = 0$. Da nur der erste Summand von x abhängt, ist (für festes y und festes z): $X''/X = \lambda_1 =$ = konstant. Analog ist $Y''/Y = \lambda_2$, $Z''/Z = \lambda_3$ (λ_2, λ_3 konstant), wobei $\lambda_1 + \lambda_2 + \lambda_3 = 0$ ist (komplexe Werte zugelassen). Die Differentialgleichungen $X'' = \lambda_1 X$, $Y'' = \lambda_2 Y$, $Z'' = \lambda_3 Z$ sind leicht zu lösen. Z.B. hat $X'' = \lambda_1 X$ die allgemeine Lösung

$$X(x) = \begin{cases} a_1 e^{\sqrt{\lambda_1}x} + b_1 e^{-\sqrt{\lambda_1}x} & \text{, falls } \lambda_1 \neq 0 \ (\sqrt{\lambda_1} \text{ eine speziell gewählte Wurzel}) \\ a_1 + b_1 x & \text{, falls } \lambda_1 = 0 \end{cases}$$

Für $Y(y)$ und $Z(z)$ gilt Entsprechendes. Hieraus setzt man $\varphi = XYZ$ zusammen. Summen und Reihen solcher Lösungen führen zu allgemeinen Lösungen von $\Delta\varphi = 0$.

3.18 Für die Differenz $\Phi = \varphi - \psi$ zweier Lösungen von (3.118) gilt $\Delta\Phi = 0$ und $\max_{|\underline{x}|=r} |\Phi(\underline{x})| \to 0$ für $r \to \infty$. Das Maximumprinzip (Satz 3.10) ergibt $\max_{|\underline{x}|\leq r} |\Phi(\underline{x})| = \max_{|\underline{x}|=r} |\Phi(\underline{x})| \to 0$ für $r \to \infty$, also $\max_{|\underline{x}|\in\mathbb{R}^3} |\Phi(\underline{x})| = 0$, d.h. $\Phi = 0$, d.h. $\varphi = \psi$.

Zu Abschnitt 5

5.1 Es ist $\delta_{ij}\varepsilon_{ijk}$ gleich $\sum_{i,j=1}^{3} \delta_{ij}\varepsilon_{ijk} = \sum_{i=1}^{3} \delta_{ii}\varepsilon_{iik} = 0$, da $\varepsilon_{iik} = 0$. Die übrigen Gleichungen folgen leicht aus (5.28).

5.2 Siehe (5.34), setze $\lambda = 1$, $\mu = \nu = 0$.

5.3 Jeder nichtverschwindende Vektor $\underline{x} \in \mathbb{R}$ (Tensor 1. Stufe) kann durch eine geeignete Drehmatrix A in einen anderen transformiert werden: $\underline{A}\underline{x} \neq \underline{x}$. Als Drehachse braucht man nur eine zu $\underline{x}$ rechtwinklige Achse zu wählen. Somit gilt nur für $\underline{x} = \underline{0}$: $\underline{A}\underline{x} = \underline{x}$ für alle A .

5.5 $\lambda_1 = 11,\ \lambda_2 = 1,\ \lambda_3 = 0$

$$C = \begin{bmatrix} -1/\sqrt{110} & 3/\sqrt{10} & 1/\sqrt{11} \\ 10/\sqrt{110} & 0 & 1/\sqrt{11} \\ 3/\sqrt{110} & 1/\sqrt{10} & -3/\sqrt{11} \end{bmatrix}$$

5.6 $\lambda_1 \doteq 10{,}2,\ \lambda_2 \doteq 16{,}7,\ \lambda_3 \doteq 21{,}1$

$$C \doteq \begin{bmatrix} -0{,}137 & -0{,}451 & -0{,}879 \\ -0{,}437 & 0{,}824 & -0{,}355 \\ 0{,}888 & 0{,}337 & -0{,}310 \end{bmatrix}$$

5.7 Setze $k = 1$. Es gilt $0 = \varepsilon_{ij1}t_{ij} = t_{23} - t_{32}$, d.h. $t_{23} = t_{32}$. Analog folgt für $k = 2$ und $k = 3$: $t_{13} = t_{31}$, $t_{12} = t_{21}$.

5.8 Es sei erinnert an: $(\underline{a}\times\underline{b})_i = \varepsilon_{ijk}a_j b_k$, $(\operatorname{grad}\varphi)_i = \varphi_{,i}$ $(\operatorname{rot} V)_i = \varepsilon_{ijk}V_{k,j}$, $\operatorname{div} V = \partial V_i/\partial x_i$. Damit folgt

(a) $\operatorname{div}(\underline{A}\times\underline{B}) = \frac{\partial}{\partial x_i}\varepsilon_{ijk} A_j B_k = \varepsilon_{ijk}\left(A_{j,i}B_k + A_j B_{k,i}\right)$

$= B_k \varepsilon_{kij} A_{j,i} - A_j \varepsilon_{jik} B_{k,i} = \underline{B}\cdot\operatorname{rot}\underline{A} - \underline{A}\operatorname{rot}\underline{B}$.

(b) und (c) werden nach der gleichen Methode berechnet.

Zu Abschnitt 6.1

6.4 a) Kreisgebiet (Rand: Kreislinie um $z_0 = 1+i$ mit Radius $r = \sqrt{2}$).

b) Parabelförmiges Gebiet (Rand: Parabel $(x-2)^2 = 2\left(y+\frac{1}{2}\right)$).

c) Äußeres eines Kreisgebietes (Rand: Kreislinie $\left(x-\frac{2}{3}\right)^2 + y^2 = \left(\frac{2}{3}\right)^2$).

6.6 Für $z_0 \in \mathbb{C}$ gelte: $p_n(z_0) = z_0^n + a_{n-1}z^{n-1} + \ldots + a_1 z_0 + a_0 = 0$.
Dann gilt auch $\overline{p_n(z_0)} = 0$. Wegen

$$\overline{p_n(z_0)} = \overline{z_0^n + a_{n-1}z^{n-1} + \ldots + a_1 z_0 + a_0} = \overline{z_0^n} + \overline{a_{n-1}z^{n-1}} + \ldots + \overline{a_1 z_0} + \overline{a_0}$$
$$= \overline{z_0}^n + a_{n-1}\overline{z}^{n-1} + \ldots + a_1\overline{z_0} + a_0 = p_n(\overline{z_0})$$

folgt daher: $p_n(\overline{z_0}) = 0$.

6.7 a) Grenzwert 1 ; b) divergent; c) divergent;
d) Grenzwert 0 ; e) Grenzwert 0 .

6.8 Beide Reihen konvergieren (z.B. nach dem Quotientenkriterium).

Zu Abschnitt 6.2

6.9 a) Mit $z = re^{i\varphi}$ ergibt sich für alle $r > 0$

$$f(z) = \frac{z}{|z|} = \frac{re^{i\varphi}}{r} = e^{i\varphi} = \begin{cases} 1 & \text{für } \varphi = 0 \\ -1 & \text{für } \varphi = \pi \end{cases},$$

d.h. f läßt sich im Nullpunkt nicht stetig ergänzen.

b) Wegen

$$f(z) = \frac{z\,\mathrm{Re}\,z}{|z|} = \frac{z\cdot\frac{1}{2}(z+\overline{z})}{|z|} = \frac{1}{2}\frac{z^2}{|z|} + \frac{1}{2}|z| \to 0 \quad \text{für} \quad z \to 0$$

ist f im Nullpunkt stetig ergänzbar: Setze $f(0) = 0$.

6.10 Benutze
$$\sin z = \cosh y \cdot \sin x + i \sinh y \cdot \cos x$$
$$\cos z = \cosh y \cdot \cos x - i \sinh y \cdot \sin x \,.$$

Bilder von A : Ellipsen, von B : Hyperbeln.

Zu Abschnitt 7.1

7.2 Sei $h \in \mathbb{C} - \{0\}$ beliebig. Dann gilt mit $|h| =: r$, $\arg h =: \varphi \quad (0 \leqq \varphi < 2\pi)$

$$\frac{f(h) - f(0)}{h} = \frac{r^4 e^{4i\varphi}}{r^4} = e^{i4\varphi} \to e^{i4\varphi} \quad \text{für } h \to 0 \text{ bzw. } r \to 0 ,$$

d.h. $f'(0)$ existiert nicht. Dennoch erfüllt

$$f(z) = \frac{(x+iy)^5}{|x+iy|^4} = \frac{x^5 - 10^3y^2 + 5xy^4}{(x^2+y^2)^2} + i\,\frac{5x^4y - 10x^2y^3 + y^5}{(x^2+y^2)^2}$$

$$=: u(x,y) + iv(x,y)$$

die Cauchy-Riemannschen Differentialgleichungen in $(0,0)$:

$$\frac{u(h,0) - u(0,0)}{h} = \frac{h^5}{h^5} = 1 \underset{h \to 0}{\longrightarrow} 1 \text{ , d.h. } u_x(0,0) = 1$$

und entsprechend $u_y(0,0) = 0$, $v_x(0,0) = 0$, $v_y(0,0) = 1$, also: $u_x = v_y$, $u_y = -v_x$ im Punkt $(0,0)$.

7.3 a) nirgends; b) nirgends; c) in $\mathbb{C} - \{z \,\big|\, |z| \neq 1\}$.

7.5 Parameterdarstellung von C:
$\zeta = \zeta(t) = 1 + t(i-1)$, $0 \leqq t \leqq 1$.

Für $f(z) = z^3$, $z \in \mathbb{C}$, gilt

(1) $\dfrac{f(i) - f(1)}{i-1} = \dfrac{i^3 - 1^3}{i-1} = i$;

(2) $f'(\zeta) = 3\zeta^2 = (3-6t) + i6t(1-t)$. Für $(3-6t) = 0$ muß $t = \frac{1}{2}$ sein und für $6t(1-t)i = i$ muß $t = 0$ oder $t = 1$ sein; d.h. es existiert kein $t \in [0,1]$, so daß die Ausdrücke (1) und (2) übereinstimmen.

Zu Abschnitt 7.2

7.11 a) Wert: 0 (nach dem Cauchyschen Integralsatz); b) Wert: $-2\pi i$.

7.12 a) Setze $f(z) = \dfrac{1}{(z+i)^2}$ und benutze $2\pi i f(w) = \displaystyle\int_{|z-2i|=2} \frac{f(z)}{z-w}\,dz$.

Für $w = i$ ergibt sich der gesuchte Wert $-\frac{\pi}{2}i$.

b) Setze $f(z) = \dfrac{\sin z}{1 - z}$ und benutze $2\pi i f''(w) = 2! \displaystyle\int_{|z|=\frac{1}{2}} \frac{f(z)}{(z-w)^3}\, dz$.

Für $w = 0$ ergibt sich der gesuchte Wert $2\pi i$.

7.14 Sei $f(z) \neq 0$ für alle $z \in \partial D$. Da f nach Voraussetzung in D holomorph, in $\overline{D}$ stetig und in D frei von Nullstellen ist, gilt dann: $\frac{1}{f(z)}$ ist in D holomorph und in $\overline{D}$ stetig. Nach dem Maximumprinzip gibt es ein $z_0 \in \partial D$ mit

$$\frac{1}{|f(z_0)|} = \max_{z\in\overline{D}} \frac{1}{|f(z)|} = \frac{1}{\min\limits_{z\in\overline{D}} |f(z)|} \quad \text{oder} \quad |f(z_0)| = \min_{z\in\overline{D}} |f(z)| .$$

Gilt $f(z_0) = 0$ für ein $z_0 \in \partial D$, so ist das Minimumprinzip trivialerweise erfüllt.

7.15 Nach dem Maximumprinzip genügt es, das Maximum von $|f|$ auf der Kreislinie $|z| = 1$ zu bestimmen: Mit $z(t) = e^{it}$, $0 \leqq t \leqq 2\pi$, $f(z(t)) = e^{i2t} - 1 = (\cos 2t - 1) + i \sin 2t$ oder $|f(z(t))|^2 = (\cos 2t-1)^2 + \sin^2 2t$ ergibt sich: Der letzte Ausdruck nimmt für $t = \frac{\pi}{2}$ und $t = \frac{3\pi}{2}$ seinen maximalen Wert, nämlich 4, an. Das gesuchte Maximum ist daher $\sqrt{4} = 2$.

Zu Abschnitt 7.3

7.18 (i) Benutze: Für $w \in \mathbb{C}$ gilt $|1+w| = |1-(-w)| \geqq 1 - |w|$.

Damit folgt für $|z| \leqq q < 1$

$$\left| \frac{z^k}{1+z^{2k}} \right| = \frac{|z|^k}{|1+z^{2k}|} \leqq \frac{|z|^k}{1-|z|^{2k}} < \frac{q^k}{1-q^{2k}} < \frac{q^k}{1-q} .$$

Durch $\frac{1}{1-q} \sum\limits_{k=1}^{\infty} q^k$ ist für $|z| < 1$ eine konvergente Majorante von $\sum\limits_{k=1}^{\infty} \frac{z^k}{1+z^{2k}}$ gegeben.

(ii) Benutze: Für $w \in \mathbb{C}$ gilt $|1+w| = |w-(-1)| \geqq |w| - 1$.

Damit folgt für $|z| \geqq q > 1$

$$\left| \frac{z^k}{1+z^{2k}} \right| \leqq \frac{|z|^k}{|z|^{2k}-1} = \frac{1}{|z|^k} \, \frac{1}{1-\frac{1}{|z|^{2k}}} < \frac{1}{q^k} \, \frac{1}{1-\frac{1}{q}} .$$

Durch $\frac{1}{1-\frac{1}{q}} \sum\limits_{k=1}^{\infty} \left(\frac{1}{q}\right)^k$ ist für $|z| > 1$ eine konvergente Majorante von $\sum\limits_{k=1}^{\infty} \frac{z^k}{1+z^{2k}}$ gegeben.

7.19 a) Mit $z = x + iy$ gilt $\left|\frac{1}{k^z}\right| = \frac{1}{|e^{z \ln k}|} = \frac{1}{e^{x \ln k}} = \frac{1}{k^x}$.

Da $\sum_{k=1}^{\infty} \frac{1}{k^x}$ für $x = \operatorname{Re} z > 1$ konvergiert, ist $\zeta(z) = \sum_{k=1}^{\infty} \frac{1}{k^z}$ für $\operatorname{Re} z > 1$ absolut und für $\operatorname{Re} z \geqq x_0 > 1$ gleichmäßig konvergent. Die Funktionen $\frac{1}{k^z}$ $(k = 1,2,\ldots)$ sind in ganz $\mathbb{C}$ holomorph. Nach Satz 7.33(i), Abschn. 7.3, ist $\zeta(z)$ daher in der ganzen Halbebene $\operatorname{Re} z > 1$ holomorph.

b) Wegen Teil a) und Satz 7.33 (iii), Abschn. 7.3, gilt

$$\zeta^{(p)}(z) = \sum_{k=1}^{\infty} \left(\frac{d}{dz}\right)^p \frac{1}{k^z} = \sum_{k=1}^{\infty} \left(\frac{d}{dz}\right)^p e^{-z \ln k}$$
$$= \sum_{k=1}^{\infty} (-\ln k)^p e^{-z \ln k} = (-1)^p \sum_{k=1}^{\infty} (\ln k) k^{-z} ,$$

wobei diese Reihe in jeder Halbebene $\operatorname{Re} z \geqq x_0 > 1$ gleichmäßig konvergiert.

7.21 a) Durch Partialbruchzerlegung gewinnt man

$f(z) = \frac{1}{z-1} + \frac{1}{(z-1)^2} - \frac{1}{z-2}$ und damit die Potenzreihenentwicklung $f(z) = -\sum_{k=0}^{\infty} z^k + \sum_{k=1}^{\infty} k z^{k-1} + \frac{1}{2} \sum_{k=0}^{\infty} \frac{z^k}{2^k}$, $|z| < 1$.

b) Mit $e^z = \sum_{\nu=0}^{\infty} \frac{z^\nu}{\nu!}$, $\frac{1}{1-z} = \sum_{\mu=0}^{\infty} z^\mu$ $(|z| < 1)$ folgt (Cauchy-Produkt!)

$$\frac{e^z}{1-z} = \sum_{k=0}^{\infty} \left(\sum_{\nu+\mu=k} \frac{1}{\nu!} \cdot 1\right) z^k = \sum_{k=0}^{\infty} \left(1 + \frac{1}{1} + \frac{1}{2} + \ldots + \frac{1}{k}\right) z^k , \quad |z| < 1 .$$

c) $f(z) = e^{-z} = e^{-i\pi} \cdot e^{-(z-i\pi)} = e^{-i\pi} \sum_{k=0}^{\infty} \frac{(-1)^k}{k!} (z - i\pi)^k$, $z \in \mathbb{C}$.

d) $f(z) = e^z \sin z = \frac{1}{2i}\left[e^{(i+1)z} - e^{(-i+1)z}\right] = \frac{1}{2i} \sum_{k=0}^{\infty} \frac{(1+i)^k - (1-i)^k}{k!} z^k$.

Bezeichnet $[\ldots]$ die nächstgrößere ganze Zahl von ... und beachten wir, daß für $a = 1$, $b = 1$

$(a+b)^l = 2^l = \sum_{m=0}^{l} \binom{l}{m} 1 \cdot 1 = \sum_{m=0}^{l} \binom{l}{m}$ gilt, so folgt

$$f(z) = \sum_{k=1}^{\infty} \left\{ \sum_{m=0}^{\left[\frac{k-1}{2}\right]} \binom{\left[\frac{k-1}{2}\right]}{m} \right\} \frac{z^k}{k!} = \sum_{k=1}^{\infty} \frac{2^{\left[\frac{k-1}{2}\right]}}{k!} z^k , \quad z \in \mathbb{C} .$$

7.22 a) $f_1(z) = \sum_{k=0}^{\infty} (-1)^k z^{2k} = \sum_{k=0}^{\infty} (-z^2)^k = \frac{1}{1-(-z^2)} = \frac{1}{1+z^2}$, $|z| < 1$.

Setze $\tilde{f}_1(z) = \frac{1}{1+z^2}$; $\tilde{f}_1$ ist in ganz $\mathbb{C}$ holomorph und stellt die analytische Fortsetzung von f_1 auf $\mathbb{C}$ dar und ist damit maximal.

b) $f_2(z) = \int_0^{\infty} e^{-zt}dt = \lim_{A\to\infty} \int_0^A e^{-zt}dt = \lim_{A\to\infty} \frac{e^{-zt}}{(-z)}\Bigg|_{t=0}^{t=A} = \lim_{A\to\infty} \frac{1}{z}\left[1-e^{-zA}\right]$.

Mit $z = x+iy$ folgt $|e^{-zA}| = |e^{-xA}|\,|e^{-iyA}| = e^{-xA} \to 0$ für $A \to \infty$ und $x = \operatorname{Re} z > 0$, d.h. $f_2(z) = \frac{1}{z}$ für $\operatorname{Re} z > 0$. Setze $\tilde{f}_2(z) = \frac{1}{z}$, $z \in \mathbb{C} - \{0\}$; $\tilde{f}_2$ ist die analytische Fortsetzung von f_2 auf die punktierte Ebene $\mathbb{C} - \{0\}$. Diese Fortsetzung ist maximal.

Zu Abschnitt 7.4

7.24 Für $F(z) := \int_0^z e^{-\zeta^2} d\zeta$, $z \in \mathbb{C}$ und beliebigen stückweise glatten Integrationsweg, der 0 und z verbindet, gilt: $F'(z) = e^{-z^2}$, d.h. F(z) - und damit auch g(z) - ist in der ganzen z-Ebene holomorph. Da die Potenzreihenentwicklung von $e^{-\zeta^2}$

$e^{-\zeta^2} = \sum_{n=0}^{\infty} \frac{(-1)^n \zeta^{2n}}{n!}$ in jeder kompakten Teilmenge G von $\mathbb{C}$ gleichmäßig konvergent ist (warum?), gilt nach Satz 7.33 (ii), Abschn. 7.3,

$$g(z) = \frac{2}{\sqrt{\pi}} \int_0^z \left\{ \sum_{n=0}^{\infty} \frac{(-1)^n \zeta^{2n}}{n!} \right\} d\zeta = \frac{2}{\sqrt{\pi}} \sum_{n=0}^{\infty} \frac{(-1)^n}{n!} \int_0^z \zeta^{2n} d\zeta$$

$$= \frac{2}{\sqrt{\pi}} \sum_{n=0}^{\infty} \frac{(-1)^n}{n!} \frac{z^{2n+1}}{2n+1} , \quad z \in \mathbb{C} .$$

Zu Abschnitt 8.1

8.2 a) Die Laurentreihe konvergiert im Ringgebiet $\frac{1}{2} < z < 2$.

b) Die Laurentreihe konvergiert nirgends.

8.3 $f(z) = (z^2+2) \sum_{k=0}^{\infty} \frac{(-1)^k}{(2k+1)!} \left(\frac{1}{z-1}\right)^{2k+1}$

$$= \left\{(z-1)^2 + 2(z-1) + 3\right\} \sum_{k=0}^{\infty} \frac{(-1)^k}{(2k+1)!} \frac{1}{(z-1)^{2k+1}}$$

$$= \sum_{k=0}^{\infty} \frac{(-1)^k}{(2k+1)!} \frac{1}{(z-1)^{2k-1}} + 2 \sum_{k=0}^{\infty} \frac{(-1)^k}{(2k+1)!} \frac{1}{(z-1)^{2k}}$$

$$+ 3 \sum_{k=0}^{\infty} \frac{(-1)^k}{(2k+1)!} \frac{1}{(z-1)^{2k+1}}, \quad z \in \mathbb{C} - \{1\}.$$

$z = 1$ ist wesentliche Singularität von f.

8.4 a) Nach Voraussetzung gilt $e^{\frac{t}{2}(z-\frac{1}{z})} = \sum_{n=-\infty}^{\infty} J_n(t) z^n$, $t \in \mathbb{R}$, $z \in \mathbb{C}$.

Wegen (8.10), Abschn. 8.1.1, ist $J_n(t) = \frac{1}{2\pi i} \int_C z^{-n-1} e^{\frac{t}{2}(z-\frac{1}{z})} dz$,

wobei wir für C die positiv orientierte Kreislinie um den Nullpunkt mit Radius 1 wählen. Mit der Darstellung $z = e^{i\varphi}$, $0 \leqq \varphi \leqq 2\pi$ für C erhalten wir

$$J_n(t) = \frac{1}{2\pi i} \int_0^{2\pi} e^{-i(n+1)\varphi} e^{t\frac{e^{i\varphi}-e^{-i\varphi}}{2}} e^{i\varphi}\, i\, d\varphi$$

$$= \frac{1}{2\pi} \int_0^{2\pi} e^{-i(n+1)\varphi} e^{it\sin\varphi} e^{i\varphi}\, d\varphi = \frac{1}{2\pi} \int_0^{2\pi} e^{it\sin\varphi - in\varphi} d\varphi .$$

Da der Integrand 2π-periodisch ist, gilt

$$J_n(t) = \frac{1}{2\pi} \int_{-\pi}^{\pi} e^{it\sin\varphi - in\varphi} d\varphi = \frac{1}{2\pi} \left\{ \int_0^{\pi} \ldots + \int_{-\pi}^{0} \ldots \right\}$$

$$= \frac{1}{2\pi} \int_0^{\pi} e^{it\sin\varphi - in\varphi} d\varphi + \frac{1}{2\pi} \int_0^{\pi} e^{-it\sin\varphi + in\varphi} d\varphi$$

$$= \frac{1}{\pi} \int_0^{\pi} \cos(t\sin\varphi - n\varphi)\, d\varphi .$$

b) Mit $(-1)^n = e^{in\pi}$ folgt mit a):

$$(-1)^n J_n(t) = \frac{e^{in\pi}}{2\pi} \int_0^{2\pi} e^{it\sin\varphi - in\varphi} d\varphi$$

$$= \frac{1}{2\pi} \int_0^{2\pi} e^{it\sin\varphi + in(\pi-\varphi)} d\varphi , \quad \pi - \varphi =: \tilde{\varphi}$$

$$= +\frac{1}{2\pi} \int_{-\pi}^{\pi} e^{it\sin\tilde{\varphi} + in\tilde{\varphi}} d\tilde{\varphi} = \frac{1}{2\pi} \int_0^{2\pi} e^{it\sin\tilde{\varphi} + in\tilde{\varphi}} d\tilde{\varphi} = J_n(t).$$

Zu Abschnitt 8.2

8.5 b) $\operatorname*{Res}_{z=i} \dfrac{1}{(1+z^2)^n} = \dfrac{1}{i}\, \dfrac{1}{2^{2n-1}} \binom{2n-2}{n-1}$.

c) $\operatorname*{Res}_{z=\frac{1+i}{\sqrt{2}}} \dfrac{e^{iz}}{1+z^4} = -\dfrac{1+i}{4\sqrt{2}}\, e^{i\frac{1+i}{\sqrt{2}}}$; $\operatorname*{Res}_{z=\frac{-1+i}{\sqrt{2}}} \dfrac{e^{iz}}{1+z^4} = -\dfrac{-1+i}{4\sqrt{2}}\, e^{i\frac{-1+i}{\sqrt{2}}}$.

8.6 a) Die Funktion g besitzt in z_0 eine Nullstelle der Ordnung 1 und damit $\frac{f}{g}$ eine Polstelle der Ordnung 1 ($f(z_0) \neq 0$!). Daher gilt in einer Umgebung von z_0

$\dfrac{f(z)}{g(z)} = a_{-1} \cdot \dfrac{1}{z-z_0} + \sum\limits_{k=0}^{\infty} a_k (z-z_0)^k$. Folglich ist

$\operatorname*{Res}_{z=z_0} \dfrac{f(z)}{g(z)} = a_{-1} = \lim\limits_{z\to z_0} \dfrac{f(z)}{g(z)} (z-z_0)$. Wegen $g(z_0) = 0$ gilt

andererseits $\lim\limits_{z\to z_0} \dfrac{f(z)}{g(z)} (z-z_0) = \lim\limits_{z\to z_0} \dfrac{f(z)}{\dfrac{g(z)-g(z_0)}{z-z_0}} = \dfrac{f(z_0)}{g'(z_0)}$.

8.7 $2\pi i$.

8.8 a) $\frac{\pi}{\sqrt{2}}$; b) $\frac{\pi}{2^{2n-1}} \binom{2n-2}{n-1}$; c) $\frac{\pi}{\sqrt{2}}\, e^{-\frac{1}{\sqrt{2}}} \cdot \left(\cos\frac{1}{\sqrt{2}} + \sin\frac{1}{\sqrt{2}}\right)$; d) $\frac{\pi}{3}$;

e) $\pi(1+i)$; f) $\frac{\pi}{2}$. Für b), c) benutze Übung 8.5 b), c)!

8.9 Aus $\Gamma(z+n+1) = (z+n)(z+n-1) \cdot \ldots \cdot (z+1)\Gamma(z+1)$ folgt für $z = -\frac{1}{2}$: $\Gamma(n+\frac{1}{2}) = (n-\frac{1}{2})(n-\frac{3}{2}) \cdot \ldots \cdot \frac{1}{2}\Gamma(\frac{1}{2})$. Mit $\Gamma(\frac{1}{2}) = \sqrt{\pi}$ folgt hieraus $\Gamma(n+\frac{1}{2}) = \frac{1}{2^n}[1\cdot 3 \cdot \ldots \cdot (2n-1)]\sqrt{\pi} = \frac{(2n)!\sqrt{\pi}}{4^n n!}$. Die andere Beziehung gewinnt man aus $\Gamma(z)\Gamma(1-z) = \frac{\pi}{\sin \pi z}$, wenn $z = n+\frac{1}{2}$ gesetzt wird.

Zu Abschnitt 9.1

9.2 Seien $K, \tilde{K}$ Kreise (die übrigen Fälle sind trivial) und $z_1 \neq z_2$.

i) $\tilde{K}$ schneide K rechtwinklig, z_0 sei Mittelpunkt von K , z der zweite Schnittpunkt von $\tilde{K}$ mit der Geraden durch z_0 und z_1 und z^* einer der beiden Schnittpunkte von K (s. Fig. I). Da sich K und $\tilde{K}$ rechtwinklig schneiden, ist die Gerade durch z_0 und z^* Tangente an $\tilde{K}$. Der Satz über Sehnen-Tangenten-Winkel liefert:

$\sphericalangle(z_0 z^* z_1) = \sphericalangle(z_0 z z^*)$,
so daß die Dreiecke
$z_0 z^* z_1$ und $z_0 z z^*$
ähnlich sind. Falls
$f = |z^* - z_0|$ der
Radius von K ist,
ist somit

$$\frac{r}{z_1 - z_0} = \frac{z - z_0}{r} \quad \text{oder}$$

$$|z_1 - z_0| \cdot |z - z_0| = r^2 ,$$

d.h. $z = z_2$.

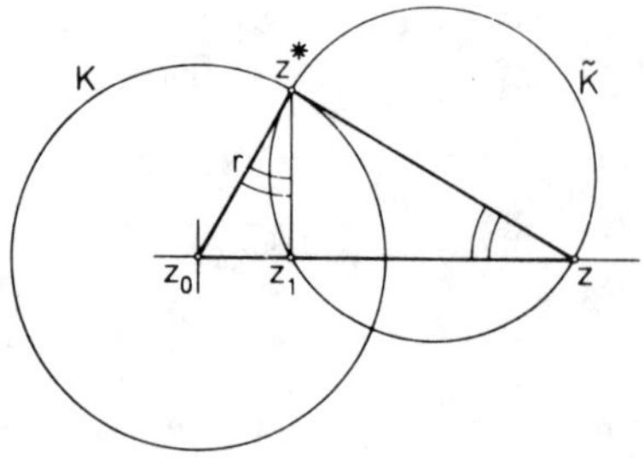

Fig I: Zum Nachweis $z = z_2$

(ii) Sei nun $\tilde{K}$ ein Kreis durch z_1 und z_2 und z^* einer der beiden Schnittpunkte der Kreise K und $\tilde{K}$. Aus $|z_1 - z_0| \cdot |z_2 - z_0| = r^2$ oder $\dfrac{r}{|z_1 - z_0|} = \dfrac{|z_2 - z_0|}{r}$ folgt, daß die Dreiecke $z_0 z^* z_2$ und $z_0 z_2 z^*$ ähnlich sind. Daher gilt: $\sphericalangle(z_0 z^* z_2) = \sphericalangle(z_0 z_2 z^*)$. Wieder liefert der Satz über Sehnen-Tangenten-Winkel, daß die Gerade durch z_0 und z^* und die Tangente an $\tilde{K}$ im Punkt z^* identisch sind. Andererseits ist die Gerade durch z_0 und z^* orthogonal zur Tangente an K in z^* . Somit schneiden sich K und $\tilde{K}$ rechtwinklig.

9.3 (i) Spezialfall $f(z) = az + b$: Für $z_i \neq z_\infty$ $(i = 1,2,3,4)$ gilt

$$(w_1, w_2, w_3, w_4) = \frac{w_3 - w_1}{w_3 - w_2} \frac{w_4 - w_2}{w_4 - w_1} = \frac{a(z_3 - z_1)}{a(z_3 - z_2)} \frac{a(z_4 - z_2)}{a(z_4 - z_1)} = (z_1, z_2, z_3, z_4) .$$

Ist $z_1 = \infty$, dann ist $w_1 = \infty$, und es folgt

$$(\infty, w_2, w_3, w_4) = \frac{w_3 - w_1}{w_4 - w_1} \frac{w_4 - w_2}{w_3 - w_2} = 1 \cdot \frac{w_4 - w_2}{w_3 - w_2} = \frac{a(z_4 - z_2)}{a(z_3 - z_2)}$$

$$= (\infty, z_2, z_3, z_4) .$$

Entsprechendes gilt, falls z_2, z_3 oder Z_4 ∞ ist.

(ii) Spezialfall $f(z) = \frac{1}{z}$: Für $z_i \neq 0$ und $z_i \neq \infty$ $(i = 1,2,3,4)$ gilt

$$(w_1, w_2, w_3, w_4) = \frac{\frac{1}{z_3} - \frac{1}{z_1}}{\frac{1}{z_3} - \frac{1}{z_2}} \; \frac{\frac{1}{z_4} - \frac{1}{z_2}}{\frac{1}{z_4} - \frac{1}{z_1}} = \frac{z_1 - z_3}{z_2 - z_3} \frac{z_2 - z_4}{z_1 - z_4} = (z_1, z_2, z_3, z_4) .$$

Die ausgenommenen Fälle beweist man entsprechend.

(iii) Aus (i) und (ii) folgt die behauptete Invarianz.

9.4 a) Durch $w_1 = f_1(z) = i\frac{z+1}{z-1}$ wird das Sichelgebiet D in ein keilförmiges Gebiet D_1 abgebildet. Durch $w_2 = f_2(w_1) = -w_1^3 = i\left(\frac{z+1}{z-1}\right)^3$ wird D_1 bzw. D auf die obere Halbebene abgebildet.

$$w_3 = f_3(w_2) = \frac{w_2 - i}{w_2 + i} = \frac{3z^2+1}{z^3+3z}$$

liefert die gewünschte Abbildung.

b) Durch $w_1 = f_1(z) = \frac{iz+2}{z}$ wird D in den Parallelstreifen $D_1 : 0 < \operatorname{Im} z < \frac{1}{2}$ abgebildet. Durch $w_2 = f_2(w_1) = 2\pi w_1 = 2\pi i\frac{z-2i}{z}$ wird D_1 bzw. D in den Parallelstreifen $D_2 : 0 < \operatorname{Im} z < \pi$ abgebildet und dieser mit

$$w_3 = f_3(w_2) = \frac{e^{w_2} - i}{e^{w_2} + i} = \frac{e^{2\pi i\frac{z-2i}{z}} - i}{e^{2\pi i\frac{z-2i}{z}} + i}$$

auf das Innere des Einheitskreises.

9.5 Brennpunkte der Ellipse: $\pm\sqrt{3}$. Durch $w_1 = f_1(z) = \frac{2}{\sqrt{3}}z$ wird die Ellipse auf eine Ellipse mit den Brennpunkten ± 2 abgebildet und diese durch

$$w_2 = f_2(w_1) = \frac{1}{2}\left(w_1 + \sqrt{w_1^2-4}\right) = \frac{1}{\sqrt{3}}\left(z+\sqrt{z^2-3}\right)$$

in den Kreis um 0 mit Radius $r = \sqrt{3}$ (warum?). Schließlich bildet

$$w_3 = f_3(w_2) = \frac{1}{\sqrt{3}}w_2 = \frac{1}{3}\left(z+\sqrt{z^2-3}\right)$$

die Ausgangsellipse auf den Einheitskreis ab. Die Verzweigungspunkte $\pm\sqrt{3}$ der Abbildung $g(z) := \sqrt{z^2-3}$ liegen im Inneren der Ellipse. Daher können wir beide Zweige von g im Äußeren der Ellipse als holomorphe Funktionen ansehen, die unabhängig voneinander sind. Ist $\tilde{g}$ derjenige Zweig von g mit $\tilde{g}(3) = -\sqrt{6}$, so ist durch

$$w = f(z) = \frac{1}{3}\left(z+\tilde{g}(z)\right)$$

eine Abbildung gegeben, die $z = 3$ in das Innere des Einheitskreises und damit das gesamte Äußere der Ellipse auf das Innere des Einheitskreises abbildet.

Zu Abschnitt 9.2

9.6 Seien τ bzw ν die den Einheitsvektoren $\vec{t}$ bzw. $\vec{n}$ entsprechenden komplexen Zahlen, also: $|\tau| = |\nu| = 1$, $\nu = i\tau$. Analog zum Beweis von Satz 7.3, Abschn. 7.1.1, differenzieren wir in Richtung $\vec{t}$ und auch in Richtung von $\vec{n}$ und erhalten

$$f'(z) = \frac{1}{\tau}\left(\frac{\partial u}{\partial t} + i\frac{\partial v}{\partial t}\right) = \frac{1}{\nu}\left(\frac{\partial u}{\partial n} + i\frac{\partial v}{\partial n}\right).$$

Mit $\nu = i\tau$ ergeben sich durch Vergleich der Real- und Imaginärteile die behaupteten Beziehungen. Für $\tau = 1$ und $\nu = i$ bzw. $\vec{t} = \begin{bmatrix}1\\0\end{bmatrix} = \vec{e}_x$ und $\vec{n} = \begin{bmatrix}0\\1\end{bmatrix} = \vec{e}_y$ ergeben sich als Spezialfall die Cauchy-Riemannschen Differentialgleichungen.

9.8 $u(x,y) = \frac{Q}{2\pi}\ln\left|\frac{z+i}{z-i}\right|$. **9.9** $u(x,y) = \frac{Q}{2\pi}\ln\left|\frac{\sqrt{z}+i\sqrt{2}}{\sqrt{z}-i\sqrt{2}}\right|$.

9.11 Seien $F_1(z)$ und $F_2(z)$ zwei komplexe Potentiale mit $\overline{F_1'(z_\infty)} = \overline{F_2'(z_\infty)} = v_\infty$ und Zirkulation $\Gamma_1 = \Gamma_2 = \Gamma$. Dann gilt für die Differenz F dieser Potentiale: $F(z)$ ist eine im Gebiet Äu(C) holomorphe (eindeutige) Funktion. Für den Imaginärteil $\psi(x,y)$ von $F(z) = \varphi(x,y) + i\psi(x,y)$ gilt auf dem Rand: $\psi(x,y) = \text{const.}$ Außerdem gilt $\Delta\psi = 0$ in Äu(C) . Nach dem Eindeutigkeitssatz für das Dirichletproblem ergibt sich $\psi(x,y) = \text{const.}$ in Äu(C) . Dann ist aber $\varphi(x,y)$ (zu $\psi(x,y)$ konjugiert harmonisch!) und damit auch $F(z)$ dort konstant, d.h. $F_1(z)$ und $F_2(z)$ können sich nur durch eine additive Konstante unterscheiden.

9.12 Für $|\Gamma| > 4\pi v_\infty$ gilt wegen (9.87)

$$|s_{1,2}| = \frac{1}{4\pi v_\infty}\left|\Gamma \pm \sqrt{\Gamma^2 - 16\pi^2 v_\infty{}^2}\right| \mp 1 .$$

Nur für s_1 mit

$$|s_1| = \frac{1}{4\pi v_\infty}\left|\Gamma + \sqrt{\Gamma^2 - 16\pi^2 v_\infty{}^2}\right|$$

liegt ein Staupunkt vor ($|s_1| > 1$!):

$$s_1 = \frac{1}{4\pi v_\infty}\left(\Gamma i + \sqrt{16\pi^2 v_\infty{}^2 - \Gamma^2}\, i\right) = \frac{i}{4\pi v_\infty}\left(\Gamma + \sqrt{16\pi^2 v_\infty{}^2 - \Gamma^2}\right) .$$

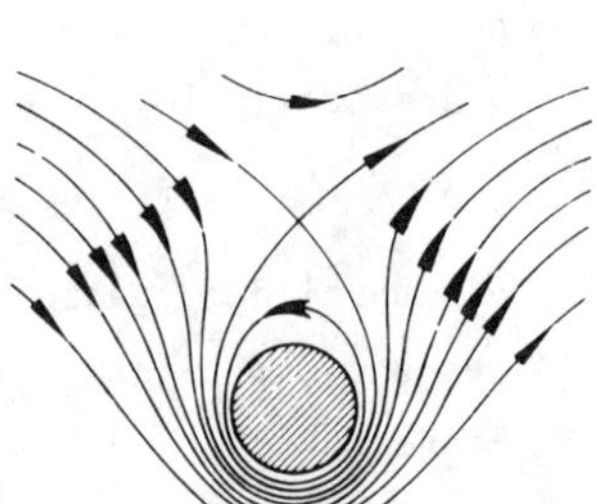

Fig. II: Strömungsverlauf für $|\Gamma| > 4\pi v_\infty$

Zu Abschnitt 10.1

10.2 a) Wir zeigen: $H^1_\lambda(z) = -\frac{1}{\pi}\int\limits_{C_1} e^{-iz\sin\zeta+i\lambda\zeta}d\zeta$ ist als Funktion von z für jedes feste $\lambda \in \mathbb{C}$ in der rechten Halbebene $\operatorname{Im} z > 0$ holomorph. Hierzu zerlegen wir C_1 gemäß Fig. III:

$$C_1 = C_1^1 + C_1^2 + C_1^3$$

und schätzen das Integral über C_1^1 ab. Mit der Parameterdarstellung

$$\zeta = \zeta(t) = -\pi + it\ ,\quad 0 \leqq t \leqq \infty$$

für C_1 ergibt sich

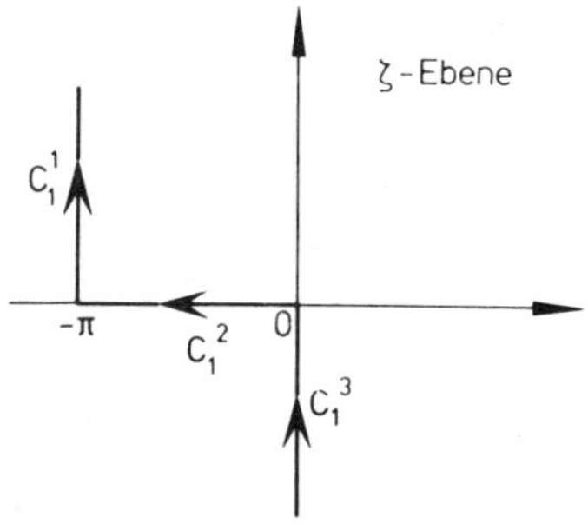

Fig. III: Zerlegung des Integrationsweges C_1

$$\begin{aligned}
I_1^1 :&= \int\limits_{C_1^1} e^{-iz\sin\zeta+i\lambda\zeta}d\zeta \\
&= ie^{-i\pi\lambda}\int_0^\infty e^{iz\sin(it)-\lambda t}dt \\
&= ie^{-i\pi\lambda}\int_0^\infty e^{iz(i\sinh t)-\lambda t}dt \\
&= ie^{-i\pi\lambda}\int_0^\infty e^{-\sinh t\cdot\operatorname{Re} z-\operatorname{Re}\lambda\cdot t}\cdot e^{-i(\sinh t\cdot\operatorname{Im} z+t\operatorname{Im}\lambda)}dt\ .
\end{aligned}$$

Mit $\sinh t = \frac{1}{2}\left(e^t - e^{-t}\right)$ läßt sich der letzte Integrand wie folgt abschätzen:

$$|\ldots| \leqq e^{\frac{1}{2}\operatorname{Re} z}\cdot e^{-\frac{1}{2}\operatorname{Re} z\cdot e^t}\cdot e^{-\operatorname{Re}\lambda t}\ .$$

Sei nun B irgendein abgeschlossener und beschränkter Teilbereich von $\{z \mid \operatorname{Re} z > 0\}$ und $d := \min\limits_{z\in B}(\operatorname{Re} z)$. Dann gilt $d > 0$ und mit $M := \exp\left\{\frac{1}{2}\max\limits_{z\in B}(\operatorname{Re} z)\right\}$ folgt

$$|\ldots| \leqq M\, e^{-\frac{d}{2}e^t}\cdot e^{-\operatorname{Re}\lambda\cdot t}\ ,\quad \lambda \in \mathbb{C}\ \text{fest.}$$

Wegen $e^{-\operatorname{Re}\lambda\cdot t}\cdot e^{-\frac{d}{4}e^t} \longrightarrow 0$ für $t \longrightarrow \infty$ existiert ein $t_0 = t_0(\lambda) > 0$ mit

$$e^{-\operatorname{Re}\lambda\cdot t}\cdot e^{-\frac{d}{4}e^t} \leqq 1 \quad \text{für}\quad t \geqq t_0\ ,$$

und wir erhalten

$$|\ldots| \leq M \cdot 1 \cdot e^{-\frac{d}{4}e^t} \quad \text{für} \quad t \geq t_0 \quad \text{und} \quad z \in B ,$$

also eine von $z \in B$ unabhängige, integrierbare Majorante für das Integral I_1^1. Damit konvergiert I_1^1 in B gleichmäßig und definiert aufgrund von Satz II, Anhang, eine bezgl. z in B holomorphe Funktion. Da B eine beliebige abgeschlossene und beschränkte Menge in der rechten Halbebene ist, ergibt sich die Holomorphie von I_1^1 in der Halbebene $\operatorname{Im} z > 0$.

Entsprechend führt man den Nachweis für $\int_{C_1^3} \ldots d\zeta$. Die Holomorphie des Anteils $\int_{C_1^2} \ldots d\zeta$ ergibt sich unmittelbar aus Satz I, Anhang. Die restlichen Holomorphienachweise lassen sich analog führen.

10.3 Aus der Darstellung

$$H_{-\lambda}^1(z) = -\frac{1}{\pi}\int_{C_1} e^{-iz\sin\zeta - i\lambda\zeta}\, d\zeta$$

ergibt sich, wenn wir $\tilde{\zeta} = -\zeta - \pi$ setzen,

$$H_{-\lambda}^1(z) = \frac{1}{\pi}\int_{\tilde{C}_1} e^{-iz\sin(-\pi-\tilde{\zeta}) - i\lambda(-\pi-\tilde{\zeta})}\, d\tilde{\zeta}$$

$$= e^{i\lambda\pi}\frac{1}{\pi}\int_{\tilde{C}_1} e^{-iz\sin\tilde{\zeta} + i\lambda\tilde{\zeta}}\, d\tilde{\zeta} .$$

Dabei ist $\tilde{C}_1$ zu C_1 kongruent, wird aber entgegengesetzt durchlaufen, d.h. es ist

$$H_{-\lambda}^1(z) = e^{i\lambda\pi}\frac{1}{\pi}\int_{-C_1} e^{-iz\sin\tilde{\zeta} + i\lambda\tilde{\zeta}}\, d\tilde{\zeta}$$

$$= e^{i\lambda\pi}\cdot\left(-\frac{1}{\pi}\int_{C_1} e^{-iz\sin\tilde{\zeta} + i\lambda\tilde{\zeta}}\, d\tilde{\zeta}\right) = e^{i\lambda\pi} H_\lambda^1(z) .$$

Entsprechend ergibt sich die zweite Beziehung.

SYMBOLE

Wir erinnern zunächst an einige Symbole, die in diesem Band verwendet werden und die in dieser oder ähnlicher Form bereits in den Bänden I-III verwendet wurden:

$x :=$	x ist definitionsgemäß gleich ...
$x \in M$	x ist Element der Menge M, kurz: "x aus M"
$x \notin M$	x ist nicht Element der Menge M
$\{x_1, x_2, \ldots, x_n\}$	Menge der Elemente $x_1, x_2, \ldots, x_n$
$\{x \mid x$ hat die Eigenschaft $E\}$	Menge aller Elemente x mit Eigenschaft E
$M \subset N$, $N \supset M$	M ist Teilmenge von N
$M \cup N$	Vereinigungsmenge von M und N
$M \cap N$	Schnittmenge von M und N
$\emptyset$	leere Menge
$\mathbb{N}$	Menge der natürlichen Zahlen
$\mathbb{N}_0$	Menge der natürlichen Zahlen einschließlich 0
$\mathbb{Z}$	Menge der ganzen Zahlen
$\mathbb{R}$	Menge der reellen Zahlen
$\mathbb{R}^+$	Menge der positiven reellen Zahlen
$\mathbb{R}_0^+$	Menge der nichtnegativen reellen Zahlen
$[a,b]$, (a,b), $(a,b]$, $[a,b)$	abgeschlossene, offene, halboffene Intervalle
$[a,\infty)$, (a,∞), $(-\infty,a]$, $(-\infty,a)$, $\mathbb{R}$	unbeschränkte Intervalle
$(x_1, \ldots, x_n)$	n-Tupel
$\mathbb{C}$	Menge der komplexen Zahlen
$\begin{bmatrix} x_1 \\ \vdots \\ x_n \end{bmatrix}$	Spaltenvektor der Dimension n
$\mathbb{R}^n$	Menge aller Spaltenvektoren der Dimension n (wobei $x_1, \ldots, x_n \in \mathbb{R}$)
$f : A \longrightarrow B$	Funktion (Abbildung) von A in B
$\overline{D}$	abgeschlossene Hülle von D (2.1.1, 6.1.3)
$\overset{\circ}{D}$, In D	Inneres von D (6.1.3)
∂D	Rand von D (2.1.1, 6.1.3)

Zur Vektoranalysis

	Abschn.
grad	1.6.1
div	3.1.1
rot	1.6.4, 3.2.2
∇ (Nabla-Operator)	3.1.1
Δ (Laplace-Operator)	3.1.1
$[\underline{r}_0, \underline{r}_1]$	1.1.1
$K : \underline{x} = \underline{k}(t),\ a \leqq t \leqq b$	1.1.2
$\underline{\gamma}_1 \oplus \underline{\gamma}_2 \oplus \ldots \oplus \underline{\gamma}_n$	1.1.2
$K_1 \oplus K_2 \oplus \ldots \oplus K_n$	1.1.2
L_Z	1.1.5
$L(\underline{\gamma})$ (Bogenlänge)	1.1.5
$\underline{T}_{\underline{\gamma}}$	1.1.3, 1.2.3
$\underline{T}$	1.1.5, 1.2.3, 1.5.1
$\underline{N}_{\underline{\gamma}}$	1.2.3
$\underline{N}$	1.2.3, 1.5.1
$\underline{B}$	1.5.1
$\underline{D}$	1.6.2
arc(x,y)	1.2.1
κ (Krümmung)	1.1.2, 1.5.1
τ (Torsion)	1.5.1
$\underline{r}^R$	1.2.3
S(t), C(t) } Fresnelsche Integrale	1.4.7
$\underline{V}, \underline{W}, \ldots$ (Vektorfelder)	1.6.1
$\varphi, \psi, \ldots$ (Skalarfelder)	1.6.1
$\int_K \ldots ds$	1.6.2
$\int_K \ldots d\underline{x}$	1.6.2
$\int_{p_0}^{p_1} \underline{V}(\underline{x}) \cdot d\underline{x}$	1.6.3
$\oint_K \ldots d\underline{x}$	1.6.3, 3.2.2
$\varphi_{x_i}, \varphi_{x_i x_k}, V_{i,x_k}, \ldots$	1.6.4

	Abschn.
$[a,b] \times [c,d]$	1.6.4
$\underline{f}_u, \underline{f}_v$	2.1.1
$\det \varphi'$	2.1.3
$\int_F G(\underline{x})\,d\sigma = \iint_F G(\underline{x})\,d\sigma$	2.2.2
$\int_F \underline{V}(\underline{x}) \cdot d\underline{\sigma} = \iint_F \underline{V}(\underline{x}) \cdot d\underline{\sigma}$	2.2.2
$d\underline{\sigma}$	2.2.2
$\int_B \operatorname{div} \underline{V}\,d\tau = \iiint_B \operatorname{div} \underline{V}\,d\tau$	3.1.2
$d\tau = dx\,dy\,dz$	3.1.1
$\int_K (W_1 dx + W_2 dy)$	3.1.5
$\iint_{\partial B} \big(V_1 d(y,z) + V_2 d(z,x) + V_3 d(x,y)\big)$	4.1.1
$\sigma(F)$ (Flächeninhalt)	3.2.2
$W_{\underline{n}}(\underline{x}_0)$ (Wirbelstärke)	3.2.2
$\frac{\partial \psi}{\partial \underline{n}}$	3.3.5
g_1, g_2, g_3	3.3.6
$O\big(h(\lvert\underline{x}\rvert)\big)$	3.4.3
$\omega,\ \omega_p$	4.1.2, 4.2.1
$dx,\ d(x,y),\ d(x,y,z)$	4.1.2
$d(x_1, \ldots, x_p)$	4.2.1
$df,\ d(f,g),\ d(f,g,h)$	4.1.2
$d(f_1, \ldots, f_p)$	4.2.1
$\omega_1 \wedge \omega_2$	4.1.3, 4.2.1
$d\omega$	4.1.3, 4.2.1
$\int_F \omega$	4.1.4, 4.2.2
$[t_{ik}]_B$	5.1.2
$[t_{ij..k}]_B$	5.1.2
δ_{ik} (Kronecker-Symbol)	5.1.2, 5.1.4
ε_{ijk}	5.1.4
$t_{,p..q},\ t_{ij..k,p..q}$	5.2.1

Zur Funktionentheorie

LITERATUR

ALLGEMEINE LITERATUR ÜBER HÖHERE MATHEMATIK

[1] Aumann, G.: Höhere Mathematik I-III. Mannheim: Bibl. Inst. 1970-71.

[2] Brauch, W.; Dreyer, H.J.; Haacke, W.: Mathematik für Ingenieure des Maschinenbaus und der Elektrotechnik. Stuttgart: Teubner 1977.

[3] Brenner, J.; Lesky, P.: Mathematik für Ingenieure und Naturwissenschaftler I-IV (2. Aufl.). Wiesbaden: Akad. Verlagsges. 1978.

[4] Courant, R.: Vorlesungen über Differential- und Integralrechnung 1-2. Berlin-Göttingen-Heidelberg: Springer 1955.

[5] Dallmann, H., Elster, K.-H.: Einführung in die höhere Mathematik 1-3. Braunschweig: Vieweg 1980-83.

[6] Duschek, A.: Vorlesungen über höhere Mathematik 1-2, 4. Wien: Springer 1961-65.

[7] Engeln-Müllges, G.; Reutter, F.: Formelsammlung zur Numerischen Mathematik mit Standard-FORTRAN-Programmen (7. Aufl.). Mannheim-Wien-Zürich: Bibl. Inst. 1988.

[8] Endl., K.; Luh, W.: Analysis I-III. Wiesbaden: Akad. Verlagsges. 1976-77.

[9] Fetzer, A.; Fränkel, H.: Mathematik 1-2. Hannover: Schroedel 1977.

[10] Haacke, W.; Hirle, M.; Maas, O.: Mathematik für Bauingenieure. Stuttgart: Teubner 1980.

[11] Hainzl, J.: Mathematik für Naturwissenschaftler. Stuttgart: Teubner 1973.

[12] Heinhold, J.; Behringer, F.; Gaede, K.W.; Riedmüller, B.: Einführung in die Höhere Mathematik 1-4. München-Wien: Hanser 1976-79.

[13] Henrici, P.; Jeltsch, R.: Komplexe Analysis 1-2. Basel: Birkhäuser 1979-80.

[14] Heuser, H.: Lehrbuch der Analysis 1-2. Stuttgart: Teubner 1980-81.

[15] Jänich, K.: Analysis für Physiker und Ingenieure. Berlin-Göttingen-Heidelberg: Springer 1983.

[16] Jeffrey, A.: Mathematik für Naturwissenschaftler und Ingenieure 1-2. Weinheim: Verlag Chemie 1978-80.

[17] Jordan-Engeln, G.; Reutter, F.: Numerische Mathematik für Ingenieure. Mannheim-Wien-Zürich: Bibl. Inst. 1984.

[18] Laugwitz, D.: Ingenieur-Mathematik I-V. Mannheim: Bibl. Inst. 1964-67.

[19] Martensen, E.: Analysis I-IV (3. Aufl.). Mannheim-Wien-Zürich: Bibl. Inst. 1986.

[20] Meinardus, G.; Merz, G.: Praktische Mathematik I-II. Mannheim-Wien-Zürich: Bibl. Inst. 1979-82.

[21] Neunzert, H. (Hrsg.): Mathematik für Physiker und Ingenieure. Analysis 1-2. Berlin-Heidelberg - New York: Springer 1980-82.

[22] Rothe, R.: Höhere Mathematik für Mathematiker, Physiker und Ingenieure. Stuttgart: Teubner 1960-65.

[23] Sauer, R.: Ingenieurmathematik 1-2. Berlin: Springer 1968-69

[24] Smirnow, W.I.: Lehrgang der höheren Mathematik I-V. Berlin: VEB Verlag d. Wiss. 1971-77.

[25] Strubecker, K.: Einführung in die Höhere Mathematik I-IV. München: Oldenbourg 1966-84.

[26] Trinkaus, H.L.: Probleme? Höhere Mathematik (Aufgabensammlung). Berlin-Heidelberg-New York: Springer 1988.

[27] Wille, F.: Analysis. Stuttgart: Teubner 1976.

[28] Wörle, H.; Rumpf, H.J.: Ingenieurmathematik in Beispielen I-III. München-Wien: Oldenbourg 1980.

FORMELSAMMLUNGEN UND HANDBÜCHER

[29] Bartsch, H.J.: Mathematische Formeln (12. Aufl.) Köln: Buch- u. Zeit-Verlagsges. 1982.

[30] Bronstein, I.N.; Semendjajew, K.A.: Taschenbuch der Mathematik (21. Aufl.). Thun-Frankfurt: Harri Deutsch 1981.

Ergänzende Kapitel zu I.N. Bronstein - K.A. Semendjajew. Taschenbuch der Mathematik (3. Aufl.). Thun-Frankfurt: Harri Deutsch 1984.

[31] Doerfling, R.: Mathematik für Ingenieure und Techniker. München: Oldenbourg 1965.

[32] Dreszer, J. (Hrsg.): Mathematik-Handbuch für Technik und Naturwissenschaften. Zürich-Frankfurt-Thun: Harri Deutsch 1975.

[33] Jahnke, E.; Emde, F.; Lösch, F.: Tafeln höherer Funktionen (7. Aufl.). Stuttgart: Teubner 1966.

[34] Ryshik, I.M.; Gradstein, I.S.: Summen-, Produkt- und Integraltafeln. Berlin: VEB Verl. d. Wiss. 1963.

VEKTORANALYSIS

[35] Amann, H.: Gewöhnliche Differentialgleichungen. Berlin-New York: de Gruyter 1983.

[36] Bourne, D.E.; Kendall, P.C.: Vektoranalysis (2. Aufl.). Stuttgart: Teubner 1988.

[37] Becker, R.; Sauter, F.: Theorie der Elektrizität (16. Aufl.). Stuttgart: Teubner 1957.

[38] Fischer, H.; Kaul, H.: Mathematik für Physiker I. Stuttgart: Teubner 1988.

[39] Finckenstein, v., K.: Grundkurs Mathematik für Ingenieure. Stuttgart: Teubner 1986.

[40] Erwe, F.: Differential- und Integralrechnung, Bd. 2 (5. Aufl.). Mannheim-Zürich-Wien: Bibl. Inst. 1972.

[41] Ewald, G.: Probleme der geometrischen Analysis. Mannheim-Wien-Zürich: Bibl. Inst. 1982.

[42] Großmann, S.: Mathematischer Einführungskurs für die Physik (5. Aufl.). Stuttgart: Teubner, 1988.

[43] Joos, G.: Lehrbuch der theoretischen Physik (11. Aufl.). Frankfurt/Main: Akad. Verlagsges. 1965.

[44] Klingbeil, E.: Tensorrechnung für Ingenieure (2. Aufl.). Mannheim-Wien-Zürich: Bibl. Inst. 1988.

[45] Kowalsky, H.-J.: Vektoranalysis I und II. Berlin-New York: de Gruyter 1974 und 1976.

[46] Leis, R.: Vorlesungen über partielle Differentialgleichungen zweiter Ordnung. Mannheim: Bibl. Inst. 1967.

[47] Morgenstern, D.; Scabo, I.: Vorlesungen über Theoretische Mechanik. Berlin-Göttingen-Heidelberg 1961.

[48] Nickel, H.; Kettwig, G.; Beinhoff, H.; Pauli, W.; Kreul, H.; Leupold, W.: Analysis für Ingenieure (7. Aufl.). Frankfurt-Zürich: Harri Deutsch 1972.

[49] Nickel, H.; Kettwig, G.; Beinhoff, H.; Pauli, W.; Kreul, H.; Leupold, W.: Algebra und Geometrie für Ingenieure (7. Aufl.). Frankfurt-Zürich: Harri Deutsch 1972.

[50] Papula, L.: Mathematische Formelsammlung für Ingenieure und Naturwissenschaftler. Braunschweig-Wiesbaden: Vieweg 1986.

[51] Päsler, M.: Grundzüge der Vektor- und Tensorrechnung. Berlin-New York: de Gruyter 1977.

[52] Strubecker, K.: Differentialgeometrie I, Kurventheorie der Ebene und des Raumes. Berlin: Sammlung Göschen, de Gruyter 1964.

[53] Teichmann, H.: Physikalische Anwendungen der Vektor- und Tensorrechnung (3. Aufl.). Mannheim-Wien-Zürich: Bibl. Inst. 1973.

FUNKTIONENTHEORIE

[54] Ahlfors, L.V.: Complex Analysis (3. Aufl.). New York: McGraw-Hill 1966.

[55] Bak, J.; Newman, D.J.: Complex Analysis. New York: Springer 1982.

[56] Bearson, A.F.: Complex Analysis. Chichester: Wiley 1979.

[57] Behnke H.; Sommer, F.: Theorie der analytischen Funktionen einer komplexen Veränderlichen (3. Aufl.). Berlin: Springer 1976.

[58] Betz, A.: Konforme Abbildung (2. Aufl.) Berlin: Springer 1964.

[59] Bieberbach, L.: Einführung in die Funktionentheorie (4. Aufl.). Stuttgart: Teubner 1966.

[60] Bieberbach, L.: Einführung in die konforme Abbildung (6. Aufl.). Berlin: Sammlung Göschen, de Gruyter 1967.

[61] Burckel, R.B.: An introduction to classical complex analysis, Vol. 1. Basel-Stuttgart: Birkhäuser 1979.

[62] Carathéodory, C.: Funktionentheorie I/II (2. Aufl.). Basel: Birkhäuser 1960.

[63] Diederich, K.; Remmert, R.: Funktionentheorie I. Berlin: 1972.

[64] Dienes, P.: The Taylor Series. An introduction to the theory of functions of a complex variable. New York: Dover Publ. 1975.

[65] Dinghas, A.: Vorlesungen über Funktionentheorie. Berlin: Springer 1960.

[66] Endl, K.; Luh, W.: Analysis III (6. Aufl.). Wiesbaden: Akad. Verl. Ges. 1987.

[67] Fischer, W.; Lieb, I.: Funktionentheorie (5. Aufl.). Braunschweig: Vieweg 1988.

[68] Grauert, H.; Fischer, W.: Differential- und Integralrechnung II (3. Aufl.). Berlin: Springer 1978.

[69] Heins, M.: Complex Function Theory. New York: Acad. Press 1974.

[70] Henrici, P.: Applied and computational complex analysis I/II. New York: Wiley 1974/77.

[71] Henrici, P.; Jeltsch, R.: Komplexe Analysis für Ingenieure 1/2 (3./2. Aufl.). Basel 1987.

[72] Hurwitz, A.; Courant, R.: Funktionentheorie (4. Aufl.). Berlin: Springer 1964.

[73] Jänich, K.: Einführung in die Funktionentheorie (2. Aufl.). Berlin: Springer 1980.

[74] Jameson, G.: First course of complex functions. London: Chapman and Hall 1970.

[75] Kneser, H.: Funktionentheorie (2. Aufl.). Göttingen: Vandenhoeck 1960.

[76] Knopp, K.: Funktionentheorie I/II (13. Aufl.). Berlin: Sammlung Göschen, de Gruyter 1976/80.

[77] Koppenfels v., W.; Stallmann, F.: Praxis der konformen Abbildung. Berlin: Springer 1959.

[78] Lang, S.: Complex Analysis. Reading: Addison-Wesley 1977.

[79] Lawrentjew, M.A.; Schabat, B.: Methoden der komplexen Funktionentheorie. Berlin: Dt. Verlag d. Wiss. 1967.

[80] Markushevich, A.I.: Theory of functions of a complex variable I-III. Englewood Cliffs. Prentice-Hall 1965-1967.

[81] Marsden, J.E.: Basic complex analysis (2. Aufl.). San Francisco: Freeman and Comp. 1987.

[82] Nehari, Z.: Introduction to complex analysis. Boston: Allyn and Bacon 1968.

[83] Nevanlinna, R.; Paatero, V.: Einführung in die Funktionentheorie. Basel: Birkhäuser 1965.

[84] Peschl, E.: Funktionentheorie (2. Aufl.). Mannheim: Bibl. Inst. 1983.

[85] Remmert, R.: Funktionentheorie I. New York: Springer 1984.

[86] Smirnow, W.I.: Lehrgang der Höheren Mathematik III/2 (13. Aufl.). Berlin: Dt. Verlag d. Wiss. 1987.

WEITERE (ZITIERTE) LITERATUR

[87] Courant, R.; Hilbert, D.: Methoden der Mathematischen Physik I (3. Aufl.). Berlin: Springer 1986.

[88] Schwarz, H.R.: Numerische Mathematik. Stuttgart: Teubner 1986.

[89] Walter, W.: Gewöhnliche Differentialgleichungen (3. Aufl.). Berlin: Springer 1986.

[90] Weise, K.H.: Differentialgleichungen. Göttingen: Vandenhoeck und Ruprecht 1966.

[91] Werner, P.: Ein Resonanzphänomen in der Theorie akustischer und elektromagnetischer Wellenfelder. Math. Meth. in the Appl. Sci. 6 (1984), 104-128.

[92] Werner, P.: Zur Asymptotik der Wellengleichung und der Wärmeleitungsgleichung in zweidimensionalen Außenräumen. Math. Meth. in the Appl. Sci. 7 (1985), 170-201.

SACHVERZEICHNIS

Burg/Haf/Wille: Höhere Mathematik für Ingenieure
Bd. IV Vektoranalysis und Funktionentheorie

Druckfehlerberichtigung

Seite	Zeile[1]	Korrektur
12	2 u.	$\dot{\underline{\gamma}}(t_{i+})$ statt $\underline{\gamma}(t_{i+})$, $\dot{\underline{\gamma}}(t_{i-})$ statt $\underline{\gamma}(t_{i-})$
16	7 u.	$[a,b]$ <u>mit</u>
16	1 u.	$\sum\limits_{k=1}^{n}$ statt $\sum$
17	4 o.	$L_Z(\underline{\gamma})$ statt $L(\underline{\gamma})$
20	3 o.	$\dot{\varphi}(t)$ statt $\varphi(t)$
31	13 o.	des statt der
48	in Fig. 1.40	$b \sinh t$ statt $b \sin t$
64	2 u.	$\frac{n}{k}$ statt $\frac{k}{n}$
65	5 u.	Figur 1.56 statt Figur 1.55
86	1 o.	$\lvert\underline{T}'\rvert$ statt $\lvert T'\rvert$
100	3 o.	in statt an
104	in Fig. 1.89	(Im oberen Kasten:) $\boxed{\quad\bullet\quad}$ statt $\boxed{\qquad\quad}$
128	14 o.	Formel (2.25) statt Formel 2.26
146	11 o.	g_n <u>zweimal</u> stetig differenzierbar
148	8 o.	$\tilde{\underline{V}} :=$ statt $\tilde{\underline{V}} :$
148	3 u.	$d\underline{\sigma}$ statt $\underline{\sigma}$
162	3 o.	$\dot{\gamma}_1$ statt $\dot{\underline{\gamma}}_1$, $\dot{\gamma}_2$ statt $\dot{\underline{\gamma}}_2$
182	3 u.	ein statt um
186	4 u.	Rolle statt rolle
221	5 u.	$\underline{\eta}' = T'\underline{\xi}'$ statt $\underline{\eta}' = T\underline{\xi}'$
261	2 u.	$\underline{\to 0}$ für $n \to \infty$

[1] u. = von unten, o. = von oben